한국산업인력공단 주관

자동차정비 산업기사 필기

소철호 저

저자 | 소철호

1994~1996 : 부산자동차훈련원
1996~1999 : 동해자동차 직업전문학교
1997~2001 : 경남정보대학 시간강의
2000~2003 : 자동차 전문정비업체
2003~현재 : 한국폴리텍대학 동부산캠퍼스 자동차과

프롤로그

현대사회의 변화만큼이나 자동차분야도 놀랄 만큼 빠르게 변화, 발전하고 있습니다. 90년대 전자제어엔진이 등장한 후에 현재는 대부분의 자동차 장치들이 전자제어화 되어 편리성과 안정성은 향상되었지만 점검·정비분야에서는 상당한 지식을 필요로 하게 되었습니다.

그와 더불어 하이브리드 자동차는 물론 전기자동차, 수소연료전지자동차 등 첨단 신기술이 접목된 자동차의 등장으로 기술적 요구사항은 더욱 배가되어 있는 상황입니다. 이렇게 변화 발전하는 자동차 분야에서 자신이 원하는 직업을 갖기 위하여 자격검정을 준비하는 수험생들의 노력은 더욱 많이 필요하게 되었고 어려워졌다고 할 수 있습니다.

이런 수험생들에게 학습 부담을 줄여주고 학습효과를 극대화하기 위하여 한국산업인력공단의 출제경향을 면밀히 분석하여 핵심적인 이론 설명과 최근 기출문제를 분석, 정리하고 아울러 출제예상문제를 수록하여 수험생들의 바람에 부응하고자 이 책을 집필하게 되었습니다.

아울러, 변경된 출제기준에도 불구하고 자동차 엔진정비, 섀시정비 및 전기·전자장치정비 과목은 변경 이전의 과목인 자동차 엔진, 섀시, 전기 과목의 내용과 일치되는 부분이 큰 만큼 해당 과목의 기출문제를 제5장 과목별 기출문제 부분에 수록하여 문제은행 방식의 시험에 대비할 수 있도록 하였습니다.

내용의 오류가 없도록 세심히 정성을 다했지만 혹 미비한 부분이 있어 불편함이 있다면 독자 여러분들의 조언과 충고를 통해 차후 보다 나은 내용으로 수험생 여러분들에게 찾아뵐 것을 약속드리며 여러분들에게 합격의 영광이 있기를 진심으로 기원합니다.

마지막으로 이 책이 출간되기까지 애써주신 ㈜도서출판 책과상상의 모든 분들께 감사함을 전합니다.

검정안내 및 출제기준

1. 검정 안내

(1) 개요
자동차정비에 관한 지식 및 기능을 가지고, 작업현장의 지도, 경영층과 정비 생산계층을 유기적으로 결합시켜주는 중간 관리자로서의 역할과 각종 공구 및 기기와 점검 장비를 이용하여 엔진, 섀시, 전기장치 등의 결함이나 고장부위를 진단, 정비, 검사하고 작업지시를 내릴 수 있는 직무 수행능력을 평가한다.

(2) 수행직무
자동차정비에 관한 지식 및 기능을 가지고, 작업현장의 지도, 경영층과 정비 생산계층을 유기적으로 결합시켜주는 중간 관리자로서의 역할과 각종 공구 및 기기와 점검장비를 이용하여 엔진, 섀시, 전기장치 등의 결함이나 고장부위를 진단, 정비, 검사하고 작업지시를 내릴 수 있는 직무를 수행한다.

(3) 취득방법
① 검정 방법
- 필기 : 객관식 4지 택일형, 과목당 20문항(과목당 30분)
- 실기 : 작업형(작업형 6시간 정도)

② 합격기준
- 필기 : 100점을 만점으로 하여 과목당 40점 이상, 전과목 평균 60점 이상
- 실기 : 100점을 만점으로 하여 60점 이상

(4) 진로 및 전망
- 주로 자동차 업체의 생산현장이나 판매 및 A/S부서, 외제차수입업체, 자동차정비업체, 자동차운수업체에 취업하며, 일부는 카센타, 카인테리어, 밧데리점, 튜닝전문점, 오토매틱전문점을 개업한다. 「자동차관리법」에 의해 자동차운수사업체, 자동차점검정비업체의 정비관리자로 고용될 수 있다.
- 자동차정비분야는 당분가 현재 고용수준을 유지할 전망이다. 하지만 아직까지는 기술인력이 부족한 편이어서 자격을 취득할 경우 업계에 진출하는데 유리할 전망이다. 다른 한편으로 자동차생산기술의 발달에 따른 품질향상은 고장률의 감소와 사고의 감소를 가져오게 되어 정비인력을 줄이는 방향으로 작용하게 된다. 동시에 자동차의 선택사양이 다양해지고 액세서리 부속품의 장착 및 고장수리 등에 대한 수요가 증가할 것으로 보여 이를 상쇄할 것이다. 기술적인 면에서는 자동차전기 및 전자관련 기술수요가 증가할 것으로 보인다.

2. 출제기준

필기과목명	문제수	주요항목	세부항목
자동차 엔진정비	20문항	1. 과급 장치 정비	1. 과급장치 점검 · 진단 2. 과급장치 조정하기 3. 과급장치 수리하기 4. 과급장치 교환하기 5. 과급장치 검사하기
		2. 가솔린 전자제어 장치 정비	1. 가솔린 전자제어장치 점검 · 진단 2. 가솔린 전자제어장치 조정 3. 가솔린 전자제어장치 수리 4. 가솔린 전자제어장치 교환 5. 가솔린 전자제어장치 검사
		3. 디젤 전자제어 장치 정비	1. 디젤 전자제어장치 점검 · 진단 2. 디젤 전자제어장치 조정 3. 디젤 전자제어장치 수리 4. 디젤 전자제어장치 교환 5. 디젤 전자제어장치 검사
		4. 엔진 본체 정비	1. 엔진본체 점검 · 진단 2. 엔진본체 관련 부품 조정 3. 엔진본체 수리 4. 엔진본체 관련부품 교환 5. 엔진본체 검사
		5. 배출가스장치 정비	1. 배출가스장치 점검 · 진단 2. 배출가스장치 조정 3. 배출가스장치 수리 4. 배출가스장치 교환 5. 배출가스장치 검사
자동차 섀시정비	20문항	1. 자동변속기 정비	1. 자동변속기 점검 · 진단 2. 자동변속기 조정 3. 자동변속기 수리 4. 자동변속기 교환 5. 자동변속기 검사
		2. 유압식 현가장치 정비	1. 유압식 현가장치 점검 · 진단 2. 유압식 현가장치 교환 3. 유압식 현가장치 검사
		3. 전자제어 현가장치 정비	1. 전자제어 현가장치 점검 · 진단 2. 전자제어 현가장치 조정 3. 전자제어 현가장치 수리 4. 전자제어 현가장치 교환 5. 전자제어 현가장치 검사

자동차 섀시정비	20문항	4. 전자제어 조향장치 정비	1. 전자제어 조향장치 점검 · 진단 2. 전자제어 조향장치 조정 3. 전자제어 조향장치 수리 4. 전자제어 조향장치 교환 5. 전자제어 조향장치 검사
		5. 전자제어 제동장치 정비	1. 전자제어 제동장치 점검 · 진단 2. 전자제어 제동장치 조정 3. 전자제어 제동장치 수리 4. 전자제어 제동장치 교환 5. 전자제어 제동장치 검사
자동차 전기 · 전자장치 정비	20문항	1. 네트워크통신장치 정비	1. 네트워크통신장치 점검 · 진단 2. 네트워크통신장치 수리 3. 네트워크통신장치 교환 4. 네트워크통신장치 검사
		2. 전기 · 전자회로 분석	1. 전기 · 전자회로 점검 · 진단 2. 전기 · 전자회로 수리 3. 전기 · 전자회로 교환 4. 전기 · 전자회로 검사
		3. 주행안전장치 정비	1. 주행안전장치 점검 · 진단 2. 주행안전장치 수리 3. 주행안전장치 교환 4. 주행안전장치 검사
		4. 냉 · 난방장치 정비	1. 냉 · 난방장치 점검 · 진단 2. 냉 · 난방장치 수리 3. 냉 · 난방장치 교환 4. 냉 · 난방장치 검사
		5. 편의장치 정비	1. 편의장치 점검 · 진단 2. 편의장치 조정 3. 편의장치 수리 4. 편의장치 교환 5. 편의장치 검사
친환경 자동차 정비	20문항	1. 하이브리드 고전압 장치 정비	1. 하이브리드 전기장치 점검 · 진단 2. 하이브리드 전기장치 수리 3. 하이브리드 전기장치 교환 4. 하이브리드 전기장치 검사
		2. 전기자동차정비	1. 전기자동차 고전압 배터리 정비 2. 전기자동차 전력통합제어장치 정비 3. 전기자동차 구동장치 정비 4. 전기자동차 편의 · 안전장치 정비
		3. 수소연료전지차 정비 및 그 밖의 친환경 자동차	1. 수소 공급장치 정비 2. 수소 구동장치 정비 3. 그 밖의 친환경자동차

「차례」

Chapter 1 자동차 엔진정비

Section 01 엔진성능
　　1. 엔진의 개요 ············· 12
　　2. 엔진의 분류 ············· 12
　　3. 엔진의 성능 ············· 20

Section 02 엔진정비 및 진단, 검사
　　1. 가솔린 엔진의 구성 ············· 23
　　2. 윤활 및 냉각장치 ············· 32
　　3. 연료장치 ············· 38
　　4. 흡·배기장치 ············· 53
　　5. 전자제어장치 ············· 59

제1장 적중예상문제 / 65

Chapter 2 자동차 섀시정비

Section 01 동력전달장치
　　1. 클러치(Clutch) ············· 80
　　2. 변속기 ············· 83
　　3. 드라이브라인 및 동력배분장치 ············· 94

Section 02 현가 및 조향장치
　　1. 현가장치 ············· 100
　　2. 조향장치 ············· 109
　　3. 휠 얼라인먼트(Wheel Alignment) ············· 119

Section 03 제동장치
　　1. 개요 ············· 124
　　2. 제동장치 ············· 126

Section 04 주행 및 구동장치
　　1. 휠 및 타이어 ············· 141
　　2. 구동력 제어장치 ············· 147

제2장 적중예상문제 / 150

Chapter 3 자동차 전기 · 전자장치정비

Section 01 전기전자 일반
1. 전기일반 164
2. 전자일반 170

Section 02 시동, 점화 및 충전장치
1. 축전지(Battery) 176
2. 시동장치 182
3. 점화장치 187
4. 충전장치 193

Section 03 그 밖의 장치들
1. 자동차 전기장치 197
2. 에어백 및 냉방장치 204

제3장 적중예상문제 / 209

Chapter 4 친환경 자동차정비

Section 01 하이브리드 고전압 장치
1. 하이브리드 고전압장치 개요 220
2. 하이브리드 자동차의 구분 221
3. 하이브리드 컨트롤 시스템 223
4. 하이브리드 자동차의 구동부 225
5. 고전압 배터리 시스템 228
6. 하이브리드 차량의 운전 특성 234
7. 기타 장치 237
8. 하이브리드 자동차의 점검 239

Section 02 전기자동차
1. 전기자동차(EV) 개요 242
2. 전기자동차의 주요 제어 244
3. 전기자동차의 고전압배터리 어셈블리 247
4. 전기자동차의 냉각 · 히터 시스템 250
5. 전기자동차의 공조 시스템(히트펌프 시스템) 253
6. 전기자동차의 점검 256

Section 03 수소연료전지차
1. 수소연료전지차(FCEV) 개요 258
2. 연료전지 스택 259
3. 수소연료탱크와 수소공급시스템 261
4. 공기공급시스템 264
5. 열관리시스템 265

제4장 적중예상문제 / 267

Chapter 5 과목별 기출문제

2016년 1회(2016년 03월 06일) 288
2016년 2회(2016년 05월 08일) 303
2016년 3회(2016년 08월 21일) 317
2017년 1회(2017년 03월 05일) 334
2017년 2회(2017년 05월 07일) 348
2017년 3회(2017년 08월 26일) 362
2018년 1회(2018년 03월 04일) 377
2018년 2회(2018년 04월 28일) 391
2018년 3회(2018년 08월 19일) 406
2019년 1회(2019년 03월 03일) 420
2019년 2회(2019년 04월 27일) 436
2019년 3회(2019년 08월 04일) 452
2020년 1회(2020년 06월 14일) 466
2020년 2회(2020년 08월 23일) 481

Industrial Engineer Motor Vehicles Maintenance

Chapter 01
자동차 엔진정비

Section 1
엔진성능

01 엔진의 개요

기관(엔진)이란 열에너지를 기계적인 에너지로 변환하여 동력을 얻는 기계장치를 말하며, 열에너지를 기계적 에너지로 변환하는 방식에 따라 내연기관과 외연기관으로 구분한다.

1) 내연기관
기관의 내부에서 연료를 연소시킬 때 발생하는 열에너지를 이용하는 것으로 기관 내부에서 동력을 발생키 위한 열에너지를 직접 얻기 때문에 내연기관이라고 한다. 가솔린 엔진과 디젤엔진 등이 내연기관이다.

2) 외연기관
외부에서 열에너지를 발생하여 기관에 전달하여 이 열에 의한 동력을 얻는 방식으로 외부에서 기관을 구동시키기 위한 열에너지를 생성하기에 이를 외연기관이라고 한다. 증기기관, 증기터빈 등이 외연기관에 속한다.

02 엔진의 분류

1) 작동방식에 따른 분류
가. 4행정 사이클 기관
① 흡입, 압축, 폭발(동력), 배기와 같이 피스톤의 4행정으로 하나의 사이클을 이루고 이때 크랭크샤프트가 2회전하는 기관을 말한다.
㉮ 흡기행정 : 배기밸브는 닫히고 흡기밸브가 열려, 실린더 내로 혼합기가 유입된다. 이때 피스톤은 하사점까지 하향운동을 한다.
㉯ 압축행정 : 흡기밸브와 배기밸브가 모두 닫히고 피스톤이 상향운동을 하여 실린더 내의 혼합기를 압축한다. 이때 혼합기는 온도와 압력이 상승한다.

㈐ 동력행정 : 폭발적으로 연소가 일어나며 이로 인해 압력과 온도가 급격히 상승한다. 피스톤이 하사점까지 밀려 내려오면서 피스톤과 연결된 크랭크축을 회전시켜 동력을 발생시킨다.

㈑ 배기행정 : 하사점에서 배기밸브가 열려 연소가 완료된 배기가스를 배기매니폴드를 통해 외부로 방출시킨다. 피스톤이 상향운동을 하여 배기가스를 배출시키고 상사점에 도달함으로써 처음 상태로 돌아가게 된다.

② 4행정 기관의 장점과 단점

㉮ 4행정 기관의 장점
  ㉠ 각 행정이 완전히 구분되어 있어서 불확실한 곳이 없다.
  ㉡ 흡입 행정에서의 냉각 효과로 인하여 각 부분의 열적 부하가 적다.
  ㉢ 저속에서 고속으로의 넓은 범위의 회전 속도 변화가 가능하다.
  ㉣ 흡입 행정의 기간이 길어 체적 효율이 높다.
  ㉤ 압축가스가 새는 현상(Blow-By)현상이 적어 연료 소비율이 적다.

㉯ 4행정 기관의 단점
  ㉠ 밸브 기구가 복잡하고 이에 대한 정비가 필요하다.
  ㉡ 밸브 기구의 부품이 많아 충격이나 기계적 소음이 크다.
  ㉢ 폭발 횟수가 적으므로 실린더 수가 적을 경우 운전이 곤란하다.
  ㉣ 가격이 비싸고 마력 당 중량이 무겁다.
  ㉤ 크랭크축 2회전에 1회의 폭발 행정을 하므로 회전력의 변동이 크다.
  ㉥ 탄화수소의 배출은 적지만 질소산화물 배출이 많다.

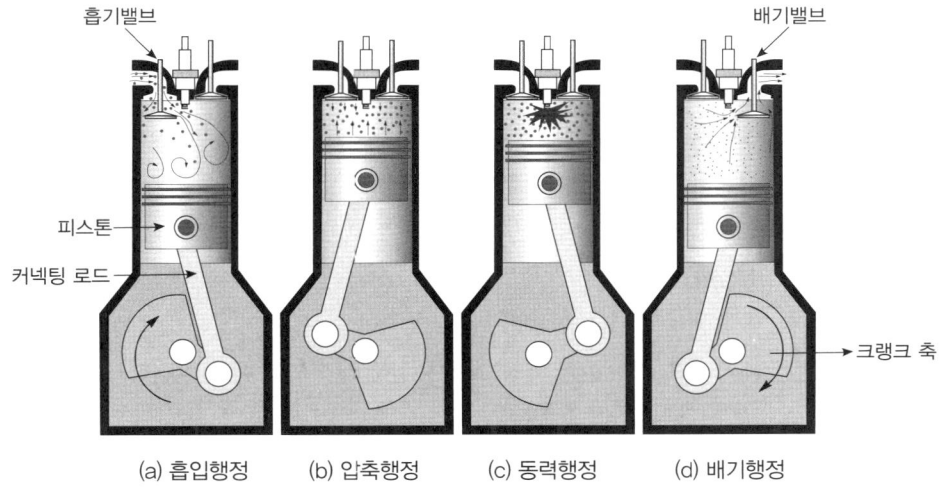

> **Note | 용어의 정의**
> - 행정(Stroke) : 상사점에서 하사점 또는 하사점에서 상사점간의 피스톤 직선 이동을 말한다.
> - 사이클(Cycle) : 사이클이란 주기적 변화를 말하며 기관에서는 흡입, 압축, 폭발, 배기를 1회 작동하는 것을 말한다.
> - 블로바이 현상 : 실린더와 피스톤 사이로 압축 또는 폭발 가스가 크랭크케이스로 새어나가는 현상이다.
> - 블로다운 현상 : 폭발행정 말과 배기행정 초에 배기밸브가 열리면 배기가스 자체의 압력으로 배기되는 현상이다.

나. 2행정 사이클 기관

① 1 사이클의 작동(흡입, 압축, 폭발, 배기)을 피스톤의 2행정으로 완료하는 구조를 갖는 엔진을 말한다. 즉 1 사이클 동안 크랭크샤프트는 1회전을 한다. 소기방법에 따라 횡단소기식, 루프소기식, 단류소기식이 있다.

㉮ 소기(Scavenge) 및 압축 : 소기 구멍이 열리고 크랭크실에 있던 혼합기가 실린더 내로 유입되고 이러한 신기의 유입으로 인해 실린더 내의 연소가스가 밀려서 배기가스로 배출된다. 그리고 피스톤이 상승하면서 소기 구멍과 배기 구멍이 닫히고 연소실의 혼합기가 압축된다. 이 때 크랭크실 내의 압력은 부압이 되고, 리드 밸브(Reed Valve)가 열려 신기가 크랭크 실로 유입된다.

㉯ 동력 및 배기 : 피스톤이 상사점에 도달했을 때 스파크 플러그로 인하여 연소가 일어나고 피스톤이 하강하는 동력행정이 발생한다. 피스톤이 하강하면 크랭크실의 혼합기는 압축이 되고, 피스톤이 하사점 부근에 도달 했을 시 배기구멍이 열려 연소가스가 배출되게 된다. 또한 소기 구멍이 열리면 새로 흡입된 혼압기가 연소가스를 밀어내는 소기작용이 발생한다.

② 2행정 기관의 장점과 단점

㉮ 2행정 기관의 장점
㉠ 4행정 사이클 기관에 비해 1.6~1.7배의 출력이 발생된다.
㉡ 크랭크축 1회전에 1회의 폭발이 발생되므로 회전력 변동이 적다.
㉢ 실린더 수가 적어도 회전이 원활하다.
㉣ 크랭크 케이스 소기형은 밸브 기구가 없어도 되거나 있더라도 4행정에 비해 간단하여 소음이 적다.
㉤ 마력당 중량이 적고 값이 싸며, 취급이 쉽다.
㉥ 배기 가스 재순환의 특성 때문에 질소 산화물의 배출이 적다.

㉯ 2행정 기관의 단점
㉠ 배기 행정이 4행정 기관에 비해 1/2 밖에 안되므로 배기가 불완전하다.
㉡ 유효 행정이 짧기 때문에 흡입 효율이 저하된다.

ⓒ 소기 및 배기 구멍이 열려 있는 시간이 길어 평균 유효 압력 및 효율이 저하된다.
ⓔ 구멍으로 소기하는 경우 피스톤이 소손되기 쉽다.
ⓕ 저속 운전이 어려우며 역화가 발생된다.
ⓗ 실린더 벽에 구멍이 있으므로 피스톤 링의 소손 및 마멸이 크다.
ⓢ 흡기나 배기가 불완전하므로 열손실이 크고 탄화수소의 배출이 많다.
ⓞ 연료 및 윤활유 소비율이 4행정 기관에 비해 크다.

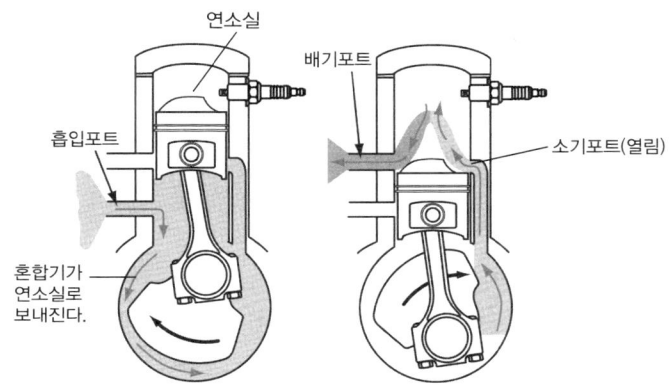

다. 4행정, 2행정 사이클 기관의 비교

구분	4행정기관	2행정기관
행정 구분	확실	모호
흡입연료	크다	작다
열효율	크다	작다
연료소비율	작다	크다
회전범위	넓다	저속회전이 어렵다
출력	작다	1.6~1.7배
실린더 수	적으면 사용 곤란	회전이 원활

2) 행정과 내경비에 의한 분류

가. 장행정 기관(Under Square Engine)

실린더 내경보다 행정이 큰 기관을 말한다. 회전속도가 느리고 회전력이 크며 피스톤 측압이 작은 반면 기관의 높이가 높은 특징이 있다.

나. 정방행정 기관(Square Engine)

실린더 내경과 행정이 같은 기관을 말한다.

다. 단행정 기관(Over Square-Short Stroke)

실린더 내경보다 행정이 작은 기관을 말한다. 기관의 회전속도는 빠르지만 피스톤 측압이 크고 회전력은 작다.

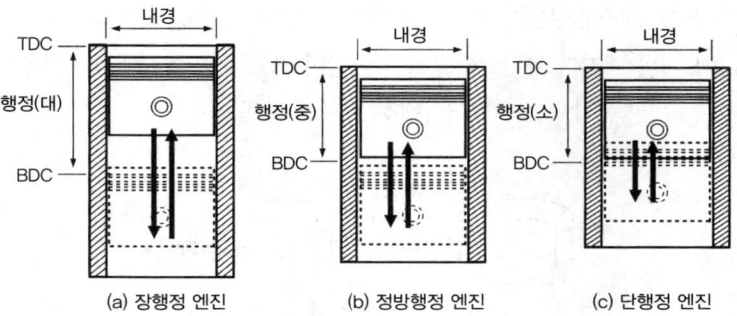

(a) 장행정 엔진   (b) 정방행정 엔진   (c) 단행정 엔진

3) 열역학적 사이클에 의한 분류

가. 정적 사이클(Constant Volume Cycle)

일정한 용적 하에서 연소가 되는 것으로 오토 사이클 이라고도 하며 일반적인 가솔린 엔진이 이에 해당되며, 4 사이클을 오토 사이클(Otto Cycle), 2사이클을 클러크 사이클(Clerk Cycle)이라 한다.

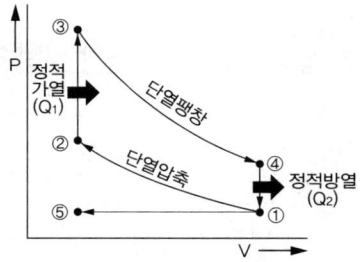

〈오토사이클의 p-v선도〉

① 공급열량 : $Q_1 = GC_v(T_3-T_2)$

② 방열열량 : $Q_2 = GC_p(T_4-T_1)$

(G: 중량, C_v : 정적비열, C_p : 정압비열, T : 절대온도)

③ 이론열효율(η_o) = $\dfrac{\text{일로 변한 에너지}}{\text{공급 에너지}}$ = $\dfrac{Q_1-Q_2}{Q_1}$ = $1-\dfrac{T_4-T_1}{T_3-T_2}$ = $1-\left(\dfrac{1}{\epsilon}\right)^{k-1}$

(ϵ : 압축비= $\dfrac{V_1}{V_2}$, k : 비열비 = $\dfrac{\text{정압비열}}{\text{정적비열}}$ = $\dfrac{C_p}{C_v}$)

나. 정압 사이클(Constant Pressure Cycle)

일정한 압력 하에서 연소가 되는 것으로 디젤 사이클이라고도 하며 일반적으로 최고 회전속도가 1,000rpm 이하인 디젤 엔진이 이에 해당한다.

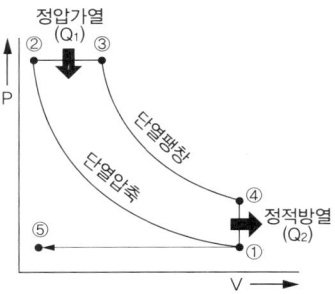

① 공급열량 : $Q_1 = GC_p(T_3-T_2)$
② 방열열량 : $Q_2 = GC_v(T_4-T_1)$
③ 이론열효율(η_d) $= \dfrac{Q_1-Q_2}{Q_1} = 1 - \dfrac{C_v(T_4-T_1)}{C_p(T_3-T_2)} = 1 - \left(\dfrac{1}{\epsilon}\right)^{k-1} \times \dfrac{\sigma^k-1}{k(\sigma-1)}$
  (σ : 단절비 $= \dfrac{V_3}{V_2}$)

다. 복합 사이클(Dual Combustion Cycle)

정적 및 정압 사이클이 복합되어 일정한 압력과 용적 하에서 연소가 되는 것으로 이를 사바테 사이클(Savathe Cycle)이라고도 하며 대부분 자동차에서 사용되는 디젤엔진이 이에 해당한다.

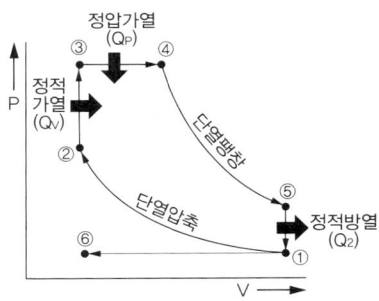

① 공급열량 : $Q_1 = Q_1' + Q_2' = GQ_v(T_3-T_2) + GQ_p(T_4-T_3)$
② 방열열량 : $Q_2 = GC_v(T_5-T_1)$
③ 이론열효율(η_d) $= \dfrac{Q_1-Q_2}{Q_1} = 1 - \left(\dfrac{1}{\epsilon}\right)^{k-1} \times \dfrac{\sigma^k \rho - 1}{(\rho-1) + k\rho(\sigma-1)}$
  (σ : 단절비 $= \dfrac{V_3}{V_2}$, ρ : 압력비 $= \dfrac{P_3}{P_2}$)

라. 이론 사이클의 비교

① 압축비(ϵ) 증가에 따라 열효율은 증가한다.
② 오토사이클은 압축비는 노킹으로 제한을 받는다.
③ 압축비가 동일할 때 압력비가 증가할수록, 단절비가 낮을수록 효율은 증가한다. 그러므로 열효율의 크기는 오토 > 사바테 > 디젤사이클 순이다.
④ 최고온도와 압력에 비해 비교하면 디젤 > 사바테 > 오토사이클 순이다.
⑤ 실제 기관에서는 가솔린기관의 압축비가 낮으므로 사바테 > 디젤 > 오토사이클 순이다.

> **Note | 이론사이클의 가정**
> - 급열과정은 정확한 시점에 일어난다.
> - 밸브개폐시기는 정확한 시점에 일어난다.
> - 실린더에는 잔류가스가 없다.
> - 압축·팽창과정은 단열과정이다.
> - 마찰손실은 없는 것으로 가정한다.

4) 점화방식에 따른 분류

가. 불꽃점화기관(Spark Ignition Engine)

연료와 공기의 혼합기를 압축하여 전기 스파크에 의해 점화 연소시키는 형식이며 가솔린 엔진, LPG 엔진, LNG 엔진 등이 이에 해당한다.

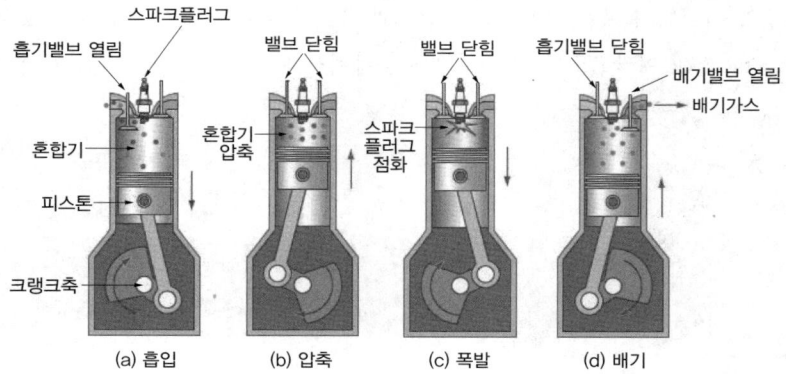

(a) 흡입　　(b) 압축　　(c) 폭발　　(d) 배기

나. 압축점화기관(Compression Ignition Engine)

공기만을 압축하여 고온(500~550℃)이 되면 여기에 연료를 분사하여 자연 착화시키는 것으로 디젤엔진이 이에 해당한다.

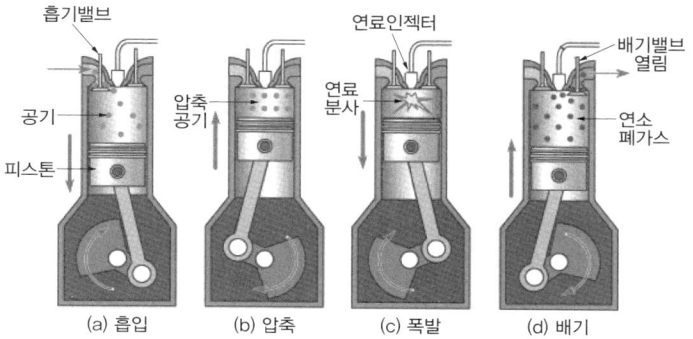

5) 기타 분류 방식

가. 밸브의 배치에 의한 분류

① OHV형(Over Head Valve) : 밸브를 실린더 헤드에 설치하고 캠이 푸시로드와 로커 암을 통해 밸브를 개폐하는 것으로 이전 엔진의 대표적인 밸브 배치였으나 지금은 거의 적용되지 않는다.

② OHC형(Over Head Camshaft) : 밸브 및 캠축이 실린더 헤드에 설치된 것으로 일반적인 가솔린 엔진이 이에 해당한다.

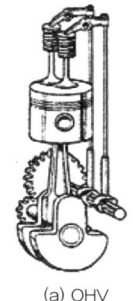
(a) OHV

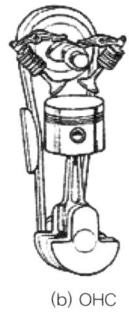
(b) OHC

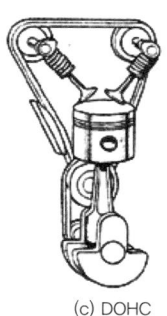
(c) DOHC

③ DOHC형(Double Over Head Camshaft) : OHC형과 비슷하나 캠축이 두 개로 되어 있고, 흡배기 밸브가 각각 2개씩 1실린더당 4개가 있어 흡배기의 효율을 높일 수 있는 형식이다.

나. 연료공급방식에 다른 분류

① 가솔린 기관 : 연료와 공기가 혼합된 혼합가스에 불꽃 스파크에 의한 폭발력으로 동력을 발생하는 엔진이다.

② 디젤 기관 : 엔진 실린더 내에 공기만을 흡입하여 피스톤으로 고압축하면 흡입된 공기가 고온(500~700℃)이 된 상태에서 연료(경유)를 분사하여 자연착화로 폭발하게 하여 동력을 발생시키는 엔진이다.

③ LPG 기관 : 가솔린이나 경유 대신에 액화 석유가스(LPG)를 주연료로 가솔린 엔진에서처럼 불꽃 점화에 의해 폭발력을 얻는 엔진이다.

03 엔진의 성능

1) 엔진의 배기량

가. 배기량 = 행정체적(V_s) = $\dfrac{\pi D^2}{4} \times L$ (D : 실린더 지름, L : 행정)

나. 총배기량 = $\dfrac{\pi D^2}{4} \times L \times N$ (D : 실린더 지름, L : 행정, N : 실린더수)

2) 압축비

압축비(ϵ) = $\dfrac{\text{실린더 체적}(V)}{\text{연소실 체적}(V_c)}$ = $\dfrac{\text{행정 체적}(V_s) + \text{연소실 체적}(V_c)}{\text{연소실 체적}(V_c)}$

3) 평균유효압력

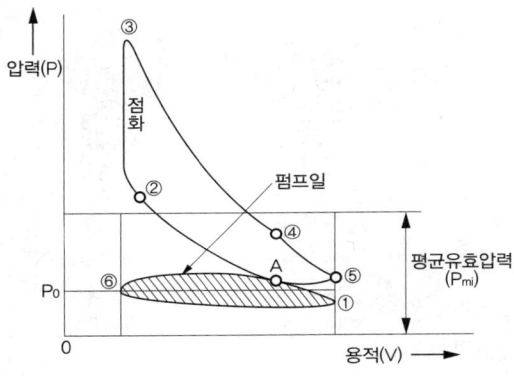

가. 이론평균유효압력(P_m)

엔진의 1사이클로서 이론 계산상 얻어지는 일을 행정용적으로 나눈 것을 말한다.

$P_m = \dfrac{\text{이론적 일}(W_{th})}{\text{행정체적}(V_1 - V_6)}$

나. 도시평균유효압력(P_{mi})

인디케이터 선도에 있어서 면적 A-②-③-④-⑤-A로부터, 펌프 일의 면적 A-⑥-①-A를 뺀 면적을 한 변이 행정에 대응하는 길이의 사각형 면적에 도시했을 때의 높이를 말한다.

$P_{mi} = \dfrac{\text{도시일}(W_i)}{\text{행정체적}(V_1 - V_6)}$

다. 제동평균유효압력(P_{mb})

출력된 엔진의 힘을 구한 후 거꾸로 계산하여 구하는 제동일의 압력을 말한다.

$P_{mb} = \dfrac{\text{제동일}(W_b)}{\text{행정체적}(V_1 - V_6)}$

라. 마찰평균유효압력(P_{mf})

도시일과 제동일의 차이로 없어진 마찰일의 압력을 말한다.

$$P_{mf} = \frac{도시일(W_i) - 제동일(W_b)}{행정체적(V_1 - V_6)} = P_{mi} - P_{mb}$$

> **Note | 마찰손실**
> - 피스톤과 실린더벽 사이의 마찰력
> - 베어링의 마찰력
> - 캠축 등 보조기구의 마찰력

4) 마력

> $1\ PS = 75\ kg·m/s = 0.736\ kW = 632.3\ kcal/h$
> $1\ kW = 102\ kg·m/s$
> $1\ kcal = 427\ kg·m$

가. 도시일

$$W_i = \frac{P_{mi} \times L \times A \times Z}{2} = \frac{P_{mi} \times V}{2}$$

(P_{mi} : 도시평균유효압력, L : 행정길이, A : 실린더 단면적, Z : 실린더 수, V : 총행정체적)

나. 도시마력(지시마력)

$$IPS = \frac{P_{mi} \times L \times A \times Z \times R}{75 \times 60}$$

(N : 회전수, R : 상수(2행정기관 = 1, 4행정기관 = 0.5))

다. 제동마력(축마력)

$$BPS = \frac{2 \times \pi \times T \times R}{75 \times 60} = \frac{T \times R}{716}$$

(T : 크랭크축 회전력, R : 상수(2행정기관 = 1, 4행정기관 = 0.5))

※ 기계효율(η_m) = $\dfrac{제동마력(BPS)}{지시마력(IPS)}$

라. 마찰마력

FPS = 지시마력(IPS) − 제동마력(BPS)

$$FPS = \frac{F_r \times Z \times N \times s}{75} = \frac{F \times s}{75}$$

(F_r : 피스톤링 한 개의 마찰력, Z : 실린더 수, N : 피스톤 당 링의 수, s : 피스톤의 평균속도, F : 총마찰력)

마. 연료마력

$PPS = \dfrac{C \times W}{10.5t}$ (C : 연료의 저위발열량, W : 중량, t : 시간(분))

바. SAE 마력

$$SAE \text{ 마력} = \frac{M^2 Z}{1613} = \frac{D^2 Z}{2.5}$$

(M : 실린더 내경(mm), D : 실린더 내경(∈ch), Z : 실린더 수)

사. 토크(회전력)와 마력

$$BPS = \frac{W_b}{75 \times 60} = \frac{2\pi \times P \times R \times N}{4500} = \frac{P \times R \times N}{716} = \frac{T \times N}{716}$$

$$BPS(kW) = \frac{W_b}{75 \times 60} = \frac{T \times N}{976}$$

(W_b : 크랭크축의 일량, P : 실린더 내의 전압력, R : 크랭크암의 반경, N : 회전수, T : 토크)

5) 가솔린 기관의 성능곡선도와 열효율

가. 성능곡선도

기관의 회전력, 출력, 연료 소비율과의 관계를 나타내는 선도

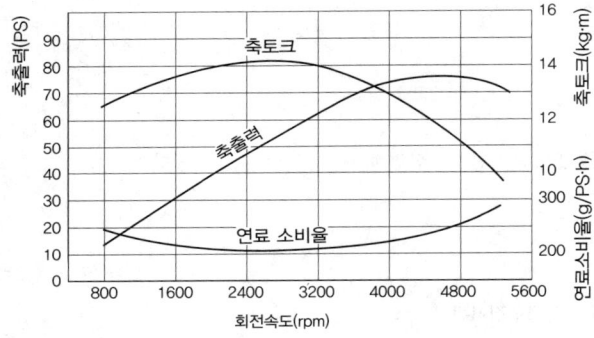

나. 제동열효율

$$\eta = \frac{\text{실제 일로 변한 열에너지}}{\text{기관에 공급된 열에너지}} \times 100 = \frac{632.3}{B_e \times C} \times 100$$

(B_e : 연료의 저위발열량(Kcal/kgf), C : 제동 연료소비율(g/PS·h))

Section 2

엔진정비 및 진단, 검사

01 가솔린 엔진의 구성

1) 실린더 헤드

가. 실린더 헤드 및 연소실

실린더 블록 위에 설치되어 실린더의 덮개 역할을 하는 주요부로, 실린더 및 피스톤 헤드와 함께 혼합가스가 연소되어 열에너지를 발생하는 연소실을 형성한다. 재질은 특수주철 및 알루미늄 합금이 사용된다.

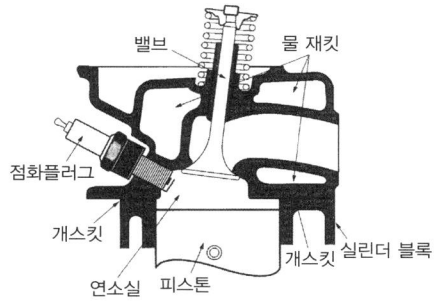

나. 실린더 헤드의 구비 조건

① 고온에서 열팽창이 적어야 한다.
② 큰 폭발 압력에서 견딜 수 있는 강성과 강도를 가져야 한다.
③ 열전도율이 커야 한다.
④ 정확한 점화를 하기위해 가열되기 쉬운 돌출부가 없어야 한다.
⑤ 화염전파의 소요시간이 가능한 짧아야 한다.
⑥ 연소실의 표면적이 최소가 되게 한다.
⑦ 혼합기의 와류 생성이 좋아야 한다.

다. 실린더 헤드 가스켓

실린더 블록과 헤드 사이에 밀착되어 혼합기 및 연소가스의 기밀 유지 및 냉각수와 오일의 누설 방지한다.

2) 실린더 블록

가. 실린더 블록 및 실린더

엔진의 기초 구조물로 내부에는 피스톤이 왕복 운동을 하도록 실린더가 있으며 주위에 냉각수 및 오일통로 등이 있으며 주철제나 알루미늄 합금이 사용된다.

나. 실린더의 종류

① 일체식 실린더 : 실린더 블록과 실린더가 동일하게 제작되는 방식이다.

② 라이너식 실린더 : 실린더 블록과 실린더를 별도로 제작해 블록에 끼우는 형식으로 건식과 습식이 있다.

㉮ 건식 : 라이너가 냉각수와 간접으로 접촉하는 방식

㉯ 습식 : 라이너 바깥둘레가 냉각수와 직접적으로 접촉하는 방식

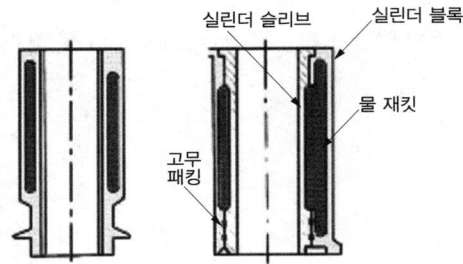

실린더벽의 두께$(t) = \dfrac{PD}{2\sigma}$ (P : 폭발압력, D : 실린더 직경, σ : 허용응력)

3) 피스톤 어셈블리

가. 피스톤의 기능

실린더 안을 왕복 운동하면서 동력 행정에서 고온·고압의 가스로부터 받은 압력을 커넥팅 로드를 거쳐 크랭크축에 전달한다.

피스톤의 평균속도$(s) = \dfrac{2L \times N}{60} = \dfrac{L \times N}{30}$ (L : 행정, N : 회전수)

나. 피스톤의 종류

① 피스톤 헤드 모양에 따른 종류 : 볼록형, 밸브노치형, 오목형, 편평형, 불규칙형이 있다.

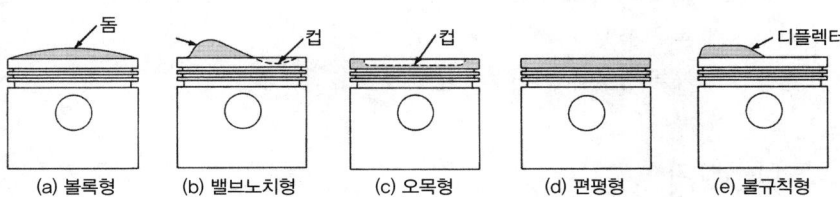

② 피스톤 모양에 따른 종류
  ㉮ 옵셋 피스톤 : 피스톤 슬랩(피스톤 간극이 너무 크면 피스톤이 상하사점에서 운동 방향을 바꿀 때 실린더 벽에 충격을 주는 현상으로 저온에서 현저하게 발생)을 방지
  ㉯ 캠 연마형 : 핀보스보다 직각방향이 장경(0.125~0.325mm)
  ㉰ 인바 스트럿 피스톤 : 인바(Ni + C + Mn + Fe)

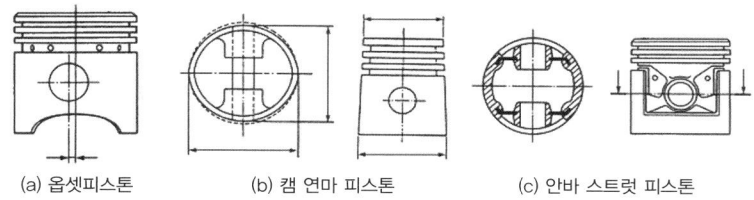

(a) 옵셋피스톤   (b) 캠 연마 피스톤   (c) 안바 스트럿 피스톤

다. 피스톤의 구비조건
  ① 고온, 고압에 견딜 수 있는 충분한 강도를 가지고 있을 것
  ② 피스톤과 실린더의 열팽창 특성에 알맞게 설계되어 항상 알맞은 틈새를 유지할 것
  ③ 윤활유의 유막 형성과 내마멸성이 양호할 것
  ④ 마찰 손실이 적고 무게가 가벼울 것
  ⑤ 열전도가 잘 되고 열팽창이 적을 것

라. 피스톤의 재질
  가볍고 강도가 크며, 열전도가 잘되어 방열 특성이 좋은 알루미늄 합금을 많이 사용하며 구리계열의 Y-합금과 규소계열의 Lo-Ex가 있다.

마. 피스톤 링
  피스톤 링 홈에 끼워져 피스톤과 실린더 사이의 기밀 유지, 오일 제어, 열전달 등의 작용을 하는 탄성을 가진 링으로 재질은 특수주철이 사용된다.

  ① 피스톤 링의 종류
    ㉮ 압축링 : 압축 및 팽창 가스가 연소실에서 크랭크실로 누설되는 것을 방지한다. 일반적으로 2개를 사용한다.
    ㉯ 오일링 : 피스톤 최하단부의 홈에 끼워지며 실린더 벽에 뿌려진 윤활유의 유막을 조절하고, 여분의 윤활유를 긁어내린다.

  ② 피스톤 링의 조건
    ㉮ 알맞은 면압과 장력을 가지고 있을 것
    ㉯ 내열 및 내마멸성이 클 것

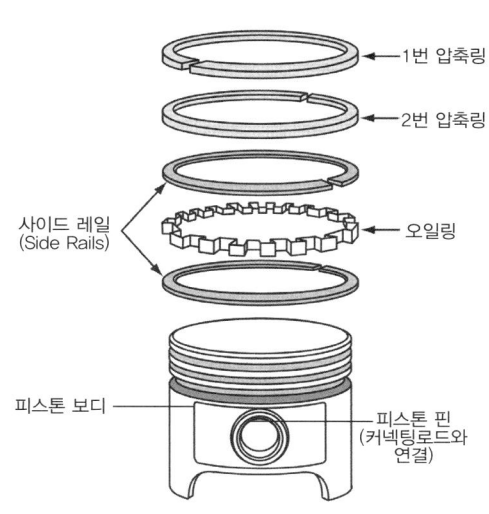

㉓ 고온에서 장력 감소가 적을 것
㉔ 기관 작동 중 실린더 벽을 마멸시키지 않을 것
㉕ 열의 전도가 양호하여 방열성이 좋을 것
③ 피스톤링 이음간극은 열팽창을 고려하여 두는 것으로 다음의 공식에 따라 구한다.

$$C \times \alpha \times \pi \times D \times (T_1 - T_2)$$

(α : 열팽창계수, D : 실린더 직경, T_1 : 피스톤링의 온도, T_2 : 실린더벽의 온도)

바. 피스톤핀

① 커넥팅 로드 소단부와 피스톤을 연결하는 핀으로 재질은 저탄소침탄강, 니켈-크롬강이 있다.
② 피스톤핀은 결합방법에 따라 고정식(핀을 멈춤 나사로서 피스톤 축에 고정한 것), 반부동식(핀을 커넥팅로드 소단부에 볼트로써 체결한 것), 전부동식(핀이 이탈되지 않도록 양단에 스냅링을 끼운 것)이 있다.

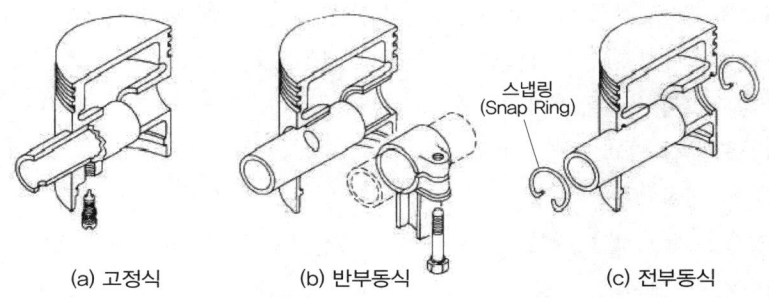

(a) 고정식　　(b) 반부동식　　(c) 전부동식

사. 커넥팅 로드(Connecting Rod)

① 피스톤의 왕복 운동을 전달하는 연결봉으로서, 피스톤과 연결되는 소단부와 크랭크축과 연결되는 대단부, 연결 막대부인 섕크(Shank)로 구성되어 있다.
② 커넥팅 로드는 기관이 운전되는 동안 압축, 인장, 굽힘 등의 하중을 반복적으로 받으므로, 이것에 충분히 견딜 수 있는 강도와 강성을 가지고 있어야 한다.

4) 크랭크케이스

실린더 블록의 아랫부분과 오일 팬으로 구성되어 있으며, 실린더블록 부분을 위 크랭크케이스, 오일 팬 부분을 아래 크랭크케이스라 한다. 오일 팬에는 기관이 기울어졌을 때에도 윤활유가 충분히 고여 있도록 배플판을 설치한다. 오일 팬에는 오일 펌프의 흡입구와 오일 스트레이너(Oil Strainer)가 설치되어 있다.

5) 크랭크축

가. 크랭크축의 구조

크랭크축은 피스톤의 왕복운동을 커넥팅로드를 거쳐서 회전운동으로 바꾸는 동력 전달 장치로 중요한 회전축으로 크랭크핀(Crankpin), 크랭크암(Crankarm), 메인 저널(Main Journal), 평형추(Balancing Weight) 등으로 구성되어 있다.

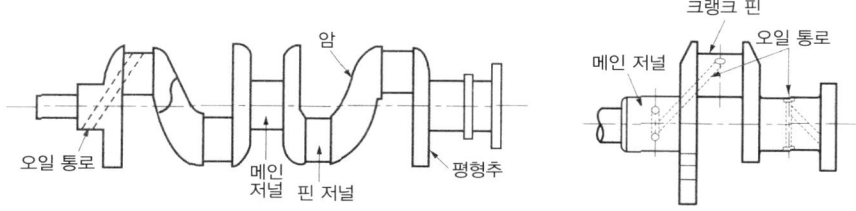

나. 크랭크축의 재질

굽힘(Bending), 전단(Shearing) 및 비틀림(Torsion) 등의 큰 하중을 받으면서 고속으로 회전하게 되므로 충분한 강도와 강성을 가져야 하므로 고탄소강, 크롬-몰리브덴강, 니켈-크롬강 등으로 단조하여 사용한다 기타 미하나이트주철, 구상흑연주철제도 있다.

핀저널의 직경(d) = $\sqrt{\dfrac{\pi D^2 P}{4 \times 1.3 \times P_a}}$

(P : 엔진의 최대폭발압력, P_a : 핀저널에 작용하는 허용압력, D : 실린더 직경(저널폭(b=1.3d))

6) 베어링

피스톤과 커넥팅 로드 소단부, 커넥팅 로드 대단부와 크랭크핀, 크랭크축 메인 저널과 지지부 사이에는 베어링이 설치된다. 이와 같이 기관에서 축의 회전 운동을 받으면서 지지하는 베어링에는 보통 평면 베어링이 사용되며, 평면 베어링을 저널 베어링이라고도 한다.

가. 베어링 재질

① 배빗메탈(화이트 메탈) : Sn + Sb + Cu + Zn (주석 + 안티몬 + 구리 + 아연)

② 켈밋메탈(적 메탈) : Cu + Pb(구리 + 납)

③ 트리메탈 : 강재 + 켈밋메탈(중) + 배빗메탈(표면)

④ 포드메탈 : Al + Sn(알루미늄 + 주석) → 최근 널리 사용

나. 베어링 크러시

베어링 바깥둘레와 하우징 안 둘레와의 차이를 말하며 밀착성 및 열전도성을 증가시킨다. 그러나 너무 크면 베어링이 찌그러진다.

다. 베어링 스프레드

미장착시 베어링 외경과 하우징 내경과의 차이를 말하며 밀착성 증대, 이탈방지 및 정비시 용이하다.

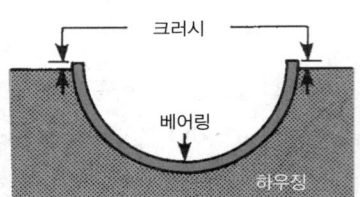 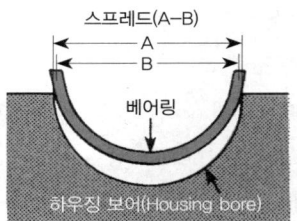

7) 플라이 휠

각 실린더의 동력 행정 때 급격한 회전력을 흡수하여 관성력으로 저장하고, 이를 다른 행정에서 이용함으로써 크랭크축의 회전을 원활하게 유지시켜 주는 역할을 하며 재질은 주철 및 강을 사용한다. 뒷면에는 클러치가 설치되고 바깥둘레에는 기동모터와 물리는 링기어가 열박음되어 있다.

8) 밸브기구 및 밸브

가. 밸브기구

밸브개폐 기구는 밸브, 캠축, 밸브 리프터, 로커암 어셈블리로 구성된다.

나. 밸브기구의 형식

① OHV (오버헤드 밸브) : 캠축이 크랭크축 옆에 있는 형식으로 푸시로드가 있다.
② OHC (오버헤드 캠축) : 캠축이 실린더헤드에 있는 형식으로 벨트나 체인으로 구동한다.
③ DOHC(더블오버헤드 캠축) : 캠축이 실린더헤드에 2개 설치된 형식으로 흡배기효율은 증가하지만 구조가 복잡하다.

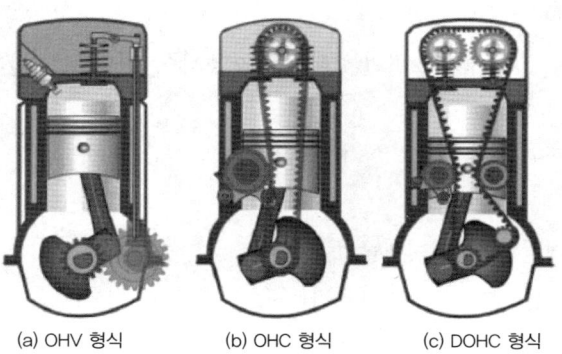

(a) OHV 형식   (b) OHC 형식   (c) DOHC 형식

다. 흡배기밸브의 특징

① 밸브는 흡기밸브와 배기밸브로 구분되며, 보통 밸브 스프링과 일체형 구조이다.
② 형상은 보통 포핏형이 많으며 일반적으로 흡기밸브의 지름이 약간 크다.
③ 내열성이 커야 한다.

④ 밸브 헤드부분의 열전도성이 좋아야 한다.

⑤ 무게는 가볍고 내구성이 커야 한다.

라. 밸브의 구조

① 밸브면(페이스) : 밸브시트에 밀착(1.5~2mm) 각도는 30°, 45°, 60°

② 마진 : 밸브의 재사용여부를 결정(한계 : 0.8mm)

③ 밸브스템 : 밸브가이드의 안내를 받는 곳

④ 스템엔드 : 평면으로 절삭함, 로커암의 접촉부

마. 밸브의 재질

① 밸브스템 : 페라이트계

② 밸브헤드 : 오스테나이트계

③ 스템엔드 : 스텔라이트계

④ 밸브시트 : 밸브와 함께 기밀을 유지하며 기밀유지를 위해 열팽창을 고려하여 간섭각(1/4~1°)을 둔다.

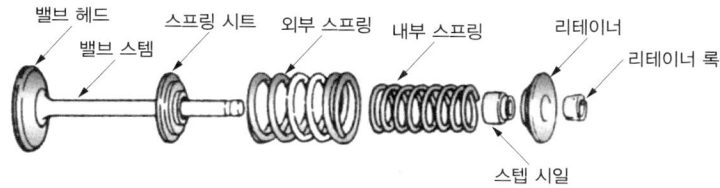

바. 밸브 스프링

① 흡·배기 밸브를 지지하는 스프링으로서, 일반적으로 코일 스프링이 사용된다.

② 재료로는 니켈강이나 규소-크롬강이 사용된다.

③ 밸브 헤드를 밸브 시트에 밀착시켜 기밀을 유지하는 데 필요한 장력이 있어야 한다.

④ 밸브 서징(Valve Surging)

　㉮ 밸브의 시간당 개폐 횟수가 밸브 스프링의 고유 진동수와 같거나 그 정수의 배가 되었을 때 스프링의 고유 진동과 밸브의 개폐 운동(진동)이 공진하여 일어나며, 심한 경우에는 관련 부품이 파손된다.

　㉯ 서징을 방지하기 위하여 고유 진동수가 다른 스프링을 합쳐 2중으로 하거나(이중 스프링), 부등피치 스프링, 원추형 스프링(코니컬 스프링)을 사용한다.

⑤ 밸브(코일) 스프링 점검

　㉮ 자유높이는 표준값보다 3%이상 변화하면 교환한다.

　㉯ 직각도는 자유높이 10cm에 대해 3mm 이상 기울어지면 교환한다.

　㉰ 장력은 규정값보다 15%이상 변화하면 교환한다.

> **Note** | 양정과 밸브를 통과하는 공기의 속도
> - 밸브양정 $h = \dfrac{d}{4}$ (d : 밸브지름)
> - 밸브를 통과하는 공기의 속도 (V) = $\dfrac{D^2}{d^2} \times S$ (D : 실린더 지름, d : 밸브 지름, S : 피스톤의 평균속도)

9) 캠축

가. 캠축의 분류 및 기능

① 캠축의 분류 : 캠축의 구동방식에 따라 기어구동식, 체인구동식, 밸트구동식이 있다.

② 기능

㉮ 밸브를 개폐하기 위한 캠이 설치되어 있다.

㉯ 캠축은 크랭크축의 1/2 속도로 회전한다.

㉰ 재질은 주로 주철제를 사용하며 내마모성이 요구된다.

나. 캠의 종류

접선캠, 볼록캠(원호캠), 오목캠 등이 있다.

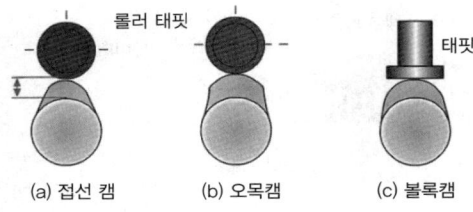

(a) 접선 캠 (b) 오목캠 (c) 볼록캠

다. 캠의 구성

① 기초원 : 캠의 회전중심원

② 노스원 : 노스가 만드는 원

③ 로브 : 플랭크와 플랭크의 길이(밸브가 열려서 닫힐때까지의 거리)

④ 플랭크 : 기초원의 접점에서 노스까지의 거리

⑤ 노스 : 캠의 최고 윗면(밸브가 완전히 열리는 점)

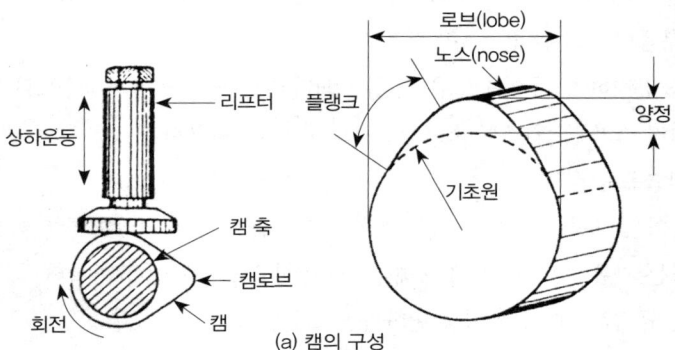

(a) 캠의 구성

⑥ 양정 : 기초원에서 노스까지의 거리(캠고 : 기초원, 노스원 : 기초원/2)

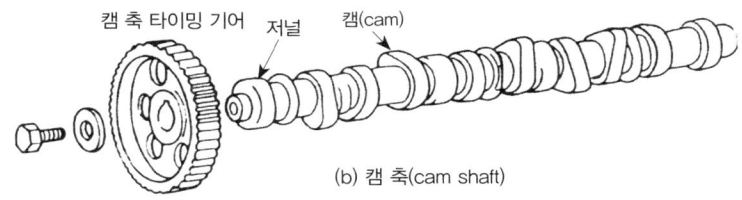

(b) 캠 축(cam shaft)

10) 밸브 리프터(태핏)

캠의 회전운동을 왕복운동으로 바꾸는 장치로 기계식과 유압식이 있다.

가. 기계식

볼록면, 평면, 롤러형 리프트가 있으며 편마모를 방지하고자 접촉점을 중심에서 옵셋을 두고 있다.

나. 유압식의 특징

① 밸브간극이 '0'이며 간극을 조정하지 않아도 된다.
② 작동이 조용하다.
③ 밸브개폐시기가 정확하여 엔진성능이 향상된다.
④ 충격을 흡수하기 때문에 내구성이 향상된다.
⑤ 구조가 복잡하다.
⑥ 오일회로 구성품이 고장나면 작동이 정지된다.

다. 밸브 간극

로커암과 밸브 스템엔드 사이의 간극이며 너무 크면 흡기효율 저하 및 소음이 심해지고 너무 작으면 밸브밀착 불량으로 인한 출력감소 및 역화가 발생할 수 있다.

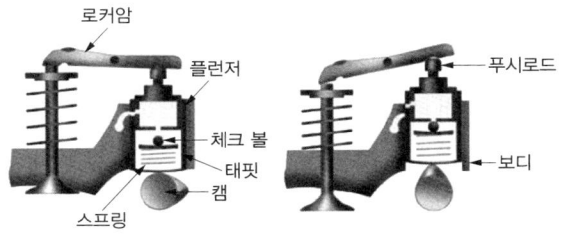

11) 밸브 타이밍과 오버랩

가. 개폐시기 및 오버랩

① 흡기밸브의 개폐시기 : 흡입관성에 의해 충진효율 증대를 위해서 상사점 전에 열리고 하사점을 지나서 닫힌다.

② 배기밸브의 개폐시기 : 배기가스의 유동관성을 이용하기 위해서 하사점 전에 열리고 상사점 지나서 닫힌다.

③ 밸브오버랩 : 배기행정 말에 흡기밸브와 배기밸브가 동시에 열려있는 구간으로 흡입 효율 및 충진효율을 높여 출력을 향상시킬 수 있다.

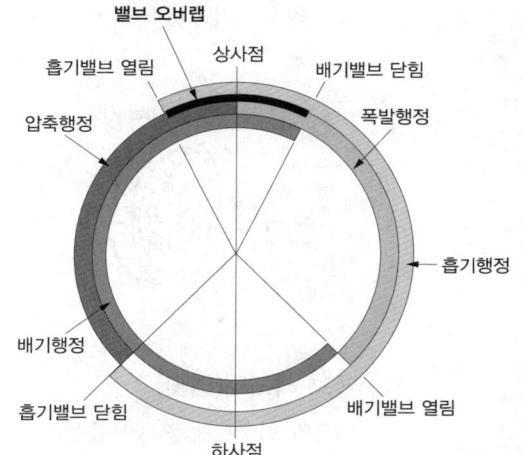

나. 밸브 제어
① 기관의 회전속도와 부하에 따라 밸브 개폐 시기나 양정을 변경시키는 장치를 말한다.
② 효과 : 배기가스 저감, 연비향상, 출력향상
③ 종류
㉮ 가변 타이밍 제어(VTC) : ECU에 의한 유압피스톤 제어, 캠축의 위상차 제어
㉯ 가변 밸브 리프트 제어(VTEC) : 흡기 또는 흡배기 밸브의 위상을 제어
㉰ 리프트 및 타이밍 가변(I-VTEC) : 캠 위상을 변경시켜 밸브 타이밍 가변 제어
㉱ 캠 위상 가변(VVTL-I) : 엔진회전수와 부화에 따라 캠 위상을 연속 가변하는 장치

02 윤활 및 냉각장치

1) 윤활장치

가. 점도 및 점도지수
① 점도(Viscosity) : 액체의 내부저항으로 끈적거림의 정도를 표시하는 것
② 점도지수(Viscosity Index)
㉮ 온도에 의한 점도의 변화를 나타낸 지수를 말한다.
㉯ 온도의 차가 많아도 점도의 변화가 적은 것이 점도지수가 큰 것이다.
③ 윤활유 첨가제
㉮ 산화방지제　　　　㉯ 점도지수 향상제
㉰ 유동점 강하제　　　㉱ 청정분산제
㉲ 부식방지제　　　　㉳ 유성향상제
㉴ 기포방지제　　　　㉵ 극압제

나. 윤활유의 기능

① 마찰감소 및 마멸방지 작용 ② 응력분산작용 및 소음완화작용
③ 기밀작용(밀봉작용) ④ 냉각작용
⑤ 방청작용 ⑥ 세척작용

다. 윤활유의 구비조건

① 점도지수가 커서 온도에 의한 점도의 변화가 적을 것
② 인화점 및 발화점이 높고 응고점은 낮을 것
③ 강한 유막을 형성할 것
④ 비중과 점도가 적당할 것
⑤ 기포발생 및 카본생성에 대한 저항력이 클 것

라. 윤활방식

① 비산식 : 커넥팅로드의 주걱으로 각 윤활부에 오일을 공급한다.
② 압력식 : 오일펌프로 각 윤활부에 오일을 공급하는 방식으로 완전한 급유가 가능하다.
③ 비산압력식 : 비산식과 압력식의 조합형으로 케넥팅로드의 오일홀로 비산하여 실린더벽을 윤활한다.

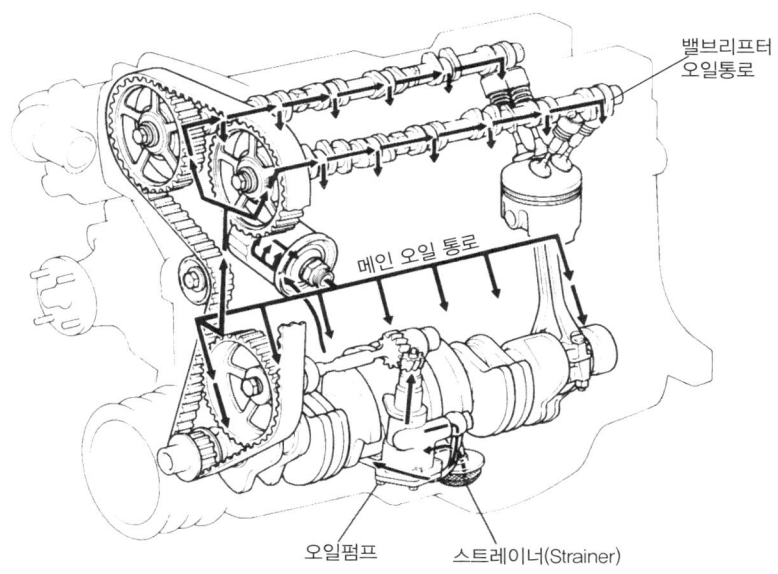

마. 윤활장치의 구성

① 오일스트레이너 : 윤활유를 1차로 여과하여 불순물을 제거하며 펌프의 입구에 있다.
② 오일펌프 : 윤활유를 각부로 압송시키는 역할을 하며 기어펌프, 로터리펌프, 베인펌프, 플런저 펌프 등이 있다.

③ 오일여과기(오일필터) : 윤활유 속의 이물질을 여과한다.
  ㉮ 전류식: 모든 윤활유를 여과하여 윤활부에 공급한다.
  ㉯ 분류식: 여과가 되지 않은 윤활유를 윤활부에 공급한다.
  ㉰ 샨트식 : 전류식과 분류식의 조합으로 오일의 일부는 여과되지 않은 상태로 윤활부에 공급되고 나머지 오일은 여과기의 엘리먼트에서 여과시킨 후 윤활부에 공급한다.

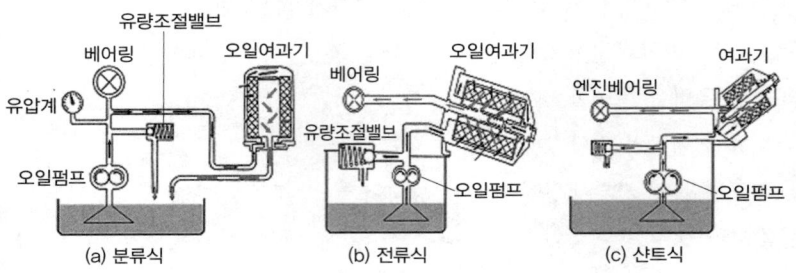

(a) 분류식   (b) 전류식   (c) 샨트식

④ 유압조절기 : 과도한 유압 발생을 방지하며, 2.5~4.5kg/cm²으로 유지하도록 한다.
⑤ 유압경고등(오일압력스위치) : 유압이 규정 이하(0.2~0.4kg/cm²)로 낮아지면 계기판에 경고등이 점등된다.
⑥ 오일 냉각기 : 윤활유의 온도를 규정(70~80℃)온도로 유지하며, 공랭식과 수랭식이 있다.

바. 윤활유의 분류
① SAE분류
  ㉮ 겨울철용 : SAE 20, SAE 20W, SAE 10W, SAE 5W
  ㉯ 봄, 가을용 : SAE30
  ㉰ 여름철용 : SAE40, SAE50
② API분류와 API 신분류(SAE 신분류)
  ㉮ 가솔린엔진
    ㉠ ML : 좋은 조건의 운전시 사용(SA)
    ㉡ MM : 중간 조건의 운전시 사용(SB)
    ㉢ MS : 악조건의 운전시 사용(SC, SD, SE)
  ㉯ 디젤엔진
    ㉠ DG : 좋은 조건의 운전시 사용(CA)
    ㉡ DM : 중간 조건의 운전시 사용(CB, CC)
    ㉢ DS : 악조건의 운전시 사용(CD)

사. 유압
① 유압이 낮아지는 원인
  ㉮ 윤활간극이 클 때

㉯ 유압조절밸브의 밀착이 불량할 때
㉰ 유압조절밸브스프링의 장력이 약할 때
㉱ 윤활유의 점도가 낮을 때(엔진이 과열될 때)
㉲ 윤활통로 내에 공기가 유입되었거나 파손되었을 때
㉳ 오일펌프의 불량일 때

② 유압이 높아지는 원인
㉮ 유압조절 밸브가 고착되었을 때
㉯ 유압조절스프링의 장력이 클 때
㉰ 윤활유의 점도가 높을 때(엔진이 과냉될 때)
㉱ 윤활간극이 작을 때
㉲ 윤활통로가 막혔을 때

2) 냉각장치

가. 냉각장치의 기능

기관의 과열을 방지하여 원활한 운전을 하기 위한 장치이다.

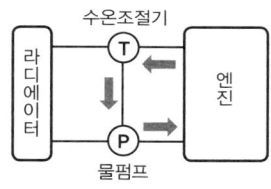
(a) 워밍업 전의 냉각회로

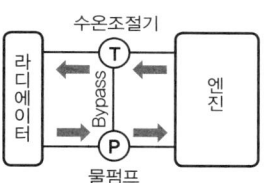
(b) 워밍업 후의 냉각회로

나. 냉각방식

① 공랭식
㉮ 실린더 주위에 냉각핀을 설치하고 실린더 내의 일부 온도를 대기 속으로 방산시킨다. 냉각작용은 수냉식보다 뒤지기 때문에 소형기관 외에는 별로 사용되지 않는다.
㉯ 자연통풍식과 강제통풍식이 있다.

② 수냉식
㉮ 실린더 주위에 설치된 물재킷·라디에이터·팬 및 수온조절기(서머스탯) 등으로 구성된다. 공랭식에 비해 구조가 다소 복잡하나 냉각작용이 훨씬 우수하여 내연기관의 냉각장치에는 이 방식이 널리 사용된다.
㉯ 자연순환식, 강제순환식, 압력순환식, 밀봉압력식이 있다.

다. 냉각장치의 구성품

① **물재킷(Water Jacket)** : 물재킷은 실린더 블록과 실린더 헤드에 설치된 냉각수 순환통로이며 이곳을 통과하는 냉각수가 실린더 벽, 밸브 시트, 밸브 가이드, 연소실과 접촉하여 열을 흡수한다.

② **수온 조절기(Thermostat)**

㉮ 엔진과 라디에이터 사이에 설치되어 있으며 냉각수 온도 변화에 따라 자동적으로 개폐하여 라디에이터로 흐르는 유량을 조절함으로써 냉각수의 적정온도를 유지하는 역할을 한다.

㉯ 밸로즈 형(알콜), 펠릿 형(왁스), 바이메탈 형이 있다. 그리고 설치위치에 따라 냉각수가 엔진에서 외부로 나가는 지점인 엔진(헤드)과 라디에이터 상부호스 사이에 설치되는 출구 제어식과 냉각수가 라디에이터로부터 엔진으로 들어오는 지점인 하부호스와 엔진(워터펌프 흡입구) 사이에 설치되는 입구제어식이 있다.

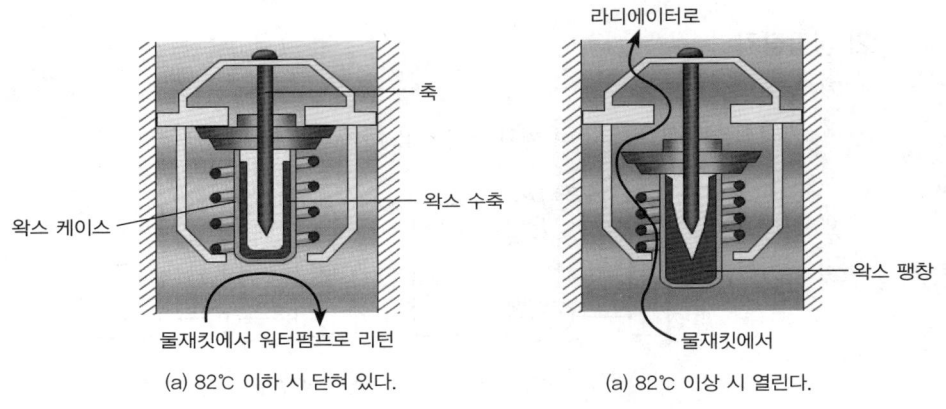

〈수온 조절기의 원리〉

③ **라디에이터(Radiator)**

㉮ 엔진에서 가열된 냉각수를 냉각하는 장치이며, 큰 방열 면적을 가지고 있고 대량의 물을 받아들이는 일종의 탱크이다.

㉯ 라디에이터는 상부탱크와 코어 및 하부탱크로 구성되어 있으며 상부탱크에는 라디에이터 캡(Radiator Cap), 오버플로우 파이프(Overflow Pipe) 및 입구 파이프가 있고 하부탱크에는 출구 파이프와 드레인 콕(Drain Cock)이 부착되어 있다.

㉰ 구비조건
 ㉠ 단위 면적당 방열량이 클 것
 ㉡ 공기 저항이 작을 것
 ㉢ 가볍고 튼튼할 것
 ㉣ 라디에이터 코어 막힘율 : (20% 이상 시 교환)

㉣ 라디에이터 코어 막힘율 : $\dfrac{\text{신품용량}-\text{구품용량}}{\text{신품용량}} \times 100\%$ (20% 이상 시 교환)

④ **압력식 캡** : 압력밸브와 진공밸브가 있으며 냉각수에 0.9~1.1bar의 압력을 가해 비점을 112℃로 상승시켜 수증기의 발생을 억제하여 냉각 효율을 높이는 역할을 한다.

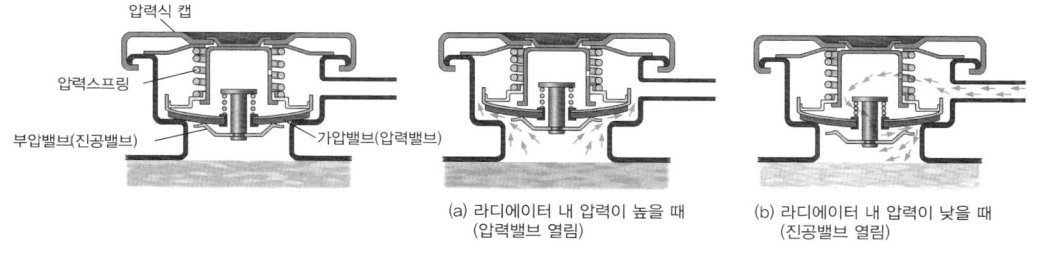

〈압력식 캡의 구조와 작동〉

⑤ **냉각팬** : 라디에이터 뒤쪽에 부착하여 강제로 통풍시킴으로써 냉각 효과를 충분히 얻게 하고 고속시에는 배기 매니폴드 등의 과열을 방지하는 역할도 한다.

⑥ **전동팬**

㉮ 모터로 냉각 팬을 구동하는 형식이며 냉각수의 온도를 감지하여 어느 온도에 도달하면 팬을 작동시키고, 어느 온도 이하로 내려가면 팬의 작동을 정지시킨다.

㉯ 라디에이터의 설치가 자유롭고 엔진의 워밍업이 빠르며 동력손실이 적은 장점으로 많이 사용한다.

㉰ 시라우드 : 방열기를 감싸며 공기의 흐름을 도와 냉각효과를 증대시킨다.

⑦ **팬 벨트**

㉮ V벨트(V 리브드 벨트)를 사용하며 크랭크축의 회전을 발전기 풀리와 팬 풀리(워터 펌프와 동시 구동)에 전달하여 팬을 회전시킨다. 그러나 전동 팬을 사용하는 엔진에서는 팬 풀리 대신에 워터 펌프 풀리를 회전시킨다.

㉯ 팬 벨트의 장력이 너무 팽창하면 워터 펌프 또는 알터네이터의 베어링 마모가 쉽게 되고, 너무 헐거우면 벨트가 미끄러져 충전불량 및 과열의 원인이 되기도 하기 때문에 적절한 장력(10kgf의 힘을 가했을 때 약 7~10mm 정도)을 유지하여야 한다.

⑧ **물 펌프(Water pump)** : 실린더 블록의 앞쪽에 부착되어 냉각수를 강제로 순환시키는 장치이며, 보통 원심 펌프를 많이 사용한다.

라. 냉각액

냉각수와 부동액의 혼합액으로 엔진의 열을 흡수하고 흡수된 열을 대기 중으로 방출하는 기능을 한다.

① **냉각수** : 냉각수로는 대부분 연수(증류수, 수돗물, 빗물)를 사용하는데 추운 지역에서는 냉각수가 얼어 엔진이 파손되는 것을 방지하기 위하여 부동액을 혼합하여 사용 한다

② **부동액** : 온도가 낮은 겨울에 냉각시스템 내부의 냉각수가 동결되면서 부피가 증가하여 엔진이 파괴(동파)되는 것을 방지하기 위하여 냉각수가 얼지 않도록 하는 액체로 메탄올, 글리세린, 에틸렌 글리콜(가장 많이 사용)이 사용된다.

㉮ 에틸렌 글리콜(EG, Ethylene Glycol) : 부동액의 주원료로 가장 많이 사용되고 있는 점성의 액체인 에틸렌 글리콜은 가격이 싸고 단맛이 있으며 사람이 섭취하면 콩팥에 치명적인 영향을 주는 독성물질이다.

㉯ 프로필렌 글리콜(PG, Propylene Glycol) : 무색에 향이 없고 단맛이 있는 액체로 흡습성과 생분해성이 좋고 인체에 대한 독성이 거의 없어 식품첨가제로도 사용되고 있으며 수명이 길고 열전달이 빠른 장점이 있지만 가격이 비싼 단점이 있다.

03 연료장치

1) 가솔린 연료장치

가. 개요

실린더 속에서 연료와 공기의 혼합비가 연소하기 위해서는 어느 범위의 혼합비를 유지하지 않으면 안된다. 이와 같은 가연혼합비를 기관의 연소실 안에 형성시키려면 연료탱크, 연료여과기, 연료펌프, 인젝터 등의 연료계통이 필요하다.

① 옥탄가 = $\dfrac{이소옥탄}{이소옥탄+노말헵탄} \times 100$

② 연료소비율 $f_b = \dfrac{B}{N_b}(g/PS-h)$ (B: 연료소비량, N_b : 제동마력)

③ 연소지연시 회전각(θ) = $6N \times t$ (N: 회전수, t : 연소지연시간)

나. 가솔린의 구비조건

① 체적 및 무게가 적고 발열량이 클 것
② 연소 후 유해화합물을 만들지 않을 것
③ 옥탄가가 높을 것
④ 연소속도가 빠를 것

> **Note** | 연료의 발열량 표시
> 연료의 발열량의 표시법으로 고위 발열량과 저위 발열량이 있다. 저위 발열량은 연료 중에 포함되어 있는 수증기의 열량을 고려하지 않은 열량으로서, 실제 기관에서 이용할 수 있는 열량이다.
> 저위 발열량 = 총발열량 − 수증기 잠열

다. 기관의 이상연소

① **노킹현상** : 비정상 연소에 따른 이상음으로 가속시 실린더 벽을 망치로 때리는 듯한 소리를 낸다. 발생시 연소가스 온도가 높아지고 실린더 가열로 열효율이 약화해 출력도 떨어진다. 또 엔진 오일이 변질되고, 피스톤과 밸브도 손상되기 쉽다.

② **노킹의 발생원인**
   ㉮ 점화시기가 빠를 때
   ㉯ 압축비가 높을 때
   ㉰ 흡기온도 및 압력이 높을 때
   ㉱ 기관이 과열되었을 때
   ㉲ 기관을 저속 과부하로 운전할 때
   ㉳ 옥탄가가 낮고 약간 희박한 혼합비일 때

③ **노킹의 억제방법**
   ㉮ 연소실형상 개선 및 와류 : 연소실을 가능한 한 작게 하고, 흡기에 와류을 형성하여 빠른 화염전파를 유도한다.
   ㉯ 연소실 냉각 개선 : 냉각수온이 낮으면 연소실벽면 온도가 내려가므로 연소실 말단의 가스가 자가착화가 어려워 노킹이 발생하기 어렵다.
   ㉰ 옥탄가가 높은 가솔린의 사용 : 가솔린의 옥탄가는 보통 95 이하인데 이것을 100으로 할 경우 점화시기는 약 6°, 압축비는 1정도의 진각효과가 있다.

라. 기본구성 및 기능

① **연료펌프** : 연료펌프는 진동, 소음, 베이퍼록 현상을 줄이기 위하여 연료탱크에 내장되어 있으며 탱크내의 연료를 흡입하여 연료공급파이프로 압송하는 기능을 한다.
   ㉮ 릴리프밸브 : 연료라인의 압력이 일정압력(6~7 bar)이상 되지 않도록 제어한다.
   ㉯ 첵밸브 : 시동 off 후 연료라인에 잔압을 형성하여 베이퍼록 방지, 재시동성 향상의 역할을 한다

② **연료탱크** : 연료저장 탱크로 탱크 본채, 연료 주입구, 연료계 탱크 유닛(연료량 계기 연결), 칸각이(연료 출렁거림 방지), 부압방지 밸브, 드레인 플러그(물 혹은 침전물 배출), 증발가스 제어호스, 연료 공급 파이프. 연료 리턴파이프 등으로 되어있다.

③ **연료 여과기(Fuel Filter)** : 연료의 불술물 제거하고 수분을 침전시키는 일을 한다.

④ **연료 압력조절기** : 연료 공급 파이프에 장착되며 흡기다기관의 부압이나 진공펌프를 이용하여 연료 분사 압력을 일정하게(2.5~3.5bar) 조정해주는 역할을 한다.

⑤ **인젝터** : 엔진 컴퓨터에 의해 제어되는 솔레노이드를 가진 분사노즐이다. 연료분사압력, 노즐의 직경이 일정하므로 엔진컴퓨터는 각종센서의 신호를 종합하여 연료분사시간을 결정하여 솔레노이드에 전류를 공급하여 인젝터의 니들밸브가 개방되어 연료는 분사된다.

㉮ 구동방식에 의한 분류
  ㉠ 전압 구동형 : 코일의 저항값이 12~17Ω 정도의 것으로, 솔레노이드 코일의 저항을 크게 하여 전류를 제한하는 것이다. 전압 구동형은 회로 구성은 간단하지만, 회로의 임피던스가 크게 되어 인젝터에 흐르는 전류가 감소하여 인젝터에 발생하는 흡인력이 저하되는 불리한 점이 있다.
  ㉡ 전류 구동형 : 엔진컴퓨터 내에 인젝터 전류 구동회로가 있어 분사신호 작동 시에 인젝터에 공급되는 전류가 변화한다. 회로 구성이 복잡하지만 회로 임피던스가 작으므로 인젝터의 다이내믹 레인지에 유리하다.

㉯ 분사방식에 의한 분류
  ㉠ 싱글포인트 인젝션(SPI) : 전자제어 연료 분사장치의 초창기 방식으로 카브레타와 같은 위치에 인젝터를 설치하여 연료를 분사하는 방식이다.
  ㉡ 멀티포인트 인젝션(MPI) : MPI는 각각의 실린더마다 각각의 인젝터를 설치하여 매니폴드에 연료를 분사하는 방식으로 다중 분사방식이라고도 한다.

㉰ 분사시기에 의한 분류
  ㉠ 독립분사 : 엔진의 회전에 동기하여 각 실린더의 흡기행정에 맞추어 분사가 행해지는 방식
  ㉡ 그룹분사 : 흡기행정이 연속하고 있는 실린더를 그룹으로 하여 분사하는 방식
  ㉢ 동시분사 : 피스톤이 내려가는 흡기행정과 팽창행정에서 연소에 필요한 가솔린을 2회로 나누어 분사하고, 흡기행정에서 모아 실린더에 흡입하는 방식

⑥ **연료공급 경로**
  ㉮ 전자제어 연료분사 장치의 연료공급은 흡입필터를 통해 연료펌프에서 압송된 연료는 연료파이프를 거쳐 연료필터로 공급되며 연료필터에서 여과된 연료는 공급파이프를 거쳐 인젝터에 분배된다. 인젝터에 걸리는 연료 압력은 엔진 부하에 따라 압력 조절기(Pressure regulator)에 의해 조정이 되며 이때 압력은 흡입다기관 내의 압력보다 항상 2.5~3.5bar 더 높은 압력이 일정하게 유지되도록 되어 있고 규정 압력 이상의 연료는 리턴 파이프를

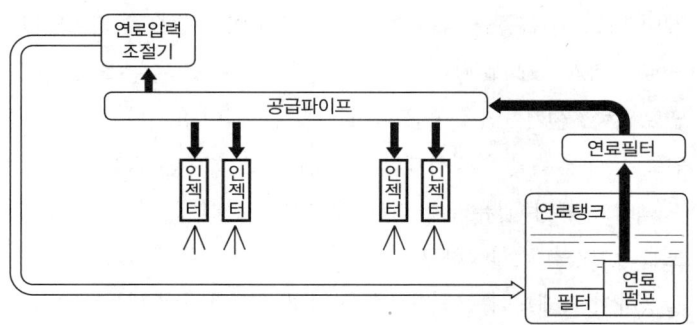

통해 연료탱크로 되돌아간다. 최근에는 연료펌프에서 연료의 압력을 조절하여 필요 이상의 연료는 탱크로 직접 리턴시키므로 리턴 파이프가 없다.

　㈏ 유체댐퍼(어큐뮬레이터) : 유압장치에 있어서 유압펌프로부터 고압의 기름을 일시적으로 저장하는 장치로 유압에너지 축적용, 긴급시 유압원, 맥동·충격압력의 흡수용으로 사용된다.

⑦ **연료분사 제어** : 연료분사는 인젝터에 전류가 흐르면 인젝터 내의 니들밸브가 완전히 열려 연료 파이프 내의 압력과 흡입진공압력에 의해 연료는 각 흡기매니폴드 구멍에 분사된다. 이때 연료분사량은 엔진컴퓨터(ECU)가 각 센서의 신호를 받아 인젝터에 흐르는 전류의 통전시간에 따라 좌우된다.

　㈎ 기본 분사시간 : 흡입공기량과 엔진회전수로 부터 구해지는 목표 공연비를 실현하는 분사시간

　㈏ 보정계수 : 엔진의 각 센서로 부터 입력된 신호에 의해 산출되는 것으로 냉시동, 급가속 등의 엔진 작동 상태에 따라 최적의 혼합기를 공급하기 위한 것이다.

　㈐ 시동시 분사시간 : 시동 시는 흡입공기량이 적고 흡기관 압력도 불안정하여 흡입공기량을 정확히 계측 또는 추정하기 어렵다. 따라서 흡입공기량과 관계치 않는다.

　㈑ 시동 후 분사시간: 시동 후 분사시간은 크랭크각 신호에 동기하여 분사하는 동기 분사시간과 급가속의 경우 등에 크랭크각 신호에 동기하지 않고 임의로 분사하는 비동기 분사시간이 있다.

> **Note** | 플라딩 현상(오버쵸크)
> 연료가 과도하게 분출되어 점화 플러그가 젖어 점화 불능 상태가 되는 현상

마. 직접분사식(gasoline direct injection engine)

시스템에서는 연료효율을 증가시키기 위하여 흡기행정 초기와 배기행정 말기에 흡기밸브와 배기밸브가 동시에 열려있는 오버랩구간이 지난 후 실제로 압축효과가 발생되는 시점부터 피스톤이 압축상사점(압축행정 말기)에 이르기 전 사이에 연료를 분사하여야 하므로 기존의 간접분사식 시스템에 비하여 연료압력이 높아(50~250bar)야 하므로 전기식 연료펌프(저압펌프) 외에 엔진과 함께 회전하는 고압펌프와 전기로 움직이는 연료압력 조절밸브, 연료압력센서가 추가된다.

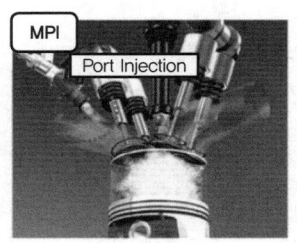
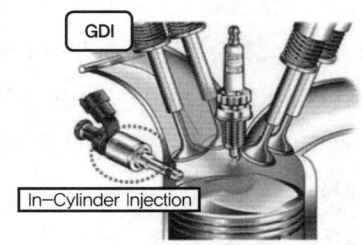

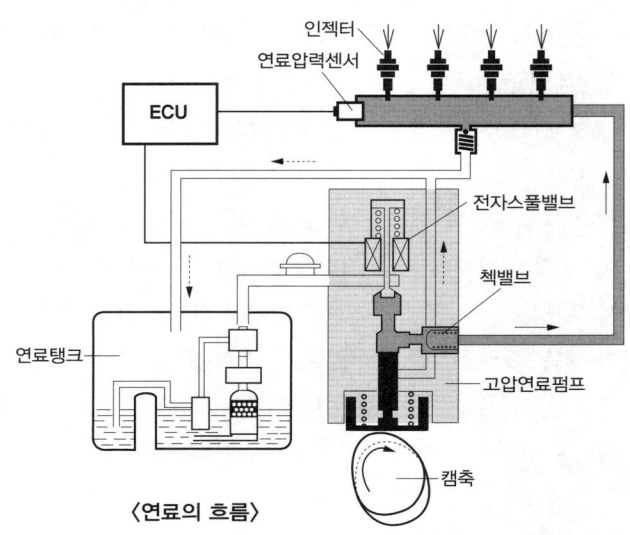

〈연료의 흐름〉

2) 디젤 연료장치

가. 개요

디젤엔진은 실린더 내부에 공기를 흡입, 압축을 하여 고온고압의 공기에 노즐 또는 인젝터를 통해 연료를 분사하면 자기착화하여 연소가 이루어지고 폭발을 한다. 이 폭발 힘은 크랭크축의 회전운동을 통해 필요한 회전력을 얻는 엔진이다.

① 세탄가 : 디젤기관 연료의 착화성을 표시하는 값으로 큰 것일수록 착화성이 크다.

$$세탄가 = \frac{세탄}{세탄 + \alpha-메틸나프탈렌} \times 100$$

② 디젤 노킹 방지법

㉮ 착화성(세탄가)이 좋은 연료를 사용한다.
㉯ 압축비, 압축압력, 압축온도를 높인다.
㉰ 엔진의 온도와 회전속도를 높인다.
㉱ 분사초기에 분사량을 적게하고 착화지연을 짧게 한다.
㉲ 흡입공기에 와류가 일어나게 한다.

나. 디젤기관의 특징

① 압축비와 충진효율이 높아 연비 및 열효율이 높다.
② 넓은 회전속도 영역에서 회전토크가 크다.
③ 공기과잉에서 연소되므로 CO, HC의 배출이 적다.
④ 점화장치가 없어 구조가 간단하고, 화재위험이 적다.
⑤ 높은 압축비(15~22) 때문에 고압의 연료분사장치가 필요하다.
⑥ 내구적 특성상 중량이 증가하고 마찰손실도 높아 진동과 소음이 크다.

다. 연소방식에 의한 분류

① **직접분사식** : 실린더에 직접 고압의 연료를 분사하는 방식으로 보통 피스톤헤드에 오목형의 연소실이 설치되며, 와류를 일으키는 형상임. 열손실이 적고, 효율이 높다. 노크 및 소음, 진동이 크다.
② **예연소실** : 별도의 부연소실(예연소실)을 설치하여 2단 착화 연소시키는 방식으로 예열플러그가 필요하고, 연료분사압력을 낮출 수 있다.
③ **와류실식** : 압축행정시 와류를 일으키도록 설계된 부연소실 설치되어 있어 회전속도 범위가 넓고 운전이 원활하며 분사압력이 낮아도 된다. 저부하, 저회전에서는 와류가 약해 연료의 착화지연이 크고, 노크 발생의 위험이 크다.
④ **공기실식** : 압력상승이 낮고 작동이 조용하며 폭발압력이 가장 낮다. 예열 플러그가 필요없고 부하 변화에 대한 적응성이 낮다.

라. 연료장치의 구성과 역할

연료탱크에 있는 연료는 연료필터를 거쳐 분사펌프로 유입되고 분사펌프는 연료를 고압으로 압축하여 노즐로 보내면 연료분사 시기에 맞추어 노즐에서 연료가 분사되어 고온, 고압의 공기와 자기착화에 의해 폭발 힘을 얻는다.

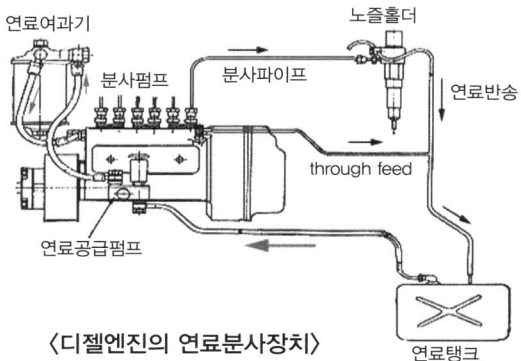

〈디젤엔진의 연료분사장치〉

① **분사펌프** : 연료분사장치의 본체는 분사펌프로서 플런저로 연료를 압송하는 분사장치가 대부분이며 열형펌프와 분배형펌프의 두 가지가 있다.

㉮ 열형펌프(독립형) : 엔진기통수와 같은 수의 플런저가 일렬로 배치되어 있으며 중대형 엔진으로 널리 사용되고 있다.
㉯ 분배형펌프 : 1개의 플런저로 각 기통에 연료를 분배하는 구조로서 부품수가 적고 경량이기 때문에 소형엔진에 주로 사용된다.

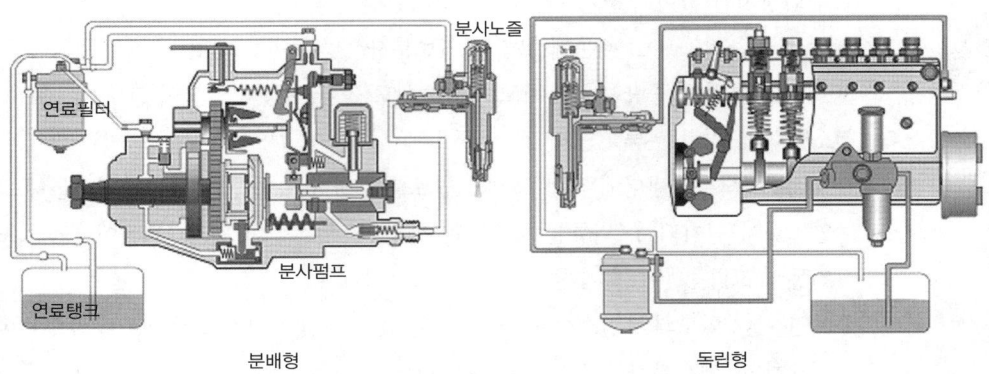

분배형　　　　　　　　　　　독립형

② 분사노즐 : 실린더 헤드부에 설치되어 분사펌프에 의해 압송된 연료를 분사한다. 직접분사식에서는 주로 다공식의 홀형, 예연소실에서는 스로틀형이 사용된다.
㉮ 홀형 노즐 : 시트 하부에 섹(Sec)이라고 부르는 공간이 있고 이 섹을 중심으로 여러 개의 분사구멍이 가공되며, 직분사엔진에 사용되며 엔진성능과 매칭되도록 분사구멍의 직경, 각도 및 니들 리프트를 변경시킨다.

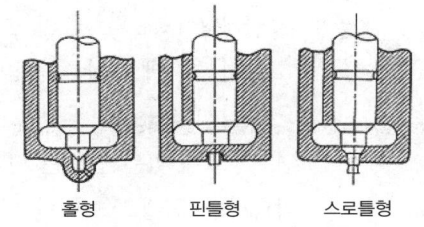

홀형　　핀틀형　　스로틀형

㉯ 핀형노즐 : 시트 아래에 분사구멍이 하나있고 니들 끝 모양에 따라서 핀틀형과 스로틀형이 있다. 이 형상에 따라서 분무의 퍼짐각이나 분사구멍의 면적이 바뀌며 주로 와류실식에 사용된다.

> **Note | 연료분사조건**
> • 미립화(무화) : 연소실에 분사되는 연료는 작을수록 자기착화가 쉽다.
> • 관통력 : 분사된 연료가 전체적으로 분포되기 위해서는 관통력이 좋아야 한다.
> • 분포성 : 연소실에 분사된 연료는 골고루 분포되어야 완전연소가 이루어진다.

③ 딜리버리 밸브(Delivery valve) : 연료의 역류를 방지, 분사노즐의 후적 방지, 잔압을 유지한다.
④ 조속기(Governor) : 엔진의 회전속도나 부하의 변동에 따라서 자동적으로 제어 래크를 움직여 분사량을 가감하는 장치이다. 그리고 조속기 내에 설치된 앵글라이히 장치(Angleichen device)

> **Note | 분사량의 불균율**
> - 규정값 : ±3% 이내
> - (+)불균율 = $\dfrac{\text{최대분사량} - \text{평균분사량}}{\text{평균분사량}} \times 100$
> - (−)불균율 = $\dfrac{\text{평균분사량} - \text{최소분사량}}{\text{평균분사량}} \times 100$

⑤ 타이머(Timer) : 엔진 회전속도 및 부하에 따라 분사시기를 변화시키는 장치이다.

마. 디젤엔진에 있어서의 연소과정

① 착화지연기간(연료의 착화성(세탄가)과 관련) : A~B

② 급격연소기간(화염전파기간) : B~C

③ 제어연소기간(직접연소기간) : C~D

④ 후기연소기간(후연기간) : D~E

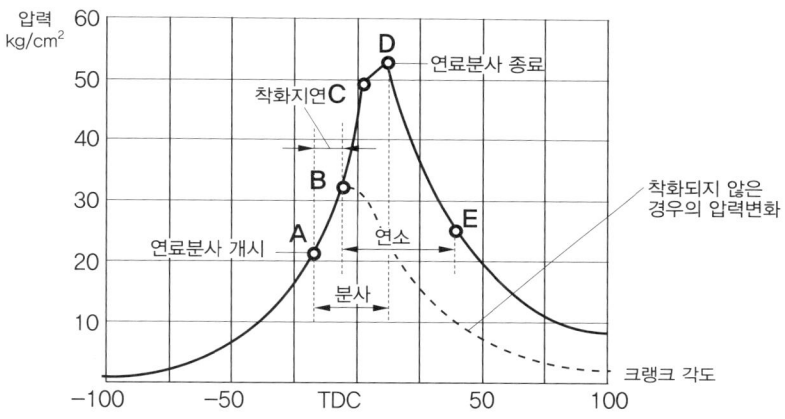

바. 전자제어 연료 분사장치의 개요

① 전자제어 연료분사장치는 지금까지 적용되었던 인젝션 펌프 방식을 완전히 탈피한 전자제어 축압식(Common rail)을 적용한 엔진으로 직접분사 디젤엔진이다. 연료장치의 구성 요소들은 연료의 저압이송에 대한 저압단계 및 고압이송에 대한 고압단계, 그리고 제어부 ECU로 구성된다.

② 전자제어 디젤기관 분사장치의 특징

  ㉮ 유해배출가스 감소

  ㉯ 연료소비율을 향상

  ㉰ 기관성능 및 주행성능 향상

  ㉱ 경량화 및 신뢰성 향상

③ 전자제어 연료 분사장치 제어 : 엔진컴퓨터(ECU)는 센서로 부터 입력신호를 기본으로, 운전자의 요구(액셀레이터 페달 설정)를 계산하고 엔진과 차량의 순간적인 작동성능을 총괄적으로 제어한다.

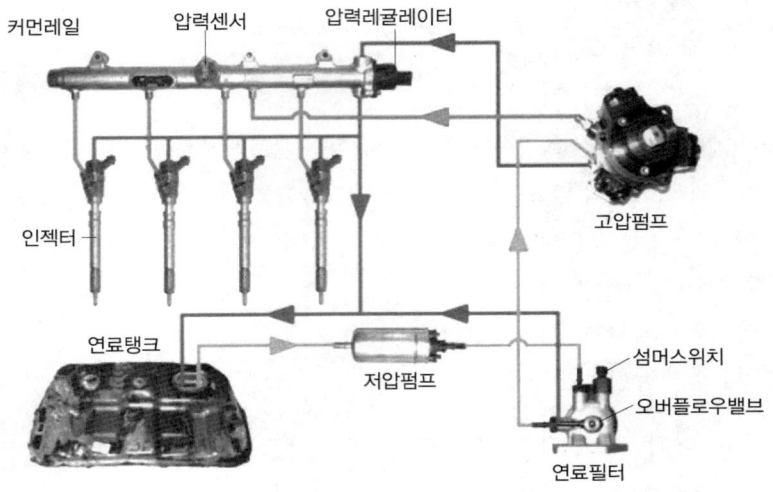

④ 저압연료라인의 구성

㉮ 연료탱크 : 비부식형 재질이며 허용압은 작동압력의 2배(최소 0.3bar 이상)이며 과도한 압력 발생을 막기 위해 적당한 마개와 안전한 밸브가 장착되어 있다.

㉯ 연료공급 펌프 : 예비필터를 가진 전기식 연료펌프이며, 펌프는 연료탱크로부터 연료를 흡입하여 고압펌프 방향으로 전달한다.

㉰ 연료필터 : 연료가 고압펌프에 공급되기 전에 수분과 이물질을 정화하고 연료를 예열하는 기능이 있다

㉱ 연료의 성분 중 파라핀계 성분은 영하의 기온에서 응고되어 고상의 물질이 생성되므로 온도센서로 일정온도를 감지하면 히터가 작용하여 녹여주는 역할을 한다.

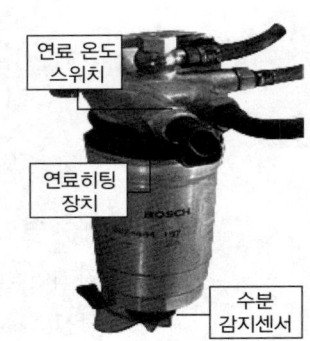

⑤ 고압연료라인의 구성

㉮ 고압펌프 : 고압을 발생하는 장치로 캠축에 의해 구동되는 기계식 로터리 펌프이며, 연료를 약 1,350bar의 압력으로 가압시켜 고압연료 어큐뮬레이터(커먼레일)로 연료를 이송한다.

㉯ 커먼레일 : 고압펌프로 부터 발생된 연료를 저장하는 곳이며, 인젝터에서 연료를 분사하여도 연료압력을 일정하게 유지시킨다.

■Section 2 엔진정비 및 진단, 검사

㉠ 레일압력센서 : 커먼레일(Common Rail)의 연료 압력을 측정하여 엔진컴퓨터(ECU)로 출력하고 엔진컴퓨터는 이 신호를 받아 연료 분사량과 분사시기를 조정하는 신호로 사용한다.

㉡ 압력조절밸브 : 커먼레일의 압력을 조정하는 기능으로, 엔진컴퓨터는 레일압력 센서의 신호를 통한 레일의 압력을 감지하여 레일압력 조절밸브를 제어한다.

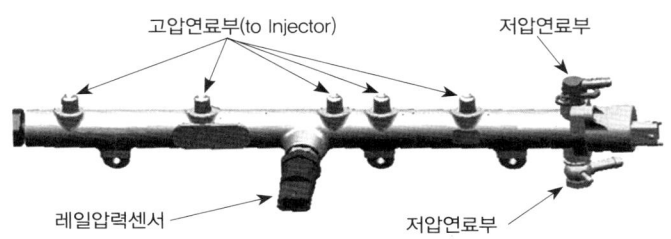

㉢ 인젝터 : 연료분사 장치이며 전기적 솔레노이와 니들 및 노즐로 구성되어 엔진컴퓨터의 제어에 의해 분사가 된다. 또한 인젝터의 노즐이 열려서 분사 후 남은 연료는 리턴라인을 거쳐 연료탱크로 되돌아간다.

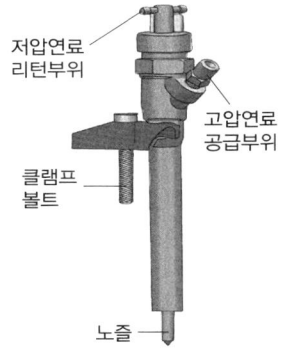

㉠ 예비분사(Pilot Injection): 주분사가 이루어지기 전 연료를 분사하여 연소가 잘 되게 하기 위한 분사이며 점화분사 실시 유무에 따라 엔진의 소음과 진동을 억제한다.

㉡ 주분사(Main Injection): 엔진의 출력에 대한 에너지는 주분사로 부터 나온다. 주분사는 점화분사가 실행되었는지 고려하여 연료량을 계산하며, 기본 값으로 사용되는 것은 엔진 토크량, 엔진회전수, 냉각수온, 흡기온도, 대기압 등으로 주분사 연료량을 계산한다.

㉢ 사후분사(Post Injection) : 디젤 연료(HC)를 촉매 변환기에 공급하기 위한 것으로 이는 배기가스에서 질소산화물을 감소시키기 위한 분사이다.

> **Note** | 예비분사를 실시하지 않는 경우
> • 예비분사가 주분사를 너무 앞지르는 경우
> • 엔진회전수가 3000RPM 이상인 경우
> • 분사량이 너무 적은 경우
> • 주분사 시 연료량이 충분하지 않는 경우
> • 연료압력이 최소 100bar 이하인 경우

⑥ ECU로 입·출력되는 사항

㉮ 아날로그 입력요소 : 연료압력 센서, 공기유량 센서 & 흡기온도 센서, 가속페달포지션 센서, 연료온도 센서, 축전지 전압, 수온센서, 센서전압, 크랭크포지션 센서, 레일압력센서

㉯ 디지털 입력신호 : 클러치스위치 신호, 에어컨스위치, 이중 브레이크 스위치, 에어컨 압력스위치, 블로워 모터 스위치, 차속 센서

㉰ 출력요소 : 인젝터, 커먼레일 압력제한 밸브, 메인릴레이, 프리히터 릴레이, 예열플러그 릴레이, EGR 솔레노이드 밸브

3) LPG 기관의 연료장치

가. 개요

① LPG는 현재의 가솔린이나 디젤보다 청정한 연료로서 적절한 시스템과 최적 제어가 이루어지면 유해 배기가스 저감에도 매우 유리하기 때문에 환경측면에서도 선호되고 있다. 액화 석유 가스(Liquefied Petroleum Gas, LPG)는 원유를 생산 할 때 유전에서 회수되거나 정유공장에서 원유 정제시 부산물로 추출되는 가스이며 상온, 상압 하에서는 기체 상태로 존재하지만 냉각 및 압력을 가할 경우 액체로 변하는 성질을 가지고 있어 기체상태보다 부피가 250배 정도로 줄어들기 때문에 저장 및 수송 또는 취급이 용이한 특징이 있다.

② 국내에서 LPG 자동차에 사용되는 L.P 가스연료는 프로판과 부탄이 주성분이며 하절기(3~11월)용은 부탄 100%를 사용하고 동절기(12~2월)용은 프로판(30%)과 부탄(70%)을 혼합하여 사용한다.

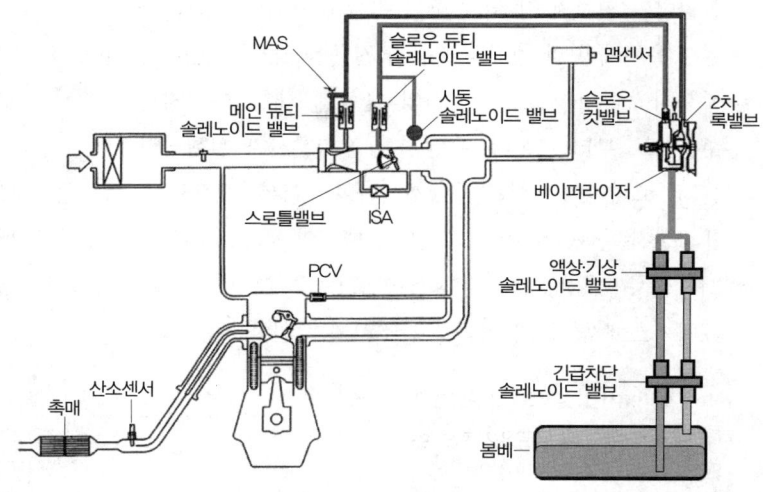

나. 분류

① LNG(Liquefied Natural Gas, 액화천연가스) : 천연가스를 가압 액화한 것이다.

② LPG(Liquefied Petroleum Gas, 액화석유가스) : 석유 정제시 부산물로 나오는 가스를 가압 액화한 것이다.

③ CNG(Compress Natural Gas, 압축천연가스) : 자연상태에서 산출되는 천연가스를 압축한 것이다.

다. LPG 일반특성

① 대기압 상태에서는 기체이며 프로판은 공기보다 1.52배, 부탄은 2배 무겁다.
② 순수한 LPG는 무색, 무취, 무미, 무독성이며 다량 흡입할 때는 마취성이 있다.
③ 독성이 아주 약하며 폭발한계도 좁아서 안전하다. 그러나 폭발의 위험이 있다.
④ 유황 분이 거의 없으며 장치의 부식, 대기오염의 염려가 적다.
⑤ 프로판은 기화시 체적이 250배, 부탄은 230배로 증가한다.
⑥ 발열량은 11,700~11,900kcal/kg 정도이다.
⑦ 프로판의 옥탄가는 112(리서치 법), n-부탄은 96.1(리서치 법)로 매우 높다.

라. LPG 기관의 장단점

① 장점
  ㉮ 경제성이 좋다.
  ㉯ 대기오염이 적고 위생적이다.
  ㉰ 연소효율이 좋으며 엔진이 정숙하다.
  ㉱ 증기압을 이용하므로 Fuel Pump가 필요없다.
  ㉲ 유황성분이 적어 연소 후 각 부품에 손상이 적다.
  ㉳ 엔진오일의 수명이 길다.
  ㉴ Percolation이나 Vapor Lock 현상이 없다.
  ㉵ 연소실에 카아본 부착이 적어 점화 플러그의 수명이 길다.
  ㉶ 옥탄가가 높아 노크가 잘 일어나지 않는다.

② 단점
  ㉮ 트렁크 사용공간이 협소해진다.
  ㉯ 겨울철 시동이 곤란하다.(기체연료 사용)
  ㉰ 연료의 취급과 공급절차가 복잡하다.
  ㉱ 베이퍼라이저(Vaporizer) 내에 타르(Tar) 제거와 같은 정비가 필요하다.
  ㉲ Bombe가 고압용기이기 때문에 정기검사가 필요하다.
  ㉳ 가솔린에 비하여 출력이 떨어진다.

마. LPG 연료장치의 구성과 기능

① LPG 봄베 : LPG를 보관할 수 있는 저장탱크이다.
  ㉮ 액면 표시장치 : 봄베 내에 충전된 LPG 양을 확인하기 위해 뜨개식이 사용된다.
  ㉯ LPG 충전밸브 : LPG(액상)를 충전할 때 사용하는 밸브이다. 충전밸브에 부착된 안전밸브는 봄베의 내압력이 상승하여 24kg/cm^2 이상이 되면 안전밸브가 작동하여 봄베 내의 LPG 압력을 일정하게 유지시켜 폭팔 등의 위험을 방지하는 일을 한다.(밸브의 색상 : 초록색)

㉰ 송출밸브 : 봄베에 충전된 LPG를 연소실로 공급하는 밸브 아래쪽에는 과류방지 밸브(EFV)가 설치되어 있어 차량에 이상 발생시 LPG의 유출로 인한 사고를 방지한다.(기체밸브 : 황색, 액체밸브 : 적색)

② **긴급차단 솔레노이드 밸브** : 사고시 연료누출을 막기 위한 안전밸브이다.

③ **액·기상 솔레노이드 밸브** : 엔진의 온도에 따라서 액체상태, 기체상태의 연료를 공급할 수 있도록 해주는 밸브이다. 솔레노이드 밸브란 엔진을 제어하는 컴퓨터에서 전기적인 신호로 ON, OFF하는 일종의 전자석이다.

④ **베이퍼라이저** : 봄베에 담겨있는 가스는 높은 압력으로 보관되어 있으므로 연료 압력을 $0.3kg/cm^2$으로 감압하여 액체를 기체로 변환하여 믹서로 공급하는 역할을 한다.

㉮ 1차실 : 봄베에서 공급되는 연료의 압력을 $0.3kg/cm^2$으로 감압한다.

㉯ 2차실 : 1차실에서 공급되는 연료를 대기압까지 감압한다.

㉰ 슬로우 컷 솔레노이드 밸브 : 시동시, 타행 주행시 연료를 공급한다.

㉱ 공회전 조정 스크류(IAS) : 공회전 엔진 회전수 및 CO를 조정한다.

⑤ **믹서** : 공기와 가스를 혼합시켜 주는 장치로서 전기장치, 에어컨 등을 사용하여 엔진 부하가 증가하면 이를 보상해주는 장치도 같이 장착되어 있다. LPG 연료장치에는 가솔린과 달리 봄베가 $1\sim10kg/cm^2$의 압력으로 연료를 공급하기 때문에 연료펌프가 없다.

㉮ 메인 조정 스크류 : 믹서로 유입되는 연료량 조정

㉯ 메인 듀티 솔레노이드 밸브 : 공연비 제어

㉰ 시동 솔레노이드 밸브 : 시동시 및 감속시 작동

㉱ 슬로우 듀티 솔레노이드 밸브 : 시동시, 각종 부하시 연료 공급

㉲ 아이들 스피드 액추에이터 : 시동시, 각종 부하시 아이들 RPM 제어

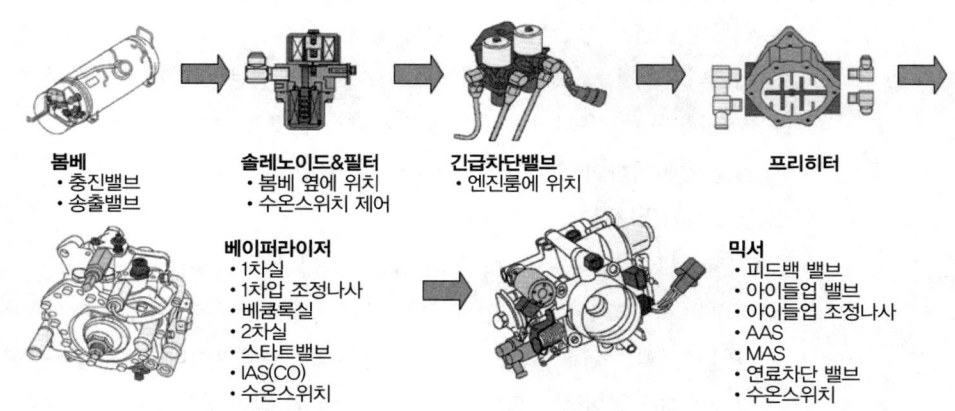

바. LPG 액상 연료분사 장치(LPI: Liquid Petroleum Injection)

① 개요

㉮ LPG 액상 연료분사 방식은 연료탱크의 압력에 의존한 기계식 LPG 연료 방식과는 달리 연료탱크 내에 연료펌프를 설치하여, 연료펌프에 의해 고압(5~15bar)으로 송출되는 액상 연료를 인젝터로 분사하여 엔진을 구동하는 구조로 되어 있다.

㉯ 액상의 연료를 분사하므로, 믹서 형식의 LPG 엔진의 구성품인 베이퍼라이저, 믹서 등의 구성 부품은 필요없게 되었으며 새롭게 적용되는 구성품은 고압인젝터, 봄베내장형 연료펌프, 특수재질의 연료공급파이프, LPI 전용 ECU, 연료 압력을 조절해주는 레귤레이터 등이 적용되었다.

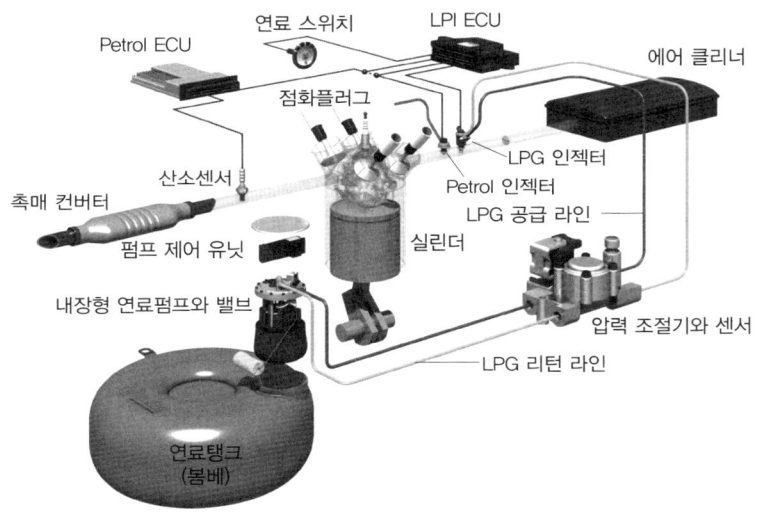

② LPG 액상 연료분사 장치(LPI) 장점

㉮ 겨울철의 냉간 시동성 향상

㉯ 정밀한 연료 제어로 배출가스 저감

㉰ 고압 액상 인젝터 분사시스템으로 타르 생성 및 역화(Back Fire) 발생문제 개선

㉱ 가솔린 엔진과 동등 수준의 뛰어난 동력 성능 발휘

③ LPI 엔진 연료장치 구성 및 기능

㉮ 연료펌프 모듈 : 멀티밸브와 펌프 어셈블리로 구성되어 있으며 탱크 내 LPG를 고압 액상 송출하는 기능을 갖고 있다.

㉠ 멀티밸브에는 밸브하우징, 연료의 누출 시 연료를 차단하는 연료차단 솔레노이드 밸브, 장기간 차량을 운행하지 않을 때 연료를 수동으로 차단하는 메뉴얼 밸브, 남은 연료를 탱크로 리턴시키는 리턴 밸브, 열간 재시동을 향상시키는 릴리프 밸브 등으로 구성되어 있다.

ⓒ 펌프 어셈블리에는 연료 중의 이물질을 걸러주는 연료필터, BLDC 모터, 양정형 펌프로 구성되어 있다.

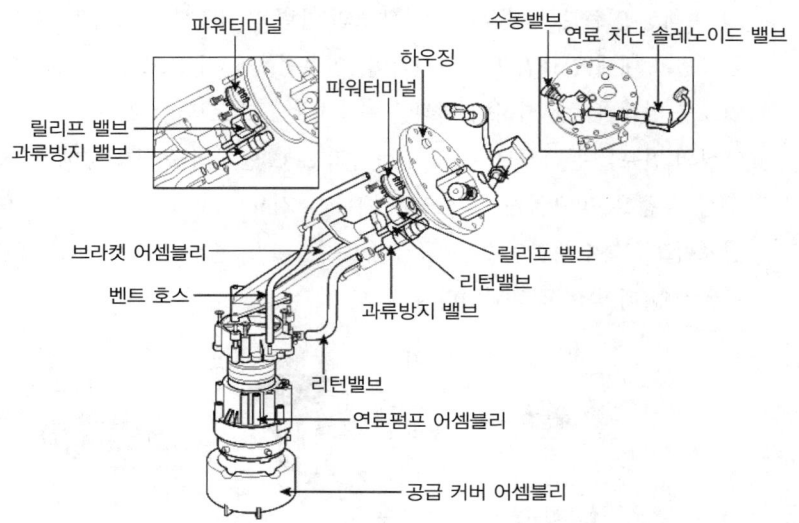

㉯ 인젝터 : 전용 인젝터를 사용하며 인젝터 내 니들시트를 통해 엔진으로 액상 LPG 연료를 분사하는 인젝터와 연료분사 후 기화잠열에 의한 수분 빙결 현상을 방지하기 위한 아이싱으로 구성되어 있다.

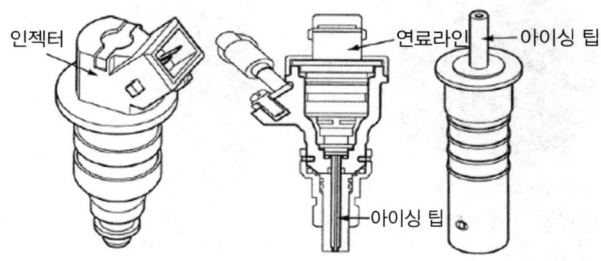

㉰ 연료압력 조정기(레귤레이터) : 연료 탱크에서 송출된 고압의 연료를 다이어프램과 스프링의 균형을 이용하여, 연료 통로내의 압력을 항상 ΔP 5bar(연료탱크 압력+ΔP 5bar)로 유지시키는 역할을 한다. 또한 연료압력 조정기 외에 연료분사량을 보상하기 위한 가스 압력 측정 센서(GPS), 가스 온도 측정(GTS) 및 연료 차단 솔레노이드 밸브를 내장하고 있어 연료라인의 연료공급 및 차단을 제어하는 기능을 한다.

㉱ 펌프 드라이버 : 연료펌프에 내장된 BLDC 모터의 구동 속도를 엔진 상황에 따라 5단(500(475), 1000, 1500, 2000, 2800rpm)으로 제어하는 역할을 하며, 연료탱크에서 연료펌프가 장착된 부분에 돌출되어 장착되어 있다.

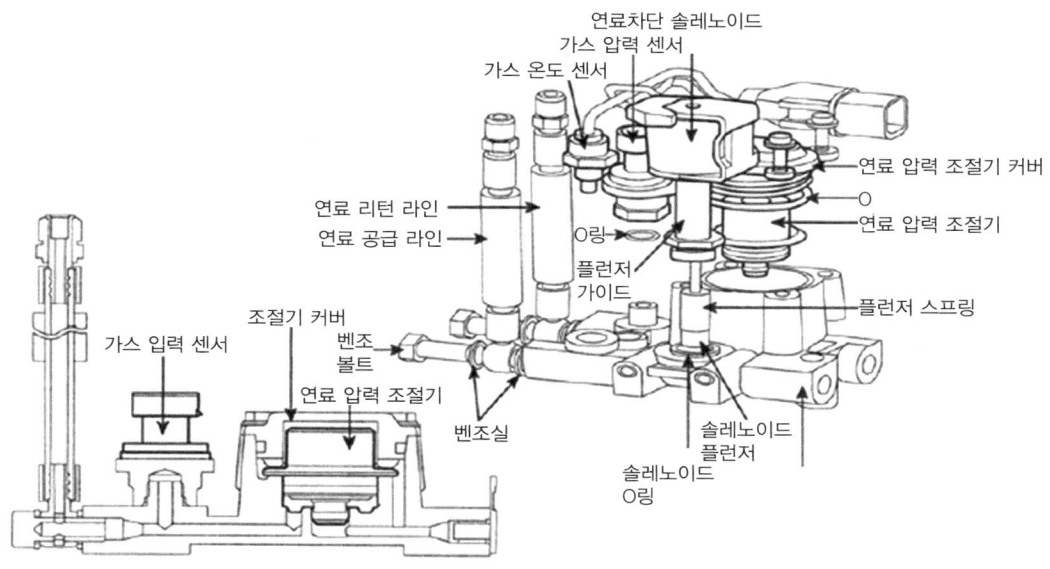

〈연료 압력 조절기 유닛〉

04 흡·배기장치

1) 흡·배기장치의 개요

엔진을 구동하기 위해서는 대기 중의 공기와 연료가 혼합되어 연소실로 유입되어야 하며, 폭발 후의 연소가스는 대기 중으로 배출해야 한다. 이와 같이 신선한 공기를 흡입하고 연소가스를 배출시키는 역할을 하는 것이 흡·배기 장치이다.

$$충진효율(\eta_c) = \frac{실제\ 흡입된\ 신기의\ 중량}{행정체적을\ 차지하는\ 신기의\ 중량} ≒ \frac{흡입체적}{행정체적}$$

2) 흡기 및 배기장치의 구성

가. 에어클리너(air cleaner)

흡입행정 시 연소실로 유입되는 공기를 여과(에어필터, air filter)시켜 주는 기능 및 흡입 시 발생되는 소음을 줄이는 역할을 한다.

① 건식청정기 : 케이스와 여과 엘리멘트로 구성된다.
② 습식청정기 : 엘리먼트가 스틸울(steel wool)이나 천으로 엔진오일 케이스 내에 들어있다.

나. 배기파이프(Exhaust pipe)

배기매니폴드를 통해 나오는 배기가스를 외부로 배출하는 역할을 하며 재질은 강관을 사용한다. 자동차에 따라 소음기 및 캐터릭컨버터의 배열에 의해 몇 개로 분리한 구조로 되어 있다.

다. 소음기(Muffler)

배기매니폴드를 통해 배출되는 배기가스의 온도는 500~800℃의 고온과 3~6kg/cm^{3}의 고압가스로 대기 중으로 방출 시 굉음이 발생된다. 그러므로 소음기를 통해 배기압력 및 소음을 줄이는 역할을 한다.

라. 가변흡기장치(Variable Intake System)

① 엔진회전 및 부하상태에 따라서 공기흡입통로를 조절하여 엔진의 전운전 영역에서 엔진 출력을 향상시키는 장치로 저속 및 저부하시는 VIS밸브를 닫아 일반엔진보다 흡입통로를 길게 하고, 고속 및 고부하 시는 VIS밸브를 열어 일반엔진보다 흡입공기통로를 짧게 제어하여 엔진출력을 향상시킨다.

② 가변흡기장치의 구성요소는 서브모터, 밸브위치센서, 흡기제어 밸브, 웜휠 & 웜기어 등으로 구성되어 있다.

3) 터보차저(Turbo Charger)

가. 터보차저(Turbo Charger)의 개요

① 엔진에서 배출되는 배기가스의 에너지를 이용하여 흡입행정 시 흡입되는 공기를 강제적으로 압축하여 실린더로 공급하는 역할로 흡입효율 증가에 따라 출력을 향상시키는 장치이며, 터보(터빈)와 슈퍼차저(과급기)의 합성어이다.

② 터보차저 인터쿨러(TCI)를 설치하므로 과급압을 높일 수 있어 분당 흡입할 수 있는 공기량이 증가되므로 연소효율이 증가되고 엔진 출력의 향상을 얻을 수 있다.

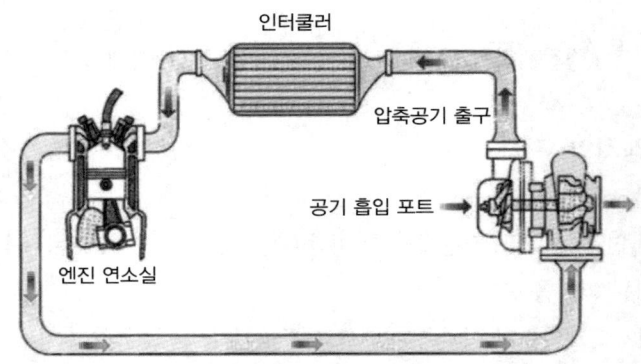

터보차저에 의해 압축된 공기는 인터쿨러(Chargered Air Cooler)를 통과함으로써 냉각 후 보다 높은 밀도의 압축공기가 되어 연소실 내로 흡입된다.

나. 터보차저의 구분

① NA(Naturally Aspirated) : 터보차저가 장착되지 않은 일반적인 자연 흡입 방식의 흡입장치이다.

② TC(Turbo Charger) : 흡입장치에 터보차저가 적용되면서 배기가스를 이용하여 흡입공기량을 추가적으로 공급하게 되어 일반적으로 NA 대비 약 10% 정도 향상된다.

③ TCI(Turbo Charger Intercooler) : 터보차저 인터쿨러는 터보차저에서 강제적으로 공급되는 공기의 온도를 낮추어서 공급하는 장치로 터보차저 대비 10% 이상의 엔진 출력의 향상 효과가 있다.

④ VGT(Variable Geometry Turbo charger) : 가변용량제어 터보차저라고 한다. 저속 저부하시는 베인을 유로를 좁히고 고속 고부하시에는 유로를 넓혀 흡입되는 공기량을 증가시킨다.

(a) 저속 저부하시 (b) 고속 고부하시

다. 터보차저의 구성

① 컴프레셔 휠(임펠러) : 흡입다기관에 설치되어 외부의 공기를 강제적으로 연소실로 공급한다.

② 터빈 휠 : 배기매니폴드에 설치되어 배기가스의 압력을 이용하여 회전하며 동일 축에 연결된 임펠라를 구동한다.

③ 액추에이터 : 내부에 다이어프램과 스프링으로 구성되며 과급압이 직접 작용하는 부분으로 로드와 연결된 웨스트게이트 밸브를 개폐하는 역할을 한다.

④ 웨스트게이트 밸브 : 액추에이터에 의해 배기가스를 엔진 부하에 따라 바이패스시키는 역할을 한다.

> **Note** | 전자제어 스로틀 시스템(Electric Throttle System)
> 기존 가속페달과 스로틀 밸브와의 케이블 연결구조와 달리, 운전자의 가속의지 및 운전조건 등에 따라 엔진컴퓨터(ECU)가 스로틀 밸브를 구동시켜 흡입 공기량을 정밀 제어하여 최적의 혼합비를 실현하였으며 엔진 공회전 속도 제어, TCS 제어 등을 수행함으로서, 각종 액추에이터 및 배선, 연결 커넥터 등을 삭제시켜 시스템 간소화로 인한 고장률 저감 및 신뢰성을 확보하였다.

4) 배출가스저감장치

가. 배기가스의 개요

① 배기가스 : 실린더 안에서 연소한 다음 배기 파이프를 통해 외부로 배출되는 가스

② 배기가스의 종류

㉮ 무해 물질 : H_2O, 질소(N_2), 탄산가스(CO_2) 등

㉯ 유해 물질 : 일산화탄소(CO), 탄화수소(HC), 질소 산화물(NOx)

③ 배출가스가 인체에 미치는 영향

㉮ 일산화탄소(CO)

㉠ 연료가 불완전 연소할 때 발생하는 무색, 무취의 가스이다.

㉡ 일산화탄소가 인체에 흡입되면 혈액 속에서 산소를 운반하는 헤모글로빈과 결합하기 때문에 신체 각부에 산소의 공급이 부족하게 되어 어느 한도에 도달하면 중독 증상을 일으키며 생명이 위험해진다.

㉯ 탄화수소(HC)

㉠ 탄소(C)와 수소(H)로 되어 있는 화합물을 총칭한다.(Hydrocarbon)

㉡ 농도가 낮으면 호흡기 계통에 자극을 줄 정도이나 심하면 점막이나 눈을 자극한다.

㉰ 질소산화물(NOx)

㉠ NO, NO_2, N_2O 등의 여러 가지 화합물의 총칭이다. 질소는 공기의 77%를 차지하며 연소실안의 고온 고압에서 공기와 접촉, 산화하여 질소 산화물이 된다.

㉡ 눈에 자극을 주며 폐의 기능에 장애를 일으킴과 동시에 광화학 스모그의 원인이 된다.

④ 배기가스 색깔에 따른 기관의 상태

㉮ 무색 : 완전연소

㉯ 흰색 : 윤활유가 혼입되어 연소

㉰ 흑색 : 농후한 혼합비의 연소

㉱ 엷은 청색 : 희박한 혼합비의 연소

나. 배출가스 정화장치의 종류

① **연료증발가스 정화장치(주성분 : HC)** : 연료탱크의 증발가스를 활성탄 캐니스터에 포집하여 두었다가 PCSV(Purge Control Solenoid Valve-ECU로 제어)를 이용하여 흡기다기관으로 유입하여 연소시킨다.

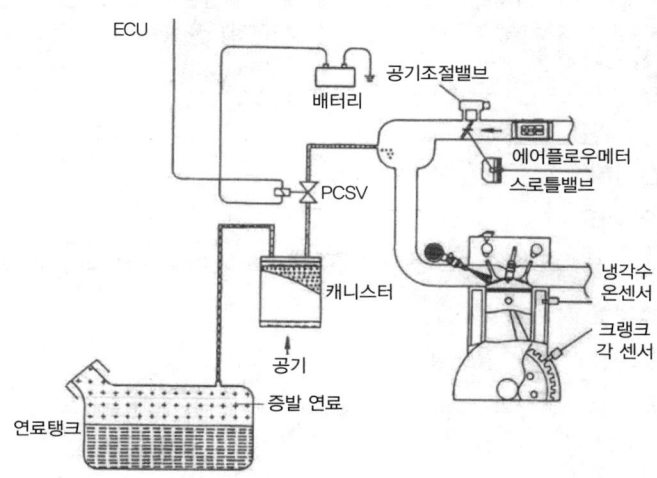

> **Note│증발가스 제어장치의 진단 방법**
> - 증발가스 제어장치를 연결하는 호스 연결부위에서 연료가 누출되는지를 육안으로 확인하고 가솔린 연료 냄새가 나는지도 확인한다.
> - 냉각수를 정상 온도까지 가온한 다음에 스로틀 밸브를 열어서 3000rpm 이상으로 가속한다. 이때 퍼지 밸브와 캐니스터를 연결하는 호스를 분리시킨 상태에서 퍼지 밸브 쪽의 호스에 손가락을 가까이했을 때 흡기관으로 빨려 들어가는 느낌이 있어야 증발가스 제어장치가 정상 작동하는 것이다.
> - 증발가스 제어장치에서 누출이 추정되는 부분에 배출가스 분석기의 프로브를 접근시킨다. 이때 HC 농도가 갑자기 높아지는 지점에서 누출이 되는 것이다.

② 블루바이가스 정화장치(주성분 : HC) : 크랭크 케이스의 블루바이가스를 PCV(Positive Crankcase Ventilation) 밸브를 사용하여 흡기다기관으로 유입하여 연소시킨다(공전, 저속시 PCV밸브 이용, 고속, 가속시 블리더 호스 이용).

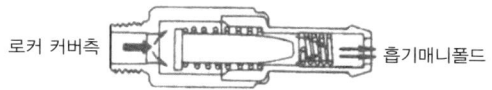

③ 배기가스 재순환장치(NOx 저감) : 배기가스 중의 일부분을 EGR(Exhaust Gas Recirculation) 밸브 이용하여 흡기다기관으로 유입하여 가능한 한 출력감소를 최소로 하면서 최고연소온도를 낮추어 NOX의 배출량을 감소시킨다.

㉮ EGR율 = $\dfrac{\text{EGR 가스량}}{\text{흡입공기량 + EGR 가스량}} \times 100(\%)$

㉯ EGR 차단 조건
  ㉠ 엔진 냉각 및 과열시   ㉡ 시동시
  ㉢ 공회전시   ㉣ 가속시(고부하시)
  ㉤ 엔진관련 센서 고장시

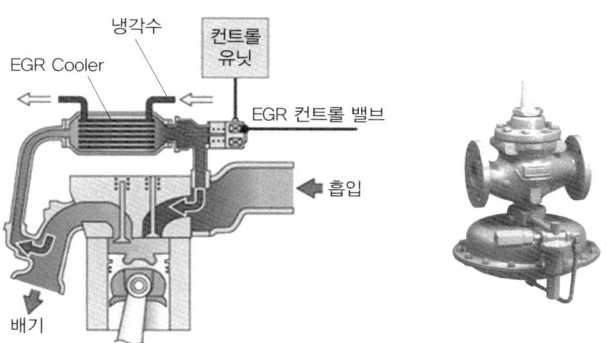

④ 삼원촉매장치(Three Way Catalyst)
  ㉮ 배기파이프에 설치되어 배기가스중의 유해물질(CO, HC, NOx)을 산화반응과 환원반응에 의해 유해물질 수준을 낮추고 무해한 가스로 변환시키는 역할을 한다.
  ㉯ 촉매란 자신은 변하지 않는 상태에서 화학반응을 촉진시키는 물질로 백금(Pt), 로듐(Rh), 파나듐(Pd)이 사용된다.
  ㉰ 촉매장치의 정화율은 이론혼합비로 연소할 때 가장 높다. (촉매 활성화 온도 300℃ 이상)

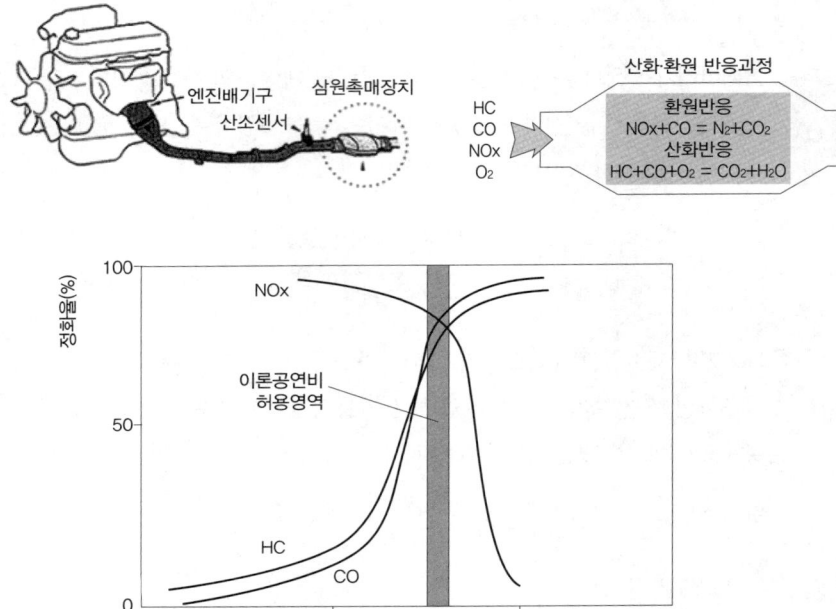

다. OBD(On board Diagnostics)
  ① 개요 : OBD는 자동차 배출가스 관련 부품의 오작동 및 고장으로 인한 유해 배출가스가 증가하는 것을 감지하여 차량의 실내의 계기판에 정비지시등(check engine)을 점등하여 운전자에게 알려주는 시스템이며 스캔 장비를 통하여 차량 컴퓨터와 통신 시 배출가스제어시스템의 고장 내용과 코드(DTC)를 알 수 있다.
  ② OBD의 주요 기능
    ㉮ 촉매 정화 효율 성능 감지
    ㉯ 엔진 실화 감지
    ㉰ 산소센서 노후 감지
    ㉱ EGR 감지
    ㉲ 증발가스 감지
    ㉳ 연료 공급 시스템 감지

05 전자제어장치

1) 개요 및 분류

가. 개요

전자제어식 연료분사방식은 연소에 필요한 혼합기를 공급하는 기화기 대신 차량의 상태를 검출하는 다양한 센서의 신호에 의해 ECU(Engine Control Unit)가 기관의 작동상태에 따라 연료의 양을 결정한 후 인젝터를 통해 연료를 공급함으로써 유해 배기가스 및 연료소비의 저감, 주행성능 및 저온시동성 등의 성능을 향상시킬 수 있다.

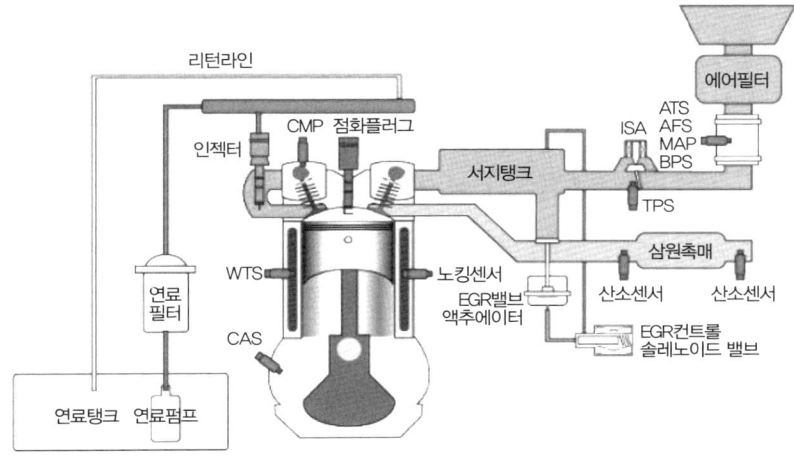

나. 흡입 공기량의 측정 방법에 의한 분류

① K-제트로닉 : 기계식으로 기관으로 흡입되는 공기량을 공기량센서로 감지한 후 흡입 공기량에 따른 연료량을 연료분배기에 의해 인젝터를 통하여 연속적으로 분사하는 방식이다.

② D-제트로닉 : 기관에 흡입되는 공기량을 흡기다기관의 절대압력을 측정하는 맵센서(Manifold Absolute Pressure)나 스로틀밸브의 열림량과 회전속도신호를 근거로 기관에서 분사할 연료량을 결정하게 된다.

③ L-제트로닉 : 기관으로 흡입되는 공기량을 공기유량센서로 검출하여 ECU로 입력하여 이 신호를 근거로 기관내 분사할 연료량을 결정하는 방식을 L-제트로닉이라 한다. 공기량을 직접 검출하기 때문에 공연비 제어가 우수하다.

> **Note** 공기유량센서의 종류
> - 베인 방식의 에어 플로 센서(Vane Tyoe Air Flow Sensor)
> - 열선식 에어 플로 센서(Hot-Wire Type Air Flow Sensor)
> - 핫-필름 방식의 에어 플로 센서(Hot-Film Type Air Flow Sensor)
> - 칼만 와류 방식의 에어 플로 센서(Karmann Vortex Type Air Flow Sensor)

다. 연소실내 연료 공급 방식에 따른 분류

① S.P.I(Single Point Injection)

㉮ 하나 또는 두 개의 인젝터로 기관 내 모든 연소실로 연소에 필요한 연료를 공급하는 방식이다.

㉯ 인젝터에서 분사된 연료로 각 실린더가 나누어서 작동하여야 하므로 연료 분배의 불균일성을 작게 할 수 있도록 흡기 다기관을 설계해야 하며 인젝터 또한 스로틀 바디에 설치하여 인젝터에서 분사한 연료를 각 실린더로 균등하게 공급할 수 있도록 설치해야 한다.

㉰ 인젝터가 스로틀 바디에 설치되어 있기 때문에 TBI(Throttle Body Injection)방식이라고도 한다.

② M.P.I(Muti Point Injection)

㉮ 기관 연소실마다 연료를 공급하는 인젝터를 각기 설치하여 연소실 내에서 연소에 필요한 연료를 담당 인젝터가 직접 연료를 분사하는 방식이다.

㉯ 각 실린더에 인젝터를 설치하기 때문에 각 실린더의 공연비를 일치시킬 수 있으므로 기관의 출력이 향상된다.

라. 연료 분사시기에 의한 분류

① 연속 분사방식(Continuous Injection System) : K-제트로닉 방식에 사용되었으며 공기 유량을 기계적 변위로 변환하여 연료 유량을 제어하는 Mass Flow방식이다.

② 간헐 분사방식(Plus Time Injection System) : 기관이 회전에 따라 일정 주기로 기관에 연료를 분사하는 방식이다.

㉮ 독립분사 : 기관 행정에 따라 인젝터가 연료를 분사하는 시기가 흡입 행정의 실린더에만 연료를 각기 분사하는 방식

㉯ 그룹분사 : 연소 순서에 따라 흡입 행정 근처의 실린더를 그룹별로 분사하는 방식

㉰ 동시분사 : 행정과 무관하게 기관 회전에 따라 일정하게 모든 인젝터가 동시에 연료를 분사하는 방식

2) 전자제어 기관의 센서와 액추에이터 종류와 기능

가. 공기유량센서(Air Flow Sensor)

① 공기량 측정 장치는 연소실 내로 흡입되는 공기량을 측정하는 장치로써 실린더 내로 흡입되는 공기량을 ECU가 인식할 수 있도록 흡입 공기량 신호를 전기적 신호로 변환하여 ECU로 입력시키는 장치이다.

② ECU는 흡입 공기량 측정 장치로부터 입력되는 흡입 공기량과 기관 회전 신호를 근거로 기본 연료 분사량을 결정한다.

> **Note** | 기본분사량
> 기본분사량은 공기유량센서와 기관회전수에 의하여 결정되며 기본분사시간은 다음과 같다.
> $T = f \times \dfrac{Q}{N}$ (f : 계수, Q : 흡입공기량, N : 기관회전수)

① 베인 방식의 에어 플로 센서(Vane Type Air Flow Sensor) : 공기 흐름 통로에 베인(날개)을 장착하여 공기의 흐름에 따라 열리는 양이 달라지며 이때 열리는 양에 따라 전압이 달라지는 원리를 이용한 것이다.

② 칼만 볼텍스 타입 : 공기통로에 돌기물을 설치하여 공기가 흐르면서 돌기물 뒤에 와류가 발생하는데 이부분에 초음파를 보내면 와류 정도에 따라 주파수가 달라지는 것을 이용한 것이다.

> **Note** | 흡입공기량
> $Q = C \times A \times f$
> C : 상수(= $\dfrac{d}{S_t}$, d : 기둥의 직경, S_t : 스트로벌정수), A : 흡입통로면적, f : 칼만와류 주파수

③ 열선식 에어플로센서(Hot-Wire Air Flow Sensor)
  ㉮ 직경 70㎛의 가는 백금선인 핫-와이어와 서미스터로 된 콜드-와이어 그리고 브리지 회로로 구성된 컨트롤 회로로 구성된다.
  ㉯ 컨트롤 회로 내부는 브릿지 회로로 구성되어 있어 핫-와이어와 콜드-와이어의 전압 변화로 흡입되는 공기량을 직접 측정하는 역할과 핫-와이어가 이 물질에 의해 오염될 경우 측정 정밀도가 떨어지는 것을 방지하기 위해 핫-와이어를 전기적으로 청소하는 번-오프(Burn-Off) 기능이 있다.

④ 핫-필림식 에어플로센서(Hot-Film Type Air Flow Sensor) : 실린더 내에 흡입하는 공기량을 검출하는 방식은 핫-와이어 방식의 에어 플로 센서와 동일하나, 차이점은 공기량을 검출하는 센서부가 핫-와이어 방식에서는 백금을 사용하는데 대해 핫-필름 방식에서는 핫-와이어 방식의 관련소자들을 세라믹 기판에 총저항으로 집적시킨 핫-필름을 이용하여 흡입되는 공기량을 측정하는 부분이 다르다.

⑤ MAP(Manifold absolution pressure) 센서 : MAP 센서는 서지탱크의 압력을 측정하여 엔진에 흡입되는 공기량을 간접적으로 측정하는 것으로, 서지탱크에 부착되며 압력에 따라 전압이 변하는 특성을 보이는 피에조 소자를 이용하며 설치가 용이하고 가격이 저렴하여 많이 사용하고 있다.

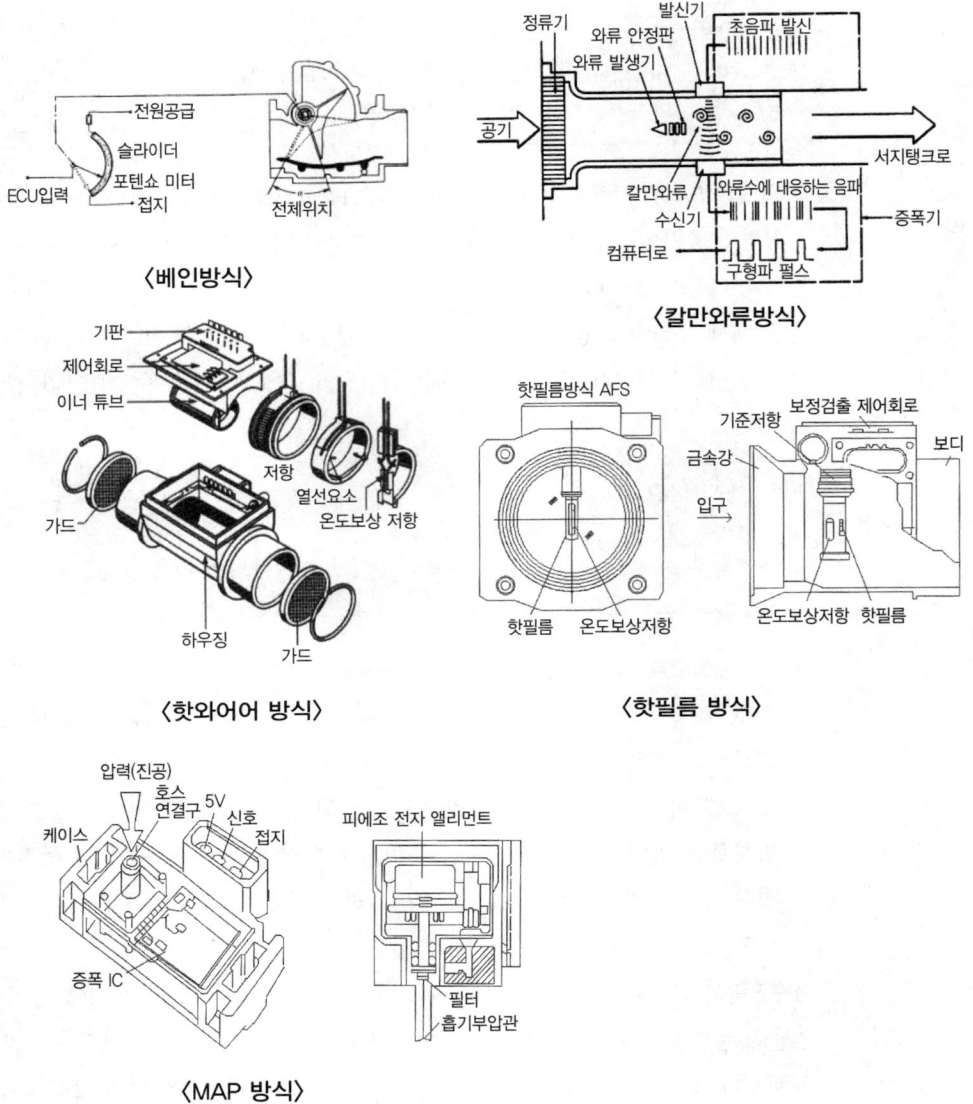

〈베인방식〉 〈칼만와류방식〉 〈핫와이어 방식〉 〈핫필름 방식〉 〈MAP 방식〉

나. 크랭크축 위치센서

① **마그네틱 타입** : 마그네틱 센서에서 자력선이 방출되며 회전판이 자력선을 자르고 지나가면 시그널 전압이 발생하는 원리를 이용한 것으로서 전원공급 없이 시그널 전압이 발생한다.

② **홀 타입** : 센서 감지부에서 전자를 방출하는데 이 부위에 간격을 두고 어떤 금속체가 지나가게 되면 방출된 전자와 마주치게 된다. 이때 센서 내부의 회로에 전압이 발생하는데 이것을 컴퓨터에 입력한다. 간극과 회전수에 관계없이 일정한 높이의 시그널이 나온다.

③ **옵티컬 타입** : 배전기에 내장되어 있으며 발광다이오드와 포토다이오드를 이용하여 배전기의 디스크 원판에 검출용 슬릿을 감지하여 디지털 신호로 바꾸어 컴퓨터에 입력한다.

다. TDC 센서(Top Dead Center Sensor)

1번 실린더의 상사점을 검출하여 디지털 신호로 바꾸어 컴퓨터에 입력하면 이 신호를 바탕으로 연료의 분사 시기(분사 순서)를 조절하게 된다.

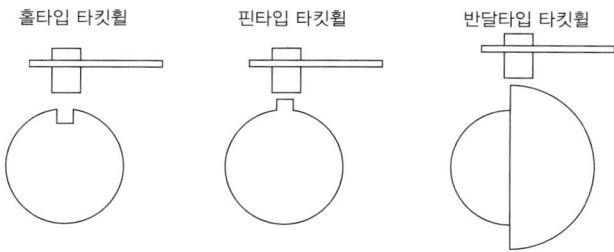

※ 캠각형상에 따라 신호모양이 결정된다.

라. 대기압 센서(Barometric Pressure Sensor)

스트레인 게이지의 저항치가 압력에 비례하여 변화하는 것을 이용하여 압력을 전압으로 변환시키는 반도체 피죠(piezo)저항형 센서이며 ECU는 이 신호를 이용해 차의 고도를 계산하여 적정한 공연비가 되도록 연료 분사량을 보정하며 점화시기도 보정한다.

마. 공기온도센서(Air Temperature Sensor)

흡입공기의 온도를 감지(부특성 더미스터)하여 ECU로 전달하고 ECU는 그정보로 흡입 공기에 알맞은 연료 분사량을 조절한다.

바. 냉각수온센서(Water Temperature Sensor), **CTS**(Coolant Temperature Sensor)

냉각수 온도를 검출(부특성 더미스터)하여 연료 분사량을 조절하고 공전속도를 온도에 따라 적정하게 유지시킨다. 엔진의 냉각수 통로에 설치되어 냉각수 온도를 검출하는 가변저항기로 엔진의 냉각수 온도를 아날로그 전압으로 변환시켜 컴퓨터에 입력한다.

사. 스로틀위치센서(Throttle Oosition Sensor)

스로틀 밸브의 열림을 아날로그 전압으로 변환하여 컴퓨터에 보내면 엔진 회전수 등 다른 입력 신호와 합하여 엔진의 작동 상태에 알맞은 분사량으로 조절한다. 스로틀 밸브축과 회전하는 가변 저항기로 스로틀 밸브의 열림에 따라 출력 전압이 변화되어 컴퓨터에 입력하게 된다.

아. O₂ 센서(Oxygen Sensor)

이론적 공연비를 중심으로 출력 전압이 급격히 변하는 것을 이용하여 피드백의 기준 신호를 공급해 주는 역할을 한다.(활성화 온도는 300℃이며 600℃가 최적 상태이고, 850℃ 이상이 되면 기능이 저하된다.)

① **지르코니아 타입**: 배기가스 속에 포함된 산소와 대기 중의 산소 농도 차이에 의하여 기전력이 발생한다.(혼합기가 농후하면 약 0.8V 이상, 희박하면 약 0.2V 이하가 출력된다.)

② **티타니아 타입**: 배기가스 속에 포함된 산소와 대기 중의 산소 농도 차이에 의하여 전기저항이 변화한다.

③ **전영역산소센서** : ECU가 펌핑셀에 전류를 흘려 산소이온을 강제적으로 이동시킨다. 펌프셀 내부 공간의 산소농도를 이론공연비로 유지한다. 혼합기가 진한 경우는 배기가스 중의 산소를 내부공간으로 펌핑시키고 희박할 경우는 내부공간 내의 산소를 배기가스 중으로 이동시켜 항상 내부공간의 산소농도를 이론 공연비의 산소농도로 유지한다. 이 때 이론공연비에서는 펌핑전류가 제로이고 이론공연비를 벗어나는 경우에는 펌핑전류가 흐르면서 진할 때와 희박할 때의 전류의 방향은 반대가 된다.

자. 차속센서(Vehicle Speed Sensor)

자동차의 속도를 검출하여 엔진 제어 시스템이나 AT(오토미션) 제어시스템, 계기판의 속도계를 구동시키는 기능을 한다.

차. 노크 센서(Knock Sensor)

실린더 블록에 설치되어 기관의 노크발생을 검출(압전소자)하여 컴퓨터에 전달하면 컴퓨터는 점화시기를 지각시켜 노킹을 방지한다.

카. 공전속도 조절 장치(Idle Speed Control Actuator)

엔진의 공회전시 안정된 공회전을 유지하기위해 공기를 공급해 주는 역할을 하는 것으로, 일정한 rpm을 유지하도록 조건에 따라 공급이 조절되도록 하는 것이다.

① **DC 모터 방식** : ISC 밸브를 여닫는데 DC 모터를 이용하는 방식으로 핀틀이 DC 모터에 연결되어 돌아가면서 나사산에 의해, 회전 상하로 움직이게 되어있다.

② **스텝 방식** : 스텝 모터는 1단계씩 단계적으로 작동하여 스텝모터라고 부르기도 하며 스테핑 모터의 회전운동(스텝이동)이 볼트와 너트의 조합처럼 직선운동으로 바뀌어 밸브가 전후로 움직이면서 바이패스 통로의 단면적을 조절한다.

③ **액추에이터방식** : 전자석을 이용하여 전원이 공급되면 축에 연결된 밸브가 리턴 스프링의 힘을 이기고 열려 통로를 개방하고 전원이 차단되면 스프링의 힘으로 통로를 닫는 전자식 밸브로 열림정도를 듀티로 제어하여 엔진회전수를 조절한다.

> **Note | 아이들 조절기구의 주요기능**
>
> • **시동제어 기능** : 시동시에는 엔진회전수가 낮아 엔진에 흡입되는 공기가 부족할 수 있으므로 시동초기에는 아이들 조절밸브를 최대로 열어 공기가 실린더로 잘 흡입되도록 한다.
> • **패스트 아이들업 기능** : 냉간 시동시에는 연료의 무화상태가 나쁘고 엔진오일의 점도가 높아 엔진의 회전저항이 증가하여 엔진회전수가 낮아지면서 진동이 발생되는 것을 방지하고 엔진의 온도를 빠르게 높여주기 위하여 엔진회전수를 증가시키게 되며 이때 엔진회전수는 엔진 냉각수 온도에 따라 결정된다.
> • **아이들 업 기능** : 아이들시 전기부하(전동팬이나 라이트, 열선 등)나 파워스티어링, 에어컨 작동등 엔진에 추가적으로 부담을 주게 되면 엔진회전수가 낮아지면서 엔진진동이 발생하거나 시동이 꺼지게 되므로 각종 부하만큼을 보상하기 위하여 엔진회전수를 증가시킨다.
> • **대시포트 기능** : 주행 중 어떤 원인에 의하여 스로틀 밸브가 갑자기 닫히거나 엔진회전수가 급격하게 낮아지면 엔진의 진동이 발생하므로 일정한 시간을 두고 천천히 단계적으로 엔진회전수를 낮추다 최종적으로 아이들 회전수로 조절한다.

Section 3
적중예상문제

01 실린더 내의 압력으로부터 직접 측정하는 마력은?

① 정격마력　② 지시마력
③ 제동마력　④ 연료마력

해설
- 정지마력 : 엔진정격출력을 마력의 단위로 나타낸 것
- 지시마력 : 실린더 내에서 출력을 폭발압력으로부터 직접 측정하는 마력
- 제동마력 : 동력계를 이용하여 기관을 출력의 크랭크축에서 측정하는 마력
- 연료마력 : 기관의 성능 시험시 사용하여 소비되는 연료의 열에너지의 마력을 환산

02 피스톤이 과열되기 쉬우나 엔진의 길이가 짧고, 피스톤 평균속도를 올리지 않고 회전속도를 높일 수 있어 단위 실린더 체적당의 출력을 크게 하기에 좋은 엔진은?

① 장행정기관　② 정사각형 행정기관
③ 단행정기관　④ 2행정기관

03 자동차 가솔린 엔진의 3대 요건이다. 해당되지 않는 것은?

① 규정의 압축압력
② 높은 압축비
③ 정확한 시기에 정확한 점화
④ 적당한 혼합비

해설 압축비를 너무 높이면 노킹을 유발시킨다.
- 가솔린 기관 : 7~11 : 1　· 디젤 기관 : 15~22 : 1

04 142PSI(lb/in²)은 몇 kg/cm²인가?

① 1　② 5　③ 8　④ 10

해설 1kg/cm² = 14.2psi

05 다음 중 엔진에 이상이 있을 때 또는 엔진의 성능이 현저하게 저하되었을 때 분해·수리 여부를 결정하기 위한 시험은?

① 코일의 성능시험　② 캠각 시험
③ 압축 압력시험　④ CO가스 시험

해설 분해정비시기
- 압축압력 70% 이하　· 연료소비율 60% 이상
- 윤활유 소비량 50% 증가
- 압축압력이 110% 이상, 각 실린더 오차 10% 이상

06 6실린더 4사이클 디젤 엔진에서 실린더 지름 220mm, 행정이 300mm, 매분 회전수 400mm, 도시평균 유효 압력이 9kg/cm²일 때 EO 도시마력은 얼마인가?

① 274마력　② 284마력
③ 294마력　④ 304마력

해설 $IHP = \dfrac{P \times A \times L \times N \times R}{75 \times 60}$
$= \dfrac{9 \times 0.785 \times 22 \times 22 \times 0.3 \times 6 \times 200}{75 \times 60}$
$= 273.6PS$

07 기관의 제원이 다음과 같을 때 지시마력과 제동마력은?(실린더 지름×행정 : 78×78mm −4기통 4행정 기관 최대 최전력 11.8 kg·m/2600rpm 지시평균 유효압력 11.5 kg/cm²)

① 지시마력(47.78) 제동마력(45.65)
② 지시마력(47.78) 제동마력(15.25)
③ 지시마력(47.78) 제동마력(30.25)
④ 지시마력(49.5) 제동마력(42.85)

해설 $IHP = \dfrac{P \times A \times L \times N \times R}{75 \times 60}$
$= \dfrac{11.1 \times 0.785 \times 7.8 \times 7.8 \times 0.078 \times 4 \times 1300}{75 \times 60}$
$= 49.5PS$
$BHP = \dfrac{T \times R}{716} = \dfrac{11.8 \times 2600}{716} = 42.85PS$

정답 01 ② 02 ③ 03 ② 04 ④ 05 ③ 06 ① 07 ④

08 행정체적 1000cc, 제동마력 60PS, 회전수 4500RPM의 4사이클 기관이 있다. 기계효율이 85%일 때 도시 평균 유효압력은 몇 kg/cm²인가?

① 12.00 ② 14.12
③ 16.25 ④ 18.24

해설 $IHP = \dfrac{BHP}{\eta_m} = \dfrac{60}{0.85} = 70.588 PS$

$IHP = \dfrac{P \times V \times R}{75 \times 60 \times 100}$ 이므로

$P = \dfrac{IHP \times 75 \times 60 \times 100}{1000 \times 2250} = 14.176 kg/cm^2$

09 기계 효율 90%인 4사이클 4기통 엔진의 지시마력이 100PS일때 제동마력은 얼마인가?

① 70PS ② 80PS
③ 90PS ④ 100PS

해설 기계효율 = $\dfrac{제동마력}{지시마력} \times 100$

제동마력 = $\dfrac{기계효율 \times 지시마력}{100} = \dfrac{90 \times 100}{100} = 90 PS$

10 F = 5000kg의 힘을 발생하거나 피스톤의 속도가 3.8m/min인 엔진에서 실린더의 안지름이 160mm 라 할 때 소요동력은 얼마인가?

① 2.35ps ② 4.22ps
③ 24.9ps ④ 76.38ps

해설 $PS = \dfrac{힘(F) \times 이동거리(V)}{75 \times 시간(초)} = \dfrac{5000kg \times 3.8km}{75 \times 60} = 4.222 PS$

11 1000PS을 발생하는 디젤기관의 매 시간당 연료 소비량이 210kg이다. 1kg의 저위 발열량이 10000kcal이라면 이 기관의 열효율은? (단, 1마력 1시간당의 일량에 해당하는 열량은 632.3kcal이다.)

① 28% ② 30%
③ 32% ④ 35%

해설 $\eta_e = \dfrac{632.3 \times BHP}{B_e \times H_z} \times 100$

$= \dfrac{632.3 \times 1,000}{10,000 \times 210} \times 100 = 30\%$

12 매시간 32kg의 연료를 소비하는 자동차가 있다. 연료의 발열량이 1kg당 6800kcal 일 때 이 열이 전부 일로 변하면 발생하는 동력은 몇 PS인가?

① 162PS ② 217PS
③ 344PS ④ 444PS

해설 $PS = \dfrac{C \times W}{632.3} = \dfrac{32 \times 6800}{632.3} = 344.14 PS$

13 흡기다기관 진공시험으로 알 수 없는 사항은?

① 피스톤링 상태 ② 밸브 밀착상태
③ 헤드 가스켓 파손 ④ 커넥팅 로드 휨

14 엔진의 동력을 측정할 수 있는 기구는?

① 다이나모미터 ② 볼트미터
③ 타코미터 ④ 멀티미터

해설 기관동력 측정은 다이나모미터이다.

15 실린더 헤드볼트 조임에 대한 설명으로 옳은것은?

① 중앙에서부터 바깥쪽으로 좌, 우대칭으로 조인다.
② 대각선 방향으로 1회에 완전히 조인다.
③ 처음부터 토크렌치로만 조인다.
④ 볼트 조임 순서와 실린더 헤드의 변형과는 상관없다.

해설 조임토크
• 냉간시 : 7~7.5m/kg • 온간시 : 8~8.5m/kg
• 토크렌치를 사용하여 중앙부 쪽부터 2~3회 나눠서 죄인다.

16 엔진의 실린더에서 가장 많이 마멸되는 곳은?

① 실린더 하부 ② 실린더 중부
③ 실린더 상부 ④ 실린더 중부 이하

해설 피스톤링의 호흡작용 때문에 현저히 마모발생이 된다.

정답 08 ② 09 ③ 10 ② 11 ② 12 ③ 13 ④ 14 ① 15 ③ 16 ③

17 실린더 헤드볼트를 규정대로 일정하게 조이지 않았을 때 생기는 현상과 가장 관계가 적은 것은?

① 냉각수 누출
② 피스톤 균열
③ 압축압력 저하
④ 가스 또는 압축이 샌다.

해설 기관의 불안전 연소상태에서 피스톤 헤드의 균열이 발생한다.

18 실린더 테이퍼 마모를 정확하게 측정할 수 있는 게이지는?

① 틈새 게이지
② 버니어 캘리퍼스
③ 바깥지름 마이크로미터
④ 실린더 보어 게이지

19 실린더 마모량 측정시 적당치 않은 것은?

① 최대 마모부와 최소 마모부의 안지름의 차이를 마모량 값으로 정한다.
② 축방향 쪽이 직각방향 쪽보다 더욱 마모된다.
③ 최소치수는 실린더 하부에서 알 수 있다.
④ 실린더 게이지로 상, 중, 하, 3군데에서 각각 축방향과 축의 직각방향으로 합계 6군데를 측정한다.

해설 실린더 내경 측정기기
• 텔리스코핑 게이지   • 실린더 보어 게이지
• 마이크로미터   • 크랭크축의 직각방향 쪽의 마멸이 더 크다.

20 실린더 안지름이 78mm인 기관의 안지름 수정 한계값은 얼마인가?

① 0.15mm   ② 0.20mm
③ 0.30mm   ④ 0.40mm

해설 수정 한계값
• 70mm 이상 : 0.20mm 이상 마멸시 보정한다.
• 70mm 이하 : 0.15mm 이상 마멸시 보링한다.

21 표준 안지름이 80.00mm 실린더에서 0.27mm가 마멸되었을때 보링치수로 다음 중 가장 적당한 것은?

① 안지름을 80.25mm로 한다.
② 안지름을 80.50mm로 한다.
③ 안지름을 80.75mm로 한다.
④ 안지름을 81.00mm로 한다.

22 피스톤에 히트 댐을 설치한 이유로 가장 알맞은 것은?

① 폭발압력에 견디기 위해
② 연소효율을 높이기 위해
③ 헤드부의 높은 열을 차단하기 위해
④ 피스톤의 무게를 가볍게 하기 위해

해설 히트 댐이란 헤드부의 열이 스커트부에 고온(2700°)이 전달하는 것을 방지하는 홈을 말한다.

23 피스톤의 구비조건으로 적당치 않은 것은?

① 고온, 고압에 견딜 것
② 열전도가 잘 될 것
③ 열팽창이 작을 것
④ 피스톤 중량이 무거울 것

해설 피스톤의 구비조건
• 기계적 강도가 클 것
• 관성력을 방지하기 위해 가벼울 것
• 마찰로 인한 기계적 손실을 방지할 것
• 가스 및 오일누출이 없을 것
• 폭발압력을 유효하게 이용할 것

24 피스톤의 측압이 가장 클 때는 어느 행정 때인가?

① 흡입행정   ② 압축행정
③ 동력행정   ④ 배기행정

해설 피스톤 핀의 위상각 : 360° 행정이다.

정답 17 ② 18 ④ 19 ② 20 ② 21 ② 22 ③ 23 ④ 24 ②

25 다음 중 피스톤 슬랩음의 발생 원인으로 가장 알맞은 것은?

① 피스톤과 실린더와의 간극이 너무 크다.
② 피스톤 핀의 간극이 너무 크다.
③ 피스톤 핀의 스냅링 간극이 너무 크다.
④ 피스톤 링 이음간극이 너무 크다.

해설 피스톤 슬랩이란 피스톤이 행정을 바꿀 때 피스톤과 실린더 사이의 간극 증대로 인하여 실린더 벽을 때리는 현상으로 한계값은 0.15mm이다.

26 피스톤 헤드의 각인되어 있는 것 중 틀린 것은?

① 피스톤 핀의 치수
② 피스톤의 중량
③ 오버사이즈의 치수
④ 피스톤 번호

해설 피스톤 헤드에 각인되어 있는 것은 다음과 같다.
• 피스톤 핀의 오버사이즈 • 피스톤의 중량
• 실린더 번호 • 피스톤 오버사이즈
• 제작회사 마크 • 앞뒤 방향 표시

27 피스톤의 지름이 84mm, 행정이 84mm, 실린더 수가 4인 4사이클 엔진이 있다. 이 엔진의 회전수가 4800rpm일 때 이 엔진의 피스톤 평균속도는 얼마인가?

① 13.4m/sec
② 16.8m/sec
③ 18.6m/sec
④ 26.4m/sec

해설 피스톤의 평균 속도(Vs)
$V_s = \dfrac{2RL}{60} = \dfrac{2 \times 4800 \times 0.084}{60} = 13.44 m/sec$

28 피스톤 링에 대하여 잘못 설명된 것은?

① 오일링은 실린더벽의 여분의 오일을 긁어내린다.
② 압축링은 피스톤의 상부에 끼워진다.
③ 오일링은 피스톤의 기밀을 유지하기 위한 것이다.
④ 압축링의 재질은 통상 특수주철이다.

29 피스톤 링 1개당 실린더 안에서의 마찰력이 0.25kg이고, 피스톤 1개당 3개의 링이 설치된 6실린더 기관의 피스톤 평균속도가 15m/sec라면 피스톤 링의 마찰로 인한 기관의 손실 마력은?

① 0.2PS
② 0.9PS
③ 1.2PS
④ 1.5PS

해설 $FHP = \dfrac{f \times z \times H \times v}{75}$
$= \dfrac{0.25 \times 3 \times 6 \times 15}{75} = 0.9PS$

30 피스톤 링에 의한 총마찰력이 20kg이고, 피스톤 평균속도가 15m/sec이라면 이 기관의 손실 마력은?

① 2마력
② 3마력
③ 4마력
④ 5마력

해설 $FHP = \dfrac{F \times V}{75} = \dfrac{20 \times 15}{75} = 4PS$

31 4사이클 6실린더 기관에서 6실린더가 1번씩 폭발하려면 크랭크축은 몇 회전을 하는가?

① 2회전
② 4회전
③ 6회전
④ 12회전

해설 크랭크축 핀의 위상각
• 4기통 : 180° • 6기통 : 120° • 8기통 : 90°

32 점화시기를 정하는데 고려되어야 할 사항이 아닌 것은?

① 연소가 같은 간격으로 발생하게 되어야 한다.
② 인접한 실린더에 연이어 점화되게 해야 한다.
③ 혼합기가 각 실린더에 균일하게 분배되게 해야 한다.
④ 크랭크축에 비틀림 진동이 일어나지 않게 해야 한다.

해설 점화시기 측정은 공회전시 타이밍 라이트기 및 스캐너로 측정 가능하다.

정답 25 ① 26 ① 27 ① 28 ③ 29 ② 30 ③ 31 ① 32 ②

33 플라이 휠의 역할 중 가장 옳은 것은?

① 운동 시간을 단축하기 위하여 필요하다.
② 가속을 주기 위하여 필요하다.
③ 속비를 크게 하기 위하여 필요하다.
④ 회전력을 저축하여 속도를 일정하게 유지하기 위하여 필요하다.

해설 기관의 맥동적인 출력을 원활히 해주는 기구이다. 기통수에 따라서, 무게에 따라서 크기가 다르다.

34 베어링 크러시란 무엇인가?

① 베어링 바깥지름과 하우징 안지름 차이
② 베어링 바깥둘레와 하우징 안둘레와의 차이
③ 베어링 반원부 중앙 두께
④ 베어링 바깥둘레의 길이

해설 크러시 간격은 0.1~0.2mm

35 크랭크축 하우징의 지름과 베어링을 끼우지 않았을 때 베어링 바깥쪽 지름의 차이를 무엇이라고 하는가?

① 베어링 크러시 ② 베어링 스프레드
③ 베어링 두께   ④ 베어링 돌기

36 캠에서 기초원과 노스와의 거리를 무엇이라고 하는가?

① 플랭크 ② 로브
③ 노스   ④ 양정

37 일반적으로 밸브 시트의 접촉 폭으로 가장 알맞은 것은?

① 0.5~1.0mm ② 1.5~2.0mm
③ 3.0~3.5mm ④ 4.0~5.0mm

해설 시트폭이 넓으면 냉각은 양호하나 기밀유지가 잘되지 못하는 단점이 있다.

38 자동차용 흡·배기 밸브의 구비조건에 속하지 않는 것은?

① 높은 압축비에 견딜 것
② 높은 온도에 견딜 것
③ 충격에 대한 항장력이 클 것
④ 물리적 변화가 없을 것

해설
- 흡입밸브 헤드면적 : 크다
- 배기밸브 헤드면적 : 작다
- 이유 : 열효율 향상
- 현재 사용하는 밸브 : 포핏 밸브 크롬(7~13%), 니켈(2.5~3%)

39 밸브 헤드의 지름이 36mm일 때 이 밸브의 양정은 얼마인가?

① 9mm   ② 10mm
③ 11mm ④ 12mm

해설 $H = \dfrac{d}{4} = \dfrac{36}{4} = 9mm$ (d = 밸브의 지름)

40 밸브 스프링의 서징현상이 일어나면 다음 어떤 현상이 일어나는가?

① 기관 회전수가 증가하면 소음이 커진다.
② 밸브 개폐시기가 틀려진다.
③ 기관 회전이 고르지 못하고, 저속이 들지 않는다.
④ 밸브 스프링의 고유 진동이 낮아진다.

해설 밸브 서징 현상
- 캠에 의한 밸브의 개폐회수가 밸브 스프링의 고유 진동수와 같거나 또는 그의 정수 배로 될 경우 밸브 스프링은 캠에 의한 강제진동과 스프링 자체의 고유진동이 공진하는 캠의 작동과는 관계없이 또다른 진동을 일으키는 현상
- 방지책 : 이중 스프링, 부동 피치 스프링, 원뿔 스프링 사용

41 밸브 스프링의 점검과 관계가 없는 것은?

① 코일수   ② 스프링장력
③ 자유높이 ④ 직각도

Chapter 1 자동차 엔진정비

42 밸브 스프링의 점검 방법으로 틀린 것은?

① 자유고는 표준치수보다 3mm 이상 줄게 되면 교환한다.
② 장착한 상태에서 규정 스프링의 힘보다 15% 이상 감소되었을 때 교환한다.
③ 직각도는 자유고 100mm에 대해 3mm 이상일 때 교환한다.
④ 밸브 스프링의 접촉면의 상태가 2/3 이상 수평이어야 한다.

해설 밸브 스프링의 점검
• 자유높이 : 표준치수의 3% 이상 감소시 교환
• 직각도 : 자유높이 100mm에 대하여 3% 이상 변형 시 교환
• 장력 : 설치상태에서 규정의 15% 이상 장력 감소 시 교환

43 밸브 오버랩이란 무엇을 말하는가?

① 흡·배기밸브가 동시에 닫혀 있는 것
② 흡입밸브만 열려 있는 것
③ 흡·배기밸브가 동시에 열려 있는 것
④ 배기밸브만 열려 있는 것

해설 기관의 고속회전력에 따라 연료가 완전연소를 가능하도록 둔 것 (상사점 후 16°)

44 캠과 태핏을 옵셋(off-set)하는 이유로 가장 알맞은 것은?

① 측압을 감소시키기 위하여
② 능숙한 운전을 위하여
③ 축 방향의 놀음을 위하여
④ 한 부분만의 마모를 감소시키기 위하여

해설 상사점 전·후에서 원활한 작동을 위해서 축의 회전이 겹치도록 하는 것을 말한다.

45 다음 중 윤활유의 기능이 아닌 것은?

① 청정 작용   ② 냉각작용
③ 밀봉작용   ④ 오일제어작용

해설 윤활유의 작용
• 마찰감소 및 마멸방지작용   • 세척작용
• 기밀작용   • 방청작용
• 냉각작용   • 응력분산작용

46 어떤 4사이클 기관의 밸브 개폐시기가 다음과 같다. 흡기 행정과 밸브 오버랩은 각각 몇 도인가?

• 흡기밸브 열림 : 상사점 전 18°
• 배기밸브 열림 : 하사점 전 48°
• 흡기밸브 닫힘 : 하사점 후 48°
• 배기밸브 닫힘 : 상사점 후 13°

① 246°, 18°   ② 241°, 18°
③ 180°, 31°   ④ 246°, 31°

해설 • 48+180+18 = 246°
• 18+13 = 31°
• 밸브 오버랩 기관 중 상사점 후 최대 16~22° 이내이다.

47 윤활유의 성질 중 가장 중요한 성질은 어느 것인가?

① 점성   ② 비중
③ 유성   ④ 착화성

해설 윤활유의 성질
• 적당한 점성이 있을 것   • 응고점이 낮을 것
• 청정력이 우수할 것   • 강인한 유막을 형성시킬 것
• 비중이 적당할 것   • 열과 산에 대한 안정성이 있을 것
• 인화점 발화점이 높을 것

48 농후한 혼합비로 연소할 때의 배기색은 어느 것인가?

① 백색   ② 무색
③ 흑색   ④ 청색

해설 정상연소 : 담청색에 가깝다.

49 기관의 윤활유 분류법이 아닌 것은?

① SAE분류   ② API분류
③ SAE신분류   ④ ASTM분류

해설 • SAE : 미국 자동차협회 약어   • API : 미국 석유협회 약어

정답 42 ① 43 ③ 44 ④ 45 ④ 46 ④ 47 ① 48 ③ 49 ④

50 윤활유 펌프에서 공급된 윤활유가 전부 여과기를 통해서 윤활부로 가서 윤활되는 형식은?
① 전류식 ② 자력식
③ 분류식 ④ 샨트식

해설 가장 깨끗한 오일공급은 전류식이다.

51 기관 오일을 점검하였더니 오일의 색이 우유색에 가까운 색이었다. 이 경우의 원인은 다음 중 어느 것에 알맞은가?
① 오랜 사용으로 심하게 오염되었다.
② 가솔린이 유입되었다.
③ 가솔린 속의 4에틸납 연소생성물이 섞여 있다.
④ 냉각수가 섞여 있다.

해설 오일의 색깔에 의한 점검, 정비
• 검정색 : 심한오염 또는 과부하운전
• 붉은색 : 연료(휘발유) 혼입
• 회색 : 연소생성물인 4에틸납,혼입
• 우유색 : 냉각수 혼입
• 노란색 : 무연 휘발유 혼입

52 기관 오일 냉각기에 대한 설명으로 틀린 것은?
① 기관 오일 온도에 알맞은 온도를 유지한다.
② 구조에 따라 다판식과 관식이 있다.
③ 기관에 따라 공랭식과 수냉식이 있다.
④ 오일 여과기 또는 오일팬 내에 설치되어 있다.

53 기관에서 윤활유 소비가 과대한 원인으로 다음 중 가장 적당한 것은?
① 피스톤 링의 마모
② 라디에이터의 기능 약화
③ 기관의 과열
④ 조기 점화

해설 윤활유 소비량 증대원인
• 윤활유가 외부에 누설되는 경우
• 연소실내로 올라가 연소되는 경우

54 다음 중 윤활유 소비증대의 원인이 되는 것은?
① 희석과 혼합 ② 연소와 누설
③ 비산과 압력 ④ 비산과 압축

해설 소비증대 원인은 연소와 누설이 최대 원인이다.

55 기관이 과냉되었을 때 기관의 안전성에 미치는 영향은?
① 냉각수 비등과 조절기의 열림
② 점화 불량과 압축 과대
③ 연료 및 공기흡입 과잉
④ 출력저하로 연료소비 증대

해설 수온조절기 완전히 열리면 과냉, 닫히면 과열된다.

56 신품 라디에이터의 냉각수 용량이 20L인데 측정하려는 라디에이터에 물을 넣으니 12L 밖에 들어가지 않는다. 막힘은 몇 %인가?
① 10% ② 40%
③ 20% ④ 30%

해설 라디에이터의 막힘률% = $\frac{신품용량 - 구품용량}{신품용량} \times 100\%$
= $\frac{20-12}{20} \times 100\% = 40\%$

57 냉각장치의 냉각수 비등점을 올리기 위한 장치는?
① 압력식 캡 ② 코어
③ 라디에이터 ④ 물 재킷

해설 • 압력식 캡 압력 : 0.2~1.05kg/cm²
• 이유 : 냉각수 비등점 112℃ 높이기 위해

58 부동액으로 사용하지 않는 것은?
① 벤젠 ② 에틸렌 글리콜
③ 메타놀 ④ 글리세린

정답 50 ① 51 ④ 52 ④ 53 ① 54 ② 55 ④ 56 ② 57 ① 58 ①

59 다음 내용 중에서 바르지 않은 내용은 무엇인가?

① 습식 라이너의 상면을 실린더 상면보다 돌출시켜 조립하는 것은 열전도를 좋게 하기 위함이다.
② 전류식 오일 여과기는 바이패스 밸브가 설치되어 있다.
③ 가압식 라디에이터 캡의 압력밸브 스프링이 쇠손하면 냉각수에 기포가 발생하기 쉽다.
④ 청정되지 않은 우물물을 냉각수로 사용하면 잠재과열을 일으킬 염려가 있다.

[해설] 압력 순환식(현재)이 많이 사용하고 있다.

60 정온기 종류 중 왁스실에 왁스를 넣어 온도가 상승함에 따라 팽창축을 올려 열리게 하는 식은?

① 펠릿형   ② 벨로즈형
③ 바이메탈형   ④ 에테르형

[해설] 수온조절기
• 벨로즈형 : 에텔이나 알콜 봉입
• 펠릿형 : 왁스와 합성고무 봉입
• 현재는 바이메탈식이 많이 쓰이고 있다.

61 기관은 과열하고 있지 않는데 방열기 내에 기포가 생기는 원인으로 옳지 않은 것은?

① 서머스텟의 기능불량
② 헤드 가스켓의 파손
③ 헤드 볼트의 이완
④ 오일 냉각기에서 누출

[해설] 다음 사항을 점검 정비한다.
• 헤드 가스켓을 새것으로 교체한다.
• 오일 냉각기를 점검한다.
• 헤드 가스켓의 파손여부를 확인한다.

62 다음 기관이 과열되는 원인이 아닌 것은?

① 온도조절기가 닫혔을 때
② 방열기 용량이 클 때
③ 방열기 코어가 막혔을 때
④ 팬벨트 장력이 느슨할 때

[해설] 엔진과열의 원인
• 냉각장치 결함에 대한 원인
 - 냉각수 양이 부족할 때
 - 물재킷 내부의 스케일 퇴적
 - 라디에이터 누출 및 막힘, 통풍불량
 - 물펌프의 작동불량 및 누출
 - 팬 벨트의 조정불량
• 엔진 내부의 결함에 의한 원인
 - 엔진 오일 불량에 의한 마찰열 증대
 - 농후한 혼합기에 의한 과열
 - 점화시기 늦음에 의한 불완전한 연소
 - 엔진 조립 불량에 의한 마찰 증대
 - 배기장치 막힘에 의한 과열

63 LPG의 발열량은?

① 9500kcal/kgf   ② 10000kcal/kgf
③ 11000kcal/kgf   ④ 12000kcal/kgf

[해설] 액화석유가스
• 프로판 : 450~550℃   • 부탄 : 450~550℃

64 다음은 LPG와 가솔린의 옥탄가이다. 이 옥탄가 중 맞는 것은?

① 가솔린 70~90, LPG 100~120
② 가솔린 100~120, LPG 70~90
③ 가솔린 70~90, LPG 70~90
④ 가솔린 100~120, LPG 100~120

[해설] 옥탄가
• 가솔린 : 70~90
• LPG : 100~120

65 LPG장치에서 가스탱크의 압력은 얼마 정도로 유지하면 좋은가?

① 1~2kg/cm²   ② 2~5kg/cm²
③ 4~7kg/cm²   ④ 7~10kg/cm²

[해설] 폭발 우려가 있기 때문에 가스검출기 또는 비눗물 사용으로 점검 정비 실시한다. 충전은 2/3 이상 하지 않도록 주의한다.

정답 59 ③ 60 ① 61 ① 62 ② 63 ④ 64 ① 65 ④

66 LPG가 기체로 되는 부분은?

① 고압 조정기 ② 연료 필터
③ 솔레노이드 밸브 ④ 베이퍼라이저

67 자동차 배기색에 관한 원인에서 다음 중 틀린 것은?

① 백색 : 연료의 연소
② 흑색 : 혼합비 농후
③ 무색 : 정상 연소
④ 엷은자색 : 희박한 혼합비

해설 백색 : 윤활유 및 냉각수

68 블로다운 현상에 대한 설명으로 옳은 것은?

① 밸브와 밸브 시트 사이에서 가스가 누출되는 현상
② 배기행정 초기에 배기 밸브가 열려 연소가스 자체의 압력으로 배출
③ 압축행정시 피스톤과 실린더 사이에서 혼합가스가 누출되는 현상
④ 피스톤이 상사점에서 흡·배기 밸브가 동시에 열리는 현상

해설 2행정 사이클 기관에서만 발생하는 현상이다.

69 기관에서 과급을 하는 목적으로 가장 적당한 것은?

① 기관의 회전수를 일정하게 유지하기 위해
② 기관의 윤활유 소비를 줄이기 위해
③ 기관의 회전수를 빠르게 하기 위해
④ 기관의 출력을 증가시키기 위해

해설 과급기의 장점
• 엔질을 소형 경량화
• 샤시의 소형 경량화
• 엔진 출력 증대
• 연비 향상
• 배기가스 정화 효율 향상

70 디젤 기관에서 연료장치의 공기 빼기 순서는?

① 공급 펌프 – 분사관 – 분사 펌프
② 연료 여과기 – 분사 펌프 – 공급 펌프
③ 공급 펌프 – 연료 여과기 – 분사 펌프
④ 분사 펌프 – 연료 여과기 – 공급 펌프

해설 디젤연료장치의 공기빼기는 연료공급 펌프(프라이밍 펌프)를 수동으로 작동시켜 "공급 펌프 – 연료 여과기 – 분사 펌프"의 순서로 뺀다.

71 연료가 분사되어 연소를 일으킬 때까지의 기간은?

① 착화지연기간 ② 직접연소기간
③ 화염전파기간 ④ 전기연소기간

해설
• 화염전파기간 : 정적 연소기간 즉 연소기간을 말함
• 직접연소기간 : 정압 연소기간으로 제어 연소기간을 말함
• 후기연소기간 : 후 연소기간으로 팽창기간을 말함

72 분사량은 다음의 무엇에 의하여 결정되는 것인가?

① 플런저의 행정에 의하여
② 플런저의 유효 행정에 의하여
③ 플런저의 유효 리드의 종류에 의하여
④ 플런저의 길이와 홈의 길이에 의하여

해설 유효 행정 : 플런저의 상부가 연료 공급 구멍을 막고부터 리드 홈이 공급구멍과 만날 때까지의 행정(연료분사 행정)

73 디젤 엔진에서 연료분무 형성의 3대 요건에 들지 않는 것은?

① 관통력 ② 노크
③ 분포 ④ 무화

해설 연료분사 3대 요건
• 관통력 : 연소가스 속을 통과하는 힘
• 무화 : 연료 입자의 미세화
• 분포 : 연소실내에 골고루 분사

정답 66 ④ 67 ① 68 ② 69 ④ 70 ③ 71 ① 72 ② 73 ②

74 딜리버리 밸브의 피스톤부는 어떤 작용을 하는가?

① 분사개시 압력을 조정한다.
② 분사의 끝에서 연료의 압력을 높인다.
③ 연료가 과대하게 송출되는 것을 방지
④ 후적을 방지하는 역할을 한다.

해설 딜리버리 밸브의 역할 : 연료의 역류 및 후적을 방지하고, 잔압을 유지시킨다.

75 디젤 기관에서 노크를 방지하려면 착화성이 좋은 연료를 사용한 이외의 방법으로 틀린 것은?

① 연료와 공기가 잘 혼합되게 연소실 내에서 와류 현상을 일으킨다.
② 압축비를 높인다.
③ 실린더의 냉각수 온도를 높인다.
④ 불꽃의 전파거리를 짧게 한다.

해설 디젤 노크를 억제하는 방법
• 연료의 착화 온도를 높게 한다.
• 연료의 착화지연 기관을 짧게 한다.
• 압축비 및 흡입온도와 흡입압력을 높게 한다.
• 회전속도와 연료 분사시기를 느리게 한다.
• 압축비 및 연소실 벽의 온도를 높게 한다.
• 착화성이 좋은 연료를 사용한다.

76 다음은 4행정 디젤기관 분사펌프의 제어랙을 전부하 상태로 놓고 분사 펌프의 회전수를 최대 900rpm으로 하여 시험한 각 실린더간의 분사량 표이다. 수정해야 할 실린더는?(단, 불균율 한도는 ±3~4% 이내)

실린더 번호	1	2	3	4	5	6
분사량(CC)	80	78	76	82	81	83

① 1, 4번 실린더   ② 2, 3번 실린더
③ 4, 5번 실린더   ④ 3, 6번 실린더

해설 평균분사량 = $\frac{80+78+76+82+81+83}{6}$ = 80
∴ 불균율 한도 : 80×0.03 = 2.4
(+) 한계 : 80+2.4 = 82.4, (-) 한계 : 80-2.4 = 77.6

77 연료가 실린더 속에서 분사시작부터 자연발화가 일어나기까지의 기간은 다음 중 어느 것인가?

① 착화지연기간
② 자연발화기간
③ 제어연소기간
④ 화염전파기간

78 다음은 디젤 연료 분사 펌프 작동부의 부품이다. 관계없는 것은?

① 제어 랙과 피니언
② 연료공급 튜브
③ 딜리버리 밸브
④ 캠과 롤러 및 태핏

해설 연료공급 튜브는 분사 펌프에 있지 않다.

79 조속기(거버너)의 작용은?

① 분사압력을 조정한다.
② 분사시기를 조정한다.
③ 분사량을 조정한다.
④ 착화성을 조정한다.

해설 조속기(거버너)는 엔진의 회전속도나 부하변동에 따라 자동적으로 제어 랙을 움직여 분사 노즐의 분사량을 조절하는 장치이다.

80 디젤 분사 펌프 시험기에 의하여 시험을 할 수 없는 사항은?

① 연료 분사시기 측정
② 연료 분사량 측정
③ 조속기 작동 시험과 조정
④ 연료 공급펌프의 공급량 시험

해설 공급량(분사량) 시험은 하지 않는다.

정답 74 ④ 75 ④ 76 ④ 77 ① 78 ② 79 ③ 80 ④

81 노즐 시험기로 노즐의 분사상태 및 분사개시 압력을 측정할 때 안전상 가장 주의하여야 할 사항은?

① 깨끗한 연료를 사용하는 일
② 압력계기를 읽을 때 시차에 주의하는 것
③ 연료분무에 손이나 피부가 닿지 않도록 하는 일
④ 분사개시 압력을 측정할 때 펌프 핸들을 움직이는 일

해설 분사 시험기 사용 전 주의
• 분사 노즐 상태점검
• 사용연료가 경유인가 확인
• 분사 노즐 압력 게이지 상태 확인
• 100kg/cm²에서 압력 측정할 것

82 전자제어장치의 특성이 아닌 것은?

① 엔진 출력 향상
② 엔진의 응답성 및 주행성의 향상
③ CO, HC의 발생을 감소시켜 배기가스 규제
④ 구조가 간단

해설 구조가 복잡하고, 가격이 비싸다.

83 전자제어 차량의 연료 펌프는 재시동성을 향상시키기 위해 연료의 압력을 유지시켜 주고 베이퍼록 현상을 방지시켜 준다. 이 역할을 하는 구성 부품은?

① 임페러   ② 연료압력 조절기
③ 체크 밸브 ④ 연료 필터

해설 연료 펌프의 체크 밸브는 연료압력을 유지하고 역류를 방지한다. 엔진 정지시에 잔압을 유지시켜 재시동성을 향상시키며 고온시에 베이퍼록 현상을 방지하는 역할을 한다.

84 전자제어 엔진의 연료 압력이 높아지는 원인이 아닌 것은?

① 연료 압력 조질기의 진공 누설
② 연료 펌프의 체크 밸브 고장
③ 연료 리턴 라인의 막힘
④ 인젝터의 막힘

해설 체크 밸브 기능
• 잔압 유지 • 재시동성 향상

85 전자제어 연료분사 차량에서 공전시 부하에 따라 안정된 공전속도를 유지하게 하는 것은 다음 중 어느것인가?

① I.S.C 서보
② 연료압력 조절기
③ 컨트롤 릴레이
④ 파워 T.R

해설
• ISC 서보 : 난기 운전 및 엔진에 가해지는 부하가 증가됨에 따라서 공전속도를 증가시키는 역할을 한다.
• 컨트롤 릴레이 : 컨트롤 릴레이는 축전지 전원을 연료 펌프, ECU, 인젝터, 공기흐름 센서 등에 공급하는 스위치 역할을 한다.
• 파워 T.R : 파워 트랜지스터는 컴퓨터의 제어 신호에 의해서 점화 코일의 1차 코일에 흐르는 전류를 단속하여 2차 고전압을 유지시키는 단속기이다.

86 공연비란 무엇을 말하는가?

① 연료의 질량으로 나눈 실린더 내의 공기 질량
② 연료의 체적으로 나눈 실린더 내의 공기 체적
③ NOx 질량에 대한 HC의 질량비
④ O_2의 질량에 대한 CO의 질량비

87 가솔린연료 분사장치에서 기본분사량의 결정은 무엇에 의해 결정되는가?

① 크랭크각 센서와 에어플로우메터
② 냉각수 센서와 크랭크각 센서
③ 흡기온도 센서와 크랭크각 센서
④ 에어플로우메터와 스로틀 밸브

해설 연료의 기본 분사량은 흡입공기량과 엔진 회전수에 따라 결정된다.

정답 81 ③ 82 ④ 83 ③ 84 ② 85 ① 86 ① 87 ①

88 3원 촉매를 장착한 차의 전자제어 연료시스템이 하는 기능은 무엇인가?

① 연비 최대로 유지
② 평균공연비를 이론 흡합비로 유지
③ 평균공연비를 이론 혼합비의 ±0.5% 이내로 유지
④ NOx의 배출을 최소로 유지

해설 전자제어차량의 완전연소 이론 공연비
- 공기 : 연료 = 14.7 : 1
- λ(람다비) : 1±02 이내
- 출력(가속상태) 21.7 : 1

89 인젝터에 대한 설명 중 틀린 것은?(단, 전자제어 연료분사장치이다)

① 연료의 압력에 의해서만 분사량이 조절된다.
② 솔레노이드 밸브의 일종이다.
③ 컴퓨터의 명령에 의해서만 작동된다.
④ 컴퓨터가 작동시키는 분사시간에 의해 유량이 결정된다.

해설 인젝터는 솔레노이드가 내장되어 있는 분사 노즐로서 컴퓨터의 제어신호에 의해 솔레노이드 코일에 전류가 흐르면 전자석이 플런저와 니들 밸브를 잡아당겨 분공이 열리므로 연료가 분사된다. 연료의 분사량은 컴퓨터가 작동시키는 분사 시간에 의해서 결정된다.

90 전자제어 연료 분사식 기관에서 인젝터의 연료 분사량이 결정되는 요인이 아닌 것은?

① 분사 압력
② 분사구멍의 면적
③ 니들 밸브의 개방시간
④ 솔레노이드 코일의 통전시간

해설 연료 분사량은 니들 밸브의 양정, 분공의 크기, 유효분사 압력 등에 의해 변화되지만 이들 요소 등이 결정되면 니들 밸브가 열려있는 시간 즉 솔레노이드 코일에 전류가 통전되는 시간에 의해서 결정된다.

91 전자제어 연료 분사장치에 사용되는 크랭크각 센서의 기능을 옳게 설명한 것은?

① 엔진 회전수 및 크랭크축의 위치를 검출한다.
② 엔진 회전수만 검출 한다.
③ 크랭크축의 위치만 검출한다.
④ 1번 실린더가 압축 상사점에 있는 상태를 검출한다.

해설 크랭크각 센서는 크랭크축의 회전각도 및 엔진 회전수를 검출하여 ECU에 보내면 ECU는 엔진 회전수에 따른 연료분사시기 및 점화시기를 조절한다.

92 전자제어장치에서 점화 시기 변화를 주는 항목이 아닌 것은?

① 2차 코일 저항값 ② 대기압 센서
③ 냉각수 온도 센서 ④ 엔진 회전수

해설 점화시기 변화를 주는 항목
- 대기압 센서 : 대기 압력에 비례하는 아날로그 전압으로 변환시켜 ECU에 보내면 ECU는 주행중인 자동차의 고도에 따른 공연비가 되도록 연료의 분사량 및 점화시기를 조절한다.
- 냉각수 온도 센서 : 엔진의 냉각수 온도를 검출하여 ECU에 보내면 ECU는 냉각수 온도에 따라서 연료 분사량을 분석하여 공전속도를 적절하게 유지시키고 점화 진각도를 조절한다.
- 엔진 회전수 : 엔진 회전수는 크랭크각 센서에서 검출한다. 크랭크각 센서는 크랭크축의 회전 각도로 검출하여 ECU에 보내면 ECU는 엔진 회전수에 따른 연료 분사 시기 및 점화시기를 조절한다.

93 최근 전자제어 엔진에 점화장치의 1차 전류를 단속하는 기능을 갖고 있는 부품은 어떤 것인가?

① 점화 스위치 ② 파워 TR
③ 점화 코일   ④ 타이머

해설 파워 트랜지스터는 컴퓨터의 제어 신호에 의해서 점화 코일의 1차 코일에 흐르는 전류를 단속하여 2차 고전압을 유지시키는 역할을 한다.

94 노킹(Knocking)이 기관에 미치는 영향 중 틀리는 것은?

① 열효율이 떨어진다.
② 실린더가 과열한다.
③ 출력이 저하한다.
④ 기계 각 부의 응력이 떨어진다.

정답 88 ② 89 ① 90 ① 91 ① 92 ① 93 ② 94 ④

95 다음에서 배기관에 설치되어 농후, 희박 상태에 따라 전기를 발생하여 컴퓨터에 신호를 주는 센서의 이름은 어느 것인가?

① canister
② converter 센서
③ O_2 센서
④ temperature 센서

해설 O_2 센서는 배기관에 설치되어 배출 가스 중에 산소 농도를 검출하여 ECU에 보내면 ECU는 배기가스의 일부를 흡기 다기관으로 되돌려 보내 재 연소시키는 피드백을 결정한다. 산소 센서는 혼합기가 농후할 때 0.9V, 혼합기가 희박할 때는 0.1V의 기전력을 발생한다.

96 다음 중 베르누이 정리와 관계가 없는 것은?

① 밀폐된 관속을 흐르는 유체의 압력 에너지와 속도에너지는 일정한 관계가 있다.
② 유체의 속도가 빠르면 압력이 낮아진다.
③ 기화기 벤튜리부
④ 기화기의 초크 밸브 작용

해설 기화기 : 1차, 2차 초크 밸브와 스로틀 1, 2 밸브조절에 따라서 기관의 출력이 변화한다.

97 전자제어 가솔린 기관에 적용되는 가장 이상적인 공연비는?

① 12:1   ② 13.7:1
③ 14.7:1 ④ 17:1

해설 가솔린 기관의 완전연소 혼합비는 14.7:1 이다

98 산소센서의 주된 재료는 무엇인가?

① 실리콘   ② 니켈
③ 피에죠   ④ 질코니아

해설 산소센서의 주재료로는 질코니아와 티타니아가 있다.

99 냉각수온센서의 기능이 아닌 것은?

① 냉각수의 온도측정
② 점화시기 보정
③ 연료분사량 보정
④ 기본분사량 결정

해설 냉각수온센서가 온도를 측정하여 ECU로 보내면 ECU는 점화시기 및 연료분사량을 보정한다.

100 전자제어 기관에서 축전지 전압이 낮아졌을 때의 연료분사를 위한 보상은?

① 분사시간을 증가시킨다.
② 기관의 회전속도를 높인다.
③ 공연비를 낮춘다.
④ 점화시기를 당긴다.

해설 축전지 전압이 낮으면 무효분사시간이 길어지므로 전체 분사시산을 늘린다.

101 가솔린 기관에서 노킹(knocking)발생시 억제하는 방법은?

① 점화시기를 빠르게 한다.
② 점화시기를 늦춘다.
③ 연료 공급 압력을 높인다.
④ 연료 공급 압력을 낮춘다.

해설 노킹이 발생하면 점화시기를 5° 정도 지연시킨다.

102 TPS(스로틀 포지션 센서)에 대한 설명으로 틀린 것은?

① 가변 저항식이다.
② 운전자가 가속페달을 얼마나 밟았는지 감지한다.
③ 급가속을 감지하면 컴퓨터가 연료분사 시간을 늘려 실행시킨다.
④ 분사시기를 결정해 주는 가장 중요한 센서이다.

해설 분사시기 결정은 크랭크축 위치센서에 의한다.

정답 95 ③ 96 ④ 97 ③ 98 ④ 99 ④ 100 ① 101 ② 102 ④

103 가솔린 연료 분사기(Injector)의 분사형태에서 순차분사는 어떤 센서의 신호에 동기되어 분사하는가?

① 산소 센서 ② 에어플로워 센서
③ 크랭크각 센서 ④ 맵 센서

[해설] 분사시기 결정은 크랭크축 위치센서와 캠축 위치센서에 의해서 제어된다.

104 가솔린을 완전히 연소시키면 발생되는 것은?

① 이산화탄소, 물 ② 아황산가스, 질소
③ 이산화탄소, 질소 ④ 일산화탄소, 수소

105 자동차 배출가스 중 지구온난화를 유발하는 주원인은?

① CO ② HC
③ O_2 ④ CO_2

106 자동차 배출가스와 유해물질의 발생장소를 짝지은 것 중 잘못된 것은?

① 연료탱크 - HC
② 블로바이가스 - HC
③ 크랭크케이스 - NOx
④ 배기가스 - CO, HC, NOx

[해설] 크랭크케이스에서 발생되어 나오는 가스를 블로바이 가스라고 한다.

107 PCV밸브를 통하여 흡입다기관에 흡수되어 연소되는 가스는?

① HC ② CO
③ NOx ④ N2

108 연료증발가스를 흡착, 저장하였다가 흡입다기관으로 흡입시키는 부품은?

① 차콜캐니스터 ② EGR
③ PCV ④ 삼원촉매

109 자동차 배출가스 중 삼원촉매장치에서 정화되는 가스가 아닌 것은?

① 탄화수소 ② 일산화탄소
③ 질소 ④ 질소산화물

[해설] 삼원촉매장치에서는 일산화탄소를 이산화탄소로 탄화수소를 물과 이산화탄소로 산화반응시키고, 질소산화물을 질소와 산소로 환원반응을 시킨다.

정답 103 ③ 104 ① 105 ④ 106 ③ 107 ① 108 ① 109 ③

Chapter 02

자동차 섀시정비

Section 1
동력전달장치

01 클러치(Clutch)

클러치는 엔진의 플라이휠과 변속기 입력축 사이에 설치되며 엔진의 동력을 변속기에 전달하거나 차단하는 역할을 하고 출발할 때는 동력을 서서히 동력을 연결하는 일을 한다.

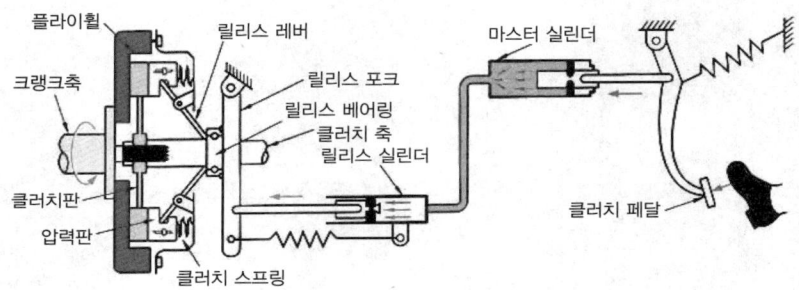

1) 클러치의 필요성 및 요구조건

가. 클러치의 필요성
① 엔진 시동 시 무부하 상태로 하기 위하여
② 관성운전 시와 같이 운전 시 일시적으로 동력을 차단하기 위하여
③ 변속 시 엔진 토크를 차단하기 위하여

나. 클러치 요구조건
① 방음 방진이 좋아야 한다.
② 동력전달 및 차단이 원활해야 한다.
③ 작동이 확실하고 내구성이 있어야 한다.
④ 회전관성이 적고 구조가 간단해야 한다.
⑤ 회전부분의 평형이 좋아야 한다.

2) 클러치의 종류

가. 마찰 클러치

마찰 클러치는 플라이휠과 클러치판의 마찰력에 의해 엔진의 동력을 전달하는 클러치이다.

① 건식 클러치 단판식 : 한 장의 클러치 디스크를 압력판으로 엔진의 플라이 휠에 압착시켜 동력을 전달한다.

② 습식 클러치 : 클러치 디스크가 오일에 잠겨져 있는 클러치로 주로 자동 변속기 내부에서 많이 사용된다.

③ 원추 클러치 : 원뿔면의 마찰에 의해 회전력을 단속하는 클러치로서 부하 상태에서도 탈착이 되고 소음이 없이 원활하게 작동을 한다. 주로 동기 물림식 변속기의 기어에 설치되어 있는 싱크로나이저링의 접촉과 차단에 의해서 변속기 출력축에 동력을 전달한다.

나. 유체 클러치(플루이드 커플링)

① 케이스 안에 날개를 가진 바퀴를 마주보게 조합한 후 오일을 채우고 펌프날개를 회전시키면 오일의 힘에 따라 터빈날개도 회전하는 구조로 된 장치이다.

② 토크 컨버터 : 유체를 사용하여 동력을 전달하는 장치로서 토크를 증폭(2~3배)하는 기능이 있는 것. 임펠러와 런너 사이에 스테이터가 있다.

다. 전자식 클러치

클러치의 간극에 철분을 넣어 만든 디스크를 설치하여 자력에 따라 고정되는 현상을 이용한 것이다.

3) 클러치의 구성과 기능

가. 클러치판

마찰력을 이용하여 동력을 전달한다.(마찰계수 0.3~0.5)

① 비틀림스프링 : 클러치 접속시 회전충격 흡수

② 쿠션스프링 : 클러치판 비틀림 편마모 방지

나. 압력판
클러치 커버에 지지되어 클러치 페달을 놓았을 때 클러치 스프링의 장력에 의해 클러치판을 플라이휠에 압착시키는 작용을 한다.

다. 클러치 스프링
클러치 커버와 압력판 사이에 위치하여 압력판을 압착한다. 코일 스프링 형식, 막 스프링 형식, 반원심력 형식 등이 있다.

라. 릴리스 베어링
릴리스 포크에 장착이 되어 클러치 작동 시 릴리스 레버(다이어프램식은 다이어프램 스프링)를 눌러서 클러치 커버내의 압력판을 움직여 동력을 차단할 때 사용된다.

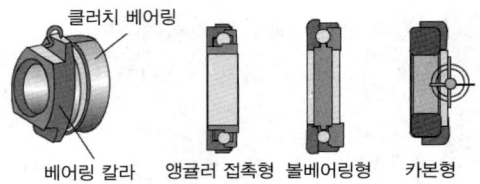

베어링 칼라   앵귤러 접촉형   볼베어링형   카본형

4) 자유간극 및 전달토크

가. 클러치 페달의 자유간극(유격)
릴리스 베어링이 릴리스 레버(다이어프램 스프링)에 닿을 때까지 움직인 거리를 말한다.
① 자유간극이 적을 때 : 클러치 미끄러짐 일어난다.
② 자유간극이 클 때 : 기어 변속시 동력차단이 잘 안되어 소음이 일어난다.

나. 클러치의 성능
클러치의 용량은 기관의 최고 토크보다 1.5~2.5배 정도로 하며 너무 크면 조작이 어렵고 접속 때 충격이 크며, 또한 너무 작으면 페이싱의 마모가 너무 빠르고 미끄러짐이 일어나기 쉽다.

다. 마찰클러치의 전달토크
$T = 2 \times P \times \mu \times r$ P : 클러치면에 작용하는 힘
  μ : 클러치면의 마찰계수
  r : 유효반경
  2 : 마찰면(압력판과 플라이휠로 압착)수

라. 클러치가 미끄러지지 않는 조건
$P \times \mu \times r \geq C$ P : 스프링의 장력
  μ : 클러치판의 마찰계수
  r : 클러치판의 유효반경
  C : 엔진의 회전력

마. 전달효율

$$동력의\ 전달효율(\%) = \frac{클러치에서\ 나온\ 동력}{클러치에\ 들어간\ 동력} \times 100(\%)$$

02 변속기

변속기란 기관의 회전속도에 대한 구동륜의 회전속도를 변화시켜 기관의 회전력을 차륜의 구동력으로 바꾸는 장치를 말한다.

1) 변속기의 개요
가. 변속기의 필요성
① 기관의 회전속도를 변환시켜 전달
② 기관의 회전력(토크)를 변환시켜 증대시킴
③ 기관의 무부하(공전운전) 유지
④ 자동차 후진을 가능하게 함

나. 변속기의 구비조건
① 조작이 용이하고 확실할 것
② 회전속도 및 회전력의 변환이 신속하고 연속적일 것
③ 동력전달 성능 및 효율이 좋을 것
④ 내구성, 신뢰성이 있을 것
⑤ 진동, 소음이 적을 것

2) 수동변속기
가. 수동변속기의 종류
① 점진기어식
　㉮ 기어의 변속시 순차적으로만 변속이 가능한 형식이다.
　㉯ 트랙터, 오토바이 등에 사용된다.
② 섭동기어식
　㉮ 변속레버에 의해 슬라이딩 기어가 스플라인을 미끄러져 부축기어와 결합하는 형식이다.
　㉯ 저속용으로 구조가 간단하다.
③ 상시물림식
　㉮ 주축의 단기어와 부축기어가 항상 물려서 회전하며 도그클러치로 변속되는 방식이다.
　㉯ 변속시간이 짧고 큰 토크전달로 대형버스, 트럭 등에 사용된다.

④ 동기물림식

㉮ 싱크로메시 기구를 이용하여 변속시 주축과 부축의 원주속도를 일치시켜 변속하는 방식이다.

㉯ 고속용 자동차에 사용하며, 변속이 신속하고 용이하며 소음이 적고, 수명이 길다.

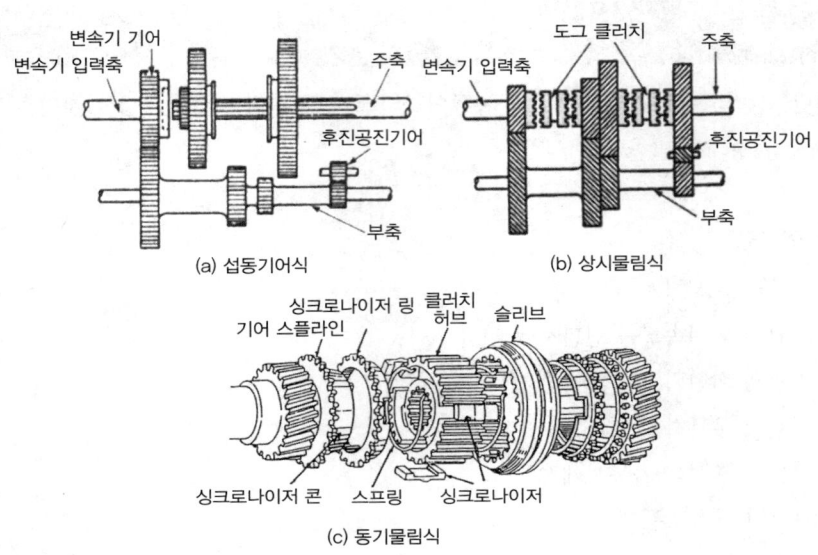

나. 록킹볼과 인터록

① **록킹볼** : 기어 빠짐을 방지

② **인터록** : 이중물림방지 기구

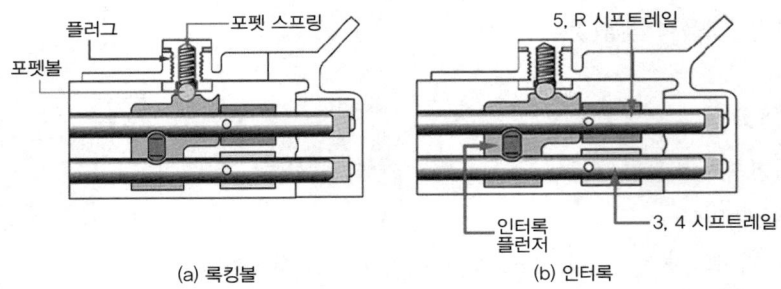

다. 부가장치

① **오버드라이브 장치** : 기관의 출력이 남을 때 감속비를 1 이하(0.65~0.85)로 하여 입력축의 속도보다 출력축의 속도를 증속시킨다.

㉮ 기관의 회전속도를 30% 정도 낮출 수 있다.

㉯ 연료 및 오일의 소모가 감소된다.

㉰ 정숙운전 및 기관 수명이 연장된다.

② 트랜스퍼 케이스 : 주로 4륜구동차량에서 앞차축으로도 구동력을 전달하는 장치이다.
③ 동력인출장치 : 기관의 구동력을 외부로 인출한다.

> **Note | 변속비**
> - 변속비(r) = $\dfrac{\text{변속기 입력축의 회전수}}{\text{변속기 출력축의 회전수}}$ = $\dfrac{\text{피동기어 잇수}}{\text{구동기어 잇수}}$

3) 자동변속기

가. 특징
① 기어변속이 필요 없다.
② 진동과 충격흡수로 내구성이 증대된다.
③ 엔진이 정지되는 일이 없다.
④ 구조가 복잡하며 가격이 비싸다.
⑤ 연료소비율이 높다.(10~20%)
⑥ 밀어서 시동되지 않는다.

나. 자동변속기 구성요소
① 오일펌프 : 변속기의 모든 구성요소에 연속적으로 유량을 공급해주는 요소이다.
② 컨트롤 밸브 어셈블리(밸브 바디) : 유체 컨트롤 밸브들로 이루어진 하나의 집합체로 가압된 유체를 자동적으로 클러치 및 변속기어 등으로 보내준다.
③ 토크 컨버터 : 엔진과 변속기 기어 사이에서 유체커플링 구실을 한다.
④ 클러치 및 브레이크류 : 기계적 장치로 회전하는 부재를 구속하거나 풀어준다.
⑤ 유성 기어세트 : 3개의 요소(선 기어, 유성기어, 내접 기어)로 이루어져 있으며, 변속기 내에서 동력을 전달하는 데 사용된다.
⑥ 댐퍼클러치(록업클러치): 기계적인 습식 마찰클러치를 적용하여 어느 일정 조건이 되면 펌프와 터빈을 직결시켜 동력손실감소 및 연료절감효과를 볼 수 있다.

> **Note | 댐퍼클러치 비작동 조건**
> - 브레이크가 작동될 때
> - 1속 및 후진할 때
> - 냉각수온도가 50℃ 이하 일 때
> - ATF의 온도가 65℃ 이하 일 때
> - 기관회전수가 800rpm 이하 일 때
> - 기관회전수가 2000rpm 이하에서 스로틀밸브 열림이 클 때
> - 가속 및 감속할 때

다. 토크컨버터 및 구성요소

① 작동원리

㉮ 토크컨버터는 엔진과 변속기 사이의 링크 역할을 하며, 플랙시블 플레이트라고도 불리는 엔진의 플라이휠에 볼트로 체결되어 엔진속도로 회전한다.

㉯ 즉, 한쪽은 엔진에 의해 구동되어 엔진과 같은 속도로 회전하며, 다른 쪽은 유체에 의해 회전되고 스테이터에 의해서 회전력을 2배 이상 증가시켜 후 변속기 기어를 구동시킨다.

② 펌프(임펠러)

㉮ 펌프는 커버에 용접되어 있어 엔진동력 즉, 토크가 이 펌프를 회전시키게 된다. 펌프는 엔진에서 구동륜으로 가는 동력전달 과정에서 첫 번째 링크가 된다.

㉯ 토크 컨버터 펌프의 역할은 ATF 유동을 생성시키는 것이다.

③ 터어빈(런너) : 터어빈은 컨버터의 펌프에서 나오는 ATF를 받아 그 유체의 힘으로 인해 돌게 되며, 엔진과 펌프가 더 빠르게 회전할수록 터빈도 더욱 빠르게 회전하게 된다.

④ 스테이터

㉮ 터빈에서 되돌아오는 유체를 받아서 방향을 바꾸어 터빈을 구동하는 유체의 힘을 증가시키게 되고 그 경우 토크(회전력)를 배가시키게 되어 토크 업이 된다.

㉯ 구속상태(Hold)의 스테이터는 엔진의 토크를 2배 이상 배가시킬 수 있다.

⑤ 가이드링 : 유체의 충돌을 방지하여 전달효율을 높인다.

⑥ 성능곡선

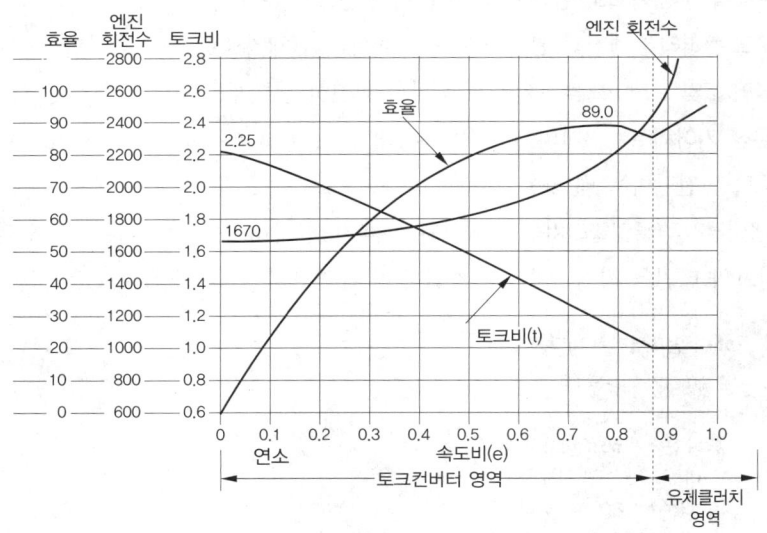

㉮ 속도비 = 터빈축 회전수 / 펌프축 회전수

㉯ 토크비 = 터빈축 토크 / 펌프축 토크

㉰ 전달효율 = 속도비 × 토크비

㉣ 속도비가 0 일때 = 스톨 포인트(Stall Point), 스톨 토크(2.25), 스톨회전수라고 한다.

㉤ 클러치포인트(Clutch Point) = 속도비는 0.85(토크비 = 1)인 지점으로 그 이하는 컨버터 영역, 그 이상은 커플링 영역이라 한다.

라. 유성기어 장치

① 구성 : 선기어, 링기어, 유성피니언 기어, 유성기어 캐리어

㉮ 선기어 : 선기어는 유성 기어세트의 중심에 위치한 기어로서 다른 기어들이 태양계와 같이 그 주위를 돌고 있다.

㉯ 유성 캐리어 : 피니언 기어들은 캐리어에 마운팅 되어 위성들이 태양을 도는 것과 흡사하게 선기어 주위를 돈다. 그래서 피니언 기어를 유성 피니언, 캐리어를 유성 캐리어라 부른다. 유성 캐리어와 피니언 기어는 하나의 유니트로 동작한다.

㉰ 링기어(내접기어) : 유성 기어세트의 최종 구성요소는 내접기어이다. 최 외곽에 위치하여 원주 안쪽에 기어 이들이 형성되어 있다.

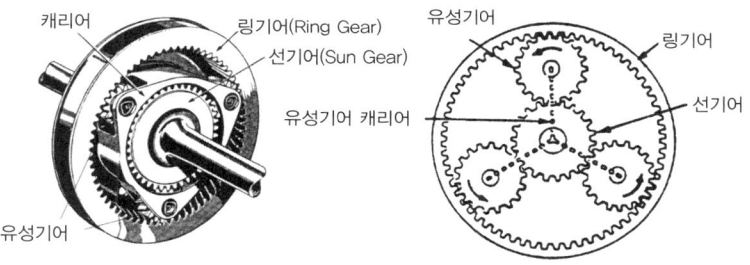

② 유성기어 장치의 특징

㉮ 동력차단 없이 변속이 가능하다.

㉯ 축방향 섭동이 불필요하다.

㉰ 입출력 축을 일직선상에 배치할 수 있다.

㉱ 하중의 균등분배로 베어링의 부담이 적고 소음도 적다.

㉲ 여러 가지 감속비를 얻을 수 있다.

㉳ 기어 제작의 어려움이 있다.

㉴ 조합되는 기어수의 한계가 있다.

③ 유성기어비

일반적인 기어비(= $\frac{피동기어 잇수}{구동기어 잇수}$)를 따르나 캐리어의 기어잇수를 대입할 때는 링기어잇수와 선기어잇수를 합한 값을 대입한다.

구동축(입력)	피동축(출력)	고정축	변속비(A : 선기어잇수, D : 링기어잇수)	회전
선기어	캐리어	링기어	A+D / A	동향, 감속
선기어	링기어	캐리어	D / A	역향, 감속
캐리어	링기어	선기어	D / A+D	동향, 증속
캐리어	선기어	링기어	A / A+D	동향, 증속
링기어	캐리어	선기어	A+D / D	동향, 감속
링기어	선기어	캐리어	A / D	역향, 증속

마. 전자제어 입출력요소

① **펄스 제레레이터 A** : 킥다운 드럼 회전수 검출 입력회전수를 연산한다.
② **펄스 재네레이터 B** : 출력기어(트랜스퍼 트리븐) 회전수 검출하여 ECU로 보내면 A, B 회전수를 비교하여 슬립량 및 기타 사항을 연산한다.
③ **스로틀 포지션 센서** : 스로틀 밸브의 열림 정도를 ECU로 입력시키며 차속센서와 함께 변속단 설정의 기본요소가 된다. 고장시 킥다운 구간이 없다.
④ **인히비터 스위치** : 선택레버 위치를 ECU로 입력하고 P, N 위치에서 시동가능, R 위치에서 후진등을 점등한다.
⑤ **차속센서** : 트랜스미션 출력 축 1 회전에 4 개의 펄스 신호를 발생하는 로터와 픽업으로 차속도를 검출하여 변속단을 설정하는 기본요소로 사용한다.
⑥ **점화코일** : 기관 회전수를 ECU로 입력한다.
⑦ **아이들 스위치** : 공회전 상태를 ECU로 입력한다.
⑧ **유온센서** : 자동변속기 오일 온도를 ECU로 입력한다.
⑨ **오버 드라이브 스위치** : 오버 드라이브 스위치 ON, OFF를 ECU로 입력한다.
⑩ **킥다운 서보 스위치** : 킥다운 피스톤 위치 검출하여 ECU로 입력한다.
⑪ **TCU** : 마이크로컴퓨터를 사용하여 변속조절 솔레노이드밸브, 댐퍼클러치 솔레노이드밸브, 압력조절 솔레노이드밸브에 출력 신호를 보낸다.

바. 자동 변속기 액(ATF, Automatic Transmission Fluid)

① **ATF의 역할**
㉮ 토크컨버터의 작동유체로서 동력을 전달
㉯ 기어나 베어링 등 각 부의 윤활작용
㉰ 클러치나 브레이크의 작동유와 윤활작용
㉱ 변속시 충격 완화
㉲ 냉각기능 및 소음 저감

㉯ 유압제어 장치인 밸브바디의 작동 및 윤활

② **자동변속기유 요구조건**
㉮ 점도지수가 클 것
㉯ 청정성 및 산화안정성이 있을 것
㉰ 고착방지 및 내마모성이 있을 것
㉱ 기포발생이 없을 것
㉲ 방청성 및 고온안정성이 있을 것
㉳ 각종 실(seal)의 손상을 방지할 것

③ **오일량 점검**
㉮ 차량을 수평한 장소에 세운다.
㉯ 엔진을 공회전 속도에서 충분히 난기시킨다.(유온 70~80℃)
㉰ 변속레버를 각 위치에서 순환시킨 후 'P' 또는 'N'에 둔다.
㉱ 오일이 수준게이지의 HOT 사이에 있는 것을 확인한다.

사. 스톨테스트(Stall Test)

① 스톨테스트는 변속레버를 'D'나 'R' 위치에서 엔진의 스로틀을 완전개방(Wide Open Throttle) 시 토크 컨버터의 속도비가 '0'일 때 엔진의 최대 속도를 측정하여 엔진의 출력부족 및 토크 컨버터의 스테이터, 원웨이 클러치 작동과 클러치 및 브레이크 계통의 성능을 점검하는데 이용한다.

② **스톨테스트 준비항목**
㉮ ATF 점검을 실시하여 부족 시는 오일을 보충한다.
㉯ 앞, 뒷바퀴에 고임목을 설치한다.(※ 테스트 중에 차량이 갑자기 움직일 수 있으므로 안전에 주의)
㉰ 엔진을 충분히 워밍업시킨다.(유온 70~80℃)
㉱ 엔진 타코미터를 설치한다.(Scan tool 사용)
㉲ 주차 브레이크를 당기고 왼발로 브레이크를 힘껏 밟는다.
㉳ 변속레버를 'D' 레인지에 놓고 가속페달을 끝까지 밟는 상태에서 엔진의 최대 회전수를 측정한다.

③ 만일 'R' 레인지에서도 스톨 테스트를 행하여야 할 때는 'N' 레인지 상태에서 최소 1분 이상 대기 후 'R' 레인지에서 상기와 동일한 방법으로 실시한다.(※ 토크 컨버터 내의 오일 온도가 급격히 상승하므로 5초 이상 테스트하지 말 것)

아. 유압테스트

① 유압테스트는 자동변속기의 충격이나 슬립이 발생할 경우 작동요소의 작동압을 측정하여 오일펌프 및 각 요소의 피스톤 오일씰 등이 정상적으로 작동하는지를 간접적으로 확인할 수 있다.(단, 유압테스트를 실시하기 전에 기본적인 점검 및 전자제어 계통 등이 이상 없는가를 확인 후 실시)

② 유압테스트 방법
㉮ 자동변속기 유온이 70~80℃가 되도록 충분히 워밍업시킨다.
㉯ 잭이나 리프트를 사용하여 차량 앞바퀴를 올린다.
㉰ Scan tool을 설치하여 엔진회전수를 선택한다.
㉱ 특수공구인 오일압력게이지 및 어댑터를 각 유압체크 포트에 설치한다.
㉲ 다양한 조건에서 오일압력을 측정하여 규정치 내에 있는지 확인한다.

4) 무단변속기(CVT)

가. 무단변속기 특징 및 장점
① 무단변속기의 특징 : 엔진(주축)의 동력을 바퀴(종동축)에 전달하기 위하여 변속기 내부에는 특수 벨트(고무 또는 Steel)가 사용되어지며 유압을 이용하여 주축과 종동축의 풀리의 직경을 변화시킴으로써 기어비를 무단으로 변환시키는 구조로 되어 있다.
② 무단변속기의 장점
㉮ 엔진의 출력 활용도가 높다.
㉯ 연료소비율 및 가속성능이 향상된다.
㉰ 변속 충격이 없다.
㉱ 운전자의 성향에 따라 필요한 구동력 구간에서 운전이 가능하다

나. 무단변속기의 종류
① 트랙션구동방식(Traction Drive type)
㉮ 전단저항이 큰 오일에 의해 금속면 사이에 탄성유막을 형성시켜 동력을 전달하며 기본적인 구조는 원뿔모양의 입력, 출력디스크 사이에 롤러를 설치하고 압력에 의해 위상의 변화를 주어 접촉 유효반경의 변화에 의하여 변속된다.
㉯ 특징
㉠ 변속범위가 넓고 효율이 높으며, 정숙하다.
㉡ 큰 추력과 회전면의 높은 정밀도와 강성이 필요하다.
㉢ 무겁고, 전용오일을 사용하여야 한다.
㉣ 마멸에 따른 출력 저하 가능성이 크다.
② 벨트구동방식(Belt Drive type)
㉮ 고정 풀리와 이동 풀리를 입·출력축에 조합하여 풀리의 유효피치를 변화시켜 벨트·체인이 이동하여 변속하는 방식이다.
㉯ 특징
㉠ 저속시에는 엔진에 연결된 구동축의 풀리와 접촉반경이 적고 종동축에 걸리는 접촉반경은 크다.

ⓒ 고속시에는 엔진에 연결된 구동축의 벨트와 풀리의 접촉반경이 크고 종동축에 걸리는 벨트와 풀리에 걸리는 접촉반경은 적다.

구분	저속	고속
설명	엔진측 풀리의 직경이 작고, 타이어측 풀리의 직경이 크다. → Low Gear	엔진측 풀리의 직경이 커지고, 타이어측 풀리의 직경이 작아진다. → Top Gear
개략도		

③ **토크컨버터방식**
㉮ 기관동력을 유체운동에너지로 변환하여 변속기에 전달한다.
㉯ CVT에서의 특성상 록업 구간이 자동변속기에 비하여 작동영역이 크게 되어 있어 연비 개선과 발진 성능을 향상시켰다.

④ **멀티클러치방식** : 여러 개의 습식 다판클러치를 동력전달장치로 사용한 방식을 말한다.

⑤ **전자파우더방식** : 변속기 입력축과 연결된 로터, 드라이브 플레이트와 연결된 요크, 코일로 구성되어 있다. 코일에 전류가 흐르면 파우더가 자화되고 이 결합력에 의하여 요크와 로터가 연결되어 동력을 전달한다.

⑥ **유압모터 및 펌프의 조합형** : 유압펌프에서 만들어진 유체동력을 기계적인 동력으로 바꾸어 전달하는 방식으로 내구성 및 유연한 변속이 가능하나 부피가 크고 무거워 농업용이나 산업용장비에 주로 사용된다.

다. 무단변속기의 구성

무단 변속기는 크게 보면, 엔진의 동력을 변속기로 전달하는 동력전달부, 중립과 전·후진을 선택하는 중립과 전·후진 장치부, 기어비를 제어하는 변속부, 변속부의 동력을 바퀴로 전달하는 변속출력부, 밸브바디·오일펌프 부분으로 나눌 수 있다.

① 동력전달부

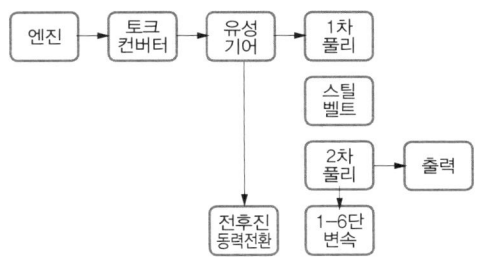

② **중립 및 전후진 변환부(유성기어)** : 전진클러치, 유성기어, 후진브레이크로 구성
　㉮ 중립시 동력전달 : 중립에서는 유성기어를 구속하는 요소가 없어 선기어만 회전하고 캐리어를 회전시키지 못한다.
　㉯ 전진시 동력전달 : 입력축 → 전진클러치 → 캐리어 → 1차풀리
　㉰ 후진시 동력전달 : 입력축 → 선기어 → 피니언기어 1/2 → 링기어 고정 → 캐리어 역회전 → 1차풀리

③ **변속부** : 구성품은 1차풀리, 2차풀리, 금속벨트로 구성되어진다. 유압을 이용하여 1차풀리와 2차풀리의 폭을 변화시키면 접촉반경이 바뀌면서 변속비가 바뀌도록 구성되어있다.
　㉮ 저속시 변속제어 : 2차 풀리의 유압이 커지면 1차풀리의 접촉반경이 작아지면서 변속비가 커지고 구동력도 커지게 된다.
　㉯ 고속시 변속제어 : 1차풀리의 유압이 커지면 2차풀리의 접촉반경이 작아지면서 변속비와 구동력이 작아지게 된다.

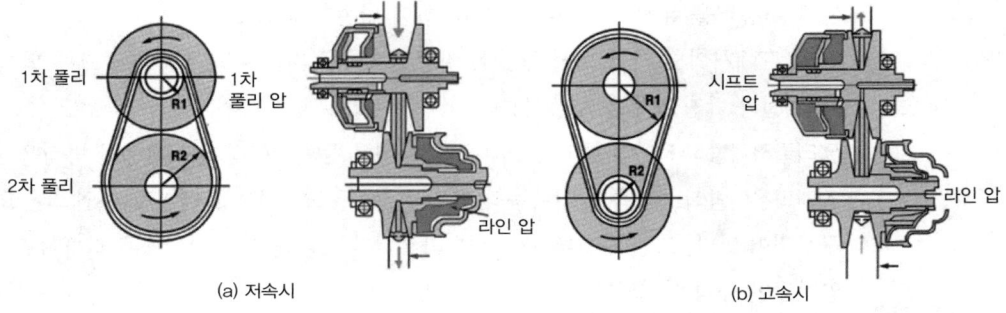

(a) 저속시　　　　　　　　　　　　　(b) 고속시

④ **변속출력부** : 2차 풀리에서 변속되어진 동력은 아이들기어를 거친 후 차동장치의 링기어에 전달되고 사이드기어를 통해 드라이브샤프트에 동력이 전달된다.

⑤ **오일펌프** : 토크 컨버터의 바로 뒷부분이나 밸브바디, 혹은 변속기 케이스의 최후단부에 설치되고 엔진에 의해 구동되며 외접기어 형식을 사용한다.

라. 무단변속기 오일(ATF)의 특징

① 오일의 점도가 낮아지면(고온시 발생하는 현상)
　㉮ 누유가 발생한다.
　㉯ 정밀제어가 불가능해진다.
　㉰ 마모가 발생한다.
　㉱ 마찰열로 인해 유온이 더 상승한다.
　㉲ 펌프의 효율이 저하된다.

② 오일의 점도가 높아지면(저온시 발생하는 현상)
⑦ 내부마찰에 의한 동력손실이 발생한다.
㉯ 응답성이 저하된다.
③ CVT용 ATF는 점도지수가 크고 온도변화에 대한 점도변화가 적다. 기존오일에 비해 내열성, 제어안정성, 마모계수, 내구성 등을 향상시킨 오일을 사용한다. 다른 오일과 혼용해서는 안된다.

마. 전자제어 무단변속기

① **풀리 포지션 센서** : 무단 변속기 하단에 설치되어 있으며 풀리 포지션 센서(Pulley Position Sensor)가 출력하는 신호에 의해 1차풀리(Primary Pulley)의 위치를 검출한다. 이 신호로부터 변속비를 검출하여 변속제어를 한다.

② **1차풀리 회전센서** : 무단변속기 케이스 아래에 설치된 1차풀리 회전센서(Primary Revolution Sensor)에 의해서 1차풀리의 회전수를 검출한다. 변속제어, 전자 마그네틱 클러치 제어에 사용된다.

③ **2차풀리 회전센서** : 자동변속기 케이스에 설치된 2차풀리 회전센서(Secondary Revolution Sensor)에 의해 2차풀리의 회전수를 검출한다. 차속신호 및 변속 포인트 제어로도 사용된다.

④ **스로틀 개도신호** : ECM은 스로틀포지션 센서에서 스로틀 개도신호를 받아 이 신호를 듀티비로 전환하여 CVT 컨트롤러 출력하고 있다. 이 신호는 전자파우더 클러치 제어 및 변속제어에 사용된다.

⑤ **공회전 신호** : ECM은 TPS로부터 스로틀의 열림 정도에 대한 전압신호를 받아 가속페달을 밟고 있는지, 밟지 않고 있는지를 'ON'과 'OFF' 신호로 변환하여 CVT 컨트롤러로 출력한다. 이 신호는 전자파우더 클러치 제어에 사용된다.

⑥ **엔진 회전수 신호** : ECM은 점화 1차회로의 ON또는 OFF에 동기한 신호를 CVT 컨트롤러로 보내준다. 이 신호는 전자 파우더 클러치 및 변속제어에 사용된다.

⑦ **아이들 업 신호(변속 신호)** : 변속 레버를 움직이면 저자 파우더 클러치가 작동하기 때문에 공회전 rpm의 하락을 막기 위해 rpm 보상해야 한다. 즉, CVT 컨트롤러는 D나 R 위치일 때, 0V, P나 N위치일 때 약 10V 이상의 전압이 출력하여 공회전 rpm을 제어한다.

⑧ **아이들 업 신호(브레이크 신호)** : 브레이크 페달을 밟았을 때는 0V에 가까운 신호가 지시되고 브레이크를 작동하지 않았을 경우에는 약 12V의 전압이 지시된다. ECM은 이 신호를 받아 공회전 rpm을 제어한다.

03 드라이브라인 및 동력배분장치

1) 자재이음

자재이음은 두 개의 축이 어느 각도를 이루어 교차할 때, 자유로이 동력을 전달하기 위한 장치이며 플랙시블 조인트, 트러니언 조인트, 십자형 조인트, 등속 조인트가 있다.

가. 플랙시블 조인트

① 세 갈래로 된 두 개의 요크 사이에 휨이나 원심력에 충분히 견딜 수 있고, 질긴 마직물에 여러 겹으로 겹친 것이나, 또는 가죽을 겹친 가요성 원판을 넣고 볼트로 고정한 것이다.

② 특징
  ㉮ 마찰부분이 없고, 급유할 필요가 없다.
  ㉯ 회전도 조용하나 두 축의 경사각을 5~7도 이하로 가장 작다.
  ㉰ 전달효율이 낮고, 중심을 맞추기가 어렵기 때문에 진동이 일어나기 쉽다.

나. 트러니언 조인트

① 자재이음과 슬립이음을 겸한 것이다.
② 통형 보디에 상대축의 끝에는 핀이 들어가는 볼 헤드가 있고, 핀에는 니들 롤러 베어링을 사이에 끼어 동력을 전달함과 동시에 축방향으로 움직이도록 되어있는 볼이 결합되어 있다.

다. 십자형 자재이음

① 십자축을 사용하여 양쪽 요크를 직각으로 결합한 것으로 구동축의 요크는 십자축을 통해 회전을 전달한다.
② 구동축이 일정한 각속도로 회전해서 피구동축의 각속도가 변동하는 성질이 있으며, 그 변동은 축이 교차하는 각도에 따라 변화한다. 그래서 요크는 두 쌍을 함께 사용하며 양쪽 요크는 동일 평면상에 있어야 한다.
③ 구조가 간단하고 작동도 확실하기 때문에 가장 많이 사용되고 있다.

라. 등속 조인트

일반적으로 앞바퀴 구동차나 전륜 구동차에서 종감속 장치에 연결된 구동 차축에 설치되어 바퀴에 동력전달용으로 사용되며, 항상 구동축과 피구동축의 접점을 축의 교차각 ϕ의 2등분선상에 있게 하여 등속으로 동력전달을 한다. 설치각은 30도 정도이다.

① 트랙터형 : 좌우 요크사이의 두 개의 슬라이더가 두 개 겹친 구조로 되어 있다. 이 형식은 완전히 등속성을 내지 못하며, 작동 각도가 비교적 적을 뿐만 아니라 센터를 유지하기 위해 2조의 베어링이 필요하다.

② 이중십자형 : 훅 조인트 두 개를 맞대서 센터 요크로 결합한 것으로 중심을 유지하기 위한 센터링 볼이 들어 있다. 축이 어느 각도를 이루었을 때, 센터 요크는 부등속성이나 다른 한 쌍의 조인트에 의해 상쇄되어 등속성을 얻도록 되어 있다.

③ 벤딕스형 : 동력 전달용으로 4개의 볼을 사용하고, 그 위치 결정용으로 중심에 한 개의 볼을 사용하여, 안내홈에 따라 동력전달용 볼의 중심이 항상 축의 교차각의 2등분선상에 있도록 한 것이다. 볼의 수가 적기 때문에 용량이 적으며, 중심을 유지하기 위해 2개의 베어링이 필요하다.

④ 제파형 : 안내홈과 볼을 사용하는 것은 앞서 설명한 벤딕스형과 같으나 축의 교차각도에 따라 볼리테이너가 움직여 볼의 위치를 바르게 지지하는 역할을 한다.

⑤ 버필드형 : 버필드형은 제파형을 개량하여 만들었으며, 외륜의 안쪽면과 내륜의 바깥면은 중심이 같은 구형으로 되어 있고, 그 사이에 리테이너를 끼워 결합되어 있다. 볼의 홈은 조인트가 각도를 이룬 경우에는 홈의 모양과 리테이너에 의해 볼을 일정한 위치에 유지하도록 되어 있다. 구조가 간단하고 용량이 크기 때문에 앞바퀴 구동차에서 많이 사용한다.

2) 슬립이음

출력축의 스플라인에 설치되어 추진축의 길이변화를 가능하게 하는 이음이다.

3) 추진축(Propeller Shaft)

강한 비틀림을 받으면서 고속으로 회전하기 때문에 이에 견디도록 속이 빈 강관으로 되어 있으며 회전할 때 평형을 유지하기 위한 평형추(Balance Weight)와 길이변화에 대응하기 위한 슬립 조인트가 있으며 추진축의 길이가 길면 중심 베어링을 설치하며 비틀림 진동을 감소시킨다. 구조는 고무 부싱 안에 베어링이 설치되어 있고 뒤쪽에는 진동 흡수를 위하여 비틀림 댐퍼가 설치되어 있다.

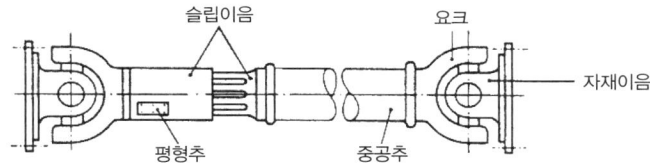

Note | 휠링
- 추진축이 구부러졌거나 기하학적인 질량중심이 일치하지 않으면 일어나는 굽음 진동을 말한다.

4) 종감속 장치

가. 종감속 기어

종감속 기어는 구동 피니언과 링 기어로 구성되어 변속기 및 추진축에서 전달되는 회전력을 직각 또는 직각에 가까운 각도로 바꾸어 앞차축 또는 뒷차축에 전달함과 동시에 최종적으로 감속하여 회전력을 증대시키는 역할을 한다.

나. 종감속 기어의 종류

① 웜과 웜기어 : 나선 기어. 맞물리는 기어의 회전축이 교차하거나 평행하지 않는 것으로서 축 기어의 일종이며 나사의 모양을 한 웜과 이것에 맞물리는 웜 휠로 되어 있고 감속비를 크게 할 수 있다.

② 스파이럴 베벨기어 : 피니언과 링기어의 중심이 일치한다. 베벨기어의 이빨 모양을 곡선으로 만들어 회전을 미끄럽게 전달하도록 한 것으로 스퍼 베벨 기어에 비교하면 맞물림의 비율이 크고 전달효율이 좋다.

③ 하이포이드 기어 : 스파이럴 베벨기어의 일종으로서 링기어의 회전 중심선과 구동 피니언의 회전 중심선을 옵셋시킨 형식이다.

다. 종감속 기어의 특징

① 옵셋(링 기어 지름의 10~20%)시켜 추진축을 낮게 설치할 수 있다.
② 차실의 바닥을 낮출 수 있어 안정성, 거주성이 향상된다.
③ 물림율이 커 전달효율이 좋고 조용하다.
④ 이 폭 방향으로 미끄럼 접촉을 하므로 극압성 전용오일을 사용해야 한다.
⑤ 제작하기가 어렵다.

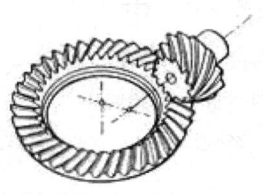  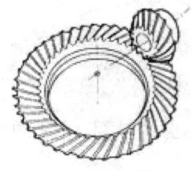

(a) 하이포이드 기어　　(b) 웜 기어　　(c) 스파이럴 베벨 기어

라. 종감속비

① 종감속비가 크면 가속성능과 등판능력은 향상되지만 고속성능이 저하된다.

$$종감속비 = \frac{링기어 잇수}{구동피니언 잇수} = \frac{구동피니언 회전수}{링기어 회전수}$$

② 종감속비 결정요소

㉮ 엔진의 출력 : 엔진의 출력이 크면 종감속비를 적게 하여 최고속도를 증가시킬 수 있다.
㉯ 차량중량 : 차량중량이 커지면 종감속비를 크게 하여 구동력을 증가시켜야 한다.
㉰ 가속성능 : 종감속비가 커지면 순간가속성능은 좋으나 초고속도가 감소한다.

> **Note | 총감속비와 백래시**
> • 총감속비 = 변속비×종감속비
> • 백래시 : 기어의 회전을 원활하게 하기 위해 맞물린 이와 이 사이에 두는 틈새를 말한다. 조정이 불량하면 기어마모와 함께 소음, 회전저항의 증가 등이 발생한다.

5) 차동장치

가. 차동장치 개요

주행 중에 선회하거나 노면이 울퉁불퉁할 때 좌우 바퀴에 생기는 회전차를 자동적으로 조정하여 원활한 회전을 할 수 있도록 한 것이 차동장치이며, 종감속 기어와 일체로 되어 액슬하우징에 설치되어 있다.

나. 차동장치의 원리

차동장치의 원리는 움직이는 2개의 랙(Rack) 사이에 피니언을 결합하여 피니언을 위로 끌어올릴 경우 양쪽 랙에 무게가 같은 추를 올려놓았을 때는 피니언의 좌우에 걸리는 저항이 같기 때문에 피니언은 자전할 수 없고 양쪽 랙은 함께 끌려 올라간다. 그러나 어느 한쪽의 랙의 무게를 가볍게 한 상태에서는 피니언을 끌어올리면 피니언이 자전을 하며 양쪽 랙이 올라간 거리를 합한 거리(2H)만큼 가벼운 쪽이 올라간다. 여기서 랙을 사이드기어로 바꾸고 좌우의 차축을 연결하고 피니언을 종감속 링기어에 의해 구동하도록 한 것이다.

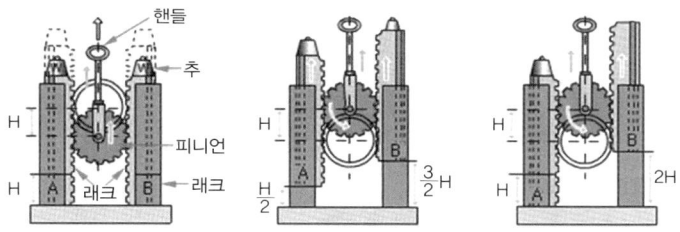

다. 차동장치의 작동

차동장치의 작동은 좌우 구동바퀴의 회전저항의 차이에 의해서 발생하는 것이고 바퀴는 통과하는 노면의 길이에 따라서 회전하기 때문에 선회시 내측 바퀴는 외측 바퀴보다도 저항이 커져서 회전수가 감소되며 그 분량만큼 반대쪽의 바퀴를 가속하게 된다.

$$\text{링기어 회전수} = \frac{\text{좌측 휠 회전수} + \text{우측 휠 회전수}}{2}$$

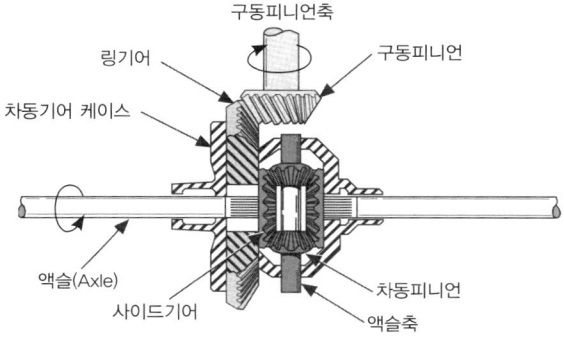

6) 차동제한장치(LSD, Limited Slip Differential)

가. 개요

한쪽 바퀴가 웅덩이나 진흙길 같은데 빠졌을 경우에 다른 한쪽은 노면의 저항을 받으나 빠진 한쪽은 거의 저항을 받지 않으므로 노면에 있는 바퀴는 동력을 받지 못하고 빠진 바퀴만 동력이 전달되어 구동바퀴는 공전하여 차량이 주행이 불가능하게 된다. 이럴 경우에 차동기어 장치를 정지시켜서 공전을 하는 바퀴의 회전을 제한하고 구동바퀴로 동력을 전달하는 장치이다. 회전속도 감응형과 토크 비례형이 있다.

나. 특징

① 미끄러운 노면에서 출발이 용이하다.(구동력 증대)
② 미끄럼이 방지되어서 타이어의 수명을 연장하는 것이 가능하다.
③ 고속, 급가속, 급발진시에도 차량 안전성이 유지된다.
④ 요철노면 주행시 후부의 흔들림(Fish Tail Motion)을 방지한다.
⑤ 진흙길과 웅덩이 등에 빠졌을 때 탈출이 가능하다.
⑥ 경사로에서의 주, 정차가 쉽다.
⑦ 어떠한 상황에서도 정확한 조향휠 조작이 가능하다.
⑧ 구동륜의 슬립이 적어 타이어수명이 연장된다.

다. 차동제한장치의 종류

① 비스커스(다판 클러치식) 디퍼런셜

㉮ 비스커스 커플링의 특성(압력 측과 출력 측의 회전차가 작을 때는 힘을 전달하지 않고 회전차가 생겼을 때에 봉입된 실리콘 오일의 점성에 의해서 힘을 전달함)을 이용한 방식이다.

㉯ 커브를 돌 때에 한쪽 바퀴가 공전하면 디프에 내장된 비스커스 커플링이 작동하여 공전하고 있는 바퀴의 구동력을 억제하고 양 바퀴에 모두 구동력을 전달하여 원활한 커브길 주행을 할 수 있게 한다.

② 토르센 디퍼런셜

㉮ 기어를 조합하여 만든 토크 비례식 LSD이다. 스러스트 와셔를 통하여 좌우 구동축에 연결된 2개의 웜기어(사이드기어에 해당)의 주위를 2개씩 짝이 된 스퍼기어가 설치되어 있으며 웜 휠 6개가 삼각형을 이루고 에워싼 구조로 되어 있다.

㉯ 웜기어 잇면의 마찰력에 따라 속도가 빠른 쪽의 차축은 감속이 되고 늦은 쪽의 차축은 가속이 되어 결과적으로 빠른 쪽에 적은 토크가 배분되고, 늦은 쪽에 많은 토크가 배분된다.

7) 4륜구동

가. 개요
네 바퀴에 모두에 동력이 전달된다고 하여 전륜구동으로 부르기도 하며, 일반적인 자동차 구동방식인 이륜구동에 견줘, 추진력이 월등하므로 비포장도로와 같은 험로, 경사가 아주 급한 도로 및 노면이 미끄러운 도로를 주행할 때 성능이 뛰어나다.

나. 특징
① 모든 도로조건에서 견인력이 우수하다.
② 타이어 그립력을 향상시켜 직진성이 향상된다.
③ 4륜 토크 배분으로 선회시 조향안정성에 유리하다.
④ 미끄러운 도로에서도 부드러운 주행이 가능하다.
⑤ 중량증가로 연료소비율이 증가한다.

다. 종류
① 파트 타임 4WD
  ㉮ 가장 기본적인 시스템으로 운전자의 선택에 의해 차를 4WD 모드로 또는 2WD로 주행할 수 있다.
  ㉯ 4WD를 작동시키면 앞, 뒷바퀴를 함께 고정시키게 되어 직진 마찰력은 좋아지지만 실제로 포장도로의 코너 주행시 어려움이 있다.

② 풀 타임 4WD
  ㉮ 가장 일반적인 시스템으로 프런트 액슬과 리어 액슬 사이에 센터 디퍼렌셜이나, 비스커스 커플링, 유체 커플링 등을 삽입해 주행 조건에 따라 자동적으로 작동된다. 이 형식은 바퀴가 미끄러지는 것을 감지해 점진적으로 프런트 액슬과 리어 액슬을 함께 고정, 마찰력을 최적화한다.
  ㉯ 오프로드 주행의 경우와 같이 상당한 네 바퀴 마찰력이 필요할 것으로 예상될 때, 4WD록(Lock) 또는 4WD로 모드를 작동할 수 있다. 그러나 자동모드 주행 시 가파른 언덕길이나 커다란 바위를 넘어갈 때 부적당한 시간에 동력을 액슬에서 액슬로 전달해 차가 균형을 잃거나, 노면과의 마찰력이 부족해져 차체를 제대로 제어하지 못하는 경우가 발생한다.

③ 상시 4WD
  ㉮ 풀 타임 4WD에 비해 크게 개선된 시스템으로 2WD 모드가 없다.
  ㉯ 즉 언제나 4WD 상태에 있으므로 도로 조건이 2WD나 4WD 중 어느 모드에 적합한지 결정할 필요가 없이 언제나 4개의 모든 바퀴에 동력을 최적으로 분배 전달한다.

Section 2 | 현가 및 조향장치

01 현가장치

1) 개요

차축과 프레임을 연결하고, 주행 중 노면에서 받는 진동이나 충격을 흡수하여 승차감과 자동차의 안전성을 향상시키는 장치이다.

가. 현가장치의 구비조건

① 노면에서의 충격을 흡수 완화하기 위하여 상하 방향으로 연결 되어야 한다.
② 바퀴에 생기는 구동력, 제동력, 선회할 때 원심력을 이겨내기 위하여 수평방향의 연결이 견고하여야 한다.

나. 현가장치의 기능

① 노면으로부터 전달되는 충격, 진동을 완화시킨다.
② 차축과 차체를 연결하여 적정한 자동차의 높이를 유지한다.
③ 휠얼라인먼트를 유지한다.
④ 차체의 하중을 지지한다.
⑤ 주행방향을 조정한다.
⑥ 바퀴와 노면의 접착성을 향상시킨다.

2) 현가장치의 구성부품

가. 스프링

① 판스프링 : 띠 모양의 스프링 강판을 차체의 앞·뒤 방향으로 좌우에 평행하게 설치한 것이다.
  ㉮ 특징
    ㉠ 스프링 자체 강성에 의해 차축을 정 위치에 지지할 수 있어 구조가 간단하다.
    ㉡ 판간 마찰에 의한 진동 억제 작용이 크다.
    ㉢ 내구성이 좋다.
    ㉣ 판간 마찰 때문에 작은 진동 흡수가 곤란하다.

ⓜ 호치키스 구동 방식에서는 너무 유연한 스프링을 사용하면 차축의 지지력이 부족하여 차체가 불안정하게 된다.
㉯ 판 스프링의 구조
㉠ 스피링 아이(Spring Eye) : 주스프링 판 양 끝에 있는 섀클핀의 삽입자리이다.
㉡ 센터볼트(Center bolt) : 판스프링의 중앙구멍에 설치되는 볼트로 판스프링을 묶어주고 중심을 잡아주는 역할을 한다.
㉢ 스팬(Span) : 주 스프링 아이의 중심 간의 거리이다.
㉣ 섀클(Shackle) : 스팬(Span)의 길이를 가능케 하는 역할하며 주로 주스프링 한쪽에만 설치되며 종류는 고무 부시섀클, 나사섀클, 청동 부시섀클 등이 있다.
㉤ 리바운드 클립(Eebound clip) : 리바운드 할 때 판이 각각 흩어지는 것을 방지하여 판간 마찰이 일어날 때 마모를 방지한다.
㉥ U-볼트(Bolt) : 차축과 판스프링 사이를 고정한다.

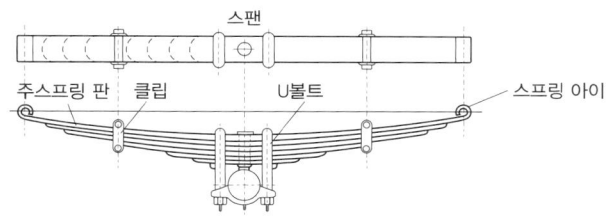

② **공기스프링** : 압축 공기의 탄성을 이용하여 완충작용을 하는 방식이다.
㉮ 구성 : 공기압축기, 공기탱크, 압력조절밸브, 언로드밸브, 안전체크밸브, 레벨링밸브
㉠ 공기 스프링 : 벨로스형, 막(다이어프램)형
㉡ 레벨링 밸브 : 차체의 높이를 일정하게 유지
㉢ 언로드 밸브 : 압축공기의 압력이 규정 이상시 공기압축기를 무부하 운전시킴
㉯ 특징
㉠ 하중 증감에 관계없이 차체 높이 항상 일정하게 유지, 앞·뒤, 좌·우 기울기 방지
㉡ 스프링 정수 자동 조정, 고유 진동수 일정하게 유지
㉢ 고유 진동수 낮출 수 있으므로 스프링 효과 유연
㉣ 공기 스프링 자체 감쇠성이 있어, 작은 진동 흡수 효과
③ **토션바 스프링** : 비틀림 탄성에 의한 복원성을 이용하여 완충작용을 한다.
㉮ 단위 중량당의 에너지 흡수율이 매우 크며, 가볍고 구조가 간단하다.
㉯ 스프링의 힘은 막대의 길이와 단면적으로 정해지며, 진동의 감쇄 작용이 없어 쇽업소버와 병행한다.
㉰ 좌·우를 구분하여 사용한다.

④ 코일스프링
   ㉮ 스프링 강을 코일 모양으로 제작한 것이다.
   ㉯ 외력에 의해 변형되는 경우 코일 1개의 단면마다 비틀림에 의해 응력을 받는다.
   ㉰ 미세한 진동에도 민감하게 작용하여 충격을 흡수한다.
   ㉱ 특징
      ㉠ 단위 중량 당 에너지 흡수율이 크다.
      ㉡ 제작비가 적고, 스프링 작용이 유연하다.
      ㉢ 판간 마찰이 없어 진동 감쇄 작용을 하지 못한다.
      ㉣ 옆방향 작용력에 대한 저항력이 없어 차축에 설치할 때 쇽업소버나 링크 기구가 필요해 구조가 복잡해진다.

⑤ 고무스프링
   ㉮ 모양을 자유로이 만들 수 있다.
   ㉯ 작용이 부드러우며 내부 마찰에 의한 감쇄작용이 있다.
   ㉰ 급유가 불필요하다.
   ㉱ 대형차에는 부적당하다.

나. 쇽업쇼버(Shock absorber)
① 노면에서 발생한 스프링의 진동을 흡수하여 승차감을 향상시키고 동시에 스프링의 피로를 감소시키기 위한 장치이다.
② 종류
   ㉮ 단동식 : 스프링이 신장할 때는 통과하는 오일의 저항으로 진동을 조절하고, 압축할 때는 오일이 저항 없이 통과하도록 하여 차체에 충격을 주지 않는다.
   ㉯ 복동식 : 스프링이 신장할 때와 압축될 때 모두 저항이 발생되는 형식으로 출발할 때 노스 업(Nose up)이나 제동할 때 노스 다운(Nose down)를 방지한다.
   ㉰ 드가르봉식 : 유압식의 일종으로 프리 피스톤을 더 두고 있다. 프리 피스톤 위에는 오일, 아래는 고압의 질소 가스가 봉입되어 내부에 압력이 걸려 있고, 1개의 실린더가 있다. 드가르봉식은 다음과 같은 특징을 갖는다.
      ㉠ 구조가 간단하다.
      ㉡ 작동할 때 오일에 기포가 없어 장시간 작동하여도 감쇠 효과의 감소가 적다.
      ㉢ 실린더가 1개이므로 냉각 성능이 크다.
      ㉣ 내부에 압력(20~30bar)이 걸려 있어 분해시 위험하다.
   ㉱ 감쇠력 가변식 : 피스톤로드 속을 관통하는 컨트롤로드를 회전시켜 그 하단에 고정된 셔터가 오일통로를 개폐하여 유로를 면적을 가변하여 유체저항 특성을 바꾸어 감쇠력을 조정한다.

③ 쇽업쇼버의 감쇠력

$F = CV^x$

C : 감쇠계수
V : 피스톤의 속도
x : 피스톤의 작은 구멍의 특성지수(고정식 : 2, 기변식 : 0.7~1)

> **Note** | 댐핑(damping)
> - 오버 댐핑(over damping) : 쇽업쇼버의 감쇠력이 너무 커 승차감이 저하되는 현상
> - 언더 댐핑(under damping) : 쇽업쇼버의 감쇠력이 너무 작아 승차감이 저하되는 현상

다. 스테이빌라이저
토션바 스프링의 일종으로 자동차의 옆 방향 흔들림을 방지한다.

3) 현가장치의 분류

가. 차축(Axle)
차축은 부착되어 있는 바퀴를 통해 차의 무게를 지지하는 부분이며 엔진에서 발생한 동력을 전달한다. 구조상 현가 방식에 따라 좌우바퀴를 1개의 차축으로 결합한 일체차축식(Rigid Axle)과 좌우바퀴가 각각 별개로 움직일 수 있게 되어 있는 독립차축식(Divided Axle)으로 나눌 수 있다

① **전부동식(풀 플로팅 타입)**
 ㉮ 차축하우징 끝부분의 외측에 좌우 2개의 베어링을 배치하고, 허브를 거쳐서 차륜을 지지하는 방식이다.
 ㉯ 구동축은 구동 토크에 의한 비틀림 모멘트만을 받으며, 모든 하중은 차축하우징에서 받는다. 바퀴를 떼어내지 않고 차축을 분리할 수 있다

② **3/4 부동식(3/4 플로팅 타입)**
 ㉮ 반부동식과 전부동식의 중간적인 구조로, 차축하우징 끝부분의 외측에 좌우 각 1개의 베어링을 배치하고, 허브는 이 베어링에 지지됨과 동시에 구동축 끝에 결합되어 있다.
 ㉯ 수직하중, 수평하중의 대부분은 차축하우징이 받으며, 구동축은 구동 토크에 의한 비틀림 모멘트와 수평 하중에 의한 굽힘 모멘트를 받는다. 현재 거의 사용되고 있지 않다.

③ **반부동식(세미 플로팅 타입)**
 ㉮ 차축하우징 끝부분의 내측에 좌우 각 1개의 베어링을 배치하여 구동축을 지지한다. 구동축은 구동 토크에 의한 비틀림 모멘트 이외에 수직 하중, 수평 하중, 충격 등 모든 힘이 작용한다.
 ㉯ 구조가 간단하여 중량도 가벼우며, 주로 승용차, 소형 화물차 등에 이용된다.

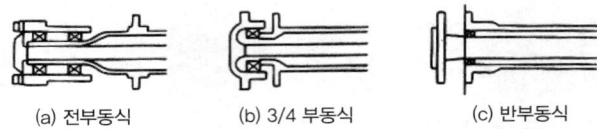

(a) 전부동식　　(b) 3/4 부동식　　(c) 반부동식

나. 차축하우징

차축하우징의 중앙부에는 감속 장치, 차동 장치가 부착되고 있지만 그 형상, 부착 방법에 따라 밴조형, 캐리어형, 스플릿형으로 나누어진다.

① **벤조형** : 벤조형은 취급 및 점검정비가 용이하며 차동장치의 분리가 쉽다. 그러나 구조상 강도가 약한 결점 때문에 소형차에 주로 이용된다.

② **스플릿형(분할형)** : 스플릿형은 강도에는 강하나 제작 및 정비가 어려운 결점이 있다. 강도가 커야할 필요가 있는 군용이나 대형자동차에 일부 사용되고 있으나 대부분의 자동차에는 사용되지 않는다.

③ **빌드업형** : 빌드업형은 일체로 만들어진 것으로 강도면에서는 제일 강하나 가공이나 장비가 매우 어려워 거의 사용되지 않는다. 특수 용도의 자동차에 일부 사용된다.

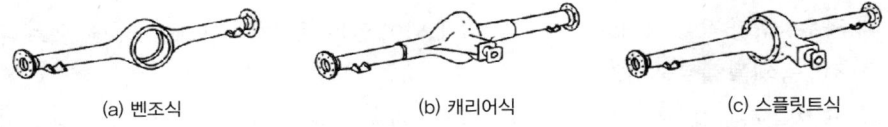

(a) 벤조식　　(b) 캐리어식　　(c) 스플릿트식

다. 일체차축 현가장치

① 일체로 된 차축에 양바퀴가 설치되고, 차축이 판스프링을 거쳐 차체에 선치된 형식이며 주로 대형 차량에 많이 사용한다.

② 특징

㉮ 구조가 간단하고 가격이 저렴하다.

㉯ 강도가 높아 선회시 차체 기울기가 적다.

㉰ 얼라인이먼트의 변화가 적다.

㉱ 스프링 밑 질량 커서 승차감이 불량하다.

㉲ 앞바퀴에 시미(타이어 진동)가 발생되기 쉽다.

㉳ 스프링 정수가 너무 적은 것은 사용하기 어렵다.

라. 독립 현가장치

승용차량에 가장 많이 사용하는 방식으로 사람의 관절 운동과 비슷하여 니이 액션 형(Knee action type)이라고도 한다. 차축식과 같이 좌우 휠을 1개 차축으로 연결한 것이 아니라 독립적으로 상하로 움직일 수 있도록 되어 있다.

> **Note | 독립 현가장치의 특징**
> • 차의 높이를 낮게 할 수 있으므로 차의 안전성이 향상된다.
> • 스프링 아래 하중이 적어 승차감이 좋아진다.
> • 조향 바퀴에 시미(Shimmy)가 잘 일어나지 않는다.
> • 타이어와 노면의 접지성(rod holding)이 좋아진다.
> • 스프링 정수가 작은 스프링을 사용할 수 있다.
> • 연결 부분이 많아 구조가 복잡하고 마모에 의해 휠 얼라인먼트가 변하기가 쉽다.
> • 바퀴의 상하운동으로 윤거나 얼라인먼트가 변하기 때문에 타이어가 빨리 마모된다.

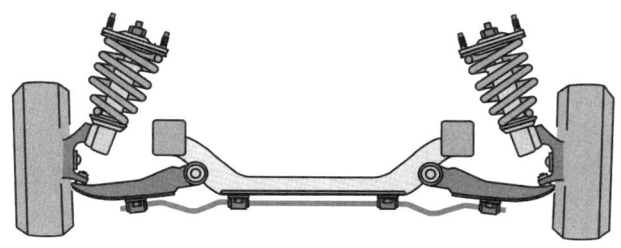

〈독립 현가 장치〉

① **위시본형(Wishbone type)** : 상하 2개의 암(Upper Arm, Lower Arm) 이 프레임에 장착되고 다른 한쪽 끝은 상하 볼 조인트로 조향 너클(steerimg knuckle)에 조립되어 있다. 완충작용은 프레임과 아래 암 사이의 코일 스프링과 쇽업 쇼버에 의해 흡수된다.

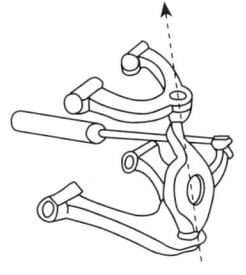

㉮ SLA(Shot long arm)형 : 위 컨트롤 암이 아래 컨트롤 암보다 짧은 형식이며 캠버가 변화되어도 윤거가 변하지 않아 타이어의 마모가 감소된다.

(a) 더블위시본형

㉯ 평행사변형 형 : 위, 아래 컨트롤 암의 길이가 같으며 캠버는 변화가 없지만 타이어의 위치(윤거)가 이동하여 마모가 심하다. 강성이 높아 조종 안전성을 중시하는 고급 승용차에 많이 이용되고 있다.

② **맥퍼슨 형식(mcpherson type)**

㉮ 쇽업쇼버가 설치된 스트럿과 볼 조인트 및 스프링 등으로 구성된다. 차체 쇽업소버를 부착하는 지점이 높아 휠 얼라인먼트가 정확히 설정되며 그 변화도 작고 노면 충격도 넓게 분산되는 장점이 있다.

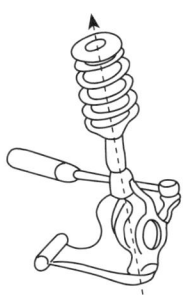

㉯ 특징
  ㉠ 위시본 형식에 비해 구조가 간단, 구성부품이 적고 보수가 용이하다.

(b) 맥퍼슨 형식

ⓒ 스프링아래 무게를 가볍게 할 수 있기 때문에 로드 홀딩 및 승차 감이 좋다.
ⓒ 엔진룸의 유효 공간을 크게 잡을 수 있다.

③ 트레일링 암(Trailing Arm Type)
㉮ 암이 진행방향에 수평으로 배치된 현가장치이다. 바퀴가 위 아래로 흔들렸을 때 차체에 대해 수직으로 움직여 선회 중에도 차체 기울기만큼 바퀴가 기울어진다.
㉯ 차체 기울기가 커지는 데에 따라 타이어도 접지력을 잃을 수 있다.

④ 듀얼 링크
㉮ 맥퍼슨 스트러트 현가방식의 일종으로 2개의 링크로 이루어진 아래 암과 앞으로 뻗어 있는 로드로 구성되는 형식이다.
㉯ 타이어로부터의 상하 압력을 스트러트로 좌우 압력을 암으로, 전후의 압력은 로드로 각각 받아내는 구조로 전륜 구동형의 뒤쪽 현가장치에 많이 사용된다.

⑤ 멀티 링크
㉮ 한쪽에 3개에서 5개의 링크를 사용하여 차축의 위치를 결정하는 현가방식이다.
㉯ 링크 배치에 의해 현가장치가 상하로 움직였을 때의 휠 얼라인먼트 변화를 최상의 상태로 유지해 주고 균형이 잡힌 조향성을 확보하는 것으로 더블 위시본식 현가장치의 변형이 많다.

4) 자동차의 진동

가. 스프링 위 무게 진동
① 바운싱(bouncing) : z축 방향을 따라 상·하 진동
② 피칭(pitching) : y축을 중심으로 회전운동
③ 롤링(rolling) : x축을 중심으로 회전운동
④ 요잉(yawing) : z축을 중심으로 회전운동

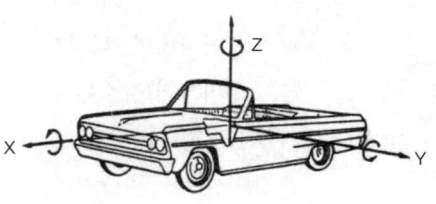

나. 스프링 아래 무게 진동
① 휠 홉(wheel hop) : 차축이 z방향의 상하 평행 운동을 하는 진동
② 휠 트램프(wheel tramp) : 차축이 x축을 중심으로 회전운동을 하는 진동
③ 와인드 업(wind up) : 차축이 y축을 중심으로 회전운동을 하는 진동
④ 쉐이크(shake) : 차축이 x축 방향으로 평행운동을 하는 진동
⑤ 조(jaw) : 차축이 z축 둘레의 회전운동을 하는 진동

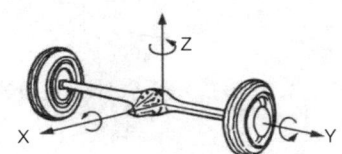

다. 진동수와 승차감
① 진동(Vibrations) : 어느 물체가 일정한 시간마다 동일경로를 반복 운동하는 것
   ㉮ 걸어다닐 때 : 60~70 cycle/min
   ㉯ 달릴 때 : 120~160 cycle/min
   ㉰ 양호한 승차감 : 60~120 cycle/m
   ㉱ 딱딱한 승차감 : 120 cycle/m 이상
   ㉲ 멀미를 느낄 때 : 45 cycle/m 이하
② 공진(resonance) : 특정 진동수를 가진 물체가 같은 진동수의 힘이 외부에서 가해질 때 진폭이 커지면서 에너지가 증가하는 현상
③ 주파수(frequency) : 단위 시간당 진동수(Hz)

※ 스프링 정수 $K = \dfrac{W}{a}$ (W : 하중, a : 변형량)

5) 전자제어 현가장치(ECS, Electronic Control Suspension System)

가. ECS의 개요
① 전자제어 현가장치는 운전자의 선택으로 주행조건 및 노면 상태에 따라 자동차의 높이와 스프링의 상수 및 완충 능력이 ECU에 의해 자동으로 조절되는 현가장치이다.
② 자동차의 각부에 설치된 센서에서 감지한 자동차 운행 상태의 정보와 운전자가 선택하는 운행 등을 종합하여 ECU가 작동부를 제어함으로써 승차감과 조향성 및 안정성을 향상시켜 보다 안전하고 안락한 운행이 되도록 한다.

나. ECS의 기능
① 주행상태와 노면상황에 대응하여 차고를 변경할 수 있다.
② 쇽업쇼버의 감쇠력 제어가 가능하다.
③ 승차감과 주행 안전성을 동시에 확보할 수 있다.

다. ECS 구성과 기능
① **조향휠 각도센서** : 조향 휠 각도 센서는 핸들 밑에 설치되어 있으며, 핸들의 회전속도와 회전각을 검출해 차의 선회 여부를 판단해 컴퓨터에 입력된다. 컴퓨터는 이 신호를 기준으로 롤(Roll)을 판정한다.
② **차속센서** : 차의 가속도와 감속도를 연산하기 위해 주행속도를 검출해 컴퓨터에 입력한다. 컴퓨터는 롤(Roll), 스쿼트(Squat), 고속 안정성 제어 때 입력신호로 사용된다.
③ **스로틀 위치센서** : 운전자가 액셀러레이터 페달을 밟은 양과 변화속도를 컴퓨터로 입력한다. 컴퓨터는 이 신호로 운전자의 가속 및 감속 의지를 판단하고 급가속 때 스쿼트(Squat) 제어의 주 신호로 사용한다.

④ 브레이크 스위치 : 운전자의 브레이크 페달 조작 여부를 판단해 컴퓨터에 입력한다. 컴퓨터는 이 신호를 다이브(Dive) 제어의 기준 신호로 사용한다.

⑤ G센서 : G센서는 차체의 상하 진동을 검출해 컴퓨터에 입력한다. 컴퓨터는 G센서의 신호로 차체의 상하 움직임을 판단하며, 피치(Pitch), 바운스(Bounce) 제어의 기준 신호이다.

⑥ ECS 지시등 : 오토(AUTO) 모드 때는 소등되며, 운전자가 스포츠 모드를 선택하게 되면 컴퓨터는 계기판에 SPORT 모드 표시등을 점등시켜 운전자에게 알려준다. 또한 시스템에 고장이 발생하게 되면 컴퓨터는 'SPORT' 표시등을 점멸시켜 알려준다.

⑦ 스텝모터 : 스텝모터는 각각의 쇽업쇼버 상단에 설치되어 있으며, 컴퓨터에 의해 제어된다. 컴퓨터는 주행 조건 및 노면 상태 등을 감지해 적절한 감쇠력으로 쇽업쇼버의 감쇠력을 변화시키기 위해 스텝모터를 회전시킨다. 스텝모터가 회전하게 되면 회전각도에 따라 소프트(Soft), 미디엄(Medium), 하드(Hard)로 감쇠력이 가변된다.

⑧ 컴퓨터 : 각종 센서로부터 입력된 정보를 연산 처리해 현재 주행조건 및 노면 상태 등을 판단, 스텝모터를 소프트(Soft), 미디엄(Medium), 하드(Hard) 위치로 작동시키는 일을 한다. 또한 고장이 발생하게 되면 고장을 기록, 출력하고, 계기판에 스포츠(SPORT) 램프를 점멸시켜 운전자에게 고장을 알려주는 역할도 한다.

⑨ 앞·뒤 차고센서 : 이 센서는 앞에 1개, 뒷쪽에 1개 총 2개가 설치되어 있다. 차고센서는 차축과 차체에 연결되어 위치를 감지하며 차체의 상하 움직임에 따라 레버가 회전하므로 레버의 회전량을 센서를 통하여 감지한다.

⑩ 자동변속기 인히비터 스위치 : 운전자가 변속레버를 P, R, N, D, 2, L 중 어느 위치로 선택 이동하는 지를 컴퓨터로 입력시키는 스위치이다. 컴퓨터는 이 신호를 기준으로 변속레버를 이동할 때 발생할 수 있는 진동을 억제하기 위해 감쇠력 제어를 한다.

⑪ 뒤 압력센서: 뒷좌석의 인원이나 트렁크의 화물 적재량에 따라 뒤 쇽업소버 내의 압력이 변하가 일어나는데 뒤 쇽업소버 내의 압력을 감지하는 역할을 한다.

⑫ 고·저압 스위치 : 앞 공기 저장탱크에 장착되어 있으며 고압 탱크의 압력이 일정하게 되도록 하는 역할을 한다.

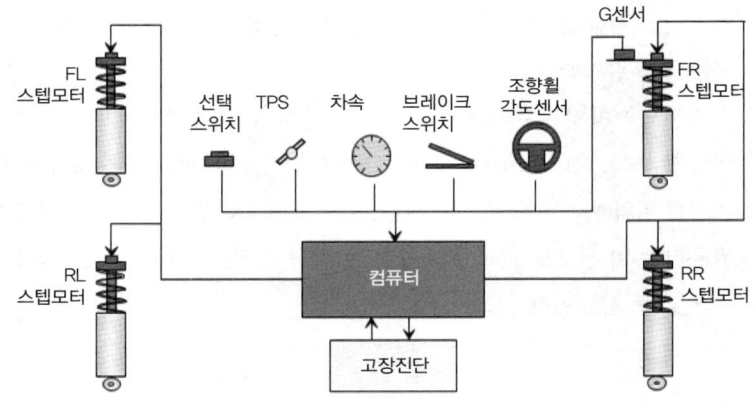

라. ECS 제어 기능
① 안티 바운싱 제어(Anti-bouncing control) : 차체의 바운싱은 G센서가 검출하며 바운싱이 발생하면 쇽업소버의 감쇠력은 soft에서 Medium이나 Hard로 변환된다.
② 안티 다이브 제어(Anti-dive control) : 안티 다이브 제어는 주행 중에 급제동을 하면 차체의 앞쪽은 낮아지고 뒤쪽이 높아지는 노스다운(nose down) 현상을 제어한다. 작동은 브레이크 오일 압력 스위치로 유압을 검출하여 쇽업소버의 감쇠력을 증가시킨다.
③ 안티 롤 제어(Anti-rolling control) : 안티 롤 제어는 선회할 때 자동차의 좌우 방향으로 작용하는 가로 방향 가속도를 G센서로 감지하여 제어한다. 즉 바깥쪽 바퀴의 스트럿의 압력은 높이고 안쪽 바퀴의 압력은 낮추어 원심력에 의해서 차체가 롤링하려고 하는 힘을 억제한다.
④ 안티 스쿼트 제어(Anti-squat control) : 안티 스쿼트 제어는 급출발 또는 급가속할 때에 차체에 앞쪽은 들리고 뒤쪽이 낮아지는 노스업(nose-up) 현상을 제어하는 것이다.
⑤ 안티 피칭 제어(Anti-pitching control) : 안티 피칭 제어는 자동차가 요철을 주행할 때 차고의 변화와 주행 속도를 고려하여 쇽업소버의 감쇠력을 증가시키는 제어이다.
⑥ 안티 쉐이크 제어(Anti-shake control) : 사람이 자동차에 승하차할 때 하중의 변화에 따라 차체가 흔들리는 것을 쉐이크라고 하며 자동차의 속도를 감속하여 규정 속도 이하가 되면 컴퓨터는 승차 및 하차에 대비하여 쇽업소버의 감쇠력을 Hard로 변환 시킨다.
⑦ 주행속도 감응 제어(Vehicle speed control) : 자동차가 고속으로 주행할 때에는 차체의 안정성이 결여되기 쉬운 상태이므로 쇽업소버의 감쇠력은 soft에서 Medium이나 Hard로 변환된다.

02 조향장치

1) 조향장치 개요

조향장치는 자동차의 진행방향을 바꾸기 위한 장치이며 앞바퀴를 조향하는 구조로 되어 있다. 구성 장치는 조작기구, 기어장치 및 링크기구의 3가지 기구로 구성되어 있다.

가. 조향장치 구비조건
① 핸들과 바퀴의 선회차가 크지 않아야 한다.
② 노면의 충격이 핸들에 전달되지 않도록 한다.
③ 선회시 저항이 적고 선회후에 복원성이 있어야 한다.
④ 고속 주행에는 핸들이 안정되고 저속주행시는 가벼워야 한다.
⑤ 조향휠의 조작력과 바퀴의 조향각도 적절해야 한다.

나. 조향이론

① **자동차 선회 특성** : 자동차의 조향휠을 조작하면 양측의 바퀴가 동일한 각도로 꺾이게 되는데 이 상태로 선회하게 되면 좌우 바퀴가 동일한 원호를 그리며 회전하므로 어느 지점에서 교차하게 된다. 그러나 실제로는 양바퀴가 축의 양측에 부착되어 있으므로 평행하게 가야만 하는데 이렇게 가기 위해서는 바퀴는 끌릴 수밖에 없고 옆 방향 미끄러짐 운동을 하게 된다. 따라서 선회 시 안전성이 낮아지고 타이어의 마모도 발생하게 되는 문제점이 발생한다.

② **애커먼 장토식 조향기구** : 너클암과 타이로드를 개량하여 킹핀의 중심과 타이로드 양끝을 잇는 연장선이 뒷차축의 중심에 맞추도록 링크 기구를 배치한 것이다. 그림에서와 같이 회전중심선에서 좌우 바퀴의 회전각이 외측바퀴보다 내측바퀴가 크므로 외측 바퀴는 노면과 미끄럼 없이 부드럽게 회전할 수 있어 옆 방향 미끄럼과 타이어의 마모도 발생하지 않게 된다.

㉮ **오버스티어(Over steer)** : 주행 중 정상적인 궤도에서 안쪽으로 감아 들어가는 조향특성을 말하는데 앞바퀴의 코너링포스가 뒷바퀴보다 크게 되면 발생한다.

㉯ **언더 스티어(Under steer)** : 주행 중 정상적인 궤도에서 바깥쪽으로 더욱 벌어지는 특성을 말한다. 뒷바퀴의 코너링 포스가 큰 경우 발생한다.

㉰ **뉴트럴 스티어(Neutral steer)** : 언더스티어나 오버스티어가 아닌 정상적인 상태의 조향 특성을 말한다. 일반적인 승용차량은 안전한 운전이 가능하도록 완만한 언더스티어 특성을 같도록 설계하여 안전한 운행을 하도록 한다.

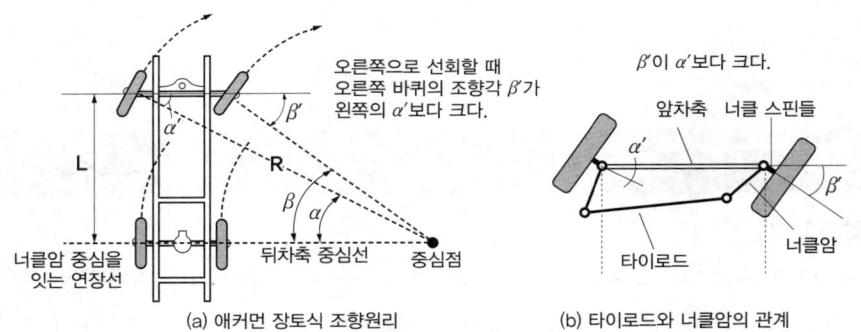

(a) 애커먼 장토식 조향원리   (b) 타이로드와 너클암의 관계

다. 최소회전반경

자동차가 최대 조향각도로 선회할 때 바깥쪽 앞바퀴의 접지면 중심이 그리는 동심원의 반지름을 최소회전반경이라 하며 안전기준은 12m 이내이다.

최소회전반경 $R = \dfrac{L}{\sin \alpha} + r$

L : 축거
α : 바깥쪽 앞바퀴의 조향각도
r : 킹핀 중심선에서 타이어 중심선까지 거리

라. 조향장치의 형식

① 비가역식 : 조향휠에 의하여 바퀴는 움직일 수 있으나 그 역으로 움직이지는 않는 방식으로 바퀴의 충격이 조향휠에 전달되지 않아 험로 주행시에 조향휠을 놓치는 일이 없다. 그러나 조향장치의 각 부가 마모되기 쉽고 앞 바퀴의 복원성을 이용할 수 없다는 단점이 있다.

② 가역식 : 비가역식과 반대로 바퀴의 움직임이 조향휠에 전달되고 조향휠로도 바퀴가 쉽게 움직이는 방식이다. 주행 중 조향휠을 쉽게 빼앗길 수 있는 단점이 있으나 각 부의 마모가 적고 앞바퀴의 복원성을 충분히 이용할 수 있어 많이 사용된다.

③ 반가역식 : 가역식과 비가역식의 중간 형태이다. 일반적으로 비가역식은 중량이 무거운 차량이나 험로 주행에 적합한 차량에 많이 사용되며 경차일수록 가역식이 이용된다.

> **Note | 조향핸들 유격 및 조향기어비**
> - 조행핸들의 유격 : 안전기준상 핸들지름의 12.5% 이내
> - 자동차 사이드슬립 : 1미터 주행에 좌우방향으로 각각 5밀리미터 이내
> - 조향기어비 = $\dfrac{\text{조향휠이 움직인 양}}{\text{피트먼암이 움직인 양}}$ (※소형차 10~15:1 이하, 중형차 15~20:1 이하, 대형차 20~30:1 이하)

2) 조향장치 종류

가. 장치 형식에 따른 분류
① 일체차축 현가식 조향장치
② 독립 현가식 조향장치

나. 방식에 따른 분류

① 수동 스티어링 시스템(Manual Steering System) : 동력이 들어가지 않은 상태로 기계적인 시스템으로 조향을 하는 방식이다. 주행 중에는 핸들에 안정감이 있으나 주차시나 정지시에 핸들의 조향력이 증대되는 단점이 있다.

② 파워 스티어링 시스템(Power Steering System) : 기계적인 조향시스템은 핸들의 조작력이 크게 되고 신속한 조향조작이 안될 염려가 발생한다. 그러므로 가볍고 신속한 조향 조작을 하기 위해 동력 조향장치를 사용하며 기관으로 오일펌프를 구동하여 발생한 유압을 조향장치 중간에 설치된 배력 장치로 보내서 배력 장치의 작동으로 핸들의 조작력을 가볍게 하는 구조로 되어 있다.

③ 전자 제어 파워 스티어링 시스템(EPS, Electronic Power Steering System) : 차량의 주행속도에 따라 핸들의 조작력을 전자제어로 적절히 변화시켜 주차시 또는 저속시에는 조작력을 가볍게 해주고, 고속시에는 조작력을 무겁게하여 고속주행 안정을 도모한 시스템이다.

④ 전동식 파워 스티어링 시스템(MDPS, Moter Driven Power Steering System) : 차량의 주행속도에 따라 핸들의 조작력을 전자제어로 모터를 구동시켜 주차시 또는 저속시에는 조작력을 가볍게 해주고, 고속시에는 조작력을 무겁게하여 고속주행 안정성을 운전자에게 제공하는 시스템으로 차량의 연비 향상 효과가 있다.

3) 조향기구

가. 조작기구

운전자가 직접 스티어링 휠(Steering Wheel)을 조작하여 그 조작력을 조향기어와 링크에 전달하는 부분이며, 조작기구에는 스티어링 휠, 스티어링 축 및 칼럼(Column) 중간축(Joint) 등으로 구성되어 있다.

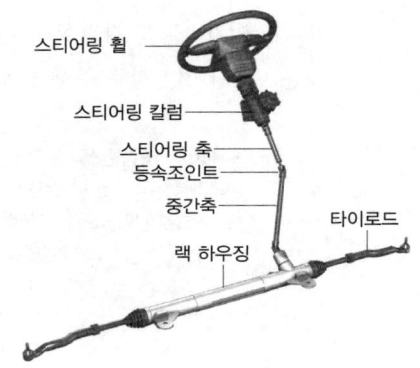

① 조향핸들

㉮ 조향핸들은 림(Rim), 스포크(Sporke), 허브(Hub)로 구성되어 있으며 스포크나 림 내부에는 강철이나 일루미늄 합금심으로 보강되고 바깥쪽은 합성수지로 성형되어 있다. 조향핸들은 조향축에 테이퍼나 세레이션 홈에 끼우고 너트로 고정시킨다. 허브에는 경음기스위치 및 에어백(Air bag)이 설치되어 있다.

㉯ 운전자의 체형에 따라 조향휠의 위치를 좌우 방향으로 조절할 수 있는 틸트기구나 상하방향으로 조절할 수 있는 텔레스코핑 기능이 있다.

② 조향축

㉮ 조향축은 핸들의 조작력을 조향기어에 전달하는 축이며 윗부분에 핸들이 결합되어 있고 아래부분에는 조향기어에 직접 연결하는 방식과 플랙시블 조인트를 사이에 끼워 연결한 방식이 있다.

㉯ 충돌사고가 발생하였을 때 조향장치가 운전자 쪽으로 튀어나와 운전자가 부상당하는 것과 동시에 운전자가 관성에 의해서 부딪힐 때 충격을 적게 하는 장치가 있다

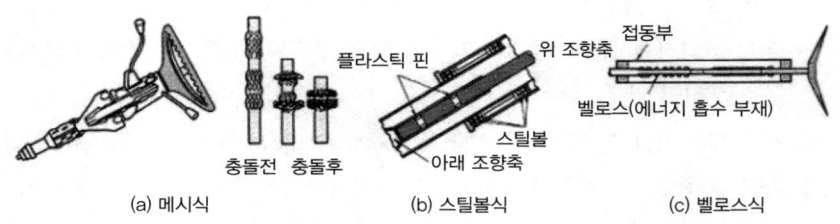

(a) 메시식 (b) 스틸볼식 (c) 벨로스식

나. 기어장치

기어장치는 조향축의 회전을 약 20:1로 감속하여 조작력을 크게 함과 동시에 조작기구의 운동방향을 바꾸어 링크기구에 전달하는 부분이다.

① **웜섹터형(Worm Sector Type)**
   ㉮ 조향기어의 가장 기본적인 형식이며 조향축의 아래쪽 끝에 있는 섹터를 이용한 비가역식 기어 장치이다.
   ㉯ 핸들을 돌려 웜을 회전시키면 섹터기어와 섹터축이 회전하고 섹터축에 고정되어 있는 피트먼암(Pitman Arm)의 원호운동에 의해 조향기어를 움직여 조향을 한다.

② **웜섹터 롤러형(worm sector roller type)** : 웜섹터형의 섹터 대신에 볼 베어링으로 된 롤러(Roller)를 섹터축에 결합하여 이 사이의 미끄럼 접촉을 구름 접촉으로 바꾸어서 마찰을 적게 한 형식이다.

③ **볼 너트형(Recirculating Ball Type)**
   ㉮ 핸들의 조작이 가볍고 큰 하중에 견디며 마모도 적은 것이 특징이어서 많이 사용되는 형식이다.
   ㉯ 나사와 너트 사이에 여러 개의 볼을 넣어서 휠의 회전을 볼의 구름 접촉으로 너트에 전달시키는 구조로 되어 있다.

④ **가변 기어비형(Variable Ratio Type)**
   ㉮ 직진시에는 기어비가 적기 때문에 핸들을 돌리기가 좋고 또 구조상으로 직진할 때는 백래쉬가 없기 때문에 민감하게 작동한다.
   ㉯ 핸들을 완전히 돌릴 때는 기어비가 커지기 때문에 핸들 조작이 가벼워진다.

⑤ **랙 & 피니언형(Rack and Pinion Type)**
   ㉮ 조향핸들의 회전운동을 래크를 통해 직선운동으로 바꾸어 조향하도록 되어 있으며 조향축 아랫부분에 피니언이 래크와 결합되어 있으며 래크는 피니언의 회전운동에 따라 조향기어박스 내에서 좌우로 직선운동을 하여 그 양끝의 타이로드를 거쳐 좌우의 너클암을 이동시켜 조향한다.
   ㉯ 소형이고 가벼운 장점이 있어 현재 승용차량에 가장 많이 사용되는 방식이다.

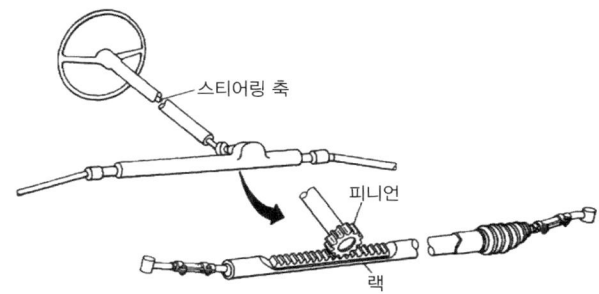

랙 앤 피니언형(Rack & Pinion Type)

다. 링크기구

링크기구는 기어기구의 작동을 앞바퀴에 전달하고, 좌우바퀴의 관계위치를 바르게 지지하는 부분으로 각종 로드, 암, 조인트 등으로 구성되어 있다. 이 링크 기구의 상태는 앞바퀴정렬과 직접 관계되고 주행의 안정성을 좌우하게 된다.

① 피트먼 암(Pitman Arm, Drop Arm)
  ㉮ 핸들의 움직임을 드래그 링크 또는 릴레이 로드(Relay Rod)에 전달하는 것이다.
  ㉯ 피트먼 암은 조향핸들의 움직임을 일체 차축 방식 조향기구에서는 드래그 링크로 독립 차축 방식 조향기구에서는 센터 링크로 전달하는 것이며 그 한쪽 끝에는 테이퍼의 세레이션을 통하여 섹터 축에 설치되고 다른 한쪽 끝은 드래그 링크나 센터 링크에 연결하기 위한 볼 이음으로 되어 있다.

② 드래그 링크(Drag Link)
  ㉮ 피트먼 암과 너클암을 연결하는 로드인데 양 끝은 볼 조인트에 의해 암과 연결되어 있다.
  ㉯ 드래그 링크는 앞바퀴가 상하로 움직임에 따라 피트먼 암쪽을 중심으로 한 원호운동을 하고 그 수평방향의 변위와 너클암의 상하로 움직임에 따른 변위가 일치되어야 한다.

③ 너클 암(Knuckle Arm)
  ㉮ 일체 차축식 조향기구에서 드래그 링크의 운동을 조향 너클에 전달하는 역할을 하는 암이다.
  ㉯ 선회할 경우 토아웃을 적절히 주기 위해 직진 상태에서 좌우 너클암의 연장선이 뒤차축의 중심과 교차하도록 어느 각도를 두고 너클에 연결되어 있다.

④ 타이로드와 타이로드 엔드(Tie Rod and Tie Rod End)
  ㉮ 타이로드는 좌우의 너클암을 연결하여 타이로드 좌우측에는 타이로드 엔드가 장착되어서 좌우측의 너클암과 연결되고 핸들 조향시에 좌우너클에 정확히 조향각도를 전달한다.
  ㉯ 또한 노면의 충격에 압축력이나 인장력을 받아도 견디도록 설계되어 있으며 타이로드의 길이를 조정하여 토인(Toe-In)을 조정할 수 있다.

⑤ 독립현가식 링크 기구
  ㉮ 현가장치는 좌우의 바퀴가 각각 상하로 움직이기 때문에 윤거가 변한다. 그러므로 좌우 바퀴를 한 개의 타이로드로 연결하면 바퀴의 상하 운동에 따라 토인이 달라지게 된다.
  ㉯ 이것을 방지하기 위해 타이로드를 두 개로 나누어서 그 길이와 볼 조인트의 위치를 적절히 설정해서 바퀴가 상하로 움직여도 토인이 변하지 않토록 되어 있다. 조향력의 전달 경로는 조향기어 → 피트먼암 → 센터링크 → 타이로드 → 타이로드 엔드 → 너클 암 등으로 조향력이 전달된다.

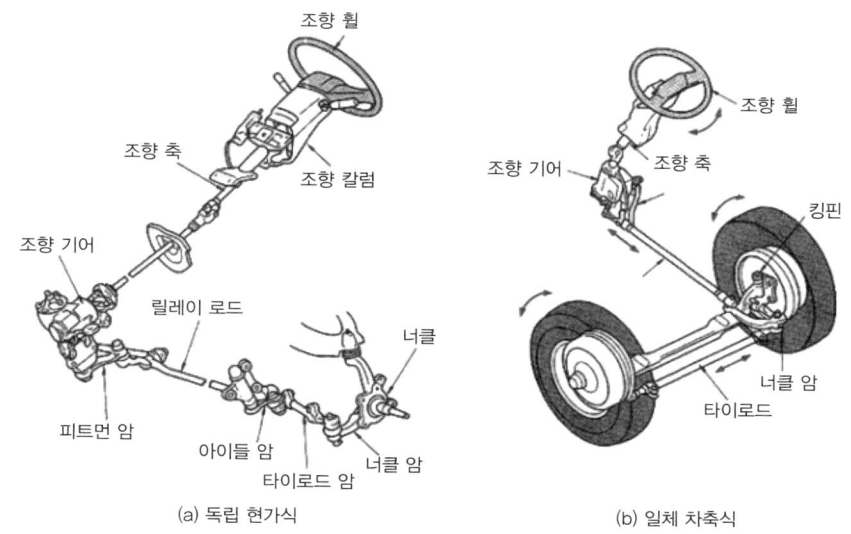

(a) 독립 현가식 (b) 일체 차축식

4) 동력조향장치(Power Steering System)

가. 동력조향장치의 개요

① 엔진의 동력으로 유압펌프를 작동시키고 유압펌프의 배력작용을 이용하여 운전자의 핸들 조작력을 감소시키는 장치이다.

② 동력조향장치의 장단점

㉮ 조향 조작력이 작아도 된다.(2~3kg)
㉯ 조향 기어비를 조향 조작력에 상관없이 선정할 수 있다.
㉰ 노면의 충격이나 진동을 흡수할 수 있다.
㉱ 앞바퀴의 시미현상을 방지할 수 있다.
㉲ 조향 조작이 쉽고 신속하며 주행안전성이 좋다.
㉳ 구조가 복잡하여 비싸며 정비성이 나쁘다.
㉴ 오일펌프의 구동으로 엔진출력이 소모된다.

나. 동력조향장치의 구성 및 원리

① **동력장치(Power Unit)** : 동력원이 되는 유압을 발생하는 장치이며 기관에 의해 구동되는 오일펌프와, 최고 유압을 규제하는 압력조절밸브(Pressure Relief Valve) 및 오일 통로의 유량을 조정하는 유량제어밸브(Flow Control Valve)를 포함한 밸브 유닛 등으로 구성되어 있다.

② **작동 장치(Actuator Unit)** : 오일펌프에서 발생한 유압유를 피스톤에 작용시켜서 조향 방향쪽으로 힘을 가해 주는 장치이다. 또 동력 실린더는 피스톤에 의해 2개의 방(Chamber)으로 분리되어

있으며 한쪽 방에 유압유가 들어오면 반대쪽 방에서는 유압유가 저장 탱크로 복귀하는 복동식 실린더 방식이다.

③ 제어장치(Control Unit) : 제어밸브는 조향핸들의 조작력을 조절하는 기구이며 조향핸들을 회전시켜 피트먼 암에 힘을 가하면 오일펌프에서 보내준 유압유를 조향방향으로 동력 실린더의 피스톤이 작동하도록 유로를 변환시킨다. 또 체크밸브가 들어있는데 엔진이 정지될 경우 또는 오일펌프의 고장 회로에서의 오일 누출 등의 원인으로 유압이 발생하지 못할 때 조향핸들의 조작을 수동으로 할 수 있도록 해주는 밸브이다.

다. 동력조향장치의 종류

① 링키지형(Linkage type) - 조합형(Combined type) : 제어밸브와 동력 실린더가 일체로 된 것으로 설치 장소가 비교적 넓은 대형트럭이나 버스 등에 사용된다.

② 링키지형(Linkage type) - 분리형(Separate type) : 제어밸브와 동력 실린더가 각각 분리되어 있는 방식으로 설치 장소가 좁은 소형트럭이나 승용차 등에서 사용되는 방식이다.

③ 일체형(Integral type) - 인 라인 형(In line type) : 조향기어 박스와 볼 너트를 직접 동력기구로 사용하도록 한 것이며 조향기어박스 상부와 하부를 동력 실린더로 사용한다.

④ 일체형(Integral type) - 오프셋형(Off-set type) : 이 형식은 동력 발생기구를 별도로 설치한 방식이다.

5) 전자제어 동력 조향장치(EPS, Electronic Power Steering)

가. EPS개요

① 조향장치는 자동차의 속도가 증가함에 따라 실제 조향각이 감소하고 구동력 증가에 대한 반력이 발생하거나 양력 항력에 의한 조향축 하중의 감소 등이 이유로 조향휠을 조향 시 타이어와 노면 사이의 접지 저항은 작아진다. 따라서 고속 주행 시에는 조향 안전성이 떨어져 불안하게 되는데 자동차의 속도가 증가할수록 조향휠이 무겁고 속도가 낮을수록 가볍게 할 필요가 있는데 이렇게 조향력을 변화 시키는 장치가 전자제어 동력 조향장치이다.

② 동력조향장치의 특징

㉮ 차량의 속도에 따라 조향 조작력을 제어한다.

㉯ 저속에서는 조작력을 가볍게 한다.

㉰ 고속에서는 조작력을 무겁게 한다.

㉱ 조향회전각과 횡가속도를 측정하여 롤링을 억제한다.

나. EPS의 종류

① 속도 감응 방식(유량 제어 방식) : 솔레노이드 밸브나 전동기를 주행속도와 기타 조향력에 필요한 정보에 의해 작동하여 고속과 저속 모드에 필요한 유량을 제어하는 방식이다.

② **실린더 바이패스 제어방식** : 조향기어박스에 실린더 양쪽을 연결하는 바이패스 밸브와 통로를 두고 주행속도의 상승에 따라 바이패스 밸브의 면적을 확대하여 실린더 작용 압력을 감소시켜 조향력을 제어하는 방식이다. 바이패스 밸브와 바이패스 통로를 조향기어박스에 설치해야 하므로 가격이 비싸다.

③ **유압 반력 제어방식**: 동력 조향장치의 밸브 부분에 유압 반력 제어기구를 두고 유압 반력 제어밸브에 의해 주행속도의 상승에 따라 유압 반력실에 도입하는 반력 압력을 증가시켜 반력기구의 강성을 가변 제어하여 직접적으로 조향력을 제어하는 방식이다. 급조향할 때 응답 지연이 없는 특징이 있다.

④ **밸브 특성 제어방식** : 기존의 동력 조향장치에서는 특정 밸브의 특성과 반력 특성과의 조합으로 차량의 제원에 적절한 조향력을 설정하고 있는데 이 밸브의 특성을 가변으로 하여 조향력을 제어한다. 펌프에서 공급되는 유량을 손실없이 실린더에 작용하는 압력으로 변환할 수 있어 급조향을 할 때 응답성이 좋은 차속 감응 방식을 구성할 수 있고 제어 밸브의 구조가 비교적 간단해진다.

6) 전동식 파워 조향장치(MDPS, Motor Driven Power Steering)

가. MDPS 개요

① 차량의 주행속도에 따라 핸들의 조작력을 전자제어로 Motor를 구동시켜 Parking 또는 저속시에는 조작력을 가볍게 해주고, 고속 시에는 조작력을 무겁게 하여 고속 주행 안정성을 운전자에게 제공하는 시스템으로 차량의 연비향상은 물론 전기자동차에 등에 쉽게 적용할 수 있다.

② MDPS 특징
  ㉮ 차량 무게 감소와 동력 손실방지로 연비 향상(3~5%), 유지비가 적게 든다.
  ㉯ 오일 삭제로 누유가 없어 환경 친화적이다.
  ㉰ 부품수 감소로 경량화 실현과 조립성 향상을 실현하였다.
  ㉱ 차량 속도별 정확한 조작력 제어가 가능하여 조향성능이 향상되었다.

나. MDPS 종류 및 특징

① **칼럼 구동식** : 전동모터를 스티어링 칼럼축에 부가하여 클러치, 감속기구(웜 & 웜휠) 및 토크센서 기구 등을 통하여 조향력 증대를 수행한다.

② **피니언 구동식** : 전동모터를 스티어링 기어의 피니언축에 부가하여 클러치, 감속기구(웜 & 웜휠) 및 토크센서기구 등을 통하여 조향력 증대를 수행한다.

③ **랙 구동식** : 전동모터를 스티어링 기어의 랙축에 부가하여 감속기구(ball nut & ball screw) 및 토크센서 기구 등을 통하여 조향력 증대를 수행한다.

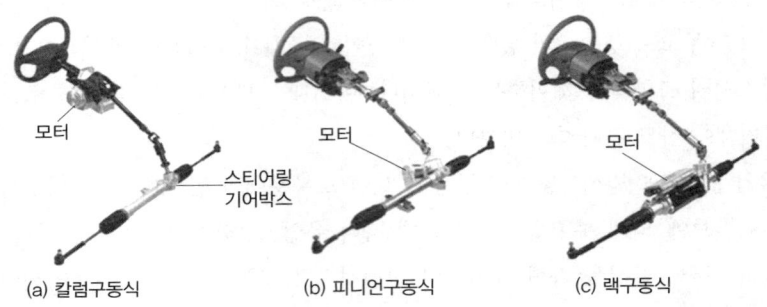
(a) 칼럼구동식　　(b) 피니언구동식　　(c) 랙구동식

> **Note** | 킥백(Kick Back)
> 요철이 있는 노면을 주행할 경우 등에 스티어링휠을 충격적으로 돌리는 쇼크를 말한다.

다. MDPS의 제어관련 요소

① **토크센서** : 운전자가 핸들을 돌려 스티어링 컬럼을 통해 랙과 피니언의 증대로 바퀴를 돌릴 때 생기는 토크를 측정하도록 되어 있다.

② **차속센서** : 차속센서는 변속기 출력축에 장착되어 있으며 홀센서 방식이다. 속도에 따른 조작력제어를 위한 신호로 사용한다.

③ **엔진회전수** : 엔진 ECU로부터 엔진회전수를 입력받으며 500rpm 이상 시 시스템이 정상적으로 작동한다.

④ **ECM** : 핸들의 세기를 측정하여 모터를 구동하게 된다. 모터의 구동력은 핸들을 조작하는 토크에 비례하여 구동하게 된다.

⑤ **모터** : 핸들의 구동력을 보조하는 구동모터이다. 브러쉬 타입의 직류 모터로서 스티어링 컬럼에 웜과 웜기어로 컬럼을 구동하도록 되어 있다.

⑥ **경고등** : 계기판 좌측에 위치하며 시스템의 고장유무를 운전자에게 알려준다. 이 경우 전동식 파워 핸들은 작동을 하지 않으나 기계적인 조향은 가능하다.

> **Note** | 기본제어
> • 아이들업 제어
> • 모터제어
> 　- 차속에 따른 모터 구동전류 제어
> 　- 과부하보호 제어
> 　- 인터록 회로 기능
> 　- 보상제어(마찰보상 제어, 관성보상 제어, 댐핑보상 제어)

7) 4륜 조향장치(4WS, 4Wheel Steering)

가. 개요
① 4륜조향을 의미하며, 종래의 차가 전륜만 조향하는데 비해 후륜도 조향하는 장치이다.
② 기존 2WS차는 고속 선회시 전륜에는 핸들에 의한 회전으로 코너링 파워가 발생하지만, 후륜은 차체의 횡미끄러짐이 발생해야만 코너링 파워가 발생하기 때문에 선회지연과 차체 뒤가 과도하게 흔들리는 문제점이 있었다. 하지만 4WS는 자동차의 주행 속도, 핸들 조향각, 요속도의 함수로서 후륜 조향각을 제어하는 방법과 후륜 조향각 제어를 통하여 고속에서의 차선변경시 안정성이 향상되고, 차고 진입이나 U턴과 같은 좁은 회전시 회전반경이 작아져 운전이 용이해진다.

나. 적용 효과
① **고속직진성 향상** : 직진로를 고속주행 할 때도 운전자는 횡풍이나 노면의 요철 때문에 핸들을 조금씩 끊임없이 움직여서 차의 궤적과 주행코스를 일치시키려고 노력하게 된다. 4WS은 이와 같은 작은 조타시에도 후륜을 전륜과 같은 방향으로 조타시키므로 부드럽고 안정된 주행이 가능하다.
② **차선변경 용이** : 차선변경을 위해 전륜을 작은 각도로 조향할 때 후륜도 거의 동시에 같은 방향으로 조향되므로 안정된 차선변경이 가능해진다.
③ **쾌적한 고속선회** : 선회시 후륜도 전륜과 같은 방향으로 조향되어 코너링포스가 발생하므로 차체 후미가 원심력에 의해 바깥쪽으로 쏠리는 스핀현상 없이 안정된 선회를 할 수 있다.
④ **저속회전시 최소 회전반경 감소** : 교차로와 같이 90도의 예각으로 회전시 또는 U 턴시 후륜은 전륜과 조향방향이 반대로 되어 내륜차 및 외륜차를 작게 한다.
⑤ **차고주차 및 일렬주차 편리** : 차고주차시 저속으로 작은 곡률로 핸들을 움직이면 전·후륜이 역방향으로 되어 2WS보다 최소회전반경과 내륜차가 작아져서 조타의 반복을 줄일 수 있다.
⑥ **미끄러운 도로 주행시** : 미끄러운 도로 등에서 주행시 4WS는 후륜의 조향에 의해 리어보디의 미끄러짐을 줄일 수 있으므로 주행 안정성이 향상된다.

03 휠 얼라인먼트(Wheel Alignment)

자동차의 하중을 지지하는 바퀴는 어떤 기하학적인 각도를 두고 차축에 설치되어 있으며 이 바퀴의 위치, 방향 및 상호 관련성 등을 올바르게 유지하게 하는 정렬상태를 말하며, 차륜정렬이라고 한다. 휠 얼라인먼트는 캐스터, 캠버, 토우, SAI, 인클루디드 앵글, 세트 백, 쓰러스트앵글 등 여러 각도에 의해서 구성되어 있다.

1) 차륜정렬

가. 차륜정렬의 목적
① 핸들의 조작을 작은 힘으로 쉽게 조작할 수 있게 한다.
② 핸들의 조작을 확실하게 하고 안전성을 부여한다.
③ 핸들의 복원성을 부여한다.
④ 타이어 마멸을 최소로 한다.

나. 차륜정렬이 부정확시 영향
① 주행 중 차량 쏠림
② 주행 중 외력에 의한 차량의 진동 발생
③ 선회 시 과다한 사이드슬립 발생
④ 타이어의 이상 마모

2) 캠버(Camber)

자동차를 수평 노면에 놓고 앞에서 보면 바퀴의 윗부분이 바깥쪽으로 기울려져 설치되어 있다. 이 바퀴의 중심선과 수직선이 이루어지는 각도를 캠버라 한다. 캠버의 각도는 바깥으로 기울면 정(+) 캠버 안쪽으로 기울면 부(-)캠버이다. 캠버는 차종에 따라서 다르나 보통 0.5~2° 정도이다.

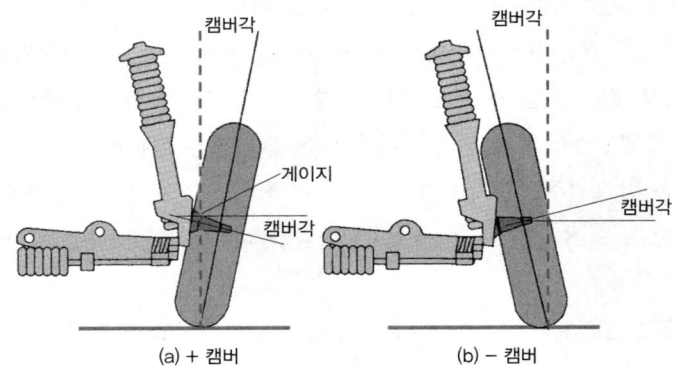

(a) + 캠버   (b) - 캠버

가. 목적
① 바퀴의 하중(차량의 중량) 때문에 아래가 벌어지는 것을 방지한다.
② 킹핀 경사각과 같이 핸들조작을 쉽게 하는 작용을 한다.
③ 주행 중 바퀴가 이탈되는 것을 방지한다.
④ 바퀴의 중심선이 안쪽으로 들어가므로 하중이 걸리는 점이 너클 스핀들 근원에 가까워지므로 스핀들이나 너클이 구부러지는 힘을 줄인다.

나. 증상
① 차량 무게가 무거울수록 (-)캠버가 된다.

② 부(-)캠버가 과대하면 타이어의 내측이 마모되고 정(+)캠버가 과대하면 바깥쪽 타이어가 과대하게 마모된다.

3) 캐스터(Caster)

자동차의 바퀴를 측면에서 보면 노면과의 수직선에 대하여 타이어의 중심선과 조향축이 뒤쪽으로 약간 기울어져 있다. 이 각도를 캐스터라 하며 보통 0.5~2° 정도로 되어있다. 이때 킹핀 중심선이 노면과 교차하는 점는 타이어 접지면의 중심선 앞에 있다. 그러므로 바퀴는 옆 방향 흔들림을 막고 또한 이것을 캐스터 효과라고 한다.

가. 목적
① 자동차의 진행방향이 불안전한 것을 방지하는 방향성을 준다.
② 조향시 바퀴가 직진방향으로 가려고 하는 복원력이 발생한다.
③ 주행안정성을 향상 시킬 수 있다.

나. 증상
① 과대할 경우 조향휠이 무겁고 노면 충격으로 좌우진동이 심하다.
② 과소하면 조향휠의 떨림현상이 생기고 조향력이 감소하여 고속주행시 안정감이 떨어진다.
③ 좌우 차이가 나면 쏠림현상이 생긴다.

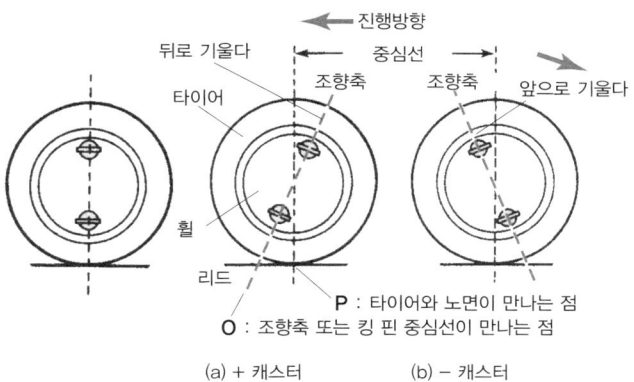

4) 토(Toe)

앞바퀴를 위에서 내려다보면 앞쪽 간격이 뒷부분의 간격보다 작게 되어 있으며 이 차이를 토(Toe)라 한다. 토는 보통 2~6mm 정도로 되어있다.

가. 목적
① 앞 바퀴의 사이드 슬립 및 마멸을 방지한다.
② 토(Toe)와 캠버의 작용에 의해서 직진 성향을 좋게 한다.

③ 조향링키지의 마멸에 의한 토아웃(Toe-Out)을 방지한다.
④ 캠버에 의한 토아웃을 방지한다.
⑤ 주행정항 및 구동력의 반력으로 토아웃이 되는 것을 방지한다.
⑥ 앞바퀴를 평행하게 회전시킨다.

나. 증상
① 토(toe)가 과대하면 타이어의 외측이 편마모된다.
② 토(toe)가 과소하면 타이어의 내측이 편마모된다.
③ 좌우 차이가 나면 토가 큰 쪽으로 조향휠이 돌아간다.

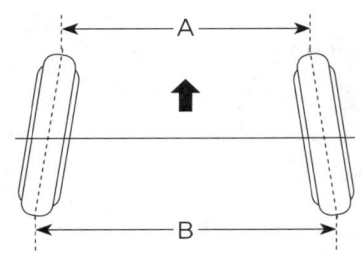

> **Note │ 사이드슬립량**
> • 사이드슬립량 = $\dfrac{\text{좌측 슬립량} + \text{우측 슬립량}}{2}$
> • In이면 (+), Out이면 (−)

5) 킹핀 경사각(King-Pin Angle)

자동차를 앞에서 보면 조향축의 피봇지점 즉, 킹핀의 중심(상하 볼 조인트의 중심)을 지나는 선과 노면에 수직선인 선과 이루는 각을 킹핀 경사각(조향축 경사각, SAI, Steering Axis Inclination)이라 한다. 킹핀 경사각은 차종에 따라서 차이가 있으나 보통 7~8° 정도이다.

가. 목적
① 캐스터와 같이 조향시에 조향휠의 방향 안정성 및 복원력 부여한다.
② 캠버와 같이 조향휠의 조작력을 가볍게 한다.
③ 바퀴 중심선과 킹핀과의 거리를 단축시켜 조향 작용을 양호하게 한다.

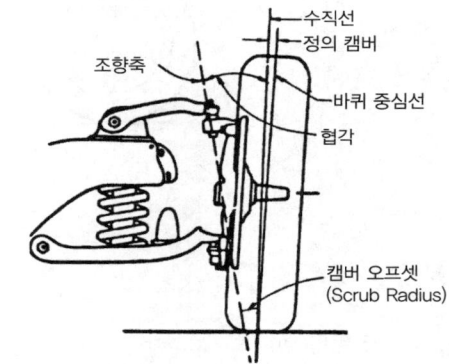

6) 스크러버 반경(Scrub Radius)

타이어 중심선과 킹핀 중심선이 노면에서 만난 접간 거리로, 스크러브 반지름 또는 캠버옵셋이라고도 한다. 너무 크면 조향 및 현가장치의 손상과 타이어 마모가 빠르고 핸들 조작이 무거우며, 너무 작으면 주행 중 핸들의 복원 기능이 없어지고 정지 시 조향이 어려우며 타이어의 변형이 일어난다.

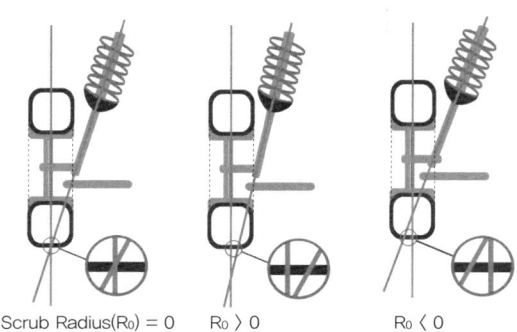

Scrub Radius(R₀) = 0   R₀ > 0   R₀ < 0

7) 인클루드 앵글(Include Angle)

킹핀 경사각과 캠버각을 합한 것을 협각이라 한다. 타이어 중심선과 킹핀 중심선이 노면 위나 아래에서 만날 때, 이 만나는 점이 노면 밑에 있으면 토아웃(Toe-out), 노면 위에 있으며 토인(Toe-in) 경향이 생겨 이에 따른 타이어의 변형이 발생된다.

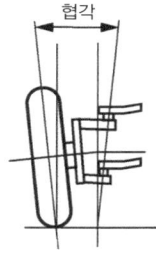

8) 셋백 및 스러스트 앵글각

가. 셋백(set-back)
① 차량의 기하학적 중심선과 앞바퀴의 추진선이 이루는 각도 즉 동일한 액슬에서 한쪽 휠이 다른 한쪽 휠보다 앞 또는 뒤로 차이가 있는 것을 말한다.
② 대부분의 차량은 공장에서 조립시 오차에 의해서 셋백이 발생하며 캐스터의 변화에 의해서도 발생한다.

나. 스러스트 앵글각(Thrust Angle)
① 자동차의 기하학적 중심선과 뒷바퀴의 진행선(Thrust Angle)이 이루는 각도를 말한다.
② Thrust 각이 클 때의 영향
  ㉮ 자동차 추진선이 비스듬해 진다.
  ㉯ 게걸음 바퀴 궤적으로 앞부분과 뒷부분이 다르게 통과되어 운전감각이 흐트러진다.
  ㉰ 좌우 코너링 시 한쪽은 오버스티어(Over steer)되고, 다른 한쪽은 언더스티어(Under steer)된다.

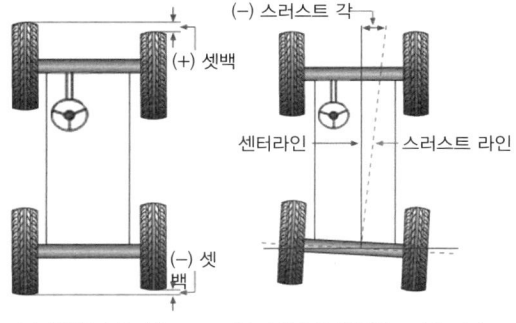

(a) 셋백(Set Back)   (b) 스러스트 앵글(Thrust Angle)

Section 3
제동장치

01 개요

1) 제동장치의 구비조건

가. 개요

제동장치는 주행하는 자동차를 감속 또는 정지시킴과 동시에 주차상태를 유지하기 위해 사용하는 중요한 장치이며 일반적으로 마찰력을 이용하여 자동차의 운동에너지를 열에너지로 바꾸어, 그것을 대기속으로 방출시켜 제동작용을 하는 마찰식 브레이크를 사용하고 있다.

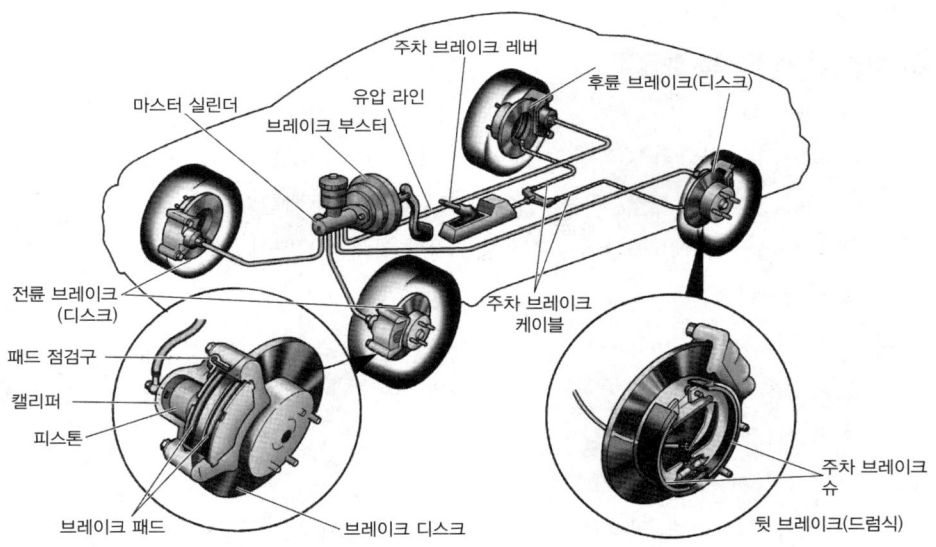

나. 제동장치의 구비조건

① 미작동시 각 바퀴의 회전에 영향을 주지 않을 것
② 차량의 최고속도 및 중량에 대하여 충분한 제동 작용을 할 것
③ 조작이 간단하고 피로감을 주지 않을 것
④ 작동이 확실하고 점검, 정비가 용이할 것
⑤ 작동에 대한 신뢰성이 높고 내구성이 클 것

2) 브레이크의 종류

제동장치는 운전자의 작동력을 전하는 기구와 그 힘을 받아서 마찰력을 발생시키는 본체로 구성된다. 브레이크는 분류 방법에 따라 다음과 같이 나누어진다.

가. 용도에 따른 분류

① 주 브레이크 : 자동차의 감속과 정지에 사용되는 것으로, 운전자가 브레이크 페달을 밟아 작동시키므로 풋 브레이크(foot brake)라고도 한다.

② 주차 브레이크 : 자동차를 정지한 상태로 유지시키기 위한 브레이크로, 보통 손으로 작동시키기 때문에 핸드 브레이크라고도 한다. 주로 주차용으로 사용되며, 주 브레이크와는 별개의 계통으로 뒷바퀴를 제동하는 것과 추진축을 제동하는 것이 있다.

③ 보조(감속)브레이크 : 긴 경사로를 내려갈 때나 고속 주행시 제동 효과를 높이기 위하여 사용하는 엔진 브레이크, 배기 브레이크 및 와전류 브레이크가 있다.

나. 작동형태에 따른 분류

① 디스크식 브레이크 : 브레이크 드럼 대신 바퀴와 함께 회전하는 디스크를 유압에 의하여 작동하는 제동 패드로 압착하여, 이 때의 마찰력으로 제동하는 브레이크이다.

② 내부 확장식 브레이크 : 드럼식 브레이크는 모든 바퀴에 드럼이 설치되어 있는 형식으로 마스터 실린더의 유압을 받아서 브레이크슈가 드럼을 향하여 밖으로 벌어지면서 압착하여 제동력을 발생한다.

③ 외부 수축식 브레이크 : 드럼식 브레이크는 모든 바퀴에 드럼이 설치되어 있는 형식으로 마스터 실린더의 유압을 받아서 브레이크밴드가 드럼을 향하여 밖에서 강하게 조여서 제동력을 발생한다.

다. 작동기구에 의한 분류

① 기계식 브레이크 : 브레이크 페달의 조달력을 로드(Rod)나 와이어(Wire)를 통해서 제동기구에 전달하는 브레이크 방식이다.

② 유압식 브레이크(Hydraulic Brake) : 유압식 브레이크는「완전히 밀폐된 액체에 작용하는 압력은 어느 점에서나 어느 방향에서나 일정하다-파스칼의 원리」를 응용한 것이다. 브레이크 페달을 밟아 유압을 발생시키는 마스터 실린더, 이 유압을 받아서 브레이크슈를 브레이크 드럼에 압착시켜 제동력을 발생시키는 휠 실린더, 마스터 실린더와 휠 실린더 사이를 연결하여 유로를 형성하는 브레이크 유압 라인 등으로 구성되어 있다.

③ 공기식 브레이크 : 브레이크 슈를 압축 공기의 압력을 이용하여 브레이크 드럼에 밀어붙여서 제동하는 것으로, 브레이크 페달의 조작력이 작아도 큰 제동력을 얻을 수 있기 때문에 대형 트럭, 버스, 트레일러 등에 많이 사용된다.

02 제동장치

1) 디스크식 브레이크 장치

가. 작동원리

마스터 실린더에서 발생한 유압을 캘리퍼로 보내어 바퀴와 함께 회전하는 디스크를 양쪽에서 패드로 압착시켜 제동함 디스크브레이크는 디스크가 대기 중에 노출되어 회전하므로 페이드 현상이 작으며 자동조정 브레이크 형식이고 구성은 바퀴와 함께 회전하는 디스크, 디스크와 함께 제동력을 발생시키는 패드, 피스톤을 지지하며 스핀들이나 판에 고정된 캘리퍼로 구성된다.

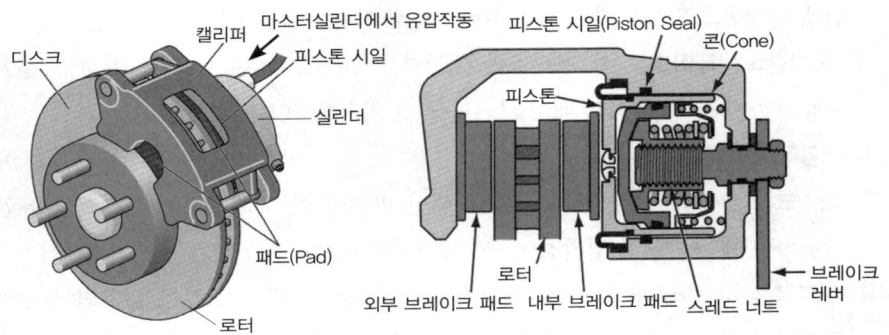

나. 디스크식 브레이크의 장단점

① 디스크가 대기 중에 노출되어 방열 작용이 좋다.
② 좌우바퀴의 제동력이 안정되어 편제동이 적다.
③ 열 변형이 없어 페달 밟는 거리의 변화가 적다.
④ 이물질이 묻어도 디스크로부터 이탈이 용이하다.
⑤ 페이드 현상이 방지되어 제동성능이 안정된다.
⑥ 마찰면적이 적으므로 패드를 미는 힘이 커야 한다.
⑦ 패드의 내마멸성이 매우 큰 재료를 사용해야 한다.
⑧ 패드 마모가 드럼식보다 빠르고 구조상 가격이 비싸다.

다. 디스크식 브레이크의 종류

① **고정캘리퍼형(Fixed Caliper)** : 피스톤이 디스크의 양쪽에 두개 있으며 캘리퍼는 너클에 마운팅 볼트로 고정되어 있어 브레이크가 작동할 때 캘리퍼는 움직이지 않고 단지 피스톤이 움직여 브레이크 패드를 밀어서 제동한다.

② **부동캘리퍼형(Floating Caliper)**
　㉮ 실린더와 피스톤이 일체로 되어 있다. 실린더는 가이드 핀에 의해 너클에 고정되고 피스톤도 차량 안쪽의 한쪽에만 있기 때문에 유압이 작동해서 피스톤을 밀면 캘리퍼는

가이드 핀를 따라서 반대방향으로 움직여 디스크 패드를 밀어 제동한다. 그래서 가이드 핀을 고무부트로 감싸고 있고 윤활을 위해 고열에 견딜 수 있는 그리스가 있다.

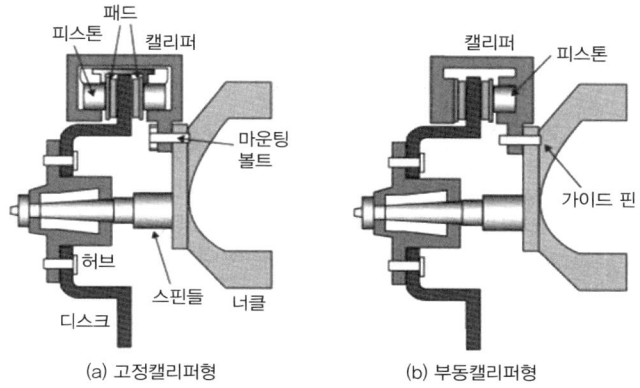

(a) 고정캘리퍼형   (b) 부동캘리퍼형

㉯ 특징

　㉠ 구조가 간단하고 중량이 가볍다.

　㉡ 실린더가 통풍이 잘되어 페이드 현상이나 베이퍼록 현상이 적다.

　㉢ 부품수가 적고 오일이 누출될 가능성이 적다.

　㉣ 피스톤의 이동량이 커야 한다.

　㉤ 이물질에 의한 이동에 영향을 받을 수 있다.

　㉥ 패드의 편마모가 발생하기 쉽다.

> **Note│페이드 및 베이퍼록 현상**
> - 페이드(fade phenomenon) 현상 : 계속적인 브레이크 사용으로 드럼과 슈 또는 디스크와 패드에 마찰열이 축적되어 드럼이나 라이닝이 경화됨에 따라 제동력이 감소되는 현상이다.
> - 베이퍼록(vapor lock) 현상 : 브레이크를 지나치게 사용하면 차륜 부분의 마찰열 때문에 휠 실린더나 브레이크 파이프 속의 오일이 기화되고, 브레이크 회로 내에 공기가 유입된 것처럼 기포가 형성된다. 이때 브레이크를 밟아도 스펀지를 밟듯이 푹푹 꺼지며, 브레이크가 작동되지 않는 현상이 생기는데 이를 베이퍼록이라 한다.

라. 주요 구성 부품과 그 기능

① **디스크(disk)** : 특수주철로 만들어 휠 허브에 결합되어 타이어와 함께 회전한다.

② **캘리퍼(Caliper)** : 주철제로 되어 제동력의 반력을 받음과 동시에 패드를 디스크에 밀착시킬 때에 반력을 받기 때문에 차축이나 스트럿에 고정한다.

③ **실린더 및 피스톤** : 실린더는 캘리퍼의 좌우 또는 한쪽에 있고 자동간극조정 기능이 있는 피스톤실이 장착되어 피스톤에는 이물질 유입을 방지한다.

④ **패드** : 두께가 10mm 정도의 반금속제로 피스톤의 선단에 설치되어 디스크와 마찰을 일으켜 제동이 일어난다.

⑤ 마스터 실린더(master cylinder) : 마스터 실린더는 회로에 유압을 형성시키는 역할을 하며 오일을 저장하는 오일 탱크, 아래쪽에는 실린더가 있다. 실린더 내에는 피스톤과 피스톤 컵, 그리고 피스톤을 원위치로 원상 복귀시키는 리턴스프링 및 잔압유지를 위한 체크밸브가 있다.

> **Note | 탠덤 마스터실린더와 체크밸브**
> - 탠덤 마스터실린더(tandem master cylinder) : 유압식 브레이크에서 안정성을 높이기 위하여 앞뒤바퀴에 각각 독립적으로 작용하는 2계통의 회로를 두는 형식
> - 체크밸브 : 브레이크를 밟지 않은 상태에서는 일정한 압력이 파이프 내에 잔류하게 되는데 이 압력을 잔압이라 한다. 이 잔압은 0.7~1.4kgf/cm² 정도 유지하는데 휠 실린더에서 오일의 누설 및 공기의 혼입을 방지하고 제동 시에 작동지연, 베이퍼록을 방지하는 역할을 한다.

마. 기타 장치

① 간극조정장치 : 브레이크 패드가 마모되면 자동적으로 피스톤을 전진시켜 디스크와의 간극을 일정하게 유지시키는 장치이며 고무제의 피스톤 실의 탄성을 이용하여 작동한다.

② 마모 경보장치 : 브레이크 패드의 두께가 2mm 정도 남았을 때 마모 인디게이터가 브레이크 디스크와 접촉되어 경고음이 발생하여 운전자에게 알려준다.

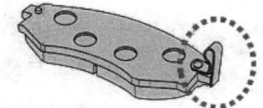

③ 벤틸레이티드 디스크 : 원주에 냉각용 통기 구멍이 있어 제동시 발생하는 마찰열을 발산하는 성능이 우수하다. 따라서 장시간 사용해도 패드의 변형이 적고 제동력이 우수하며 페이드 현상을 방지하고 패드의 수명도 길어진다.

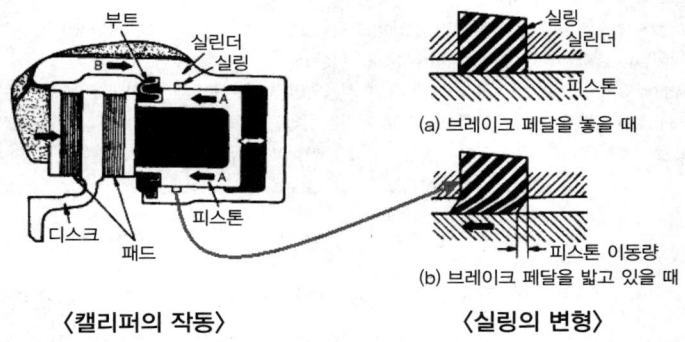

〈캘리퍼의 작동〉　〈실링의 변형〉

2) 드럼식 브레이크

가. 작동원리

브레이크 드럼은 휠과 함께 회전하는 구조로 되어 있다. 브레이크 슈와 확장력을 발생시키는 부품들은 백플레이트에 설치된다. 브레이크 페달을 밟으면 브레이크 슈는 확장기구 즉 휠 실린더(캠, 작동편) 등에 의해 드럼의 내측에 압착되고 슈에 장착된 라이닝(Lining)을 통해 제동에

필요한 마찰력을 발생시킨다. 보조 제동장치는 케이블이나 레버에 의해 슈가 팽창되어 라이닝 마찰력을 발생시키는 방식이다.

※ 드럼에 작용하는 토크 $T_b = \mu P r$

(μ : 마찰계수, P : 드럼에 작용하는 힘, r : 드럼의 반지름)

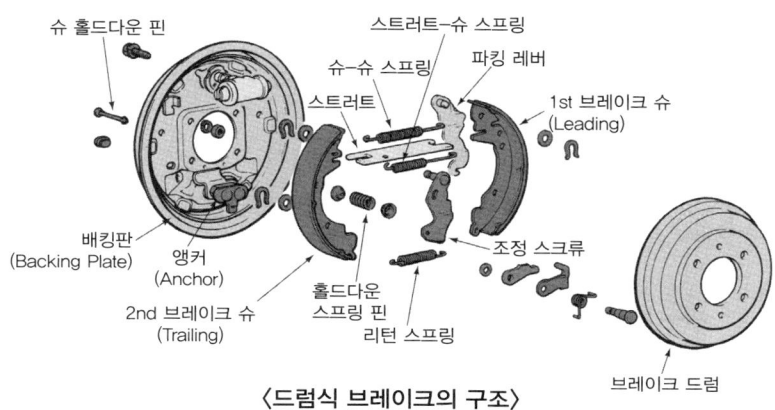

〈드럼식 브레이크의 구조〉

나. 제동형식에 따른 분류

① 리딩-트레일링 슈 형
   ㉮ 가장 기본적인 형식으로 두 개의 슈가 앵커핀에 의해 지지되어 있다. 드럼이 회전하는 방향으로 확장되는 슈를 리딩슈, 반대 방향으로 확장되는 슈를 트레일링 슈라고 한다.
   ㉯ 슈는 휠 실린더에 의해 확장되고 앵커핀에 의해 지지되면서 드럼에 압착되어 마찰을 발생시킨다. 리딩슈는 자기 배력작용에 의해 압착력을 증대시키는 방향으로 트레일링 슈는 압력을 감소시키는 방향으로 작용한다. 리딩 슈가 트레일링 슈보다 약 4배의 큰 제동력을 발생한다.
   ㉰ 승용차나 승합차의 후륜에 많이 사용된다.

② 2리딩형
   ㉮ 2리딩형은 앵커핀 고정형의 트레일링 슈를 리딩 슈가 되도록 한 것으로 2개의 슈가 리딩슈가 된 때문에 붙여진 이름이다. 단동 2리딩 슈와 복동 2리딩 슈가 있다.
   ㉯ 단동 2리딩 슈는 전진 시에는 모두 리딩슈로 후진 시에는 모두 트레일링 슈로 작용한다. 반면에 단동 2리딩 슈의 단점을 개량하여 복동 2리딩 슈는 전진 시와 후진 시에 모두 리딩 슈로 작용하도록 한 것이다.

③ 유니 서보형
   ㉮ 리딩 슈형을 간단히 한 것으로 한 개의 실린더와 조정 튜브로 연결된 2개의 슈로 연결되어 있다.

④ 전진 시는 전부 리딩슈가 되어 제동력이 크게 되나 후진 시에는 전부 트레일링 슈가 되어 제동력이 감소된다.

④ 듀오 서보형
㉮ 유니 서보형을 개량한 것으로 전진 시와 후진 시 모두 자기 배력작용이 발생하게 한 형식이다.
㉯ 양쪽 슈에 조정나사가 있어 스타 휠이 연결되며 앵커핀과 스타 휠이 길이에 따라 위치가 결정되며 앵커핀을 사용하지 않는 형식도 있다.

다. 주요 구성 부품과 그 기능

① 드럼(Drum)
㉮ 재질은 대부분 특수 주철이나 경합금이고 강성을 증대시키고 방열성을 좋게 하기 위하여 원주 방향이나 또는 원주 방향과 직각 방향으로 핀(Fin) 또는 리브(Rib)를 두고 있으며 고온에서 내마모성과 변형에 대비한 충분한 강성, 마찰 계수가 높고 방열성이 우수해야 한다.
㉯ 드럼의 구비조건
㉠ 정적, 동적 평형이 잡혀있을 것
㉡ 충분한 강성이 있을 것
㉢ 마찰면에 충분한 내마멸성이 있을 것
㉣ 방열이 잘 될 것
㉤ 무게가 가벼울 것

② 브레이크 슈(Brake Shoe)와 라이닝(Brake Lining)
㉮ 브레이크 슈를 세분화하면 슈와 라이닝으로 구분할 수 있으며 일반적으로 슈와 라이닝을 총칭하여 브레이크 슈라고 말한다. 슈는 주철이나 강판으로 만들고 여기에 드럼과 마찰력을 발생시키는 라이닝이 부착되어 있다. 라이닝의 재료는 석면 섬유와 금속분말을 혼합한 것을 많이 사용했으나 발암 물질로 알려지면서 비석면 재질로 바뀌고 있다.
㉯ 라이닝의 요구 특성
㉠ 내열성이 우수해야 한다.
㉡ 내마모성이 우수해야 한다.
㉢ 온도의 변화나 물 등에 따라 마찰 계수의 변화가 적어야 한다.

③ 휠 실린더(Wheel Cylinder)
㉮ 브레이크 제동 시 마스터 실린더의 유압이 파이프를 거쳐 휠 실린더의 피스톤에 작용하면 피스톤이 좌우로 팽창하면서 슈를 드럼에 압착시킨다.
㉯ 휠 실린더는 백 플레이트에 고정되어 있으며 공기빼기를 하는 스크루(Screw)가 있다.

> **Note | 자기배력작용 및 자동간극 조정장치**
> - 자기배력작용 : 브레이크를 밟으면 슈는 마찰력에 의해 드럼과 함께 회전하려는 경향이 생겨 확장력이 증대되어 마찰력이 증가되는 작용을 자기배력작용이라고 한다. 자기배력작용을 하는 슈를 리딩 슈(leading shoe), 반대 방향의 슈를 트레일링 슈(trailing shoe)라 한다.
> - 자동간극 조정장치 : 라이닝이 마모되면서 라이닝과 드럼간의 간극이 커지게 되고 간극이 커지면 제동력이 감소하므로 간극을 일정하게 유지해야 한다. 브레이크를 밟았다가 놓으면 브레이크 슈가 팽창했다가 원위치 되면서 조정레버가 조정 피니언을 움직여 자동적으로 조정 파이프의 길이를 길게 만들면 슈가 좌우로 벌려지면서 간극이 자동적으로 조정이 된다.

3) 유압식 브레이크

가. 작동원리

파스칼의 원리를 이용하여 브레이크 조작력이 유압기구에 전달되면 유압을 발생되고 그 유압을 이용하여 제동작용을 한다.

나. 유압식 브레이크의 특징

① 제동력이 모든 바퀴에 동일하게 작용한다.
② 오일에 의한 윤활이 가능하여 마찰 손실이 적다.
③ 페달 조작력이 작아도 된다.
④ 유압 회로가 파손되면 오일의 누유로 제동 기능을 상실한다.
⑤ 유압 회로 내에 공기가 침입하면 제동력이 떨어진다.
⑥ 과열에 의한 베이퍼록 현상이 발생한다.

다. 유압식 브레이크의 구성 및 기능

① 마스터 실린더(Master Cylinder)
　㉮ 마스터 실린더는 회로에 유압을 형성시키는 역할을 하며 오일을 저장하는 오일 탱크(Reservoir Tank), 아래쪽에는 실린더가 있다.
　㉯ 실린더 내에는 피스톤과 피스톤 컵(Piston Cup), 그리고 피스톤을 원위치로 원상 복귀시키는 리턴스프링, 1차실(Primary Chamber) 2차실(Secondary Chamber)로 연결되며 각각 독립적인 유압 라인으로서 작용한다.

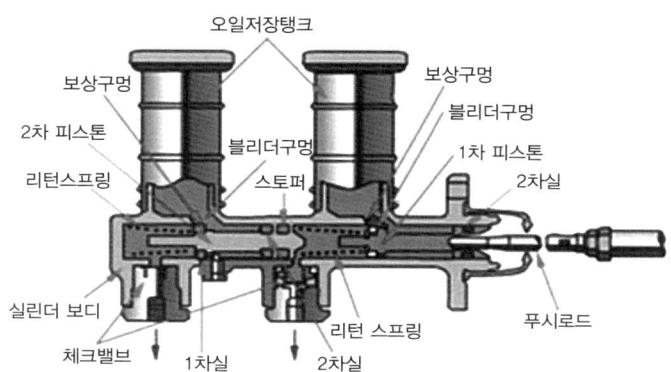

② 브레이크 파이프
　㉮ 마스터 실린더에서 휠 실린더로 브레이크 액을 유도하는 관으로 방청처리를 한 강파이프를 사용한다.
　㉯ 브레이크 호스는 프레임에 결합된 파이프와 차축이나 바퀴 등을 연결하는 것으로 플렉시블 호스(Flexible Hose)라고도 한다.

③ 휠 실린더(Wheel Cylinder)
　㉮ 브레이크 제동 시 마스터 실린더의 유압이 파이프를 거쳐 휠 실린더의 피스톤에 작용하면 피스톤이 좌우로 팽창하면서 슈를 드럼에 압착시킨다.
　㉯ 휠 실린더는 백 플레이트에 고정되어 있으며 공기를 뺄 수 있는 스크루가 있다.

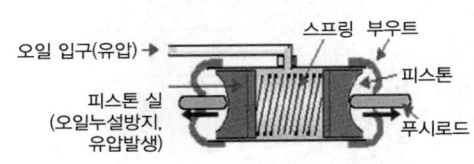

④ 브레이크 액
　㉮ 피마자 기름과 알코올 등의 용제를 혼합한 식물성오일을 사용한다.
　㉯ 구비조건
　　㉠ 점도가 알맞고 점도지수가 클 것
　　㉡ 윤활성이 있을 것
　　㉢ 빙점이 낮고 비등점이 높을 것
　　㉣ 화학적 안정성이 클 것
　　㉤ 고무 및 금속부품을 부식, 연화, 팽창시키지 않을 것
　　㉥ 침전물 발생이 없을 것

4) 공기식 브레이크

가. 작동원리
압축 공기의 팽창력을 이용하여 제동하는 브레이크장치이다. 공기의 유량을 조절하는 힘만으로 큰 제동력을 얻을 수 있으나 공기 압축기를 비롯하여 복잡한 장치가 필요하므로 주로 대형 트럭이나 버스에 많이 사용된다.

나. 공기식 브레이크의 특징
① 차량의 중량이 증가하여도 사용할 수 있어 중량에 제한을 받지 않는다.
② 공기가 약간 누출되어도 사용이 가능하다.
③ 베이퍼 록이 발생되지 않는다.
④ 페달의 조작력이 적어도 된다. (밟은 양에 따라 제동력이 증가한다)
⑤ 공기의 압축압력을 높이면 더 큰 제동력을 얻을 수 있다.
⑥ 비중의 변화에 따라 스프링정수가 조정되므로 승차감이 일정하다.

⑦ 공기 압축기 구동에 엔진 출력이 일부가 소모된다.
⑧ 구조가 복잡하고 가격이 상승한다.

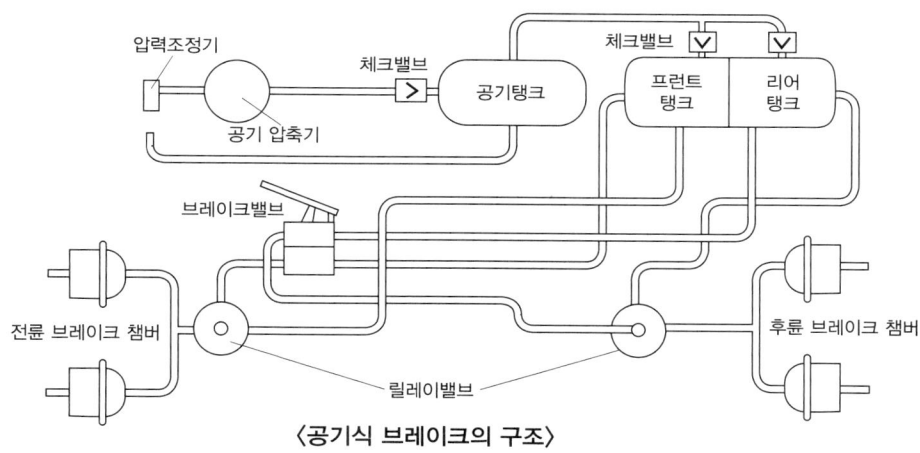

〈공기식 브레이크의 구조〉

다. 공기브레이크의 구성 및 기능

① **공기 압축기**
   ㉮ 기관에 회전에 따라 회전하여 압축 공기를 만든다.
   ㉯ 압력 조정기와 언로드 밸브 : 실린더 헤드에 설치되어 공기탱크 내의 압력을 일정하게 유지하고 필요 이상으로 압축기가 구동되는 것을 방지한다.
② **공기탱크** : 공기 압축기에서 보내온 압축 공기를 일시적으로 저장한다.
   ㉮ 안전밸브 : 탱크 내의 압력이 규정값(5~7kg/cm^2) 이상으로 상승하게 될 때 자동적으로 공기를 배출
   ㉯ 체크밸브 : 공기 압축기로 공기가 역류하는 것을 방지
   ㉰ 드레인 코크 : 탱크 내의 이물질이나 수분을 제거하기 위해 설치
③ **브레이크 밸브** : 브레이크 페달에 의해 개폐되며 페달이 이동된 양에 따라 공기탱크 내의 압축공기가 퀵 릴리스밸브(앞 브레이크)와 릴레이 밸브(뒤 브레이크) 그리고 브레이크 챔버로 보내져 제동작용을 한다.
④ **퀵 릴리스 밸브(Quick Release Valve)** : 페달을 놓으면 브레이크 밸브로부터의 공기가 배출되어 공기 입구의 압력이 낮아진다. 이에 따라 밸브는 스프링의 장력에 의해 원위치로 복귀되어 배출 구멍을 열고 앞 브레이크 챔버 내의 공기를 신속하게 배출하여 제동을 해제시킨다.
⑤ **릴레이 밸브(Real Valve)** : 브레이크 페달을 밟아 브레이크 밸브로부터 공기 압력이 작동되면 다이어프램이 아래쪽으로 이동하여 배출밸브를 닫고 공급밸브를 열어 공기탱크 내의 공기를 뒤 브레이크 챔버로 보낸다. 또 페달을 놓으면 공기를 방출시켜서 뒷 브레이크를 신속하게 해제시킨다.

⑥ 브레이크 챔버(Brake Chamber) : 브레이크 페달을 밟아 브레이크 밸브에서 조절된 압축 공기가 챔버 내로 유입되면 다이어프램은 스프링을 누르고 이동한다. 이에 따라 푸시로드가 슬랙 조정기를 거쳐 캠을 회전시키면 브레이크 라이닝을 확장하여 드럼에 압축되어 제동한다.

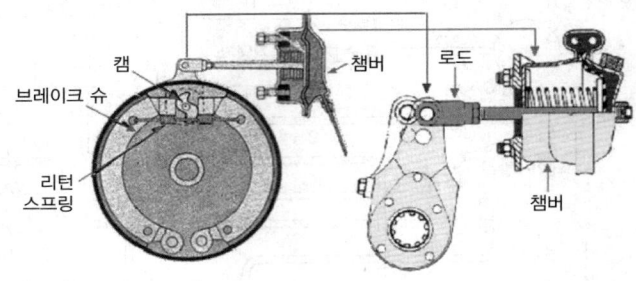

5) 보조브레이크 및 배력장치

가. 엔진브레이크

기어 단수를 낮추게 되면 엔진에 부하가 걸리게 되어 차량의 속도를 줄일 수 있다.

나. 배기브레이크

배기파이프 중간을 막아 배기가스의 배출을 제어하여 엔진의 출력이 저하되고 그로 인해 차량의 속도가 줄어든다. 사용시간은 보통 7~8초 정도이다.

다. 와전류리타더

회전하는 두 개의 전자석 사이에서 와전류(Eddy Currents)가 발생하는 것을 이용한다. 즉 구동축이 돌아가고 있을 때 그 주위에 전자석을 설치하여 회전력을 감소시키는 것이다.

라. 진공배력식(하이드록 백, 마스터 백)

흡기다기관의 진공과 대기압과의 압력차($0.7kg/cm^2$)를 이용하여 제동력을 증대시키는 방식이다.

마. 공기배력식(하이드로 에어백)

압축공기와 대기압과의 압력차($5~7kg/cm^2$)를 이용한다.

바. 로드 센싱 밸브(LSPV, Load Sensing Pressure Valve, 하중감지 액압조절장치)

① LSP밸브 본체는 차량의 새시에 고정되어 있고, 링크의 끝단은 후차축에 장착되어 있다. 차량의 적재 상태에 의해 차량 새시와 후차축의 상대 위치가 변화함에 따라 센서 스프링에 작용하는 힘이 변화하게 되어 후륜 계통의 액압을 제어한다. 즉 부하가 적을 때는 뒤쪽의 압력을 제한하고 부하가 클 때는 뒤쪽의 압력을 부하에 따라 증가시키는 역할을 한다.

② 주의사항

㉮ 조정 너트를 임의로 조정하지 말 것(후륜 액압이 틀려져 제동 불안정)

㉯ 브레이크 라인 에어빼기 작업시 반드시 마지막에 LSP밸브의 공기빼기 스크루를 통해 에어빼기를 해줄 것

6) 전자제어 제동장치(ABS, Anti-Lock Brake System)

가. 개요
눈길, 빗길과 같이 미끄러지기 쉬운 노면에서 제동시 차륜의 잠김에 의한 슬립을 방지하고 방향 안정성 및 조종성 확보, 제동거리 단축 등을 수행하는 예방안전 시스템이다.

나. ABS의 기능
① 급제동시 모든 차륜의 락(Lock)을 방지하여 차량의 방향 안정성을 유지하고, 조향력을 확보할 수 있다.

② 선회시나 좌·우 또는 앞·뒷바퀴의 노면상태가 다른 경우 제동해도 조종성을 확보하고 (Steerability) 차체를 안정되게 할 수 있다.

③ 제동력을 최대한 발휘하여 미끄러워지기 쉬운 도로에서 제동거리를 단축(Optimum Stopping Distance)시켜 안전성을 최대로 추구하는 장치이다.

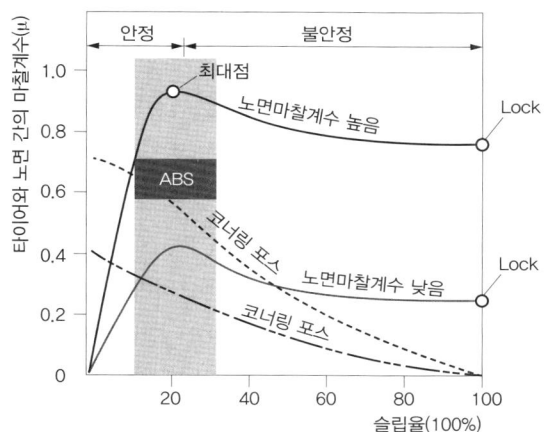

다. ABS의 작동원리
차량을 제동시 노면 제동력은 휠의 미끄럼률이 15~25%일 때 최대가 된다. ABS는 이점을 감안 하여 각 브레이크의 유압이나 공기압을 조절하여 휠의 미끄럼률을 15~25% 이하로 조절하는 시스템이다.

Note | 자동차에 미치는 힘
- 구동력(Driving Force) : 차량을 출발시키고 주행하려는 힘
- 제동력(Braking Force) : 마스터 실린더에서 발생된 유압이 휠 실린더에 작용함으로써 브레이크 라이닝이나 패드 표면의 마찰로 발생
- 마찰력(Tracking Force) : 타이어와 노면사이에서 발생하는 힘
- 횡 마찰력 : 코너링 포스라고도 하며 타이어가 슬립각을 갖고 회전할 때 접촉지면에서 발생하는 마찰력 중 진행방향의 직각방향으로 작용하는 힘
- 접촉력(Contact Force) : 타이어와 노면이 접촉되어 있을 때 접촉면에 타이어 하중이라 불리어지는 수직방향의 힘
- 요-모멘트(Yaw-Moment) : 한쪽 바퀴가 슬립될 때 자동차의 수직 축을 중심으로 회전하려고 하는 힘
- 관성력(Force of Inertia) : 자동차가 제동력에 의해 정지될 때까지 움직이려고 하는 힘
- 슬립률(Slip Ratio) : 제동시 타이어의 미끄러짐 정도를 나타내는 것으로 자동차의 속도와 타이어 원주 속도 즉, 타이어 회전속도와의 관계를 나타낸 것으로 15~25% 정도에서 마찰계수가 가장 크다.

$$※ 슬립률 = \frac{자동차\ 속도 - 차륜\ 속도}{자동차속도} \times 100\%$$

- 슬립률 0% : 자동차 정지, 자동차속도와 차륜속도가 같다.
- 슬립률 100% : 차륜이 완전히 잠긴 상태이다.

라. ABS 구성부품 및 기능

① 휠스피드센서(Wheel Speed Sensor) : 바퀴의 속도를 감지하여 ABS ECU에 전달한다. 내부에는 자석과 코일로 구성되어 있다. 톤휠이 회전하면 스피드센서로부터 나오는 자속이 변화하고 코일에 교류전압이 발생하는 소형발전기의 원리를 이용하는 것으로 이때 발생하는 전압 및 진폭을 이용해 바퀴의 속도를 감지한다.

㉮ 마그네틱 픽업코일 방식(Passive 센서)
  ㉠ 전자 유도 작용을 이용한 것이며 영구 자석에서 발생하는 자속이 톤휠(0.2~1.0mm)의 회전에 의해 코일에 교류 전압이 발생한다.
  ㉡ 교류 전압은 톤휠의 회전수에 비례하여 주파수가 변하며 이 주파수에 의해 4륜 각각의 차륜 속도를 검출한다.
  ㉢ 출력형태는 아날로그 파형이다.

㉯ 홀소자를 이용한 방식(Active 센서)
  ㉠ 원리는 반도체 물질의 양단에 전류를 인가하고, 이와 수직방향의 자계를 인가할 경우 반도체 내에 전자이동이 편향되어 전위차가 발생하며 이 신호를 이용하여 회전수를 연산한다.
  ㉡ 센서 크기가 소형이며 차륜속도를 0km/h까지도 감지가 가능하고 또한 에어갭 변화에도 민감하지 않고 노이즈 내성도 우수하다.
  ㉢ 디지털 파형으로 출력된다.

② ECU(Electronic Control Unit) : 컴퓨터는 휠 스피드센서의 신호에 의해 차륜 각각의 속도 및 감가속도를 연산하여 차륜의 슬립 상태를 판단하며 이를 통하여 HECU의 밸브 및 모터를 구동하여 증압, 감압, 유지, 형태 및 펌핑 등을 제어한다.

③ 하이드로릭 유니트(Hydraulic Unit)
  ㉮ 기본 유압 회로는 1차와 ABS 작동 시 사용되는 2차 회로로 구성되어 있으며, 센서로부터 전달된 검출 신호에 의해 ECU가 연산작업 실시, 슬립 상태를 판단하고 ABS 작동여부가 결정되면 ECU의 제어 Logic에 의하여 밸브와 모터가 작동되면서 증압, 감압, 유지형태 및 펌핑 등이 제어된다.
  ㉯ 하이드로릭 유니트 주의사항
    ㉠ 절대 분해하지 말아야 한다.
    ㉡ 위아래로 들리거나 옆으로 세우지 않도록 한다.
    ㉢ 충격을 가하지 않도록 한다.

④ 모터(Motor) : ABS 작동 시 ECU의 신호에 의해 모터가 회전하고 축과 베어링에 의하여 회전운동을 직선 왕복운동으로 변화시켜 브레이크 오일을 순환(펌핑)시킨다.

7) 전자식 주차 브레이크장치(EPB, Electronic Parking Brake)

가. 개요

간단한 스위치 조작으로 운전자의 수동조작모드 및 각종 전자제어 유닛 등과 연계해 자동으로 주차브레이크를 작동시키거나 해제하고 긴급한 상황에서는 제동안정성을 확보할 수 있도록 구성된다.

나. 구조 및 기능

유압 브레이크 캘리퍼, DC 모터, 기어박스 일체의 액추에이터로 구성되어 있으며 내부에는 브레이크 피스톤을 움직이는 스핀들이 있다. 모듈 신호에 의해 DC 모터가 구동되면 유성기어회전에 의한 스핀들이 전·후진되어 브레이크 피스톤을 작동시켜 브레이크 패드를 밀착 또는 해제시키는 구조로 되어 있다.

8) EBD(Electronic Brake Force Distribution)

가. 개요

고속으로 주행 중 급제동 시 전륜보다 후륜이 먼저 Lock되어 차량이 스핀할 수 있다. 그래서 전·후륜 제동압력을 이상적으로 배분하기 위하여 제동라인에 솔레노이드 밸브를 설치하여 제동압력을 전자적으로 제어함으로써 급제동 시 스핀방지 및 제동성능을 향상시키는 시스템이다.

나. EBD의 작동

① EBD 제어는 제동 시 각 바퀴의 속도를 센서로부터 받아 슬립률을 연산하여 뒷바퀴의 슬립률을 앞바퀴보다 항상 작거나 동일하게 뒷바퀴의 제동압력을 제어한다.

② 만약 앞바퀴보다 먼저 뒷바퀴에 LOCK 현상이 발생되면 즉시 솔레노이드 밸브를 작동시켜 뒷바퀴로 공급하는 유압을 차단한다. 유압공급 차단으로 제동력이 감소하여 뒷바퀴가 회전하려고 하면 유압을 다시 공급한다. 이러한 작동을 연속적으로 제어함으로써 스핀현상을 방지하고 제동성능이 향상되어 제동거리가 단축된다.

다. EBD 효과

① 기존 프로포셔닝(P) 밸브 대비 후륜의 제동력을 향상시키므로 제동거리가 단축된다.

② 후륜의 액압을 좌우 각각 독립적으로 제어가능하므로 선회제동 시 안전성이 확보된다.

③ 브레이크 페달의 답력이 감소된다.

④ 제동 시 후륜의 제동효과가 커지므로 전륜 브레이크 패드의 마모 및 온도 상승 등이 감소되어 안정된 제동효과를 얻을 수 있다.

9) 브레이크 보조장치(BAS, Break Assist System)

가. 개요
브레이크 페달을 일정 답력(평상 제동구간)이상 밟게 되면 유사시로 판단하여 브레이크 부스터에서 평상시보다 더욱 큰 제동력으로 배가시켜 주는 장치이며, 2-Ratio 부스터라고도 부른다.

나. BAS의 특징
① 일정 페달 답력 이상일 때 브레이크 배력을 더욱 증가시킨다.
② ABS 장착 차량에만 적용된다.
③ 일정 페달 답력까지는 기존의 부스터와 동일하게 단일 배력이 이루어진다.
④ 과도한 제동시 빈번한 ABS 작동이 발생할 수 있다.
⑤ 배력비를 2단계로 설정할 수 있다.

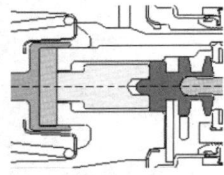
(a) 기존 부스터 플런저

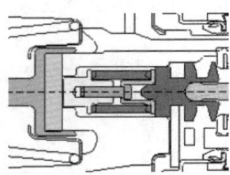
(b) BAS 부스터 플런저

10) 차체 자세제어장치(VDC, Vehicle Dynamic Control)

가. 개요
① VDC는 스핀(Spin) 또는 언더 스티어(Under-Steer) 등의 발생 상황에 도달하면 이를 감지하여 자동적으로 내측 차륜 또는 외측 차륜에 제동을 가해 차량의 자세를 제어하여 차량의 안정된 상태를 유지하며, 또한 스핀하기 직전에는 자동 감속 제어를 수행하거나 이미 발생된 경우에는 각 휠 별로 제동력을 제어하여 스핀이나 언더 스티어 발생을 방지한다.
② VDC는 요모멘트 제어(Yaw-Moment), 자동 감속 제어, ABS 제어, TCS 제어 등에 의해 스핀 방지, 오버 스티어 제어, 굴곡로 주행시 요잉(Yawing) 발생 방지, 제동시의 조종 안정성 향상, 가속시 조종 안정성 향상 등의 효과가 있다.

나. VDC 제어
① 제어 원리
  ㉮ 운전자 의도 파악 : 조향 휠의 위치＋차량속도＋가속 페달＋제동 페달 = ECU는 운전자의 의도를 판단한다.
  ㉯ 차량의 거동 상태 분석 : 차량 회전 속도 ＋ 측면으로 작동하는 힘 = ECU는 차량 거동을 판단한다.

㉰ ECU는 필요한 대책 : 유압 조절 장치는 신속히 각 바퀴의 제동력을 독립적으로 조절하고 엔진과 연결된 통신 라인을 통하여 엔진 출력을 조절한다.

② 제어 종류

㉮ 요모멘트제어(Yaw Moment, 자세제어) : 차체의 자세 제어로써 선회 시 또는 주행 중 차체의 옆방향 미끄러짐에 대하여 내륜 또는 외륜에 제동을 가해 차체의 자세를 제어하는데 제어원리는 4륜 각각의 제동력과 코너링 포스의 관계를 이용하여 차체에 발생된 요모멘트에 대해 역방향 요모멘트를 발생시켜 제어를 한다. 오버 스티어(Over Steer)제어와 언더 스티어(Under Steer)제어가 있다.

㉯ 자동감속제어(trace) : 차량의 자세는 요모멘트를 변화시키게 되는데 운전자의 의도에 따라 주행하는데 있어서 타이어와 노면의 마찰 한계에 따라 요모멘트 제어에 제약이 있다. 즉, 자세제어만으로 선회 안정성에 맞지 않는 경우가 있는데 선회 시의 횡방향 가속도가 마찰한계의 약 70% 이내로 되면 엔진토크 저감신호를 보내 엔진의 출력을 제어함으로서 가속도를 제어하여 선회 안정성을 향상시킨다.

다. VDC 구성품과 기능

① **마스터실린더 압력센서** : VDC가 작동 중일 때 운전자의 제동의지를 감지하기 위해 브레이크 액 압력을 검출하여 ECU로 보내면 VDC ECU는 이 신호를 기준으로 EBD 제어 여부를 판단하는데 쓰인다.

② **요레이트 센서** : 요(Yaw) 모멘트는 차체의 앞뒤가 좌,우측 또는 선회할 때 안쪽 바깥쪽 바퀴쪽으로 이동하려는 힘을 말한다. 요레이트 센서는 차량이 수직축을 기준으로 회전할 때 즉, Z축 방향을 기준으로 회전할 때 요레이트 센서 내부의 프레이트 포크가 진동 변화를 일으키면서 전자적으로 차량의 요모멘트를 감지는 센서이다. 요모멘트 값이 초당 4도의 변화량에 도달하면 VDC제어를 재개한다.

③ **조향휠 각속도 센서** : 핸들의 조향속도, 조향방향 및 조향각을 검출하는 역할을 한다. VDC ECU는 이 신호와 G센서, 요레이트 센서의 신호를 이용하여 각종 제어를 한다.

④ **횡가속도 센서**: 주행 중 차량의 횡방향 가속도를 감지하는 역할을 하는 센서이다. 즉 차량이 옆방향으로 밀려나려고 하는 힘의 가속도를 감지하는 센서이며 횡력 작용 시 바퀴의 제동 작용을 하여 차체자세 제어를 실행한다.

> **Note** | 제동장치의 기준
>
>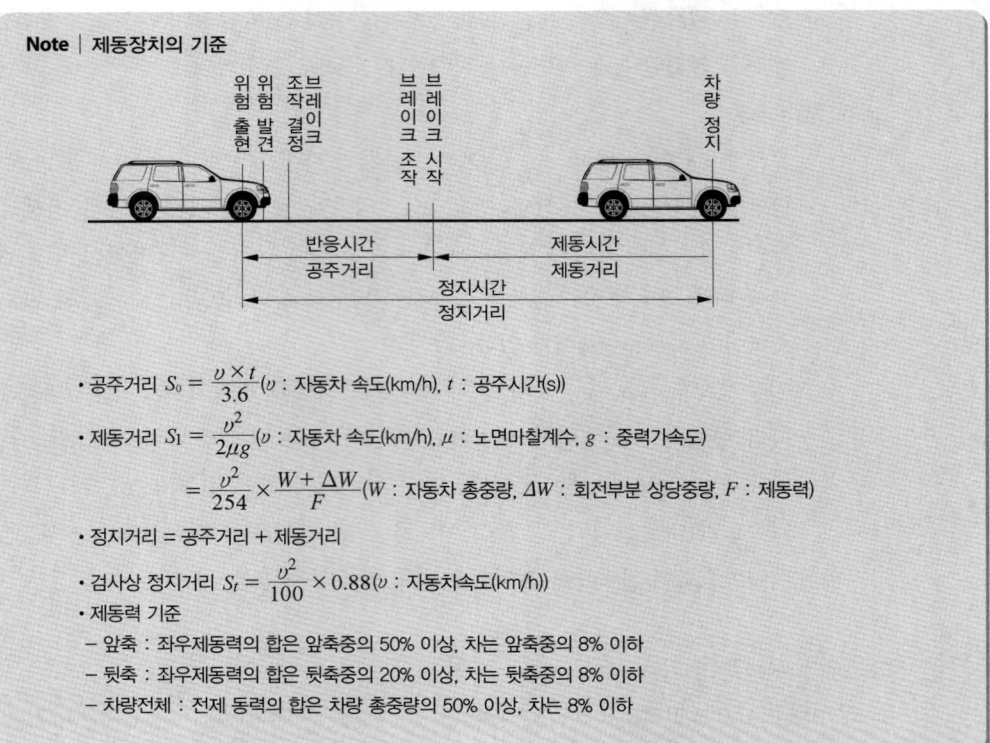
>
> - 공주거리 $S_0 = \dfrac{v \times t}{3.6}$ (v : 자동차 속도(km/h), t : 공주시간(s))
> - 제동거리 $S_1 = \dfrac{v^2}{2\mu g}$ (v : 자동차 속도(km/h), μ : 노면마찰계수, g : 중력가속도)
> $= \dfrac{v^2}{254} \times \dfrac{W + \Delta W}{F}$ (W : 자동차 총중량, ΔW : 회전부분 상당중량, F : 제동력)
> - 정지거리 = 공주거리 + 제동거리
> - 검사상 정지거리 $S_t = \dfrac{v^2}{100} \times 0.88$ (v : 자동차속도(km/h))
> - 제동력 기준
>   - 앞축 : 좌우제동력의 합은 앞축중의 50% 이상, 차는 앞축중의 8% 이하
>   - 뒷축 : 좌우제동력의 합은 뒷축중의 20% 이상, 차는 뒷축중의 8% 이하
>   - 차량전체 : 전제 동력의 합은 차량 총중량의 50% 이상, 차는 8% 이하

| Section 4 |
주행 및 구동장치

01 휠 및 타이어

1) 휠(Wheel)

휠은 타이어와 함께 차의 전중량을 분담 지지하고 구동 및 제동 시의 토크 노면으로 부터의 충격 선회할 때의 원심력과 차가 기울었을 때 발생하는 옆 방향의 힘 등에 견디어야 하며 가벼워야 한다. 휠은 크게 림과 휠 디스크 등으로 구성된다. 림은 타이어를 유지하는 부분이고 휠 디스크는 허브에 장착하기 위한 부분이다.

가. 휠(wheel)의 종류

① 디스크 휠(Disc Wheel)
  ㉮ 연강판을 프레스로 성형한 디스크를 리벳이나 용접으로 접합한 것이다. 강도가 좋고 구조가 간단하며 대량 생산이 가능하다.
  ㉯ 비교적 값이 싸서 널리 사용되나 중량이 무거워 가볍게 할 목적으로 구멍이 많이 뚫려 있다.

② 경합금 휠
  ㉮ 알루미늄 합금이나 마그네슘 합금으로 림과 디스크 부분을 주조로 성형하거나 단조로 가공하여 이용하는데 가볍고 열전도율이 뛰어나 많이 사용된다.
  ㉯ 스틸 휠보다 디자인 표현이 자유롭고, 발열성이 우수하여 타이어 및 브레이크 라이닝의 수명이 연장되며, 밸런스가 양호하여 조정안정성이 향상되는 등 많은 장점을 갖고 있다.

③ 스포크 휠(Spork Wheel)
  ㉮ 링과 허브를 강철선의 스포크로 연결한 것으로 자전거의 휠과 같은 구조로 되어 있다.
  ㉯ 경량이며 탄성이 좋고 냉각성능도 우수하다. 그러나 구조가 복잡하고 변형시 정비의 어려움이 있다.

나. 림(wheel rim)의 종류

① 2분할 림 : 2분할 림은 좌우 같은 모양의 강판을 프레스로 제작하여 볼트, 너트로 결합하고 림과 디스크를 형성한 것이다. 이 형식은 제조가 간단하고, 경제적이므로 타이어의 직경이 작은 경자동차에서 많이 쓰인다.

② 드롭 센터 림 : 타이어의 탈착을 쉽게 하기 위해 림 중앙부를 깊게 한 것이며, 주로 승용차 및 소형트럭에서 사용되고 있다.

③ 폭이 넓은 드롭 센터 림 : 폭이 넓은 드롭 센터 림은 센터 림과 모양이 비슷하나, 림의 폭을 넓게 하고 타이어의 공기용적이 많은 초저압 타이어를 사용하여 완충작용을 증가시킨 림이다.

④ 플랫 베이스 림 : 비드 시트 부분을 한쪽에만 설치하고, 사이드 링을 설치하여 타이어의 탈착을 쉽게 한 것으로, 트럭이나 버스용 고압 타이어에 주로 사용된다.

⑤ 인터 림 : 플랫 베이스 림을 개량한 것이며, 비드 시트 부분을 넓게 하고, 사이드 링의 모양을 바꾸어서 타이어를 정확하게 결합시키도록 한 것이다. 이 형식은 림의 폭이 넓기 때문에 타이어의 공기 용적도 크게 된다. 일반적으로 버스나 트럭용 고압 타이어에 사용된다.

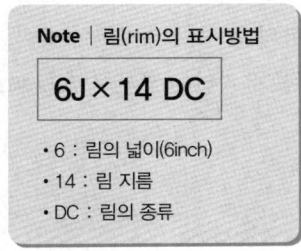

Note | 림(rim)의 표시방법

6J × 14 DC

- 6 : 림의 넓이(6inch)
- 14 : 림 지름
- DC : 림의 종류

2) 타이어(Tire)

가. 타이어의 기능

① 자동차의 하중을 지지한다.

② 노면으로부터의 충격을 흡수한다.

③ 구동력과 제동력을 발휘한다.

④ 코너링포스를 발생시켜 선회를 가능하게 한다.

나. 타이어의 구조에 따른 분류

① 바이어스 타이어(Bias Tire)

㉮ 바이어스 타이어의 카커스(Carcass)는 1 플라이씩 서로 번갈아 가면서 코드의 각도가 다른 방향으로 엇갈려 있어 코드가 교차하는 각도는 지면에 닿는 부분에서 원주방향에 대해 40도 전후로 되어 있다.

㉯ 특징

㉠ 외부의 충격과 진동에 약하다.

㉡ 돌출부의 포용능력이 적어 승차감이 저하된다.

㉢ 내부마찰이 커서 발열이나 회전 저항이 크다.

② 래디얼 타이어(Radial Tire)
  ㉮ 카커스를 구성하는 코드가 타이어의 원주방향에 대해 직각으로 즉 타이어의 측면에서 보면 원의 중심에서 방사상으로 비드에서 비드를 직각으로 배열한 상태이고 구조의 안정성을 위하여 트레드 고무층 바로 밑에 원주방향에 가까운 각도로 코드를 배치한 벨트로 단단히 조여져 있다.
  ㉯ 특징
    ㉠ 조종 안정성이 좋다.(횡강성 우수)
    ㉡ 커브를 돌 때 안전하다.(편평화)
    ㉢ 내마모성이 좋다.
    ㉣ 회전저항이 적고 연료비가 절감된다.
    ㉤ 미끄럼이 적고 견인력이 좋다.
    ㉥ 고속주행시 승차감이 좋다.
    ㉦ 발열이 적다.
    ㉧ 타이어와 림의 밀착 불량시 공기가 누설된다.

③ 튜브리스 타이어(Tubeless Tire)
  ㉮ 튜브리스 타이어는 타이어는 튜브를 사용하지 않는 대신 타이어 내면에 공기 투과성이 적은 특수고무(Inner liner)를 붙여 타이어와 림(Rim)으로부터 공기가 새지 않도록 되어 있다.
  ㉯ 특징
    ㉠ 공기압유지가 좋다.
    ㉡ 못 등에 찔려도 급속한 공기누출이 없다.
    ㉢ 내부의 공기가 직접 림에 접촉되어 열발산이 좋다.
    ㉣ 튜브물림 등 튜브에 의한 고장이 없다.
    ㉤ 큐브 조립이 없으므로 작업이 향상된다.
    ㉥ 타이어 내측, 비드부에 흠이 생기면 분리현상이 일어난다.
    ㉦ 타이어와 림의 조립이 불완전하다.
    ㉧ 림 플랜지 부위에 변형이 있으면 공기가 누출될 수 있다.

④ 편평 타이어
  ㉮ 타이어의 폭이 높이에 비해 넓은 타이어를 말한다.
  ㉯ 특징
    ㉠ 승차감과 조종안전성이 좋다.(횡강성 우수)
    ㉡ 커브를 돌 때 안전하다.(15% 정도 향상)
    ㉢ 미끄럼이 적고 견인력이 좋다.
    ㉣ 내마모성이 좋다.(수명연장)

> **Note | 편평비**
> · 편평비 = $\dfrac{\text{타이어 높이}}{\text{타이어 단면폭}}$

다. 사용 공기압에 따른 분류

① 고압타이어 : 4.2kg/cm^2(60psi) 정도의 공기압
② 저압타이어 : $1.4 \sim 2.8\text{kg/cm}^2$(20~40psi) 정도의 공기압
③ 초저압타이어 : $1.4 \sim 1.7\text{kg/cm}^2$(20~25psi) 정도의 공기압

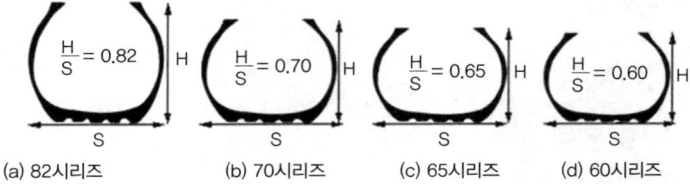

라. 타이어의 구조

① 트레드부 : 타이어가 노면과 접촉하는 부분의 두꺼운 고무층을 말하며 노면과 미끄러짐을 방지하고 방열을 위한 홈(트레드 패턴)이 파여 있다.
② 벨트 : 주행 시 외부로부터 받는 충격을 완화하고 트레드의 갈라짐이나 외상이 직접 카커스에 도달하는 것을 방지한다. 또한 노면에 닿는 트레드 부위를 넓게 하여 주행안정성을 높이는 역할을 한다.
③ 숄더부 : 트레드부와 사이드월 사이에 위치하고 주행 중 내부에서 발생하는 열을 쉽게 발산시킬 수 있도록 설계되어 있다.
④ 사이드월부 : 타이어의 숄더부와 비드부 사이에 해당하는 부분으로서 카커스를 보호하고 유연한 굴신운동을 함으로써 승차감을 좋게 한다. 이 부분에는 타이어의 종류, 규격, 구조, 패턴, 제조회사, 상표명 등 여러 가지 문자가 표시되어 있다.

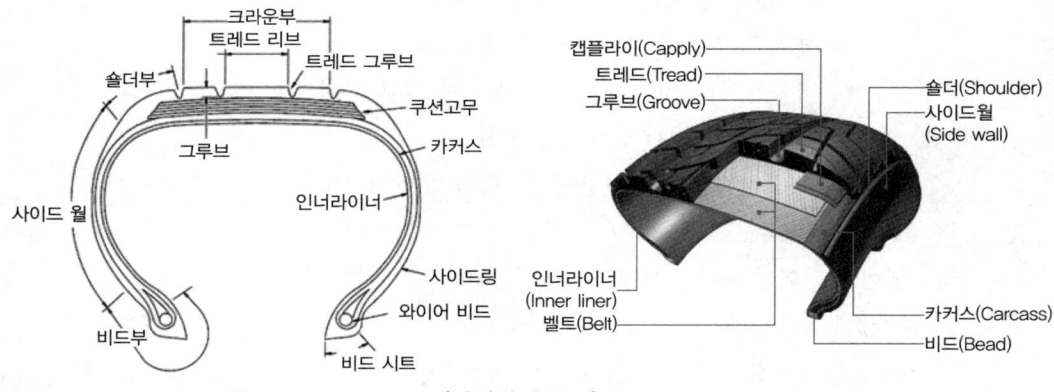

〈타이어의 구조〉

⑤ 카카스 : 타이어에 이어 골격이 되는 중요한 부분으로 타이어 코드지로 된 포층 전체를 카커스라고 한다. 카커스는 타이어 내부의 공기압 및 하중, 충격에 견디는 역할을 한다.

⑥ 비드부 : 코드지의 끝부분을 감아주며 타이어를 림에 장착시키는 역할을 하고 비드와이어, 코어 등으로 구성되어 있다. 일반적으로 림에 대해 약간의 죄임을 주어 주행 타이어의 공기압이 급격히 감소될 경우에도 타이어가 림에서 빠지지 않도록 설계되어 있다.

⑦ 인너라이너 : 튜브 대신 타이어 안쪽에 위치하고 있는 것으로서 공기 누출을 방지하는 역할을 한다.

마. 타이어 표시

① 바이어스 타이어 : 6.00-12-4PR
  ㉮ 6.00 : 타이어 폭(inch)
  ㉯ 12 : 타이어 내경(inch)
  ㉰ 4 : 플라이 수

② 래디얼 타이어 : 195/60 R14 85H
  ㉮ 195 : 타이어 폭
  ㉯ 60 : 편평비(%)
  ㉰ R : 래디얼 타이어
  ㉱ 14 : 타이어 내경(inch)
  ㉲ 85 : 하중지수
  ㉳ H : 속도 기호

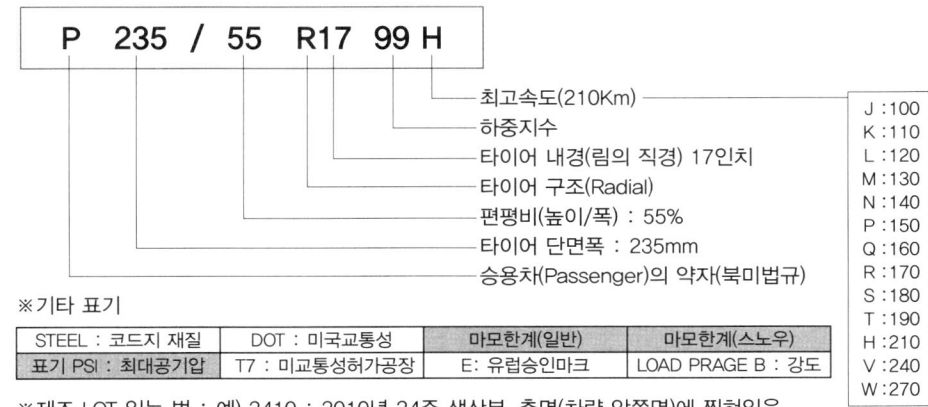

바. 타이어의 이상 현상

① 수막 현상(Hydro Planing)

㉮ 자동차가 물이 고인 노면을 고속으로 주행할 때 타이어는 그루브(Groove) 사이에 있는 물을 배수하는 기능이 감소되어 물의 저항에 의해 노면으로부터 떠올라 물위를 미끄러지듯이 되는 현상이 발생하게 되는데 이 현상을 수막현상이라고 한다. 제동력은 물론 모든 타이어 본래의 운동기능이 소실되어 핸들로 통제할 수 없게 된다.

㉯ 수막 현상을 방지하는 방법

㉠ 저속으로 주행한다.

㉡ 마모된 타이어를 사용하지 않는다.

㉢ 공기압을 조금 높게 한다.

㉣ 배수 효과가 좋은 타이어를 사용한다.(리브형)

② 스탠딩웨이브 현상

㉮ 자동차가 고속주행시에 임계속도 이상으로 주행하면 타이어 접지부의 직후에 외주 면에서 찌그러지는 변형이 발생하는 현상이다. 즉 타이어가 회전하면 이에 따라 타이어의 전 원주에서는 변형과 복원이 반복된다. 자동차가 고속으로 주행하여 타이어의 회전속도가 빨라지면 접지부에서 받은 타이어의 변형(주름)이 다음 접지 시점까지도 복원되지 않고 접지의 뒤쪽에 진동의 물결이 되어 남는다. 이러한 파도치는 현상을 스탠딩 웨이브(Standing Wave)라고 한다. 일반구조의 승용차용 타이어 경우 약 150km/h 전후의 주행속도에서 이러한 스탠딩 웨이브 현상이 발생한다.

㉯ 스탠딩웨이브 방지책

㉠ 저속주행을 한다.

㉡ 강성이 큰 타이어를 사용한다.

㉢ 타이어의 공기압을 기준보다 10~20% 정도 높인다.

사. 타이어압력 모니터링 장치(TPMS, Tire pressure Monitoring System)

① 개요 : 자동차 타이어의 공기압이 너무 높거나 낮으면 타이어가 터지거나 차량이 쉽게 미끄러져 대형사고로 이어질 가능성이 있다. 또 연료 소모량이 많아져 연비가 악화되고, 타이어 수명이 짧아질 뿐 아니라 승차감과 제동력도 많이 떨어진다. 이러한 타이어의 결함을 막기 위해 차량에 장착하는 안전장치이다.

② 구성 및 기능

㉮ 타이어 압력센서

㉠ 각 타이어에 1개씩 장착되어 총 4개로 구성된다. 압력센서는 타이어 압력, 온도, 가속도, 배터리 상태를 감지하여 무선신호로 Receiver에 정보를 전달한다.

㉡ 센서 모드 변경을 위해 TPMS 모듈로부터 LF(Low Frequency)신호를 받는 수신부가 센서 내부에 있다. 클램프-인 타입과 스냅-인 타입이 있다.
㉺ TPMS Receiver : 타이어 압력센서의 정보를 수신하여 타이어 공기압 이상 유무를 판단하고 계기판 등의 표시장치로 정보를 송신한다.
㉻ TPMS Initiator : 자동 위치 학습 기능을 수행하도록 타이어 압력센서에 LF 신호를 전송한다.

02 구동력 제어장치

1) 구동력 조절 장치(TCS, Traction Control System)

가. 개요

눈길, 빗길 따위의 미끄러지기 쉬운 노면에서 차량을 출발하거나 가속할 때 과잉의 구동력(슬립률 15~20% 정도에서 최대)이 발생하여 타이어가 공회전하지 않도록 차량의 구동력을 제어하는 장치이다.

나. TCS의 주요성능

① 구동 성능 : TCS는 구동륜의 슬립을 제어함으로써 차체의 흔들림이 적고 출발 및 가속시 안정성이 향상돼 발진성, 가속성, 등판성 등이 향상된다.
② 선회추월 성능 : 안전한 코너링 주행 및 추월이 가능하다.
③ 조향안정 성능 : 저마찰로에서의 안전성 및 구동력이 향상되어 조향 핸들을 돌릴 때 구동력에 의한 횡력을 우선적으로 제어하므로 회전이 용이하다.

다. 작동원리

① 슬립률 제어 : 트랙션 제어는 ABS작동 원리와 같이 타이어 슬립비를 제어하여 타이어의 구동력 및 횡력을 차량의 운전 상황 및 노면상황에 대응하여 최적의 상태로 제어하는 것이다.
② 트레이스 제어 : TCS는 운전자의 조향각과 가속페달을 밟는 량 및 그때의 비구동륜의 좌우 속도차를 검출하여 구동력을 제어함으로써 안정된 선회를 가능하게 한다.

라. 종류 및 특징

① 엔진 제어 방식

㉮ 흡입 공기량 제어 방식 : 스로틀에 흡입되는 공기량을 조절하여 엔진출력을 제어함으로 엔진출력의 절대량을 연속적으로 안정하게 조정할 수 있는 반면 미세 슬립 영역에서는 충분한 기능을 발휘하기 어렵다.
㉯ 엔진 토크 제어방식 : 점화시기를 지연시키거나 연료공급을 차단하여 엔진출력을 저감시키는 방식이다.

② 브레이크 제어방식 : 슬립이 발생하는 바퀴를 ABS 유압 모듈레이터를 작동해서 캘리퍼를 잡는 방식이다.

③ 통합 제어

㉮ 스로틀 밸브 제어+브레이크 제어 : 스로틀 제어를 메인으로, 브레이크 제어를 보조 수단으로 채택하는 방식이다.

㉯ 엔진 토크 제어+브레이크 제어 : 가격면에서 유리하지만 연속적인 출력 조정이 곤란하며 저속시에는 응답성이 빠르다.

2) 정속 주행장치(Cruise Control System)

가. 개요

정속 주행장치는 고속도로 등의 장시간 주행에서 운전자의 피로 감소, 쾌적한 운행 및 연료의 절감(약 10%)을 목적으로 운전자가 알맞은 속도로 조절해 놓으면 그 속도가 계속 유지되어 주행되는 장치이다.

나. 정속 주행 각 스위치의 기능

① 셋트 스위치 : 운전자가 요구하는 주행속도를 지정할 때 보통 40~145km/h의 범위 내에서 차량속도를 세팅할 수 있다.

② 리줌(Resume) : 정속주행 중 차량조작으로 정속주행이 일시적으로 해제되었을 때 다시 정속주행을 원하여 리줌 스위치를 ON에 넣으면 해제 전 주행속도를 찾아 차가 정속주행하게 된다.

③ 해제(Cancel) : 정속주행 중 다음의 신호가 액추에이터의 전자석 클러치의 전류를 차단시킴으로 정속주행이 해제된다.

㉮ 제동등 스위치가 ON 신호일 때(브레이크 페달을 밟았을 때)

㉯ 인히비터(ingibitor) 스위치가 ON 신호일 때

㉰ 클러치 스위치가 ON 신호일 때 (클러치 페달을 밟았을 때)

④ **자동해제**(Automatic Concellation) : 정속주행 중 다음의 사항과 같은 입력신호를 받으면 정속기능은 해제된다.

㉮ 정속주행하는 동안 기억된 차량속도보다 20km/h 정도나 그 아래일 때

㉯ 세트와 리줌 스위치를 양쪽 다 동시에 세팅시켰을 때

㉰ 입력된 속도가 제시간 안에 셋트속도에 도달하지 못할 때(1.5~2초 정도)

㉱ 해제압력(제동등 스위치 혹은 인히비터 스위치)과 지시압력(Set, 리줌 스위치)이 같은 시간에 입력될 때

3) 바퀴의 평형

바퀴 회전축을 기준으로 하여 타이어와 휠에 불평형(Unbalance)이 존재하면 특히 고속주행 시 진동(핸들이 떨림)과 소음의 원인이 되고 타이어 이상마모의 원인도 된다.

가. 정적 평형

타이어가 정지된 상태의 평형이며 정적 불평형일 경우에는 바퀴가 상하로 진동하는 트램핑(Tramping) 현상을 일으킨다.

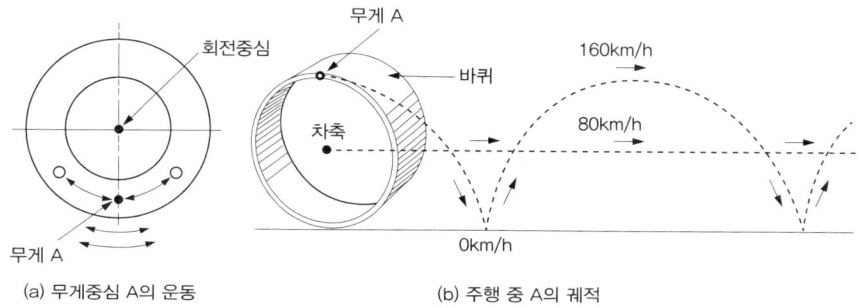

(a) 무게중심 A의 운동　　　　(b) 주행 중 A의 궤적

나. 동적 평형

회전 중심축을 옆에서 보았을 때 평형 즉 회전하고 있는 상태를 뜻한다. 동적 평형이 문제가 되면 바퀴가 좌우로 흔들리는 시미(Shimmy) 현상이 발생한다.

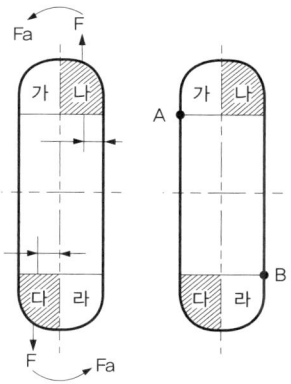

※타이어 구동력 $F = \dfrac{T}{r}$ (T : 타이어 회전력, r : 타이어 반경)

※타이어 회전수에 따른 속도 $V = \pi D N$ (D : 타이어 지름, N : 회전수)

※주행저항

– 구름저항 $R_r = \mu_r \times W$

　　(μ_r : 구름저항계수, W : 차량 총중량)

– 공기저항 $R_a = \mu_a \times A \times V^2$

　　(A : 자동차투영면적, V : 자동차 속도)

– 등판(구배)저항 $R_g = W \times \tan\theta = \dfrac{WG}{100}$

　　(W : 자동차 총중량, θ : 경사각, G : 경사도(구배:%))

– 가속저항 $R_i = \dfrac{W + \Delta W}{g} \times a$

　　(W : 자동차 총중량, ΔW : 회전부분 상당중량, g : 중력가속도, a : 자동차 가속도)

Section 5
적중예상문제

01 클러치의 구비 조건으로 적당치 않는 것은?

① 구조가 간단해야 한다.
② 발열이 잘되어 과열되지 않아야 한다.
③ 회전 관성력이 커야 한다.
④ 회전 부분의 평형이 좋아야 한다.

해설 클러치는 회전관성이 적고 구조가 간단해야 한다.

02 클러치판의 비틀림 코일 스프링이 하는 역할은?

① 클러치 작용시 회전충격을 흡수한다.
② 구동판과 수동판의 마멸량을 증가시킨다.
③ 클러치판의 밀착력을 크게 한다.
④ 클러치판과 압력판의 마멸을 방치한다.

해설 • 쿠션 스프링 : 클러치 접촉시 풍격을 흡수하고 편마멸 변형을 방지한다.
• 비틀림 코일 스프링 : 클러치 작용시 회전충격을 흡수한다.

03 클러치 스프링의 장력을 T, 클러치판과 압력판 사이에 마찰계수를 f, 클러치판의 평균 반지름을 r 이라 하고, C 를 엔진의 회전력이라고 하였을 때, 클러치가 미끄러지지 않으려면 어떤 조건이 만족되어야 하는가?

① Tfr ≥ C
② Tfr ≤ C
③ T > fr/C
④ T < fr

해설 Tfr은 클러치 용량이다. 따라서 클러치가 미끄러지지 않으려면 Tfr이 엔진의 회전력 C보다 커야 한다.

04 클러치판은 어느 축의 스플라인부에 조립되는가?

① 추진축
② 변속기 클러치
③ 기관 크랭크축
④ 차동기어축

05 20m-kg의 토크를 전달하도록 설계된 단판 클러치에서 마찰면의 바깥지름의 20cm, 안지름이 14cm, 스프링의 힘은 100kg이었다면, 클러치 압력판의 압력은 얼마인가?(단 스프링은 6개)

① 2.54kg/cm²
② 3.75kg/cm²
③ 4.75kg/cm²
④ 5.25kg/cm²

해설 $P = \dfrac{100 \times 6}{\dfrac{\pi}{4}(20^2 - 14^2)} = 3.75$

06 승용차의 클러치 페달의 자유간극은 얼마인가?(유압식 차량인 경우)

① 9~13mm
② 20~30mm
③ 50~60mm
④ 70~80mm

해설 • 간극이 작으면 : 슬립현상이 일어난다.
• 간극이 크면 : 차단이 불량하여 기어변속이 불량하다.
• 자유 간극 : 릴리스 베어링이 레버에 닿을 때까지 페달의 움직임거리로서 기계식인 경우 20~30mm, 유압식인 경우 9~13mm 정도를 둔다.

07 유체 클러치의 구성부품 중 틀린 것은?

① 가이드 링
② 펌프
③ 스테이터
④ 터빈

해설 유체클러치
• 펌프 : 엔진의 힘을 받아 회전한다.
• 터빈 : 변속기로 출력을 전달한다.
• 가이드 링 : 유체의 와류를 감소한다.

08 토크 변환기에서 터빈을 떠난 오일은 무엇에 의해 그 방향이 바뀌어지는가?

① 터빈 날개
② 펌프 날개
③ 스테이터 날개
④ 가이드 링

해설 스테이터는 토크 변환기의 속도비가 클러치 점에 이를 때까지 오일의 방향을 바꾸어 주는 일을 한다.

정답 01 ③ 02 ① 03 ① 04 ② 05 ② 06 ① 07 ③ 08 ③

09 클러치 페달이 자유 간극은 어떻게 조정하는가?

① 클러치 페달을 움직여서
② 클러치 스프링의 장력을 조정하여
③ 클러치 링키지를 움직여서
④ 클러치 페달의 리턴 스프링 정력을 조정하여

해설 • 기계식 : 유격조정 스크루
• 유압식 : 푸시로드조정 스크루

10 다음 중 자동차용 클러치의 종류에 속하지 않는 것은?

① 다판 클러치　　② 전자 클러치
③ 진공 클러치　　④ 단판 클러치

해설 클러치의 종류

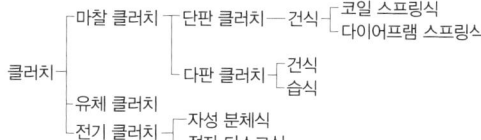

11 클러치 스프링의 점검사항이 아닌 것은?

① 장력　　　　　② 직각도
③ 인장도　　　　④ 자유고

해설 스프링 점검 : • 자유고 : 3% • 직각도 : 3% • 장력 : 15%

12 마찰클러치 라이닝의 마찰계수는 얼마인가?

① 0.1~0.3μ　　　② 0.3~0.5μ
③ 0.5~0.8μ　　　④ 0.8~1.0μ

해설 마찰계수가 너무 작으면 미끄러짐이 일어나고, 너무 크면 출발 시 시동이 꺼진다.

13 클러치 스프링의 장력이 작아지면 일어나는 현상은?

① 클러치 용량이 증가한다.
② 클러치 용량이 감소되어 미끄러진다.
③ 페달의 유격이 크게 된다.
④ 페달의 유격이 작게 된다.

해설 스프링의 장력이 작아지면 플라이 휠에 대한 클러치의 압착력이 적어지므로 클러치가 미끄러져서 마모의 원인이 된다.

14 클러치면의 리벳의 헤드 깊이가 얼마 이하이면 라이닝을 교환하는가?

① 0.1mm　　　　② 0.2mm
③ 0.3mm　　　　④ 0.4mm

해설 리벳의 헤드 깊이가 0.3mm 이하이면 라이닝이 압축되어 플라이 휠에 마모를 일으킬 수 있으며 클러치가 미끄러지게 되므로 라이닝을 교환하여야 한다.

15 단판 클러치 마찰면에서의 압력 F=200kg 마찰면의 평균 유효반지름 r=40cm, 마찰계수 μ=0.3일 때 전달될 수 있는 엔진의 회전력은?

① 24m-kg　　　② 0.5m-kg
③ 12m-kg　　　④ 25m-kg

해설 회전력(T) = $\mu \times F \times r \times N$
(μ : 마찰계수, F : 압력, r : 유효반지름, N : 클러치의 수)
∴ T = 200×0.3×0.4×1 = 24(단판 클러치이므로 N = 1)

16 클러치 채터링이 현저하게 나타나는 시기는 언제인가?

① 가속시　　　　② 감속시
③ 클러치 접속시　④ 공회전시

해설 채터링현상이란 클러치의 떨림현상이다.

17 클러치가 미끄러지는 원인으로 가장 거리가 먼 것은?

① 클러치 페달의 유격이 작다.
② 릴리스 레버가 마모되었다.
③ 클러치 스프링의 장력이 약해다.
④ 클러치판에 오일이 묻어 있다.

해설 릴리스 레버가 마모되면 자유간극이 커지게 되어 클러치의 차단 불량이 일어난다.

18 다음은 클러치 릴리스 베어링에 관한 설명 중 틀린 것은?

① 릴리스 베어링은 릴리스 레버를 눌러준다.
② 베어링 종류에는 앵귤러접촉형, 카본형, 볼베어링형이 있다.
③ 항상 엔진과 같이 회전한다.
④ 보통 영구주유식 오일리스 베어링을 사용한다.

해설 릴리스 베어링 작동으로 기관의 동력을 전달과 차단의 역할을 한다. 차동장치 케이스와 같이 회전한다.

19 일반적인 클러치의 릴리스 베어링의 주유 방법은?

① 비산압력식   ② 압력식
③ 비산식   ④ 영구주유식

해설 릴리스 베어링은 영구주유식으로 그 종류에는 볼베어링형, 앵귤러접촉형, 카본형이 있다.

20 클러치의 릴리스 베어링으로 사용되는 베어링 형식이 아닌 것은?

① 플레이트형   ② 카본형
③ 앵귤러접촉형   ④ 볼베어링형

해설 릴리스 베어링의 종류 : 카본형, 앵귤러접촉형, 볼베어링형

21 변속기의 필요성으로 다음 중 해당되지 않는 것은?

① 엔진의 회전력 증대를 위하여
② 엔진을 무부하 상태로 있게 하기 위하여
③ 후진을 위하여
④ 바퀴의 회전속도를 엔진의 회전속도보다 높이기 위하여

해설 바퀴의 회전속도를 엔진의 회전속도보다 높이기 위해서 만든 장치는 오버드라이브장치이다.

22 주행 중 급가속하였을 때 엔진의 회전이 상승되어도 차속이 증속되지 않는 원인은?

① 릴리스 포크가 마모되었다.
② 파일럿 베어링이 파손되었다.
③ 클러치 스프링의 자유고가 감소되었다.
④ 클러치 디스크 스플라인이 마모되었다.

해설 스프링이 규정 길이보다 줄어들면 급가속 제어가 되지 않는다.

23 변속시에 있는 싱크로메시 기구가 작용되는 시기는 언제인가?

① 기어가 물릴 때
② 기어의 물림이 떨어질 때
③ 공회전시
④ 고속주행시

해설 주축기어와 부축기어가 맞물릴 때 작동한다. 자동차의 수동변속기에 주로 사용한다.

24 변속기의 록킹볼이 마멸되면 일어나는 현상은?

① 기어가 2중으로 물린다.
② 변속시에 소리가 난다.
③ 기어가 빠지기 쉽다.
④ 변속 레버의 유격이 크게 된다.

해설 록킹볼은 시프트레일과 시프트포크를 알맞은 위치에 고정하여 기어가 빠지는 것을 방지하며 인터록 장치는 기어가 2중으로 물리는 것을 방지하는 기구이다.

25 변속기 기어의 재질로 알맞은 것은?

① 크롬강
② 텅스텐강
③ 고속도강
④ 인바강

해설 변속기 기어의 재질은 크롬강, 크롬-몰리브덴강을 사용한다.

정답 18 ③ 19 ④ 20 ① 21 ④ 22 ③ 23 ① 24 ③ 25 ①

26 싱크로메시 기구의 작용은 무엇인가?

① 가속작용 ② 감속작용
③ 동기작용 ④ 배력작용

해설 주축기어와 부축기어가 주축상의 기어 회전속도에서 등기 물림 되는 것이다.

27 엔진의 회전수가 1500rpm이고 변속비가 2:1, 종감속비가 4:1, 타이어 유효반지름이 25cm일 때 이 자동차의 시속은 얼마인가?

① 17.66km/h ② 18.66km/h
③ 19.66km/h ④ 20.66km/h

해설 $V = \dfrac{\pi DR}{T_t} \times \dfrac{60}{1000}$, 총감속비($T_t$) = 변속비×종감속비

여기서 D = 25cm = 0.25m

$\therefore V = \dfrac{3.14 \times 0.25 \times 1500 \times 2}{4 \times 2} \times \dfrac{60}{1000} = 17.66 km/h$

28 72km/h로 달리는 자동차의 1초간의 속도는 얼마인가?

① 10m/s ② 20m/s
③ 40m/s ④ 50m/s

해설 1km=1000m, 1Hour=3600sec 이므로,
km/h를 m/s로 단위환산하기 위해서는 1/3.6을 곱한다.

$\therefore 72 \times \dfrac{1}{3.6} = 20 m/s$

29 0.6km를 왕복하는데 40분이 걸렸다. 이 자동차의 평균속도는 얼마인가?

① 15m/min ② 30m/min
③ 40m/min ④ 50m/min

해설 거리(S) = 속도(V)×시간(t)이다.
왕복한 거리(S)는 0.6km×2 = 1.2km

$\therefore V = \dfrac{1.2}{40} km/min = \dfrac{1.2 \times 1000}{4.0} m/min = 40 m/min$

30 록킹볼이 마멸되면 나타나는 현상으로 옳은 것은?

① 기어가 2중으로 물린다.
② 기어가 빠지기 쉽다.
③ 변속시에 소리가 난다.
④ 변속 레버의 유격이 크게 된다.

해설 록킹볼은 시프트 레일과 시프트 포크를 알맞은 위치에 고정하여 기어가 빠지는 것을 방지한다. 기어가 2중으로 물리는 것을 방지하는 것은 인터록 장치이다.

31 차동장치의 기능이 아닌 것은?

① 기관 회전력의 방향 전환
② 출력 증대
③ 타이어 마모 감소
④ 원활한 운전

해설 차동장치는 추진축의 회전방향을 바꾸어 각 구동축에 전달하며 링기어와 피니언 기어의 잇수비로 감속하고 토크를 증대시킨다. 또한 좌우 차륜의 회전수 차이에 따른 회전 저항을 없애고 원활한 운전이 되도록 한다.

32 기어와 기어의 잇발 틈새값은?

① 간극 ② 백래시
③ 핏치 ④ 플랭크

해설 종감속기어의 구동 피니언과 링기어의 백래시는 일반적으로 0.1~0.3mm이다.

33 다음 종감속기어에 사용되는 하이포이드 기어의 장점을 든 것이다. 옳지 않은 것은?

① 제작하기가 비교적 쉽다.
② 추진축의 높이를 낮게 할 수 있다.
③ 동일 조건하에서 스파이럴 베벨기어에 비해 구동 피니언을 크게 할 수 있어 강도가 증가된다.
④ 회전이 정숙하다.

해설 하이포이드 기어의 장·단점

장점	단점
• 구동력이 우수하다. • 거주성이 우수하다. • 조향 안전성이 있다	• 설계, 제작이 까다롭다. • 정비가 용이하지 않다.

정답 26 ③ 27 ① 28 ② 29 ② 30 ② 31 ② 32 ② 33 ①

Chapter 2 자동차 섀시정비

33 구동 피니언이 링기어 중심선 밑에서 물리게 되어 있는 것을 무엇이라 하는가?

① 스퍼 기어
② 스파이럴 베벨 기어
③ 직선 베벨기어
④ 하이포이드 기어

해설 하이포이드 기어 : 링기어의 중심보다 10~20% 낮게 구동 피니언이 설치되어 있으며 안정성이 향상되고, 구동 피니언의 강도기 증대될 뿐 아니라 기어의 접촉이 정숙하나 측압이 작용하므로 극압윤활유(Eo)를 사용한다.

34 변속기의 1단 감속비는 6:1이고 종감속 기어는 감속비는 5:1이다. 이때 총 감속비는 얼마인가?

① 25:1
② 30:1
③ 33:1
④ 36:1

해설 총감속비 = 변속비 × 총감속비
∴ 총감속비 = 6 × 5 = 30

35 제3속의 감속비 1.5, 종감속 구동 피니언 기어의 잇수 5, 링기어의 잇수 22, 구동바퀴 타이어의 유효 반지름 280mm인 자동차의 엔진이 회전속도 3300rpm으로 직진 주행하고 있다. 이 자동차의 주행속도는?

① 1.4km/h
② 53km/h
③ 59km/h
④ 69km/h

해설 $V = \dfrac{2\pi \times 반지름[m] \times 엔진회전수}{변속비 \times 총감속비}$

$= \dfrac{2 \times 3.14 \times 0.28 \times 3300 \times 60}{1.5 \times \dfrac{22}{5} \times 1000} = 52.77 km/h$

36 다음의 토크 변환기에 대한 설명 중 맞지 않는 것은?

① 터빈이 펌프에 회전 속도에 근접함에 따라 효율이 좋아진다.
② 토크 비율의 변화는 스톨 포인트에서 가장 낮다.
③ 클러치점부터는 유체 클러치로 전환된다.
④ 펌프의 회전속도에 비하여 터빈의 회전속도가 낮을 때 큰 회전력을 얻는다.

해설 토크 비율의 변화는 스톨 포인트에서 가장 높다.

37 다음 중 속업소버의 기능이 아닌 것은?

① 좌우 스프링의 힘을 균등하게 한다.
② 스프링의 상하 운동에너지를 열에너지로 바꾸는 일을 한다.
③ 주행 중 충격에 의해 발생된 진동을 흡수한다.
④ 스프링의 피로를 적게 한다.

해설 속업소버는 스프링의 진동을 흡수하여 승차감을 향상시키고 스프링의 피로를 덜어준다.

38 일체식 차축의 스프링이 피로해지면 바퀴의 캠버는?

① 더 정(+)이 된다.
② 더 부(-)가 된다.
③ 변화가 없다.
④ 정으로 되었다가 부가 된다.

39 다음에서 독립현가장치의 장점이 아닌 것은?

① 일체 차축 현가에 비해 구조가 간단하고 정비하기가 쉽다.
② 스프링 밑 질량이 작기 때문에 승차감이 좋다.
③ 스프링 정수가 작은 스프링도 사용 할 수 있다.
④ 앞 바퀴에 시미가 잘 일어나지 않는다.

해설 독립현가장치의 단점
• 구조 및 서비스가 복잡하다.
• 바퀴의 상하 진동에 의해 윤거 및 전차륜 정렬이 틀려져 타이어 마멸이 촉진된다.
• 볼 이음부가 많아 마멸에 의한 전차륜 정렬이 틀려지기 쉽다.

정답 33 ④ 34 ② 35 ② 36 ② 37 ① 38 ③ 39 ①

40 독립현가장치의 장·단점을 비교 설명한 것이다. 다음 중 장점이 아닌 것은?

① 스프링 밑 질량이 작기 때문에 승차감이 좋다.
② 바퀴의 시미현상이 적고, 로드 홀딩이 우수하다.
③ 구조가 간단하고, 정비·취급하기가 쉽다.
④ 스프링 정수가 작은 스프링을 사용할 수 있다.

해설 독립현가장치의 장·단점

장점	단점
• 로드 홀딩이 우수하여 안정성이 향상된다. • 바퀴의 시미 현상이 적고 스프링 정수가 작은 스프링도 사용할 수 있다. • 스프링 밑 질량이 적어 승차감이 우수하다.	• 구조 및 서비스가 복잡하다. • 바퀴의 상하 진동에 의해 윤거 및 전차륜 정렬이 틀려져 타이어 마멸이 촉진된다. • 볼 이음부가 많아 마멸에 의한 전차륜 정렬이 틀려지기 쉽다.

41 다음 중 가장 좋은 승차감을 얻을 수 있는 진동수는?

① 10~40사이클/분
② 60~120사이클/분
③ 130~150사이클/분
④ 150~200사이클/분

해설 가장 좋은 승차감 시기는 60~120사이클이다.

42 다음에 공기 스프링의 장점이 아닌 것은?

① 공기 그 자체에 감쇠성이 있어 작은 진동을 완화하는 효과가 있다.
② 고유 진동을 낮게 할 수 있다.
③ 다른 현가 스프링에 비해 기구가 간단하고 값이 싸게든다.
④ 승객 등의 중감에 관계없이 항상 차체의 높이를 일정하게 유지시킨다.

43 쇽업소버는 어떤 역할을 하는가?

① 현가 스프링의 자유 진동을 흡수한다.
② 스프링의 설치를 더욱 튼튼하게 한다.
③ 프레임을 보강한다.
④ 코일 스프링의 사용을 가능케 한다.

해설 쇽업소버는 스프링의 진동을 흡수하여 승차감을 향상시키고 스프링의 피로를 덜어준다.

44 ECS의 기능이 아닌 것은?

① 주행중 조건 및 노면 상태 선택
② 스프링 정수와 댐핑력의 선택
③ 조향 휠의 감도 선택
④ 차고 조정

해설 조향 휠의 감도선택은 전자제어식 동력조향 장치(EPS)의 기능이다.

45 ECS의 차속 센서는 어느 곳에 설치되는가?

① 추진축
② 차축
③ 바퀴
④ 스피드메터 속

해설 차속 센서(speed sensor)는 리드 스위치 형식으로 스피드메터 내에 설치되어 있다.

46 애커먼 장토식 조향 장치의 조향각도에 대한 설명이다. 맞는 것은?

① 조향각도가 안쪽바퀴와 바깥쪽바퀴가 같다.
② 조향각도가 안쪽바퀴가 바깥쪽바퀴보다 크다.
③ 조향각도가 바깥쪽 바퀴가 안쪽바퀴보다 크다.
④ 조향각도가 안쪽바퀴가 클 때도 있고, 바깥쪽바퀴가 클 때도 있다.

해설 · $R = \dfrac{L(m)}{\sin \alpha} + \gamma$
· 승용차 6m 이내, 기타 12m 이내

정답 40 ③ 41 ② 42 ③ 43 ① 44 ③ 45 ④ 46 ②

47 전자제어 현가장치에서 주행중 hard와 soft의 판정조건에 따른 자동차 자세 변화 중 틀린 것은?

① 스쿼트(squart)　② 다이브(dive)
③ 롤링(rolling)　④ 헌팅(hunting)

해설 헌팅은 디젤 엔진에서 조속기의 작동이 불량하여 엔진의 회전수가 파상(波狀)으로 변화되는 현상을 말한다.

48 전자제어 현가장치의 스프링상수와 댐핑력에 관한 현가 특성제어 기능이 아닌 것은?

① AUTO(자동제어 기능)
② ECS(전자제어 현가 기능)
③ HARD(안전 조향제어 기능)
④ SOFT(승차감 향상제어 기능)

해설 전자제어 현가의 제어 기능에서 스프링 정수와 감쇠력의 제어 기능은 AUTO, HARD, SOFT의 3단계로 되어 있다.

49 전자제어 현가장치에 사용되는 쇽업소버에서 오일이 상하 실린더로 이동할 때 통과하는 구멍을 무엇이라고 하는가?

① 밸브 하우징　② 로터리 밸브
③ 오리피스　　④ 스텝 구멍

해설 전자제어 현가장치에 사용되는 쇽업소버에서 오일이 상하 실린더로 이동할 때 통과하는 구멍을 오리피스라고 한다.

50 최소회전 반지름 R을 바르게 표시한 것은?(단, L : 축거, α : 바깥쪽 앞바퀴의 조향각, γ : 바퀴 접지면 중심과 킹핀과의 거리)

① $R = \frac{\sin\alpha}{L} + \gamma$　② $R = \frac{L}{\sin\alpha} + \gamma$
③ $R = \frac{\sin\alpha}{L} - \gamma$　④ $R = \frac{L}{\sin\alpha} - \gamma$

51 다음에서 조향장치가 갖추어야 할 조건이 아닌 것은?

① 조향조작이 주행중의 충격에 영향을 받지 않을 것
② 조향 핸들의 회전과 선회차이가 클 것
③ 회전반지름이 작을 것
④ 조작하기 쉽고 방향전환이 원활하게 행해질 것

해설 조향 장치의 구비 조건
• 주행중 충격에 조향 조작이 영향을 받지 않을 것
• 선회할 때 새시 및 보디에 영향이 없으며 회전반지름이 작을 것
• 고속 주행에도 핸들이 안정될 것
• 핸들과 바퀴의 선회차가 크지 않을 것
• 수명이 길고 정비가 용이 할 것

52 조향 핸들의 유격이 크게 되는 원인과 관계가 없는 것은?

① 조향 기어의 조정이 불량하다.
② 앞바퀴의 베어링이 마모되었다.
③ 피트먼 암의 헐겁다.
④ 타이어 공기압력이 너무 높다.

53 어떤 자동차의 축거리가 2.4m, 조향각이 30도이다. 이 자동차의 최소 회전 반지름은 얼마인가?(단 바퀴의 접지면 중심과 킹핀과의 거리는 20cm이다)

① 4m　② 5m
③ 6m　④ 7m

해설 최소 회전 반지름[m] $R = \frac{L}{\sin\alpha} + \gamma$
$= \frac{2.4}{\sin 30°} + 0.2 = 5m$

54 핸들을 1회전하였을 때 피트먼 암이 30° 움직였다. 이때 조향 기어비는?

① 0.9:1　② 1.0:1
③ 2:1　　④ 12:1

해설 $360°/30 = 12:1$

정답 47 ④ 48 ② 49 ③ 50 ② 51 ② 52 ④ 53 ② 54 ④

55 조향핸들의 회전각도와 조향바퀴의 조향각도와의 비율을 무엇이라고 하는가?

① 조향핸들의 유격
② 최소회전반지름
③ 조향안정 경사각도
④ 조향비

해설 조향비 = $\dfrac{\text{핸들이 움직인 회전각}}{\text{피트먼암의 회전각}}$

56 자동차의 앞바퀴를 앞에서 보면 바퀴의 윗부분이 아래쪽보다 더 벌어져 있는데 이 벌어진 바퀴의 중심선과 수선 사이의 각을 무엇이라고 하는가?

① 토인　　　　② 캠버
③ 캐스터　　　④ 킹핀각

해설 기관의 하중(kg)에 의한 앞차축 휨 방지와 핸들의 조작력을 가볍게 해준다.

57 일반적으로 사용되고 있는 사이드 슬립 시험기에서 지시값 5라고 하는 것은 주행 1km에 대해 앞바퀴의 옆방향 미끄러짐이 얼마라는 것을 표시하는가?

① 5mm　　　② 5cm
③ 5m　　　　④ 5km

해설 앞바퀴와 앞방향 미끄러짐
• 1km 주행시 옆 방향으로 미끄러진 양을 말한다.
• 단위는 m/km, mm/m를 사용한다.

58 다음에서 조향장치가 갖추어야 할 조건이 아닌 것은?

① 회전반지름이 작을 것
② 조향 핸들의 회전과 바퀴의 선회차가 클 것
③ 조향 조작이 주행중의 충격에 영향을 받지 않을 것
④ 조작하기 쉽고 방향전환이 원활하게 행하여질 것

59 조향 너클과 차축을 연결하는 것을 무엇이라 하는가?

① 스핀들　　　② 타이로드
③ 섀클핀　　　④ 킹핀

해설 • 타이로드 : 중심 링크의 운동을 양쪽 너클에 전달
• 섀클핀 : 프레임에 설치되어 있는 행거와 스프링 아이 연결
• 킹핀 : 조향 너클과 앞차축 연결된 핀

60 좌우 바퀴의 회전 반지름이 틀리게 되는 원인 중 가장 큰 원인은?

① 좌우 섀시 스프링이 같지 않을 때
② 앞 타이어의 지름이 같지 않을 때
③ 피트먼 암의 굽음이 있을 때
④ 앞바퀴 베어링의 죔이 불량할 때

61 다음 중 조향할 때 조향 방향쪽으로 작용하는 힘은?

① 트러스트　　② 원심력
③ 코너링 포스　④ 슬립각

해설 타이어가 어느 슬립각을 가지고 선회할 때 접지면에 발생하는 마찰력 중 타이어의 진행 방향에 직각으로 작용하는 힘을 코너링 포스라고 한다.

62 조향 핸들의 조작을 가볍게 하는 방법이 아닌 것은?

① 고속으로 주행한다.
② 동력 조향장치를 설치한다.
③ 타이어 공기압을 높인다.
④ 저속으로 주행한다.

63 동력조향장치의 3주요 부분은 어느 것인가?

① 작동부, 제어부, 링키지부
② 작동부, 동력부, 링키지부
③ 작동부, 제어부, 동력부
④ 동력부, 링키지부, 조향부

정답 55 ④　56 ②　57 ③　58 ②　59 ④　60 ②　61 ③　62 ④　63 ③

64 다음은 동력조향장치의 안전 체크 밸브의 역할이다. 옳은 것은?

① 최고유압을 조정한다.
② 조향 핸들의 조작을 가볍게 한다.
③ 고장시 수동조작을 가능하게 한다.
④ 유량을 조정한다.

> **해설** 동력조향장치의 구성
> • 동력 실린더
> • 액추에이터
> • 제어 밸브
> • 리액션 챔버
> • 안전 체크 밸브

65 동력조향장치에서 오일펌프 압력시험 방법으로 틀린 것은?

① 공기빼기작업을 실시하고 조향 핸들을 좌우로 회전시켜 오일의 온도가 50~60℃ 정도 되게 한다.
② 컷 오프 밸브를 완전히 개방한다.
③ 엔진시동을 걸고 1000≥100rpm으로 유지시킨다.
④ 압력 게이지의 부하압력을 측정한다.

> **해설** 동력조향장치 공기빼기작업은 크랭킹 상태에서 실시한다.

66 전자제어 파워 스티어링(EPS)에 대한 설명이다. 틀린 항은?

① 차량속도가 고속이 될수록 조향력이 커진다.
② 엔진 회전수에 따라 조향력을 변화시키는 회전수의 감응식이 있다.
③ 차속에 따라 조향력을 변화시키는 차속 감응식이 있다.
④ 고속시 스티어링 휠이 가벼울수록 좋다.

67 다음 중 전자제어 파워 스티어링의 구성부품과 관계가 먼 것은?

① 반력 플런저 ② 차속 센서
③ 리미팅 밸브 ④ 제어 밸브

68 다음에서 앞바퀴 얼라인먼트의 요소와 관계가 없는 것은?

① 방향 안정성을 준다.
② 조향 핸들의 조작을 작은 힘으로 쉽게 할 수 있게 한다.
③ 조향 핸들에 복원성을 준다.
④ 내구성을 준다.

> **해설** 앞바퀴 정렬의 필요성
> • 조향 휠에 복원성을 준다.(캐스터)
> • 조향 휠의 조작을 확실하게 하고 안정성을 준다.(캐스터)
> • 타이어 마멸을 감소할 수 있다.(토인)
> • 조향 휠의 조작력이 작고 쉽게 할 수 있다.(캠버)

69 앞차륜 정렬에서 캠버와 관계가 없는 것은 다음 중 어느 것인가?

① 조향 핸들의 조작을 가볍게 하기 위해 캠버를 둔다.
② 수직방향 하중에 의한 앞차축의 휨을 방지하기 위해 캠버를 둔다.
③ SAL형식은 캠버가 변화한다.
④ 평행사변식은 캠버의 변화가 많다.

> **해설** 평행사변형 형식은 윤거가 변화하고, 캠버 불변이다.

70 앞바퀴 정렬에서 캠버가 맞지 않는 이유는?

① 겹판 스프링의 작용이 불확실할 때
② 바퀴의 공기량이 많을 때
③ 바퀴의 공기량이 적을 때
④ 앞차축이 비틀렸을 때

정답 64 ③ 65 ② 66 ④ 67 ③ 68 ④ 69 ④ 70 ④

71 앞바퀴 얼라인먼트 중 조향 바퀴에 복원력과 주행 안정성을 주는 것은?

① 캠버 ② 캐스터
③ 킹핀 경사각 ④ 토인

72 브레이크 드럼의 표준 안지름이 200mm인 것을 201mm로 연삭 했을 때 사용하는 오버 사이즈 슈의 크기로 알맞은 것은?

① 0.1mm ② 0.5mm
③ 1mm ④ 2mm

해설 드럼의 지름이 1mm 오버 사이즈 슈가 2개이므로 0.5mm 것을 사용하여야 한다.

73 브레이크 작용을 계속 반복하면 드럼과 슈의 마찰열이 축적되어 제동력이 감소되는 현상을 무엇이라고 하는가?

① 베이퍼록 현상 ② 슬립 현상
③ 홀드 현상 ④ 페이드 현상

해설 • 페이드 현상 : 마찰열로 인하여 제동력이 감소되는 현상
• 베이퍼록 현상 : 액체가 열을 받아 기포가 생기는 현상

74 유압 브레이크의 브레이크가 풀리지 않은 원인은?

① 체크 밸브의 접촉 불량
② 파이프 내의 공기 침입
③ 마스터 실린더 리턴 구멍의 막힘
④ 오일의 점도 감소

해설 브레이크가 풀리지 않은 원인
• 마스터 실린더의 리턴 구멍 막힘
• 마스터 실린더의 푸시로드의 길이가 길 때
• 브레이크 오일에 광유가 섞였을 때

75 라이닝에 페이드 현상을 방지하는 조건이 아닌 것은?

① 드럼의 발열성을 높일 것
② 열팽창에 의한 변형이 작은 형상으로 할 것
③ 마찰 계수가 작은 라이닝을 사용할 것
④ 열팽창이 작은 재질을 사용할 것

76 자동차의 브레이크 장치 유압회로 내에서 생기는 베이퍼록의 원인이 아닌 것은?

① 긴 내리막길에서 과도한 브레이크 사용
② 비점이 높은 브레이크 오일을 사용했을 때
③ 드럼과 라이닝 끌림에 의한 가열
④ 마스터 실린더 리턴 스프링의 쇠손에 의한 것

해설 베이퍼록 현상 발생 원인
• 외부의 열
• 마스터 실린더 공기유입 또는 휠 실린더 공기유입
• 오일 점도저하
• 비점이 낮은 브레이크 오일 사용시 베이퍼록 발생

77 주행 속도 80km/h의 자동차에 급브레이크를 작용 시켰을 때 제동 거리는 얼마인가?(단, 바퀴와 도로면의 마찰 계수 0.2이다)

① 102.3m ② 125.9m
③ 130.2m ④ 35.7m

해설 $V = \dfrac{80,000}{3,600} = 22.2[m/s]$

$\therefore S = \dfrac{22.2^2}{2 \times 0.2 \times 9.8} = 125.97[m]$

78 차량의 중량이 2000kg일 때 속도 60km/h의 자동차 이론적 제동거리를 산출하면?(단, 마찰계수 0.6, 상당중량 0.05W, 제동력 859kg이다)

① 50m ② 35m
③ 10m ④ 25m

해설 이론적 제동거리$[m] = \dfrac{V^2}{254} \times \dfrac{W + W'}{F}$

$\therefore m = \dfrac{60^2}{254} \times \dfrac{2000 + (2000 \times 0.05)}{859}$

$= \dfrac{3600}{254} \times \dfrac{2100}{859} = 35[m]$

V : 속도(km/h), F : 제동력의 합, W : 차량중량, W' : 회전부분 상당중량(차량중량×회전부분 상당중량)

79 자동차 주행저항 중에서 차량의 중량과 무관한 것은?
① 구배저항　② 공기저항
③ 구름저항　④ 가속저항

80 다음은 ABS장치의 설치 목적 중 설명이 잘못된 것은?
① 전륜 고착의 경우 조향능력 상실 방지
② 후륜 고착의 경우 차체 스핀으로 인한 전복방지
③ 제동시 차체의 안전성 유지
④ 최소 제동거리 확보를 위한 안전장치

해설 ①, ②, ③항 외에 조향 능력 유지, 최소 제동거리 확보를 위한 안전장치이다.

81 스피드 센서에 관한 설명으로 틀린 것은?
① 각 바퀴의 속도를 검출하여 ECU에 보낸다.
② 뒷바퀴에만 설치되어 속도를 검출하여 ECU에 보낸다.
③ 허브와 일체로 회전되는 로터의 회전으로 바퀴속도를 검출한다.
④ 각 바퀴에 모두 설치되어 있다.

해설 자동차 각 주행 바퀴 쪽에 설치되어 있어 주행 속도를 검출하는 센서이다.

82 ABS 구성 부품 중 휠 스피드 센서의 폴피스 부분에 이물질이 끼어 있을 때 나타나는 현상은?
① 센서가 자화되지 않는다.
② 차륜 회전속도 감지능력이 저하한다.
③ 차륜 회전속도 감지능력이 증가한다.
④ 센서 작동과 무관하다.

해설 스피드 센서의 폴피스에 이물질이 묻어 있으면 바퀴의 회전속도 감지능력이 저하된다.

83 공기 브레이크에 해당하지 않는 부품은?
① 브레이크 밸브　② 브레이크 챔버
③ 릴레이 밸브　④ 하이드로 에어백

해설 공기 브레이크의 구조 : 공기 압축기, 공기 탱크, 브레이크 밸브, 릴레이 밸브, 휠 릴리스 밸브, 브레이크 챔버, 저압 표시기, 체크 밸브

84 ABS의 장점이라고 할 수 없는 것은?
① 제동시 차체의 안정성을 확보한다.
② 급제동시 조향성능 유지가 용이하다.
③ 제동압력을 크게 하여 노면과의 동적 마찰 효과를 얻는다.
④ 제동거리의 단축효과를 얻을 수도 있다.

85 다음 중 ABS(Anti-lock Brake System)의 장점으로 맞지 않는 것은?
① 브레이크 라이닝의 마모를 감소시킨다.
② 제동시 방향 안전성을 유지할 수 있다.
③ 제동시 조향성을 확보해 준다.
④ 제동력을 최대로 발휘하여 제동거리를 단축하여 준다.

해설 ABS(Anti-lock Brake System)의 장점
• 제동거리를 단축시킨다.
• 제동시 조향성을 확보해준다.
• 제동시 방향 안정성을 유지한다.
• 제동시 스핀으로 인한 전복을 방지한다.
• 제동시 옆방향 미끄러짐을 방지한다.
• 최대의 제동효과를 얻을 수 있도록 한다.
• 어떤 조건에서도 바퀴의 미끄러짐이 없도록 한다.

86 ABS에서 제어를 위한 가장 중요한 요소는?
① 코너링 포스
② 슬립률
③ 노면-타이어간 마찰계수
④ 차륜 속도

해설 ABS는 바퀴가 로크되는 현상이 발생될 때 브레이크 유압을 제어하여 슬립률이 최저의 값으로 유지되도록 제동력을 최대한 발휘하여 사고를 미연에 방지한다.

정답 79 ② 80 ④ 81 ② 82 ② 83 ④ 84 ③ 85 ① 86 ②

87 다음 중 ABS에 관한 내용 중 틀린 것은?

① 제동시 조향 안정성을 확보할 수 있다.
② 제동시 직진성을 확보할 수 있다.
③ 제동시 동적 마찰을 유지할 수 있다.
④ 제동시 타이어를 고착시킬 수 있다.

88 전자제어식 ABS는 제동시 타이어의 슬립률이 항상 얼마가 되도록 제어하는가?

① 0~18%   ② 10~20%
③ 80~90%   ④ 90~100%

해설 ABS 제동시 타이어 슬립이 항상 10~20%가 되도록 제어한다.

89 ABS의 구성품 중 휠 스피드 센서의 역할에 대한 바른 설명은?

① 바퀴의 록(lock) 상태 감지
② 차량의 과속을 억제
③ 차량의 감속상태 감지
④ 라이닝의 마찰상태 감지

90 ABS브레이크 장치에 대한 설명이다. 틀린 것은?

① 제한속도를 초관해서 코너를 주행할 때도 미끄러짐이 없다.
② 어떠한 주행 조건에도 차륜의 로크(lock)가 일어나지 않도록 제어한다.
③ 항상 최대 마찰계수를 얻도록 하여 차륜의 미끄러짐을 방지한다.
④ 조정성, 안정성을 확보한다.

91 다음에서 튜브 없는 타이어의 장점이 아닌 것은?

① 못 등에 찔려도 공기가 급격히 새지 않는다.
② 림의 일부분이 타이어 속의 공기와 접촉하기 때문에 주행중 방열이 잘된다.
③ 내마모성이 크다.
④ 펑크 수리가 어렵다.

해설 타이어 펑크 수리가 쉽다. 상용차에 주로 사용된다.

92 다음은 래디얼 타이어의 장점을 든 것이다. 맞지 않는 것은?

① 타이어 단면의 편평율을 크게 할 수 있다.
② 접지 면적이 크다.
③ 하중에 의한 변형이 적다.
④ 스탠딩 웨이브 현상이 잘 일어난다.

해설 래디얼 타이어의 장점
• 노면과 접지력이 우수하다.
• 충격 흡수력이 우수하다.
• 구동력이 우수하다.

93 스탠딩 웨이브 현상을 방지할 수 있는 사항이 아닌 것은?

① 타이어 고기압을 높일 것
② 강성이 큰 타이어를 사용할 것
③ 전동저항을 증가시킬 것
④ 저속으로 주행할 것

해설 스탠딩 웨이브 현상이란 고속 주행시 공기가 적을 때 트레드가 받는 원심력과 공기압력에 의해 트레드가 노면에서 떨어진 직후에 찌그러짐이 생기는 현상을 말한다.

94 고속도로를 주행하는 자동차의 타이어 공기 압력을 10~15% 높여주는 이유로 다음 중 가장 적당한 것은?

① 타이어 탄력을 좋게하기 위해
② 제동력을 증가시키기 위해
③ 승차감을 좋게 하기 위해
④ 스탠딩 웨이브 현상을 방지하기 위해

정답 87 ④ 88 ② 89 ① 90 ① 91 ④ 92 ④ 93 ③ 94 ④

95 튜브리스 타이어의 장점 중 잘못 설명된 것은 다음 중 어느 것인가?

① 고속 주행시 발열이 적다.
② 펑크의 수리가 간단하다.
③ 못이 박혀도 공기가 잘 새지 않는다.
④ 림이 변형되어도 타이어와 밀착이 좋아서 공기가 잘 새지 않는다.

해설 튜브리스 타이어의 장점
• 튜브가 없기 때문에 가볍다.
• 펑크 수리가 간단하다.
• 고속주행을 하여도 발열이 적다.
• 못 같은 것이 박혀도 공기가 잘 누설되지 않는다.

96 타이어 강도와 내마모성이 급격히 감소되는 임계온도는?

① 30~40℃   ② 50~60℃
③ 70~100℃   ④ 120~130℃

97 자동차 바퀴가 정적 불평형일 때 일어나는 현상은 다음 중 어느 것인가?

① 휠 트램핑   ② 시미
③ 호핑   ④ 스탠딩웨이브

해설 정적 불평형일 경우에는 바퀴가 상하로 진동하는 트램핑(tramping) 현상을 일으킨다.

98 주행 중 차량에서 휠 트램프(Wheel Tramp) 현상이 발생하는 원인과 가장 거리가 먼 것은?

① 바퀴의 불평형
② 휠 허브의 불평형
③ 드래그 링크의 불평형
④ 브레이크 드럼의 불평형

해설 • 휠 트램프(wheel tramp) 현상 : 정적평형 불량
• 시미(Shimmy) 현상 : 동적평형 불량

99 타이어의 정적 밸런스가 잡혀 있지 않을 경우의 현상으로 옳은 것은?

① 바퀴가 좌우로 진동을 한다.
② 바퀴가 상하로 진동을 한다.
③ 바퀴가 진동을 하지 않는다.
④ 바퀴가 좌우 및 상하로 진동을 한다.

100 차량주행 중 발생하는 수막현상(하이드로 플래닝)의 방지책으로 틀린 것은?

① 저속으로 주행한다.
② 타이어 공기압을 낮게 한다.
③ 리브 패턴 타이어를 사용한다.
④ 트레드 마모가 적은 타이어를 사용한다.

해설 수막현상을 방지하는 방법
• 저속으로 주행한다.
• 마모된 타이어를 사용하지 않는다.
• 공기압을 조금 높게 한다.
• 배수 효과가 좋은 타이어를 사용한다(리브형).

Chapter 03

자동차 전기·전자장치정비

Industrial Engineer Motor Vehicles Maintenance

| Section 1 |
전기전자 일반

01 전기일반

1) 전류(Electric Current)
가. 전류의 개요
① 양전하를 가진 물체와 음전하를 가진 물체를 금속선으로 연결하면 양전하의 흡인력에 의해 음전하가 이동하여 중성이 되는데 이때 도선을 통하여 자유전자가 이동하는 것을 전류라 한다.
② 전류의 단위는 암페어(A : Ampere)로 1암페어란 도체내의 임의의 한 점을 1쿨롱(Coulomb)의 전하가 통과할 때 1A의 전류가 흘렀다고 한다.

$$전류(I) = \frac{전기량(Q)}{시간(t)}$$

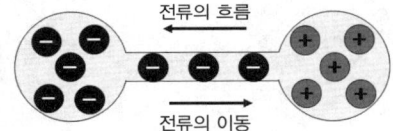

나. 전류의 3대작용
① 발열작용 : 도체 내를 전류가 흐를 때 도체의 저항에 의해 열이 발생하는 현상으로 전구, 전열기 등에 이용된다.
② 자기작용 : 도체에 전류가 흐르면 그 주변 공간에는 자기현상이 발생 한다. 전도기, 발전기, 변압기 등에 이용된다.
③ 화학작용 : 전해액에 전류가 흐르면 화학작용이 발생한다. 축전지의 충·방전에 이용된다.

2) 전압(Voltage)
전하를 미는 세기 또는 압력이라 말할 수 있다. 다른 표현으로 전위차라고 하며 단위는 V이다. 1V는 1C(쿨롱)의 전하가 두 점 사이에서 이동하였을 때에 하는 일이 1J(줄)일 때의 전위차이다.

3) 저항(Resistance)

전류가 흐르는 것을 막는 작용으로 단위는 옴(Ω)을 사용하며 1Ω이란 1A의 전류가 흐르는데 1V의 전압을 필요로 하는 도체의 저항이다.

가. 고유저항, 도체의 형상에 의한 저항

① 고유저항 : 단위길이(m)와 단위면적(mm²)을 가진 도체의 전기저항을 그 물체의 고유저항이라고 한다. (은 〉 구리 〉 동)

② 도체의 형상에 의한 저항 : 일반적으로 도체의 저항은 그 길이에 비례하고, 단면적에 반비례한다.

$R = \rho \times \dfrac{l}{A}$ (ρ : 도체의 고유저항, l : 도체의 길이, A : 단면적)

나. 온도와 저항의 관계

① 금속과 같은 도체의 경우에는 온도가 올라가면 전기 저항이 증가한다.

$R = R_0[1 + a(T - T_0)]$ (R_0 : 일정온도에서의 저항, a : 온도저항계수, T, T_0 : 온도)

② 서미스터(NTC, Negative Temperature Coefficient Thermistor) : 온도가 올라가면 전기 저항이 감소한다.

다. 절연저항과 접촉저항

① 절연저항(insulation resistance) : 절연물에 직류 전압을 가하면 아주 미소한 전류가 흐른다. 이때의 전압과 전류의 비(比)로 구한 저항을 절연 저항이라 하고, 단위에는 보통 MΩ(메가옴)이 쓰인다. 절연물을 통하여 흐르는 전류를 누설전류라 한다.

② 접촉저항(Contact Resistance)

㉮ 접속부의 접촉불량으로 인한 저항으로 전류흐름을 나쁘게 한다.

㉯ 접촉저항 감소 방법

㉠ 접촉면적과 접촉압력을 증가시킨다.

㉡ 같은 굵기의 전선을 사용한다.

㉢ 납땜한다.

㉣ 접촉부에 와셔를 사용한다. (볼트 너트 조임 확실히)

㉤ 접점을 깨끗이 한다. (녹, 페인트, 산화 피막 제거)

4) 전기회로

가. 전기회로의 구성

모든 전기장치는 전원으로부터 부하에 전류가 흐르도록 하기 위해서 회로가 구성되어야 한다. 전원에 따라 직류회로와 교류회로로 나눌 수 있다. 직류회로에서는 전류가 한 방향으로만 흐르고, 교류회로에서는 1초에 수십 번씩 전류의 방향이 바뀐다.

① 단락회로(Shot) : 전류가 부하을 거쳐 흐르지 않고 다른 선이나 전원에 접촉 되면서 저항이 아주 작아져 전류가 과도하게 흐르게 되는 상태

② 단선회로(Cut Off) : 회로가 절단되거나 연결이 해제되어 회로에 전류가 흐를 수 없게 된 상태

나. 회로 보호 장치

① 퓨즈(Fuse) : 회로에 과대한 전류가 흐를 때 열에 의하여 단선되어 전장부품을 보호하는 장치이다. 납과 주석의 합금으로 제작되며 일반적으로 회로에 흐르는 전류의 1.5배에 견디게 사용한다.

② 회로차단기 : 회로에 과전류가 흐르면 열에 의하여 바이메탈이 변형되고 접점이 떨어지게 되는 원리를 이용하며 전류의 변동이 큰 전장품에 사용되어 배선의 소손을 방지한다.

③ 퓨즈블 링크(Fusible Link) : 차량의 사고나 결함에 의하여 배선에 과대한 전류가 흐를 경우 전원과 퓨즈 사이에 설치되어 단락을 방지하며 주로 구리로 제작된다.

다. 전압강하

① 회로 내의 저항이나 소자에 전류가 흐르고 있을 때 그 양단에 생기는 전압차를 말한다.

② 전원과 부하를 맺는 전선 중에서 부하 전에 의한 전압강하가 생겨서 그만큼 부하 단자에 주어지는 전압이 저하하게 되면 부하의 기능이 떨어진다.

라. 저항의 연결

① 직렬연결시 합성저항

$$R = R_1 + R_2 + R_3 + \cdots + R_n$$

② 병렬연결시 합성저항

$$R = \dfrac{1}{\dfrac{1}{R_1} + \dfrac{1}{R_2} + \dfrac{1}{R_3} + \cdots + \dfrac{1}{R_n}}$$

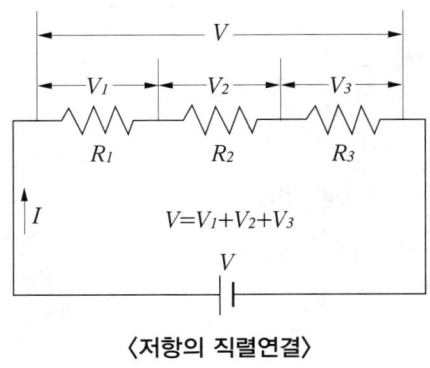

〈저항의 직렬연결〉

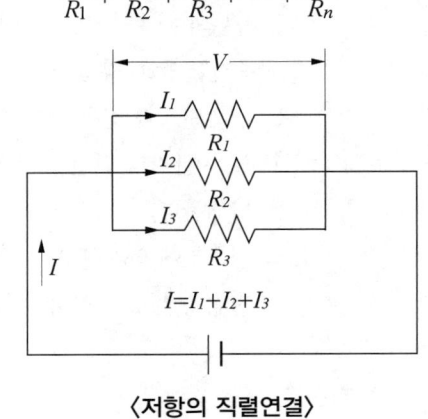

〈저항의 직렬연결〉

마. 옴의 법칙

전압, 전류, 저항 사이의 관계를 규정짓는 관계식

$E = I \times R$ (E : 전압(V), I : 전류(A), R : 저항(Ω))

($E=I \to$ 비례, $E=R \to$ 비례, $I=R \to$ 반비례)

바. 키르히호프의 법칙

① 제1법칙(전류의 법칙) : 회로 내의 어떤 한 점에 유입된 전류의 총합과 유출한 전류의 총합은 같다.

$I_1 + I_2 = I_3 + I_4$

② 제2법칙(전압의 법칙) : 회로 내의 전압강하의 합은 기전력의 합과 같다.

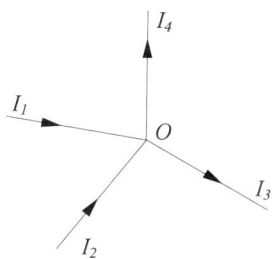

사. 전력과 전력량

① 전력(P) : 단위 시간당 전기가 하는 일의 크기[단위 : 와트(W)]

$P = E \times I = I^2 \times R = \dfrac{E^2}{R} (E = I \times R, I = \dfrac{E^2}{R}, R = \dfrac{E^2}{I})$

[E : 전압(V), I : 전류(A), R : 저항(Ω)]

② 전력량(W) : 전류가 어떤 시간 동안에 한 일의 총량[단위 : 주울(J)]

$W = P \times t(시간) = V \times I \times t = I^2 \times R \times t(J)$

③ 주울의 법칙(Joule's Law) : 저항에 의해 발생되는 열량이 전류의 제곱과 저항 및 시간에 비례한다.

$H = 0.24 I^2 \times R \times t(cal)$

5) 전기와 자기

가. 자기의 개요

자철광이란 광석은 철분, 철편 등을 흡착하는 성질을 가지고 있는데 이와 같이 철분 등을 흡착하는 성질을 자기라고 한다.

① **자석성질** : 자기를 가지고 있는 물체를 자석이라 하며 자석에서 자극부분의 세기는 그 부근의 다른 자석을 놓았을 때 양 자극 사이에 작용하는 당기는 힘이나 반발하는 힘의 대소로 나타낸다.

② **자기유도** : 자석이 아닌 물체에 자석의 영향으로 자기적인 힘이 새롭게 발생되는 현상을 말한다.

③ **자장과 자력선** : 자기의 방향을 나타내는 많은 가상의 선을 자력선이라 하며 이 자력선이 미치는 공간을 자장(자계)라 한다.

④ **자속** : 자장의 총면적을 통과하는 자력선의 총합

⑤ **자속밀도** : 자력선에 직각인 단면적을 통과하는 자력선의 수

$B = \dfrac{\varPhi}{A} (Wb/m^2 = T : 테슬라)$

[$\varPhi$: 자속(Wb), A : 자장의 면적]

> **Note | 쿨롱의 법칙**
> 두 자극 사이에 작용하는 힘(자기력)은 그 사이의 거리의 제곱에 반비례하고 두 자극의 세기의 곱에 정비례한다.
> - $F = R \times \dfrac{m_1 \times m_2}{r_1}$ (R : 비례상수(6.23×10⁶N), m_1, m_2 : 자극의 세기, r : 자극의 거리)

나. 전자기

① 앙페르의 오른나사법칙 : 도체에 전류를 흘리면 자력선이 형성되며 자력선의 방향은 오른나사의 회전방향과 일치한다.

② 오른손 엄지손가락의 법칙 : 오른손을 코일에 흐르는 전류의 방향으로 감싸 쥐었을 때 엄지손가락이 가리키는 방향이 자력선의 방향이다.

다. 전자력

자장 내의 도체에 전류가 흐를 때 도체에 작용하는 힘을 말한다.

① 플레밍의 왼손 법칙 : 자계 안에서 도체에 전류를 공급하면 도체에 힘이 작용한다.

(모터의 작동원리)

전자력$(F) = B \times L \times I \times sin(\theta)(N)$

(B : 자속밀도, L : 도체의 유효길이, I : 도체에 흐르는 전류의 세기, $sin(\theta)$: 자속과 전류가 이루는 각도)

② 플레밍의 오른손 법칙 : 자계 안에서 도체를 움직이면 기전력이 생긴다.

(발전기의 원리)

기전력$(V) = B \times L \times v \times sin(\theta)(V)$

(B : 자속밀도(Wb/m²), L : 도체의 유효길이(m), v : 도체의 움직이는 속도, $sin(\theta)$: 자속과 운동방향이 이루는 각도)

③ 전자유도

㉮ 코일을 지나는 자속이 변화하면 기전력이 발생한다.(렌츠의 법칙)

㉯ 유도기전력은 자속의 변화를 방해하는 방향으로 발생한다.

$V = N \dfrac{d\Phi}{dt}(V)$

(N : 코일의 권수, $d\Phi$: 자속의 변화량, dt : 자속변화의 시간)

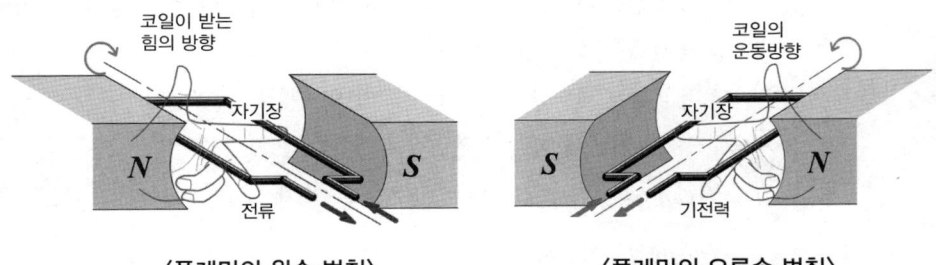

〈플레밍의 왼손 법칙〉　　〈플레밍의 오른손 법칙〉

라. 자기유도와 상호유도

① **자기유도** : 하나의 코일에 흐르는 전류를 변화시키면 상쇄되는 자기력선도 변화하여 흐르는 전류의 반대방향으로 기전력이 발생한다.

$$V = L\frac{\Delta I}{\Delta t}$$ (L : 자기유도인덕턴스(헨리))

② **상호유도** : 두 개의 코일 중에 하나의 코일에 전류를 변화시키면 다른 코일에 기전력이 유도된다.

$$V = M\frac{\Delta I}{\Delta t}$$ (M : 상호유도인덕턴스)

마. 정전유도

대전체에 중성의 도체를 가까이 하면 대전체가 띠는 전하의 부호와 반대되는 부호가 대전체 가까이로 유도되고 대전체의 부호와 같은 부호의 전하가 반대로 유도된다. 이런 식으로 도체에 양면에 전하를 띠게 하는 현상을 정전유도라고 한다.

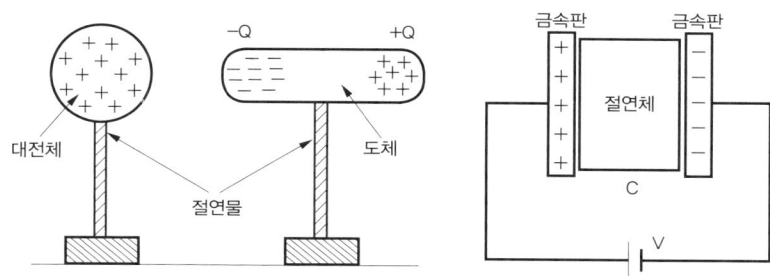

바. 콘덴서(Condenser)

2장의 얇은 금속판을 평행하게 놓고 그 사이에 절연체를 끼워 전하를 축적할 목적으로 만든 소자이다. 콘덴서에 직류전원을 가하면 양극과 연결된 판에는 (+)전하가, 음극에 연결된 판에는 (−)전하가 축적된다.

① **축전기의 용량** : 축전기의 축적되는 전기량(단위 : C)

$Q = C \times V$ [C]

C : 콘덴서 정전용량의 기호(단위 : F)
V : 콘덴서 양단의 전압

② **콘덴서의 정전용량** : 콘덴서의 전하 축적 능력을 표시한다.

$C = \varepsilon \times A/d$ (단위 : 패럿[F])

ε : 물체의 유전율(절연 능력을 표시)
A : 극판의 면적
d : 극판 사이의 거리

③ 콘덴서의 연결 : 직렬연결시 정전용량

$$\frac{1}{C} = \frac{1}{C_1} + \frac{1}{C_2} + \frac{1}{C_3}$$

④ 콘덴서의 연결 : 병렬연결시 정전용량

$$C = C_1 + C_2 + C_3$$

⑤ 시정수(시상수) : 콘덴서의 충전시간을 나타내는 척도로서 콘덴서가 인가전압의 약 63%로 충전될 때까지 소요시간을 의미한다.

시정수$(\tau) = R(\Omega) \times C(F)$ [sec]

⑥ 콘덴서의 종류 : 절연체의 종류에 따라서 종이, 전해, 세라믹, 마일러 콘덴서 등이 있다.

02 전자일반

1) 반도체

가. 반도체의 개요

① 반도체(semiconductor)는 전기전도도에 따라 물질을 분류하면 크게 도체, 반도체, 부도체로 나뉜다. 반도체는 순수한 상태에서 부도체와 비슷한 특성을 보이지만 불순물의 첨가에 의해 전기전도도가 늘어나기도 하고 빛이나 열에너지에 의해 일시적으로 전기전도성을 갖기도 한다.

② 반도체의 특징

㉮ 소형이고 가볍다.
㉯ 전력소비가 적다.
㉰ 동작시간이 빠르다.
㉱ 기계적으로 강하다.
㉲ 열과 고전압에 약하다.
㉳ 정격값이 초과되면 파괴되기 쉽다.

나. 반도체의 종류의 성질

① 진성 반도체(intrinsic semiconductor) : 규소 이외의 다른 물질의 혼입이 없고 안정된 상태에 있는 반도체이다.

② 불순물 반도체(extrinsic semiconductor) : 진성 반도체의 단 결정에 미량의 불순물을 혼합한 반도체로 진성 반도체보다 도전성이 높다.(n형, p형 반도체)

㉮ n형 반도체 : 진성 반도체에 원자가(가전자)가 5가 원소인 도너 불순물을 넣은 반도체
   ㉠ 도너(donor) : 과잉 전자를 만드는 불순물

        ⓒ 도너 불순물 : N(질소), P(인), As(비소), Sb(안티몬), Bi(비스므스)등 5가 원소
        ⓒ n형 반도체의 다수 캐리어는 전자이고 소수 캐리어는 정공이다.
        ⓔ 도너 준위는 전도대보다 조금 낮은 곳에 위치한다.
    ㉯ p형 반도체 : 진성 반도체에 원자가(가전자)가 3가 원소인 억셉터 불순물을 넣은 반도체
        ㉠ 억셉터(acceptor) : 정공을 만들기 위한 불순물
        ⓒ 억셉터 불순물: B(붕소), Al(알루미늄), Ga(갈륨), In(인듐), Tl(탈륨)등 3가 원소
        ⓒ p형 반도체의 다수 캐리어는 정공이고, 소수캐리어는 전자이다.
        ⓔ 억셉터 준위는 충만대보다 조금 높은 정도에 위치한다.

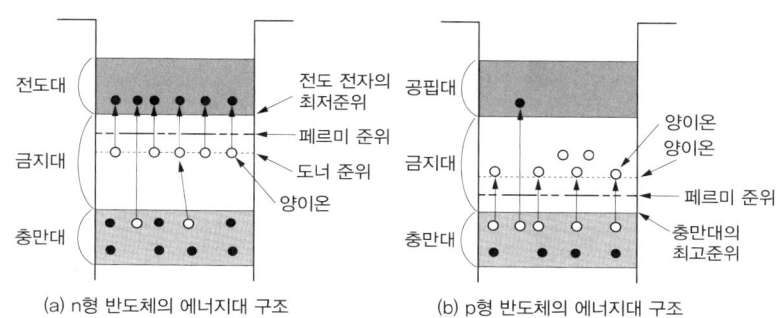

(a) n형 반도체의 에너지대 구조   (b) p형 반도체의 에너지대 구조

    ㉰ pn접합 반도체
        ㉠ 순방향 바이어스 : p형 쪽에 전원의 (+)단자를 n형 쪽에 (-)단자를 각각 접속
        ⓒ 역방향 바이어스 : p형 쪽에 전원의 (-)단자를 n형 쪽에 (+)단자를 각각 접속
    ㉱ 접합 반도체의 종류
        ㉠ 무접합 : 서미스터, 광도전셀
        ⓒ 단접합 : 다이오드, 제너다이오드, 단접합트랜지스터, 발광다이오드
        ⓒ 이중접합 : 트랜지스터, 가변용량다이오드, 전계효과 트랜지스터, 포토트랜지스터
        ⓔ 다중접합 : 사이리스터, 트라이액

Note | 공핍층과 항복전압
• 공핍층 : pn접합 반도체는 정상상태에서는 그 접합면과 같이 캐리어(전자 또는 정공)가 존재하지 않는 영역을 가지고 있다.
• 항복전압 : pn접합 다이오드의 역방향 전류는 가해지는 역전압의 값과는 상관없이 일정한 값을 지니고 있으나, 전압이 어떤 값에 이르면 급격히 역방향 전류가 증가한다. 이때의 전압을 항복 전압이라고 한다.

2) 반도체 소자의 종류 및 특징

가. 다이오드

① 특징 : p형 반도체(양극, 애노드)와 n형 반도체(음극, 캐소드)를 접합시킨 것으로 전류가 한쪽 방향으로는 잘 흐르나 반대 방향으로는 잘 흐르지 않는다.(정류 : 양방향 전류를 단방향 전류로 변환하는 것)

② 종류

㉮ 정류 다이오드 : 교류를 직류로 변환할 때 응용

㉯ 스위칭 다이오드 : 고속 On/Off특성을 스위칭에 응용

㉰ 정전압(제너) 다이오드 : 정전압 특성으로 전압 안정화에 응용, 제너전압(브레이크다운 전압) 이상의 전압이 역방향으로 인가되면 도통된다.

㉱ 가변용량(바랙터) 다이오드 : 가변용량 특성을 FM변조 AFC동조에 응용

㉲ 터널(에사키) 다이오드 : 음저항 특성을 마이크로파 발진에 응용

㉳ MES(쇼트키) 다이오드 : 금속과 반도체의 접촉 특성을 응용

㉴ 발광(LED) 다이오드 : 발광 특성을 응용하여 광센서로 사용

㉵ 수광(포토) 다이오드 : 광검출 특성을 응용하여 광센서로 사용

㉶ 배리스터 다이오드 : 트랜지스터의 출력단의 온도 보상에 주로 사용

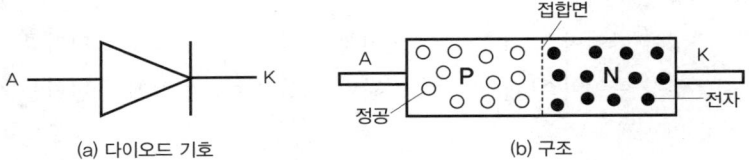

(a) 다이오드 기호　　　(b) 구조

나. 트랜지스터

① 특징 : 반도체를 세 겹으로 접합하여 만든 전자회로 구성요소이며 전류나 전압흐름을 조절하여 증폭, 스위치 역할을 한다. 접합에 따라 pnp형 혹은 npn형이 있다.

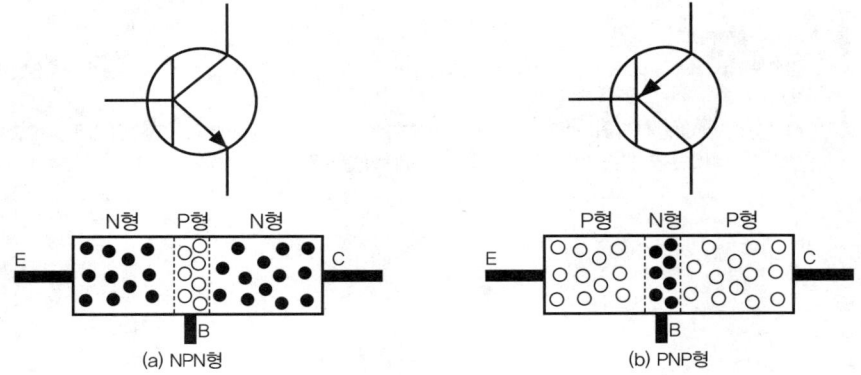

(a) NPN형　　　(b) PNP형

> **Note | 트랜지스터의 구조와 기호**
> - 이미터(emitter : E) : 전류의 반송자로 주입하는 전류
> - 베이스(base : B) : 주입된 반송자를 제어하는 전류 공급
> - 컬렉터(collector : C) : 전류의 반송자를 모으는 부분의 전극

② **전계효과 트랜지스터(FET)** : 진공관과 비슷한 원리로 입력 전압으로 출력 전류를 제어하는 특성을 갖고 있다.

㉮ 접합형 FET : 입력 게이트가 반도체의 접합으로 구성되고 있는 FET로 트랜지스터와 비교하여 훨씬 적은 입력 전류로 동작한다.

㉯ MOS형 FET : 입력 게이트가 산화 실리콘 박막으로 절연되어 있는 FET로 상당히 높은 입력 임피던스를 갖고 있는 것이 특징이다.

③ **다링톤 트랜지스터** : 2개 이상의 트랜지스터를 연결한 구조로 증폭률이 크다.

다. 그 밖의 반도체 소자

① **사이리스터(SCR, Silicon Controlled Rectifier)** : pnpn의 4층 구조로 3개의 pn접합과 애노드(Anode), 캐소드(Cathode), 게이트(Gate) 등의 3개의 전극으로 구성된다.

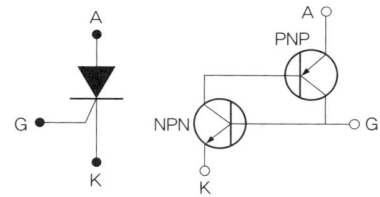

② **배리스터(Varistor)** : 전류−전압 특성이 큰 비직선성을 나타내는 가변저항체로서 이상 전압을 흡수하기 위한 보호회로와 피뢰기 등에 사용된다.

③ **서미스터(Thermistor)** : 온도에 의해 현저하게 전기 저항값이 변화하는 반도체를 사용한 저항체로, 원료는 크롬, 코발트, 망간, 니켈, 티탄 등의 산화물을 혼합하여 소결한 것으로 온도가 상승하면 그 저항값이 감소하는 부특성(NTC), 온도가 상승하면 그 저항값이 증가하는 정특성(PTC) 서미스터가 있다.

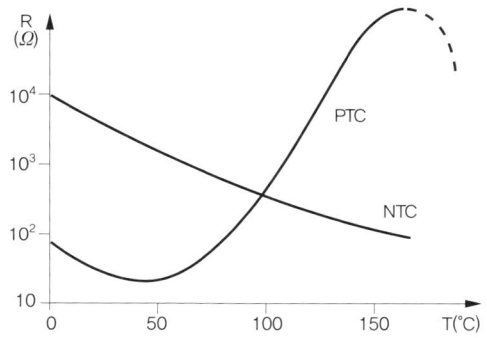

④ 광도전소자(Photo Conductive Cell) : 빛에 강약에 의하여 저항값이 변화하는 소자(Cds, Pbs)이다.

> **Note** | 펠티어 효과(Peltier Effect)
> 두 종류의 금속과 반도체를 납작하게 만들어서 접착시키고 양단에 전류를 주면 열을 흡수 또는 방열하는 특징이 있다.

⑤ 홀 소자(Holl Effect) : 자기장 속의 도체에서 자기장의 직각방향으로 전류가 흐르면, 자기장과 전류 모두에 직각방향으로 전기장이 나타나는 현상을 이용하여 자계의 장향이나 세기를 측정할 수 있다.

기전력 $V = k \times I \times B$

(k : 홀 상수, I : 전류, B : 자속밀도)

⑥ PTC(Positive Temperature Coefficient Heater) : 티탄산바륨계(BaTiO₃계) 반도체와 같이 특정 온도 이상에서 급격한 저항 값이 증가를 나타내는 저항체에 전기를 통하여 발열시키면, 자신의 저항치가 증가, 전류를 제한하여 외기의 온도나 전원전압의 변동에도 불구하고 그 온도는 거의 일정하게 된다.

> **Note** | RAM, ROM, CPU
> • RAM(random access memory) : 일시적으로 데이터를 기억하며 읽고 쓰기가 가능
> • ROM(read only memory) : 읽기만 가능한 영구기억 장치
> • CPU(central processing unit) : 중앙처리장치

3) 논리회로

논리회로란 컴퓨터가 입력정보를 출력으로 변화하는 정보처리를 위한 기본적인 전기회로를 말한다.

가. AND(논리적) 회로

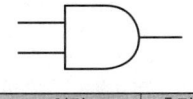

입력		출력
A	B	F
L(0)	L(0)	L(0)
L(0)	H(1)	L(0)
H(1)	L(0)	L(0)
H(1)	H(1)	H(1)

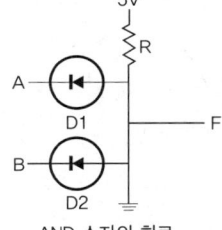

AND 소자의 회로

나. OR(논리합) 회로

입력		출력
A	B	F
L(0)	L(0)	L(0)
L(0)	H(1)	H(1)
H(1)	L(0)	H(1)
H(1)	H(1)	H(1)

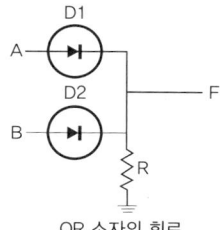

OR 소자의 회로

다. NOT(부정)회로

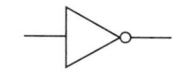

입력	출력
A	F
L(0)	H(1)
H(1)	L(0)

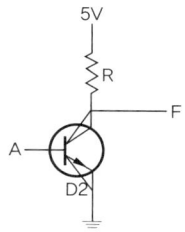

NOT 소자의 회로

라. NAND 회로

입력		출력
A	B	F
L(0)	L(0)	H(1)
L(0)	H(1)	H(1)
H(1)	L(0)	H(1)
H(1)	H(1)	L(0)

마. NOR 회로

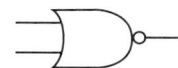

입력		출력
A	B	F
L(0)	L(0)	H(1)
L(0)	H(1)	L(0)
H(1)	L(0)	L(0)
H(1)	H(1)	L(0)

| Section 2 |
시동, 점화 및 충전장치

01 축전지(Battery)

1) 개요

자동차의 각종 전기장치에 전원의 공급을 담당하는 부분은 충전장치와 배터리이다. 충전장치는 시동이 걸린 상태에서 전기부하를 담당하고 있으며, 배터리는 엔진 정지시 전장품의 전원공급원으로 사용된다. 또한 자동차의 주행 중에 충전장치의 출력부족이나 전압변동을 보상하고 안정된 전력을 공급한다.

가. 배터리의 기능
  ① 시동시 전원 부담
  ② 발전기 고장시 전원 부담
  ③ 발전기 출력과 부하의 평형조정

나. 종류
  ① 1차 전지(Primary Cell)
    ㉮ 방전한 뒤 충전으로 본래의 상태로 되돌릴 수 없는 비가역적 화학반응을 하는 전지이다.
    ㉯ 망간전지, 알칼리망간전지, 공기아연전지, 산화은전지, 리튬전지, 니켈카드뮴전지 등이 있다.
  ② 2차 전지(Secondary Cell)
    ㉮ 전류와 물질 사이의 산화환원과정이 여러 번 반복 가능한 물질을 사용하여 만든 전지이다. 전류로 물질을 환원시키면 충전되고 물질이 산화되면 전류가 생겨 방전되는 과정이 반복된다.
    ㉯ 납축전지, 알칼리축전지, 기체전지, 리튬이온전지, 니켈-수소전지, 니켈-카드뮴전지, 폴리머전지 등이 있다.

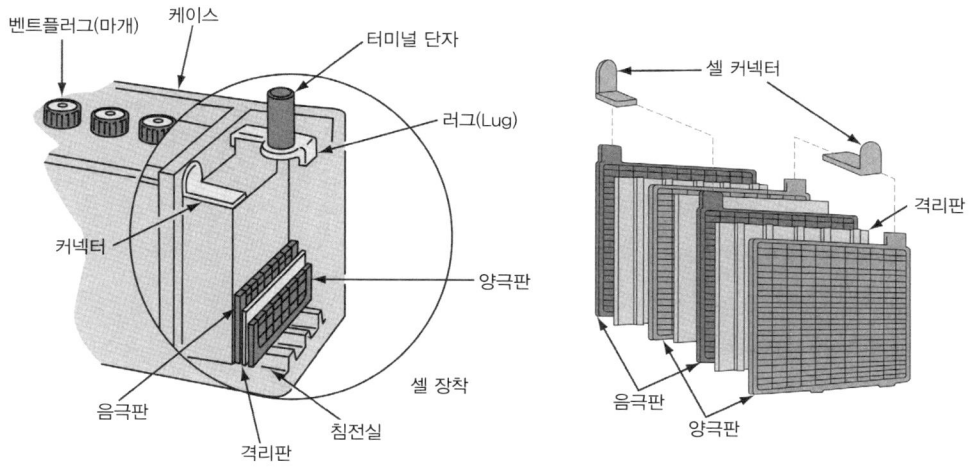

⟨Lead-Acid 배터리의 구조⟩

2) 납축전지

가. 납축전지의 구조

납과 묽은 황산으로 구성된 배터리로 이온화 경향이 큰 음극(해면상납)과 이온화 경향이 적은 양극(과산화납)을 전해액(묽은 황산)에 넣어 회로를 만들면 화학반응에 의하여 전기적인 기전력이 발생한다.

① **극판** : 작용물질의 탈락을 방지하는 격자(납+안티몬)위에 과산화납(PbO_2)으로 다공성이며 색깔은 암갈색인 양극판과 해면상납(Pb)으로 회색인 음극판이 있다. 음극판이 양극판보다 1장 더 많다.(양극판의 화학반응이 활발하다)

② **극판군** : 양극판과 음극판을 번갈아 조합하여 극판군을 형성하며 이것을 단전지 또는 셀이라 하고 셀당 약 2.1V의 전압이 나온다.

③ **격리판**

㉮ 비전도성 물질을 사용하여 양극판과 음극판 사이의 단락을 방지한다.

㉯ 격리판의 요건

　㉠ 비전도성일 것　　　　　㉡ 다공성일 것
　㉢ 전해액에 부식되지 않을 것　㉣ 전해액의 확산이 잘 될 것
　㉤ 기계적인 강도가 있을 것

④ **전해액**

㉮ 황산을 증류수로 희석시켜 사용하며 극판의 작용물질과 화학반응을 일으켜 충전이나 방전이 일어난다.

④ 전해액의 비중
　　㉠ 물에 황산을 희석시켜 비중을 1.260~1.280(20℃)로 맞춘다.
　　㉡ 비중환산식 : 전해액의 온도가 1℃ 변화에 따라 비중은 0.0007만큼 변한다.

$$S_{20} = St + 0.0007(t - 20)$$

(S_{20} : 20℃에서의 비중, St : t℃에서의 비중)

나. 납축전지의 특성

① 화학반응식

　㉮ 납축전지 화학반응식

　　(+)극　　(전해액)　　(-)극　　　　　　(+)극　　(전해액)　　(-)극
$$PbO_2 + 2H_2SO_4 + Pb \underset{충전}{\overset{방전}{\rightleftarrows}} PbSO_4 + 2H_2O + PbSO_4$$
　　과산화납　묽은황산　해면상납　　　　황산납　　물　　　황산납

　㉯ 알칼리축전지 화학반응식

　　(+)극　　　　(-)극　　　　　　　　(+)극　　　　(-)극
$$2NiO(OH) + Cd + 2H_2O \rightleftarrows 2Ni(OH)_2 + Cd(OH)_2$$
　수산화제2니켈　카드뮴　물　　　　수산화제2니켈　수산화카드뮴

② 방전종지전압

　㉮ 일반적으로 축전지는 어느 정도 방전하면 그 후의 전압강하는 매우 급격하여 0V 또는 그 부근까지 방전하면 과방전되어 축전지에 악영향을 미친다. 따라서 일정선 이상 방전하지 않기 위하여 어느 한도를 정할 필요가 있는데 이점을 방전종지전압이라 한다.

　㉯ 납축전지 방전종지전압은 일반적으로 셀 당 1.75V이다.

③ 축전지 용량(Capacitor)

　㉮ 만충전시킨 축전지를 일정한 전류로 방전종지전압까지 방전하였을 얻을 수 있는 전기량을 말한다. 축전지 용량은 암페어시(Ah)의 단위로 표시한다.

　㉯ 축전지 용량(Ah) = 방전전류(A) × 방전시간(h)

　㉰ 20시간율 : 만충전된 상태에서 셀 전압이 1.75V로 떨어지기까지 20시간 동안 공급할 수 있는 전류의 양으로 표시

　㉱ 25A 율 : 80°F에서 매시 25A로 방전하였을 때 방전종지전압에 이를 때까지의 용량으로 표시

　㉲ 냉간율 : 0°F에서 300A로 방전하여 셀 당 1V 강하까지 소요되는 시간으로 표시

④ 자기방전(Self Discharge) : 전기부하와 연결하지 않고 방치하면 스스로 방전하여 용량이 감소하는 현상으로 자기방전량은 전해액의 온도가 높고, 비중 및 용량이 클수록 크며, 충전 직후 가장 많이 일어난다.

㉮ 구조상 부득이 한 경우 : 전해액과 극판의 화학작용이 발생

㉯ 불순물에 의한 경우 : 전해액에 포함된 불순물에 의하여 국부 전지가 형성

㉰ 배터리 표면의 전기회로 형성 : 수분 등에 의하여 누설전류 발생

㉱ 양극판의 단락 : 극판 하부에 탈락한 작용물질에 의한 국부전지 형성

⑤ 설페이션(Sulfation) 현상

㉮ 축전지를 방전 상태로 장기간 방치하면 극판이 불활성 황화현상이 발생하여 축전지 극판이 영구 황산납의 결정체가 되는 현상을 말한다.

㉯ 설페이션의 원인

㉠ 과방전하였을 경우

㉡ 장기간 방전 상태로 방치하였을 경우

㉢ 전해액의 비중이 너무 낮을 경우

㉣ 전해액의 부족으로 극판이 노출되었을 경우

㉤ 전해액에 불순물이 혼입되었을 경우

㉥ 불충분한 충전을 반복하였을 경우 등

⑥ 무보수(MF, Maintenance Free) 배터리의 특성

㉮ 사용 중 증류수 보충이 불필요하다.(산소, 수소가스의 환원촉매가 있음)

㉯ 자기방전율이 낮아 장기간 저장에도 고성능을 유지한다.

㉰ 추운 겨울에도 강한 시동능력을 갖는다.

㉱ 수명이 길다.(과충전시 수명 단축)

㉲ 고온 고열에도 강한 내구성을 갖는다.

3) 축전지의 충전

가. 충전

① **정전류 충전** : 배터리에 충전되어 들어가는 전류를 일정하게 충전하는 방식으로 충전이 진행됨에 따라서 배터리의 전압이 상승한다.

㉮ 보통 충전법 : 저전류(용량의 10%)로 장시간 충전

㉯ 급속 충전법 : 고전류(용량의 50%)로 단시간 충전

② **정전압 충전** : 충전기의 출력 전압을 일정하게 유지시키며 충전하는 방식으로 충전이 진행됨에 따라서 배터리에 들어가는 전류가 점차 감소한다.

③ **정전류-정전압 충전** : 충전 초기에는 전류를 일정하게 하여 충전하다가 충전 말기에는 전압을 일정하게 하여 충전하는 방식으로 심방전(Deep Cycle)용 배터리 충전에 많이 사용되는 방식으로 배터리 충전시 발생되는 손상을 최소화하기 위해서 사용되는 충전법이다.

나. 충전시 주의사항

① 충전기는 취급설명서에 따라 정확한 취급을 하여야 하며, 충전기의(+), (-)단자와 축전지의 (+), (-)단자가 일치하도록 한다.

② 배터리에 충전기 케이블을 연결할 때에는 반드시 충전기를 "OFF" 위치로 꺼놓은 다음 연결해야 한다.

③ 충전 중 온도가 50℃를 초과하거나 가스발생이 격렬하거나 또는 전해액이 뿜어 나오게 되면 충전전류를 낮추거나 충전을 일시적으로 중단한다. 이렇게 하지 않으면 배터리가 손상을 입게 된다.

④ 심하게 방전되어 전해액이 얼어 있는 배터리는 바로 충전해서는 안된다. 15℃ 이상 온도를 올려 충전을 한다. 아주 온도가 낮거나 얼어있는 배터리는 충전전류를 정상적으로 받아들이지 않는다.

⑤ 충전이 완료에 가까워질수록 (-)극에서 수소발생이 활발해지게 되는데 이 가스는 폭발성이 아주 높다. 따라서 충전시에는 환기가 잘 되는 곳에서 하여야 하며 화염이나 스파크가 배터리 가까이 있어서는 안된다.

4) 하이브리드 자동차의 고전압 배터리

가. 개요

일반적으로 140~380V 사이의 전압으로 전기동력 시스템은 고전압 배터리와 3상 교류 동기 모터, 모터 제어기(MCU, Motor Control Unit), 파워 케이블 등으로 구성되어 있으며, 기존 차량에 장착되어 사용해 왔던 DC 12V 배터리의 경우 하이브리드 전기자동차에서는 일반 바디 전장품이나 각종 제어 ECU 동작을 위한 보조 배터리의 개념으로 이해해야 하며, 고전압 전기 동력 시스템은 12V 보조 배터리와는 완전히 회로가 분리되는 독립적인 전원 시스템이다.

나. 구성부품 및 기능

① 모터 : AC(교류) 144V 전압으로 동작하는 고출력 영구자석형 동기모터(PMSM)로 엔진 시동 제어와 발진 및 가속시 엔진의 동력을 보조하는 기능을 한다.

② 고전압 배터리 : 정격 전압 DC 144V의 Ni-MH(니켈-수소) 배터리이며, 모터 작동을 위한 전기 에너지를 공급하는 기능을 한다.

③ BMS(Battery Management System) ECU : 고전압 배터리 제어를 위한 컴퓨터이며, 배터리 에너지 입/출력 제어와 배터리 성능 유지를 위한 각종 정보를 모니터링하고, 종합적으로 연산된 배터리 에너지 상태정보를 HCU 또는 MCU로 송신하는 역할을 한다.

④ MCU(Motor Control Unit) : 모터 제어를 위한 컴퓨터이며, HCU(Hybrid Control Unit)의 토크 구동 명령에 따라 모터로 공급되는 전류량을 제어한다. 또한 MCU는 고전압 배터리의 DC (직류) 전원을 AC(교류) 전원으로 변환시키는 인버터의 기능과 배터리 충전을 위해 모터에서

발생된 AC(교류) 전원을 DC(직류)로 변환시키는 컨버터의 기능도 동시에 수행한다.

⑤ 파워 케이블 : 파워 케이블은 DC 케이블과 AC 케이블로 나누어지는데, DC 파워 케이블은 (+)와 (−) 2상으로 구성되어 있으며, 고전압 배터리의 전원을 MCU로 공급하는 기능을 하고, AC 파워 케이블은 U/V/W의 3상으로 구성되어 있으며 MCU가 모터 작동을 위한 전원을 공급하는 역할을 한다.

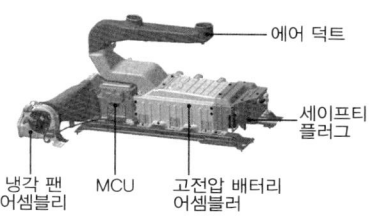

〈고전압 배터리 시스템의 구성〉

다. 고전압 배터리 시스템 구성 및 기능

① 배터리 Pack 어셈블리 : Ni-MH(니켈-수소) 배터리는 DC 7.2V의 배터리 모듈 총 20개가 직렬로 연결되는 구조로 되어 있고 한 개의 모듈은 6개의 셀로 구성되며, 셀 당 전압은 1.2V이다.

② 메인 릴레이 : 고전압 배터리의 전원을 MCU(Motor Control Unit) 측으로 공급하는 역할을 하는 릴레이이다.

③ 프리 차저(Pre-charger) 릴레이 및 저항 : 이그니션 ON시 MCU는 고전압 배터리 전원을 인버터 측으로 인가하게 하는데, 프리 차저 릴레이가 작동되면 저항을 통해 고전압이 인버터 측으로 공급되기 때문에 순간적인 돌입 전류에 의한 인버터 손상을 방지할 수 있다.

④ 전류 센서 : 홀 효과를 이용해 전류 양을 검출하며, 고전압 배터리 (−) 케이블 측에 설치되어 있다.

⑤ 세이프티 플러그 : 고전압 배터리는 고전압 장치이기 때문에 취급 시 안전에 유의해야 한다. 고전압 전기 동력 시스템과 관련된 부품 탈부착이나 정비 점검 시 고전압 배터리 전원을 임의로 차단시킬 수 있는 전원 분리 장치로 과전류 방지용 퓨즈를 포함하고 있다.

라. 고전압 배터리 취급시 유의사항

① 점화 스위치 ON이나 시동중에는 관련부품을 만지거나 탈착하지 않는다.

② 배터리 관련 점검, 정비시 반드시 세이프티 플러그를 탈거한다.

③ 배터리에 충격이나 과도한 힘을 가하지 않는다.

④ 이상 발생시 시동 키를 OFF하여 전기 동력 시스템 작동을 차단시킨다.

⑤ 화재 발생시 수소가스의 원활한 방출을 위해 신속히 환기시킨 후 대피한다.

⑥ 화재 진압을 위해서는 분말소화기 또는 모래를 이용한다.
⑦ 배터리 가스나 액체 성분이 피부나 눈에 묻었을 경우 붕산액, 소금물 또는 흐르는 물로 환부를 신속하게 세척한 후 의사의 진료를 받는다.
⑧ 필히 절연장갑을 착용하고 작업한다.

5) 연료전지

가. 개요

연료전지는 연료의 산화에 의해서 생기는 화학에너지를 직접 전기에너지로 변환시키는 전지로 구성은 전해물질 주위에 서로 맞붙어 있는 두 개의 전극봉으로 이루어져 있으며, 공기 중의 산소가 한 전극을 지나고 수소가 다른 전극을 지날 때 전기화학 반응을 통해 전기와 물, 열을 생성하는 원리이다.

나. 특징

① 연료전지는 반응 물질인 수소와 산소를 외부로부터 공급 받으므로 배터리와는 달리 충전이 필요 없고, 연료가 공급되는 한 전기를 발생시킨다.
② 연료의 연소반응 없이 에너지를 발생시키기 때문에 기존의 내연기관과 달리 황, 질소산화물 등 유독공해물질의 배출이 없고 이산화탄소 배출량도 획기적으로 줄일 수 있어 친환경적이다.
③ 연료전지는 별도의 구동부가 존재하지 않아 소음이 없으며, 다른 에너지원에 비해 에너지 효율도 50%로 내연기관의 30%보다 높다.

02 시동장치

1) 개요

자동차는 스스로 기동을 할 수 없기 때문에 외부에서 회전력을 가해주어야 하는데 이러한 역할을 하는 부분이 시동장치이다.

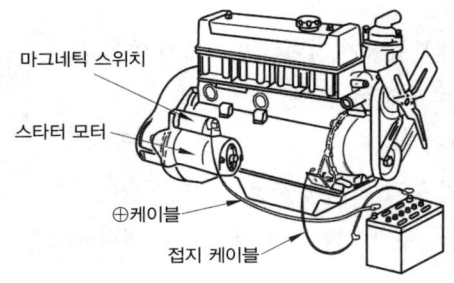

2) 기동전동기

가. 전동기의 원리
전자력을 이용한 것이며 계자코일과 전기자 코일에 정류자를 통하여 전류를 흐르게 하여 강력한 자계를 만들어 전자력을 발생 시키며 플레밍의 왼손 법칙을 이용한 것이다.

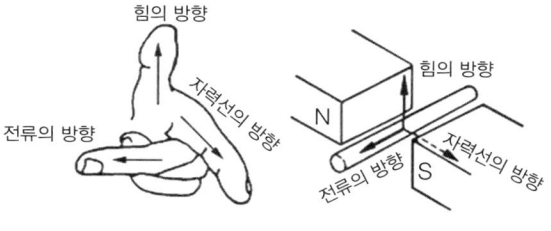

〈플레밍의 왼손법칙〉

나. 전동기의 종류 및 특성
① **직권식 전동기** : 전기자 코일과 계자코일이 직렬로 연결되어 있으며 기동 회전력이 크지만 회전속도도 변화가 심하다.
② **분권식 전동기** : 전기자 코일과 계자코일이 병렬로 연결되어 있으며 회전속도의 변화는 거의 없지만 회전력이 비교적 작다.
③ **복권식 전동기**: 직권과 분권의 2개의 계자코일이 전기자 코일과 연결되어 있으며 직권 및 분권식 전동기의 중간적 특성을 나타낸다.

다. 기동전동기의 구비조건
① 기동 회전력이 클 것
② 소형, 경량이고 출력이 클 것
③ 마력당 중량이 작을 것
④ 기계적인 충격에 견디는 충분한 내구성이 있을 것
⑤ 전원용량이 적어도 될 것

3) 자동차 기동전동기의 구조와 기능
회전력을 발생하는 전동기와 회전력을 기관에 전달하는 동력전달기구 및 피니언 기어를 섭동시켜 링기어에 접속시키는 스위치로 구분한다.

가. 전동기부
① **전기자(armature) 코일** : 회전력을 발생하며 축, 철심, 전기자 코일, 정류자로 구성
　㉮ 철심 : 전기자 코일 유지하며 계자에서 발생한 자력선을 통과시키는 자기회로 역할을 한다.
　㉯ 정류자 : 브러시에서 오는 전류를 한 방향으로 흐르게 한다. 운모의 언더컷은 0.5~0.8mm

이며 한계는 0.2mm이다.

② **계자코일** : 철심에 감겨져 자속을 발생시키며 그 자력은 전기자 전류에 의해 좌우된다. 큰 전류가 흐르므로 평각 동선이 사용된다.

　㉮ 계자 철심 : 계자코일이 감겨 있으며 전류가 흐르면 전자석이 된다.

　㉯ 계철 : 철강재를 둥글게 만든 통이며 자기의 통로가 되고 계자철심을 지지한다.

③ **브러시** : 정류자를 통해 전기자 코일에 전류를 공급한다.(금속 흑연계)

　㉮ 브러시 스프링 장력 : 0.5~2kg-cm

　㉯ 브러시 마모 한계 : 1/3

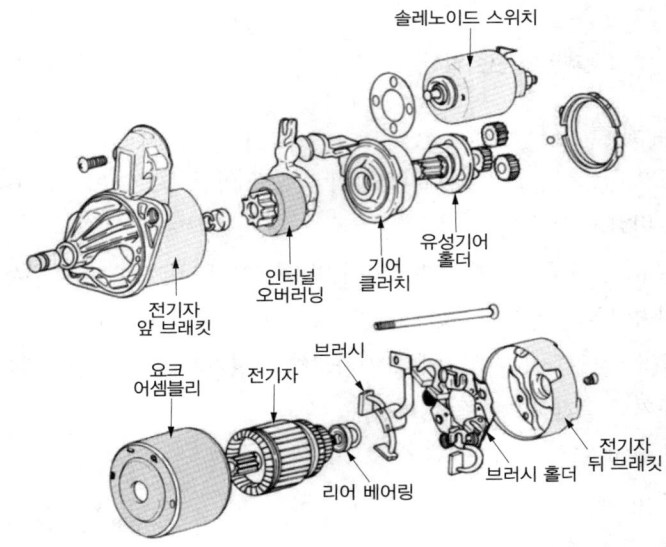

> **Note** | 아마추어 테스터(그로울러 테스터)
> 전기자의 단선, 접지, 단락 시험을 한다.

나. 동력전달기구

① 전동기의 회전력을 기관에 전달한다.

② **분류**

　㉮ 벤딕스식 : 피니언의 관성과 전동기가 무부하에서 고속 회전하는 성질을 이용한 것(회전너트 원리)

　㉯ 피니언 섭동 수동식 : 손이나 발로 푸시 버튼 눌러 작동시키는 것

　㉰ 피니언 섭동 전자석 : 피니언 섭동과 기동전동기의 스위치 개폐를 전자석 스위치 사용한 것

㉣ 전기자 섭동식 : 피니언이 전기자자축 끝에 고정되어 피니언과 전기자가 일체로 작동되는 것

㉤ 오버런닝 클러치 : 엔진이 기동된 다음 고속회전에 의하여 전동기의 손상을 방지하기 위하여 전기자 축으로부터 피니언 기어로 동력이 전달되나 피니언 기어로부터 전기자 축으로는 동력이 전달되지 않는다. 한 방향으로만 동력을 전달하므로 일방향 클러치라고 하며 롤러식, 스프래그식, 다판클러치식이 있다.

> **Note | 감속비**
> 감속비 = 링기어 잇수 / 피니언기어 잇수 = 링기어 회전력 / 피니언기어 회전력

다. 전자석 스위치(Magnetic Switch)

철심 위에 두 개의 코일(풀인 코일, 호울드인 코일)이 감겨 점화스위치를 넣으면 풀인 코일에 전류가 흘러 전자석이 되어 플런저가 작동함에 따라 B,M 단자를 연결하여 본체에 축전지 전류를 흐르게 하여 주며 클러치 기구(시프트 레버)도 동시에 작동하여 호울드인 코일은 계속 전자석이 되도록 유지한다.

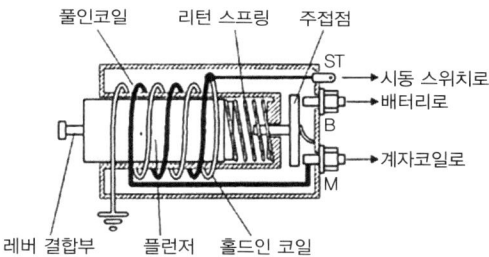

4) 하이브리드 자동차 모터

가. 개요

하이브리드 자동차에서 모터는 주 동력원인 엔진과 무단변속기(CVT) 사이에 장착되어, 엔진 시동 및 발진, 가속 시 엔진의 동력을 보조하는 역할과 차량 감속 또는 제동 시 고전압 배터리의 충전을 위한 발전기의 역할을 수행하게 된다.

나. 모터의 구조 및 기능

① 리어 플레이트 : 엔진 블록과 모터 하우징 사이에 장착되어 있으며, 모터 회전자(로터)의 위치 및 속도정보를 검출하기 위한 레졸버(Resolver) 센서가 장착된다.

② 레졸버(Resolver)센서 보정

㉮ 레졸버의 정확한 상(phase)의 위치 검출을 통해 MCU는 정확한 토크를 제어해야 하므로 정확한 상의 위치값과 레졸버 출력값이 같아지도록 보정장치를 이용하여 보정해야 한다.

㉯ 레졸버 보정 작업 시 주의사항
　㉠ MCU를 교환하면 다시 보정 과정을 거쳐야 한다.
　㉡ 모터 및 리어 플레이트가 파워트레인에서 분해되었다가 재장착된 경우 레졸버 값을 다시 보정한다.
　㉢ 보정 과정을 거친 후 장비의 LED가 ON/OFF를 반복하면, 레졸버 보정 과정에서 에러가 발생한 경우이다. 이러한 현상이 발생하였을 때, 레졸버 보정 과정의 모든 연결이 정확한지 확인하고, 전원 공급의 이상여부를 확인한다.
③ 고정자 어셈블리 : 모터 고정자에 3상(U, V, W)에 전류를 공급하기 위한 계자 코일이 감겨 있으며, 각 상에 인가되는 전류에 의해 회전자계를 발생시킨다.
④ 회전자 어셈블리 : 영구 자석이 내장된 로터이며, 모터 고정자에 형성된 회전 자계에 의해 발생된 회전 토크를 변속기 입력 축으로 전달한다. 영구자석이 내부에 삽입되어 있다.
⑤ 댐퍼 플레이트 : 모터 회전자(로터)와 무단 변속기(CVT) 사이에 장착되며, 변속기 입력 축이 연결되는 스플라인 기어가 가공되어 있다. 엔진 또는 모터 회전에 따른 동력을 변속기 입력 축에 전달하는 역할을 한다.

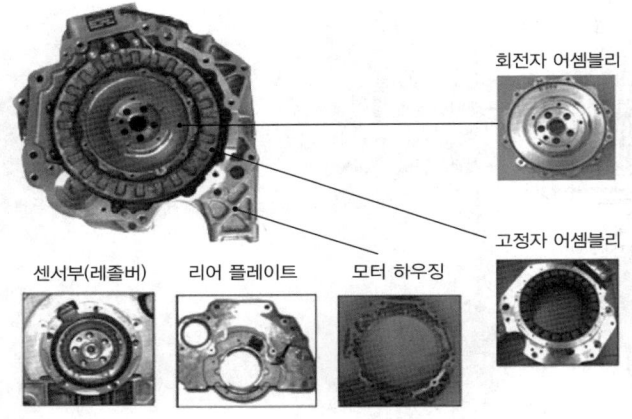

다. 모터 분해 조립 작업 전 주의사항
① 작업하기 전 반드시 고전압을 차단하여 안전을 확보해야 한다.
② 차량 이그니션키를 OFF 상태로 하고, 1분이 지난 후 방전이 된 것을 확인하고 작업한다.
③ 방전 여부는 파워 케이블의 커넥터 커버 분리 후, 전압계를 사용하여 각 상간(U/V/W) 전압이 0V인지를 확인한다.
④ 작업하기 전 반드시 장갑을 끼고 작업한다.

라. 모터 컨트롤 유니트(MCU)

MCU는 고전압 배터리로부터 직류(DC) 전기를 공급 받아 3상의 교류(AC) 전기를 발생시키고, 직류(DC)로 전환하여 고전압 배터리로 충전을 한다 그리고 HCU(하이브리드 컨트롤 유니트)의 모터 구동 토크 명령에 의해 AC 3상전류를 제어하여 모터의 회전속도 및 토크를 제어하는 장치이다. 구성품은 다음과 같다.

① **제어보드** : 제어보드는 CPU, 메모리, 입출력 인터페이스 회로, 전원 공급장치 및 차량의 타 제어 모듈(HCU, BMS, 엔진 ECU, TCU 등)과 정보 송수신을 위한 CAN 통신 회로를 가지고 있으며, 12V 보조 배터리 전원을 이용한다.

② **파워보드** : 전기적인 스위칭을 통하여 전력의 흐름을 제어하는 MCU의 핵심부품이며, 600V, 400A 정격의 산업용 전력소자를 이용해 고전압 배터리의 직류(DC)를 교류(AC)로 변환시켜 모터 각 상의 전류를 출력하는 인버터(Inverter)와 U/V/W 각 상의 전류량을 검출하는 전류센서, DC 평활 및 소자보호를 위한 콘덴서 등이 파워 모듈부를 구성하고 있으며, IGBT 구동을 위한 각종 구동회로, 산업용 전력소자 고장진단회로, 아날로그 전류제어회로 PWM 발생기 등이 인버터 구동 제어부를 구성하고 있다.

③ **MCU 냉각 시스템** : 냉각장치는 쿨링 팬, 흡입 및 배출 덕트로 구성되어 있고, 차량 실내 공기를 흡입해 고전압 배터리와 MCU를 냉각시키고 배출 덕트를 통해 차량 외부로 방출시키는 시스템으로 되어 있다.

> **Note | 인버터(Inverter)**
> DC(직류) 전원을 가변 주파수(Hz) 및 가변 전압의 AC(교류) 전원으로 변환시키는 장치를 말하며, 그 반대의 개념으로 AC를 DC로 변환시키는 장치를 통상적으로 컨버터(Converter)라고 한다.

03 점화장치

1) 점화장치(ignition system) 개요

가. 점화장치의 역할

가솔린이나 LPG 등의 연료를 사용하는 엔진에서 압축된 혼합기를 폭발적으로 연소시키기 위하여 점화 플러그로 점화하는 장치로서 시스템 전체를 점화계통이라고 부른다. 정확한 점화 시기에 강한 불꽃방전이 필수적인 요소이다.

나. 점화장치의 종류

1차 전류를 단속하는 방법에 따라, 다음과 같이 구분하지만 현재는 거의 전자제어식(HEI과 무배전식(DLI, Distributor Less Ignition)을 많이 사용한다.

① 접점식　　　　　　　　② 트랜지스터식
③ 콘덴서 방전점화식　　　④ 고강력 점화장치(HEI)
⑤ 무배전기식(DLI)

2) 전자점화장치(HEI, High energy ignition)의 구성과 기능

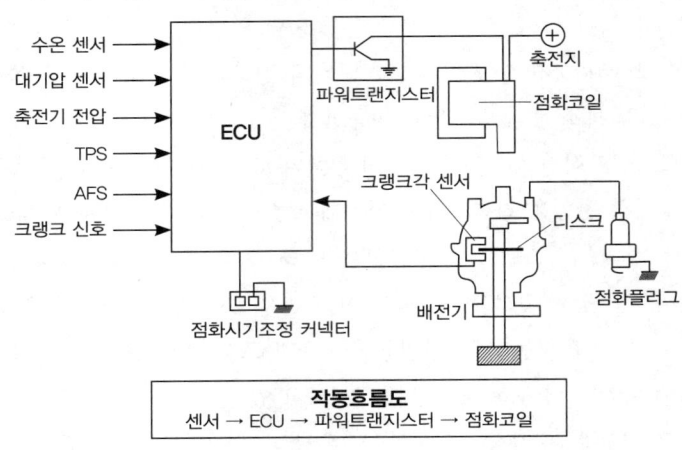

〈전자제어방식 점화장치의 구성도〉

가. 점화코일

12V의 전압을 불꽃방전에 필요한 고전압(25,000V 이상)으로 바꾸어주는 일종의 승압 변압기이다.

① **자기유도 작용** : 코일에 흐르는 전류를 변화시키면 그 변화를 방해하면 방해하는 방향으로 기전력이 발생하며 코일 전류의 변화속도, 코일의 권수에 비례한다.

② **상호유도 작용** : 하나의 전기 회로에 자력선의 변화가 생길 때 그 변화를 방해 하려고 다른 전기회로에 기전력이 발생하며 기전력의 크기는 권수비에 비례한다.(1차코일과 2차코일의 권수비 60~100 : 1 정도이다)

$$E_2 = E_1 \times \frac{N_2}{N_1}$$

E_1, E_2 : 1, 2차 코일의 전압
N_1, N_2 : 1, 2차 코일의 권수

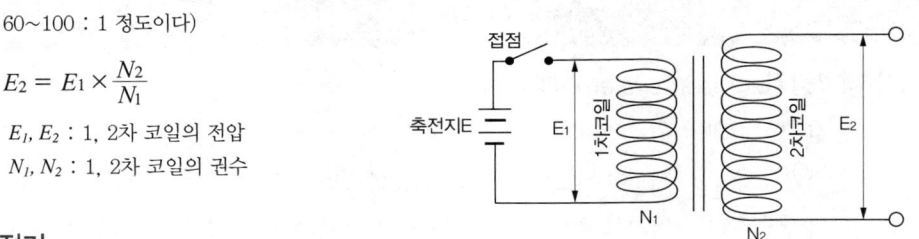

나. 배전기

발생된 고전압을 점화순서 대로 분배하는 기능을 한다.

다. 파워트랜지스터

ECU의 신호에 따라 점화코일의 1차전류를 단속하는 부분으로서 다링톤 트랜지스터를 사용한다.

라. 점화 플러그(Ignition plug)

점화코일에서 발생한 2차 고전압을 받아서 불꽃을 발생시켜 압축된 혼합기에 점화시키는 일을 한다.

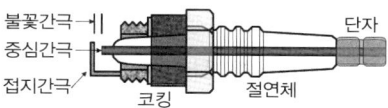

① 구조

㉮ 나사부 : 실린더 헤드부에 결합되는 부분으로 열전달의 통로이기도 하며 지름이 10, 12, 14, 18mm 4종류가 있고 길이도 엔진에 따라 차이가 난다.

㉯ 전극 : 중심전극과 접지전극이 있으며 그 사이에서 불꽃방전이 일어난다. 니켈합금이 사용되며 백금 팁을 용접하여 내구성을 향상시킨 것도 있다.(간극 : 0.7~1mm 정도)

㉰ 절연체 : 중심전극을 둘러싸서 고전압의 누전을 방지한다. 성능에 영향을 많이 주며 주로 세라믹을 사용한다.

② 구비조건

㉮ 급격한 온도변화에 견딜 수 있어야 한다.

㉯ 고온 고압에서 기밀을 유지할 수 있어야 한다.

㉰ 고전압에 대한 충분한 절연성이 있어야 한다.

㉱ 사용조건에 따라 오염, 과열, 소손 등에 견딜 수 있어야 한다.

㉲ 내구성이 좋아야 한다.

㉳ 기계적 강도가 커야 한다.

③ **자기청정온도** : 점화 플러그가 전극부 온도에 의하여 스스로 카본을 연소시켜 오염을 방지하는 온도로 범위는 450~870℃이다.

㉮ 점화 플러그 온도가 자기청정온도 이상 될 때

㉠ 조기점화 : 점화플러그 자체가 점화원이 되어 자연발화되는 현상

㉡ 런온 현상 : 시동을 꺼도 계속해서 폭발하는 현상

㉯ 점화 플러그 온도가 자기청정온도 이하 될 때

㉠ 전극에 카본 부착에 따른 전기누설이나 실화 발생

④ **열가**(Heat value) : 점화플러그가 열을 발산하는 정도(열용량)를 수치로 나타낸 값

㉮ 냉형(고열가) : 수열면적이 적고, 방열면적이 크다.(고속엔진에 적합)

㉯ 열형(저열가) : 수열면적이 크고, 방열면적이 작다.(저속엔진에 적합)

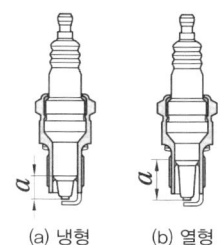

(a) 냉형   (b) 열형

189

> **Note | 전자점화장치의 특징**
> • 저속성능이 안정화되고 고속성능이 향상된다.
> • 점화장치의 신뢰성이 향상된다.
> • 점화시기 및 캠각 제어의 정확성이 향상된다.

3) 무배전식(DLI, Distributor Less ignition) 점화장치

가. 개요

배전기를 없애고 점화코일을 2개 이상을 설치하여 압축, 배기행정 끝에 2개 실린더에 동시에 불꽃방전을 일으키는 방식이다.

① **동시 점화식** : 1개의 점화코일로 2개의 실린더에 점화시키는 형식으로 (1)-(4)번 실린더와 (2)-(3)번 실린더에 동시에 점화된다.

② **독립 점화식** : 점화코일을 각 점화플러그에 직접 설치할 수 있어 고압 케이블이 필요 없으며 동시점화식보다 더욱 확실한 점화가 가능하다.

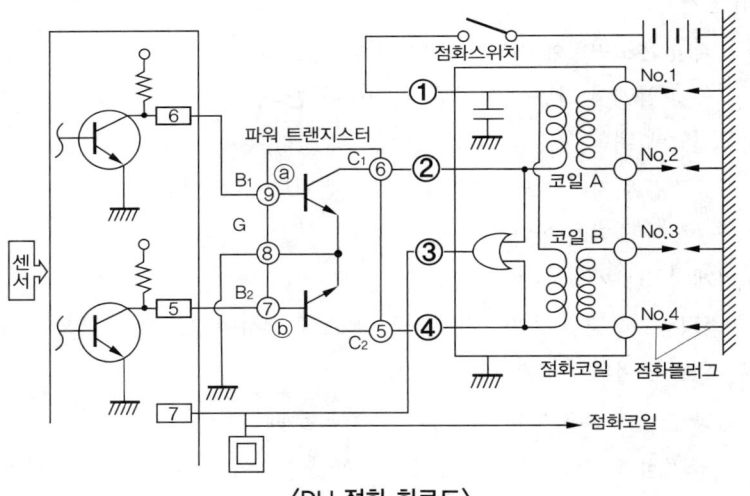

〈DLI 점화 회로도〉

나. 무배전식 점화장치의 특징

① 고압 배전부가 없으므로 누전의 염려가 적다.
② 에어 캡이 줄어서 전파장애가 적고 전압강하가 적어 에너지 손실이 적다.
③ 진각의 폭에 제한을 받지 않는다.
④ 실린더별로 점화시기 제어가 가능하다.
⑤ 2차 고전압이 안정되고 여유가 있다.
⑥ 점화 플러그의 마모가 빠르다.
⑦ 기통판별 센서가 필요하고 비용이 증가한다.

4) 축전기 방전식 점화장치(CDI, capacitor discharge ignition system)

축전지의 12V의 전원을 발전기(DC 컨버터)에 의하여 300~400V의 교류로 전환시킨 다음 축전기에 저장한 후 적당한 시기에 사이리스터를 이용하여 충전된 축전기를 일순간에 점화코일의 1차 측에 방전시켜 그 방전 에너지로 고전압을 발생시키는 방식이다.

5) 점화시기 제어 및 파형 분석

가. 개요

기본은 가장 높은 토크가 나오는 점화시기(MBT)가 적용되도록 하나 각종 조건(운전성, 정숙성, 배기가스 저감, 노킹)에서는 별도의 점화시기를 적용하고 있다.

나. 점화시기

크랭크각 센서의 신호에 의해 측정된 엔진회전수(N)와 흡입공기량(A)의 비율, 즉 엔진부하(A/N)를 연산하여 최적의 점화시기를 결정한 후 보정치를 가감하고 결정된 점화시기에 따라 파워 TR를 제어한다.

① 주행 중 점화시기 : MBT - (흡기온 보정 + 냉각수온 보정 + 가감속 보정 + 배기가스 모드 보정 + 오토 시프트 보정)

② 아이들 시 점화시기 : 냉각수별 점화시기 - (RPM안정용 보정 + 배기가스 모드 보정 + 구동 계통 작동 보정)

다. 점화시기 제어

① MBT(Minimum Spark Advance for Best Torque) : 엔진 회전수와 흡입 공기량 별로 144개 또는 289개 등으로 나누어 각 영역에 대해서 시험을 통하여 가장 높은 토오크가 나오는 점화시기(MBT)를 입력 값으로 적용한다.

② 공회전 영역의 점화시기 보정 : 진동, RPM변화, 탄화수소, 흡입 공기량 변화, 배기가스 온도, 연비 등을 고려해 각각의 결과를 만들어 가장 적절한 값을 설정한다. 공회전에서 점화시기 1도에 진각에 RPM이 10~15rpm 상승한다.

③ 배기가스 저감을 위한 점화시기 보정 : 공회전에서 10도 지각을 하면 배기가스 온도가 40~60도 정도 상승한다. 이 지각된 점화시기 때문에 출력 손실이 매우 많아 가속이 느리게 되는데 냉각수온이 20~40도 영역에서만 적용되게 하며, 지각 시키는 양은 냉각수온과 흡입 공기량 별로 다르게 한다.

④ 운전성 향상을 위한 점화시기 보정 : 운전자의 승차감을 향상시키기 위하여 가감속 시 올 수 있는 충격을 감소시키기 위해 연료 보정, ISA밸브 보정과 함께 조합하여 가장 좋은 느낌을 주는 값으로 입력시킨다. 점화시기 제어는 기어단수, 냉각수, 차속, 가속페달 밟은 양, 가속페달 밟는 속도, 엔진 회전수, 흡입 공기량 별로 제어하는 방법과 제어하는 양이 다르다.

⑤ 흡기온에 따른 점화시기 보정 : 연소실에서 화염 전파가 다르게 되는 것에 대한 보정으로 흡입 공기가 뜨거우면 점화시에 연소속도가 빠르게 되므로 흡기온도가 80도 일 때 3~5도, 100도 일 때 5~7도 정도 지연시킨다.

⑥ 냉각수온에 따른 점화시기 보정 : 냉각수온이 너무 낮으면 엔진이 차가운 상태로 연소시에 온도가 낮아 화염전파 속도가 늦어지므로 저온(20도 이하)에서 적용을 하는데 0도에서 약 2~4도, -20도에서 4~6도 정도 진각시킨다.

⑦ 노킹 발생시의 점화시기 보정 : 노킹이 발생하는 기통의 점화시기를 지각시킨다. 약한 노킹일 때 약 2~4도, 심한 노킹일 때 약 6~10도 지연시킨다.

⑧ 오토 시프트 시 점화시기 보정 : 자동변속기의 변속시 TCU에서 토크 감소 요청이 들어올 때 보정한다.

⑨ 시동 시의 점화시기 보정 : 시동 중에 시동이 가장 잘 걸리는 점화시기를 적용시키는 것으로 냉각수온에 따라 입력한다. 보통 약 500rpm에 도달하기 전까지 적용한다.

나. 점화파형 분석

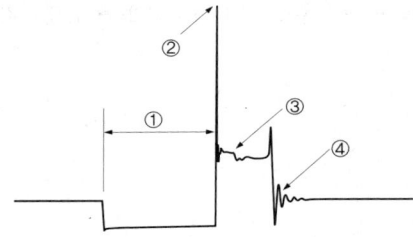

① 드웰 구간(①) : 1차 전류의 통전구간으로 전체의 약 60%를 차지한다.

② 화이어링 구간(②): 스파크플러그 갭을 건너기 위해 전자가 쌓이는 구간으로, 갭이 넓을수록, 갭 주위의 압력이 높을수록 전자는 갭을 넘기 힘들므로 많이 쌓여 전압은 커진다.

③ 스파크라인(③) : 2차 고전압이 모여 있다 일순간에 갭을 건너가는 것으로 화염이 지속되는 구간으로 다소 낮은 전압에 의해서도 전류는 흘러가며, 화염핵의 형성을 유지한다.(시간은 0.8~1.5ms 정도)

㉮ 용량방전(②) : 화염핵이 생성되는 구간

㉯ 유도방전(③) : 2차 전압의 방전전압으로 1~2kV 정도가 정상이고 플러그 간극, 압축비, 플러그 팁의 오염에 따라 달라진다.

④ 감쇠 구간(④) : 점화코일에 저장된 에너지가 스파크를 더 이상 유지할 수 없게 되는 구간으로 잔류전압은 감쇠진동을 하며 소멸된다. 콘덴서의 충·방전작용에 따른 2차코일의 공진으로 볼 수 있으며 점화코일의 성능에 따라 달라진다.

04 충전장치

1) 충전장치 역할

충전장치는 운행 중인 자동차에 각종 전기장치에 전력을 공급하고 기관시동 후에 방전된 배터리에 충전시켜주는 역할을 한다.

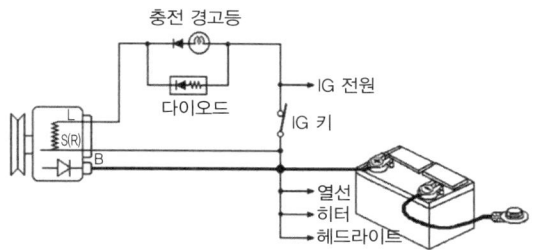

2) 발전기의 작동원리

도체와 자력선을 교차 시키면 도체에 기전력이 발생한다. 이 현상을 전자 유도 작용이라 하며 이 유도 작용에 의해 발생한 기전력을 유도 기전력, 흐르는 전류를 유도 전류라 한다. 유도전류의 방향은 플레밍의 오른손법칙으로 찾을 수 있다.

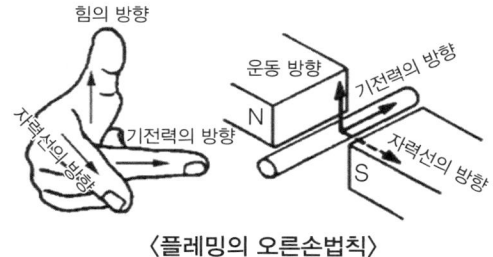

〈플레밍의 오른손법칙〉

3) 발전기의 종류

가. 직류 발전기

분권식이므로 전기자 코일과 계자 코일의 병렬접속 되어 있고, 전기자가 회전하면 계자철심의 잔류자기에 의하여 전기자 코일에 기전력이 유기(자여자 방식)되고, 그 기전력에 의하여 계자 전류가 흐른다. 계자 전류가 흐르면 계자 철심의 자속이 증가하여 점차 기전력이 증가한다. 이와 같이 초기전압 발생이 늦고 저속시에는 충전특성이 좋지 않다.

① **계자코일** : 자계를 형성하며 고정되어 있다.
② **전기자** : 계자코일 내에서 회전하며 교류 기전력 발생한다.

③ 브러시 정류자 : 정류자 위를 브러시가 섭동하며 교류를 직류로 정류한다.
④ 컷 아웃 릴레이 : 축전지에 발전기로 전류가 역류되는 것을 방지한다.
⑤ 전압 조정기 : 계자코일에 흐르는 전류를 제어하여 발생전압을 일정하게 유지한다.
⑥ 전류 조정기 : 발전기의 발생 전류를 조정하며 발전기의 소손을 방지한다.

나. 교류 발전기

직류 발전기 반대로 도체(스테이터)를 고정시키고 자석(로터)을 회전시켜 교류 전류를 발생케 하여 다이오드에서 직류로 정류시킨 다음 출력한다. 로터의 여자전류를 배터리에서 공급하므로 타려자식이라 한다.

① 로터
  ㉮ 로터는 자극이 되는 로터 철심, 여자 전류가 흐르는 로터 코일과 로터 축 및 슬립 링 등으로 구성되어 있으며, 크랭크축과 벨트로 연결되어 회전하는 부분이다.
  ㉯ 로터 철심은 4개 또는 6개의 자극을 서로 맞대어 조립한 것으로, 8개 또는 12개의 극을 형성하고 있다. 작동시에는 슬립링에 접촉된 브러시를 통하여 여자 전류가 흘러서 한쪽 철심은 N극, 다른 한쪽 철심은 S극으로 자화된다.

② 스테이터 : DC 발전기 전기자에 해당하며 로우터 철심에 발생된 자속을 끊어 기전력을 발생케 하며 주로 Y결선법으로 결선되어 있다.

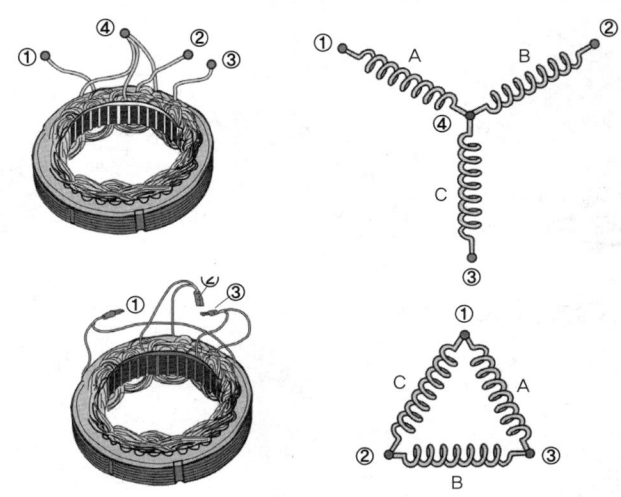

〈Y결선과 △결선〉

③ 브러시
  ㉮ 2개의 브러시는 브래킷에 고정된 브러시 홀더에 끼운 다음, 브러시 스프링으로 눌러서 슬립 링에 접촉시키고 있다. 한쪽 브러시는 여자 전류가 흘러 들어오는 단자에 연결되고, 다른 한쪽 브러시는 접지시켜서 계자 회로를 구성하고 있다.

㉯ 브러시는 로터가 회전할 때에 링과 미끄럼 접촉을 하면서 로터 코일에 여자 전류를 공급하기 때문에 접촉 저항이 작고, 내마멸성이 좋은 금속 흑연질을 사용된다.

④ **정류다이오드** : 스테이터 코일에서 발생한 교류전류를 직류전류로 바꾸어 출력하며 배터리에서 발전기 쪽으로 전류가 흐르는 역류도 방지한다.

⑤ **교류발전기의 장점**

㉮ 소형이며 경량이다.

㉯ 정류자를 두지 않아 풀리비를 크게 할 수 있다.

㉰ 반도체를 정류기로 사용하므로 전기적 용량이 크다.

㉱ 저속시에도 충전 특성이 양호하다.

㉲ 발전기 조정기는 전압 조정기 뿐이다.

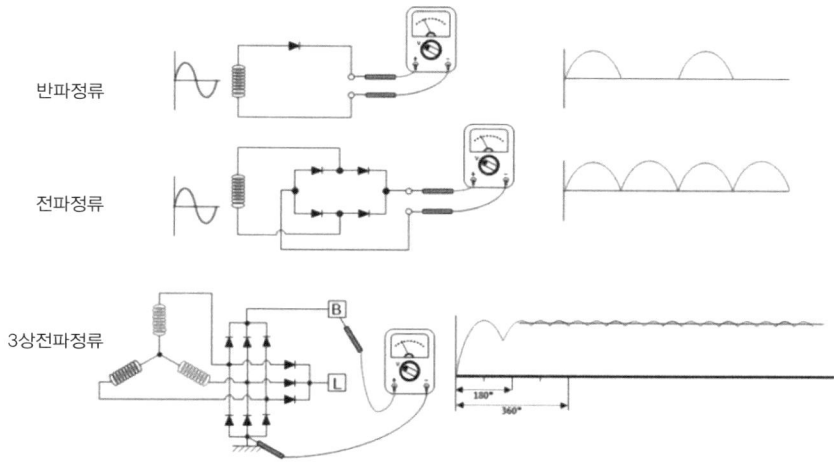

4) 발전기의 출력

가. 교류

① **순시값** : 순간순간 변하는 교류의 임의의 시간에 있어서 값

② **최대값** : 순시값 중에서 가장 큰 값

$V = V_m sin\omega t$ (V_m : 최대값, ω : 각속도, t : 주기)

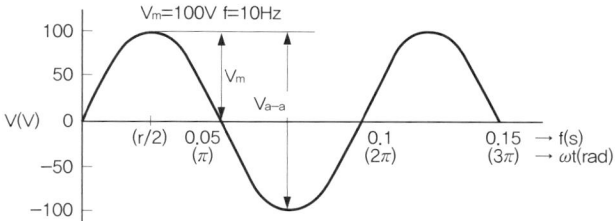

③ 피크-피크값 : 파형의 양의 최대값과 음의 최대값 사이의 값
④ 실효값 : 교류의 크기를 교류와 동일한 일을 하는 직류의 크기로 바꿔 나타낸 값

$$V_e = \frac{V_m}{\sqrt{2}} = 0.707 V_m$$

⑤ 평균값 : 교류 순시값의 1주기 동안의 평균을 나타낸 값

$$V_a = \frac{2}{\pi} \times V_m = 0.637 V_m$$

나. 기타 사항

① 교류와 코일저항-코일의 저항(유도 리액턴스)

$$R_L = 2\pi f L \quad (f : 주파수, L : 코일의 인덕턴스)$$

② 교류와 콘덴서의 저항

$$R_c = \frac{1}{2\pi f C} (C : 콘덴서 정전용량)$$

③ 임피던스 : 교류회로에서 저항과 리액턴스의 합

$$Z = \sqrt{R^2 + (R_L - R_C)^2}$$

④ 자극과 주파수

$$f = \frac{PN}{2} (P : 자극수, N : 회전수)$$

다. 발전기 출력파형

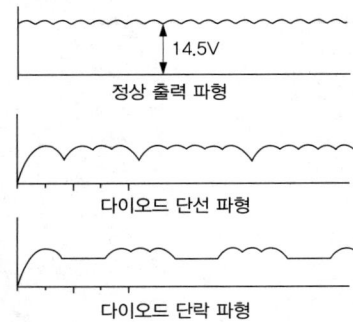

정상 출력 파형

다이오드 단선 파형

다이오드 단락 파형

Section 3
그 밖의 장치들

01 자동차 전기장치

1) 배선

가. 자동차용 배선

전장부품의 결선을 위한 전선에는 피복선과 비피복선이 있으며 비피복선은 주로 접지용으로 사용한다. 배선에서 전선의 표시방법은 전선의 굵기와 색깔기호로 나타낸다.

B	흑색	Be	베이지색	Br	갈색
G	녹색	Gr	회색	L	청색
Lg	연한녹색	Ll	하늘색	O	오렌지색
P	분홍색	Pp	자주색	R	빨강색
T	황갈색	W	흰색	Y	노랑색

나. 배선방식

① 단선식 : 부하의 한쪽 끝은 차체에 접지하고 전원 쪽에만 선으로 되어 있다. 주로 정격전압이 낮은 회로에 사용한다.

② 복선식 : 접지 쪽에도 전선을 사용하여 접촉불량 등이 일어나지 않도록 한다. 주로 큰 전류가 흐르는 회로에 사용한다.

다. 조명용어

① 광원 : 빛의 근원이다.

② 광도 : 광원의 빛으로부터 단위 거리에 있는 단위 면적에 수직으로 받는 빛의 양을 말한다. 단위는 칸델라(cd)

③ 조도 : 장소의 밝기를 표시하는 것으로 단위 면적에 들어가는 광속의 밀도이다. 단위는 룩스(lx)

$$조도 = \frac{광도}{거리^2} = \frac{cd}{r^2}$$

④ 휘도 : 광원 표면의 밝기, 빛의 정도로 광원이 투영한 단위 면적당 밝기를 말한다. 단위는 Sb

⑤ 광속 : 빛의 양을 말하며 광원 전체의 밝기를 나타낸다. 단위는 루멘(lm)이며 시간당 통과하는 광량이다.

2) 계기장치

계기장치는 운행에 필요한 여러 가지 정보와 시스템의 작동 상태를 운행 중 운전자가 알 수 있도록 지시 및 경고해 주는 장치이다. 기능적 요소로 구분하면 시스템의 이상 유무와 안전 상태를 알려 주는 경고장치, 주행에 필요한 정보를 제공해 주는 지시장치로 구분할 수 있다.

가. 경고장치

주요 장치의 이상 유무를 알려주는 경고 표시등과 그 구성 장치, 안전 운행에 필요한 정보를 알려주는 안전운행 경고 표시등이 있으며 파일럿 램프, 차임벨이나 음성경고 등을 적용해 운전자의 빠른 인식을 돕는다.

나. 지시장치

지시장치에는 일반적으로 차량의 속도를 지시하는 속도계, 엔진 회전수를 지시하는 타코미터, 수온계, 연료 미터, 오일 압력 게이지, 전압계, 전류계, 온도계 등이 있다.

다. 바이메탈식 계기

바이메탈식 미터는 2종의 서로 다른 금속의 열팽창 계수를 이용한 미터로 구조가 간단하고 제조가 쉬워 온도미터나 연료미터에 적용해왔다. 그러나 지시각이 작고 소모전류가 크며 응답 특성이 떨어져 현재 제한적으로 사용되고 있다.

라. 가동 코일식 계기

기본 원리는 모터의 구동원리를 이용한 것으로 원통형 코일(가동 코일)에 전류가 흐르면 영구자석의 철편에 의해 발생되는 자계의 방향과 가동 코일로부터 발생하는 회전자계가 방사상(放射狀) 모양으로 발생해 가동 코일의 위치가 어느 곳에 있더라도 코일면과 철편으로부터 발생하는 자계는 직각으로 놓이게 된다. 이때 회전 토크는 가동 코일에 흐르는 전류량과 비례해 회전력을 얻을 수 있도록 한다.

이 미터는 전류계, 전압계나 엔진 회전수를 전류값으로 변화해 구동하는 타코미터, 스피드 미터 등에 주로 적용되고 있다.

마. 교차 코일식 계기

이 형식은 지침과 연동된 회전축에 영구자석을 설치하고 보빈(bobbin)에 코일을 교차해 감아 놓은 형태다. 또 미터의 후면부에 입력된 계량 정보를 교차 코일에 정합할 수 있도록 제어회로를 두고 있다. 이 방식은 코일의 권선 형식에 따라 여러 미터류에 적용된다. 또 충격과 진동에 강해 현재 전자식 아날로그 미터에 대표적으로 사용되며 온도 미터나 연료 미터, 스피드 미터, 타코미터 등에 폭넓게 적용되고 있다.

바. 트립 컴퓨터

TRIP 컴퓨터는 차량주행에 관련된 정보를 받아 주행 평균속도, 주행시간, 주행거리 및 현재 남아있는 연료로 주행할 수 있는 주행 가능거리를 LCD 표시창으로 운전자에게 알려주는 시스템이다.

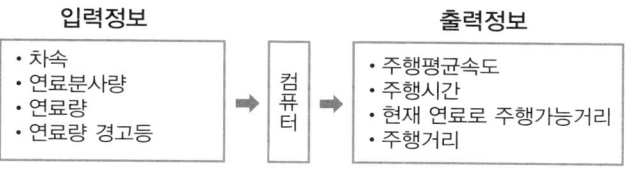

3) 등화장치

가. 램프의 종류

① **할로겐 램프** : 석영관에 할로겐 화합물을 봉입하고 할로겐과 텅스텐의 재생 순환 반응을 이용하여 수명을 길게 하고 빛의 감쇠를 방지한 램프이다.

② **프로젝션 램프** : 헤드라이트 본체 안에서 전구의 빛을 렌즈로 모아서 집중을 시켜주는 방식의 헤드라이트를 말한다.

③ **제논램프(HID)** : 고압의 제논 가스로 충전된 수정결정의 관내에서 전자적인 아크(arc)방전에 의해 빛을 내는 램프이다.

④ **LED 램프** : 발광다이오드(LED)를 사용하여 만든 램프이다.

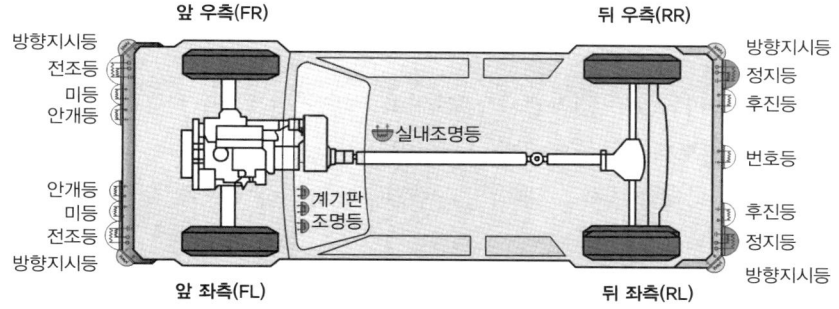

나. 등화장치의 종류

① **전조등(Headlamp)** : 전조등은 전구, 반사경 렌즈 등으로 구성되며 야간에 자동차가 안전하게 주행할 수 있는 밝기이어야 한다. 상향등(High beam, 하이빔), 하향등(Low beam, 로우빔)의 역할을 한다.

㉮ 광도

㉠ 2등식 : 15,000~112,500 cd

ⓒ 4등식 : 12,000~112,500 cd
㉯ 광축
   ㉠ 상진폭 : 10cm 이내, 하진폭 : 30cm 이내
   ㉡ 좌측등 : 좌진폭 - 15cm, 우진폭 - 30cm 이내
   ㉢ 우측등 : 좌진폭 - 30cm, 우진폭 - 30cm 이내
② 방향지시등, 비상경고등 : 방향지시등과 비상경고등은 자동차의 진행방향과 비상시 신호를 다른 자동차나 보행자에게 알리는 중요한 역할을 한다.(밝기 : 50~1050cd, 매분 60~120 이내 점멸)
   ㉮ 플래셔 유닛의 종류 : 전자열선식, 축전기식, 수은식, 바이메탈식 등이 있다
   ㉯ 좌우 점멸횟수가 다르거나 한 쪽만 작동하는 경우
      ㉠ 좌우 전구의 용량이 다르거나 규정용량이 아니다.
      ㉡ 접지가 불량하다.
      ㉢ 전구 하나가 단선되었다.
      ㉣ 플래셔 유닛과 지시등 사이에 단선이 있다.
   ㉰ 점멸이 느리다
      ㉠ 전구의 용량이 규정보다 작다.
      ㉡ 전구의 접지가 불량하다.
      ㉢ 축전지의 용량이 저하되었다.
      ㉣ 퓨즈, 배선의 접촉이 불량하다.
      ㉤ 플래셔 유닛에 결함이 있다.
③ 안개등(Fog lamp)
   ㉮ 안개등의 구조는 필라멘트가 1개이고 모양은 전조등과 비슷하며 텅스텐 전구를 사용한 것과 할로겐 전구를 사용하는 것이 있다.
   ㉯ 황색이나 오렌지색을 내기 위하여 전구의 유리나 렌즈에 착색하여 사용한다.(밝기 : 940~10,000cd)
④ 미등(Tail lamp)
   ㉮ 미등은 야간에 주행하거나 정지하고 있을 때 자동차가 있다는 것을 뒤차에게 알리는 표시등이다.
   ㉯ 렌즈는 적색으로 규정되어 있다.(밝기 : 2~25cd)
⑤ 제동등
   ㉮ 제동등은 브레이크 페달을 밟았을 때 타 차량에게 정지하고 있음을 알리는 램프인데 제동장치의 작동에 따라 점등되며 안전기준으로 정해져 있다. 제동등의 렌즈는 적색이다.

㉰ 브레이크 페달과 연동되어 있는 브레이크 스위치는 브레이크 페달을 밟았을 때 브레이크 스위치가 작동되어 좌·우램프에 전원을 공급하는 구조로 되어 있으며 브레이크 램프는 병렬로 연결되어 있다.(밝기 : 40~420cd)

다. 전조등의 구조 및 종류

① 전조등은 렌즈, 반사경, 필라멘트의 3요소로 되어 있으며 먼 곳을 조사하는 하이 빔(원등)과 광도를 약하게 하고 빔을 낮추는 로우 빔(근등)이 병렬로 연결되어 설치되어 있다.

② 전조등의 종류 : 전조등은 다음과 같이 4가지 종류가 있으나 일반적으로 세미 실드빔형이 널리 사용되고 있다.

㉮ 세미 실드빔형(전구 교환식) : 렌즈와 반사경이 일체로 되어 분리할 수 없도록 되어 있으며 전구는 교환이 가능하도록 되어 있도록 별개로 된 형식을 말한다.

㉯ 실드빔형(일체형) : 반사경에 필라멘트를 붙이고 또 여기에 렌즈를 녹여 붙인 다음 내부에 불활성 가스를 넣어 그 자체가 하나의 전구가 되게 한 것으로 전구가 끊어져 작동되지 않으면 헤드라이트 전체를 교환하여야 한다.

㉰ 메탈백 실드빔형 : 전구는 렌즈와 반사경이 일체로 밀봉되어 있고 반사경은 금속으로 만들어 전구를 끼우는 부분이 반사경에 납땜이 되어 있는 형식을 말한다.

㉱ 분할형 : 렌즈, 반사경, 전구가 각각 분리된 형식이다.

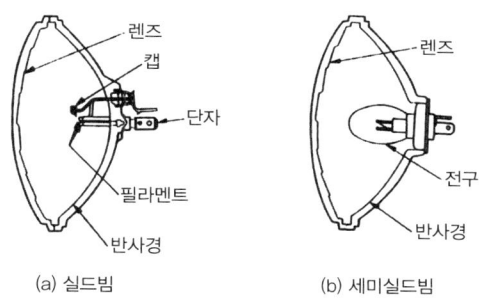

(a) 실드빔 (b) 세미실드빔

라. 전조등 시험준비 사항(스크린식)

① 수평기를 보고 시험기 수평이 되어있는가를 확인한다.

② 차량을 시험기와 직각으로 하고 시험기와 전조등이 3m(집광식 : 1m)되게 진입시킨다.

③ 타이어 공기압을 규정압력으로 하고 운전자 1명이 탑승한 채 측정한다.

④ 시험기 좌우 다이얼 및 상하 다이얼을 '0'으로 돌린다.

4) 에탁스(ETACS, electric time and alarm control system)

가. 개요

자동차의 전기장치의 기능이 복잡해지고 다양해짐에 따라 운전자는 편하게 사용할 수가 있지만 정비 시 예전보다 더 어렵다. 이러한 장치를 한 개의 컴퓨터로 제어한다면 정비성 향상은 물론 원가절감, 조립공정의 시간절약 등의 이점이 있다. 이러한 편리성을 감안하여 여러가지의 복잡한 기능을 한 개의 컴퓨터에 입력시켜 제어하는 장치가 바로 에탁스이다.

나. 기능

자동차 전기 중에서 시간과 경고에 관련된 많은 장치를 하나의 컴퓨터에 의해 종합제어 하게 된다.

① 감광식 룸램프 제어
② 간헐식 와이퍼 제어(와셔 연동 와이퍼 포함)
③ 시트 벨트 경고 타이머 제어
④ 열선 타이머 제어(아웃사이드 밀러 히트 포함)
⑤ 도어 열림 경고 제어(차임벨)
⑥ 중앙 집중식 도어 잠금
⑦ 이그니션 키 홀 조명 제어
⑧ 파워 윈도우 타이머 제어
⑨ 키 회수 기능
⑩ Lamp Auto Cut(배터리 세이브) 제어
⑪ 버글러 알람제어
⑫ 트렁크 룸램프
⑬ Keyless Entry 기능 – 리모트 스타트 기능

5) 이모빌라이저(Immobilizer)

이모빌라이저 시스템은 무선통신 방식으로 키의 기계적인 일치뿐만 아니라 무선으로 통신되는 암호코드가 키와 차량이 일치하는 경우에만 시동이 걸리도록 한 도난 방지 장치이다.

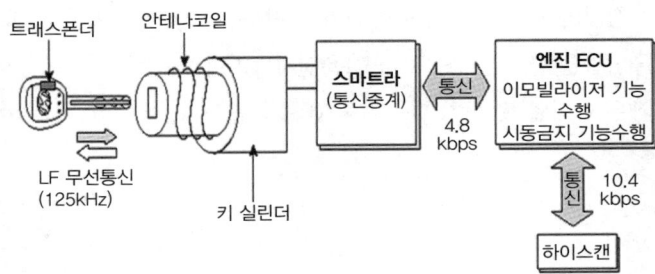

가. 구성부품의 기능

① 트랜스폰더(Transponder) : 반도체 칩(Chip)으로 암호 데이터를 연산하여 결과를 전송한다.
② 안테나 코일 : 트랜스폰더에서 출력되는 신호를 수신하여 스마트라에 전달한다.
③ 스마트라(Smartra) : 엔진 ECU에서 전달하는 데이터를 수신하여 안테나 코일을 거쳐 트랜스폰더로 무선데이터를 전달한다.
④ 엔진 ECU : 스마트라 및 안테나 코일을 통해 트랜스폰더로 전기에너지를 무선으로 전달하고 트랜스폰더에서 전송된 차량비밀코드를 수신하여 이 비밀코드를 해독하여 맞았을 때 시동이 가능하게 한다.

나. 시스템 작동

① 자동차 키에 내장된 트랜스폰더는 차량의 비밀코드를 저장하고 있으며 또한 이 트랜스폰더는 배터리 구동이 아닌 안테나 코일로부터 유도된 전자기력에 의해 작동된다.
② 이모빌라이저 유니트는 시동 키 뭉치에 내장된 안테나를 통해 자동차 키에 내장된 트랜스폰더로 전기에너지를 무선으로 전달하고, 트랜스폰더에서 전송된 차량비밀코드를 수신하여 이 비밀코드를 해독하는 기능을 하고 비밀코드가 맞았을 경우에만 시동이 가능하도록 엔진 ECU로 정보를 송신한다.
③ 엔진ECU는 이모빌라이저 유니트에서 전송된 데이터를 읽고 판독하여 암호일 경우에만 시동이 가능하도록 하고 해당 차량의 고유 정품키가 아니면 엔진의 연료공급을 차단하여 시동이 걸리지 않도록 하는 기능을 한다.

6) 통합운전석기억장치(IMS, Integrated Memory System)

운전자 자신이 설정한 최적의 시트 위치를 메모리 스위치와 위치센서에 의해 유닛에 기억시켜 시트위치가 변해도 한번에 자신이 설정한 시트위치에 재생시킬 수 있는 시스템이다.

가. IMS 기능

① 수동조작에 의한 수동 기능
② 2명분의 기억 재생
③ 승하차 연동 동작
④ Keyless에 의한 기억재생 기능
⑤ 후진시 미러 다운기능
⑥ 재생동작 금지 및 긴급정지 기능

나. IMS 구성품

① Keyless 엔트리 리시버, IMS 컨트롤 스위치
② IMS 미러 컨트롤 유니트
③ IMS 파워 시트 컨트롤 유니트 외

다. 메모리 재생금지 조건
① 메모리 스위치가 OFF후 5초 경과 후
② 점화스위치 OFF 후
③ 차속이 3km/h 이상 일 때
④ 수동스위치의 조작이 있을 때

02 에어백 및 냉방장치

1) 에어백(Air-Bag)

가. 에어백의 원리

에어백은 차량 충돌시, 전면부·측면부와의 충돌로 인한 충격으로부터 자동차 승객을 보호하는 장치로 안전벨트와 더불어 대표적인 탑승객 보호장치이다.

에어백 시스템은 감지 시스템(SDM, Sensor Diagnostic Module)과 에어백 모듈(Air-Bag Module)로 이루어져 있는데, 감지 시스템은 센서, 배터리, 진단장치 등으로 구성되며, 에어백 모듈은 에어백과 작동기체 팽창장치로 이루어져 있다.

나. 에어백의 작동

에어백의 작동은 변형이나 이동하지 않는 고정벽 따위에 정면으로 시속 20~30km 정도의 속도로 충돌했을 만큼의 강한 충격에서 작동한다. 차량 충돌시 컨트롤 유니트 내의 G-센서가 감속도를 검출하여 전기 신호로 바꾼 후 출력하면 작동기체장치가 폭발되며, 충돌부터 에어백이 완전 작동되는 시간은 보통 0.03~0.05초 정도의 짧은 시간이다.

> **Note** | 에어백 전개되지 않는 조건
> • 충돌시 충격이 심하지 않은 경우
> • 충격 발생 방향이 정면이 아닌 경우
> • 기타 조건에서 안전센서에 충격을 주지 못하는 경우
> • 충돌기록과 ECU내부불량(충돌감지 센서불량) 이 나타나는 경우

다. 에어백 구성품 및 기능

① 운전석 에어백 모듈 : 스티어링 휠 중앙에 위치하고 있으며 인플레이터를 내장하고 있다.
② 조수석 에어백 모듈 : 조수석 에어백 모듈은 인플레이터와 에어백, 커버, 에어백 장착용 브라켓으로 구성되어 있다.
③ 벨트 프리텐셔너(Belt Pretensioner) : 차량 충돌시 에어백 작동 전 안전벨트의 느슨한 부분을 되감아 승객을 시트에 고정시켜 크러시 패드나 전면 유리에 승객이 부딪히는 것을 예방한다.

■ Section 3 그 밖의 장치들

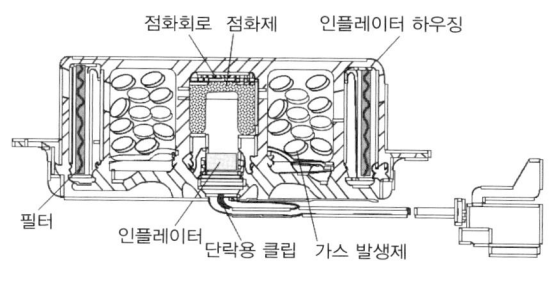

〈에어백의 구조〉

④ **인플레이터(Inflator)** : 인플레이터에는 화약, 점화제, 가스발생기, 디퓨져 스크린 등을 알루미늄제 용기에 넣은 것으로 에어백모듈 하우징에 장착된다. 인플레이터 내에는 점화 전류가 흐르는 전기 접속부가 있어 화약에 전류가 흐르면 화약이 연소하여 점화재가 연소하면 그 열에 의하여 가스 발생제가 연소한다. 연소에 의하여 급격히 발생한 질소 가스가 디퓨져 스크린을 통과하여 에어백 안으로 유입된다. 디퓨져 스크린은 연소가스의 이물질 제거 휠터 외에도 가스온도의 냉각, 가스음을 저감하는 역할을 한다.

⑤ **클럭스프링(Clock Spring)**
  ㉮ 클럭스프링은 조향 핸들과 스티어링 컬럼 사이에 장착되며 에어백 ECU와 에어백 모듈 사이의 접촉방법을 종래의 혼(Horn)과 같은 방법이 아닌 배선에 의한 연결을 한다. 그러나 일반배선을 사용하여 연결을 하면 좌·우 조향시 배선이 꼬여 단선이 되고 만다. 이러한 단점을 보완한 클럭스프링은 내부에 좌·우로 감길 수 있는 종이 모양의 배선 장착하여 조향핸들의 회전각을 대처할 수 있게 되었다. 클럭스프링은 조향 핸들과 같이 회전하기 때문에 반드시 중심위치를 맞추어야 하며 만일 중심위치가 맞지 않으면 클럭스프링 내부의 종이배선이 끊어지거나 저항이 증가하여 경고등이 점등된다.
  ㉯ 클럭스프링 중심위치 맞추는 방법
    ㉠ 조향 핸들을 탈거한다.
    ㉡ 클럭스프링을 시계방향으로 멈출 때까지 최대한 회전시킨다.
    ㉢ 반시계방향으로 2바퀴와 9/10바퀴를 회전시켜 케이스에 마킹된(▶,◀) 마크를 일치시킨다.
    ㉣ 조향 핸들을 장착하고 에어백 경고등 점등 여부를 확인한다.

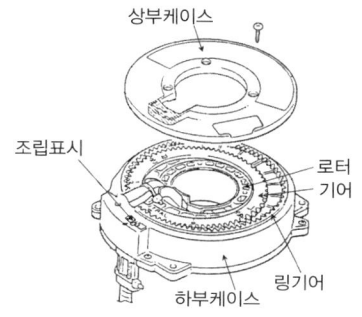

⑥ **충돌 감지 센서** : 차량 충돌시 전기적으로 충돌을 감지하여 에어백 ECU에 전달한다.
⑦ **안전센서** : 기계적으로 충돌을 감지하는 센서이며 충돌감지센서의 오작동을 감지한다.

⑧ 버클센서(Buckle Sensor) : 조수석에 탑승한 승객의 안전벨트를 감지하여 전달되는 신호를 에어백 ECU가 판단하여 설정된 속도에 따른 에어백 및 프리텐셔너를 제어한다.

2) 냉방장치

가. 냉방장치의 원리

액체에서 기체로 변화할 때 주위에서 기화에 필요한 잠열을 빼앗기 때문에 주위의 온도는 내려간다. 자동차용 에어컨에서는 냉각 효과를 내는 액체(냉매)를 항상 새롭게 연속적으로 공급할 수 없기 때문에, 액체를 순환시켜 연속적이고 지속적인 냉각효과를 낼 수 있도록 고안한 방법이 현재의 냉매를 이용한 에어컨시스템이다.

① 감열 : 물이 들어있는 그릇에 열을 가하면 물이 뜨거워지고, 또는 철봉을 산소버너로 가열하며 점점 뜨거워지는데, 일반적으로 물체를 뜨겁게 하거나 차갑게 하는 경우 물체의 온도가 변화하는데 관계되는 열을 감열이라고 한다.

② 잠열 : 온도 변화 없이 물질의 상태변화만을 일으키는 열을 잠열이라고 한다. 또한, 물을 증기로 변화시키는데 소요되는 잠열을 증발 잠열이라고 하고, 증기를 물로 냉각할 때 감소되는 잠열을 응축 잠열이라고 한다.

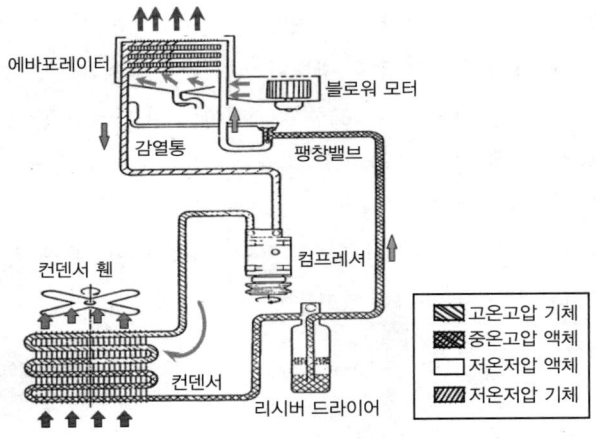

나. 냉방장치의 구성품과 기능

① 냉매(Refrigerant) : 냉동 사이클에 사용되는 증발하기 쉬운 액체를 말하며, 저온부의 열을 고온부로 운반하는 작용을 한다. R-134a를 많이 사용한다.

㉮ 냉매의 순환 : 압축기(컴프레서) → 응축기(콘덴서) → 팽창밸브 → 증발기(evaporator)

㉯ 냉매의 구비조건

  ㉠ 증발열이나 증기의 비열이 클 것
  ㉡ 액체의 비열이 작으며 또 악취가 없고 인체에 무해할 것

ⓒ 가연성, 폭발성이 없을 것
　　　ⓔ 임계온도가 높고 응고점이 낮을 것
　　　ⓜ 사용온도 범위가 넓을 것
　　　ⓗ 누출을 쉽게 발견할 수 있을 것
② 압축기(Compressor) : 증발기에서 기체상태로 변한 차가운 저압의 냉매가스를 흡입, 압축하여 고온고압 상태의 기체로 만들어 응축기로 보내는 역할을 한다.
③ 응축기(Condenser) : 압축기에서 전달된 고온고압의 냉매를 공기로 냉각하여 액체상태의 냉매로 전환시켜주는 역할을 한다.
④ 팽창밸브(Expansion valve) : 고압의 액체냉매가 팽창밸브를 거치면서 저온, 저압의 기체상태로 되면서 증발기로 보내진다.
⑤ 증발기(Evaporator) : 팽창 밸브에 의해 팽창된 액 냉매를 증발시켜 주위에서 증발열을 빼앗아 다른 유체를 냉각하는 일종의 열교환기를 말한다.
⑥ 건조기(Receiver-dryer) : 응축기에서 액체상태로 된 냉매는 완전한 액체상태가 아니라 기체와 액체가 섞여있기 때문에 기체상태의 냉매와 액체상태의 냉매를 분리해서 액체만을 팽창밸브를 통과시켜 증발기에 보내는 역할을 한다. 또한 냉매에 수분 및 이물질을 제거하는 역할을 한다.

다. 전자동에어컨(FATC, Full automatic Temperrature Control)

① 온도 다이얼을 희망하는 온도에 맞추면 햇빛의 유/무와 내기/외기온도의 변화 등에 대해 자동적으로 실내온도를 설정온도에 맞추어 일정하게 유지하도록 공기의 흡입구, 바람의 흡출구, 흡출온도, 풍량, 압축기 ON/OFF 등과 같은 제어를 컴퓨터(ECU)에 의해 자동으로 제어하는 시스템이다.

입력부	제어부	출력부
• 실내온도센서 • 외기온도센서 • 일사량센서 • 핀써모센서 • 냉각수온센서 • 온도조절 액추에이터 • 위치센서 • AQS 센서 • 스위치 압력 • 전원공급	FATC 컴퓨터	• 온도조절 액추에이터 • 풍향조절 • 내외기조절 • 파워 T/R • HI 블로워 릴레이 • 에이컨 출력 • 컨트롤판넬 화면 DISPLAY • 센서전원 • 자기진단 출력

② 관련센서 및 기능
　㉮ 냉매 압력 센서 : 냉매 압력에 따른 센서 내부 저항 변화를 이용해 냉매 압력을 감지하는 센서다. 이 센서의 역할은 저압 및 고압 차단과 중압에서 원활한 응축 위해 콘덴서 팬을 고속으로 작동시킨다. 주로 건조기 출구와 팽창밸브 입구 사이, 건조기나 축적기에

㉯ 핀 써모 센서 : 증발기 핀 온도를 감지(서미스터)해 자동 에어컨 C/U로 입력시키는 역할을 한다. 자동 에어컨 C/U는 증발기 온도가 0.5℃ 이하로 감지되면 빙결을 방지하기 위하여 컴프레셔 구동 출력을 OFF 시키며 3℃ 이상이면 컴프레셔를 구동시킨다.

㉰ 실내 온도 센서 : 차량의 실내 온도를 감지해 자동에어컨 C/U로 입력시키는 역할을 한다. 부특성 서미스터(NTC) 소자로 제작됐다. 따라서 감지 온도와 출력 전압이 반비례하는 특성을 갖는다.

㉱ 외기 온도 센서 : 프런트 범퍼 뒤편에 설치됐으며 외부 공기의 온도를 감지해 자동 에어컨 C/U로 입력시키는 역할을 한다. 자동 에어컨 C/U는 실내 온도와 외기 온도 센서 신호를 기준으로 냉·난방 자동 제어를 실행한다. 실내 온도 센서와 동일하게 부특성 서미스터 소자가 재료로 사용된다.

㉲ AQS(air quality system) 센서 : 유해배기가스 감지용 반도체를 이용하여 유해가스(CO, HC, NO_2, SO_2)를 감지하여 이들 가스의 실내유입을 자동적으로 차단하여 최적의 실내공기를 유지한다.

㉳ 일사량 센서 : 포토센서라고도 하며 일사량을 감지하여 ECU에 전달하면 온도와 풍량을 보정한다.

> **Note | 에어컨 라인 압력 점검방법**
> - 직사 광선이 비치지 않는 곳에 차량을 주차시킨다.(외기 온도 25℃ 이상)
> - 에어컨 매니폴드 게이지 양쪽 피딩 밸브를 잠근다.
> - 매니폴드 게이지 세트의 충전 호스를 에어컨 라인 피팅에 설치한다. 고압 호스(적색), 저압 호스(청색)
> - 엔진 회전수를 1500~2000rpm 유지시키고 10분 정도 후 에어컨 스위치 최대단수로 작동시킨 후 각 부분별로 온도 및 압력을 측정한다.

Section 4
적중예상문제

01 일정한 시간을 두고 기전력의 크기와 방향이 변하는 전류를 무엇이라고 하는가?
① 맥류 ② 직류
③ 교류 ④ 정류

해설 직류와 교류
- 직류(DC) : 전류의 흐르는 방향이 시간의 흐름에 따라 변하지 않는 전류
- 교류(AC) : 전류의 흐르는 방향과 크기가 시간의 흐름에 따라 주기적으로 변하는 전류

02 교류 평균 전력의 설명으로 가장 적합한 것은?
① 전압의 실효값×전류의 실효값×$\cos\theta$로 나타낸다.
② 0에서 1까지의 값으로 표시하거나 또는 여기에 100을 곱하여 %로 표시한다.
③ $EI\cos\theta$ 라는 일정한 전력과 2배의 각속도로 변화하는 전력과의 도로 표시한다.
④ 단위는 Wh 또는 V·A를 쓴다.

03 0.3μF와 0.4μF의 축전기를 병렬로 연결하고 12V의 전압을 걸면 얼마의 전기량이 축전되는가?
① 6.9μF ② 8.4μF
③ 17μF   ④ 21μF

해설 $Q = C \times E$ (Q : 전기량, C : 정전용량(μF), E : 전압(V))
병렬 연결시 정전용량 = $C_1 + C_2 + C_n$
∴ $C = (0.3\mu F + 0.4\mu F) \times 12V = 8.4\mu F$

04 다음 중 니크롬선의 고유저항은 110μΩcm이다. 단면적 0.001cm², 길이 5m의 저항은?
① 0.55Ω ② 5.5Ω
③ 55Ω   ④ 550Ω

해설 $R = \rho \times \dfrac{L}{A}$
[R : 물체의 저항(Ω), ρ : 고유저항(Ωcm), A : 단면적(cm²), L : 길이(cm)]
∴ $R = 110 \times 10^{-6} \times \dfrac{500}{0.001} = 55\Omega$

05 다음의 축전기 중 걸리는 정압이 같을 때 전기적 에너지가 가장 큰 것은?
① 5μF   ② 25μF
③ 32μF   ④ 100μF

해설 1F(패럿)이란 1V의 전압을 가하였을 때에 1쿨롱의 전기가 저장되는 축전기의 용량으로서 패럿의 단위는 실용상 너무 크기 때문에 μF을 사용한다. 따라서 용량이 큰 것이 전기적 에너지가 가장 크다.

06 다음 그림과 같이 저항을 연결했을 때의 합성 저항은?

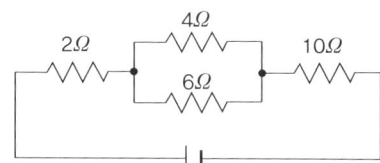

① 9.4 Ω   ② 14.4 Ω
③ 17 Ω   ④ 22 Ω

해설 $R = R_1 + \dfrac{1}{\dfrac{1}{R_2}+\dfrac{1}{R_3}} + R_4$
$= 2 + \left(\dfrac{1}{\dfrac{1}{4}+\dfrac{1}{6}}\right) + 10 = 2 + 2.4 + 10 = 14.4$

07 트랜지스터의 3대 구성품은?
① 베이스, 플레이트, 컬렉터
② 이미터, 플레이트, 베이스
③ 이미터, 컬렉터, 베이스
④ 컬렉터, 베이스, 애노드

정답 01 ③ 02 ① 03 ② 04 ③ 05 ④ 06 ② 07 ③

08 다음은 다이오드에 대한 설명이다. 관계없는 것은?

① 불순물 반도체를 이용한 PN 접합체이다.
② 역전압이 높으면 반대방향으로 흐른다.
③ 다이오드의 기호표시이다.
④ 한쪽으로만 전류를 흐르게 한다.

해설 역전압이 높을 때 흐르게 하는 다이오드는 정전압 다이오드(제너 다이오드)라고 한다.

09 다음은 반도체에 대한 설명으로 잘못된 것은?

① 온도가 높아지면 저항이 감소하는 부 온도계수의 물질이다.
② 고유저항이 도체에 비하여 적다.
③ 도체와 부도체의 중간인 고유저항을 가진 물질이다.
④ 빛, 열, 자력 등의 외력에 의해 다양한 반응을 나타낸다.

해설 반도체의 고유저항은 $10^{-4}\Omega cm$로부터 $10^{4}\Omega cm$ 정도이면 도체보다 많고 부도체보다는 적다.

10 전류가 급격히 흐르기 시작하는 전압을 무슨 전압이라 하는가?

① 밸브 전압
② 브레이크 다운 전류
③ 브레이크 다운 전압
④ 컷인 전압

11 IC에 대한 설명 중 틀린 것은 어느 것인가?

① 회로선택설계의 자유가 제한되고 큰 저항과 축전기를 얻기 위한 곳에 사용된다.
② 1개의 기관에 여러 개의 트랜지스터와 저항들을 결합하여 고체화시킨 전기회로이다.
③ IC의 종류에는 반도체 IC, 다이어프램막 IC, 혼성 IC가 있다.
④ 초소형으로 할 수 있으며 신뢰성, 내구성, 경제성이 우수한 전기회로이다.

해설 설계가 회로선택의 제한되고 큰 저항이나 축전기를 얻기 어려운 결점을 가진 것이 IC이다.

12 반도체의 성질 중 홀 효과라는 것은?

① 길고 좁은 복도의 방향
② 자기의 강도에 비례하는 전압을 발생하는 현상
③ 흡기 매니폴드를 통과하는 공기의 흐름
④ 캠축 측정에 있어서 제로 크로싱 오차

13 트랜지스터의 장점 중 틀린 것은?

① 전력 손실이 적다.
② 예열 시간을 요하지 않는다.
③ 극히 소형이고 가볍다.
④ 높은 온도에서 견딘다.

해설 트랜지스터의 장·단점

장점	단점
• 극히 소형이고 가볍다. • 내부에서 전력 손실이 대단히 적다. • 예열을 요하지 않고 곧 작동한다. • 기계적으로 강하고 수명이 길다.	• 높은 온도에서는 특성이 저하된다. • 일반적으로 역전압이 낮기 때문에 높은 전압이 가해지는 곳은 사용할 수 없다. • 정격값을 넘으면 파괴되기 쉽다.

14 각종 차량에 전자식 릴레이를 사용하는 이유 중 맞는 것은?

① 적은 전류로 큰 전류를 제어하기 위하여 사용한다.
② 전기기구의 성능 향상을 위하여 사용한다.
③ 차량의 전체 가격을 줄이기 위하여 사용한다.
④ 모터 등의 열적부하 방지를 위해 사용한다.

해설 트랜지스터와 전자식 릴레이는 회로 중에 흐르는 큰 전류를 적은 전류를 이용하여 단속할 수 있기 때문에 많이 사용된다.

정답 08② 09② 10③ 11① 12② 13④ 14①

15 차량에서 전자석 릴레이를 사용하는 이유 중 맞는 것은?

① 적은 전류로 큰 전류를 제어하기 위해
② 전자 기구의 성능을 향상시키기 위해
③ 차량 전체 가격을 줄이기 위해
④ 모터 등에 열적 부하를 방지하기 위해

해설 자동차에서는 효율적인 전류제어를 하기 위해서 8핀, 6핀, 4핀, 2핀의 릴레이가 사용되고 있다.

16 다음의 논리 회로에서 A와 B 동시에 1이 되어야 출력 C도 1이며, 하나라도 0이면 출력이 0이 되는 회로는?

① OR회로
② AND회로
③ NOT회로
④ NOR회로

해설 컴퓨터의 논리회로(기호 1은 ON, 기호 0은 OFF)

17 온도에 따라 저항값이 크게 변화하는 반도체는?

① 서미스터
② 사이리스터
③ 포토 트랜지스터
④ 발광 다이오드

18 제너 다이오드를 사용하는 회로는?

① 고주파 회로
② 저압 정류 회로
③ 브리지 정류 회로
④ 전압 안정 회로

해설 제너 다이오드는 역 방향에 가해지는 전압이 어떤 값에 이르면 정방향 특성과 같이 급격히 전류를 흐르게 한 다이오드로서 제너 전압은 온도 및 사용에 의한 변화가 적기 때문에 자동차용 전압 조정기의 전압 검출이나 정 전압 회로에 사용된다.

19 다음에서 자동차의 축전기 역할이라고 할 수 없는 것은?

① 기동 장치의 전기 부하를 부담한다.
② 자동차의 주행 상태에 따르는 발전기 출력과의 언밸런스를 조정한다.
③ 자동차의 주행을 위한 전원으로 작동한다.
④ 발전기 출력 이상의 부하가 요구될 때 등화 등에 전력을 공급한다.

해설 정상 주행 중의 전원은 발전기가 공급한다.

20 축전지의 충·방전 화학식이다. ( ) 속에 해당되는 것은 무엇인가?

$$PbO_2 + (\ ) + Pb \underset{충전}{\overset{방전}{\rightleftarrows}} PbSO_4 + 2H_2O + PbSO_4$$

① H_2O
② $2H_2O$
③ $2PbSO_4$
④ $2H_2SO_4$

해설 전해액(묽은황산)이다. $2H_2SO_4$의 무색, 무취이다.

21 축전지의 용량은 무엇에 따라 결정되는가?

① 극판의 크기, 극판의 수 및 황산의 양
② 극판의 크기, 극판의 수 및 셀의 수
③ 극판의 수, 전해액의 비중, 셀의 수
④ 극판의 수, 셀의 수 및 발전기의 충전능력

해설 축전의 용량은 극판의 크기, 극판의 수, 황산의 양에 비례한다.

22 축전지의 설페이션(황산화)의 원인으로 틀린 것은?

① 장기간 방전 상태로 방치하였다.
② 전해액의 비중이 너무 낮다.
③ 전해액의 불순물이 포함되어 있다.
④ 과충전 했다.

해설 설페이션 현상이란 과방전된 상태로 오래 방치하여서 황산납으로 변한 극판이 각각 원래의 해면상납, 과산화납으로 돌아가지 못하는 상태를 말한다.

정답 15 ① 16 ② 17 ① 18 ④ 19 ③ 20 ④ 21 ① 22 ④

Chapter 3 자동차 전기 · 전자장치정비

23 축전지의 용량 표시 방법에 속하지 않는 것은?

① 20시간 방전 ② 25(A)율
③ 냉간율 ④ 50시간 방전율

해설 축전지의 용량은 완전 충전된 축전지를 일정의 전류로 연속 방전하여 방전중의 단자 전압이 규정의 방전 종지 전압이 될 때까지 꺼낼 수 있는 전기량으로 표시된다.

24 축전지의 온도가 내려갈 때 일어나는 현상 중 틀린 것은?

① 전해액의 비중이 내려간다.
② 용량이 내려간다.
③ 전압이 내려간다.
④ 동결하기 쉽다.

해설 온도가 내려갈 때 축전지의 영향
• 전해액의 비중이 높아진다.
• 용량이 내려간다.
• 용량은 감소한다.
• 전압은 낮아진다.

25 축전지의 자기방전의 원인은?

① 축전지의 표면에 전기회로가 생겼을 때
② 발전기의 힘이 강할 때
③ 황산의 양이 적을 때
④ 증류수의 양이 많을 때

해설 자기방전의 원인
• 구조상 부득이 한 것
• 불순물에 의한 것
• 단락에 의한 것
• 축전지 표면에 전기회로가 생겼을 때

26 다음은 기동 전동기를 주요부분으로 분류한 것이다. 이에 속하지 않는 것은?

① 회전력을 발생하는 부분
② 회전력을 엔진에 전달하는 기구
③ 피니언을 링기어에 물리게 하는 부분
④ 부하전류를 측정하는 전류계

해설 전류계는 테스터기이다.

27 기동 전동기에서 회전수 2000rpm, 출력 1PS, 링기어 잇수 63, 피니언 잇수 7일 때 링기어의 회전력은?

① 0.04m-kg ② 0.05m-kg
③ 3.22m-kg ④ 4.05m-kg

해설 $PS = \dfrac{T \times R}{716}$ 이므로

$\therefore T = \dfrac{PS \times 716}{R} = \dfrac{1 \times 716}{2000} = 0.358 m - kg$

$\therefore 0.358 \times \dfrac{63}{7} = 3.22 m - kg$

28 엔진의 회전저항이 6m-kg이고 링기어의 잇수가 117개, 피니언의 잇수가 9개라고 하면 이 엔진을 회전시키기 위한 기동 전동기의 필요한 최소 회전력은?

① 0.47m-kg ② 0.54m-kg
③ 1.35m-kg ④ 0.91m-kg

해설 최소 회전력 = 회전저항 × $\dfrac{\text{구동피니언의 잇수}}{\text{링기어의 잇수}}$

$= 6 \times \dfrac{9}{117} = 0.47$

29 기동 장치의 구동 방식이 아닌 것은?

① 벤딕스식 ② 피니언 섭동식
③ 푸시 버튼식 ④ 전기자 섭동식

해설 푸시 버튼식은 크랭킹을 하기 위한 스위치로서 단자를 직접 접촉시키게 되어 있다.

30 기동 전동기의 무부하 시험을 할 때 필요 없는 것은?

① 저항계 ② 전압계
③ 전류계 ④ 가변저항

해설 기동 전동기 무부하 시험시 준비물 : 축전지, 전류계, 전압계, 가변저항, 회전계

정답 23 ④ 24 ① 25 ① 26 ④ 27 ③ 28 ① 29 ③ 30 ①

31 기동 회로의 전압 강하가 몇 V 이하이면 정상인가?(단, 12V 축전지이다)

① 0.01V ② 0.2V
③ 0.5V ④ 1.2V

32 기동 전동기가 큰 전류는 흐르나 회전력이 작은 고장 원인이 아닌 것은?

① 전기자 코일의 단락
② 전기자 코일 또는 계자 코일의 접지
③ 계자 코일의 단선
④ 베어링 불량 또는 전기자축의 휨

해설 큰 전류가 흐름에도 불구하고 회전력이 작다는 것은 개회로(단선)가 된 경우가 아니고 계자 코일과 전기자 코일 사이의 회로에 단락이나 접지에 의해 전류 소실이 일어나고 있다.

33 점화 코일 실험에 있어서 일반적으로 적당한 방법은?

① 오슬로스코프 시험을 한다.
② 고주파 코일 시험기를 사용한다.
③ 네온관 시험기를 사용한다.
④ 축전기 시험기를 사용한다.

해설 자동차 점화계통의 전압과 전류 흐름 변동이 파상적으로 변하기 때문에 기관 파형 점검은 오슬로스코프 파형기를 사용하여 규정전압과 비교판정 할 수 있다.

34 점화장치에서 축전기의 연결은?

① 1차 코일과 2차 코일 사이에 연결
② 단속기 접점과 병렬로 연결
③ 단속기 접점과 직렬로 연결
④ 2차 코일에 연결

해설 점화 코일의 수명연장과 접점식에서는 단속기 포인트 접점간극의 소손을 막기 위해서이다.

35 점화 시기 점검 및 조정에 관한 설명 중 틀린 것은?

① 점화 시기가 늦으면 로터 회전 반대 방향으로 배전기를 돌려 맞춘다.
② 점화 시기가 빠르면 로터 회전 방향으로 배전기를 돌려 맞춘다.
③ 타이밍 라이트를 비추어서 타이밍 마카와 타이밍 지침과의 관계를 본다.
④ 점화 시기 측정전에 기관의 정상 운전온도가 될 때까지 기다릴 필요는 없다.

해설 기관의 튠업 측정시에는 항상 기관을 워밍업 운전을 실시하여 정상온도(95℃ 이상)이 되도록 한 후에 실시해야 정확한 측정값을 판독할 수 있다.(750±50rpm이 가장 이상적이다.)

36 점화 플러그의 열가에 관한 것이다. 올은 것은?

① 열받는 면적이 작고 방열 경로가 짧은 것이 냉형 플러그이다.
② 냉형 플러그는 열받는 면적이 크고 방열 경로가 길다.
③ 일반적으로 열방산이 늦은 것이 냉형이다.
④ 열받는 면적이 작고 방열 경로가 긴 것이 열형 플러그이다.

해설 고온고압축 기관에는 냉형 점화 플러그 저온 저압축 기관 열형 점화 플러그 즉, 중심단자 위치로 판정할 수 있다.

37 DLI 점화장치의 특징 중 틀린 것은?

① 배전기에 의한 배전 누전이 없다.
② 배전기 로터와 캡 전극 사이의 고전압 에너지 손실이 없다.
③ 배전기 캡에서 발생하는 전파 잡음이 없다.
④ 배전기가 없으므로 타이밍 진각을 할 수 없다.

정답 31 ② 32 ③ 33 ① 34 ② 35 ④ 36 ① 37 ④

38 점화 플러그가 자기 청정온도 이상이 되면 어떤 현상이 일어나는가?

① 조기 점화
② 후화
③ 실화
④ 역화

해설 자기청정온도 450℃ 이하시에는 연소실 쪽 밸브헤드에 카본이 퇴적 상태가 되므로 연소상태에서 조기점화 원인이 된다.

39 전자배전 점화장치(DLI)의 특징에 해당되지 않는 것은?

① 고전압 에너지 손실이 적다.
② 전파 방해가 적다
③ 진각폭의 제한을 받는다.
④ 배전 누전이 적다.

해설 전자배전 점화장치(DLI)의 특징
- 배전기가 없기 때문에 전파 장해의 발생이 없다.
- 엔진의 회전속도에 관계없이 2차 전압이 안정된다.
- 점화시기가 정확하고 점화성능이 우수하다.
- 고전압이 감소되어도 유효 에너지의 감소가 없기 때문에 실화가 적다.
- 범위 제한이 없이 진각이 이루어지고 내구성이 크다.
- 전파 방해가 없으므로 다른 전자제어장치에도 장해가 없다.
- 고압 배전부가 없기 때문에 누전의 염려가 없다.
- 실린더 별 점화시기 제어가 가능하다.

40 노크와 점화시기에 관한 사항으로 관계가 먼 것은?

① 점화시기를 빠르게 하면 연소 최대 압력이 높아지고 노크가 발생한다.
② 최대 토크의 점화시키는 노크를 일으키는 점화시기 전후방에 있다.
③ 노크 한계를 노크 센서로 검출하면 노크 최대한도까지 점화시기를 진각시킬 수 없다.
④ 과급기 장착 엔진에서는 단열압축 공기를 이용하기 때문에 노크 방지를 위해 점화시기를 제어한다.

해설 노크와 점화시기
- 점화시기를 빠르게 하면 연소 최대압력이 높아져 노크가 발생된다.
- 엔진에서 최대 토크가 발생하는 점화시기를 MBT(minimum spark advance for best torque)라 하며, 이 점은 노크가 발생하기 시작하는 점화시기와 매우 인접되어 있다.
- 노크 한계를 노크 센서가 검출하면 노킹 영역 부근까지 점화시기를 접근시킬 수 있다.
- 과급기 장착 엔진에서는 단열압축공기를 공급하기 때문에 노크 방지를 위해 점화시기를 제어한다.

41 발전기에서 타려자식과 자려자식의 방법 중 틀린 것은?

① 타려자식은 AC에 사용한다.
② 타려자식은 DC에 사용한다.
③ 자려자식은 DC에 사용한다.
④ AC발전기는 극성을 주지 않는다.

해설 발전기
- 자려자식 발전기 : DC발전기의 계자코일에 전류 공급을 자극이 있는 잔류자기를 기초로 하여 발전기 자체에서 발생한 전류로 공급하여 여자하게 된 것
- 타려자식 발전기 : AD계자코일에 따로 설치한 전원으로 여자하게 된 것

42 다음은 AC발전기의 특징이다. 틀린 것은?

① 가볍고 잡음이 적다.
② 전류 조정기만 있으면 된다.
③ 기관 공회전시에도 충전이 된다.
④ 브러시 수명이 길다.

해설 교류 발전기의 특징
- 속도변화에 따른 적용범위가 넓고 소형·경량이다.
- 저속시에도 충전이 가능하다.
- 조정기는 전압 조정만 필요하다.
- 가동이 안정되어 있어 브러시 수명이 길다.
- 정류자 소손에 의한 고장이 없다.
- 다이오드를 사용하기 때문에 정류 특성이 좋다.

43 AC발전기 다이오드가 하는 역할은?

① 교류를 정류하고 역류를 방지한다.
② 전류를 조정하고 교류를 정류한다.
③ 여자전류를 조정하고 역류를 방지한다.
④ 전압을 조정하고 교류를 정류한다.

해설 교류 발전기 다이오드 역할
- AC(교류전류) → DC정류작용
- 축전지의 전류를 보상하여 자동차 전기계통에 전류 공급

정답 38 ① 39 ③ 40 ③ 41 ② 42 ② 43 ①

44 다음 발전기 설명 중 틀린 것은?

① 교류 발전기는 고속회전하면 정류작용이 나쁘고 정류자가 소손된다.
② 직류 발전기는 구조적으로 출력을 증대시키기 위해 크기와 중량이 현저하게 증가한다.
③ 교류 발전기는 고속회전에 잘 견딘다.
④ 교류 발전기는 직류 발전기에 비해 브러시 수명이 길다.

해설 고회전력의 부하를 받으면 코일이 손상된다.

45 현재 사용되는 AC발전기 배선결선 방법은?

① U결선　　② Z결선
③ I결선　　④ Y결선

해설 AC발전기의 배선결선은(델타 결선, 스타결선)이 있다.

46 자동차용 AC발전기에 사용되는 다이오드의 수는 몇 개인가?

① 2개　　② 6개
③ 3개　　④ 4개

해설 −3, +3개이다.

47 다음 그림은 기관 스코프에 나타난 교류 발전기의 출력 파형이다. 이 파형이 뜻하는 것은?

① 스테이터가 개회로 된 것이다.
② 다이오드가 단락된 것이다.
③ 다이오드가 개회로 된 것이다.
④ 스테이터가 단락된 것이다.

48 주행 중 충전 램프의 경고등이 커졌다. 그 원인 중 가장 거리가 먼 것은?

① 축전지의 접지 케이블이 이완되었다.
② 발전기 뒷부분에 소켓이 빠졌다.
③ 팬 벨트가 미끄러진다.
④ 전압계의 메타가 깨졌다.

49 다음에서 히터 모터와 히터 저항의 연결방식은 어느 것인가?

① 분류식 연결　　② 직렬 연결
③ 병렬 연결　　④ 직·병렬 연결

해설 히터 모터는 난방 효과를 조절할 수 있도록 고속 또는 저속으로 변하게 되어 있다. 모터의 회전 속도 조정은 스위치 등에 설치된 저항을 직렬로 모터 회로에 넣거나 단락시키도록 되어 있다.

50 냉·난방장치의 능력은 일정한 차실의 내외 조건에 대하는 차량의 열부하에 의해 정해진다. 차량의 열부하 항목에 속하지 않는 것은?

① 승원 부하　　② 관류 부하
③ 면적 부하　　④ 복사 부하

해설 차량의 열부하
• 환기부하 : 자연 또는 강제의 환기에 의한 부하로서 주행 중의 자연 환기량은 일반적으로 차속에 비례하며 차속이 증가하면 열부하에 대하는 영향도 커진다.
• 관류부하 : 차실 벽, 바닥 또는 창면으로부터의 열 이동에 의한 부하
• 복사부하 : 직사광선, 복사열을 위한 부하
• 승원부하 : 승차원의 발열에 의한 부하

51 냉동 자동차의 기본 냉동장치의 구성은?

① 압축기, 응축기, 리시버, 팽창 밸브
② 압축기, 냉각기, 솔레노이드 밸브, 프레온
③ 압축기, 리시버, 히터, 증발기
④ 압축기, 응축기, 리시버, 팽창 밸브, 증발기

정답 44 ① 45 ④ 46 ② 47 ② 48 ④ 49 ② 50 ③ 51 ④

Chapter 3 자동차 전기 · 전자장치정비

52 AQS 시스템에서 디젤기관의 배기가스 중 감지 대상 가스가 아닌 것은?

① CO   ② NO
③ NO_2 ④ SO_2

53 AQS(air quality system)의 기능이 아닌 것은?

① 찬바람이 강하게 토출되는 현상을 최소화 한다.
② 승차 공간내의 공기청정도와 환기가 잘된다.
③ 청정공기만을 유입시켜 산소결핍 등의 현상을 방지한다.
④ 유해 배기가스의 실내유입을 차단한다.

54 전자제어 오토 에어컨 시스템의 난방 가동제어 조건이 되면 ECU는 블로워 모터의 속도를 어떻게 하는가?

① 블러워모터의 속도를 1단으로 고정시킨다.
② 블로워모터의 속도를 2단으로 고정시킨다.
③ 블로워모터의 속도를 3단으로 고정시킨다.
④ 블로워모터의 속도를 4단으로 고정시킨다.

해설 난방 기동제어시 ECU의 제어
- 블로워 모터의 회전속도를 1단으로 고정시킨다.
- 토출 모드를 디프로스터 모드로 고정시킨다.

55 자동차의 전조등 성능을 유지하기 위하여 가장 좋은 방법은?

① 축전지와 직결시킨다.
② 복선식으로 한다.
③ 굵은 선으로 갈아 끼운다.
④ 단선으로 한다.

해설 전조등은 병렬연결이다. 복선식 연결방식

56 전자제어 오토 에어컨 시스템의 페일 세이프 제어 항목이 아닌 것은?

① 실내 온도 센서
② 일사 센서
③ 핀 서모 센서
④ 온도 조절 액추에이터

해설 페일 세이프 제어 항목
- 실내 온도 센서 : 25℃로 대체 제어
- 외기 온도 센서 : 20℃로 대체 제어
- 핀 서모 센서 : 2℃로 대체 제어하고 토출구는 디프로스터 모드로 블로워 속도를 auto low로 10분간 제어
- 온도 조절 액추에이터 : 설정 온도 17~24.5℃일 경우는 최대 냉방위치로 고정하고 설정온도 25~32℃일 경우는 최대 난방 위치로 고정

57 전조등의 회로는 어떻게 연결되어 있는가?

① 병렬 연결   ② 직 · 병렬 연결
③ 직렬 연결   ④ 직권 연결

해설 각종 등의 회로 배선은 부하에 따라서 접지방식이 단선식과 복선식이 있다. 전조등은 큰 전류가 흐르기 때문에 복선식으로 프레임에 접지되어 있고 병렬연결 되어있다.

58 실드 빔형 전조등에 관하여 틀린 것은?

① 렌즈만 교환할 수 있다.
② 내부에 불활성 가스가 들어 있다.
③ 반사경이 흐려지는 일이 없다.
④ 광도의 변화가 적다.

해설 렌즈, 반사경, 필라멘트가 일체로 된 형식이며 내부에는 불활성 가스가 내장되어 있고 광도 변화가 적은 전조등이다.

59 전조등의 광도가 광원에서 25,000cd의 밝기일 경우 전방 100m 지점에서의 조도는 얼마인가?

① 250Lx   ② 50Lx
③ 12.5Lx   ④ 2.5Lx

해설 조도 $= \dfrac{cd}{r^2} = \dfrac{25000}{100^2} = 2.5$

정답 52① 53① 54① 55② 56② 57① 58① 59④

60 전류계에서 샨트 코일과 전류계 코일은 어떻게 연결되어 있는가?

① 직렬로 연결
② 병렬로 연결
③ 단자에 직렬로 연결
④ 직·병렬로 연결

61 자동차 전기 회로의 보호 장치로 맞는 것은?

① 안전밸브　　② 캠버
③ 퓨저블 링크　④ 턴 시그널 램프

해설 메인 퓨즈에 의해서 전기계통에 관련된 부품을 보호한다.

62 자동차 전기 배선 작업에서 유의할 사항으로 옳은 것은?

① 배선 작업은 습기가 있는 곳에서 하는 것이 좋다.
② 기관 작동 중 고압 케이블은 감전의 위험이 있으니 주의한다.
③ 자동차용 축전지는 위험이 절대 없다.
④ 자동차 전기 배선은 한번 해놓으면 계속 사용할 수 있다.

해설 주의할 점
　• 역전류 및 전압
　• 습도
　• 사용용도, 용량
　• 접지선(−) 접지주의

63 점화 배선을 굵은 것으로 사용하는 이유는?

① 튼튼하게 하기 위해
② 보기 좋게 하기 위해
③ 많은 전류가 흐르게 하기 위해
④ 가변 저항을 고려하기 위해

해설 배선이 굵을수록 많은 전류가 흐른다.

64 전기 배선을 점검하는데 가장 이상적인 방법은?

① 테스트 램프 사용
② 멀티 테스터기 사용
③ 점프 와이어 사용
④ 오슬로스코프 사용

해설 멀티 테스터기로 저항, 전류, 전압, 다이오드 등을 측정한다.

정답　60 ②　61 ③　62 ②　63 ③　64 ②

Chapter 04

친환경 자동차정비

Section 1
하이브리드 고전압장치

01 하이브리드 고전압장치 개요

1. 하이브리드 자동차의 특징

가. 장점
① 엔진과 모터의 장점을 동시에 이용해 연비향상을 실현한다.
② 출발 또는 가·감속 시 가솔린 엔진과 전기모터가 같이 사용되어 배터리를 저장하고 출력하며 연료 소모를 줄인다.
③ 자동차의 무게 중심 부분에 배터리가 들어가기 때문에 코너링이 안정적이다.
④ 전기모터를 사용하기 때문에 엔진을 이용하는 내연기관 자동차보다 소음이 적고, 유해가스 배출이 적다.

나. 단점
① 엔진과 모터 및 대용량 배터리 탑재로 구조가 복잡하고 제작비용 및 무게가 증가하고, 실내 공간이 작다.
② 에어컨 또는 히터 등 전장장치의 사용에 따라 주행거리가 제약받는다.

2. 하이브리드 자동차의 구동 원리
① **출발이나 저속** 등 큰 구동력이 필요하지 않은 경우 전기모터(EV 모드)를 사용한다.
② **오르막길 등판이나 가속** 등 큰 구동력이 필요한 경우 엔진과 전기모터를 사용한다.
③ **고속 정속 주행** 시에는 엔진만 사용하는 엔진 주행 모드가 된다.
④ **감속 시**에는 회생제동 브레이크 시스템을 통해 전기에너지로 전환시켜 배터리를 충전한다.
⑤ **정차 시** 엔진이 정지된다.

02 하이브리드 자동차의 구분

하이브리드 자동차는 크게 풀 하이브리드, 마일드 하이브리드, 플러그인 하이브리드로 구분한다. 풀 하이브리드는 다시 동력전달구조에 따라 직렬, 병렬, 직병렬 방식으로 구분된다.

1. 직렬식 하이브리드 시스템

① 엔진은 발전기를 구동하고, 발전기에서 생산된 전기로 모터를 구동하는 방식이다.
② 엔진은 전기를 생산하는 발전기로서의 역할만을 수행하며 구동에 영향을 주지 않는다.
③ 동력 전달 과정 : 엔진 → 발전기 → 배터리 → 모터 → 변속기 → 구동바퀴
④ 구조가 단순하고, 변속기가 필요없다.
⑤ 전기자동차와 같이 출발 시 가속력이 우수하다.
⑥ 엔진 없이 모터로만 구동력이 만들어지므로 고효율의 모터가 필요하며, 엔진과 배터리 모터 무게가 증가하여 가속 성능이 감소하는 단점이 있다.

〈직렬식 하이브리드 시스템〉

2. 병렬식 하이브리드 시스템

가. 병렬식 하이브리드 시스템의 특징

① 모터와 엔진이 동시에 바퀴를 구동하는 방식으로 병렬로 구성된다.
② 대부분의 하이브리드 자동차에는 사용된다.
③ 출발이나 저속 영역에서는 전기모터만을 이용하지만, 일정 속도 이상에서는 엔진 구동력이 더해져 성능을 높일 수 있다.
④ 동력 전달 과정
  ㉮ 기계 에너지 : 기관 → 변속기 → 구동바퀴
  ㉯ 전기 에너지 : 배터리 → 구동모터 → 변속기 → 구동바퀴
⑤ 엔진과 모터 둘 다 동력원으로 사용되기 때문에 저성능 모터와 저용량 배터리를 사용할 수 있어 무게가 가벼우며 효율이 직렬식 시스템보다 더 우수하지만, 모터 성능이 약하며 모터 작동 시 배터리 충전이 되지 않는 단점이 있다.
⑥ 모터의 부착위치와 주행모드에 따라 소프트 방식(Soft type)과 하드 방식(Hard type)으로 분류한다.

나. FMED (Flywheel Mounted Electric Device) 방식 – 소프트 타입

① 엔진을 주 동력원으로 이용하는 형식으로 모터가 엔진의 동력을 보조하며, 모터가 엔진의 플라이휠에 장착되어 모터만으로 주행이 불가능한 방식이다.
② 모터가 엔진 측에 장착되어 모터를 통한 엔진 시동, 엔진 보조, 회생 제동 기능을 수행한다.
③ 비교적 작은 용량의 모터가 탑재되므로 마일드(mild) 타입 또는 소프트(soft) 타입 HEV 시스템이라고도 불린다.
④ 출발 시에는 엔진과 전기모터를 동시에 사용하고 부하가 적은 평지 주행에는 엔진만을 구동한다. 급가속 등 큰 출력이 요구되는 운전에는 엔진과 전기모터를 사용하며, 감속시에는 브레이크에 의해 손실되는 에너지를 모터를 통해 회수해 배터리를 충전시키는 회생제동 기능을 한다.
⑤ 정차 시에는 엔진을 정지시켜서 연료소모와 공회전시의 배출가스를 줄여준다.

다. TMED (Transmission Mounted Electric Device) 방식 – 하드 타입

① 모터가 변속기에 직결되어 있고 전기자동차 주행(모터 단독 구동)을 위해 엔진과는 클러치로 분리되어 있다.
② 기존 변속기 사용이 가능하며 정밀한 클러치 제어가 요구된다.
③ 엔진뿐만 아니라 모터만으로 주행이 가능한 방식으로 모터를 스타터와 충전기의 일체식으로 사용하고 모터가 변속기에 장착된다.
④ 저속시에는 전기모터의 힘으로만 구동하며, 가속시에는 일정속도 동안 고전압 배터리에 의해 전기모터를 구동해 엔진의 동력을 보조하게 된다.
⑤ 일정속도가 넘을 경우 최저 연비가 이뤄지는 구간에서 엔진만 구동하며, 감속 및 제동시에는 구동모터가 제동에너지를 회수해 배터리를 충전하는 회생제동 방식이며 마찬가지로 정차 시에는 엔진을 정지시켜서 연료소모와 배출가스를 줄여준다.
⑥ 모터가 엔진과 분리되어 있기 때문에 주행 중 엔진 시동을 위해 별도의 스타터(HSG)가 필요하다.

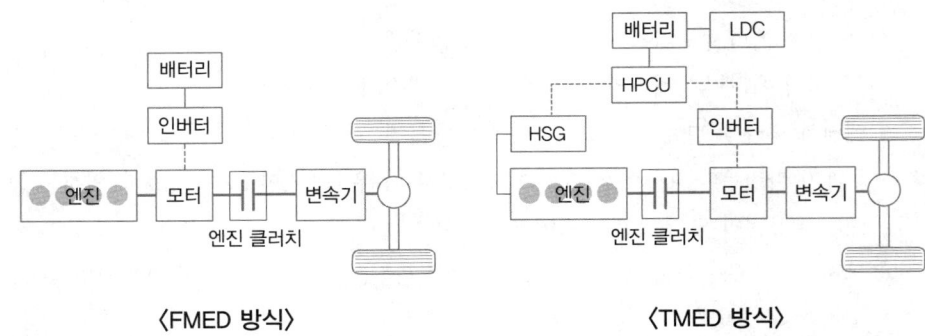

〈FMED 방식〉　　　〈TMED 방식〉

3. 직·병렬식 시스템

① 직렬식 시스템과 병렬식 시스템의 장점을 혼합한 시스템으로 전기모터 또는 엔진만으로 바퀴를 구동하기도 하고, 함께 바퀴를 구동하는 복잡한 구조를 가진다.
② 엔진이 구동과 발전을 같이 하는 역할을 수행한다.
③ 배터리 팩이 충분히 충전되어 있는 상태에서 저속 주행 시 모터만으로도 구동이 가능하다.
④ 큰 가속력이 필요할 때는 엔진과 모터가 힘을 합하여 구동력이 우수하다.
⑤ 단점 : 대용량 발전기와 배터리 팩이 필요하며, 구조가 복잡하여 원가가 높고 차체 중량이 늘어난다.

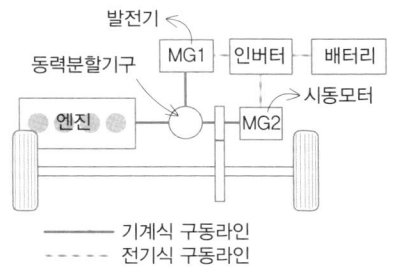

4. 플러그인 하이브리드(PHEV, Plugin Hybrid Electric Vehicle)

① 일반 하이브리드에서 구동모터의 출력과 배터리 용량을 늘리고, 외부로부터 전력을 충전할 수 있는 장치를 추가한 형식이다.
② 마일드 하이브리드 자동차와 달리 주 구동력은 전기모터가 담당하고, 엔진이 보조 역할을 한다.
③ 외부 전력으로 충전한 배터리로 운행하다가 배터리가 소모되어 SOC(배터리 잔존용량)가 기준치 이하가 되면 엔진이 구동되어 기존 하이브리드 자동차와 같이 주행한다.
④ 단점 : 일반 하이브리드보다 훨씬 큰 대용량 배터리를 사용하여 연비가 저하된다.

03 하이브리드 컨트롤 시스템

1. 개요

하이브리드 컨트롤 시스템은 전체 하이브리드 시스템 제어용 컨트롤 모듈인 HCU(Hybrid Control Unit)을 중심으로 엔진(ECU), 변속기(TCM), 고전압 컨트롤 배터리 유닛(BMS ECU), 하이브리드 모터(MCU), 저전압 직류 변환 장치(LDC) 등의 각 시스템 컨트롤 모듈과 CAN 통신으로 연결되어 있다. 이 외에도 HCU는 시스템 제어를 위해 브레이크 스위치, 클러치 압력 센서 등의 신호를 이용한다.

Note | HPCU(Hybrid Power Control Unit)
2개의 인버터, LDC, MCU, HCU로 구성된 통합형 전원 변환 유닛을 말한다.

2. HPCU(Hybrid Power Control Unit)

① 상위 제어기인 HCU, MCU, 전력 변환 장치인 LDC 및 인버터가 하나의 HPCU로 통합되어 엔진 룸 좌측에 위치한다.

② 인버터는 차량 내 존재하는 2개의 모터(구동모터, HSG)에 고전압 교류 전력을 공급하고 주행상황에 따라 HCU와 통신을 통하여 2개의 모터를 최적으로 제어하는 역할을 한다. 그리고 고전압 배터리의 직류 전력을 모터 작동에 필요한 3상 교류 전력으로 바꾸어 2개의 모터에 공급한다.

③ HCU의 토크 지령을 받아 모터를 제어하며, 모터는 감속 및 제동 시에 발전기 역할과 배터리 충전을 위한 에너지 회생(3상 교류를 직류로 변경) 기능을 한다.

④ 인버터를 제어기 입장에서는 MCU(Motor Control Unit)라고 한다.

⑤ 이상 고온에 의한 내부 소손을 방지하기 위해 수랭식 냉각 방열판을 적용한다.

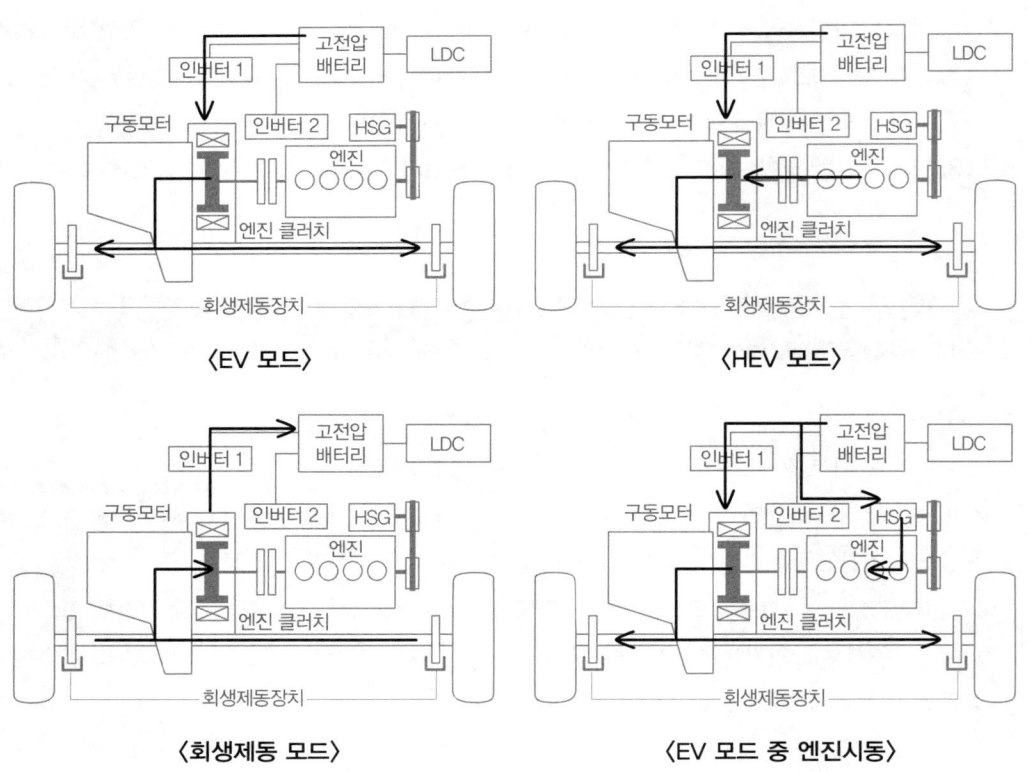

하이브리드 작동 모드 및 동력 흐름도

3. HCU(Hybrid Control Unit)

① 메인 컴퓨터로서 ECU, TCU, MCU, BMS, LDC 등을 상위에서 제어하는 컨트롤 타워 역할을 수행한다.
② 차량상태, 운전자의 요구, 엔진정보, 고전압 배터리 정보 등을 기초로 하여 엔진과 모터의 파워 및 토크 배분, 회생제동, 페일-세이프 모드 등을 제어하는 역할을 한다.

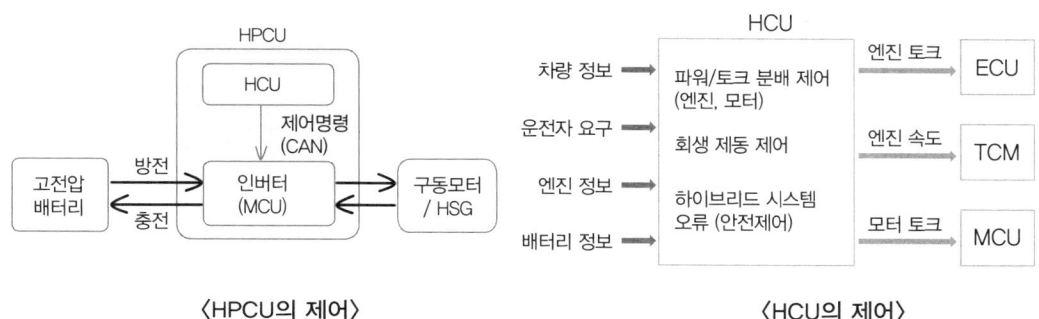

〈HPCU의 제어〉　　　　　　　　　〈HCU의 제어〉

04 하이브리드 자동차의 구동부

1. 엔진

HEV 자동차용 엔진은 연비 향상을 위해 저 중량 밸브 스프링, 고 압축비 피스톤, 앳킨슨 사이클, 저마찰 스프링 등이 적용된다.

> **Note | 앳킨슨 사이클**
> - 오토기관에 비해 압축행정보다 폭발행정을 길게하여 압축비보다 팽창비를 크게 함으로써 열효율을 개선한 기관이다.
>   - 압축비 : 실린더 최대 체적을 실린더 최소 체적으로 나눈 값
>   - 팽창비 : 폭발행정 중 연소실 체적의 변화
> - 크랭크축 2회전 시 1사이클을 이루는 오토사이클와 달리 앳킨슨 사이클은 크랭크축 1회전 시 1사이클을 이루는 사이클이다.
> - 연료효율이 증가하지만, 저속에서 토크와 출력의 손실이 있다.

2. 고전압 회로

① 고전압 배터리의 직류를 통합 제어기인 HPCU(MCU, LDC, HCU)에서 교류로 변환하여 HEV 모터, HSG, A/C 컴프레서, OPU로 보낸다.
② LDC에서 저전압으로 변환하여 12V 보조 배터리로 공급한다.

> **Note | 약어 풀이**
> - MCU : Motor Control Unit
> - LDC : Low Voltage DC-DC Converter – 고전압배터리(270V)를 저전압(12V)으로 변환
> - HCU : Hybrid Control Unit – 엔진과 모터 상태를 확인하여 최적의 주행패턴을 유지
> - OPU : Oil Pump Unit

3. 하이브리드 모터

하이브리드 모터 시스템에는 주 동력원으로 사용하는 구동 모터와 엔진의 시동과 발전기 역할을 수행하는 기동 발전기(HSG)가 있다.

가. 구동 모터

① 차량 출발 또는 저속과 정속 구간에서 모터로만 차량을 운행하는 전기자동차 모드(EV 모드)에서 구동 출력을 발생시키는 역할을 수행한다.

② 변속기에 장착되어 있으며 가속 시에는 엔진을 보조하고, 감속 시에는 발전기가 되어 고전압 배터리를 충전한다.

③ AC(교류) 모터 형식의 매입형 영구자석(IPM: Interior Permanent Magnet) 동기모터 타입
   ㉮ 동기모터의 계자(界磁)는 영구 자석을 통해 스스로 자계(磁界)를 만들며, 모터를 구동하는 고정자 회전 자계와 회전자가 항상 함께 회전한다.
   ㉯ 회전자의 자석은 코일이 회전자에 고정되었기 때문에 고정자 회전 자계에 의해서 직접 밀고 당겨지면서 구동력을 얻는다.
   ㉰ 동기모터는 일정한 속도로 회전하며 역률조정이 쉬운 특징이 있다.

④ 하이브리드 모드(HEV 모드)에서는 엔진 출력을 보조하는 역할을 수행한다.

⑤ 감속 시나 제동 시에는 감속 에너지를 전기 에너지로 전환하는 발전 기능(회생 제동 모드)에 의해 배터리로 충전한다.

⑥ 모터온도센서는 모터 과열 방지를 위해 과열정도를 판단하여 모터 토크를 제어한다.

나. HSG (Hybrid Starter Generator)

① 엔진과 벨트로 연결되어 배터리의 전기에너지를 사용하여 엔진 시동을 걸어주고, 배터리의 충전율 저하 시 엔진 동력을 이용하여 발전하고 배터리를 충전시킨다.

② HSG는 주행 중 엔진과 HEV 모터(변속기)를 충격없이 연결시켜 주는 장치이다.

③ HSG는 하이브리드 및 플러그인 하이브리드 차량의 고전압배터리를 사용한다.

④ EV 모드로 주행 중 동력원을 HEV로 전환할 때 HCU는 HSG를 구동하여 엔진 속도를 변속기 입력축 속도까지 높여 주고 엔진의 속도와 변속기 속도가 비슷해지면 HCU는 TCU로 엔진 클러치 작동 신호를 보낸다.

다. 모터/HSG 레졸버 (Resolver, 모터위치센서)

① **필요성** : 모터의 구동력을 효율적으로 제어하기 위해 회전자(영구자석)의 정확한 위치 파악이 중요하다. 즉, 회전자의 절대위치 및 속도 정보로 MCU가 가장 큰 토크로 모터를 제어하기 위해 레졸버가 장착된다.

② 레졸버는 리어 플레이트에 장착되며, 모터의 회전자와 하우징과 연결된 레졸버 고정자로 구성되어 엔진의 CMP 센서처럼 모터 내부의 회전자의 절대위치를 파악한다.

③ **레졸버의 구성** : 레졸버 회전자 + 레졸버 고정자

④ **검출 원리** : 레졸버는 고정자(스테이터) 권선에 일정한 주파수의 여자 신호가 인가되고, 회전자(로터)의 회전에 의한 릴럭턴스 변화에 의해 1차, 2차 측 교차파형이 출력된다. 고정자 2상의 검출 출력 전압 진폭이 회전각에 비례하여 변화되며 이 출력신호를 컨버터를 거쳐 위치각으로 변환시킨다.

⑤ **레졸버 보정** : 파워트레인과 조립될 때 기계적 조립공차에 의해 로터와 레졸버 상의 위치가 맞지 않으므로 정확한 상의 위치값과 레졸버 출력값이 같아지도록 보정해야 한다. 즉 MCU 교체, 변속기, 엔진, 모터, 리어플레이트 등을 탈부착할 경우 레졸버 보정을 수행해야 한다.

4. 인버터(MCU, 모터 컨트롤 유닛)

① **역할** : HCU(Hybrid Control Unit)의 토크 구동 명령에 따라 모터로 공급되는 전류량을 제어하여 각 주행 특성에 맞게 모터의 출력을 조절한다. 또한 MCU는 고전압 배터리의 DC 전원을 AC 전원으로 변환시키는 인버터의 기능과 배터리 충전을 위해 모터에서 발생된 AC 전원을 DC로 변환시키는 컨버터의 기능도 동시에 수행한다.

② 소프트 타입의 HEV 모터만 인버팅하지만, 하드타입에서는 HEV모터와 HSG의 인버팅을 한다.

③ **기본 동작원리** : 고전압 배터리로부터 받은 DC전원을 고속 스위칭을 통해 3상 AC 전원(U, V, W)으로 변환시킨다. 상위 제어기에서 입력 받은 신호대로 3상 AC 전원을 제어함으로써 구동 모터를 원하는 속도와 토크로 구동시킬 수 있다. 가속 시에는 고전압 배터리에서 구동 모터로 에너지를 공급하고, 감속 시에는 구동 모터에서 발생한 에너지를 다시 고전압 배터리로 회수함으로써 전기모드 사용구간 증가로 연비를 향상시킬 수 있다.

④ **DC 캐퍼시터** : 고전압 배터리로부터 일시적으로 에너지를 저장함과 함께 인버터 동작구간 전압 안정화를 구현시키며, 파워모듈은 캐퍼시터를 통해서 받은 에너지를 3상 버스 바를 통해서 모터로 전달시켜 DC 전압을 AC 전압으로 변환시켜준다. 이때, 구동 전류량은 전류센서를 통해서 측정할 수 있고, 제어보드는 모터를 제어하며 과전압/과전류 및 과온으로부터 인버터를 보호한다.

5. 엔진 클러치

① HEV 차량의 경우 출발과 저속 주행 시 엔진의 동력을 사용하지 않고 모터의 구동력 만으로 변속기에 동력이 전달되기 때문에 엔진과 변속기 사이에 동력 연결이 필요없다. 하지만 고속 주행과 가속 시에는 모터와 엔진이 함께 구동력을 발생시켜 하이브리드 주행이 가능하도록 엔진과 변속기 사이에 동력이 전달되어야 한다. 엔진과 변속기 사이의 동력은 주행 조건에 따라 연결 또는 차단 할 수 있는 장치가 필요하다. 병렬형 하이브리드 차량의 EV/HEV 모드 전환 시 엔진동력의 전달 및 차단 역할을 한다.

② 클러치액 : 브레이크액 DOT3

③ 엔진 클러치의 작동은 운전성, 동력성능 및 연비 등을 크게 좌우할 수 있으므로 정확한 제어를 위해 학습이 필요하다.

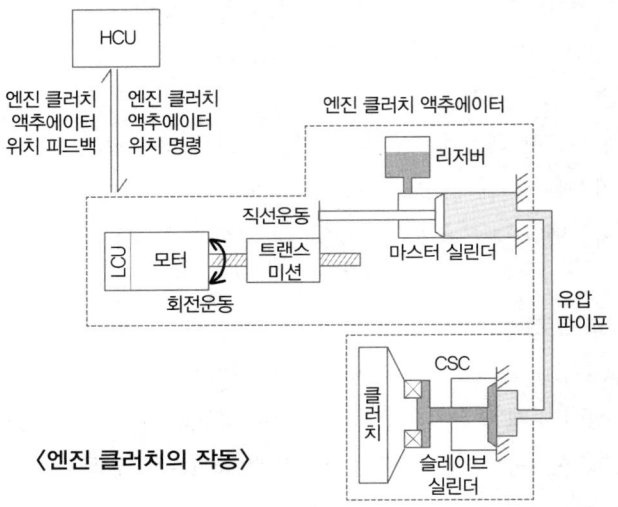

〈엔진 클러치의 작동〉

05 고전압 배터리 시스템

1. 개요

① 고전압 배터리 시스템은 하이브리드 구동 모터, HSG, 전기식 A/C 컴프레서에 전기에너지를 제공하고, 회생 제동으로 인해 발생된 에너지를 회수한다.

② 배터리는 리튬 이온 폴리머 배터리(UPB) 타입이며, 72셀(8셀×9모듈)이다. 각 셀의 전압은 DC 3.75V이며, 따라서 배터리 팩의 정격 용량은 DC 270V이다.

③ 고전압 배터리 시스템의 주요 구성품 : 고전압 배터리팩, PRA(파워 릴레이 어셈블리), BMS ECU, 쿨링 팬 및 쿨링 덕트, 안전플러그, 배터리온도센서, 컨트롤 와이어링 하네스, 고전압 커버 등

2. 배터리 팩 어셈블리

① 제원 사양 : 셀 구성, 정격 전압, 전격 용량(Ah), 정격 에너지(Wh), 최대 방전파워, 최대 충전파워, 작동 전압, 작동 전류

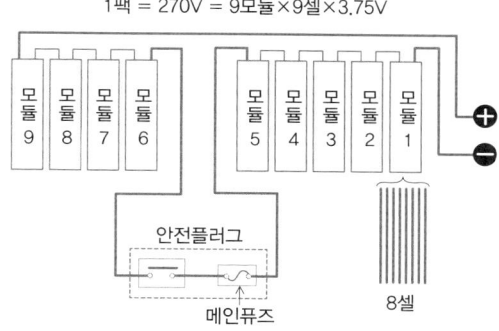

〈고전압 배터리 회로〉

3. 리튬 이온 폴리머 배터리(Li-Ion Polymer Battery)

① 리튬 이온 배터리의 뛰어난 성능은 그대로 유지하면서 폭발 위험성이 있는 액체 전해질 대신 화학적으로 가장 안정적인 폴리머(고체 또는 젤 형태의 고분자 중합체) 상태의 전해질을 사용하는 배터리이다.

② 폴리머 전해질을 사용하여 누액과 폭발의 위험성이 없으며, 다양한 형태로 제작이 가능하다.

③ 특징

㉮ 높은 에너지 저장 밀도 : 같은 크기에 더 큰 용량

㉯ 셀당 3.75V의 높은 전압 : Ni-Cd, Ni-MH 등에 비해 3배

㉰ 수은과 같은 환경을 오염시키는 중금속을 사용하지 않음

㉱ 폴리머 상태의 전해질 사용으로 안정성이 높다.

㉲ 다양한 형상의 설계가 가능하다.

㉳ 제조공정이 복잡하여 가격이 비싸다.

㉴ 폴리머 전해질로 액체 전해질 보다 이온의 전도율이 떨어진다.

㉵ 저온에서의 사용 특성이 떨어진다.

Note | 리튬 폴리머 배터리 형태 종류
각형, 원통형, 파우치형(주머니형)

4. 리튬 이온 폴리머 배터리의 구조

가. 배터리 셀의 구성요소

구분	설명
양극	• 방전 시 리튬이온이 전자를 받아 환원 • 배터리 용량과 평균 전압을 결정 • 재료 : $LiCoO_2$, $LiMn_2O_4$, $LiNiO_2$
음극	• 방전 시 리튬이온이 전자를 받아 산화 • 양극에서 나온 리튬이온을 저장했다가 방출하면서 외부회로를 통해 전류를 흐르게 함 • 리튬금속합금탄소, 흑연화탄소
전해액	• 양극, 음극의 전기화학 반응을 원활하게 하도록 리튬이온 이동을 일어나게 하는 매개체 • 젤 타입의 고분자(폴리머) 전해질
분리막	• 양극, 음극의 전기적 단락 방지(접촉 차단)

나. 배터리의 기본 구조 : 셀 → 모듈 → 배터리 팩

구분	설명
배터리 셀	• 리튬이온 배터리의 기본단위로 양극, 음극, 분리막, 전해액을 사각형의 알루미늄 케이스에 넣어 만듦
배터리 모듈	• 배터리 셀을 외부충격, 열, 진동 등으로부터 보호하기 위해 일정한 갯수로 묶어 프레임에 넣은 배터리 어셈블리
배터리 팩	• 배터리 시스템의 최종 형태로, BMS · 냉각시스템 등 제어 및 보호 시스템과 함께 장착

다. 고전압 배터리 쿨링 시스템 : 쿨링팬과 쿨링 덕트로 구성

① 쿨링 팬 : BLDC 타입 모터로 고전압 배터리 온도상태에 따라 BMS ECU의 PWM 신호에 의해 9단으로 속도를 제어한다.

② 배터리 온도 센서 : 고전압 배터리 팩 어셈블리에 장착되어 있으며, 각 모듈의 전압 센싱 와이어 링과 통합형으로 구성되어 있다. 배터리 모듈과 에어 인렛(air inlet)의 온도를 측정하여 BMS ECU에 보낸다.

라. 고전압 배터리 구성

① DC 270V의 리튬이온 폴리머 배터리로 트렁크 룸 또는 차체 바닥에 장착된다.

② BMS는 각 셀의 전압, 전체 충 · 방전 전류량 및 온도값을 받고, BMS에서 계산된 SOC는 HCU로 보내며, HCU는 이 값을 참조로 고전압 배터리를 제어한다.

③ PRA(Power Relay Assembly)는 IG off 상태에서는 메인 릴레이를 차단한다. 고전압 배터리의 온도가 최적으로 유지될 수 있도록 냉각팬이 적용되어 있다.

5. 저전압 배터리(12V) – 리튬인산철(LiFePO₄) 배터리

① 고전압 배터리는 구동모터의 에너지원으로 사용하지만, 저전압 배터리는 전장(자동차의 전기·전자 장치와 설비)에 전원을 공급한다.

② 하이브리드 자동차에는 납산 배터리 대신 리튬인산철 배터리가 탑재돼 있다. 리튬인산철 배터리는 부피와 무게 대비 성능이 납산 배터리보다 훨씬 뛰어난 특징이 있으며, 아이들 스탑앤고 장치(ISG, Idle Stop & Go) 장착 차량에 적합하다.

③ 과도한 암전류로 인한 저전압 배터리 방전 보호 기능으로 전원이 차단된 상태일 경우 "12V 배터리 리셋(12V BATT RESET)" 버튼을 누르면 차단되었던 12V 배터리가 다시 연결되고, 15초 이내에 시동 버튼을 눌러 엔진 시동을 걸 수 있다. 또한 시동이 걸린 후에는 주행 가능 표시등이 켜진 상태로 약 30분 동안 정차 또는 주행하며 저전력 배터리를 충전해야 한다.

> **Note | 리튬인산철 배터리의 장점**
> - 에너지 밀도 : 납산 배터리에 비해 매우 작고 가벼우며, 전압이 높기 때문에 에너지 밀도가 높으므로 연비를 향상시킨다.
> - 긴 수명 : 납축전지 대비 4배 이상, Ni 계열 또는 리튬이온전지보다 수명이 3배 가까이 더 길다.
> - 안전성 : BMS가 내장되어 있으므로 과방전 과충전 과열이 방지되어 안전하다. 강한 외부 충격이나 고온(열)에 강하다.
> - 우수한 충/방전 특성 : 지속 방전 특성과 순간 방전 능력이 우수하다.
> - 넓은 사용 온도 범위(-20℃~75℃) : 겨울철에도 용량 저하가 없다.
> - 메모리 효과(memory effect)가 없음 : Ni 계열 배터리와 달리 메모리 효과가 없어 가용 출력 에너지가 크다.
> - 암전류(자가 방전)에 의한 전력 손실이 매우 적다.
> - 유해물질이 없어 파손 시 환경에 무해하고, 친환경적이다.
> - 스탑앤고장치(ISG) 장착 차량의 배터리로 효율적이다.

6. 고전압 배터리 컨트롤 시스템(BMS, Battery Management System)

① 컨트롤 모듈인 BMS ECU, 파워 릴레이 어셈블리(PRA), 안전 플러그, 배터리 온도 센서, 배터리 외기온도로 구성되어 있으며 고전압 배터리의 SOC, 출력, 고장진단, 배터리 셀 밸런싱(Balancing), 시스템 냉각, 전원 공급 및 차단을 제어한다.

② 파워 릴레이 어셈블리는 메인 릴레이, 프리 차지 릴레이, 프리 차지 레지스터, 배터리 전류 센서로 구성되어 있으며, 버스바(Busbar)를 통해서 배터리 팩과 연결되어 있다.

③ BMS의 역할 : 배터리 성능 관리·유지를 위한 전류/전압/온도/사용 시간 등 각종 정보를 측정하고, 종합적으로 연산된 배터리 에너지 상태정보를 HCU 또는 MCU로 송신하며, 충방전 상태와 배터리 잔여량을 제어한다.

기능	목적
SOC 제어	전압/전류/온도 측정을 통해 SOC를 계산하여 적정 SOC 영역(20~90%)으로 제어함
배터리 출력 제어	시스템 상태에 따른 입/출력 에너지 값을 산출하여 배터리 보호, 가용 파워 예측, 과충전/과방전 방지, 내구 확보 및 충·방전 에너지를 극대화함

파워 릴레이 제어	• IG ON/OFF 시, 고전압 배터리와 관련 시스템으로의 전원 공급 및 차단 • 고전압 시스템 고장으로 인한 안전 사고 방지
냉각제어	• 쿨링 팬 제어를 통한 최적의 배터리 동작 온도 유지(배터리 최대 온도 및 모듈 간 온도 편차량에 따라 팬 속도를 가변 제어함)
고장 진단	• 배터리 시스템 고장 진단, 데이터 모니터링 및 소프트웨어 관리 • 페일-세이프(Fail Safe) 레벨을 분류하여 출력 제한치 규정 • 릴레이 제어를 통하여 관련 시스템 제어 이상 및 열화에 의한 배터리 관련 안전 사고 방지 • 배터리 안전사고를 방지하기 위한 PRA 제어

7. 셀 밸런싱(Cell Balancing)

① 직렬로 연결된 셀들을 충전할 때 각 셀간에 전압이 각기 다를 경우(약 40mV 이상) 배터리 셀 간의 전압 편차를 조정하여 맞추는 것을 '셀 밸런싱'이라고 한다. 이 기능은 BMS 내부의 CMU(Cell Monitoring Unit)가 셀의 상태를 측정해 밸런싱 작업을 수행한다.

② 셀 간의 불균형은 배터리 용량과 수명에 영향을 끼치고, 과충전과 과방전에 의한 화재 위험을 일으킬 수 있기 때문에 셀 밸런싱은 필요하다.

③ 셀 밸런싱 방법

㉮ 수동형(Passive) 셀 밸런싱 : 셀 전압을 낮추기 위해 저항으로 셀의 충전 에너지를 소비

㉯ 능동형(Active) 셀 밸런싱 : 높은 전압을 가진 셀의 충전 에너지를 낮은 전압의 셀로 이동

8. 안전 플러그

① 안전 플러그의 역할 : 하이브리드 시스템의 정비 시, 고전압 배터리 회로 연결을 기계적으로 차단한다.

② 메인 퓨즈 : 안전 플러그 내부에 장착되어 있으며, 고전압 배터리 및 고전압 회로를 과전류로부터 보호하는 역할을 한다.

9. 고전압 메인 릴레이(파워 릴레이 어셈블리, PRA)

① PRA는 배터리 팩 어셈블리 내에 위치하고 있으며, 고전압 배터리와 BMS ECU의 제어 신호에 의해 인버터의 고전압 전원 회로를 제어하여 전원의 공급/차단을 제어한다.

② 구성 : 메인 릴레이(+), 메인 릴레이(-), 프리차지 릴레이, 프리차지 레지스터

③ PRA 작동순서

㉮ IG START : 메인 릴레이(-) ON → 프리차지 릴레이 ON → 커패시터 충전 → 메인 릴레이(+) ON → 프리차지 릴레이 OFF

㉯ IG OFF : 메인 릴레이(+) OFF → 메인 릴레이(-) OFF

④ **프리차지 릴레이**(Pre-Charge relay) : 파워 릴레이 어셈블리에 장착되어 있으며, 인버터의 커패시터를 초기 충전할 때 고전압 배터리와 고전압 회로를 연결하는 기능을 한다. IG ON을 하면 프리차지 릴레이와 레지스터를 통해 흐른 전류가 인버터 내의 커패시터에 충전되고, 충전이 완료되면 프리 차지 릴레이는 OFF 된다.

⑤ **프리차지 레지스터**(Pre-Charge Resistor) : 인버터의 커패시터를 초기 충전할 때 충전 전류를 제한하여 고전압 회로를 보호하는 기능을 한다.

⑥ **배터리 전류 센서** : 고전압 배터리의 충방전 시 전류를 측정하는 센서이다.

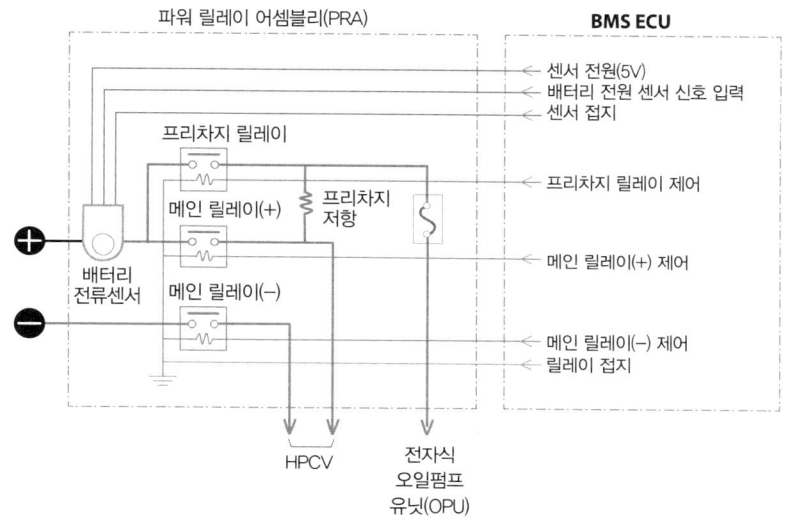

〈PRA 구성회로〉

10. 저전압 직류 변환 장치(LDC : Low DC/DC Converter)

① 하이브리드 파워 컨트롤 유닛(HPCU)에 포함되어 있으며, 고전압 배터리의 전압을 저전압(12V)으로 변환하여 12V의 전장품 전원 공급 및 저전압 배터리를 충전하는 역할을 한다. (기존 내연기관 자동차의 알터네이터 기능을 대체)

② 구성 : 직류입력장치, 정류장치, 직류출력장치 등

06 하이브리드 차량의 운전 특성

1. HEV 엔진 동작 조건

구분	조건
엔진상태에 따라	• 엔진 워밍업 또는 촉매 워밍업이 필요한 경우 • 엔진 과열로 냉각이 필요한 경우
배터리 상태	• 고전압 배터리 SOC가 낮은 경우 • 고전압 배터리 방전제한값 이하인 경우 • 저전압 배터리(12V) 전장부하가 큰 경우
운전자의 요구조건에 따라	• 운전자의 요구 토크가 큰 경우 • 킥다운 상태로 인식되는 경우 • 140 km/h 이상 고속 주행의 경우 • 난방요구 조건이 높은 경우
기타	• ISC 학습이 완료되지 못한 경우 • 모터 레졸버 보정 또는 엔진 클러치를 학습하는 경우 • 진단기 활용 – 강제구동 시행하는 경우 • 고전압 부품 고장으로 엔진 리폼모드 주행이 필요한 경우

2. 회생제동 시스템 (Regenerative Braking System)

가. 개요

① 회생 제동이란 감속 또는 제동시에 구동 모터를 발전기로 활용하여 차량의 운동 에너지를 전기 에너지로 변환시켜 고전압 배터리를 충전하는 것을 말한다. 이로 인해 에너지 손실을 최소화하여 주행가능 거리를 향상시키는 효과가 있다. 특히 가속 및 감속이 반복되는 시가지 주행시에 연비 향상의 효과가 뛰어나다.

② 브레이크를 밟으면 운동에너지는 감속과정에서 마찰과 함께 열에너지로 사라지지만, 회생제동은 낭비되는 에너지를 다시 회수하면서 음의 토크(반대방향의 토크)를 걸어 차량을 감속시킬 수 있는 제동 방식이다. 즉, 모터를 발전기로 사용하여 주행방향과 반대방향의 토크를 인가하여 에너지를 회수한다.

나. 회생제동장치의 특징

① 연비개선 효과가 크다.
② 제동의 세기를 자유롭게 제어할 수 있다.
③ 브레이크 페달 사용빈도를 줄여 브레이크 패드 수명을 1.5~2배 정도 높여준다.
④ 일종의 엔진 브레이크 효과가 있다.
⑤ 회생제동 시작 시점에서 갑작스런 제동력으로 인해 진동을 느끼기 쉽다.

⑥ 운전자가 밟은 힘과 제동력 사이에서 회생제동력의 크기만큼 이질감이 발생할 수 있다.

다. 회생제동 제어방법

① 감속 시 모터 전류를 차단하면 바퀴의 운동에너지에 의해 전동기의 회전자가 회전하며 전동기의 고정자에 전류를 흘려준다. 전류를 받은 고정자는 전자석이 되고, 코일이 감긴 회전자와 고정자에 자성이 생겨 전류가 생성되고 이것이 배터리로 저장된다.

② 브레이크 페달의 밟는 양으로부터 필요 제동력을 계산한다. 이 때 자동차의 주행상태에 따라 마찰 브레이크와 회생제동을 적절하게 분할한다.

③ 도로 상황이나 교통량 등 수집된 데이터를 활용해 자동차가 스스로 적절한 회생제동 양을 정하도록 하는 것이다.

④ 레이더를 활용해 도로 경사와 전방 차량의 속도, 전방 차량과의 거리 등을 분석해 회생제동 단계를 자동으로 설정하고 제어한다.

⑤ 회생제동의 비율과 승차감 : 회생제동량을 높이면 충전량이 커지는 대신 감속 충격이 많이 느껴지고, 회생제동량을 줄이면 충전량은 작아지는 대신 감속 충격을 덜 수 있다.

⑥ 마찰 제동의 비율이 너무 크면 회생할 수 있는 운동에너지가 줄어들기 때문에 회생제동 효율이 떨어진다.

Note | 운전상태에 따른 회생제동 효과
- 고속주행 상태에서 급제동 : 모터의 최대 정격전류를 초과해 발생할 수 있으므로 회생제동 한계가 정해진다.
- 정지 직전의 저속상태 : 모터의 역기전력이 너무 작아 회생제동이 어렵다.

3. 아이들 스탑앤고 장치(ISG, Idle Stop & Go 모드, 공회전제한장치)

① 차량이 정차하면 시동이 꺼지고 출발 시 다시 엔진이 켜지게 하는 장치로, 연비를 향상(약 3~10%)하고, 공회전을 줄임으로써 CO_2 배출량을 줄이기 위한 친환경시스템이다.

② 경사로에서 ISG 작동으로 인한 밀림을 방지하기 위해 브레이크 압력 센서와 도로 경사 감지 센서 등도 추가된다. 운전자가 있을 때에만 ISG를 작동하기 위해 안전벨트 센서 등도 필요하다.

③ ISG 시스템을 장착한 차량은 모터는 보조 역할만 하는 단순한 시스템으로 보통 내연기관에 부착하거나 제약 조건이 많은 소형 차량에 적용한다.

④ D단 주행 후 브레이크 정차 시 HCU는 MCU와 ECU에게 모터과 엔진의 작동 중지 명령을 내린다.

⑤ 재출발 시 브레이크 OFF 또는 가속페달을 밟을 시에는 HCU에서 모터와 엔진을 가동시킨다.

> **Note | ISG 작동 조건**
> - 운전자 안전벨트가 채워진 상태
> - 브레이크 부압이 적절한 상태
> - 엔진 온도나 차량 외부 온도가 지나치게 높거나 낮지 않은 상태
> - 히터 및 에어컨 시스템이 조건을 만족시키는 상태
> - 도로의 경사가 완만한 상태
> - 변속기가 D 또는 N 모드인 상태 등
> - 운전석 도어, 엔진 후드가 닫힌 상태
> - 배터리 충전상태가 양호한 상태
> - 차량이 일정속도 이상으로 주행하다 정지한 상태
> - 차량이 충분히 예열된 상태
> - 스티어링휠을 180도 미만으로 조작한 후 정차한 상태

4. 브레이크 밀림 방지 장치 (CAS, Creep Aid system)

① 경사로 밀림 방지 장치는 일반 오토 가솔린 자동차와는 달리 정차 시 Idle Stop 모드상태가 되어 언덕길에서 차가 뒤로 밀리는 상황이 발생할 수 있으므로 하이브리드의 특성상 장착된 일종의 안전장치이다.
② 구성 : 브레이크 스위치, 경사각 센서, HCU, ABS 모듈
③ 브레이크가 작동되고 0.2km/h 이하로 속도를 줄이게 되면 브레이크 밀림 장치 진입에 들어간다.
④ 작동 순서 : 언덕길에서 엑셀레이터를 밟기 위해 브레이크에서 발을 떼도 경사각 센서에서 보내준 정보를 HCU에서 분석하고 ECU에게 전달해주는데 ECU는 ABS에게 신호를 줘서 차가 밀리지 않게 일정시간 밀림방지 밸브를 막아 브레이크 밀림을 방지한다.

5. 부압 보조

① HCU에서 브레이크 스위치 신호와 부압 센서 신호를 받아서 부압 상태를 판단·분석한 뒤 MCU로 부족한 부압을 회복시킬 만큼 모터를 구동하라고 명령을 내리는 것을 말한다.
② 엔진과 브레이크 쪽의 부압이 낮은 경우 모터 구동 전에 에어컨이 작동을 하고 있다면 HCU는 에어컨 작동 금지 명령을 내리고 ETC 모터를 구동하여 흡입공기를 막는다. 이렇게 해도 브레이크 부스터 압력이 저하 되면 모터의 보조를 통해 브레이크 부압을 생성한다.

6. 하이브리드 자동차의 학습

① 운전성향을 학습하여 전력전자 계통의 용량을 증대시키지 않은 상태에서 발진 성능과 연비향상을 제공하도록 하는 하이브리드 자동차의 운전성향 학습장치 및 방법이 개시된다.
② 학습하는 장치 : 가속페달 검출부, ECU, HCU, PCU, 배터리, BMG, 엔진, ISG, 엔진클러치, 모터, 변속기

③ 운전성향 학습
　㉮ 현재차속, 평균차속, 평균이동거리를 적용하여 주행모드를 판정하는 과정
　㉯ 주행모드가 도심 및 정체구간의 운행모드이면 가속페달의 답력을 검출하여 운전성향을 판단하는 과정
　㉰ 판단되는 운전성향에 따라 발진성능을 우선 만족시키는 학습 혹은 연비절감을 우선 만족시키는 학습을 실행하여 저장하는 과정
　㉱ 운전성향의 학습 결과를 이용하여 배터리의 SOC관리를 실행하는 과정

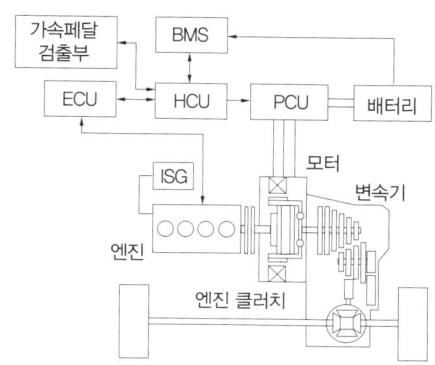

07 기타 장치

1. AHB(Active Hydraulic Booster)

① EV(전기자동차) 모드에서는 엔진 시동이 off 상태이기 때문에 진공 부압을 이용한 제동력 확보를 위해 AHB를 적용한다.
② 진공 배력식 브레이크에 익숙한 운전자가 거부감을 갖지 않도록 페달 답력을 만들어 주는 페달 시뮬레이터(pedal simulator)가 적용된다.
③ 제동 시 유압 브레이크에 의한 제동과 전기모터에 의한 회생제동이 동시에 진행된다.

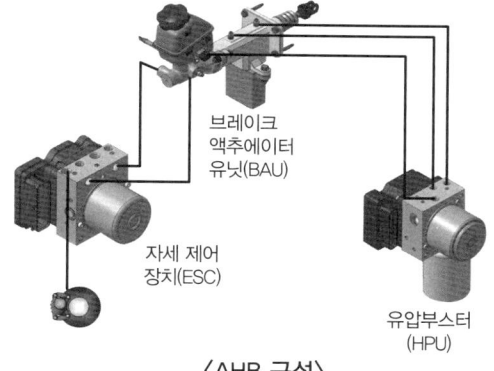

〈AHB 구성〉

제동 흐름은 운전자가 브레이크 페달을 밟으면 페달센서 깊이 위치를 HCU와 AHB로 보낸다. AHB는 항상 약 150bar 정도로 증압을 하고, 페달센서의 신호에 의해 AHB 내부 밸브를 작동하여 마스터 실린더로 증압된 유압을 공급한다.

2. 공기 유동 제어기(AAF, Active Air Flap)

① 앞 범퍼 그릴과 라디에이터 사이에 개폐 가능한 플랩(flap)을 장착하여 차량 상태에 따라 엔진룸 내부로 흐르는 공기량을 제어함으로써 연비, 공력 성능, 엔진 웜업 성능을 향상시킨다.
② 주행 중에는 플랩을 닫아 공기저항을 감소시키고, 엔진룸 내의 온도가 상승하면 플랩을 개방하여 온도를 낮추는 기능을 한다.

3. 하이브리드 쿨링 시스템과 전동식 워터펌프(EWP)

① 하이브리드 제어 장치가 과열되면 제어장치의 효율을 저하시키므로 하이브리드 제어장치 전용 쿨링 시스템이 장착되어 있다.

② 하이브리드 시스템에서 고전압을 사용하는 전장품(HPCU, 구동모터, HSG)의 발열을 감소시키기 위해 장착된 전동식 펌프로 보조 배터리(12V)로 구동되며 냉각 회로의 냉각수를 순환시킨다.

③ 하이브리드 시스템의 냉각수 온도가 한계점(MCU에 설정) 이상으로 상승하면, MCU(모터 제어 유닛)는 EWP를 작동하기 위해 CAN 통신을 통해 EWP로 명령신호를 보낸다. 또한, EWP는 작동 유무를 CAN 통신을 통해 MCU로 보낸다.

④ 냉각라인의 정상 작동여부를 확인하기 위해 진단기를 활용하여 EWP의 강제구동을 실시한다.

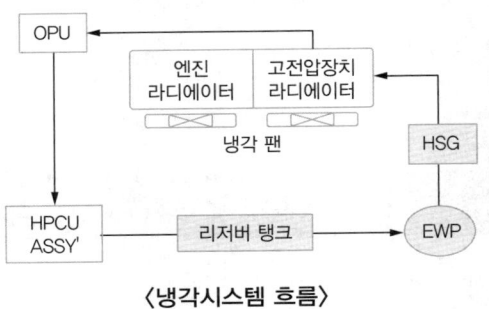

〈냉각시스템 흐름〉

4. 전동식 에어컨 컴프레서

① EV 주행 중 엔진이 정지해도 운전자의 요구에 의해 에어컨을 작동시켜 냉방을 해야하기 때문에 단독적으로 구동할 수 있는 고전압 전동식 컴프레서가 적용된다.

② 에어컨 스위치를 누르면 FATC(Full Automatic Temperature Control)는 HCU로 작동 허가를 요청하고, HCU는 작동 여부 및 사용 가능한 고전압 파워를 FATC로 전송한다. FATC는 사용 가능한 고전압 파워 범위 내에서 전동식 컴프레서를 제어한다.

5. 전동식 오일 펌프

① 일반적인 자동 변속기의 오일펌프는 엔진이 회전하면 토크 컨버터와 연결된 기계식 오일펌프가 항상 작동하면서 유압을 발생시키지만 HEV 자동변속기의 경우 차량 정차 시 또는 오토스탑 기능에 의해 엔진이 정지되기 때문에 기계식 오일펌프가 구동 할 수 없다. 그리고 저속 구간에서도 충분한 오일압력을 형성 할 수 없다. 이러한 이유로 차량 정지나 저속 구간에서 충분한 유압을 생성시킬 수 있는 별도의 장치가 전동식 오일펌프이다.

② 구동모터와 기계식 오일펌프가 구조적으로 연결되어 있으며 엔진이 회전과는 무관하다. 구동모터가 회전하는 EV 모드 또는 하이브리드 주행 시 엔진클러치가 연결된 상태에서는 변속내 기계식 오일펌프는 구동된다.

08 하이브리드 자동차의 점검

1. 고전압 차단
① 점화 스위치를 off 하고, 보조 배터리(12V)의 (-) 케이블을 분리한다.
② 고전압 시스템을 점검하거나 정비하기 전에 반드시 안전 플러그를 분리한 후 약 5분 후 실시한다. 고전압 배터리 출구측 전압 측정 시 30V 이내에서 정비한다.

2. 잔존 전압 점검
① 인버터 커패시터 방전 확인을 위하여 인버터 단자 간 전압을 측정한다.
② HPCU 인버터 파워 케이블(A)을 분리한다.
③ 인버터의 (+) 단자와 (-) 단자 사이의 전압값을 측정한다.
  ㉮ 측정값이 30V 이하이면 고전압 회로가 정상적으로 차단된 것이다.
  ㉯ 30V를 초과하면 고전압 회로에 이상이 있는 것으로 점검해야 한다.

Note | SOC 점검
1. GDS를 자기 진단 커넥터(DLC)에 연결한다.
2. 점화 스위치를 ON 한다.
3. GDS 서비스 데이터의 SOC 항목을 확인한다.

Note | SOC에 따른 증상

SOC	증상
20~90%	• 정상
10~15%	• 모터 토크 제한(가속 지연)
5~10%	• EV 모드 억제 • FATC 억제 • LDC 억제
0~5%	• 시동 불가

3. 메인 릴레이 - 멀티미터 점검
① 먼저 고전압 차단 절차를 수행한다.
② 장착된 볼트와 너트를 풀고, 고전압 배터리 상부 커버(A)를 탈거한 후 고전압 배터리 리어 커버를 탈거한다.
③ 고전압 메인 릴레이(+, -)의 스위칭 저항을 측정하여 융착 상태를 점검하고 규정값 내에 있는지 확인한다. (규정값 : ∞Ω)
④ PRA 고전압 메인 릴레이를 분해한 후 단자 사이의 저항을 측정한다. (규정값 : 20~40Ω)

4. 구동모터 점검
① 구동모터 회로 점검
② 구동모터 / HSG의 U-V, U-W, V-W 선간저항 점검

③ 구동모터 / 레졸버 센서의 저항 점검
④ 구동모터 / HSG의 온도센서 저항 점검 : 모터 온도는 모터 출력에 많은 영향을 준다. 모터가 과열되면 모터 내부의 소손 및 구동 모터 작동에 악영향을 미칠 수 있으므로 이를 방지하기 위해 모터 과열 정도를 판단하여 모터 토크를 제어할 수 있도록 온도 센서가 장착되어 있다.
⑤ 구동모터의 절연저항 검사 : 메거(megger) 옴 테스터 사용(약 1MΩ)
⑥ 구동모터 / HSG 레졸버 보정

 ㉮ 레졸버의 정확한 위치를 검출하기 위해 모터의 생산 및 조립 시 발생하는 모터의 회전자와 고정자의 하드웨어 편차를 인식시켜 주어야 한다. 그래서 모터 및 인버터 교체 그리고 리어 플레이트 탈부착 시 자기진단 장비를 이용하여 레졸버 보정을 실시해야 한다.

 ㉯ 레졸버는 엔진, 인버터(MCU), 구동 모터, HSG를 교체 · 재장착할 때마다 진단 장비를 이용하여 보정 작업을 실시해야 한다.

 ㉰ 레졸버의 점검 : 레졸버 센서 저항 측정으로 단품 점검이 가능하다.

⑦ HSG 탈착 시 인버터 냉각수를 배출해야 하고, 장착 시 냉각수 주입 후 공기빼기를 실시한다.

> **Note | 레졸버 보정 조건**
> 1. GEAR : P
> 2. 엔진 가동
> 3. DTC(고장코드) 없음

5. 고전압 배터리 팩 교환
① 고전압 회로 차단 및 쿨링 팬 탈거
② 고전압 파워 케이블의 (+)단자와 (−)단자 탈거
③ PRA 커넥터 분리
④ BMS 커넥터 분리
⑤ 고전압 배터리 팩 어셈블리 탈거
⑥ 배터리 온도 센서 탈거

6. 절연파괴 검사
① 고전압 단자와 섀시 접지 간의 절연저항을 측정
② 검사 부위
③ 고전압 배터리 (+) 단자 또는 (−) 단자와 고전압 케이스 사이
④ PRA와 정션블록 간의 DC 케이블
⑤ 고전압 정션블록과 모터의 3상 단자 간의 케이블

7. 전압 센싱 회로 점검

① 고전압 회로 차단 및 배터리 온도 센서 탈거
② 배터리 모듈과 BMS ECU의 하네스 커넥터의 와이어링 통전을 확인 (1Ω 이하)
③ 하네스 커넥터를 BMS ECU에 연결
④ 접지 단락 점검 : 배터리 모듈 하네스 커넥터와 섀시 접지와의 저항 측정(1MΩ 이하)

8. 전동식 에어컨 컴프레서 작동

① 전동식 에어컨 컴프레서 장착 부위 확인
② 모터의 점검 : 3상 전원 핀의 저항 측정
③ 전동식 컴프레서 인버터(고전압) 핀의 (+) 단자와 (−) 단자 사이의 저항값 측정
　㉮ 측정값이 100Ω 이상 : 정상
　㉯ 측정값이 100Ω 이하 : 불량
④ CAN HIGH/LOW 핀 저항 측정
　㉮ 정상 저항값 : 약 120Ω
　㉯ 불량 저항값 : 인버터 쇼트 (약 0Ω)
⑤ CAN−GND 핀 저항 측정
　정상 저항값: 13~14kΩ(일반 사양), 200 ~ 600kΩ(고성능 사양)
⑥ interlock high/low 핀 저항 측정 : 1.0Ω 이하일 때 정상
⑦ 컴프레셔의 절연저항 측정
⑧ 전동식 컴프레서 핀의 (+), (−) 단자와 컴프레셔 바디의 저항값 측정 : 최소 100MΩ 이상일 때 정상

9. 엔진 클러치 검사

① 압력 검사 : 진단 장비를 이용하여 주행 중 및 HEV 상태에서 클러치 압력을 확인
② 엔진 클러치의 강제 구동 : 자기진단 커넥터(DLC)에 진단 장비를 연결하고, 점화 스위치가 ON 상태("READY" 상태)에서 강제 구동을 실시하여 엔진 클러치 유압의 상승 여부를 확인
③ 엔진 클러치 유압 보정 검사 : HCU는 엔진의 동력이 변속기에 연결될 때의 충격을 최소화하기 위해 클러치 양쪽의 접촉점에 대한 학습이 필요하므로 엔진, 하이브리드 구동 모터, HCU, CPS를 장착한 후에는 반드시 클러치 압력 센서 보정을 실시해야 한다.

Note | 클러치 유압 보정 조건
- "READY" 램프 ON 상태 확인
- "P" 단 확인
- 오일 온도: 20~110℃
- SOC: 20~90% 상태를 확인
- DTC 고장진단 코드가 없는지 확인
- APS, 브레이크를 조작하지 말 것

Section 2
전기자동차

01 전기자동차 (EV) 개요

전기장동차의 가장 큰 특징은 기존 내연기관에서 사용되는 엔진과 변속기가 없다는 점이다. 대신, 배터리 전력으로 모터를 구동하기 위한 장치인 구동모터, 감속기, 배터리, 온보드차저, 통합전력제어장치 등으로 대체된다.

1. 전기자동차의 특징

가. 장점
① 동력변환 효율이 매우 우수하며, 초기 토크력이 크다.
② 회생제동을 이용해 버려지는 에너지를 회수하기도 용이하다.
③ 공간활용 : 파워트레인의 부피가 작고 동력 배분이 자유로워서 계통의 단순화로 공간 활용이 크다.
④ 주행 중에 발생하는 소음과 진동이 매우 적다.
⑤ 제어 성능이 뛰어나다.
⑥ 친환경 : 화석연료를 사용하지 않으므로 유해 배기가스를 배출하지 않는다. 또한, 정차상태에서 아이들링(Idling)이 없이 시동 후 즉시 가속 페달을 밟으면 모터를 회전하므로 에너지를 절감할 수 있다.
⑦ 경제적 : 전기모터로만 구동하므로 운행비용이 가장 저렴하고, 차량 수명이 길다.

나. 단점
① 대용량 배터리 및 모터를 탑재하여 제작비용 및 무게가 증가한다.
② 배터리 용량에 따라 주행거리가 제한된다.
③ 충전 시간이 길다.

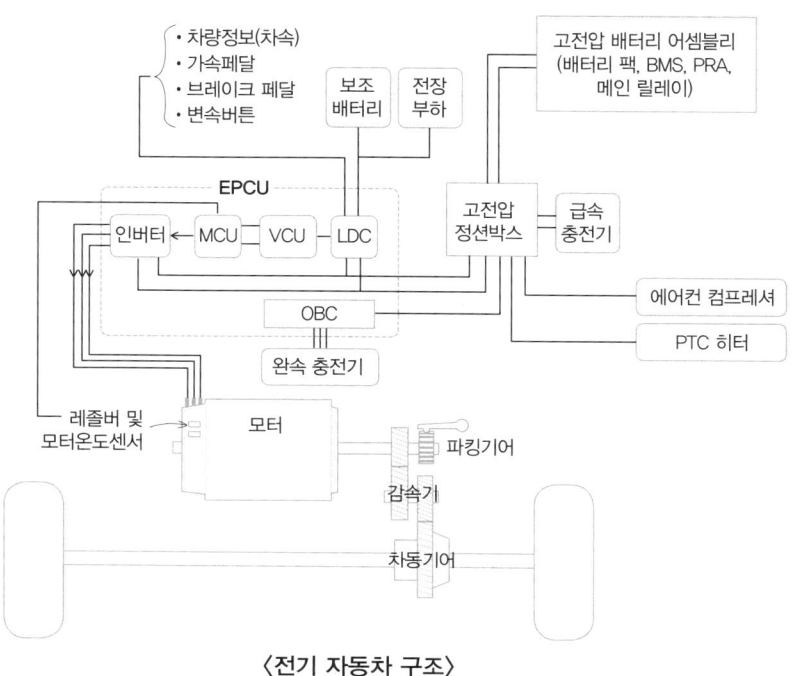

〈전기 자동차 구조〉

2. 전기자동차 주행 모드

구분	설명
출발 · 가속	• 시동키 ON 후 가속 페달을 밟으면 전기 자동차는 고전압 배터리 팩 어셈블리에 저장된 전기 에너지를 이용하여 구동 모터가 구동력을 발생함으로써 전기에너지를 운동에너지로 바꾼 후 바퀴에 동력을 전달한다. • 차속을 올리기 위해 가속 페달을 더 밟으면 모터는 더 빠르게 회전하여 차속이 높아진다. 큰 구동력을 요구하는 출발과 언덕길 주행 시는 모터의 회전속도는 낮아지고 구동 토크를 높여 언덕길을 주행할 때에도 변속기 없이 순수 모터의 회전력을 조절하여 주행한다. • 전력 흐름 : 고전압 배터리 → PRA → 고전압 정션박스 → EPCU(MCU-인버터) → 모터(스테이터 코일)
감속 (회생 제동)	• 차량 속도가 운전자가 요구하는 속도보다 높아 가속 페달을 작게 밟거나, 브레이크를 작동할 때 전기 모터의 구동력은 필요하지 않으므로, 이때 구동 모터는 발전기의 역할로 변환되어 차량의 주행 관성 운동 에너지에 의해 구동 모터는 전류를 발생시켜 고전압 배터리에 저장한다. 이와 같이 구동모터는 감속 시 발생하는 운동 에너지를 이용하여 발생된 전류를 고전압 배터리팩 어셈블리에 충전하는 것을 회생 제동이라고 한다. • 전력 흐름 : 모터(스테이터 코일) → EPCU(MCU-인버터) → 고전압 정션박스 → PRA → 고전압 배터리

02 전기자동차의 주요 제어

1. 구동모터 제어

- ✓ 고전압 흐름 : 고전압 배터리 → PRA → 고전압 정션박스 → 인버터 → 모터
- ✓ 제어 흐름 : 각종 신호 → VCU → MCU → 인버터(인버터는 직류를 교류를 변환하여 주행 상태에 따라 전원을 제어하여 모터에 공급한다.)

가. 인버터(Inverter)
① 차량 제어 유닛(VCU)의 모터 토크 지령을 계산하기 위하여 모터의 가용 토크를 제공하고, VCU로부터 수신한 모터 토크의 지령을 구현하기 위하여 인버터에서 펄스폭 변조(PWM) 신호를 생성한다.

나. VCU(Vehicle Control Unit)
① 배터리 가용 파워, 모터 가용 토크, 운전자 요구(APS, Brake SW, Shift Lever)를 고려한 모터의 토크 지령을 계산한다.
② 모터 제어 외 회생 제동 제어, 공조 부하 제어, 전장 부하 전원 공급 제어, 클러스터 표시, DTE(Distance to Empty : 속도 거리), 예약/원격 충전, 아날로그/디지털 신호 처리 및 진단 등을 제어한다.

> **Note | 통합전력제어장치(EPCU)**
> 통합전력제어장치는 차량 내 전력을 제어하는 장치를 통합하여 효율성을 높여주는 역할을 하며 인버터, LDC, VCU로 구성되어 있다.

다. MCU : VCU의 모터 토크 지령을 계산하기 위한 모터 가용 토크를 제공한다.

라. 배터리 관리 시스템(BMS)
① VCU의 모터 토크 지령을 계산하기 위한 배터리 가용 파워 SOC의 정보를 제공한다.
② BMS는 주로 배터리와 일체형으로 되어있으며, 통합전력제어장치(EPCU)에 포함되기도 한다. 셀의 충전 및 방전 상태를 감시하고, 배터리에 이상이 감지될 경우 릴레이를 통해 자동으로 OFF시킨다.

2. 회생제동 제어

① 하이브리드 자동차의 회생제동 제어와 동일하다.
② 전기차 제동시스템은 제동 중 배터리 충전을 위해 회생 제동 브레이크 시스템인 AHB(Active Hydraulic Booster)를 적용한다.
③ 회생제동의 작동범위 : 10 km/h 이상일 경우 (미작동 : 3 km/h 이하일 경우)
④ 회생제동 제어에 관련 장치 : AHB, VCU, MCU, BMS

Note | AHB(Active Hydraulic Booster)
- 모터를 이용하여 유압을 발생하고 그 유압을 통해 제동력을 확보하도록 한 전동식 유압 부스터로 주행 중 우수한 제동력과 제동감의 구현이 가능하며, 회생 제동 모드에서 주행 상태에 따라 수시로 변화하는 모터의 발전량과 연동하여 일정한 제동력을 확보할 수 있는 제동 시스템이다.
- 운전자 요구(BPS)에 따른 총 제동량을 연산하여 이를 유압 제동량과 회생 제동 요청량으로 분배하는 것을 회생 제동 실행량(VCU)으로 모니터링 하여 유압 제동량을 보정한다.

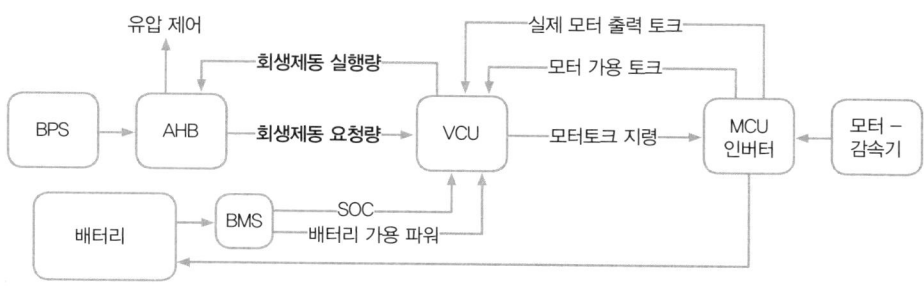

〈모터 구동제어 및 회생제동 제어〉

3. 전장부하 제어(LDC)

① LDC(Low voltage DC/DC Converter, 저전압 직류 변환 장치)는 기존 내연기관의 알터네이터를 대신하여 고전압 배터리 전원을 12V로 변환하여 전장부하에 전원을 공급하고 보조 배터리를 충전한다.
② BMS가 배터리 가용 파워, SOC의 정보를 제공하고 VCU는 배터리 정보 및 상태에 따른 LDC ON/OFF 및 동작 모드를 결정한다.
③ LDC는 VCU의 명령에 따라 고전압을 저전압으로 변환하여 차량의 전장에 전원으로 공급한다.
④ 전장부하 제어와 관련된 장치 : BMS, VCU, LDC

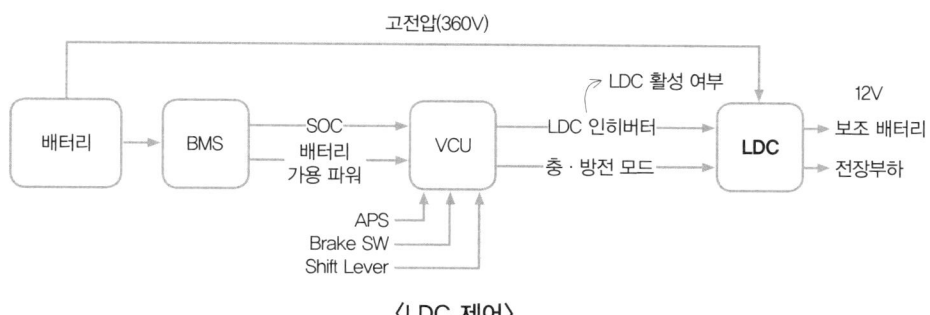

〈LDC 제어〉

245

4. 감속 제어(감속기)

① 전기차의 감속기는 일반 가솔린 차량의 변속기와 유사한 역할을 하지만 여러 단이 있는 변속기와 달리 증속없이 일정한 감속비로만 모터의 동력을 자동차 차축으로 전달한다. 따라서 변속기 대신 감속기라고 한다.

② 감속기의 역할 : 모터의 고회전 저토크를 입력 받아 적절한 감속비로 속도를 줄이고 그 만큼 토크를 증대시킨다.(회전수와 토크는 반비례이므로)

③ 모터는 분당 회전수(RPM)가 내연기관 엔진보다 훨씬 높다. 회전수를 상황에 맞게 바꾸는 변속이 아닌, 회전수를 하향 조정(감속)해야 한다. 감속기는 모터의 회전수를 필요한 수준으로 낮춰 전기차가 더 높은 회전력(토크)을 얻을 수 있도록 한다.

④ 감속기는 파킹기어를 포함하여 5개의 기어가 있으며, 윤활 오일은 수동 변속기 오일로, 무교환식이다.

⑤ 감속기의 기어비는 고정되어 있다. (보통 7.2~9.4 : 1)

> **Note | 전기차의 후진**
> 시프트 레버를 R 레인지로 하면 배터리 전원에서 모터로 공급되는 전류 방향이 바뀌어 모터가 역회전하며 후진한다.

5. 공조 부하 제어

① FATC(Full Automatic Temperature Control)는 운전자의 냉·난방 요구 시 VCU에 AC/PTC 요청 파워를 송신하고 VCU의 허용 파워 범위 내에서 공조 부하를 제어한다. BMS는 배터리 가용 파워의 SOC 정보를 제공하고, VCU는 배터리 정보 및 FATC 요청 파워를 이용하여 최종 FATC 허용 파워를 송신한다.

② 공조부하 제어에 관련 장치 : BMS, VCU, FATC

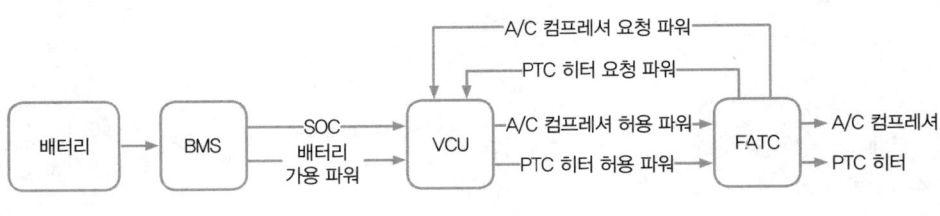

〈공조 부하 제어〉

6. 가용 배터리 용량으로 주행 거리 계산(DTE, Distance To Empty)

VCU가 배터리 가용 에너지, 도로 정보 등을 계산하며 BMS는 배터리 가용에너지 정보를 제공한다. AVN(Audio, Video, Navigation)은 목적지까지의 도로 정보를 제공하여 DTE를 표시한다. 이러한 모든 과정이 이루어진 후 클러스터에 표시된다.

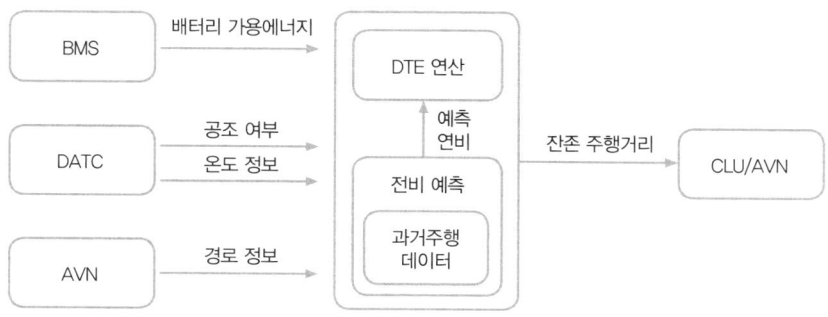

DTE(km) = 과거 주행 전비(km/kWh) × 배터리 가용에너지(kWh)
- 과거 20개의 주행 사이클의 평균을 이용하여 주행 전비 계산
- 경로 설정 시 도로 종별 예측된 주행 전비와 과거 전비를 조합
- 공종 ON/OFF에 따른 DTE 표지 증감

03 전기자동차의 고전압배터리 어셈블리

1. 고전압 전기 흐름

① 출발 · 가속 · 등속 : 고전압 배터리 → PRA → 고전압 정션박스 → EPCU(MCU-인버터) → 모터

② 회생 제동 : 모터 → EPCU(MCU-인버터) → 고전압 정션박스 → PRA → 고전압 배터리

③ 급속 충전 : 외부 급속충전기 → 급속 충전포트 → QRA → 고전압 정션박스 → PRA → 고전압 배터리

④ 완속 충전 : 외부 완속충전기 → 완속 충전포트 → OBC → 고전압 정션박스 → PRA → 고전압 배터리

- OBC(One Board Charging) : 완속 충전 보드
- QRA(Quick charge relay assembly) : 급속 충전 릴레이

2. 고전압 배터리 컨트롤 시스템(Battery Control System)

① 고전압 배터리 컨트롤 시스템은 컨트롤 모듈인 BMS ECU, 파워 릴레이 어셈블리(PRA : Power Relay Assembly)로 구성되어 있으며, 고전압 배터리의 SOC(State Of Charge), 출력, 고장진단, 배터리 셀 밸런싱(Balancing), 시스템 냉각, 전원 공급 및 차단을 제어한다.

② 파워 릴레이 어셈블리는 메인 릴레이, 프리차지 릴레이, 프리차지 레지스터, 배터리 전류 센서, 고전압 배터리 히터 릴레이로 구성되어 있으며, 버스바(Bus bar)를 통해서 배터리 팩과 연결되어 있다.

3. BMS(고전압 배터리 제어 시스템)의 주요 기능

① 배터리 충전률(SOC) 예측 : 전류/전압/온도 측정을 통해 SOC를 계산하여 적정 SOC 영역으로 제어한다. 또한 배터리 잔량을 확인할 수 있도록 한다.

② 파워 제한 : 규정 SOC 이상의 충전이나 이하의 방전이 지속될 경우 제한을 두는 과충전/과방전 방지 기능이다. 또한 온도, 전압이 규정값을 벗어날 경우 파워 제한을 수행한다.

③ 파워 릴레이(PRA) 제어 : IG ON/OFF 시 고전압 배터리와 관련 시스템으로의 전원 공급 및 차단, 고전압 시스템의 고장으로 인한 안전사고 방지, 냉각 제어, 냉각수 제어를 통한 최적의 배터리 동작 온도 유지(배터리 최대 온도 및 모듈간의 온도 편차량에 따라 제어)

④ 냉각 제어 : 배터리 과열을 방지하기 위해 온도에 따라 BMS는 냉각팬에 PWM 신호를 인가하여 단계별로 듀티를 조절할 수 있도록 한다.

⑤ 고장 진단 : 시스템 고장 진단, 데이터 모니터링 및 소프트웨어 관리, 페일-세이프(Fail safe) 레벨을 분류하여 출력 제한치 규정, 릴레이 제어를 통하여 관련 시스템 제어 이상 및 열화에 의한 배터리 관련 안전사고 방지

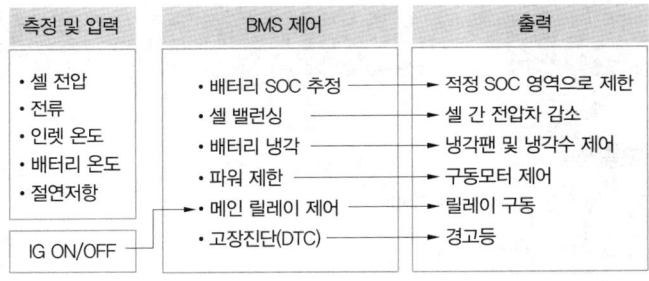

⟨BMS의 주요 기능⟩

> **Note | BMS의 배터리 상태 표시**
>
> • SOC(State Of Charge) : 저장된 SOH 정보를 확인하고, 전류, 통신 손실, 팩 전압 낮음/높음 및 셀 모듈 온도 오류 등을 확인하여 오류가 없는 경우, 전류/평균 셀 전압/평균 셀 온도 등의 정보를 바탕으로 SOC 추정을 한다.
>
> $$SOC\,[\%] = \frac{잔존\ 용량}{전체\ 용량}$$
>
> • SOP(State Of Power) : 셀 온도센서의 오류가 없는 경우, SOC 및 셀 온도를 적용하여 미리 정의된 값 (2초 충전/방전, 10초 충전/방전 값)을 기반으로 계산한다. (단, 배터리 팩이 고장 상태이면 진단 관리에 따라 SOP가 특정값으로 제한된다.)
>
> • SOH(State Of Health) : 저장된 SOH 정보를 확인하고, 전류, 통신 손실, 팩 전압 낮음/높음 및 셀 모듈 온도 오류 등을 확인하여 오류가 없는 경우, 셀 온도가 20~40°C에 있을 때 충전 프로세스 중 SOH를 추정한다.
>
> • SOE(State Of Energy) : BMS는 100mS 마다 SCE를 추정한다.
>
> $$SOE\,[kWh] = \frac{366[V] \times 잔존용량\,[Ah]}{1000}$$

4. 파워 릴레이 어셈블리(PRA, Power Relay Assembly)

① PRA는 고전압 배터리 시스템 어셈블리 내에 장착되어 있으며, (+)고전압 제어 메인 릴레이, (-)고전압 제어 메인 릴레이, 프리차지 릴레이, 프리차지 레지스터, 배터리 전류센서로 구성되어 있다.

㉮ 메인 릴레이 : 고전압 배터리에 공급되는 전원을 고전압 장치에 공급 또는 차단한다. (+) 릴레이에서 출력된 전원은 고전압장치에 공급되었다가 (-) 릴레이를 통해 배터리로 접지된다.

㉯ 프리차지 릴레이 : 메인 릴레이 (+) 구동 전, 먼저 구동되어 고전압을 프리차지 저항을 통해 인버터로 공급하고 급격한 고전압 입력으로 인한 돌입전류를 방지한다.

㉰ 프리차지 저항 : 프리차지 릴레이는 (+) 전원만 릴레이를 통해 공급하며, 공급된 전원은 (-) 메인 릴레이를 통해 고전압 배터리로 접지된다.

㉱ 전류 센서 : 배터리를 통해 공급되는 전류량을 검출한다.

② PRA는 VCU로부터 신호를 받은 BMS에서 제어한다.

③ PRA 작동순서

㉮ PRA ON : 메인 릴레이(-) ON → 프리차지 릴레이 ON → 메인 릴레이(+) ON → 프리차지 릴레이 OFF

㉯ PRA OFF : 메인 릴레이(+) OFF → 메인 릴레이(-) OFF

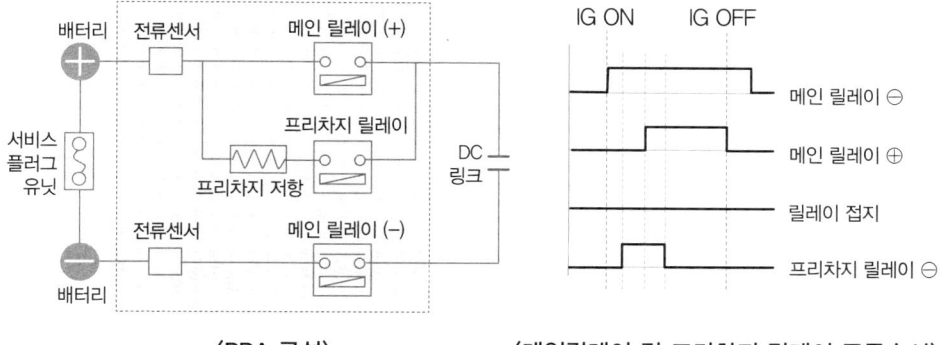

〈PRA 구성〉　　　　〈메인릴레이 및 프리차지 릴레이 구동순서〉

5. 급속 충전 장치(QRA, Quack Charging Relay Assembly)

① 급속충전(Quick Charge)은 외부충전 전원(380V)을 이용하여 고전압 정션블록을 거쳐 고전압 배터리를 직접 충전하는 방식으로 과충전 방지를 위해 보통 80%까지만 충전된다.

② QRA는 파워 릴레이 어셈블리 내에 장착되어 있으며, (+)고전압 제어 메인 릴레이, (-)고전압 제어 메인 릴레이로 구성되어 있다. 그리고 BMS 제어 신호에 의해 고전압 배터리 팩과 고전압 조인트 박스 사이에서 DC 360V의 고전압을 ON, OFF 제어한다. 급속 충전 릴레이 어셈블리

(QRA) 작동 시에는 파워 릴레이 어셈블리(PRA)도 작동한다.
③ 급속 충전 시 공급되는 고전압을 배터리 팩에 공급해주는 스위치 역할과 과충전이 되지 않도록 방지해 주는 역할을 한다.

> **Note** | 급속 충전 과정
> 메인 릴레이(-) ON → 메인 릴레이(+) ON → 배터리 팩으로 고전압 충전 → 충전 완료 → 메인 릴레이(+), (-) OFF

6. 탑재형 완속 충전기(OBC, Onboard Charger)

① OBC는 외부충전 전원(AC 220V) 또는 휴대용 충전기로 가정용 플러그에 꽂아서 충전할 경우, 차량에 입력된 교류 전원(AC)을 직류 전원(DC)으로 변환하는 장치이다.
② 교류를 직류로 전환한다는 점에서 인버터와 비슷해 보이지만 OBC는 충전을 위한 장치이며, 인버터는 차량 가속과 감속과 관련된 장치라는 점에서 그 역할이 다르다. 참고로 급속 충전은 직류를 이용한다.

> **Note** | 완속/급속 충전구의 종류
>
> | 완속 충전구 | AC단상 5핀 | |
> |---|---|---|
> | 급속/완속 충전구 | AC3상 7구 | • 직류 변환없이 교류를 그대로 사용
• 완속 급속 충전포트가 일체형 |
> | | DC차데모 | • 완속급속 소켓이 구분
• 다른 충전방식에 비해 충전구 부피가 큼 |
> | | DC콤보 | • 국내표준규격으로 가장 많이 사용
• 완속급속 충전포트가 일체형 |

04 전기자동차의 냉각·히터 시스템

1. 배터리 냉각 시스템(공랭식)

가. 개요

고전압 배터리의 각 모듈마다 장착된 온도센서 및 인렛 온도센서 신호를 바탕으로 BMS ECU에 의해 계산되며, 고전압 배터리 시스템이 정상 작동 온도를 유지할 수 있도록 제어된다.

나. 구성 부품 : 쿨링 팬, 쿨링 덕트, 인렛 온도 센서

① 쿨링 팬 : 고전압 배터리의 냉각 상태에 따라 BMS ECU의 PWM 신호에 의해 BLDC 모터를 9단으로 속도 제어를 한다.

② 쿨링 덕트 : 쿨링 팬 작동 시 공기 흐름 통로의 역할을 한다.
③ 인렛 온도센서 : 고전압 배터리 1번 모듈 상단에 장착되어 있으며, 배터리 시스템 어셈블리 내부의 공기 온도를 감지하는 역할을 한다. 인렛 온도 센서값에 따라 쿨링 팬의 작동 유무가 결정된다.

2. 고전압장치 냉각 시스템(수랭식)

가. 개요

① 구동 모터, 차량 탑재형 충전기(OBC), 전력제어장치(EPCU) 등에서 발생하는 열 냉각을 위해 전력제어장치는 각 부품 중의 작동 온도를 모니터링하여 필요 시 전자식 워터펌프(EWP)를 작동시켜 냉각수가 순환하게 된다.

나. 칠러(Chiller)

① 히트펌프 시스템 내에서 냉매의 높은 열원을 흡수하여 난방에 적용한 열교환기이다. 저온·저압의 냉매와 냉각수가 열교환을 이용하여 배터리를 냉각시키며, 고온·고압의 냉매와 냉각수가 열교환을 이용하여 난방 성능을 보조한다.
② 냉·난방 시스템에서 난방 시 실외기에서 1차 열교환하고, 모터의 폐열을 이용하여 2차 열 교환을 한다.
③ 시스템 내에서 냉매의 압력에 의해 고압용과 저압용 두 가지로 구분한다.

다. 전자식 워터 펌프(EWP, Electronic Water Pump)

① 모터시스템 전력제어장치(EPCU), 모터, 완속 충전기(OBC)에서 냉각 회로에 냉각수를 순환시키는 역할을 한다.
② 작동 원리 : 모터 시스템의 냉각수 온도가 한계점(EPCU에 설정) 이상으로 오르면 전력제어장치(EPCU)는 EWP를 작동하기 위해 CAN 통신을 통해 EWP로 명령을 보낸다. EWP는 작동 유무를 CAN 통신을 통해 전력제어장치로 보낸다.
③ 작동 전압 : 13.5~14.5V
④ 냉각수 온도 : 75℃ 이하

라. 인렛 온도 센서

고전압 배터리 모듈, 배터리 승온 히터, 냉각수 호스에 장착되어 있으며, 배터리 및 전장 시스템 내부의 냉각수 온도를 감지하여 EWP 회전수 및 3웨이 밸브의 방향을 결정된다.

마. 3웨이 밸브(3-Way V/V)

① 히트펌프 작동 시 칠러(냉간) 쪽으로 데워진 냉각수를 공급하여 히트펌프의 난방 성능을 향상시킨다.

② **3웨이 밸브의 구성** : 전압 인가 시 전류를 제어하는 전자식 액추에이터, 냉각수를 보내는 밸브 하우징, 실제 냉각수 유동을 제어하는 밸브
③ 모터가 정지하고 밸브 고장으로 인해 정상적으로 작동하지 않을 경우 토션 스프링의 자동 안전 기능이 밸브를 히트 펌프의 OFF 방향으로 회전시킨다. 이때는 라디에이터 쪽으로 냉각수의 유로가 설치되어 냉각수의 온도가 상승하지 않는다.

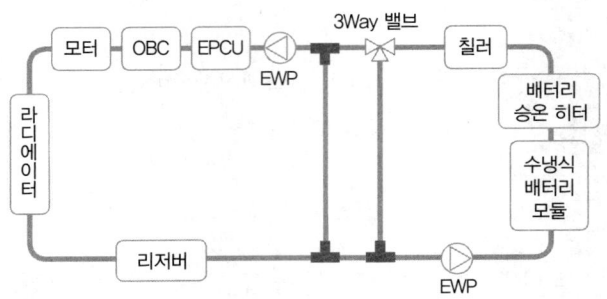

바. 액티브 에어플랩(AAF : Active Air Flap)
① 라디에이터 그릴 후면에 개폐가 가능한 에어플랩을 설치하여 모터의 냉각을 위한 공기의 유입량을 제어한다. 또한, 고속 주행시 플랩을 닫아 공기저항을 감소시켜 연비 향상 및 주행 안정성을 향상시킨다.
② 에어컨 컴프레서가 작동 시 플랩을 열어 냉매의 압력을 보호하고 냉간 시동 시에는 플랩을 닫아 모터의 워밍업 시간을 단축시킨다.
③ AAF 제어기가 P-CAN을 통해 EMS, DATE/FATC로부터 각종 차량의 조건을 입력받아 제어 조건을 판단하고 모터를 통하여 AAF를 제어한다.

05 전기자동차의 공조 시스템(히트펌프 시스템)

1. 전기자동차의 공조 시스템 개요

① 냉·난방 및 환기를 통해 차량의 실내를 쾌적하게 유지해 주는 공기조절 시스템을 말한다. 공조 시스템은 각종 센서(실내온도 센서, 외기온도 센서, ADS 센서, 일사 센서, EAT 센서)와 히터 및 에어컨 컨트롤 스위치 등에서의 입력 신호를 받아 DATC(Dual Auto Temperature Control)의 컴퓨터 연산을 통해 모든 각종 액추에이터를 제어함으로써 차량 실내의 온도를 운전자의 설정온도 상태로 자동으로 유지시켜준다.

② EHVC 유닛(Electric HVAC Control Unit)은 전동 컴프레서와 전기식 히터를 제어하여 냉난방에 필요한 에어컨 냉매와 냉각수의 온도를 조절한다.

③ 캐빈 히터 사양(히트펌프 미사양)과 캐빈 히터의 고전압 사용을 최소화하기 위해 추가로, 냉매 순환 경로를 변경하여 고온, 고압의 냉매를 열원으로 실내 난방을 하는 히트 펌프 사양으로 구성된다.

2. PTC 히터

① 온도가 매우 낮으면 배터리 내부저항이 증가해 에너지 효율이 크게 떨어지고, 겨울철 난방 사용의 경우 내연기관 자동차에서는 폐열을 회수하여 난방에 사용하였지만 전기자동차의 폐열은 난방을 하기에 충분하지 않아서 별도로 PTC(Positive Temperature Coefficient) 히터를 사용한다.

② PTC 소자(세라믹질의 반도체 소자)의 특징
　㉮ 온도가 낮으면 저항이 줄어들어 소자에 전류가 커져 방열량 증가
　㉯ 일정 온도 이상이면 저항이 커져 전류가 감소하여 발열량 감소

③ 전기에너지 소모가 매우 크기 때문에 전기차는 상온과 저온 사이에서 큰 성능 차이를 보인다. 이에 대한 대책이 히트펌프 시스템이다.

3. 히트펌프 시스템

① 냉매의 발열 또는 응축열을 이용하여 저온의 열원을 고온으로 전달하거나 고온의 열원을 저온으로 전달하는 냉난방장치로 냉난방을 겸용한 구조이다. 냉방은 기존 차량과 동일하며, 난방시 컴프레셔의 고온고압의 압축된 냉매를 기화시켜 응축기에 보내 높은 온도를 실내에 유입시킨다.

② PTC 히터에 비해 열효율이 1.5~4.0까지 높일 수 있어 에너지 소비를 절약할 수 있으므로 PTC 히터보다 낮은 전력으로 난방이 가능하고, 단순 냉매 역순환을 통해 냉방과 난방 기능을 할 수 있다는 장점이 있으나 히트펌프는 영하의 외기온도 조건에서 실외 열교환기에 응축수가 얼어붙는 현상이 발생하며 이를 제상하고 난방진입까지 시간이 소요되는 단점이 있다.

③ 주요 구성품 : 실내 열교환기, 실외 열교환기, 컴프레셔, 팽창밸브, 3way밸브(또는 4way밸브)

④ 히트펌프 시스템의 기본 원리는 에어컨의 원리와 같다. 냉매는 압축과 응축 과정을 거쳐 온도

가 높아지고, 팽창하고 증발하는 과정에서 온도가 낮아지는데, 에어컨은 차가워진 냉매를 활용해 실내에 시원한 바람을 제공하며, 반대로 뜨거워진 냉매는 실외기를 통해 열을 배출한다. 히트펌프 역시 똑같은 과정을 거친다. 다만, 에어컨이 실외기를 통해 열을 배출했다면 히트펌프는 그 열을 히터로 활용한다. 즉, 히트펌프는 냉매가 압축, 응축, 팽창, 증발하며 순환하는 과정에서 발생하는 고온과 저온을 각각 활용해 히터와 에어컨을 동시에 구동한다.

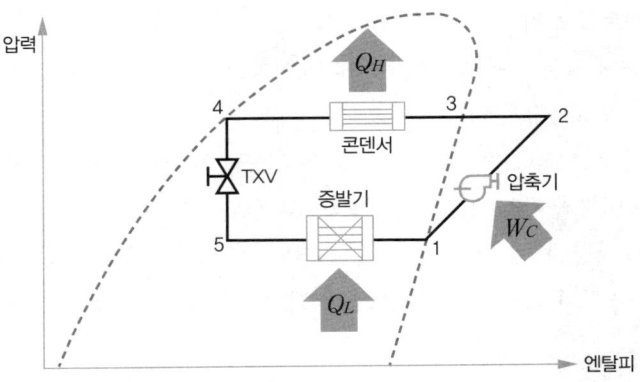

〈히트펌프의 P-h 다이어그램〉

- 전동압축기 : 증발기에서 흡열된 열량을 응축기로 보내기 위해 냉매를 고온고압으로 압축
- 응축기 : 열교환기를 냉각하여 고온의 열량을 바깥으로 내보낸다. 이 때 냉매는 상 변화 과정을 거치면서 열량을 방출한다. 냉방 사이클의 방열은 열을 대기 중으로 내보내는 역할이고 난방 사이클의 방열은 실내에 제공하는 역할을 한다. (등압과정, 압력손실이 없다고 가정)
- 팽창밸브 : 응축된 냉매를 분무 형태로 팽창시킨다. 이 과정으로 인해 냉매는 저온저압 상태가 되고 분무 형태로 인해 주변의 열을 흡수하기 좋은 조건이 된다. 팽창밸브의 과정은 등엔탈피 과정이고 압력은 증발압력까지 강하한다. 증발기는 분무 형태의 냉매가 주변 열을 흡수할 수 있도록 흡열하는 역할을 한다. 냉방작동의 경우 실내열교환기가 증발기 역할을 하여 캐빈의 열량을 밖으로 내보낸다. 여기서 냉매에 흡열된 열량은 증발기 입·출구의 엔탈피 차이로 계산한다.

⑤ 히트펌프 성능계수(COP) : 전동압축기에서 사용된 일과 실내로 제공하는 열량의 비

구분	성능계수
냉방작동	실내 열교환기는 증발기 역할을 하므로 흡열량으로 다음과 같다. $COP = \dfrac{Q_L}{W_C}$
난방작동	실내 열교환기는 응축기 역할을 하므로 방열량으로 다음과 같다. $COP = \dfrac{Q_H}{W_C}$

⑥ 전기자동차 에어컨 냉매는 R-1234yf를 사용한다. (R-134a와 R-1234yf 혼용을 금지)
⑦ 전기차의 컴프레서용 냉동유는 전기적 절연성이 요구되므로, 내연기관 차량의 PAG 계열이 아닌, POE 계열 사양의 냉동유를 적용해야 한다.

4. 냉방모드 과정

① 전동 컴프레셔에 의해 고온고압으로 압축된 냉매가 실외 콘덴서로 보내진다.

② 냉매는 팬에 의해 실외측 콘덴서를 통과하는 공기와 열교환되어 고압의 액체로 응축한다.

③ 팽창밸브를 통과하여 저압으로 되어 차내에 설치된 실내측 콘덴서(증발기)로 보내진다.

④ 실내측 콘덴서(증발기)에 유입된 냉매는 실내측 콘덴서를 거치는 동안 팬에 의해 실내측 콘덴서(증발기)를 통과하는 공기와 열교환되며 증발되면서 주위 공기를 냉각하게 된다.

⑤ 실내측 콘덴서를 통과하는 동안 저압의 가스 상태로 변환된 냉매는 다시 컴프레셔로 보내지며 싸이클을 재순환하게 된다.

5. 난방모드 과정

① 전동 압축기에서 토출된 고온고압 냉매가 실내 콘덴서(응축기)로 보내져 저온저압의 액체로 응축되면서 팬에 의해 송풍되는 외기와 열교환되어 차량 실내의 온도를 상승시킨다. 온도가 상승된 외기는 차내로 송풍된다.

② 냉매는 팽창밸브(H/Pump TXV)를 통과하면서 저온저압의 액체로 된 후, 실외 콘덴서(증발기)를 지나면서 팬에 의해 송풍되는 차가운 외기에서 열을 흡수하여 기체로 된다. 다시 어큐뮬레이터를 거쳐 컴프레셔로 보내지게 된다.

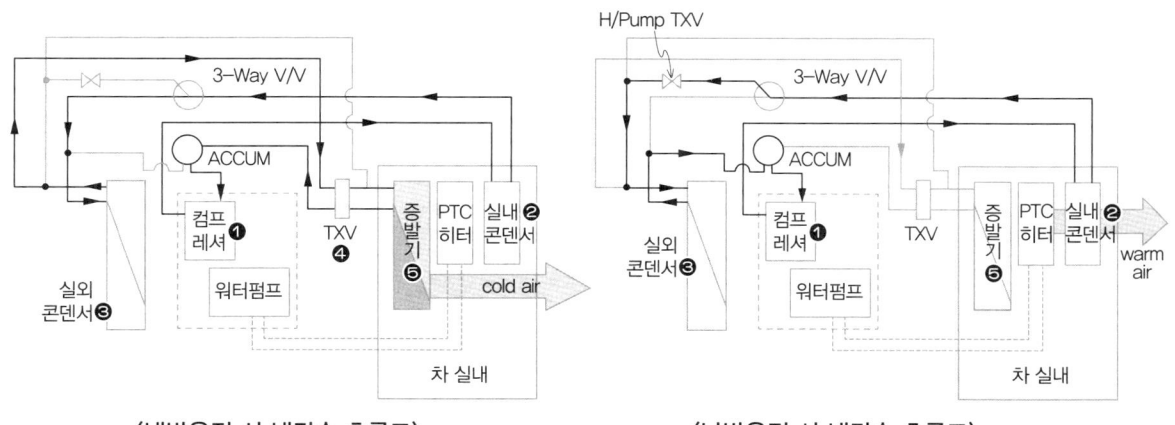

〈냉방운전 시 냉각수 흐름도〉   〈난방운전 시 냉각수 흐름도〉

06 전기자동차의 점검

1. 고전압 차단
① 점화 스위치 OFF 및 보조배터리(12V)의 (−) 케이블 분리
② 서비스 인터록 커넥터 분리 (서비스 인터록 커넥터 분리가 어려우면 안전 플러그를 탈거)
③ 안전 플러그 커버 탈거
④ 안전 플러그 탈거 후, 고전압 안전을 위하여 5분 이상 대기

2. 잔존 전압 점검
① 인버터 커패시터 방전 확인을 위하여 인버터 단자 간 전압을 측정한다.
② HPCU 인버터 파워 케이블(A)을 분리한다.
③ 인버터의 (+) 단자와 (−) 단자 사이의 전압값을 측정한다.
　㉮ 측정값이 30V 이하이면 고전압 회로가 정상적으로 차단된 것이다.
　㉯ 30V를 초과하면 고전압 회로에 이상이 있는 것으로 점검해야 한다.

3. 고전압 배터리 및 PRA 인버터의 절연저항 − 절연저항계(메가 옴 테스터)
① 절연저항계의 연결

구분	절연저항계 (+) 단자	절연저항계 (−) 단자
고전압 배터리 (+) 또는 인버터 파워 (+) 점검	고전압 배터리 (+)에 연결 인버터 (+)에 연결	차량측 차체 접지 부분에 연결
고전압 배터리 (−) 또는 인버터 파워 (−) 점검	고전압 배터리 (−)에 연결 인버터 (−)에 연결	차량측 차체 접지 부분에 연결

② 500V 전압을 인가한 후, 안정된 저항값을 측정하기 위해 1분간 대기하고 측정한다. (규정값 : 2MΩ 이상)

4. 메인 릴레이 − 멀티미터 점검
① 먼저 고전압 차단 절차를 수행한다.
② 장착된 볼트와 너트를 풀고, 고전압 배터리 상부 커버(A)를 탈거한 후 고전압 배터리 리어 커버를 탈거한다.
③ 고전압 메인 릴레이(+, −)의 스위칭 저항을 측정하여 융착 상태를 점검하고 규정값 내에 있는지 확인한다. (규정값 : ∞Ω)
④ PRA 고전압 메인 릴레이를 분해한 후 단자 사이의 저항을 측정한다. (규정값 : 20~40Ω)

5. 구동모터 점검

① 모터 선간 저항(멀티 옴 미터) : 각 선간(U, V, W)의 저항 점검

② 절연저항 점검(절연저항 시험기) : 절연저항 시험기의 (−)단자와 하우징 (+)단자의 (U, V, W) 상에 연결한 후, 1분간 DC 540V를 인가하여 측정값 확인

③ 누설 전류 점검(내전압 시험기) : 내전압 시험기의 (−)단자와 하우징 (+)단자 (U, V, W)상에 연결한 후, 1분간 AC 1,600V를 인가하여 측정값 확인

④ 구동모터 / HSG 레졸버(위치센서) 자동보정

㉮ 보정 시기 : 모터, MCU(EPCU) 교환 시

㉯ 학습값 초기화 후 모터로 20~50km/h 속도로 약 2초동안 주행하여 레졸버 보정을 실시한다.(진단장비 불필요)

⑤ HSG 탈착 시 인버터 냉각수를 배출해야 하고, 장착 시 냉각수 주입 후 공기빼기를 실시한다.

> **Note | 레졸버 보정 조건**
> - 차량의 OBD2 단자에 자기진단커넥터(DLC)로 GDS와 연결
> - 변속단 P 위치 및 시동 ON
> - 부가기능의 '레졸버 옵셋 자동보조 초기화' 항목 선택
>
> **Note | 레졸버보정을 하지 않을 경우**
> 내연기관의 ECU 학습 초기화와 마찬가지로 출력이 저하될 수 있다.

6. 절연파괴 검사

① 고전압 단자와 섀시 접지 간의 절연저항을 측정

② 고전압 배터리 (+) 단자 또는 (−) 단자와 고전압 케이스 사이

③ PRA와 정션블록 간의 DC 케이블

④ 고전압 정션블록과 모터의 3상 단자 간의 케이블

Section 3 | 수소연료전지차

01 수소연료전지차 (FCEV) 개요

- ✓ 수소연료전지차(Fuel Cell Electric Vehicle, FCEV)는 수소에서 얻은 전기에너지를 동력원으로 전기모터로 구동하며 배기가스 대신 순수한 물만 배출한다. FCEV를 구성하는 핵심은 연료전지 시스템이다. 연료전지는 수소와 대기 중의 산소 간의 전기화학 반응을 이용해 화학에너지를 전기에너지로 변환시킨다.
- ✓ 전기차는 배터리에 전기를 저장한 후 모터 구동으로 방전하지만 수소연료전지차는 수소를 에너지원으로 전기를 생산하여 배터리를 충전하고 모터를 구동시킨다.

1. FCEV의 특징

가. 장점
① 외부로부터 전기에너지를 공급받지 않고 연료전지 시스템을 통해 자체 내에서 전기에너지를 생산하므로 주행거리를 높일 수 있다.
② 수소연료를 사용하므로 연료 단가가 저렴하고, 기존 주유소와 같이 충전이 빠르다.
③ 에어필터-막 가습기-기체확충으로 통해를 대기의 공기를 정화하며, 온실가스 및 유해가스를 배출하지 않는다.

나. 단점
① 수소의 저장이 용이하지 않으며, 누설의 위험이 있다.
② 전기차에 비해 연료전지 시스템이 추가되므로 구조가 복잡해지고, 무게가 무거워진다.
③ 전기차에 비해 에너지 효율이 낮은 편이다.
④ 수소충전 인프라가 부족하다.
⑤ 연료전지의 수명이 내연기관 차량에 비해 짧다.
⑥ 연료전지 내 수분으로 인한 부식으로 내구성이 떨어진다.

■ Section 3 수소연료전지차

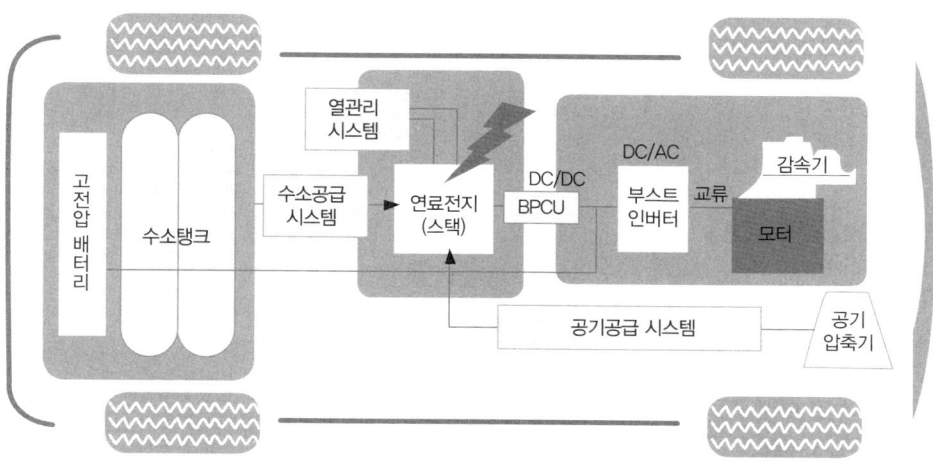

02 연료전지 스택

1. 연료전지 스택(stack) 개요

① 단위 셀을 여러 개 직렬로 적층 구조로 연결한 것을 스택이라 하며, 하나의 셀은 0.6~1V 정도의 전압을 발생하며, 스택에서는 370V의 전압을 얻는다.

② 양쪽 극판을 외부전류회로와 연결하면 연료극의 전자가 공기층으로 이동하면서 전기를 방출한다.

2. 수소연료전지 기본 원리

① 수소자동차용 수소연료전지는 전기로 물(H_2O)을 수소(H_2)와 산소(O_2)로 분해하는 반응의 역으로 작용하는 원리를 이용하여 전기를 생산하며 수소(연료 공급)가 전자와 수소이온으로 분리된 후, 산소(공기 유입)와 화학반응하여 물과 전기로 전환한다. ($H_2 + 1/2O_2 \rightarrow H_2O + 전기$)

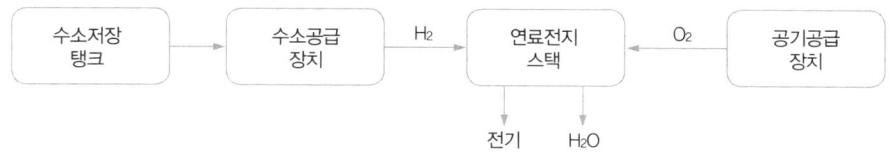

〈수소연료전지의 원리〉

259

② 스택의 연료극에 수소가 공급되고 공기극에 산소가 공급되면, 연료극에서는 촉매반응을 통해 수소이온이 분리된다. 분리된 수소 이온은 전해질 막을 통해 공기극인 산화극으로 전달되고, 산화극에서는 연료극에서 분리된 수소 이온과 전자 및 산소가 함께 전기화학 반응을 일으켜 이를 통해 전기 에너지를 얻을 수 있다.

③ 연료극에서는 수소의 전기 화학적 산화가 일어나고, 공기극에서는 산소의 전기 화학적 환원이 일어나며, 이때 생성되는 전자의 이동으로 인해 전기와 열이 발생되고, 수소와 산소가 결합하는 화학 작용에 의해 수증기 또는 물이 생성된다.

④ 연료전지의 효율$(\eta) = \dfrac{1\text{mol의 연료가 생성하는 전기에너지}}{\text{생성 엔탈피}}$

3. 셀의 기본 구성

① **분리판**
   ㉮ 수소와 산소를 각 전극으로 균일하게 공급한다.
   ㉯ 반응으로 발생된 물과 열의 배출을 위한 통로 역할을 한다.
   ㉰ MEA의 지지 역할, 냉각수 이동통로, 전기 전달 매개 작용한다.

② **기체 확산층**(GDL) : 분리판으로부터 공급되는 수소/산소를 촉매층으로 확산시킨다.

③ **촉매층**(백금촉매) : H_2를 수소이온(H^+)과 전자($2e^-$)로 분리를 촉진하며, 공기 중에 포함된 산소 분자가 전자를 흡수하도록 작용한다.

④ **고분자 전해질막**(막전극집합체, MEA, Membrane Electrode Assembly, 멤브레인막) : 연료극과 공기극 사이에 위치하며 전해질막과 백금촉매로 구성되어 있다. 수소이온(H^+)이 전해질 박막을 통과하여 셀 반대쪽(양극)으로 이동한다.

⑤ **개스킷** : 연료기체의 누설을 막고, 외기 혼입을 방지하기 위해 전해질막과 분리판 사이를 밀봉한다.

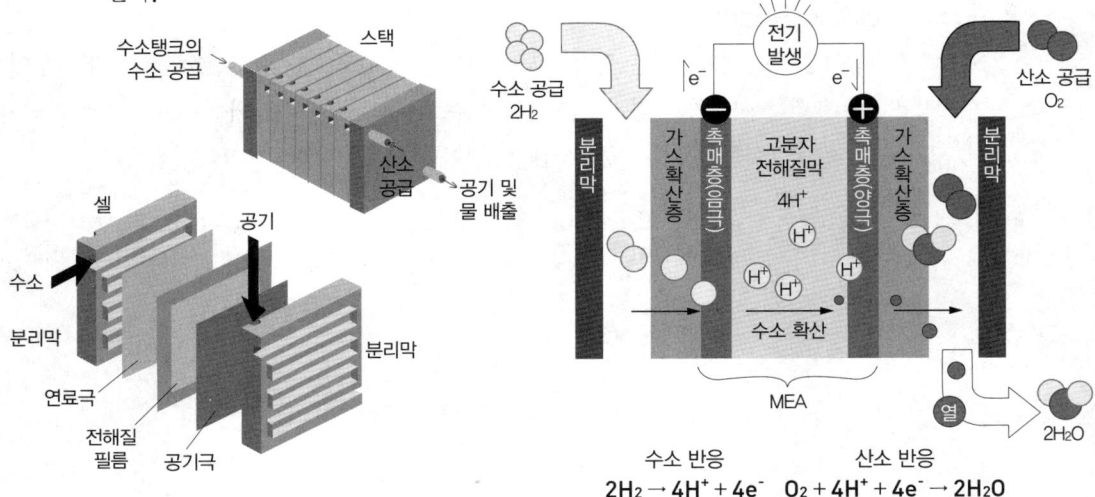

03 수소연료탱크와 수소공급시스템

1. 수소공급시스템 개요

① 충전 원리 : 충전소와 차량의 수소 압력차이에 의한 방식 또는 충전소에서 수소를 직접 압축하여 차량에 충전하는 방식이 있다. 충전 중 원하는 시점에 수소충전 중단이 가능하며 차량과 충전소 간 통신이 되지 않거나 충전소의 상태, 충전 로직에 따라 완전 충전이 되지 않는 경우도 있다.

② 수소탱크에 보관된 수소를 고압 상태에서 저압 상태로 바꿔 연료전지 스택으로 이동시키는 역할을 담당하며, 재순환라인을 통해 수소 공급 효율성을 높여준다.

> **Note | 수소생산원료**
> 메탄올(CH_3OH), 메탄(CH_4), 하이드라진(N_2H_4)

2. 수소연료탱크

① 에너지 공급원인 고압 수소를 저장하는 장치이다. 수소는 부피당 밀도가 낮아 보관하려면 매우 큰 공간이 필요한데, 탱크에 다량의 수소를 보관하기 위해 700bar(70MPa) 수준의 고압으로 압축해야 한다.

② 수소전기차의 연료탱크의 재질 : 고압 수소를 안전하게 보관하기 위해 탄소섬유 강화 복합재로 제작하며, 이너 라이너는 복원력

이 뛰어난 폴리아미드라이너(나일론 소재)를 삽입한 구조이다. 탄소섬유로 만들어져 강철로 만든 연료탱크에 비해 60% 가량 가벼워 연료 손실도 적고 타이어나 브레이크 라이너의 수명도 비교적 길다는 장점이 있다.

③ 수소전기차에 사용하는 수소 분자의 특징 : 공기의 1/14 정도로 가벼워 1초에 24m를 날아가기 때문에 누출되어도 공기 중으로 재빨리 희석된다.

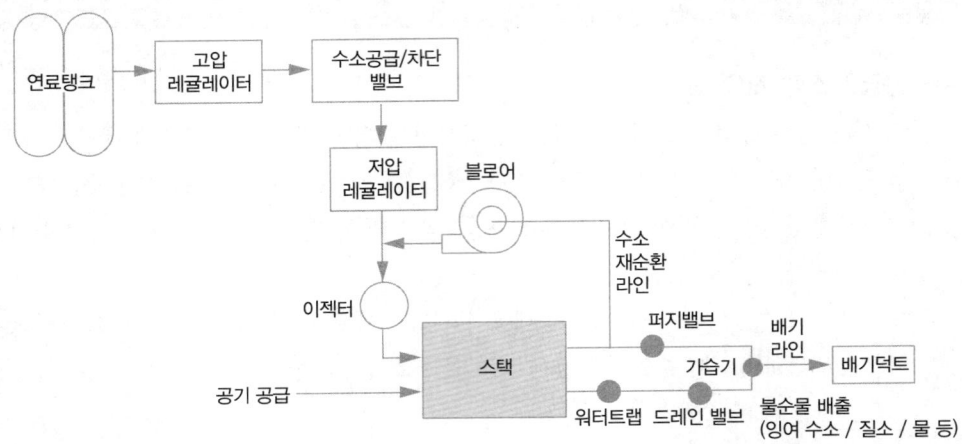

> **Note** | BOP(Balance of Plant)
> PEM 연료전지 시스템에서 연료전지 스택을 구동하는데 필요한 주변장치를 말하며, 수소공급장치, 공기공급장치, 가습기, 전력변환장치 등이 해당된다.

3. 수소공급시스템의 구성품

① 리셉터클(Receptacle) 및 적외선(IR) 충전통신
   ㉮ 수소 공급 시 수소 충전기의 충전노즐이 연료전지 차량의 리셉터클에 연결되면 수소 충전기와 연료전지 차량 사이에는 적외선(IR) 통신(무선 통신)이 연결되어 탱크의 온도 및 압력을 충전소와 실시간으로 전달한다.
   ㉯ 수소 충전기는 연료전지 차량으로부터 수소탱크의 압력과 온도를 제공받아 안전한 수소 충전을 위한 파라미터로 사용한다.
   ㉰ 이물질 유입 방지 필터 및 고압 체크밸브가 내장되어 있다.

> IR 통신에 이상이 발생한 것을 감지한 연료전지 차량의 수소제어기(HCU)는 수소탱크의 온도를 주기적으로 체크하여 수소탱크의 온도가 임계치(85℃)를 초과하면 차량 내 클러스터나 스피커를 통해 경고신호를 출력한다.

② 수소 충전기는 유량계를 통해 수소 이동 여부를 확인하여 충전되고 있는지 확인할 수 있다.
③ **체크밸브** : 탱크에 장착되며, 충전방향으로만 흐르게 하고 역방향 흐름을 방지시킨다.
④ **과류차단밸브** : 고압라인 손상 시 대기 중으로 수소의 과도한 누설을 기계적으로 방지하기 위해 연료 공급을 차단시킨다.

⑤ 고압/저압 레귤레이터(감압장치) : 수소탱크의 압력(700bar)을 약 16bar로 감압시킨다. 수소 공급/차단밸브 전단은 시동여부와 관계없이 항상 이 압력이 유지된다. 16bar의 압력은 저압 레귤레이터에서 약 1~2bar로 감압하여 스택으로 공급된다. 또한, 저압센서를 두어 수소압력을 제어한다.

⑥ 수소 공급/차단 밸브(수소 차단 밸브) : 솔레노이드 밸브 타입으로 수소탱크에서 스택에 수소를 공급/차단하는 개폐 밸브이다. 필요한 양만큼 수소를 통과시키고 잠그면 통과한 수소를 저압 레귤레이터로 보낸다.

⑦ 수소의 재순환 : 스택에 공급되는 수소는 효율을 높이기 위하여 반응에 필요한 양보다 더 많은 양을 공급하기 때문에 배기가스 중에는 수증기 뿐만 아니라 다량의 수소가 포함되어 있다. 이 수소들의 일부는 재순환되고 나머지는 퍼지밸브를 거쳐 배출된다. 수소 재순환라인에는 블로어가 설치되어 수소가 스택의 재순환을 돕는다.(블로어 대신 동력이 필요없는 이젝터가 설치될 수도 있다)

⑧ 이젝터(ejector) : 스택에 새로운 수소 공급과 배출가스 중 재순환 가스를 공급하는 역할을 한다.

⑨ 퍼지밸브(purge V/V)
  ㉮ 운전 중 공기극에서 연료극으로 질소가 조금씩 이동하며 연료극의 수소 농도(순도)는 점점 감소한다. 이에 원활한 전기 화학반응을 위해 연료극의 수소 농도를 일정수준 이상으로 유지시켜야 한다. FCU(연료전지 제어유닛)은 일정한 주기에 따라 퍼지밸브를 개방시켜 스택 내부의 쌓인 저농도의 수소를 대기중으로 배출시킨다.
  ㉯ 시동 OFF 후 스택룸에서 주기적으로 '쉬익~' 소리가 나는 경우 퍼지밸브의 작동소리로 정상이다.

⑩ 워터트랩(water trap) : 스택에서 배출된 물을 포집·저장하는 장소이다. 스택에서 생성된 물의 일부가 연료극으로 이동하며, 스택에서 배출되면서 워터트랩에 모인다.

> **Note | 연료공급장치의 센서**
> - 수소감지센서 : 연료전지 스택, 수소공급장치, 차량 실내, 수소저장탱크에 위치하여 수소 누출 여부를 감지한다. 연료전지유닛은 수소 누출 시 수소공급을 차단시키고, 연료전지 시스템의 작동을 정지시킨다.
> - 압력센서 : 수소저장장치에서 수소 배관 및 연료전지 스택 입/출구까지 운전 압력을 감지한다.
> - 수위센서 : 워터트랩에 모인 물의 수위를 감지하여 일정 수위에 도달했을 때 드레인 밸브를 개방하여 외부로 배출한다.

04 공기공급시스템

1. 공기공급시스템 개요
① 외부 공기를 여러 단계에 걸쳐 정화하고, 압력과 양을 조절해 수소와 반응시킬 산소를 연료전지스택에 공급하는 장치이다. 외부 공기를 그대로 사용할 경우 대기 중 이물질로 인한 연료전지 손상이 발생할 수 있어 여러 단계로 공기를 정화 후 산소를 전달한다.
② 스택에 공급되는 공기의 기능
  ㉮ 전기 생성에 필요한 산소를 공급
  ㉯ 공기압으로 스택 내의 수분을 배출 – 겨울에 스택 내부의 수분 동결 방지
③ 스택에서 화학반응으로 발생한 수분은 배기과정 중 가습기로 공급되어 재사용한다.
④ 스택에 공급되는 공기의 습도를 계산하기 위해 스택 출구 온도 센서로 공기온도를 측정한다. 또한 이 측정 결과는 냉각수 온도센서의 값과 함께 스택의 과열을 방지하기 위한 모니터링에 활용된다.

2. 공기공급시스템의 구성품
① 에어 클리너 : 스택에서의 수소와 산소의 원활한 화학반응 및 성능저하 방지를 위해 스택에 유입되는 미세먼지 및 유해가스를 여과한다. (먼지나 유해가스는 연료전지 성능을 저해함)
② 공기 유량센서 : 에어클리너 뒤에 배치되어 스택에 유입되는 공기량을 측정한다.
③ 흡기 차단밸브(공기 차단기) : 시동이 정지됐을 때 연료 전지 스택의 흡입·배출 통로를 차단해 내부에 산소가 불필요하게 반응하지 않도록 하여 연료전지 스택의 내구성 향상을 목적으로 한다.
④ 레조네이터(소음기) : 공기의 흐름에 의해 발생하는 소음을 줄인다.
⑤ 공기 압축기(공기블로어, 과급작용) : 연료전지의 높은 반응을 이끌어 내기 위해 높은 밀도로 공기를 압축시켜 보낸다. 모터에 의해 작동되며 모터과열을 방지하기 위해 수냉 방식으로 냉각한다.
⑥ 가습기 : 습기는 스택 내의 수소와 공기의 화학 반응에 필수적으로, 스택 내 반응 결과 배출된 잔여공기와 물을 가습기로 보내며, 습한 공기를 스택으로 공급한다. (습기는 수소와 산소의 화학반응에 필수적임)

> **Note | 공기 차단기의 바이패스 역할**
> 공기 공급 시 에너지 효율을 위해 퍼지밸브를 통해 불순한 수소를 차량 밖으로 배출하는데, 수소의 배출 농도를 4% 이하로 규제하기 때문에 공기 공급시간을 단축함과 동시에 많이 공급한다. 하지만 공기를 주입해 수소 농도를 최대한 낮추다 보면 스택이 건조해지므로 수소를 배출할 수 있도록 바이패스 기능을 추가한다.

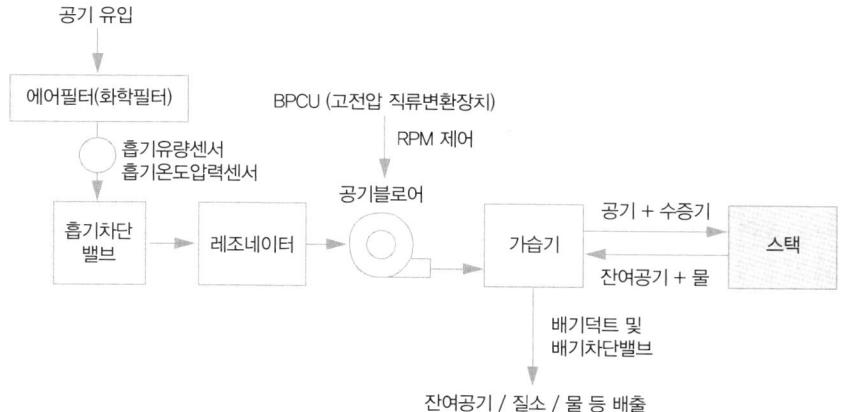

05 열관리시스템

1. 열관리시스템 개요

① 연료전지 스택에서 전기화학 반응을 일어나면 내연기관보다 높은 열을 발생한다. 스택의 전해질은 고온에 노출되면 출력저하와 고장의 원인이 된다. 그러므로 연료전지시스템에서는 고온을 외부로 방출시키고, 냉각수를 순환시켜 연료전지 스택의 온도를 일정하게 유지시켜야 한다.

② 연료전지의 에너지 생성 반응으로 인해 열이 발생하는데, 순환 파이프 내 냉각수로 최적의 온도로 조정한다. 이때 수온이 올라간 냉각수는 라디에이터를 지나 냉각된 후 냉각수 펌프로 이동한다. 만약 냉각수 온도가 높지 않을 경우 3Way 밸브로 이동해 순환된다.

③ 저온의 냉각수는 COD 히터에 도달해 다시 연료전지로 흐른다.

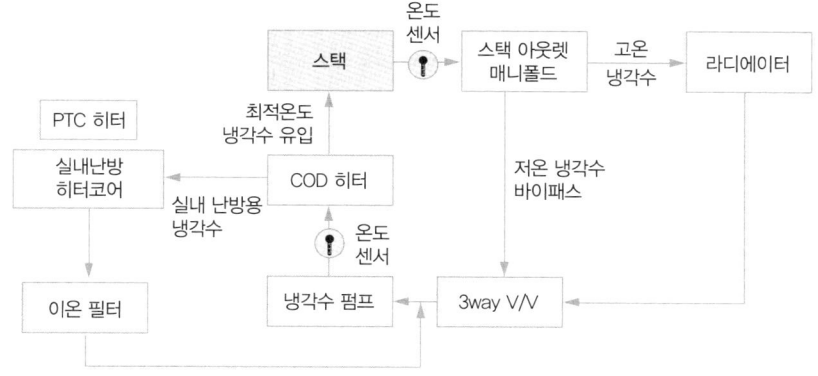

2. 열관리시스템 구성품

① **스택온도 제어밸브** : FCU(연료전지자동차 제어유닛)은 스택 출구의 온도에 따라 스택 내 온도가 높을 경우 라디에이터로, 낮을 경우 냉각수 펌프측으로 바이패스시킨다.

② **냉각수 펌프** : 연료전지냉각시스템의 냉각수 순환 역할을 한다. 인버터에 의해 구동되며, 고전압을 사용한다. FCU는 스택 입구/출구 온도를 측정하여 펌프의 회전수를 제어한다.

③ **COD 히터**
  ㉮ 연료전지의 냉간 작동 시 냉각수를 예열하여 스택의 냉간 시동성을 향상
  ㉯ 수소 전기차 시동을 켠 후 연료전지 내부에 남은 산소와 수소를 소모시켜 내구성을 증대

④ **PTC 히터** : 전기차와 마찬가지로 난방 열원을 보충하기 위한 실내 난방히터 역할을 한다.

⑤ **이온필터**
  ㉮ 열관리시스템의 배관과 냉각수 사이에 발생하는 이온으로 인하여 전기전도로 누전의 위험이 있으며 에너지 효율 저하와 차량 고장의 원인이 되므로 냉각수 속에 이온을 제거해 주는 역할을 한다.
  ㉯ 이온필터는 에어 클리너 및 연료전지 냉각수와 함께 특정 주기마다 교환해야 하는 필수 교환품이며, 냉각수와 이온필터는 취급 시 감전위험이 있으므로 주의해야 한다.

> **Note | HEV의 냉각수**
> • 스택 냉각수는 비 이온성 부식 방지제가 첨가되며 전기 전도도가 매우 낮은 연료전지 전용 냉각수이며, 전장 냉각수는 일반 차량과 동일한 냉각수로 전기 전도도가 매우 높다.
> • 스택 냉각수를 전장 냉각 시스템에 혼입시 전장 부품류의 부식을 발생시키고, 전장 냉각수를 연료전지 냉각 시스템에 혼입시 높은 전기 전도도로 인한 시스템 절연저항 파괴로 운전자 감전 우려가 있다.

⑥ **온도센서** : 연료전지 시스템의 운전 중 온도센서에 의해 검출된 연료전지 스택 입구측의 냉각수 온도와 연료전지 스택 출구측의 냉각수 온도, 연료전지 스택 출구측의 공기 온도를 기초로 하여 열관리장치의 구동을 제어하여 스택 운전온도를 최적의 온도로 조절한다.

Section 4
적중예상문제

01 주행거리가 짧은 전기자동차의 단점을 보완하기 위하여 만든 자동차로 전기자동차의 주동력인 전기배터리에 보조 동력장치를 조합하여 만든 자동차는?

① 하이브리드 자동차
② 태양광 자동차
③ 천연가스 자동차
④ 전기 자동차

해설 하이브리드 자동차는 가솔린 또는 LPI 엔진 및 디젤 엔진과 전기 모터 등 두 가지 이상의 구동장치 동력원을 동시에 탑재한 자동차를 말한다.

02 하이브리드 자동차에 대한 일반적으로 설명으로 틀린 것은?

① 2개의 동력원인 내연기관과 전기모터를 이용하여 구동되는 자동차를 말한다.
② 주행조건에 따라 엔진의 동력과 전기모터의 동력을 사용해서 연비를 향상시킨 자동차로 정의할 수 있다.
③ 복합형 하이브리드 자동차는 엔진과 2개의 모터를 유성기어로 연결하는 방식이다.
④ 소프트 타입은 출발 시와 비교적 부하가 적은 구간 주행 시 전기자동차 모드로 주행한다.

해설 소프트 타입과 하드 타입
- 소프트 타입 : 전기자동차 주행이 불가하며, 출발 시 모터와 엔진을 모두 사용하고 부하가 적은 정속 주행 시에는 엔진만으로 주행한다.
- 하드 타입 : 주행 모드는 소프트 타입과 동일하며, 처음 출발과 비교적 부하가 적은 구간 주행 시 일체의 연료를 사용하지 않고 전기자동차 모드(모터만 주행)로 주행한다. 또한, 하드 타입은 전기자동차 주행을 위해 큰 용량의 모터를 탑재한다.

03 하이브리드 시스템에 대한 설명 중 틀린 것은?

① 직렬형 하이브리드는 소프트 타입과 하드 타입이 있다.
② 소프트 타입은 순수 EV(전기차) 주행 모드가 없다.
③ 하드 타입은 소프트 타입에 비해 연비가 향상된다.
④ 플러그-인 타입은 외부 전원을 이용하여 배터리를 충전한다.

해설 병렬형 하이브리드 자동차
- FMED(엔진 클러치 미장착) – Soft Type(소프트 타입)
- TMED(엔진 클러치 장착) – Hard Type(하드 타입)

04 KS R 0121에 의한 하이브리드의 동력 전달 구조에 따른 분류가 아닌 것은?

① 병렬형 HV
② 복합형 HV
③ 동력집중형 HV
④ 동력분기형 HV

해설 하이브리드의 동력 전달 구조에 따른 분류
- 병렬형 HV : 하이브리드 자동차의 두 개의 동력원이 공통으로 사용되는 동력전달장치를 거쳐 각각 독립적으로 구동축을 구동시키는 장식의 구조를 갖는 하이브리드 자동차
- 직렬형 HV : 하이브리드 자동차의 두 개의 동력원 중 하나는 다른 하나의 동력을 공급하는 데 사용되나, 구동축에는 직접 동력전달이 되지 않는 구조를 갖는 하이브리드 자동차
- 복합형 HV(동력분기형 HV) : 직렬형과 병렬형 하이브리드 자동차를 결합한 하이브리드 자동차로 엔진의 구동력이 기계적으로 구동축에 전달되기도 하고, 그 일부가 전동기를 거쳐 전기에너지로 전환된 후 구동축에서 다시 기계적에너지로 변경되어 구동축에 전달되는 방식의 동력분배전달 구조

정답 01 ① 02 ④ 03 ① 04 ③

Chapter 4 친환경 자동차정비

05 도로 차량-하이브리드 자동차 용어(KS R 0121)의 동력 전달 구조에 따른 분류에서 다음이 설명하는 것은?

> 하이브리드 자동차의 두 개의 동력원이 공통으로 사용되는 동력 전달 장치를 거쳐 각각 독립적으로 구동축을 구동시키는 방식의 구조를 갖는 하이브리드 자동차

① 직렬형   ② 병렬형
③ 동력분기형   ④ 복합형

06 하이브리드 자동차 용어(KS R 0121)에 의한 하이브리드 정도에 따른 분류가 아닌 것은?

① 마일드 HV
② 스트롱 HV
③ 풀 HV
④ 복합형 HV

해설 하이브리드 정도에 따른 분류
- 마일드 HV(소프트 HV) : 자동차의 두 동력원이 서로 대등하지 않으며, 보조동력원이 주동력원의 추진 구동력에 보조적인 역할만을 수행하는 것으로 대부분의 경우 보조동력원만으로는 차량을 구동시키기 어렵다.
- 스트롱 HV(하드 HV) : 자동차의 두 동력원이 거의 대등한 비율로 차량 구동에 기능하는 것으로, 대부분의 경우 두 동력원 중 한 동력원만으로도 차량 구동이 가능하다.
- 풀 HV : 모터가 전장품 구동에 의해 작동하고 주행 중 엔진을 보조하는 기능 외에 전기자동차 모드로도 구현할 수 있다.

07 하이브리드 자동차에 사용되는 모터의 작동원리는?

① 렌츠의 법칙
② 플레밍의 왼손 법칙
③ 플레밍의 오른손 법칙
④ 앙페르의 오른나사 법칙

해설 플레밍의 왼손 법칙 : 모터의 작동원리로 자계에 의해 전류 도체가 받는 회전력 방향(자기력의 방향)을 결정하는 규칙으로 검지는 자기장의 방향이며 중지는 전류의 방향, 엄지가 가리키는 방향은 도선이 받는 전자기적인 힘(전자력)의 방향이 되며, 회전형 모터는 이 전자력을 이용해 자기장 내의 도체(회전자)에 회전형 토크를 발생시켜 회전시킨다.

08 하이브리드 자동차의 동력전달방식에 해당하지 않는 것은?

① 직렬형
② 병렬형
③ 수직형
④ 직ㆍ병렬형

해설 하이브리드 자동차의 동력 전달 방식에 의한 분류
- 직렬형(Series Type) : 엔진에 발전기를 부착하여 발전을 하고, 이때 생성된 전기로써 모터를 가동하여 차량을 구동시키는 방식이다. 엔진은 배터리의 SOC 저하 시 배터리를 충전시키기 위한 구동이 주요 목적이며 구동축의 동력원에는 관여하지 않는다.
- 병렬형(Parallel Type) : 복수의 동력원(엔진, 전기 모터)을 설치하고, 주행상태에 따라서 어느 한 편의 동력을 이용하여 구동하는 방식으로 모터 장착 위치에 따라 소프트 타입(FMED)과 하드 타입(TMED)으로 구분된다.
- 복합형(Power Split Type) : 직렬형과 병렬형의 중간 방식으로 전기 모터와 가솔린 엔진을 복합적으로 사용하면서 중저속 운전은 전기 모터로, 고속 운전과 급가속 등 큰 출력을 필요로 할 때는 가솔린 엔진을 모터와 함께 병용하므로 연료 절감의 효과가 15~50%에 달하며 배출 가스양도 훨씬 적다.

09 일반적인 직렬형 하이브리드 자동차의 동력전달 과정으로 옳은 것은?

① 엔진 → 전동기 → 변속기 → 축전지 → 발전기 → 구동바퀴
② 엔진 → 변속기 → 축전지 → 발전기 → 전동기 → 구동바퀴
③ 엔진 → 변속기 → 발전기 → 축전지 → 전동기 → 전동바퀴
④ 엔진 → 발전기 → 축전지 → 전동기 → 변속기 → 구동바퀴

해설 하이브리드 자동차의 동력전달 과정
- 직렬형 하이브리드
  엔진 → 발전기 → 배터리(축전지) → 모터(전동기) → 변속기 → 구동바퀴
- 병렬형 하이브리드
  - 기계 에너지 : 기관 → 변속기 → 구동바퀴
  - 전기 : 배터리(축전지) → 모터(전동기) → 변속기 → 구동바퀴

정답 05 ② 06 ④ 07 ② 08 ③ 09 ④

10 하이브리드 자동차(HEV)에 대한 설명으로 거리가 먼 것은?

① 병렬형(Parallel)은 엔진과 변속기가 기계적으로 연결되어 있다.
② 병렬형(Parallel)은 구동용 모터 용량을 크게 할 수 있는 장점이 있다.
③ FMED(Flywheel Mounted Electric Device)방식은 모터가 엔진 측에 장착되어 있다.
④ TMED(Transmission Mounted Electric Device)는 모터가 변속기 측에 장착되어 있다.

11 병렬형(Parallel) TMED(Transmission Mounted Electric Device) 방식의 하이브리드 자동차(HEV)의 주행패턴에 대한 설명으로 틀린 것은?

① 엔진 OFF시에는 EOP(Electric Oil Pump)를 작동해 자동변속기구동에 필요한 유압을 만든다.
② 엔진 단독 구동시에는 엔진 클러치를 연결하여 변속기에 동력을 전달한다.
③ EV모드 주행 중 HEV주행모드로 전환할 때 엔진 동력을 연결하는 순간 쇼크가 발생할 수 있다.
④ HEV주행모드로 전환할 때 엔진 회전속도를 느리게 하여 HEV모터 회전속도와 동기화되도록 한다.

해설 하이브리드 주행패턴
• 엔진 시동 : 고전압 배터리의 전기를 이용하여 하이브리드 스타터 제너레이터(HSG)의 회전력으로 엔진 시동
• 전기차 모드 주행 : 저속 주행구간 등 저토크 요구 시에는 하이브리드 모터의 동력만으로 주행
• 엔진 주행 : 중·고속과 정속 주행 시 엔진의 동력을 바퀴까지 전달하기 위해 엔진과 하이브리드 모터 사이에 있는 엔진 클러치를 연결하여 변속기에 동력 전달
• 하이브리드 모드 주행 : 하이브리드 모드 주행으로 전환할 때 엔진 클러치 체결 전 하이브리드 스타터 제너레이터를 구동해 엔진 회전속도를 빠르게 올려 하이브리드 모터 회전속도와 동기화되도록 함

12 병렬형(Parallel) TMED(Transmission Mounted Electric Device)방식의 하이브리드 자동차(HEV)에 대한 설명으로 틀린 것은?

① 모터가 변속기에 직결되어 있다.
② 모터 단독 구동이 가능하다.
③ 모터가 엔진과 연결되어 있다.
④ 주행 중 엔진 시동을 위한 HSG가 있다.

해설 병렬형 하이브리드 - TMED 방식
• 모터가 변속기에 직결되어 있고 전기차 모드 주행을 위해 엔진과는 클러치로 분리된다.
• 기존 변속기 사용이 가능하여 투자 비용을 절감할 수 있으나 정밀한 클러치 제어가 요구된다.
• 주행 중 엔진 시동을 위해 별도의 하이브리드 스타터 제너레이터가 필요하다.
• EV 모드가 가능하며 FMED 방식 대비 연비가 우수하다.
• 풀 하이브리드 타입 또는 하드 타입 하이브리드 시스템이라 불린다.

13 병렬형 하이브리드 자동차의 특징을 설명한 것 중 거리가 먼 것은?

① 모터는 동력 보조만 하므로 에너지 변환 손실이 적다.
② 기존 내연기관 차량을 구동장치의 변경 없이 활용 가능하다.
③ 소프트 방식은 일반 주행 시에는 모터 구동만을 이용한다.
④ 하드 방식은 EV주행 중 엔진 시동을 위해 별도의 장치가 필요하다.

해설 병렬형(Parallel Type) 하이브리드 자동차
• FMED(엔진 클러치 미장착)- Soft Type(소프트 타입)
  - 모터가 엔진 측에 장착되어 모터를 통한 엔진 시동, 엔진 보조, 그리고 회생제동 기능 수행
  - EV 모드 없음(엔진과 모터가 직결되어 있어 모터 단독 구동 불가능)
• TMED(엔진 클러치 장착)- Hard Type(하드 타입)
  - 모터가 변속기에 직결되어 있고 전기차 모드 주행을 위해 엔진과는 클러치로 분리됨
  - 기존 변속기 사용이 가능하여 투자 비용을 절감할 수 있으나 정밀한 클러치 제어가 요구됨
  - 주행 중 엔진 시동을 위해 별도의 하이브리드 스타터 제너레이터가 필요함
  - EV 모드가 가능하며 FMED 방식 대비 연비가 우수함

Chapter 4 친환경 자동차정비

14 병렬형 하드 타입 하이브리드 자동차에 대한 설명으로 옳은 것은?

① 배터리 충전은 엔진이 구동시키는 발전기로만 가능하다.
② 구동모터가 플라이 휠에 장착되고 변속기 앞에 엔진 클러치가 있다.
③ 엔진과 변속기 사이에 구동모터가 있는데 모터만으로는 주행이 불가능하다.
④ 구동모터는 엔진의 동력보조 뿐만 아니라 순수 전기모터로도 주행이 가능하다.

15 병렬(하드방식) 하이브리드 자동차에서 엔진의 스타트&스탑 모드에 대한 설명으로 옳은 것은?

① 주행하던 자동차가 정차 시 항상 스탑모드로 진입한다.
② 스탑모드 중에 브레이크에서 발을 떼면 항상 시동이 걸린다.
③ 배터리 충전상태가 낮으면 스탑 기능이 작동하지 않을 수 있다.
④ 스타트 기능은 브레이크 배력장치의 입력과는 무관하다.

[해설] 스타트&스탑 모드는 차량이 정지할 경우 연료 소비를 줄이고 배기가스를 저감시키기 위해 엔진을 자동으로 정지시키는 기능으로 동작조건은 12km/h 이상의 속도로 3초 이상 차량운행 후 브레이크 페달을 밟은 상태로 차속이 4km/h 이하가 되면 엔진을 정지시킨다.

16 하이브리드 자동차의 오토스탑(Auto Stop) 기능이 미작동하는 조건과 관계없는 것은?

① 고전압 배터리의 온도가 규정 온도보다 높은 경우
② 엔진냉각수 온도가 규정 온도보다 낮은 경우
③ 무단변속기 오일 온도가 규정 온도보다 낮은 경우
④ 에어컨이 작동 중인 경우

[해설] 금지조건
• 엔진 냉각수온이 낮은 경우(50℃ 이하), CVT 유온(30℃ 이하)
• 배터리의 SOC가 낮은 경우(18% 이하)
• 브레이크 부압이 낮은 경우(250mmHg)
• 변속레버가 P 또는 R 단인 경우
• 가속페달을 밟는 경우
• 배터리, 모터 관련 시스템의 고장 검출 경우
• 급감속 시(기어비 추정 로직), ABS 동작 시

17 하이브리드 자동차에서 엔진정지 금지조건이 아닌 것은?

① 브레이크 부압이 낮은 경우
② 하이브리드 모터 시스템이 고장인 경우
③ 엔진의 냉각수 온도가 낮은 경우
④ D 레인지에서 차속이 발생한 경우

18 병렬형 하드 타입의 하이브리드 자동차에서 HEV 모터에 의한 엔진 시동 금지 조건인 경우, 엔진의 시동은 무엇으로 하는가?

① HFV 모터
② 블로워 모터
③ 기동 발전기(HSG)
④ 모터 컨트롤 유닛(MCU)

[해설] HEV 모터 작동 불가 판단 시 하이브리드 스타터 제네레이터(Hybrid Starter Generator)로 시동한다.

19 하이브리드 자동차 용어(KS R 0121)에서 충전시켜 다시 쓸 수 있는 전지를 의미하는 것은?

① 1차 전지 ② 2차 전지
③ 3차 전지 ④ 4차 전지

[해설] 에너지 저장장치
• 1차 전지 : 방전한 후 충전에 의해 본래의 상태로 되돌릴 수 없는 전지
• 2차 전지 : 충전시켜 다시 쓸 수 있는 전지

20 하이브리드 자동차의 특징이 아닌 것은?

① 회생제동
② 2개의 동력원으로 주행
③ 저전압 배터리와 고전압 배터리 사용
④ 고전압 배터리 충전을 위해 LDC 사용

정답 14 ④ 15 ③ 16 ④ 17 ④ 18 ③ 19 ② 20 ④

해설 하이브리드 시스템에서 사용하는 고전압 배터리의 높은 전압을 LDC(Low Voltage DC-DC Converter)를 통해서 차량의 전장품에 적합한 12V 전압으로 변환해 주고 있다.

해설 영구자석 동기모터
- 고정자의 전기 에너지와 회전자의 자기 에너지가 합성된 모터의 운동에너지가 고효율이 되게 하면서 직류로 교번 없이 구동한다.
- 컴팩트하고 에너지 효율이 높다.
- 저회전에서부터 고회전까지의 넓은 범위에서 높은 토크와 고효율을 얻을 수 있는 구조이다.

21 직렬형 하이브리드 자동차의 특징에 대한 설명으로 틀린 것은?

① 병렬형보다 에너지 효율이 비교적 높다.
② 엔진, 발전기, 전동기가 직렬로 연결된다.
③ 모터의 구동력만으로 차량을 주행시키는 방식이다.
④ 엔진을 가동하여 얻은 전기를 배터리에 저장하는 방식이다.

해설 직렬형 하이브리드 자동차의 특징
엔진에 발전기를 부착하여 발전을 행하고, 이때 생성된 전기로써 모터를 가동하여 차량을 구동시키는 방식이다. 엔진은 배터리의 SOC 저하 시 배터리를 충전시키기 위한 구동이 주요 목적이며 구동축의 동력원에는 관여하지 않는다.
- 엔진과 구동축이 기계적 연결 안 된다.
- 에너지 변환 손실이 크다.
- 대용량의 구동용 모터가 필요하다.

22 엔진이 고전압 배터리의 충전에만 사용되고 동력전달용으로는 사용되지 않는 하이브리드 차량의 형식은?

① 직렬형
② 병렬형
③ 복합형
④ 직·병렬형

23 하이브리드 자동차의 영구자석 동기 전동기(Permanent Magnet Synchronous Motor)에 대한 설명 중 틀린 것은?

① 비동기 전동기와 비교해서 효율이 높다.
② 에너지 밀도가 높은 영구자석을 사용한다.
③ 대용량의 브러시와 정류자를 사용하여 한다.
④ 전자 스위칭 회로를 이용하여 특성에 맞게 전동기를 제어한다.

24 하이브리드 자동차에 사용되는 배터리 중에서 에너지 밀도가 가장 높은 것은?

① Li-Ion(리튬-이온) 배터리
② AGM(흡수성 유리섬유) 배터리
③ Li-Polymer(리튬-폴리머) 배터리
④ Ni-MH(니켈-수산화금속) 배터리

해설 리튬 폴리머 배터리(lithium polymer battery)
- 리튬 이온 배터리의 뛰어난 성능은 그대로 유지하면서 폭발 위험성이 있는 액체 전해질 대신 화학적으로 가장 안정적인 polymer(고체 또는 젤 형태의 고분자 중합체) 상태의 전해질을 사용한다.
- 3mm 정도의 얇은 두께와 소형으로 제작 가능하므로 디자인 특성이 매우 뛰어나다.
- 하이브리드 자동차에 사용되는 배터리 중에서 에너지 밀도가 가장 높다.
- 제조 공정이 복잡하여 가격이 비싸다.
- 저온에서의 사용 특성이 떨어지고, 폴리머 전해질로 액체 전해질보다 이온의 전도율이 떨어진다.

25 하이브리드 자동차의 연비 향상 요인이 아닌 것은?

① 주행 시 자동차의 공기저항을 높여 연비가 향상된다.
② 정차 시 엔진을 정지(오토스탑)시켜 연비를 향상시킨다.
③ 연비가 좋은 영역에서 작동되도록 동력 분배를 제어한다.
④ 희생 제동(배터리 충전)을 통해 에너지를 흡수하여 재사용한다.

해설 하이브리드 자동차의 연비향상 요인
- ISG(Idle Stop & Go = 오토스탑) 장치로 불필요한 연료 사용을 줄인다.
- 회생제동 기능을 사용하여 에너지를 축적한 후 사용한다.
- 엔진과 모터의 동력을 주행상태에 따라 적절히 분배하여 사용한다.

정답 21 ① 22 ① 23 ③ 24 ③ 25 ①

Chapter 4 친환경 자동차정비

26 직·병렬형 하드타입(hard type) 하이브리드 자동차에서 엔진 시동기능과 공전 상태에서 충전기능을 하는 장치는?

① MCU(motor control unit)
② PRA(power relay assembly)
③ LDC(low DC-DC converter)
④ HSG(hybrid starter generator)

해설 HSG(Hybrid Starter Generator)의 주요 기능
- 엔진 시동 제어 : 엔진과 구동 벨트로 연결되어 있어 엔진 시동 기능을 수행
- 엔진 속도 제어 : 하이브리드 모드 진입 시 엔진과 구동모터 속도가 같을 때까지 하이브리드 스타터 제너레이터를 구동 후 엔진과 구동모터의 속도가 같으면 엔진 클러치를 작동시켜 연결
- 소프트 랜딩 제어 : 엔진 시동을 끌때 하이브리드 스타터 제너레이터로 엔진부하를 걸어 엔진 진동을 최소화함
- 발전 제어 : 고전압 배터리의 충전량 저하 시 엔진 시동을 걸어 엔진 회전력으로 고전압 배터리를 충전함

27 병렬형(Parallel) TMED(Transmission Mounted Electric Device)방식의 하이브리드 자동차의 HSG(Hybrid Starter Generator)에 대한 설명 중 틀린 것은?

① 엔진 시동 기능과 발전 기능을 수행한다.
② 감속 시 발생되는 운동에너지를 전기에너지로 전환하여 배터리를 충전한다.
③ EV 모드에서 HEV(Hybrid Electric Vehicle) 모드로 전환 시 엔진을 시동한다.
④ 소프트 랜딩(Soft Landing) 제어로 시동 ON 시 엔진 진동을 최소화하기 위해 엔진 회전수를 제어한다.

28 하이브리드 자동차의 모터 컨트롤 유닛 (MCU)에 대한 설명으로 틀린 것은?

① 고전압을 12V로 변환하는 기능을 한다.
② 회생제동 시 컨버터(AC→DC변환)의 기능을 수행한다.
③ 고전압 배터리의 직류를 3상 교류로 바꾸어 모터에 공급한다.
④ 회생제동 시 모터에서 발생되는 3상 교류를 직류로 바꾸어 고전압 배터리에 공급한다.

해설 모터 컨트롤 유닛(MCU)
- 고전압 배터리의 직류 전력를 모터 작동에 필요한 3상 교류 전력으로 바꾸어 2개의 모터에 공급한다.
- 주행상황에 따라 하이브리드 컨트롤 유닛과 통신을 통하여 2개의 모터를 최적으로 제어하는 역할을 담당한다.
- 감속 및 제동시에 모터는 발전기 역할을 한다.
- 고전압 배터리 충전을 위한 3상 교류를 직류로 변경하는 에너지 회생기능을 수행한다.

29 하이브리드 시스템을 제어하는 컴퓨터의 종류가 아닌 것은?

① 모터 컨트롤 유닛(Motor Control Unit)
② 하이드로릭 컨트롤 유닛(Hydraulic Control Unit)
③ 배터리 컨트롤 유닛(Battery Control Unit)
④ 통합제어 유니(Hybrid Control Unit)

해설 용어 설명
- 모터 컨트롤 유닛(MCU) : 모터 제어를 위한 컴퓨터이며, 고전압 배터리의 직류(DC) 전원을 교류(AC) 전원으로 변환시키는 인버터 기능과 배터리 충전을 위해 모터에서 발생된 교류(AC)전원을 직류(DC)로 변환시키는 컨버터의 기능도 동시에 수행한다.
- 배터리 관리 시스템(BMS) : ECU는 배터리 에너지 입·출력 제어와 배터리 성능 유지를 위한 전류·전압·온도·사용 시간 등 각종 정보를 모니터링하고, 종합적으로 연산된 배터리 에너지 상태정보를 HCU 또는 MCU로 송신하는 역할을 한다.
- 하이브리드 컨트롤 유닛 : 하이브리드 자동차의 제어 기능으로는 하이브리드자동차 모터 시동, 아이들 스탑, 경사로 밀림방지 제어, 하이브리드자동차 모터 보조, 하이브리드자동차 모터 회생제동, 무단변속기(CVT) 변속비 제어, 연료 컷 및 분사 허가, 모터 및 배터리 보호, 부압 제어, SOC 리셋 감지기능 등이 있다.

30 다음 중 하이브리드 자동차에 적용된 이모빌라이저 시스템의 구성품이 아닌 것은?

① 스마트라(Smatra)
② 트랜스폰더(Transponder)
③ 안테나 코일(Coil Antenna)
④ 스마트 키 유닛(Smart Key Unit)

해설 이모빌라이저 시스템
- 트랜스폰더 키(Transponder key) 방식으로 기계적인 일치뿐만 아니라 무선으로 이루어진 암호 코드가 일치할 경우에만 시동이 걸리는 도난방지장치이다.
- 트랜스폰더 : 반도체 칩(Chip)으로 암호 데이터를 연산하여

정답 26④ 27④ 28① 29② 30④

결과를 전송
- 안테나 코일 : 트랜스폰더에서 출력되는 신호를 수신하여 스마트라에 전달
- 스마트라(Smatra) : ECU에서 전달하는 데이터를 수신하여 안테나 코일을 거쳐 트랜스폰더로 무선데이터 전달
- 엔진 ECU : 스마트라 및 안테나 코일을 통해 트랜스폰더로 전기에너지를 무선으로 전달하고 트랜스폰더에서 전송된 차량비밀코드를 수신하여 비밀코드를 해독 후 일치하는 경우 시동이 가능하게 함

31 하이브리드 전기자동차의 구동모터 작동을 위한 전기에너지를 공급 또는 저장하는 기능을 하는 것은?

① 보조 배터리
② 변속기 제어기
③ 고전압 배터리
④ 엔진 제어기

해설 하이브리드 시스템에서 고전압 배터리는 모터 구동에 필요한 에너지를 공급하고, 감속시 발생되는 에너지를 회수하여 저장하는 중요한 장치이다.

32 하이브리드 자동차에서 고전압 배터리 제어기(Battery Management System)의 역할 설명으로 틀린 것은?

① 충전상태 제어
② 파워 제한
③ 냉각 제어
④ 저전압 릴레이 제어

해설 배터리 관리 시스템(BMS : battery management system) ECU는 배터리 에너지 입/출력 제어와 배터리 성능 유지를 위한 전류/전압/온도/사용 시간 등 각종 정보를 모니터링하고, 종합적으로 연산된 배터리 에너지 상태정보를 HCU 또는 MCU로 송신하는 역할을 한다. 또한 배터리 관리를 위해 배터리 셀 전압을 모니터링하고 셀 균형 제어와 배터리의 냉각 제어를 담당하며 충돌 시와 배터리 과온 상승 및 파괴에 대한 안전 장치를 제어하는 기능도 함께 하고 있다.

33 하이브리드 자동차에서 고전압 배터리관리시스템(BMS)의 주요 제어 기능으로 틀린 것은?

① 모터 제어
② 출력 제한
③ 냉각 제어
④ SOC 제어

34 하이브리드 모터의 위치 및 회전수를 검출하는 센서는?

① 크랭크 각 센서
② 엔코더
③ 레졸버
④ 입력축 속도 센서

해설 구동모터의 레졸버(위치 센서)는 로터의 회전 위치를 정확하게 감지하기 위해 장착된 센서로서 MCU(Motor Control Unit)에서 이 신호를 통해 모터를 정밀하게 제어하게 된다.

35 하이브리드 자동차에서 모터의 회전자와 고정자의 위치를 감지하는 것은?

① 레졸버
② 인버터
③ 경사각 센서
④ 저전압 직류 변환장치

36 하이브리드 모터 3상의 단자 명이 아닌 것은?

① U
② V
③ W
④ Z

해설 하이브리드 구동모터
- 회전자는 로터, 영구자석, 로터 코어로 구성되었으며 고정자는 스테이터, 하우징으로 구성되어 있다.
- 위치센서는 레졸버라고도 하며, 회전자의 정확한 위치를 검출하여 구동모터의 정밀한 제어에 사용된다.
- 위치센서 내부에는 구동모터의 온도를 감지하는 온도센서도 있다.
- 구동모터 회전에 필요한 전원을 고전압 배터리로부터 공급받기 위한 커넥터는 3핀으로 이루어졌으며 각각 U, V, W상으로 구성되어 3상 제어가 가능하다.

37 하드 타입 하이브리드 구동모터의 주요 기능으로 틀린 것은?

① 출발 시 전기모드 주행
② 가속 시 구동력 증대
③ 감속 시 배터리 충전
④ 변속 시 동력 차단

해설 하이브리드 구동모터
- 구동모터는 드라이브 모터로서 자동차의 출력을 담당한다.
- 연료 효율성을 높인다.
- 가속페달을 밟거나 연료 효율 모드에서 엔진 동력보조 기능을 한다.
- 감속 시나 고전압 배터리를 충전하기 위해 제동할 때 발전기의 역할을 한다.

정답 31 ③ 32 ④ 33 ① 34 ③ 35 ① 36 ④ 37 ④

Chapter 4 친환경 자동차정비

38 하이브리드 자동차는 감속 시 전기에너지를 고전압 배터리로 회수(충전)한다. 이러한 발전기 역할을 하는 부품은?

① AC 발전기
② 스타팅 모터
③ 하이브리드 모터
④ 모터 컨트롤 유닛

39 하이브리드 전기자동차에서 자동차의 전구 및 각종 전기장치의 구동 전기에너지를 공급하는 기능을 하는 것은?

① 보조 배터리
② 변속기 제어기
③ 모터 제어기
④ 엔진 제어기

해설 하이브리드 차량의 일반 전장품들은 기존과 동일한 12V 전원을 사용한다. 따라서 하이브리드 시스템에서 사용하는 고전압 배터리의 높은 전압을 LDC(Low Voltage DC-DC Converter)를 통해서 차량의 전장품에 적합한 12V 전압으로 변환해 주고 있다.

40 하드 방식의 하이브리드 전기자동차의 작동에서 구동모터에 대한 설명으로 틀린 것은?

① 구동모터로만 주행이 가능하다.
② 고에너지의 영구 자석을 사용하며 교환 시 레졸버 보정을 해야 한다.
③ 구동모터는 제동 및 감속 시 회생제동을 통해 고전압 배터리를 충전한다.
④ 구동모터는 발전 기능만 수행한다.

해설 하이브리드 구동모터
• 구동모터는 드라이브 모터로서 자동차의 출력을 담당한다.
• 연료 효율성을 높인다.
• 가속페달을 밟거나 연료 효율 모드에서 엔진 동력보조 기능을 한다.
• 감속 시나 고전압 배터리를 충전하기 위해 제동할 때 발전기의 역할을 한다.

41 하이브리드 자동차 바퀴에서 발생되는 회전 동력을 전기에너지로 전환하여 배터리로 충전을 실시하는 모드는?

① 정속모드
② 정지모드
③ 가속모드
④ 감속모드

해설 회생제동이란 전기 자동차나 하이브리드 자동차에서 감속 또는 제동 시에는 구동모터가 발전기로 역할을 하고 감속, 제동 시 발생하는 차량의 운동에너지가 전기에너지로 변환되어 배터리에 충전되는 원리를 말한다.

42 하이브리드 전기 자동차와 일반 자동차와의 차이점에 대한 설명 중 틀린 것은?

① 하이브리드 차량은 주행 또는 정지 시 엔진의 시동을 끄는 기능을 수반한다.
② 하이브리드 차량은 정상적인 상태일 때 항상 엔진 기동 전동기를 이용하여 시동을 건다.
③ 차량의 출발이나 가속 시 하이브리드 모터를 이용하여 엔진의 동력을 보조하는 기능을 수반한다.
④ 차량 감속 시 하이브리드 모터가 발전기로 전환되어 고전압 배터리를 충전하게 된다.

해설 IG KEY 시동 혹은 오토스탑 이후 HEV 모터를 이용하여 시동을 걸며 HEV 모터 작동 불가 시 스타터 모터로 시동을 건다.

43 하이브리드 전기자동차, 전기자동차 등에는 직류를 교류로 변환하여 교류 모터를 사용하고 있다. 교류 모터에 대한 장점으로 틀린 것은?

① 효율이 좋다.
② 소형화 및 고회전이 가능하다.
③ 로터의 관성이 커서 응답성이 양호하다.
④ 브러시가 없어 보수할 필요가 없다.

해설 교류 모터
• 교류 전압을 사용하는 모터를 말하며, 동급 출력을 사용하는 직류 모터에 비해 상대적으로 저렴하다.
• 브러시가 없어 구조가 간단하고 수명이 길다.
• 고속화·고효율이라 큰 힘을 필요로 하는 기계에 많이 사용 있다.
• 단점으로는 속도나 방향을 제어하기가 어렵다.

44 하이브리드 자동차에 적용하는 배터리 중 자기방전이 없고 에너지 밀도가 높으며 전해질이 젤 타입이고 내진동성이 우수한 방식은?

① 리튬이온 폴리머 배터리(Li-Pb battery)

정답 38 ③ 39 ① 40 ④ 41 ④ 42 ② 43 ③ 44 ①

② 니켈수소 배터리(NI-MH battery)
③ 니켈카드뮴 배터리(Ni-Cd battery)
④ 리튬이온 배터리(Li-ion battery)

해설 리튬이온 폴리머 배터리
- 젤 상태의 고분자를 전해질로 사용하는 리튬 2차 배터리의 한 종류이다.
- 무게가 상대적으로 가볍다.
- 제조가 간단하여 대량생산이 가능하다.
- 수명이 길고 에너지 저장밀도가 높다.
- 방전되기 전까지 일정한 전압을 유지한다.
- 온도상승으로 인한 성능저하가 있다.
- 외부충격, 과충전 등으로 화재 및 폭발의 우려가 있다.

45 하이브리드 자동차의 컨버터(Converter)와 인버터(Inverter)의 전기 특성 표현으로 옳은 것은?

① 컨버터(Converter) : AC에서 DC로 변환, 인버터(ONverter) : DC에서 AC로 변환
② 컨버터(Converter) : DC에서 AC로 변환, 인버터(ONverter) : AC에서 DC로 변환
③ 컨버터(Converter) : AC에서 AC로 승압, 인버터(ONverter) : DC에서 DC로 승압
④ 컨버터(Converter) : DC에서 DC로 승압, 인버터(ONverter) : AC에서 AC로 승압

해설 컨버터와 인버터
- 컨버터(converter) : 교류를 직류로 변환하는 장치
- 인버터(inverter) : 직류를 교류로 변환하는 장치

46 하이브리드 자동차의 전원 제어 시스템에 대한 두 정비사의 의견 중 옳은 것은?

- 정비사 KIM : 인버터는 열을 발생하므로 냉각이 중요하다.
- 정비사 LEE : 컨버터는 고전압의 전원을 12볼트로 변화하는 역할을 한다.

① 정비사 KIM만 옳다.
② 정비사 LEE만 옳다.
③ 두 정비사 모두 틀리다.
④ 두 정비사 모두 옳다.

47 하이브리드 자동차에서 직류전압(DC)전압을 다른 직류(DC)전압으로 바꾸어 주는 장치는 무엇인가?

① 커패시터
② DC-AC 인버터
③ DC-DC 컨버터
④ 레졸버

해설 하이브리드 차량의 일반 전장품들은 기존과 동일한 12V 전원을 사용한다. 따라서 하이브리드 시스템에서 사용하는 고전압 배터리의 높은 전압을 LDC(Low Voltage DC-DC Converter)를 통해서 차량의 전장품에 적합한 12V 전압으로 변환해 주고 있다.

48 하이브리드 자동차의 동력제어 장치에서 모터의 회전속도와 회전력을 자유롭게 제어할 수 있도록 직류를 교류로 변환하는 장치는?

① 컨버터
② 레졸버
③ 인버터
④ 커패시터

해설 모터 컨트롤 유닛(인버터)의 기능
- 인버터의 역할은 고전압 배터리의 직류(DC)전원을 3상 교류(AC)전원으로 변환하여, 구동모터와 하이브리드 스타터 제너레이터에 고전압 전력을 공급
- 모터 컨트롤 유닛은 하이브리드 컨트롤 유닛과 CAN 통신으로 구동모터와 하이브리드 스타터 제너레이터의 속도와 토크를 최적으로 제어
- 컨버터의 역할은 감속과 제동 시, 구동모터와 하이브리드 스타터 제너레이터는 발전기 역할을 하여 3상 교류(AC)전원을 직류(AC)전원으로 변환시킨 후, 고전압 배터리를 충전시킴

49 하이브리드 자동차에서 저전압(12V) 배터리가 장착된 이유로 틀린 것은?

① 오디오 작동
② 등화장치 작동
③ 네비게이션 작동
④ 하이브리드 모터 작동

해설 하이브리드 차량의 각종 컨트롤 유닛 및 전장품들은 보조 배터리의 12V 전원을 사용한다.

정답 45 ① 46 ④ 47 ③ 48 ③ 49 ④

Chapter 4 친환경 자동차정비

50 다음은 하이드리브 자동차에서 사용하고 있는 커패시터(Capacitor)의 특징을 나열한 것이다. 틀린 것은?

① 충전시간이 짧다.
② 출력의 밀도가 낮다.
③ 전지와 같이 열화가 거의 없다.
④ 단자 전압으로 남아있는 전기량을 알 수 있다.

해설 슈퍼커패시터는 기존의 커패시터에 비해 많은 양의 에너지를 저장할 수 있으면서 동시에 배터리보다 훨씬 높은 출력을 낼 수 있으며 급속 방충전이 가능하고 높은 충·방전 효율 및 반영구적인 사이클 수명 특성으로 보조 배터리나 배터리 대체용으로 사용되고 있다.

51 하이브리드 자동차에서 PRA(Power Relay Assembly) 기능에 대한 설명으로 틀린 것은?

① 승객 보호
② 전장품 보호
③ 고전압 회로 과전류 보호
④ 고전압 배터리 암전류 차단

해설 PRA(파워 릴레이 어셈블리)
• 고전압 회로를 연결하기 위한 고전압 전용 릴레이와 프리차저 릴레이, 고전압 연결용 버스-바, 전류 센서 등을 모아 놓은 부품이다.
• 메인 릴레이를 작동하여 고전압을 곧바로 정션 블록에 공급하게 되면 돌입전류로 인해 인버터 및 전장품이 손상될 수 있다. 이를 방지하기 위해서 프리차저 릴레이와 저항을 통해 정션 블록 내에 있는 커패시터를 우선 충전한 다음 고전압이 공급되도록 한다.

52 고전압 배터리 관리 시스템의 메인 릴레이를 작동시키기 전에 프리차저 릴레이를 작동시키는데 프리차저 릴레이의 기능이 아닌 것은?

① 등화장치 보호
② 고전압 회로 보호
③ 타 고전압 부품 보호
④ 고전압 메인 퓨즈, 버스바, 와이어 하네스 보호

53 하이브리드 고전압장치 중 프리차저 릴레이 & 프리차저 저항의 기능 아닌 것은?

① 메인릴레이 보호
② 타 고전압 부품 보호
③ 메인 퓨즈, 버스바, 와이어 하네스 보호
④ 배터리 관리 시스템 입력 노이즈 저감

54 하이브리드 자동차의 고전압 배터리 (+)전원을 인버터로 공급하는 구성품은?

① 전류 센서
② 고전압 배터리
③ 세이프티 플러그
④ 프리차저(Pre-charger) 릴레이

해설 PRA(파워 릴레이 어셈블리)작동 순서
• HCU로부터 릴레이 구동 신호 입력
• 프리차저 릴레이 구동
• 메인 릴레이(-) 구동(인버터 내부 콘덴서 충전 및 돌입전류 감소)
• 메인 릴레이(+) 구동(정상적인 고전압 공급)
• 프리차저 릴레이 차단
• 고전압 시스템에 안정적인 고전압 공급

55 고전압 배터리의 충·방전 과정에서 전압 편차가 생긴 셀을 동일한 전압으로 매칭하여 배터리 수명과 에너지 용량 및 효율 증대를 갖게 하는 것은?

① SOC(state of charge)
② 파워 제한
③ 셀 밸런싱
④ 배터리 냉각제어

해설 셀 밸런싱 기능은 배터리 충·방전 과정에서 전압 편차가 생긴 셀을 동일한 전압으로 매칭시키는 기능이다. 이를 통해 배터리 내구 수명과 사용 가능한 에너지 용량 및 에너지 효율을 증대하며 각 셀 간의 전압 편차를 1V 이내로 제어한다.

56 하이브리드 자동차의 고전압 배터리 관리 시스템에서 셀 밸런싱 제어의 목적은?

① 배터리의 적정 온도 유지
② 상황별 입출력 에너지 제한

 50 ② 51 ① 52 ① 53 ④ 54 ④ 55 ③ 56 ③

③ 배터리 수명 및 에너지 효율 증대
④ 고전압 계통 고장에 의한 안전사고 예방

• 배터리의 충전량을 SOC 영역이 55~65%의 범위를 벗어나지 않게 제어하며, 충전제한영역은 20~80% 설정하여 배터리의 과충/방전을 방지한다.

57 하이브리드 자동차의 리튬이온 폴리머 배터리에서 셀의 균형이 깨지고 셀 충전용량 불일치로 인한 사항을 방지하기 위한 제어는?

① 셀 그립 제어
② 셀 서지 제어
③ 셀 펑션 제어
④ 셀 밸런싱 제어

58 하이브리드 자동차에서 리튬 이온 폴리머 고전압 배터리는 9개의 모듈로 구성되어 있고, 1개의 모듈은 8개의 셀로 구성되어 있다. 이 배터리의 전압은?(단, 셀 전압은 3.75V이다.)

① 30V
② 90V
③ 270V
④ 375V

해설 배터리팩의 공칭전압 = 셀 전압 × 셀 수량 × 모듈 = 3.75 × 8 × 9 = 270V

59 하이브리드 자동차 고전압 배터리의 사용 가능 에너지를 표시하는 것은?

① SOC(State of Charge)
② PRA(Power Relay Assembly)
③ LDC(Low DC-DC Converter)
④ BMS(Battery Management System)

해설 SOC는 State Of Charge의 약자로 충전 상태 즉, 배터리의 사용 가능한 에너지를 의미하며 배터리의 정격용량 대비 방전가능한 전류량의 백분율로 표시한다.

60 하이브리드 자동차 고전압 배터리 충전상태(SOC)의 일반적인 제한 영역은?

① 20~80%
② 55~86%
③ 86~110%
④ 110~140%

해설 SOC(State Of Charge)
• 배터리의 잔존용량을 나타낸 지표이다.
• 배터리 용량을 전체용량으로 나누어 백분율(%)로 표현한다.

61 하이브리드 자동차와 관련하여 배터리 팩이나 시스템에서의 유효한 용량으로 정격용량의 백분율로 표시한 것은?

① SOC(State Of Charge)
② PRA(Power Relay Assembly)
③ LDC(Low DC-DC Converter)
④ BMS(Battery Management System)

62 하이브리드 자동차에서 배터리 시스템의 열적, 전기적 기능을 제어 또는 관리하고 배터리 시스템과 다른 차량 제어기와의 사이에서 통신을 제공하는 전자장치는?

① SOC(State Of Charge)
② HCU(Hybrid Control Unit)
③ HEV(Hybrid Electric Vehicle)
④ BMS(Battery Management System)

해설 BMS는 하이브리드 시스템의 핵심 부품인 고전압 배터리의 잔존용량과 배터리 가용 용량을 연산하여 제어기인 HCU로 보고한다. 또한 배터리 셀 전압을 모니터링하고 셀 균형 제어와 배터리의 냉각 제어를 담당하며 충돌 시와 배터리 과온 상승 및 파괴에 대한 안전장치를 제어하는 기능도 함께 하고 있다.

63 하이브리드 자동차의 총합제어 기능이 아닌 것은?

① 오토스탑제어
② 경사로 밀림방지제어
③ 브레이크 정압제어
④ LDC(DC-DC 변환기) 제어

해설 브레이크 부압보조
• 엔진 시동이 OFF된 경우
  - 오토스탑 경우에 부압이 낮다고 판단하면 시동을 건다.
• 엔진 시동이 ON된 경우
  - LDC 충전전압(12.8V)을 낮추어 부압을 확보한다.
  - A/C의 부하가 클 때 A/C를 OFF하여 부압을 확보한다.
  - CVT 발진클러치 초기출발 토크 확보를 위해 열려있던 ETC 밸브를 닫는다.

정답 57 ④ 58 ③ 59 ① 60 ① 61 ① 62 ④ 63 ③

64 하이브리드 자동차가 주행 중 감속 또는 제동 상태에서 모터를 발전모드로 전환시켜서 제동 에너지의 일부를 전기에너지로 변환하는 모드는?

① 발진가속모드
② 제동전기모드
③ 회생제동모드
④ 주행전환모드

> **해설** 회생제동이란 감속 또는 제동 시에 전기 모터를 발전기로 활용해서 차량의 운동 에너지를 전기 에너지로 변환시켜 고전압 배터리를 충전하는 것을 말한다. 이로 인해 에너지 손실을 최소화하여 주행가능 거리를 향상시키는 효과가 있다. 특히 가속 및 감속이 반복되는 시가지 주행 시에 연비 향상 효과가 뛰어나다.

65 하이브리드 자동차에 적용된 연비 향상 기술로서 감속 또는 제동 시 모터를 발전기로 활용하여 운동에너지를 전기에너지로 변환하는 것은?

① 아이들 스탑
② 회생 제동장치
③ 고전압 배터리 제어 시스템
④ 하이브리드 모터 컨트롤 유닛

> **해설** 회생 제동이란 전기 자동차나 하이브리드 자동차에서 감속 또는 제동 시에는 구동모터가 발전기로 역할을 하고 감속, 제동 시 발생하는 차량의 운동 에너지가 전기에너지로 변환되어 배터리에 충전되는 원리를 말한다.

66 하이브리드 자동차 회생 제동시스템에 대한 설명으로 틀린 것은?

① 브레이크를 밟을 때 모터가 발전기 역할을 한다.
② 하이브리드 자동차에 적용되는 연비향상 기술이다.
③ 감속 시 운동에너지를 전기에너지로 변환하여 회수한다.
④ 회생제동을 통해 제동력을 배가시켜 안전에 도움을 주는 장치이다.

67 하이브리드 자동차의 회생제동에 의한 에너지 변환 모드의 설명으로 옳은 것은?

① 운동에너지의 일부를 열에너지로 회수
② 운동에너지의 일부를 화학에너지로 회수
③ 운동에너지의 일부를 전기에너지로 회수
④ 전기에너지의 일부를 운동에너지로 회수

68 하이브리드 자동차에서 회생제동의 시기는?

① 출발할 때
② 정속주행할 때
③ 급가속할 때
④ 감속할 때

69 하이브리드 자동차의 고전압 배터리 시스템 제어특성에서 모터 구동을 위하여 고전압 배터리가 전기 에너지를 방출하는 동작 모드로 맞는 것은?

① 제동모드
② 방전모드
③ 접지모드
④ 충전모드

70 하이브리드 자동차에서 정차 시 연료 소비절감, 유해 배기가스 저감을 위해 기관을 자동으로 정지시키는 기능은?

① 아이들 스탑 기능
② 고속 주행 기능
③ 브레이크 부압 보조기능
④ 정속 주행 기능

> **해설** ISG(Idle Stop & Go)는 오토스탑(Auto Stop)이라 하며 자동차가 정지했을 때 시동이 꺼졌다가 출발 시 시동이 다시 켜지는 기능으로 공회전 시 배출되는 배기가스로부터 환경오염을 줄이기 위해 만들어진 기능이다.

정답 64 ③ 65 ② 66 ④ 67 ③ 68 ④ 69 ② 70 ①

71. 하이브리드 자동차 계기판에 있는 오토스탑(Auto Stop)의 기능에 대한 설명으로 옳은 것은?

① 배출가스 저감
② 엔진오일 온도 상승 방지
③ 냉각수 온도 상승 방지
④ 엔진 재시동성 향상

해설 오토스탑(Auto Stop) 기능은 자동차가 정지했을 때 시동이 꺼졌다가 출발 시 시동이 다시 켜지는 기능으로 공회전 시 배출되는 배기가스로부터 환경오염을 줄이기 위해 만들어진 기능이다.

72. 하이브리드 자동차에서 모터 제어기의 기능으로 틀린 것은?

① 하이브리드 모터 제어기는 인버터라고도 한다.
② 하이브리드 통합제어기의 명령을 받아 모터의 구동전류를 제어한다.
③ 고전압 배터리의 교류 전원을 모터의 작동에 필요한 3상 직류 전원으로 변경하는 기능을 한다.
④ 감속 및 제동 시 모터를 발전기 역할로 변경하여 배터리 충전을 위한 에너지 회수기능을 담당한다.

해설 모터 컨트롤 유닛의 기능
- 인버터의 역할은 고전압 배터리의 직류(DC)전원을 3상 교류(AC)전원으로 변환하여, 구동모터와 하이브리드 스타터 제너레이터에 고전압 전력을 공급
- 모터 컨트롤 유닛은 하이브리드 컨트롤 유닛과 CAN 통신으로 구동모터와 하이브리드 스타터 제너레이터의 속도와 토크를 최적으로 제어
- 감속과 제동 시, 구동모터와 하이브리드 스타터 제너레이터는 발전기 역할을 하여 3상 교류(AC)전원을 직류(AC)전원으로 변환시킨 후, 고전압 배터리를 충전시키는 것

73. 하이브리드 자동차에서 돌입전류에 의한 인버터 손상을 방지하는 것은?

① 메인 릴레이
② 프리차저 릴레이와 저항
③ 안전 스위치
④ 부스바(bus bar)

해설 프리차저 릴레이와 저항을 통해 인버터 및 컨버터와 고전압 배터리 간에 전위차를 감소시킨 후 메인 릴레이를 접촉시키는 방법으로 돌입전류 및 스파크의 발생을 줄여 릴레이 및 전장품의 소손을 방지하는 역할을 한다.

74. 다음은 하이브리드 자동차 계기판(Cluster)에 대한 설명이다. 틀린 것은?

① 계기판에 'READY' 램프가 소등(OFF) 시 주행이 안된다.
② 계기판에 'READY' 램프가 점등(ON) 시 정상 주행이 가능하다.
③ 계기판에 'READY' 램프가 점멸(BLINKING) 시 비상모드 주행이 가능하다.
④ EV 램프는 HEV(Hybrid Electric Vehicle) 모터에 의한 주행 시 소등된다.

해설 READY 램프
- READY 램프 점등
  - 엔진 시동 버튼을 눌러 주행 준비가 완료되면 점등한다.
  - 기본적으로 이제 차량이 주행 가능한 상태에 있음을 의미한다.
- READY 램프 점멸
  - 고장 등의 이유로 림프 홈 모드에 진입하면 점멸한다.
  - 전기차(EV) 모드 주행은 불가능하며 오직 엔진 구동으로만 주행할 수 있다.
- EV 램프 점등
  - 차량이 정차 중이거나 주행 중 엔진이 구동을 멈추면 계기판에 EV 모드 램프가 점등되며 차량이 EV(전기차) 모드에 있음을 알려 준다.
  - 하드 타입에서 만약 엔진이 동작 중이더라도 엔진의 클러치가 해제된 상태로 모터로만 주행 시는 EV 모드 램프가 점등된다.

75. 하이브리드 자동차의 주행에 있어 감속 시 계기판의 에너지 사용표시 게이지는 어떻게 표시되는가?

① RPM(엔진회전수)
② Change(충전)
③ Assist(모터작동)
④ 배터리 용량

해설 회생제동이란 전기 자동차나 하이브리드 자동차에서 감속 또는 제동 시에는 구동모터가 발전기로 역할을 하고 감속, 제동 시 발생하는 차량의 운동 에너지가 전기 에너지로 변환되어 배터리에 충전되는 원리를 말한다.

정답 71 ① 72 ③ 73 ② 74 ④ 75 ②

Chapter 4 친환경 자동차정비

76 하이브리드 전기차에서 고전압 배터리 또는 차량화재 발생 시 조치해야 할 사항이 아닌 것은?

① 차량의 시동키를 OFF하여 전기 동력 시스템 작동을 차단시킨다.
② 화재 초기상태라면 트렁크를 열고 신속히 세이프티 플러그를 탈거한다.
③ 메인 릴레이(+)를 작동시켜 고전압 배터리 (+) 전원을 인가한다.
④ 화재 진압을 위해서는 액체 물질을 사용하지 말고 분말소화기 또는 모래를 이용한다.

해설 고전압 배터리 또는 차량화재 발생 시
- 차량의 시동 키를 OFF하여 전기 동력 시스템 작동을 차단시킨다.(고전압 배터리 전기 에너지 입·출력이 금지됨)
- 고전압 배터리 부위의 직접적인 화재가 아니거나 화재 초기 상태라면 트렁크를 열고 신속히 세이프티 플러그를 탈거한다.(화재 진행 중이라면 접근 금지)
- 실내 또는 밀폐된 공간에서 화재가 발생되었을 경우 수소 가스의 원활한 방출을 위해 신속히 환기시킨 후 대피한다.
- 화재 진압을 위해서는 액체 물질을 사용하지 말고 분말소화기 또는 모래를 이용한다.
- 배터리에서 분출된 가스나 액체 성분이 피부 또는 눈에 침투되었을 경우 붕산액, 소금물 또는 흐르는 물로 환부를 신속하게 세척한 후 의사의 진료를 받는다.

77 하이브리드 자동차에서 고전압 관련 정비 시 고전압을 해제하는 장치는?

① 전류 센서
② 배터리 팩
③ 안전 스위치(안전 플러그)
④ 프리차저 저항

해설 고전압 배터리 또는 고전압 관련 부품 취급 시에는 반드시 안전 플러그를 탈거한 후 작업에 임해야 한다. 또한 안전 플러그를 제거한 다음에도 인버터 내부의 커패시터(콘덴서)에 충전되어 있는 고전압을 방전시키기 위해 5~10분 가량 대기해야 한다.

78 하이브리드 차량 엔진 작업 시 조치해야 할 사항이 아닌 것은?

① 안전 스위치를 분리하고 작업한다.
② 이그니션 스위치를 OFF하고 작업한다.
③ 12V 보조 배터리 케이블을 분리하고 작업한다.
④ 고전압 부품 취급은 안전 스위치를 분리 후 1분 안에 작업한다.

해설 고전압부품 점검 시 유의사항
- 취급기술자는 고전압 시스템에 대한 검사와 서비스 교육이 선행되어야 한다.
- 시동 OFF! 후 12V 보조 배터리의 (-) 케이블 탈거한다
- 절연장갑을 착용하고 고전압 차단을 위한 안전 스위치를 OFF 후 5분 경과 후 작업을 해야 한다.
- 작업 시 금속성 물질은 몸에서 탈거해야 한다.(시계, 반지, 금속성 필기구 등)
- 고전압 케이블(오렌지색) 금속부 작업 시 반드시 0.1V 이하인지 확인한다.
- 고전압 터미널부 체결 시 반드시 규정 토크를 준수한다.
- 정비/점검 시 "주의 : 고전압 흐름. 작업 중 촉수금지" 경고판을 통해 알릴 필요가 있다

79 하이브리드 자동차의 하이브리드 모터 취급 시 유의사항으로 틀린 것은?

① 작업하기 전 반드시 고전압을 차단하여 안전을 확보해야 한다.
② 고전압에 대한 방전 여부를 측정할 때는 절연장갑을 착용할 필요가 없다.
③ 차량 이그니션 키를 OFF 상태로 하고, 1분이 지난 후 방전이 된 것을 확인하고 작업한다.
④ 방전 여부는 파워 케이블의 커넥터 커버 분리 후 전압계를 사용하여 각 상간 전압이 0V인지 확인한다.

80 하이브리드 차량의 정비 시 전원을 차단하는 과정에서 안전 플러그를 제거 후 고전압 부품을 취급하기 전에 5~10분 이상 대기 시간을 갖는 이유 중 가장 알맞은 것은?

① 고전압 배터리 내의 셀의 안정화를 위해서
② 제어모듈 내부의 메모리 공간의 확보를 위해서
③ 저전압(12V) 배터리에 서지 전압이 인가되지 않기 위해서
④ 인버터 내의 컨덴서에 충전되어 있는 고전압을 방전시키기 위해서

정답 76 ③ 77 ③ 78 ④ 79 ② 80 ④

해설 인버터 내의 컨덴서에 충전되어 있는 고전압을 방전시키기 위해서 안전 플러그를 제거 후 5~10분 이상 대기 시간을 갖는다.

81 하이브리드 자동차의 고전압 장치 점검 시 주의사항으로 틀린 것은?

① 조립 및 탈거 시 배터리 위에 어떠한 것도 놓지 말아야 한다.
② 이그니션 스위치를 OFF하면 고전압에 대한 위험성이 없어진다.
③ 취급 기술자는 고전압 시스템에 대한 검사와 서비스 교육이 선행되어야 한다.
④ 고전압 배터리는 "고전압" 주의 경고가 있으므로 취급 시 주의를 기울여야 한다.

해설 하이브리드 차량 정비 시 작업 순서
• 이그니션 스위치를 OFF 한다.
• 절연장갑 착용상태에서 12V 배터리 (−) 케이블을 탈거한다.
• 안전 스위치를 OFF 한다.
• 안전 스위치 OFF 후 고전압 부품을 취급하기 전에 5분 이상 대기한다.

82 하이브리드 자동차의 전기장치 정비 시 반드시 지켜야 할 내용이 아닌 것은?

① 절연장갑을 착용하고 작업한다.
② 서비스 플러그(안전 플러그)를 제거한다.
③ 전원을 차단하고 일정 시간이 경과 후 작업한다.
④ 하이브리드 컴퓨터의 커넥터를 분리하여야 한다.

83 하이브리드 자동차에서 고전압 장치 정비 시 고전압을 해제하는 것은?

① 전류 센서
② 배터리 팩
③ 프리차저 저항
④ 안전 스위치(안전 플러그)

해설 하이브리드 자동차에서 고전압 장치 정비 시 고전압을 해제하는 것은 안전 스위치(안전 플러그)이며 엔진 점검 혹은 작업 시에는 안전 스위치를 OFF 후 5분 경과 후 작업을 해야 한다. 이때 반드시 절연장갑을 착용하여야 한다.

84 하이브리드 자동차의 모터 컨트롤 유닛(MCU) 취급 시 유의사항이 아닌 것은?

① 충격이 가해지지 않도록 주의한다.
② 손으로 만지거나 전기 케이블을 임의로 탈착하지 않는다.
③ 시동키 2단(IG ON) 또는 엔진 시동상태에서는 만지지 않는다.
④ 컨트롤 유닛이 자기보정을 하기 때문에 AC 3상 케이블의 각 상간 연결의 방향을 신경 쓸 필요 없다.

해설 모터 컨트롤 유닛(MCU) 취급 시 유의사항
• 절연장갑을 사용하며 관련 장치의 주의사항을 숙지하고 작업한다.
• 고전압 관련 부품은 작업 전 고전압을 차단하여 안전을 확보한다.
• 이그니션 키 ON에서는 엔진시동이 걸릴 수 있으므로 주의한다.
• AC 케이블의 3상은 정확히 연결하고 외부충격을 가하지 않는다.

85 하이브리드 자동차에서 기동발전기(hybrid starter & generator)의 교환방법으로 틀린 것은?

① 안전 스위치를 OFF하고, 5분 이상 대기한다.
② HSG 교환 후 반드시 냉각수 보충과 공기 빼기를 실시한다.
③ HSG 교환 후 진단장비를 통해 HSG 위치 센서(레졸버)를 보정한다.
④ 점화스위치를 OFF하고, 보조배터리의 (−) 케이블은 분리하지 않는다.

해설 HSG(hybrid starter &generator)의 교환방법
• 시동 OFF 후 12V 보조배터리 (−) 케이블을 탈거한다.
• 절연장갑을 착용하고 고전압 차단을 위한 안전 스위치를 OFF 후 5분 경과 후 작업을 해야 한다.
• 드레인 플러그를 열어 인버터 냉각수를 배출한다.
• 드라이브 벨트 및 텐셔너를 탈거한다.
• 센서 커넥터, 쿨러 호스, 고전압 케이블 등을 분리한다.
• 하이브리드 스타터 제너레이터를 탈거한다.
• HSG 교환 후 진단장비를 통해 모터/HSG 위치센서(레졸버)를 보정을 실시한다.
• HSG 교환 후 반드시 냉각수 보충과 전동식 물펌프의 냉각수를 순환하여 공기 빼기를 실시한다.

정답 81 ② 82 ④ 83 ④ 84 ④ 85 ④

86. 하이브리드 자동차의 보조 배터리가 방전으로 시동 불량일 때 고장원인 또는 조치방법에 대한 설명으로 틀린 것은?

① 단시간에 방전이 되었다면 암전류 과다 발생이 원인이 될 수도 있다.
② 장시간 주행 후 바로 재시동시 불량하면 LDC 불량일 가능성이 있다.
③ 보조 배터리가 방전이 되었어도 고전압 배터리로 시동이 가능하다.
④ 보조 배터리를 점프 시동하여 주행 가능하다.

해설 하이브리드 차량의 각종 컨트롤 유닛 및 전장품들은 보조 배터리의 12V 전원을 사용한다. 따라서 하이브리드 시스템에서 사용하는 고전압 배터리의 높은 전압을 LDC(Low Voltage DC-DC Converter)를 통해서 차량의 전장품에 적합한 12V 전압으로 변환해 주고 있다.

87. 전기 자동차용 전동기에 요구되는 조건으로 틀린 것은?

① 구동 토크가 작아야 한다.
② 고출력 및 소형화해야 한다.
③ 속도제어가 용이해야 한다.
④ 취급 및 보수가 간편해야 한다.

해설 전기자동차용 모터의 구비조건
- 모터의 출력 당 중량비가 작아야 한다.
- 모터의 구동토크가 커야 한다.
- 모터는 소형이며 내구성이 좋아야 한다.
- 모터의 열효율이 좋아야 한다.
- 진동과 소음이 적어야 한다.
 - 속도조절이 용이해야 한다.

88. 도로 차량-전기자동차용 교환형 배터리 일반 요구사항(KS R 1200)에 따른 엔클로저의 종류로 틀린 것은?

① 방화용 엔클로저
② 촉매 방지용 엔클로저
③ 감전 방지용 엔클로저
④ 기계적 보호용 엔클로저

해설 엔클로저(enclosure)
- 방화용 엔클로저 : 내부로부터의 화재나 불꽃이 확산되는 것을 최소화하도록 설계된 엔클로저
- 기계적보호용 엔클로저 : 기계적 또는 기타 물리적인 원인에 의한 손상을 장지하기 위해 설계된 엔클로저
- 감전방지용 엔클로저 : 위험 전압이 인가되는 부품 또는 위험 에너지가 있는 부품과의 접촉을 막기 위해 설계된 엔클로저

89. 전기자동차용 배터리 관리 시스템에 대한 일반 요구사항(KS R 1201)에서 다음이 설명하는 것은?

배터리가 정지기능 상태가 되기 전까지의 유효한 방전상태에서 배터리가 이동성 소자들에게 전류를 공급할 수 있는 것으로 평가되는 시간

① 잔여 운행시간
② 안전운전 범위
③ 잔존 수명
④ 사이클 수명

해설 용어 설명
- 안전운전 범위 : 셀이 안전하게 운전될 수 있는 전압, 전류, 온도 범위
- 잔존 수명 : 초기 제조상태의 배터리와 비교하여 언급된 성능을 공급할 수 있는 능력이 있고, 배터리 상태의 일반적인 조건을 반영한 측정된 상황
- 사이클 수명 : 규정된 조건으로 충전과 방전을 반복하는 사이클의 수로 규정된 충전과 방전 종료 기준까지 수행

90. 전기자동차의 최대등판능력을 시험하는 방법으로 틀린 것은?

① 시험은 차대동력계 롤의 회전력을 실시간으로 변경시킬 수 있는 차대동력계를 이용하여 실시한다.
② 시험은 완전충전상태와 배터리 잔량(SOC)이 20% 이하인 상태에서 각 2회 실시하여 평균값으로 구한다.
③ 최대등판능력 시험을 실시하는 동안 출력과 관련된 경보, 고장, 알림이 발생하지 않아야 한다.
④ 등판능력은 전기자동차가 오를 수 있는 최대 출력을 의미한다.

정답 86 ③ 87 ① 88 ② 89 ① 90 ④

해설 전기자동차 최대등판능력 시험방법
- 등판능력은 전기자동차가 오를 수 있는 최대 경사도(%)를 의미한다.
- 시험은 차대동력계 롤의 회전력을 실시간으로 변경시킬 수 있는 차대동력계를 이용하여 실시한다. 이 경우 시험방법은 KS R 1137 전기자동차 등판시험방법 중 차대동력계시험 방법을 따른다.
- 시험은 완전충전상태와 배터리 잔량(SOC)이 20% 이하인 상태에서 각 2회 실시하여 평균값으로 구한다.
- 최대등판능력 시험을 실시하는 동안 출력과 관련된 경보, 고장, 알림(고장코드 알림, 모터과열 경고 등)이 발생하지 않아야 한다. 다만, 차대동력계 시험을 위한 ABS 및 차체제어장치 등은 예외로 한다.

91 전기회생제동장치가 주제동장치의 일부로 작동되는 경우에 대한 설명으로 틀린 것은?(단, 자동차 및 자동차부품의 성능과 기준에 관한 규칙에 의한다.)

① 주제동장치의 제동력은 동력 전달계통으로부터의 구동전동기 분리 또는 자동차의 변속비에 영향을 받는 구조일 것
② 전기회생제동력이 해제되는 경우에는 마찰제동력이 작동하여 1초 내에 해제 당시 요구제동력의 75% 이상 도달하는 구조일 것
③ 주제동장치는 하나의 조종장치에 의하여 작동되어야 하며, 그 외의 방법으로는 제동력의 전부 또는 일부가 해제되지 아니하는 구조일 것
④ 주제동장치 작동 시 전기회생제동장치가 독립적으로 제어될 수 있는 경우에는 자동차에 요구되는 제동력을 전기회생제동력과 마찰제동력 간에 자동으로 보상하는 구조일 것

해설 전기회생제동장치가 주제동장치의 일부로 작동되는 경우에는 다음 각 목의 기준에 적합한 구조를 갖출 것
가. 주제동장치 작동 시 전기회생제동장치가 독립적으로 제어될 수 있는 경우에는 자동차에 요구되는 제동력(이하 이 호에서 "요구제동력"이라 한다)을 전기회생제동력과 마찰제동력 간에 자동으로 보상하는 구조일 것
나. 전기회생제동력이 해제되는 경우에는 마찰제동력이 작동하여 1초 내에 해제 당시 요구제동력의 75퍼센트 이상 도달하는 구조일 것
다. 주제동장치는 하나의 조종장치에 의하여 작동되어야 하며, 그 외의 방법으로는 제동력의 전부 또는 일부가 해제되지 아니하는 구조일 것
라. 주제동장치의 제동력은 동력 전달계통으로부터의 구동전동기 분리 또는 자동차의 변속비에 영향을 받지 아니하는 구조일 것

92 다음은 자동차관리법령상 저속전기자동차의 기준이다. ( ) 안에 들어갈 내용으로 맞는 것은?

> 저속전기자동차란 최고속도가 매시 (㉠) km를 초과하지 않고, 차량 총중량이 (㉡) kg을 초과하지 않는 전기자동차를 말한다.

① ㉠ 30, ㉡ 1,161
② ㉠ 50, ㉡ 1,261
③ ㉠ 60, ㉡ 1,361
④ ㉠ 70, ㉡ 1,561

해설 자동차관리법 시행규칙에 따르면 저속전기자동차는 최고속도가 매시 60km를 초과하지 않고, 차량 총중량이 1,361kg을 초과하지 않는 전기자동차를 말한다

93 전기자동차 및 플러그인하이브리드자동차의 복합 1회충전 주행거리(km) 산정방법으로 옳은 것은?(단, 자동차의 에너지소비효율 및 등급표시에 관한 규정에 의한다.)

① 0.55 × 도심주행 1회충전 주행거리 + 0.45 × 고속도로주행 1회충전 주행거리
② 0.45 × 도심주행 1회충전 주행거리 + 0.55 × 고속도로주행 1회충전 주행거리
③ 0.5 × 도심주행 1회충전 주행거리 + 0.5 × 고속도로주행 1회충전 주행거리
④ 0.6 × 도심주행 1회충전 주행거리 + 0.4 × 고속도로주행 1회충전 주행거리

해설 전기자동차 및 플러그인하이브리드자동차의 1회충전 주행거리 산정방법
- 복합 1회충전 주행거리(km)
  = 0.55 × 도심주행 1회충전 주행거리 + 0.45 × 고속도로주행 1회충전 주행거리
- 도심주행 1회충전 주행거리
  = 0.7 × FTP-75 모드에서 시가지동력계 주행시험계획(UDDS)에 따라 반복 주행하면서 구한 1회충전 주행거리(단, 플러그인하이브리드자동차는 CD모드의 최초 시험 시작 지점에서 자동차의 엔진에 시동이 걸린 지점까지를 1회충전주행거리로 본다.)
- 고속도로주행 1회충전 주행거리
  = 0.7 × HWFET 모드를 반복 주행하면서 구한 1회충전 주행거리(단, 플러그인하이브리드자동차는 CD모드의 최초 시험 시작 지점에서 자동차의 엔진에 시동이 걸린 지점까지를 1회충전주행거리로 본다.

정답 91 ① 92 ③ 93 ①

Chapter 4 친환경 자동차정비

94 친환경(전기)자동차에 사용되는 감속기의 주요 기능에 해당하지 않는 것은?

① 감속 기능 : 모터 구동력 증대
② 증속 기능 : 증속 시 다운시프트 적용
③ 차동 기능 : 차량 선회 시 좌우바퀴 차동
④ 파킹 기능 : 운전자 P단 조작 시 차량 파킹

해설 전기차 감속기
- 감속기 : 모터의 고회전 저토크 입력을 받아 적절한 감속비로 속도를 줄이고 그만큼 토크를 증대시키는 역할
- 차동기어 : 주행 중에 선회하거나 고르지 못한 길을 달릴 때 좌우의 바퀴가 다른 속도로 회전할 수 있도록 하여 원활한 주행이 되도록 함
- 파킹장치 : 일반 자동변속기의 P단 조작 시 파킹 원리와 동일하게 작동

95 수소연료전지차의 장점으로 틀린 것은?

① 배기가스가 없다.
② 공기를 정화한다.
③ 전기차에 비해 에너지 효율이 높다.
④ 연료 단가가 저렴하다.

해설 수소연료전지차의 연료전지는 산소와 수소를 결합해 열과 전기에너지를 생성하며, 이때 생성된 열에너지는 운행에 불필요하여 추가적으로 에너지를 소비하여 냉각수로 식혀줘야 한다. 따라서, 수소연료전지차는 전기차에 비해 에너지 효율이 떨어진다.

96 수소연료전지자동차의 특징으로 틀린 것은?

① 산화·환원반응을 이용하여 전기에너지를 생성한다.
② 배기가스가 없으며 공기를 정화한다.
③ 수소연료를 사용하므로 연료 단가가 저렴하고 충전이 빠르다.
④ 연료전지의 수명이 내연기관 차량에 비해 길다.

해설 수소연료전지자동차의 단점
- 수소의 저장이 용이하지 않으며, 누설의 위험이 있다.
- 전기차에 비해 연료전지 시스템이 추가되므로 구조가 복잡해지고, 무게가 무거워진다.
- 전기차에 비해 에너지 효율이 낮은 편이다.
- 수소충전 인프라가 부족하다.
- 연료전지의 수명이 내연기관 차량에 비해 짧다.
- 연료전지 내 수분으로 인한 부식으로 내구성이 떨어진다.

97 수소연료전지자동차의 연료전지 스택에 대한 설명으로 틀린 것은?

① 단위 셀을 여러 개 직렬로 적층 구조로 연결한 것을 스택이라 한다.
② 공기극에서는 수소의 전기 화학적 산화가 일어나고, 연료극서는 산소의 전기 화학적 환원이 일어난다.
③ 연료전지 스택은 두 개의 전극과 그 사이에 수소이온을 전달하는 전해질막으로 구성된다.
④ 수소(H_2)는 촉매작용을 통해 수소이온과 전자로 분리되고 분리된 전자는 전기를 발생시킨다.

해설 연료극에서는 수소의 전기 화학적 산화가 일어나고, 공기극에서는 산소의 전기 화학적 환원이 일어난다.

98 수소자동차의 연료전지에서 촉매로 사용되는 물질은?

① 망간
② 백금
③ 구리
④ 텅스텐

해설 수소자동차의 연료전지 스택에 사용되는 촉매는 백금으로 수소(H_2)는 촉매작용을 통해 수소이온과 전자로 분리된다.

99 수소연료전지차 연료탱크에 있는 고압의 수소 기체를 낮은 압력으로 낮추어 연료전지 스택으로 보내는 장치는?

① 감압장치
② 체크밸브
③ 블로어 장치
④ 퍼지 밸브

해설 감압장치(고압/저압 레귤레이터)
- 수소탱크의 압력(700bar)을 약 16bar로 감압시킨다. 수소 공급/차단밸브 전단은 시동 여부와 관계없이 항상 이 압력이 유지된다.
- 16bar의 압력은 저압 레귤레이터에서 약 1~2bar로 감압하여 스택으로 공급된다. 또한, 저압센서를 두어 수소 압력을 제어한다.

정답 94 ② 95 ③ 96 ④ 97 ② 98 ② 99 ①

100 수소연료전지차의 고압라인 손상 시 대기 중으로 수소의 누설을 방지하기 위해 연료공급을 차단시키는 장치는?

① 체크밸브 ② 과류차단밸브
③ 감압밸브 ④ 릴리프밸브

해설 과류차단밸브는 고압라인 손상 시 대기 중으로 수소의 과도한 누설을 기계적으로 방지하기 위해 연료공급을 차단시킨다.

101 수소연료전지차의 에너지소비효율 라벨에 표시되는 항목이 아닌 것은?(단, 자동차의 에너지소비효율 및 등급표시에 관한 규정에 의한다.)

① CO_2 배출량
② 1회충전 주행거리
③ 도심주행 에너지소비효율
④ 고속도로주행 에너지소비효율

해설 친환경자동차의 에너지소비효율 및 등급의 표시(라벨)

102 지정된 조건에서 자동차를 운행하되 작동한계상황 등 필요한 경우 운전자의 개입을 요구하는 자율주행시스템은?(단, 자동차규칙에 의한다.)

① 부분 자율주행시스템
② 조건부 완전 자율주행시스템
③ 완전 자율주행시스템
④ 선택적 자율주행시스템

해설 자율주행시스템의 종류
• 부분 자율주행시스템 : 지정된 조건에서 자동차를 운행하되 작동한계상황 등 필요한 경우 운전자의 개입을 요구하는 자율주행시스템
• 조건부 완전자율주행시스템 : 지정된 조건에서 운전자의 개입 없이 자동차를 운행하는 자율주행시스템
• 완전 자율주행시스템 : 모든 영역에서 운전자의 개입 없이 자동차를 운행하는 자율주행시스템

103 KS 규격 연료전지기술에 의한 연료전지의 종류로 틀린 것은?

① 고분자 전해질 연료 전지
② 액체 산화물 연료전지
③ 인산형 연료 전지
④ 알칼리 연료 전지

해설 KS 규격 연료전지의 종류
• 공기 흡입형 연료전지 : 자연환기에 의해서만 강요된 산화제로써 주변 공기를 사용하는 연료전지
• 알칼리 연료전지 : 알칼리성 전해질을 사용하는 연료전지
• 직접 연료전지 : 연료전지 전력 시스템에 공급되는 연료가 양극에서 반응하는 연료가 동일한 연료전지
• 직접 메탄올 연료전지 : 연료가 메탄올인 직접연료전지(기체 또는 액체 형태)
• 용융 탄산염 연료전지 : 용해된 탄산을 전해질로 사용하는 연료전지
• 인산형 연료전지 : 인산의 수용액을 전해질로 사용하는 연료전지
• 고분자 전해질 연료전지 : 이온교환 기능을 전해질로 하는 고분자 막을 사용하는 연료전지
• 재생형 연료전지 : 연료와 산화제로부터 전기에너지를 생산하고, 전기에너지로부터 전기분해과정에서 연료와 산화제를 생산할 수 있는 전기화학전지
• 고체산화물 연료전지 : 전해질로 이온산화물을 사용하는 연료전지

104 최초로 개발된 연료전지 방법으로 액체 형태의 전해질이 사용되는 연료전지는?

① 알칼리 연료전지
② 인산형 연료전지
③ 용융탄삼염 연료전지
④ 재생형 연료전지

해설 알칼리 연료전지(AFC)
- 최초로 개발된 연료전지 방법으로 액체 형태의 전해질이 사용된다.
- 이론 전도성이 우수한 수산화칼륨을 사용하며 산성 전해질에 비해 큰 기전력과 전류밀도를 얻을 수 있다.
- 전해질이 공기 중의 이산화탄소와 반응하면 결정형의 탄산염을 형성하여 연료 전지의 성능저하가 발생된다.

105 고분자 전해질 연료전지에 대한 설명으로 틀린 것은?

① 이온교환 기능을 전해질로 하는 고분자 막을 사용하는 연료전지이다.
② 비교적 저온에서 작동하며, 전도성이 좋은 백금 촉매를 사용한다.
③ 고온에서는 건조현상이 발생하여 이온 전도성이 떨어져 연료전지 성능이 감소한다.
④ 소형화 및 경량화가 불가능하여 차량용으로는 사용되지 않는다.

해설 고분자 전해질 연료전지(PEMFC)는 높은 전류밀도를 갖고, 소형화 및 경량화가 가능하기 때문에 차량용 등으로 적합하다.

정답 104 ① 105 ④

Chapter 05

과목별 기출문제

과목별 기출문제는 한국산업인력공단이 주관하여 시행한 2016년부터 CBT로 전환되기 이전인 2020년까지의 자동차정비산업기사 필기 출제문제 중 자동차엔진, 자동차섀시, 자동차전기 과목의 내용만을 수록하였습니다.

문제은행 방식으로 출제되는 필기시험의 특성상 해당 과목의 이해와 득점을 위해서는 효과적인 학습내용이기 때문입니다.

2016년 1회
2016년 03월 06일

제5장_ 과목별 기출문제

Chapter 05

자동차 엔진정비

01 총배기량 1400cc인 4행정 기관이 2000rpm으로 회전하고 있다. 이 때의 도시평균 유효 압력이 10kgf/cm²이면 도시마력은 몇 PS인가?

① 약 31.1 ② 약 42.1 ③ 약 52.1 ④ 약 62.1

풀이 도시마력(지시마력)

$$IPS = \frac{P_{mi} \cdot A \cdot L \cdot Z \cdot N \cdot R}{75 \times 60} = \frac{10 \times 1400 \times 2000}{75 \times 60 \times 2 \times 100} = 31.11$$

P_{mi} : 도시평균 유효압력, N : 회전수, Z : 실린더수, A : 실린더면적, L : 행정, R : 상수(2행정기관 = 1, 4행정기관 = 0.5)

02 디젤 기관에서 분사노즐의 구비조건에 해당되지 않는 것은?

① 연소실 구석구석까지 분사되게 할 것
② 미세한 안개모양으로 분사하여 쉽게 착화되게 할 것
③ 분사 완료시 완전히 차단하여 후적이 일어나지 않을 것
④ 고온, 고압의 가혹한 조건에서는 단시간 사용할 수 있을 것

풀이 연료 분사조건
• 미립화(무화) : 연소실에 분사되는 연료는 작을수록 자기착화가 쉽다.
• 관통력 : 분사된 연료가 전체적으로 분포되기 위해서는 관통력이 좋아야 한다.
• 분포성 : 연소실에 분사된 연료는 골고루 분포되어야 완전연소가 이루어진다.
• 후적 : 분사 후 노즐에 남거나 새어나오는 연료방울이 없을 것

03 윤활유의 유압 계통에서 유압이 저하되는 원인이 아닌 것은?

① 윤활유 부족 ② 윤활유 공급펌프 손상
③ 윤활유 누설 ④ 윤활유 점도가 너무 높을 때

풀이 유압
• 유압이 낮아지는 원인
  – 윤활간극이 클 때
  – 유압조절밸브의 밀착이 불량할 때
  – 유압조절밸브 스프링의 장력이 약할 때
  – 윤활유의 점도가 낮을 때(엔진이 과열될 때)
  – 윤활통로 내에 공기가 유입되었거나 파손되었을 때
  – 오일펌프의 불량일 때

- 유압이 높아지는 원인
  - 유압조절 밸브가 고착되었을 때
  - 유압조절밸브 스프링의 장력이 클 때
  - 윤활유의 점도가 높을 때(엔진이 과냉될 때)
  - 윤활간극이 작을 때
  - 윤활통로가 막혔을 때

04 가변저항의 원리를 이용한 것은?

① 스로틀 포지션 센서　　② 노킹 센서
③ 산소 센서　　④ 크랭크 각 센서

풀이 스로틀 포지션 센서 : 스로틀바디의 스로틀 축과 같이 회전하는 가변저항기로 스로틀 밸브의 열림 정도를 ECU로 입력시키며 엔진의 작동상태에 알맞은 분사량을 조절한다.

05 휘발유사용자동차의 차량중량이 1224kg이고 총 중량이 2584kg인 경우 배출가스 정밀검사 부하검사방법인 정속 모드(ASM2525)에서 도로 부하마력(PS)은?

① 10　　② 15　　③ 20　　④ 25

풀이 ASM2525모드에서

도로부하마력(PS) = $\dfrac{관성중량(kg)}{136}$, 관성중량 = 차량중량(kg) + 136

∴ $\dfrac{1224 + 136}{136} = 10$

06 압력식 캡을 밀봉하고 냉각수의 팽창과 동일한 크기의 보조 물탱크를 설치하여 냉각수를 순환시키는 방식은?

① 밀봉 압력방식　　② 압력 순환방식
③ 자연 순환방식　　④ 강제 순환방식

풀이 냉각장치의 종류
- 자연순환식 : 자연순환식은 냉각수를 대류에 의해 순환시키는 것이며, 현재의 고성능 기관에서는 부적합하다.
- 강제순환식 : 강제순환식은 물 펌프로 실린더 헤드와 블록에 설치된 물 재킷 내에 냉각수를 순환 냉각시키는 것이다.
- 압력순환식 : 압력순환식은 냉각계통을 밀폐시키고, 냉각수가 가열되어 팽창할 때의 압력이 냉각수에 압력을 가하여 냉각수의 비등점을 높여 비등에 의한 손실을 감소시킬 수 있다.
- 밀봉 압력식 : 밀봉 압력식은 라디에이터 캡을 밀봉하고 냉각수의 팽창과 맞먹는 크기의 보조 물탱크를 설치하고 냉각수가 팽창하였을 때 외보로 배출되지 않도록 한 것이다.

07 기관의 윤활방식 중 윤활유가 모두 여과기를 통과하는 방식은?

① 전류식　　② 분류식　　③ 중력식　　④ 샨트식

풀이 오일여과기(오일필터) : 윤활유속의 이물질을 여과함
- 전류식 : 모든 윤활유를 여과하여 윤활부에 공급
- 분류식 : 여과안된 윤활유를 윤활부에 공급
- 샨트식 : 전류식과 분류식의 조합으로 일부 여과, 일부 여과안된 윤활유를 윤활부에 공급

08 가솔린 기관의 유해 배출물 저감에 사용되는 차콜 캐니스터(charcoal canister)의 주 기능은?

① 연료 증발가스의 흡착과 저장
② 질소산화물의 정화
③ 일산화탄소의 정화
④ PM(입자상 물질)의 정화

풀이 연료증발가스 정화장치(주성분 : HC) : 연료탱크의 증발가스를 활성탄 캐니스터에 포집하였다가 PCSV(Purge Control Solenoid Valve-ECU로 제어)를 이용하여 흡기다기관으로 유입하여 연소시킨다.

09 복합 사이클의 이론열효율은 어느 경우에 디젤 사이클의 이론열효율과 일치하는가?(단, ε=압축비, ρ=압력비, σ=체절비(단절비), k=비열비 이다.)

① $\rho = 1$ ② $\rho = 2$ ③ $\sigma = 1$ ④ $\sigma = 2$

풀이 이론열효율(ηs)

$$= \frac{Q_1 - Q_2}{Q_1} = 1 - \left(\frac{1}{\varepsilon}\right)^{k-1} \cdot \frac{\sigma^k \rho - 1}{(\rho - 1) + k\rho(\sigma - 1)}$$

(σ : 단절비 $= \frac{V_3}{V_2}$, ρ : 압력비 $= \frac{P_3}{P_2}$)

여기서 ρ=압력비가 1이면 디젤사이클과 같고, σ=체절비가 1이면 오토사이클과 같다.

10 전자제어 가솔린 연료분사장치의 인젝터에서 분사되는 연료의 양은 무엇으로 조정하는가?

① 인젝터 개방시간
② 연료 압력
③ 인젝터의 유량계수와 분구의 면적
④ 니들 밸브의 양정

풀이 인젝터 : 엔진 컴퓨터에 의해 제어되는 솔레노이드를 가진 분사노즐이다. 엔진 컴퓨터는 각종 센서의 신호를 종합하여 연료분사시간을 결정하여 솔레노이드에 전류를 공급하여 인젝터의 니들밸브가 개방되어 연료는 분사된다.

11 디젤기관 후처리장치(DPF)의 재생을 위한 연료분사는?

① 점화 분사 ② 주 분사
③ 사후 분사 ④ 직접 분사

풀이
• 예비분사(PILOT INJECTION) : 주분사가 이루어지기 전 연료를 분사하여 연소가 잘 되게 하기 위한 분사이며 점화분사 실시 유무에 따라 엔진의 소음과 진동을 억제한다.
• 주분사(MAIN INJECTION) : 엔진의 출력에 대한 에너지는 주분사로 부터 나온다. 주분사는 점화분사가 실행되었는지 고려하여 연료량을 계산하며, 기본 값으로 사용되는 것은 엔진 토크량, 엔진 회전수, 냉각수온, 흡기온도, 대기압 등으로 주분사 연료량을 계산한다.
• 사후분사(POST INJECTION) : 디젤 연료를 촉매 변환기에 공급하기 위한 것으로 이는 DPF를 작동시키기 위해 연료를 흘려보내는 분사이다.

12 디젤기관에서 착화지연기간이 1/1000초, 착화 후 최고 압력에 도달할 때까지의 시간이 1/1000초일 때, 2000rpm으로 운전되는 기관의 착화시기는?(단, 최고 폭발압력은 상사점 후 12°이다.)

① 상사점 전 32°
② 상사점 전 36°
③ 상사점 전 12°
④ 상사점 전 24°

풀이 연소지연시회전각(θ) = $6N \cdot t$ = $6 \times 2000 \times \frac{1}{1000}$ = 12(N : 회전수, t : 연소지연시간)

13 디젤기관의 노킹 발생 원인이 아닌 것은?

① 착화지연 기간이 너무 길 때
② 세탄가가 높은 연료를 사용할 때
③ 압축비가 너무 낮을 때
④ 착화온도가 너무 높을 때

풀이 디젤 노킹 방지법
- 착화성(세탄가)이 좋은 연료를 사용한다.
- 압축비, 압축압력, 압축온도를 높인다.
- 엔진의 온도와 회전속도를 높인다.
- 분사초기에 분사량을 적게하고 착화지연을 짧게 한다.
- 흡입공기에 와류가 일어나게 한다.

14 가변용량제어 터보차저에서 저속 저부하(저유량) 조건의 작동원리를 나타낸 것은?

① 베인 유로 좁힘 → 배기가스 통과속도 증가 → 터빈 전달 에너지 증대
② 베인 유로 넓힘 → 배기가스 통과속도 증가 → 터빈 전달 에너지 증대
③ 베인 유로 넓힘 → 배기가스 통과속도 감소 → 터빈 전달 에너지 증대
④ 베인 유로 좁힘 → 배기가스 통과속도 감소 → 터빈 전달 에너지 증대

풀이 VGT(Variable Geometry Turbo charger) : 가변용량제어 터보차저라고 한다. 저속 저부하시는 베인 유로를 좁히고 고속 고부하시에는 유로를 넓혀 흡입되는 공기량을 증가시켜 전 운전영역에서 터보차저의 성능을 발휘할 수 있다.

15 전자제어 가솔린 기관에 대한 설명으로 틀린 것은?

① 흡기온도 센서는 공기밀도 보정시 사용된다.
② 공회전속도 제어는 스텝 모터를 사용하기도 한다.
③ 산소센서 신호는 이론공연비 제어신호로 사용된다.
④ 점화시기는 크랭크각 센서가 점화 2차 코일의 전류로 제어한다.

풀이 점화시기는 파워트랜지스터를 이용하여 ECU의 신호에 따라 점화코일의 1차 전류를 단속하는 순간으로 제어한다.

16 삼원 촉매장치를 장착하는 근본적인 이유는?

① HC, CO, NOx를 저감
② CO_2, N_2, H_2O를 저감
③ HC, SOx를 저감
④ H_2O, SO_2, CO_2를 저감

풀이 삼원촉매장치 : 배기파이프에 설치되어 배기가스 중의 유해물질(CO, HC, NOx)의 수준을 산화반응과 환원반응에 저감시키고 무해한 가스로 변환시키는 역할을 한다.

17 운행차 배출가스 정밀검사를 받아야 하는 자동차에 대한 설명으로 틀린 것은?

① 대기환경규제 지역에 등록된 자동차는 정밀검사 대상 자동차이다.
② 서울특별시에서 운행되는 승용자동차는 정밀검사 대상 자동차이다.
③ 피견인자동차는 정밀검사를 받아야 하는 자동차에서 제외한다.
④ 천연가스를 연료로 사용하는 자동차는 정밀검사를 받아야 한다.

18 자동차 기관에 사용되는 수온센서는 주로 어떤 특성의 서미스터를 사용하는가?

① 정특성
② 부특성
③ 양특성
④ 일방향 특성

풀이 냉각수온센서(water temperature sensor) : CTS(coolant temperature sensor). 냉각수 온도를 검출(부특성 더미스터)하여 연료 분사량을 조절하고 공전속도를 온도에 따라 적정하게 유지시킨다.

19 기관 작동 중 실린더 내 흡입효율이 저하되는 원인이 아닌 것은?

① 흡입 및 배기의 관성이 피스톤 운동을 따르지 못할 경우
② 밸브 및 피스톤링의 마모로 인한 가스 누설이 발생되는 경우
③ 흡·배기 밸브의 개폐시기 불안정으로 인한 단속 타이밍이 맞지 않을 경우
④ 흡입압력이 대기압보다 높은 경우

20 흡입공기량을 간접 계측하는 센서의 방식은?

① 핫 와이어식
② 베인식
③ 칼만와류식
④ 맵센서식

풀이 MAP(Manifold absolution pressure) 센서 : 피에조 소자를 이용하며 서지탱크의 절대압력을 측정하여 엔진에 흡입되는 공기량을 간접적으로 측정하는 방식이다.

자동차 섀시정비

21 전자제어 자동변속기에서 변속기 제어유닛(TCU)의 입력요소가 아닌 것은?

① 입력 속도 센서　　② 출력 속도 센서
③ 산소 센서　　　　 ④ 유온 센서

풀이 O₂센서(oxygen sensor) : 이론 공연비를 중심으로 출력 전압이 급격히 변하는 것을 이용하여 엔진제어유닛의 피드백의 기준 신호를 공급해 주는 역할을 한다.

22 전륜 구동형(FF) 차량의 특징이 아닌 것은?

① 추진축이 필요하지 않으므로 구동손실이 적다.
② 조향방향과 동일한 방향으로 구동력이 전달된다.
③ 후륜 구동에 비해 빙판 언덕길 주행에 유리하다.
④ 후륜 구동에 비해 최소회전 반경이 작다.

풀이 전륜구동의 특징은 조향바퀴 = 구동바퀴이기 때문에 잘 미끄러지지 않으며, 젖거나 얼어붙은 노면과 눈 위에서도 안전하다. 또한 옆바람의 영향을 받지 않을 뿐 아니라 기관 · 구동계통이 앞쪽에 집중되어 있고, 추진축이 없으므로 바닥은 낮게, 실내는 넓게 할 수 있는 장점이 있다.

23 자동차에 사용하는 휠 스피드 센서의 파형을 오실로스코프로 측정하였다. 파형의 정보를 통해 확인 할 수 없는 것은?

① 최저 전압　　② 최고 전압
③ 평균 전압　　④ 평균 저항

풀이 기본적으로 오실로스코프 파형에서 가로는 시간을 나타내고 세로는 전압을 나타낸다.

24 브레이크 내의 잔압을 두는 이유가 아닌 것은?

① 제동의 늦음을 방지하기 위해
② 베이퍼록(Vapor Lock)현상을 방지하기 위해
③ 휠 실린더 내의 오일 누설을 방지하기 위해
④ 브레이크 오일의 오염을 방지하기 위해

풀이 브레이크를 밟지 않은 상태에서는 일정한 압력이 파이프 내에 잔류하게 되는데 이 압력을 잔압이라 한다. 이 잔압은 0.7~1.4kgf/cm² 정도 유지하는데 휠실린더에서 오일의 누설 및 공기의 혼입을 방지하고 제동 시에 작동 지연, 베이퍼록을 방지하는 역할을 한다.

25 ABS 장착 차량에서 인덕티브 형식 휠 스피드센서의 설명으로 틀린 것은?

① 출력신호는 AC 전압이다.
② 일종의 자기유도센서 타입이다.
③ 고장 시 즉시 ABS 경고등이 점등하게 된다.
④ 앞바퀴는 조향 휠이므로 뒷바퀴에만 장착되어 있다.

풀이 마그네틱 픽업코일 방식(Passive 센서) : 전자 유도 작용을 이용한 것이며 영구 자석에서 발생하는 자속이 톤휠(0.2 ~1.0mm)의 회전에 의해 코일에 교류전압이 발생한다. 교류 전압은 톤휠의 회전수에 비례하여 주파수가 변하며 이 주파수에 의해 4륜 각각의 차륜 속도를 검출한다.

26 조향기어의 종류에 해당하지 않는 것은?

① 토르센형   ② 볼 너트형   ③ 웜 섹터 롤러형   ④ 랙 피니언형

풀이 조향기어 박스의 종류
- 랙 피니언형
- 웜 섹터형
- 가변 기어비형
- 볼 너트 형
- 웜 섹터 롤러형

27 검사기기를 이용하여 운행 자동차의 주 제동력을 측정하고자 한다. 다음 중 측정방법이 잘못된 것은?

① 바퀴의 흙이나 먼지, 물 등의 이물질을 제거한 상태로 측정한다.
② 공차상태에서 사람이 타지 않고 측정한다.
③ 적절히 예비운전이 되어 있는지 확인한다.
④ 타이어의 공기압은 표준 공기압으로 한다.

풀이 자동차의 검사항목 중 제원측정은 공차상태에서 시행하며 그 외의 항목은 공차상태에서 운전자 1명이 승차하여 시행한다. 다만, 긴급자동차 등 부득이한 사유가 있는 경우에는 적차상태에서 검사를 시행 할 수 있다.

28 기관 플라이휠과 직결되어 기관 회전수와 동일 한 속도로 회전하는 토크 컨버터의 부품은?

① 터빈 런너   ② 펌프 임펠러   ③ 스테이터   ④ 원웨이 클러치

29 소형 승용차가 제동 초속도 80km/h에서 제동을 하고자 할 때 공주시간이 0.1초일 경우 이동한 공주거리는 얼마인가?

① 약 1.22m   ② 약 2.22m   ③ 약 3.22m   ④ 약 4.22m

풀이 공주거리
$$S_0 = \frac{v \cdot t}{3.6} = \frac{80 \times 0.1}{3.6} = 2.22 \text{ (v : 자동차 속도(km/h), t : 공주시간(s))}$$

30 자동차의 앞바퀴 윤거가 1500mm, 축간거리가 3500mm, 킹핀과 바퀴접지면의 중심거리가 100mm인 자동차가 우회전할 때, 왼쪽 앞바퀴의 조향각도가 32°이고 오른쪽 앞바퀴의 조향각도가 40°라면 이 자동차의 선회 시 최소 회전반지름은?

① 약 6.7m　　② 약 7.2m　　③ 약 7.8m　　④ 약 8.2m

풀이 최소회전반경 : 안전기준 12m 이내

$$R = \frac{L}{\sin \alpha} + r = \frac{3.5}{\sin 32°} + 0.1 = \frac{3.5}{0.53} + 0.1 = 6.7$$

- L : 축거
- α : 바깥쪽 앞바퀴의 조향각도
- r : 킹핀중심선에서 타이어 중심선까지 거리

31 가솔린 승용차에서 주행 중 시동이 꺼졌을 때 제동력이 저하되는 이유로 가장 적절한 것은?

① 진공 배력 장치 작동 불능　　② 베이퍼 록 현상
③ 엔진 출력 상승　　④ 하이드로 플래닝 현상

풀이 진공배력식(하이드록 백, 마스터 백) : 흡기다기관의 진공과 대기압과의 압력차($0.7kg/cm^2$)를 이용하여 제동력을 증대시키는 방식

32 자동차의 바퀴가 동적 언밸런스(Unbalance)일 경우 발생할 수 있는 현상은?

① 트램핑(Tramping)　　② 정재파(Standing wave)
③ 요잉(Yawing)　　④ 시미(Shimmy)

풀이 동적 평형 문제가 되면 바퀴가 좌·우로 흔들리는 시미(shimmy)현상이 발생한다.

33 공압식 전자제어 현가장치에서 저압 및 고압 스위치에 대한 설명으로 틀린 것은?

① 고압 스위치가 ON되면 컴프레서 구동 조건에 해당된다.
② 저압 스위치는 리턴 펌프를 구동하기 위한 스위치이다.
③ 고압 스위치가 ON되면 리턴 펌프가 구동된다.
④ 고압 스위치는 고압 탱크에 설치된다.

풀이 고·저압 스위치 : 앞 공기 저장탱크에 장착되어 있으며 고압 탱크의 압력이 일정하게 되도록 하는 역할을 한다.

34 차축의 형식 중 구동 차축의 스프링 아래 질량이 커지는 것을 피하기 위해 종감속기어와 차동장치를 액슬 축으로부터 분리하여 차체에 고정한 형식은?

① 3/4 부동식(3/4 floating axle type)　　② 반부동식(half floating axle type)
③ 벤조식(banjo axle type)　　④ 데 디온식(de dion axle type)

35 자동차가 주행하면서 클러치가 미끄러지는 원인으로 틀린 것은?

① 클러치 페달의 자유간극이 크다.
② 압력판 및 플라이휠 면이 손상되었다.
③ 마찰면의 경화 또는 오일이 부착되어 있다.
④ 클러치 압력스프링이 쇠약 및 손상되었다.

풀이 클러치 페달의 자유간(유격) : 릴리스 베어링이 릴리스 레버(다이어프램 스프링)에 닿을 때까지 움직인 거리
 • 자유간극이 적을 때 : 클러치 미끄러짐이 일어난다.
 • 자유간극이 클 때 : 기어 변속시 동력차단이 잘 안되어 소음이 일어난다.

36 공압식 전자제어 현가장치의 기본 구성품에 속하지 않는 것은?

① 컴프레셔　　　　　　　② 공기저장 탱크
③ 컨트롤 유닛　　　　　　④ 동력 실린더

풀이 동력 실린더는 동력조향장치의 구성품으로 오일펌프에서 발생한 유압유를 피스톤에 작용시켜서 조향 방향쪽으로 힘을 가해 주는 장치이다.

37 자동차 앞바퀴 정렬 중 캐스터에 관한 설명은?

① 자동차의 전륜을 위에서 보았을 때 바퀴의 앞부분이 뒷부분보다 좁은 상태를 말한다.
② 자동차의 전륜을 앞에서 보았을 때 바퀴 중심선의 윗부분이 약간 벌어져 있는 상태를 말한다.
③ 자동차의 전륜을 옆에서 보면 킹핀의 중심선이 수직선에 대하여 어느 한쪽으로 기울어져 있는 상태를 말한다.
④ 자동차의 전륜을 앞에서 보면 킹핀의 중심선이 수직선에 대하여 약간 안쪽으로 설치된 상태를 말한다.

풀이 캐스터(Caster) : 자동차의 바퀴를 측면에서 보면 노면과의 수직선에 대하여 타이어의 중심선과 조향축이 뒷쪽으로 약간 기울어져 있다. 이 각도를 캐스터라 하며 보통 0.5~2° 정도로 되어 있다. 이때 킹핀 중심선이 노면과 교차하는 점은 타이어 접지면의 중심선 앞에 있다.

38 직경이 2cm²인 마스터실린더 내의 피스톤로드가 40kgf의 힘으로 피스톤을 밀어낸다면, 직경 4cm² 휠실린더의 피스톤은 몇 kgf으로 브레이크 슈를 작동시키는가?

① 40kgf　　　② 60kgf　　　③ 80kgf　　　④ 100kgf

풀이 파스칼의 원리 : 밀폐된 용기 속에 담겨 있는 액체의 한쪽 부분에 주어진 압력은 그 세기에는 변함없이 같은 크기로 액체의 각 부분에 골고루 전달된다는 법칙

$P_1 = P_2 = \dfrac{F_1}{A_1} = \dfrac{F_2}{A_2}$

$\therefore F_2 = \dfrac{40 \times 4}{2} = 80$

39 TPMS(Tire Pressure Monitoring System)의 설명으로 틀린 것은?

① 타이어 내부의 수분량을 감지하여 TPMS 전자제어 모듈(ECU)에 전송한다.
② TPMS 전자제어 모듈(ECU)은 타이어 압력센서가 전송한 데이터를 수신 받아 판단 후 경고등 제어를 한다.
③ 타이어 압력센서는 각 휠의 안쪽에 장착되어 압력, 온도 등을 측정한다.
④ 시스템 구성품은 전자제어 모듈(ECU), 압력센서, 클러스터 등이 있다.

풀이 자동차 타이어의 공기압이 너무 높거나 낮으면 타이어가 터지거나 차량이 쉽게 미끄러져 대형사고로 이어질 가능성이 있다. 또 연료 소모량이 많아져 연비가 악화되고, 타이어 수명이 짧아질 뿐 아니라, 승차감과 제동력도 많이 떨어진다. 이러한 타이어의 결함을 막기 위해 차량에 장착하는 안전장치가 TPMS이다.

40 자동변속기에서 스톨테스트로 확인할 수 없는 것은?

① 엔진의 출력 부족
② 댐퍼클러치의 미끄러짐
③ 전진클러치의 미끄러짐
④ 후진클러치의 미끄러짐

풀이 스톨테스트(STALL TEST)
스톨테스트는 변속레버를 "D"나 "R" 위치에서 엔진의 스로틀을 완전개방시 엔진의 최대 속도를 측정하여 엔진의 출력부족 및 토크 컨버터의 스테이터, 원웨이 클러치 작동과 클러치 및 브레이크 계통의 성능을 점검하는데 이용한다.

자동차 전기 · 전자장치정비

41 플레밍의 왼손법칙에서 엄지손가락 방향으로 회전하는 기동전동기의 부품은?

① 로터
② 계자 코일
③ 전기자
④ 스테이터

풀이 플레밍의 법칙 중 하나로, 자기장 속에서 전류가 흐를 때 전류가 받는 힘의 방향을 왼손을 이용하여 알아볼 수 있다. 왼손의 검지를 자기장의 방향(계자코일), 중지를 전류의 방향으로 했을 때, 엄지가 가리키는 방향이 도선(전기자)이 받는 힘의 방향이 된다.

42 배터리 규격 표시 기호에서 "CCA 660A"가 뜻하는 것은?

① 저온시동 전류
② 예비 용량율
③ 20시간 충전전류
④ 25암페어율

풀이 저온시동전류 CCA는 18℃에서 30초 동안 방전하여 7.2V가 될 때까지 흐를 수 있는 전류량으로 값이 높을수록 저온에서 시동이 잘 걸릴 수 있다.

43 점화플러그에 대한 설명으로 틀린 것은?

① 열가는 점화플러그의 열방산 정도를 수치로 나타내는 것이다.
② 방열효과가 낮은 특성의 플러그를 열형플러그라고 한다.
③ 전극의 온도가 자기청정온도 이하가 되면 실화가 발생한다.
④ 고 부하 고속회전이 많은 기관에서는 열형 플러그를 사용하는 것이 좋다.

> 풀이 열가(Heat value) : 점화플러그가 열을 발산하는 정도(열용량)를 수치로 나타낸 값
> • 냉형(고열가) : 수열면적이 적고, 방열면적이 크다(고속엔진에 적합).
> • 열형(저열가) : 수열면적이 크고, 방열면적이 작다(저속엔진에 적합).

44 자동차 에어컨 시스템에서 제어모듈의 입력요소가 아닌 것은?

① 차속센서　　　　　　　　　　② 산소센서
③ 외기온도센서　　　　　　　　④ 증발기 온도 센서

45 부특성 서미스터를 적용한 냉각수 온도센서는 수온이 올라감에 따라 저항은 어떻게 변화하는가?

① 변화없다.　　　　　　　　　② 일정하다.
③ 상승한다.　　　　　　　　　④ 감소한다.

> 풀이 서미스터(thermistor) : 온도에 의해 현저하게 전기 저항값이 변화하는 반도체를 사용한 저항체로, 온도가 상승하면 그 저항 값이 감소하는 부특성(NTC), 온도가 상승하면 그 저항 값이 증가하는 정특성(PTC) 서미스터가 있다.

46 점화장치에서 파워트랜지스터의 B(베이스)단자와 연결된 것은?

① 점화코일 (-)단자　　　　　② 점화코일 (+)단자
③ 접지　　　　　　　　　　　④ ECU

> 풀이 파워트랜지스터 : ECU의 신호에 따라 점화코일의 1차전류를 단속하는 부분으로서 다링톤 트랜지스터를 사용한다. ECU에 의해 제어되는 단자 1(베이스)과, 점화 코일과 접속된 단자 3(컬렉터), 접지된 단자 2(이미터)로 구성되어 있다.

47 논리회로에 대한 설명으로 틀린 것은?

① AND회로 : 모든 입력이 "1"일 때만 출력이 "1"이 되는 회로
② OR회로 : 입력 중 최소한 어느 한쪽의 입력이 "1"이면 출력이 "1"이 되는 회로
③ NAND회로 : 모든 입력이 "0"일 경우만 출력이 "0"이 되는 회로
④ NOR회로 : 입력 중 최소한 어느 한쪽의 입력이 "1"이면 출력이 "0"이 되는 회로

48 자동차 정기검사에서 매연검사방법으로 틀린 것은?

① 중립상태에서 급가속과 공회전을 3회 반복하여 기관을 예열시킨다.
② 측정기의 시료채취관을 배기관의 벽면으로부터 10mm 이상 떨어지도록 설치한다.
③ 가속페달을 밟고 놓은 시간을 4초 이내로 급가속 하여 시료를 채취한다.
④ 3회 연속 측정한 매연 농도를 평균 산출한다.

> 풀이 광투과식 매연측정기 사용법
> - 측정대상자동차의 원동기를 중립인 상태(정지가동상태)에서 급가속하여 최고 회전속도 도달 후 2초간 공회전시키고 정지가동(Idle) 상태로 5~6초간 둔다. 이와 같은 과정을 3회 반복 실시한다.
> - 측정기의 시료채취관을 배기관의 벽면으로부터 5mm 이상 떨어지도록 설치하고 5cm 정도의 깊이로 삽입한다.
> - 가속페달에 발을 올려놓고 원동기의 최고회전속도에 도달할 때까지 급속히 밟으면서 시료를 채취한다. 이때 가속페달을 밟을 때부터 놓을 때까지 걸리는 시간은 4초 이내로 한다.
> - 위와 같은 방법으로 3회 연속 측정한 매연농도를 산술 평균하여 소수점 이하는 버린 값을 최종측정치로 한다. 다만, 3회 연속 측정한 매연농도의 최대치와 최소치의 차가 5%를 초과하거나 최종측정치가 배출허용기준에 맞지 아니한 경우에는 순차적으로 1회씩 더 측정하여 최대 10회까지 측정하면서 매회 측정시마다 마지막 3회의 측정치를 산출하여 마지막 3회의 최대치와 최소치의 차가 5% 이내이고 측정치의 산술평균 값도 배출허용기준 이내이면 측정을 마치고 이를 최종 측정치로 한다.

49 방향지시등의 작동조건에 관한 내용으로 틀린 것은?

① 좌측·우측에 설치된 방향지시등은 한 개의 스위치에 의해 동시 점멸하는 구조일 것
② 1분간 90±30회로 점멸하는 구조일 것
③ 방향지시등 회로와 전조등 회로는 연동하는 구조일 것
④ 시각적·청각적으로 동시에 작동되는 표시장치를 설치할 것

50 에어백 시스템에서 모듈을 탈거시 각종 에어백 회로가 전원과 접지되어 에어백이 펼쳐질 수 있다. 이러한 사고를 미연에 방지하는 것은?

① 프리 텐셔너
② 단락 바
③ 클럭 스프링
④ 인플레이터

> 풀이 에어백 관련 작업 중 ECU 탈거 시 각종 회로가 전원과 접지에 노출되어 뜻하지 않게 에어백이 전개될 수도 있다. 이러한 사고를 예방할 목적으로 단락바를 설치하여 에어백의 전개를 예방한다.

51 자동차 전조등에서 오토모드의 점멸 장치회로에 사용되는 반도체 소자의 센서는?

① 피에조 센서
② 마그네틱 센서
③ 조도 센서
④ 인플레이터

> 풀이 오토 라이트(Auto Light)는 조도 센서를 이용하여 주위 조도 변화에 따라 운전자가 라이트 스위치를 조작하지 않아도 오토모드(auto mode) 에서 자동으로 미등 및 전조등을 ON 시켜주는 장치이다.

52 회로의 임의의 접속점에서 유입하는 전류의 합과 유출하는 전류의 합은 같다고 정의하는 법칙은?

① 키르히호프의 제1법칙

② 옴의 법칙

③ 줄의 법칙

④ 뉴턴의 제1법칙

풀이 키로히호프의 법칙
- 제1법칙(전류의 법칙) : 회로 내의 어떤 한 점에 유입된 전류의 총합과 유출한 전류의 총합은 같다.
- 제2법칙(전압의 법칙) : 회로 내의 전압강하의 합은 기전력의 합과 같다.

53 자동차 CAN통신 시스템의 특징이 아닌 것은?

① 양방향 통신이다.

② 모듈간의 통신이 가능하다.

③ 싱글 마스터(single master) 방식이다.

④ 데이터를 2개의 배선(CAN-HIGH, CAN-LOW)을 이용하여 전송한다.

풀이 CAN의 장점 및 특징
- CAN 프로토콜은 Multi Master 통신을 한다.
- 노이즈에 매우강하다.
- 표준 프로토콜이므로 시장성이 뛰어나다.
- 통신속도가 빠르다.(최대 1Mbps)
- 먼 거리를 통신할 수 있다.(최대 1000m)
- 하드웨어적으로 설정된 ID만을 골라 수신 받을 수 있다.
- 실시간 메시지 통신을 할 수 있다.
- 우선순위가 있다.
- 사용되는 전선의 양을 획기적으로 줄일 수 있다.
- PLUG&PLAY를 제공한다.

54 하이브리드 시스템에 대한 설명 중 틀린 것은?

① 직렬형 하이브리드는 소프트타입과 하드타입이 있다.

② 소프트타입은 순수 EV(전기차) 주행 모드가 없다.

③ 하드타입은 소프트타입에 비해 연비가 향상된다.

④ 플러그-인 타입은 외부 전원을 이용하여 배터리를 충전한다.

풀이 하이브리드 자동차의 구동방식
- 직렬 형식 : 직렬 방식은 엔진에서 출력되는 기계적 에너지를 발전기를 통하여 전기적 에너지로 바꾸고 이 전기적 에너지가 배터리나 모터로 공급되어 차량은 항상 모터로 구동되는 하이브리드 전기자동차를 말한다. 기존의 전기자동차에 주행거리의 증대를 위하여 발전기를 추가한 형태를 말하며 이 발전기의 발전을 엔진동력 즉 연료를 이용한 엔진구동을 통해 발전하는 형태를 말한다.
- 병렬 형식 : 병렬 방식은 배터리 전원으로도 차를 움직이게 할 수 있고 엔진(기존의 자동차엔진)만으로도 차량을 구동시키는 두 가지 동력원을 같이 사용하는 방식을 말한다. 주행조건에 따라 병렬 방식은 엔진과 모터가 상황에 따른 동력원을 변화할 수 있는 방식이므로 다양한 동력 전달 방식이 가능하다. 그러므로 이에 따른 구동방식이 나누어지며 대표적으로 소프트 방식과 하드 방식으로 나눌 수 있다.

55 변환빔 전조등의 설치 기준에서 발광면의 관측각도 범위로 잘못된 것은?

① 상측 15° 이내　　　　　　　　② 하측 10° 이내
③ 외측 15° 이내　　　　　　　　④ 외측 10° 이내

56 자동차 에어컨 냉매의 구비조건이 아닌 것은?

① 임계온도가 높을 것　　　　　　② 증발잠열이 클 것
③ 인화성과 폭발성이 없을 것　　　④ 전기 절연성이 낮을 것

풀이 냉매의 구비조건
- 증발열이나 증기의 비열이 클 것
- 액체의 비열이 작으며 또 악취가 없고 인체에 무해해야 한다.
- 가연성, 폭발성이 없을 것
- 임계온도가 높고 응고점이 낮을 것
- 사용온도 범위가 넓을 것
- 누출을 쉽게 발견할 수 있을 것

57 전압 24V, 출력전류 60A인 자동차용 발전기의 출력은?

① 0.36kW　　② 0.72kW　　③ 1.44kW　　④ 1.88kW

풀이 전력(P)=전압(E) × 전류(I)=24 × 60=1440

58 수광부 중앙의 집광렌즈와 상·하·좌·우 4개의 광전지를 설치하고 스크린에 전조등의 모양을 비추어 광도 및 광축을 측정하는 전조등 시험기의 형식은?

① 수동형　　② 자동형　　③ 집광식　　④ 투영식

59 자동차의 점화스위치를 작동(ON)하였으나 기동전동기의 피니언이 작동되지 않을 시, 점검 항목이 아닌 것은?

① 점화코일　　② 축전지　　③ 점화스위치　　④ 배선 및 휴즈

60 디젤기관에 병렬로 연결된 예열플러그(0.2Ω)의 합성 저항은 얼마인가?(단, 기관은 4기통이고 전원은 12V이다.)

① 0.05Ω　　② 0.10Ω　　③ 0.15Ω　　④ 0.20Ω

풀이 병렬연결시 합성저항
$$\dfrac{1}{\dfrac{1}{R_1}+\dfrac{1}{R_2}+\dfrac{1}{R_3}+\cdots\dfrac{1}{R_n}} = \dfrac{1}{\dfrac{1}{0.2}+\dfrac{1}{0.2}+\dfrac{1}{0.2}+\dfrac{1}{0.2}} = 0.05$$

[2016년 03월 06일 시행 정답]

01	02	03	04	05	06	07	08	09	10
①	④	④	①	①	①	①	①	①	①
11	12	13	14	15	16	17	18	19	20
③	③	②	①	④	①	④	②	④	④
21	22	23	24	25	26	27	28	29	30
③	④	④	④	④	①	②	②	②	①
31	32	33	34	35	36	37	38	39	40
①	④	③	④	①	④	③	③	①	②
41	42	43	44	45	46	47	48	49	50
③	①	④	②	④	④	③	②	③	②
51	52	53	54	55	56	57	58	59	60
③	①	③	①	③	④	③	④	①	①

2016년 2회
2016년 05월 08일

제5장_ 과목별 기출문제

Chapter 05

자동차 엔진정비

01 전자제어 기관에서 연료 차단(fuel cut)에 대한 설명으로 틀린 것은?

① 인젝터 분사신호를 정지한다.
② 배출가스 저감을 위함이다.
③ 연비를 개선하기 위함이다.
④ 기관의 고속회전을 위한 준비단계이다.

풀이 엔진이 일정 속도 이상에서 가속페달에서 발을 떼면 순간적으로 연료가 차단되면서 관성으로 갈 수 있는 기능을 말하며 주로 감속운전에서 일어난다.

02 운행차의 정밀검사에서 배출가스검사 전에 받는 관능 및 기능검사의 항목이 아닌 것은?

① 타이어의 규격
② 냉각수가 누설되는지 여부
③ 엔진, 변속기 등에 기계적인 결함이 있는지 여부
④ 연료증발가스 방지장치의 정상작동 여부

풀이 관능검사 및 기능 검사
• 관능검사 : 자동차의 동일성(예 : 등록 번호판, 차대번호, 원동기 형식 등), 배출가스 관련 부품 및 장치의 망실, 변경, 손상, 결함이 있는지를 육안으로 검사한다. 이 외에도 기관이나 변속기의 기계적 결함이 있는 지 확인한다.
• 기능 검사 : 배출가스 관련 제어부품 및 장치, 그리고 센서 등을 진단장치를 이용하여 점검, 진단하여 정상작동 여부를 판단한다.

03 다음 중 윤활유 첨가제가 아닌 것은?

① 부식 방지제
② 유동점 강하제
③ 극압 윤활제
④ 인화점 하강제

풀이 윤활유 첨가제
• 산화 방지제
• 유동점 강하제
• 부식 방지제
• 기포 방지제
• 점도지수 향상제
• 청정 분산제
• 유성 향상제
• 극압 윤활제

303

04 회전력이 20kgf·m이고, 실린더 내경이 72mm, 행정이 120mm인 6기통 기관의 SAE 마력은 얼마인가?

① 약 12.9PS ② 약 129PS ③ 약 19.3PS ④ 약 193PS

풀이 SAE 마력 = $\dfrac{M^2 Z}{1613} = \dfrac{D^2 Z}{2.5} = \dfrac{72^2 \times 6}{1613} = 19.28$

• M : 실린더 내경(mm) • D : 실린더 내경(∈ch) • Z : 실린더 수

05 다음 그림은 스로틀 포지션 센서(TPS)의 내부회로도이다. 스로틀 밸브가 그림에서 B와 같이 닫혀 있는 현재 상태의 출력전압은 약 몇 V인가?(단, 공회전 상태이다.)

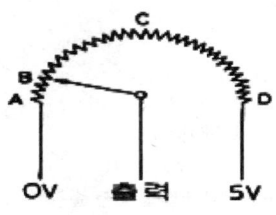

① 0V ② 약 0.5V ③ 약 2.5V ④ 약 5V

06 4행정 사이클, 4실린더 기관을 65PS로 30분간 운전시켰더니 연료가 10ℓ 소모되었다. 연료의 비중이 0.73, 저위발열량이 11000kcal/kg이라고 하면 이 기관의 열효율은 몇 %인가?(단, 1마력당 1시간당의 일량은 632.5kcal이다.)

① 약 23.6% ② 약 24.6% ③ 약 25.6% ④ 약 51.2%

풀이 제동열효율

$$\eta = \dfrac{\text{실제 일로 변한 열에너지}}{\text{기관에 공급된 열에너지}} \times 100$$

$$= \dfrac{632.5}{B_e \times C} \times 100 = \dfrac{632.5 \times 100}{\dfrac{0.73 \times 10 \times 11000}{65 \times 0.5}} = 25.59$$

• C : 연료의 저위발열량(kcal/kgf)
• B_e : 제동 연료소비율(g/PS·h)

07 윤활유의 점도에 관한 설명으로 가장 거리가 먼 것은?

① 점도지수가 높을수록 온도변화에 따른 점도 변화가 많다.
② 점도는 끈적임의 정도를 나타내는 척도이다.
③ 압력이 상승하면 점도는 높아진다.
④ 온도가 높아지면 점도가 저하된다.

풀이 점도지수(viscosity index) : 온도에 의한 점도의 변화를 나타낸 지수. 온도의 차가 많아도 점도의 변화가 적은 것이 점도지수가 큰 것이다.

08 LPG가 가솔린에 비해 유해배출가스가 적게 나오는 이유는?(단, 공연비는 동일 조건일 경우)

① 탄소원자의 수가 적기 때문에
② 탄소원자의 수가 많기 때문에
③ 수소원자의 수가 많기 때문에
④ 수소원자의 수가 적기 때문에

09 LPG 연료장치의 베이퍼라이저에 대한 설명 중 틀린 것은?

① 수온스위치 : 베이퍼라이저로 순환하는 냉각수 온도를 감지한다.
② 1차 감압실 : 대기압에 가깝게 감압하는 역할을 한다.
③ 기동 솔레노이드 밸브 : 냉간 시동 시 추가적인 연료가 필요할 때 작동한다.
④ 부압실 : 기관의 시동을 정지할 때 LPG 누출을 방지한다.

> **풀이** 베이퍼라이저 : 봄베에 담겨있는 가스는 높은 압력으로 보관되어 있으므로 연료 압력을 $0.3kg/cm^2$으로 감압하여 액체를 기체로 변환하여 믹서로 공급하는 역할을 한다.
> • 1차실 : 봄베에서 공급되는 연료의 압력을 $0.3kg/cm^2$으로 감압한다.
> • 2차실 : 1차실에서 공급되는 연료를 대기압까지 감압한다.
> • 슬로우 컷 솔레노이드 밸브 : 시동시, 타행 주행시 연료를 공급한다.
> • 공회전 조정 스쿠류(IAS) : 공회전 엔진 회전수 및 CO 조정한다.

10 일반적인 자동차 기관의 흡기밸브와 배기밸브의 크기를 비교한 것으로 옳은 것은?

① 흡기밸브와 배기밸브의 크기는 동일하다.
② 흡기밸브가 더 크다.
③ 배기밸브가 더 크다.
④ 1번과 4번 배기밸브만 더 크다.

11 가솔린 기관의 노크 방지법으로 틀린 것은?

① 화염전파 거리를 짧게 한다.
② 화염전파 속도를 빠르게 한다.
③ 냉각수 및 흡기 온도를 낮춘다.
④ 혼합 가스에 와류를 없앤다.

> **풀이** 노킹의 발생원인
> • 점화시기가 빠를 때
> • 압축비가 높을 때
> • 흡기온도 및 압력기 높을때
> • 기관이 과열되었을 때
> • 기관을 저속 과부하로 운전할 때
> • 옥탄가가 낮고 약간 희박한 혼합비일 때
> • 화염전파 속도가 느릴 때

12 기관의 기계효율을 향상시키기 위한 방법으로 거리가 먼 것은?

① 냉각팬, 오일펌프 등을 경량화 한다.
② 윤활장치를 개선하여 완전한 유막형성이 되게 한다.
③ 운동부의 관성을 줄이기 위해 실린더수를 줄인다.
④ 흡·배기 장치의 정밀가공을 통해 흡·배기 저항을 줄인다.

풀이 운동부의 관성을 줄이기 위해 구성부품의 무게를 경량화 한다.

13 오실로스코프를 이용한 자석식 크랭크 앵글센서의 전압파형 분석에 대한 설명 중 틀린 것은?

① 오실로스코프의 전압은 교류(AC)로 선택하여 점검한다.
② 기관 회전이 빨라질수록 발생 전압은 높아진다.
③ 에어갭이 작아질수록 발생전압은 높아진다.
④ 전압파형은 디지털 방식으로 표출된다.

풀이 마그네틱 타입의 크랭크축 위치센서의 출력은 사인파의 아나로그 출력이 표출된다.

14 전자제어 가솔린기관에서 고속운전 중 스로틀 밸브를 급격히 닫을 때 연료 분사량을 제어하는 방법은?

① 분사량 증가　② 분사량 감소　③ 분사 일시 중단　④ 변함없음

풀이 엔진이 일정 속도 이상에서 가속페달에서 발을 떼면 순간적으로 연료가 차단되면서 관성으로 갈 수 있는 기능을 말하며 주로 감속운전에서 일어난다.

15 실린더의 지름이 100mm, 행정이 100mm일 때 압축비가 17:1이라면 연소실 체적은?

① 약 29cc　② 약 49cc　③ 약 79cc　④ 약 109cc

풀이 압축비(ε) = $\dfrac{\text{행정체적}(V_s) + \text{연소실체적}(V_c)}{\text{연소실체적}(V_c)}$

$17 \times V_c = \left(\dfrac{\pi \times 10^2 \times 10}{4}\right) + V_c$

$\therefore V_c = \dfrac{3140}{16 \times 4} = 49$

16 자동차 기관에서 발생되는 유해가스 중 블로바이가스의 주성분은 무엇인가?

① CO　② HC　③ NOx　④ SO

풀이 블로바이가스 정화장치(주성분 : HC) : 크랭크 케이스의 블로바이가스를 PCV(Positive Crankcase Ventilation) 밸브를 사용하여 흡기다기관으로 유입하여 연소시킨다.

17 가솔린 기관에 사용되는 연료의 구비조건이 아닌 것은?

① 체적 및 무게가 적고 발열량이 클 것
② 연소 후 유해 화합물을 남기지 말 것
③ 착화온도가 낮을 것
④ 옥탄가가 높을 것

풀이 가솔린의 구비조건
- 체적 및 무게가 적고 발열량이 클 것
- 옥탄가가 높을 것
- 연소 후 유해화합물을 만들지 않을 것
- 연소속도가 빠를 것

18 전자제어기관에서 포텐셔미터식 스로틀포지션센서의 기본 구조 및 출력 특성과 가장 유사한 것은?

① 차속 센서
② 크랭크 각 센서
③ 노킹 센서
④ 액셀러레이터 포지션 센서

19 LPI 기관의 연료라인 압력이 봄베 압력보다 항상 높게 설정되어 있는 이유로 옳은 것은?

① 공연비 피드백 제어
② 연료의 기화 방지
③ 공전속도 제어
④ 정확한 듀티 제어

풀이 연료압력조절밸브 : 연료라인의 압력을 봄베의 압력보다 5bar 정도 높게 제어하여 연료의 기화를 방지한다.

20 전자제어 연료분사장치에서 기본 분사량의 결정은 무엇으로 결정하는가?

① 냉각 수온 센서
② 흡입공기량 센서
③ 공기 온도 센서
④ 유온 센서

풀이 기본분사량 : 공기유량센서와 기관회전수에 의하여 결정된다.

자동차 섀시정비

21 공주거리에 대한 설명으로 맞는 것은?

① 정지거리에서 제동거리를 뺀 거리
② 제동거리에서 정지거리를 더한 거리
③ 정지거리에서 제동거리를 나눈 거리
④ 제동거리에서 정지거리를 곱한 거리

풀이 정지거리 = 공주거리 + 제동거리

22 자동차 종감속 장치에 일반적으로 사용되는 기어 형식이 아닌 것은?

① 스퍼 기어　　② 스크루 기어　　③ 하이포이드 기어　　④ 스파이럴 베벨 기어

풀이 종감속기어의 종류 및 특징
- 웜과 웜기어 : 나선 기어. 맞물리는 기어의 회전축이 교차하거나 평행하지 않는 것으로서 축 기어의 일종이며 나사의 모양을 한 웜과 이것에 맞물리는 웜 휠로 되어 있고 감속비를 크게 할 수 있다.
- 스퍼기어 : 기어의 물림율이 스파이럴 베벨기어보다 작다.
- 스파이럴 베벨기어 : 피니언과 링기어의 중심이 일치한다. 베벨 기어의 이빨 모양을 곡선으로 만들어 회전을 매끄럽게 전달하도록 한 것으로 스퍼 베벨 기어에 비교하면 맞물림의 비율이 크고 전달효율이 좋다.
- 하이포이드 기어 : 스파이럴 베벨 기어의 일종으로서 링 기어의 회전 중심선과 구동 피니언의 회전 중심선을 옵셋시킨 형식이다.

23 후륜구동 차량의 종감속 장치에서 구동피니언과 링기어 중심선이 편심되어 추진축의 위치를 낮출 수 있는 것은?

① 베벨 기어　　② 스퍼 기어　　③ 웜과 웜 기어　　④ 하이포이드 기어

풀이 하이포이드 기어
- 스파이럴 베벨 기어의 일종으로서 링 기어의 회전 중심선과 구동 피니언의 회전 중심선을 옵셋시킨 형식이다.
- 특징
  - 옵셋(링 기어 지름의 10~20%)시켜 추진축을 낮게 설치할 수 있다.
  - 차실의 바닥을 낮출 수 있어 안정성, 거주성이 향상된다.
  - 물림률이 커 전달효율이 좋고 조용하다.
  - 이 폭 방향으로 미끄럼 접촉을 하므로 극압성 전용오일을 사용해야 한다.
  - 제작하기가 어렵다.

24 4륜 구동방식(4WD)의 특징으로 거리가 먼 것은?

① 등판 능력 및 견인력 향상　　② 조향 성능 및 안전성 향상
③ 고속 주행 시 직진 안전성 향상　　④ 연료소비율 낮음

풀이 4륜 구동방식의 특징
- 모든 도로조건에서 견인력이 우수
- 타이어 그립력을 향상시켜 직진성 향상
- 4륜 토크 배분으로 선회시 조향안정성 유리
- 미끄러운 도로에서도 부드러운 주행 가능
- 중량증가로 연료소비율 증가

25 차체자세제어장치(VDC : vehicle dynaminc control) 시스템에서 고장 발생 시 제어에 대한 설명으로 틀린 것은?

① 원칙적으로 ABS시스템 고장 시에는 VDC시스템 제어를 금지한다.
② VDC시스템 고장 시에는 해당 시스템만 제어를 금지한다.
③ VDC시스템 고장으로 솔레노이드 밸브 릴레이를 OFF시켜야 되는 경우에는 ABS의 페일 세이프에 준한다.
④ VDC시스템 고장 시 자동변속기는 현재 변속단보다 다운 변속된다.

26 유체 클러치에서 스톨 포인트에 대한 설명이 아닌 것은?

① 속도비가 "0"인 점이다.
② 펌프는 회전하나 터빈이 회전하지 않는 점이다.
③ 스톨 포인트에서 토크비가 최대가 된다.
④ 스톨 포인트에서 효율이 최대가 된다.

풀이 속도비가 0 일때 = 스톨포인트(Stall Point), 스톨 토오크(2.25), 스톨회전수라고 하며 효율은 "0"이다.

27 차체자세제어장치(VDC : vehicle dynamic control)장착 차량의 스티어링 각 센서에 대한 두 정비사의 의견 중 옳은 것은?

> • 정비사KIM : VDC에 사용되는 스티어링 각 센서는 스티어링 각의 상대값을 읽어 들이기 때문에 관련 부품교환 시 영점 조정이 불필요하다.
> • 정비사LEE : 스티어링 각의 영점 조정은 주로 LIN 통신 라인을 통해 이루어진다.

① 정비사KIM만 옳다.
② 정비사LEE만 옳다.
③ 두 정비사 모두 틀리다.
④ 두 정비사 모두 옳다.

풀이 베리언트 코팅(VARIANT CODING) : 차량의 제원에 따라 ECU의 하드웨어적인 차이는 없지만, VDC 제어 시 사용되는 차량 파라메터의 차이로 인해 Software가 달라진다. VDC가 CAN을 통해 수신된 data(엔진 종류, 엔진 배기량, T/M 종류)를 바탕으로 기 분류된 Variant code 값을 ECU 메모리에 저장한다. 이후 VDC는 메모리에 저장된 Code값을 바탕으로 하여, 필요로 하는 각종 Parameter값을 load하여 사용한다.

28 전자제어식 현가장치(ECS : electronic control suspension system)의 입력요소가 아닌 것은?

① 냉각수온 센서
② 차속 센서
③ 스로틀 위치 센서
④ 앞·뒤 차고 센서

29 인터널 링기어 1개, 캐리어 1개, 직경이 서로 다른 선기어 2개, 길이가 서로 다른 2세트의 유성기어를 사용하는 유성기어장치는?

① 2중 유성기어 장치
② 평행 축 기어 장치
③ 라비뇨(ravigneaux) 기어 장치
④ 심프슨(simpson) 기어 장치

풀이 라비뇨 기어장치(ravugneaux gear System)
1개의 링기어에 2차 피니언 기어와 1차 피니언 기어가 연결되어 있고 2차 선기어는 2차 피니언 기어에 연결되어 있거나 길이가 긴 피니언 기어를 공용하는 형식을 말한다.

30 금속분말을 소결시킨 브레이크 라이닝으로 열전도성이 크며 몇 개의 조각으로 나누어 슈에 설치된 것은?

① 위븐 라이닝 ② 메탈릭 라이닝
③ 몰드 라이닝 ④ 세미 메탈릭 라이닝

풀이
- 위빙 라이닝(weaving lining) : 장 섬유의 석면을 황동, 납, 아연선 등을 심으로 하여 실을 만들어 짠 다음, 광물성 오일과 합성수지로 가공하여 성형한 것으로서 유연하고 마찰계수가 크다.
- 몰드 라이닝(mould lining) : 단 섬유의 석면을 합성수지, 고무 등과의 결합제와 섞은 다음 고온·고압에서 성형한 후 다듬질한 것으로 내열·내마모성이 우수하다.
- 세미 메탈릭 라이닝(Semi-metallic) : 재료는 강모(steel wool), 철, 구리에 마찰저감재, 윤활제(흑연 등), 충전재 혼합물로 이루어져 있고 높은 온도에서 마찰력을 발생시키며, 열방출에 유리하며, 빨리 마모되지 않는다. 반면에, 로터의 마모가 더 빠르고, 소음과 먼지를 더 발생시키며, 저온에서 마찰력이 더 떨어진다.
- 메탈릭라이닝 : 구리 합금 분말로 만들어지며 윤활 및 마모 제어성분과 혼합되어 필요한 모양으로 형성된 후, 화씨 1,800 도의 온도에서 백플레이트에 접착된다. 여기에 사용되는 순수한 금속 성분들은 저온에서부터 고온까지 안정된 마찰계수를 제공하고 있지만 비싸다.

31 장기 주차 시 차량의 하중에 의해 타이어에 변형이 발생하고, 차량이 다시 주행하게 될 때 정상적으로 복원되지 않는 현상은?

① Hysteresis 현상 ② Heat separation 현상
③ Run flat 현상 ④ Flat spot 현상

풀이 플랫 스포트(Flat Spot)현상 : 주행에 의해 따뜻해진 타이어 코드가 접지부분에서 압축력을 받으면서 구부러져 코드의 장력이 늘어난 채로 고정되어 타이어의 일부에 평평하게 변형되는 현상으로 일반적으로 주행에 의해 타이어 온도가 상승하면 자연히 해소되는 경우도 있다. 다음의 경우에 잘 발생한다.
- 나일론 코드를 사용한 타이어
- 바이어스 타이어
- 공기압 부족으로 장시간 주차
- 적재상태에서의 장시간 주차
- 가을에서 봄까지 걸쳐서 추운 시기 및 온도차의 격심한 환경조건 등이 있다.

32 현가장치에서 드가르봉식 쇼크 업소버의 설명으로 가장 거리가 먼 것은?

① 질소가스가 봉입되어 있다.
② 오일실과 가스실이 분리되어 있다.
③ 오일에 기포가 발생하여도 충격 감쇠효과가 저하하지 않는다.
④ 쇼크 업소버의 작동이 정지되면 질소가스가 팽창하여 프리 피스톤의 압력을 상승시켜 오일 챔버의 오일을 감압한다.

풀이 드가르봉식
- 유압식의 일종으로, 프리 피스톤을 더 두고 있다. 프리 피스톤 위에는 오일, 아래는 고압의 질소 가스가 봉입되어 내부에 압력이 걸려 있고, 1개의 실린더가 있다.
- 특징
  - 구조가 간단하다.
  - 작동할 때 오일에 기포발생을 억제하여 장시간 작동하여도 감쇠효과의 감소가 적다.
  - 실린더가 1개이므로 냉각 성능이 크다.
  - 내부에 압력(20~30bar)이 걸려 있어 분해시 위험하다.

33 기관에서 발생한 토크와 회전수가 각각 80kgf·m, 1000rpm, 클러치를 통과하여 변속기로 들어가는 토크와 회전수가 각각 60kgf·m, 900rpm일 경우 클러치의 전달효율은 약 얼마인가?

① 37.5%　　② 47.5%　　③ 57.5%　　④ 67.5%

풀이 전달효율
$$\eta = \frac{T_2 \cdot N_2}{T_1 \cdot N_1} \times 100\% = \frac{60 \times 900}{80 \times 1000} \times 100 = 67.5$$
- T_1, N_1 = 엔진 회전력, 회전수
- T_2, N_2 = 클러치 출력회전력, 회전수

34 앞바퀴 구동 승용차에서 드라이브 샤프트는 변속기 측과 차륜 측에 각각 1개의 조인트로 연결되어 있다. 변속기 측 조인트의 명칭은?

① 더블 오프셋 조인트(double offset joint)
② 버필드 조인트(birfield joint)
③ 유니버셜 조인트(universal joint)
④ 플렉시블 조인트(flexible joint)

풀이 승용차용 등속조인트는 변속기측에는 더블오프셋조인트, 바퀴측에 버필드조인트가 사용된다.

35 브레이크 푸시로드의 작용력이 62.8kgf이고 마스터실린더의 내경이 2cm일 때 브레이크 디스크에 가해지는 힘은?(단, 휠 실린더의 면적은 3cm²이다.)

① 약 40kgf　　② 약 60kgf　　③ 약 80kgf　　④ 약 100kgf

풀이 마스터실린더 압력=휠실린더 압력에서
$$\frac{62.8}{\frac{\pi \times 2^2}{4}} = \frac{x}{3}$$
$$x = \frac{62.8 \times 3}{\pi} = 60$$

36 자동변속기에서 유성기어 장치의 3요소가 아닌 것은?

① 선 기어　　② 캐리어　　③ 링 기어　　④ 베벨 기어

풀이 유성기어 장치의 구성요소 : 선기어, 링기어, 유성피니언 기어, 유성기어 캐리어가 있다.

37 동력조향장치에서 조향핸들을 회전시킬 때 기관의 회전속도를 보상시키기 위하여 ECU로 입력되는 신호는?

① 인히비터 스위치
② 파워스티어링 압력 스위치
③ 전기부하 스위치
④ 공전속도 제어 서보

38 조향축의 설치 각도와 길이를 조절할 수 있는 형식은?

① 랙기어 형식
② 틸트 형식
③ 텔레스코핑 형식
④ 틸드 엔드 텔레스코핑 형식

풀이 운전자의 체형에 따라 조향휠의 위치를 좌우 방향으로 조절할 수 있는 틸트기구나 상·하방향으로 조절할 수 있는 텔레스코핑 기능이 있다.

39 ABS(Anti-lock Brake System)의 구성부품으로 볼 수 없는 것은?

① 일렉트로닉 컨트롤 유닛
② 휠 스피드 센서
③ 하이드로릭 유닛
④ 크랭크 앵글 센서

40 조향 핸들을 2바퀴 돌렸을 때 피트먼 암이 90° 움직였다. 조향 기어비는?

① 6:1
② 7:1
③ 8:1
④ 9:1

풀이 조향기어비 = $\dfrac{\text{조향휠이 움직인 양}}{\text{피트먼 암이 움직인 양}} = \dfrac{720}{90} = 8$

자동차 전기 · 전자장치정비

41 마그네틱 인덕티브 방식 휠 스피드센서의 정상작동 여부를 가장 정확하게 판단할 수 있는 것은?

① 디지털 멀티미터
② 아날로그 멀티미터
③ 오실로스코프
④ LED 테스트 램프

42 연료탱크에 연료가 가득 차 있는데 연료경고등(NTC)이 점등 될 수 있는 요인으로 옳은 것은?

① 퓨즈의 단선
② 서미스터의 결함
③ 경고등 접지선의 단선
④ 경고등 전원선의 단선

43 냉매(R-134a)의 구비조건으로 옳은 것은?

① 비등점이 적당히 높을 것
② 냉매의 증발 잠열이 작을 것
③ 응축 압력이 적당히 높을 것
④ 임계 온도가 충분히 높을 것

풀이 냉매의 구비조건
- 증발잠열이 클 것
- 응축압력이 적당히 낮을 것
- 임계온도가 높고 응고점이 낮을 것
- 누출을 쉽게 발견할 수 있을 것
- 비점이 적당히 낮을 것
- 가연성, 폭발성이 없을 것
- 사용온도 범위가 넓을 것

44 자동차 트립 컴퓨터 화면에 표시되지 않는 것은?

① 평균 연비
② 주행 가능 거리
③ 주행 시간
④ 배터리 충전 전류

풀이 트립 컴퓨터 : 차량주행에 관련된 정보를 받아 주행 평균속도, 주행시간, 주행거리 및 현재 남아 있는 연료로 주행할 수 있는 주행 가능거리를 LCD 표시창으로 운전자에게 알려주는 시스템이다.

45 자동차에서 무선시스템에 간섭을 일으키는 전자기파를 방지하기 위한 대책이 아닌 것은?

① 커패시터와 같은 여과소자를 사용하여 간섭을 억제한다.
② 불꽃 발생원에 배터리를 직렬로 접속하여 고주파 전류를 흡수한다.
③ 불꽃 발생원의 주위를 금속으로 밀봉하여 전파의 방사를 방지한다.
④ 점화케이블의 심선에 고저항 케이블을 사용한다.

46 자동차 계기장치의 표시사항이 아닌 것은?

① 냉각수 온도
② 주행 중 연료누설
③ 충전 경고
④ 기관 회전속도

47 하이브리드 자동차의 보조배터리가 방전으로 시동 불량일 때 고장원인 또는 조치방법에 대한 설명으로 틀린 것은?

① 단시간에 방전이 되었다면 암전류 과다 발생이 원인이 될 수도 있다.
② 장시간 주행 후 바로 재시동시 불량하면 LDC 불량일 가능성이 있다.
③ 보조배터리가 방전이 되었어도 고전압 배터리로 시동이 가능하다.
④ 보조배터리를 점프 시동하여 주행 가능하다.

풀이 보조배터리가 방전되면 시동은 불가능하다.

48 IC 조정기 부착형 교류발전기에서 로터코일 저항을 측정하는 단자는?(단, IG : ignition, F : field, L : lamp, B : battery, E : earth)

① IG단자와 F단자
② F단자와 E단자
③ B단자와 L단자
④ L단자와 F단자

49 하이브리드 자동차의 전기장치 정비 시 반드시 지켜야 할 내용이 아닌 것은?

① 절연장갑을 착용하고 작업한다.
② 서비스플러그(안전플러그)를 제거한다.
③ 전원을 차단하고 일정 시간이 경과 후 작업한다.
④ 하이브리드 컴퓨터의 커넥터를 분리하여야 한다.

> **풀이** 하이브리드 자동차 정비 시 주의사항
> • 이그니션 스위치를 OFF한다.
> • 뒷좌석 시트 등받이를 제거한다.
> • 절연장갑 착용상태에서 12V 배터리(-) 케이블을 탈거한다.
> • 서비스 플러그를 제거한다.
> • 서비스 플러그 제거 후, 고전압 부품을 취급하기 전에 5~10분 이상 대기한다.

50 완전 충전 상태인 100Ah 배터리를 20A의 전류로 얼마동안 사용할 수 있는가?

① 50분 ② 100분
③ 150분 ④ 300분

> **풀이** 축전지 용량(Ah) = 방전전류(A) × 방전시간(h)

51 에어백 컨트롤 유닛의 점검사항에 속하지 않는 것은?

① 시스템 내의 구성부품 및 배선의 단선, 단락 진단
② 부품에 이상이 있을 때 경고등 점등
③ 전기신호에 의한 에어백 팽창 여부
④ 시스템에 이상이 있을 때 경고등 점등

52 포토다이오드에 대한 설명으로 틀린 것은?

① 응답속도가 빠르다.
② 주변의 온도변화에 따라 출력 변화에 영향을 많이 받는다.
③ 빛이 들어오는 광량과 출력되는 전류의 직진성이 좋다.
④ 자동차에서는 크랭크 각 센서, 에어컨의 일사센서 등에 사용된다.

53 자동차 기동전동기 전기자 시험기로 시험할 수 없는 것은?

① 코일의 단락 ② 코일의 접지
③ 코일의 단선 ④ 코일의 저항

> **풀이** 전기자 테스터(그로울러 테스터) : 전기자의 단선, 접지, 단락 시험을 한다.

54 컴퓨터의 논리회로에서 논리적(AND)에 해당되는 것은?

① A, B → C (OR 게이트)
② A, B → C (AND 게이트)
③ A, B, D → C (증폭기)
④ A, B → C (NOR 게이트)

55 차량에서 12V배터리를 떼어 내고 절연체의 저항을 측정하였더니 1MΩ이었다면 누설 전류는?

① 0.006mA ② 0.008mA ③ 0.010mA ④ 0.012mA

풀이 $I = \dfrac{V}{R} = \dfrac{12}{1000000} = 0.000012$

56 자동차 에어컨에서 고온 고압의 기체 냉매를 액화시켜 냉각시키는 역할을 하는 것은?

① 압축기 ② 응축기 ③ 팽창밸브 ④ 증발기

풀이
- 압축기(compressor) : 증발기에서 기체상태로 변한 차가운 저압의 냉매가스를 흡입, 압축하여 고온고압 상태의 기체로 만들어 응축기로 보내는 역할을 한다.
- 응축기(condenser) : 압축기에서 전달된 고온고압의 냉매를 공기로 냉각하여 액체상태의 냉매로 전환시켜주는 역할을 한다.
- 팽창밸브(expansion valve) : 고압의 액체냉매가 팽창밸브를 거치면서 저온, 저압의 기체상태로 되면서 증발기로 보내진다.
- 증발기(evaporator) : 팽창 밸브에 의해 팽창된 액 냉매를 증발시켜 주위에서 증발열을 빼앗아 다른 유체를 냉각하는 일종의 열교환기를 말한다.
- 건조기(receiver-dryer) : 응축기에서 액체상태로 된 냉매는 완전한 액체상태가 아니라 기체와 액체가 혼합되어 있기 때문에 기체상태의 냉매와 액체상태의 냉매를 분리해서 액체만을 팽창밸브를 통과시켜 증발기에 보내는 역할을 한다. 또한 냉매에 수분 및 이물질을 제거하는 역할을 한다.

57 점화스위치를 ON(IG₁)했을 때 발전기 내부에서 자화되는 것은?

① 로터 ② 스테이터 ③ 정류기 ④ 전기자

58 에어백 인플레이터(inflator)의 역할에 대한 설명으로 옳은 것은?

① 에어백의 작동을 위한 전기적인 충전을 하여 배터리가 없을 때에도 작동시키는 역할을 한다.
② 점화장치, 질소가스 등이 내장되어 에어백이 작동할 수 있도록 점화 역할을 한다.
③ 충돌할 때 충격을 감지하는 역할을 한다.
④ 고장이 발생하였을 때 경고등을 점등한다.

풀이 인플레이터(Inflator) : 인플레이터에는 화약, 점화제, 가스발생기, 디퓨져 스크린등을 알루미늄제 용기에 넣은 것으로 에어백모듈 하우징에 장착된다. 화약에 전류가 흐르면 연소하고 그 열에 의하여 가스 발생제가 연소한다. 연소에 의하여 급격히 발생한 질소가스가 디퓨져 스크린을 통과하여 에어백 안으로 유입된다. 디퓨져 스크린은 연소가스의 이물질 제거 필터 외에도 가스온도의 냉각, 가스음을 저감하는 역할을 한다.

59 자기인덕턴스가 0.7H인 코일에 흐르는 전류가 0.01초 동안 4A의 전류로 변화하였다면, 이 때 발생하는 기전력은?

① 240V   ② 260V   ③ 280V   ④ 300V

풀이 유도기전력 $= L \times \dfrac{di}{dt} = 0.7 \times \dfrac{4}{0.01} = 280$

60 기관의 상태에 따른 점화 요구전압, 점화시기, 배출가스에 대한 설명 중 틀린 것은?

① 질소산화물(NOx)은 점화시기를 진각 함에 따라 증가한다.
② 탄화수소(HC)는 점화시기를 진각 함에 따라 감소한다.
③ 연소실의 혼합비가 희박할수록 점화 요구 전압은 높아져야 한다.
④ 실린더 압축 압력이 높을수록 점화 요구 전압도 높아져야 한다.

풀이 탄화수소(HC)와 질소산화물(NOx)은 점화시기의 진각에 비례하여 증가하는 것으로 나타난다.

[2016년 05월 08일 시행 정답]

01	02	03	04	05	06	07	08	09	10
④	①	④	③	②	③	①	①	②	②
11	12	13	14	15	16	17	18	19	20
④	③	④	③	②	②	③	④	②	②
21	22	23	24	25	26	27	28	29	30
①	②	④	④	④	④	③	①	③	②
31	32	33	34	35	36	37	38	39	40
④	④	④	①	②	④	②	④	④	③
41	42	43	44	45	46	47	48	49	50
③	②	②	④	④	②	③	④	④	④
51	52	53	54	55	56	57	58	59	60
③	②	④	②	④	②	①	②	③	②

2016년 3회
2016년 08월 21일

제5장_ 과목별 기출문제

Chapter 05

자동차 엔진정비

01 전자제어 가솔린기관의 연료압력조절기 내의 압력이 일정압력 이상일 경우 어떻게 작동하는가?

① 흡기관의 압력을 낮추어 준다.
② 인젝터에서 연료를 추가 분사시킨다.
③ 연료펌프의 토출압력을 낮추어 연료공급량을 줄인다.
④ 연료를 연료탱크로 되돌려 보내 연료압력을 조정한다.

풀이 연료 압력 레귤레이터
- 흡입 다기관 내의 압력 변화에 대응하여 인젝터에 걸리는 연료의 압력을 흡입 다기관 내의 압력보다 항상 약 2.8kg/cm² 높도록 조절한다.
- 연료 압력이 규정 압력을 초과하면 연료는 리턴 파이프를 지나 연료 탱크로 복귀된다.

02 저위발열량이 44800kJ/kg인 연료를 시간당 20kg을 소비하는 기관의 제동출력이 90kW이면 제동열효율은 약 얼마인가?

① 28%   ② 32%
③ 36%   ④ 41%

풀이 $\eta = \dfrac{\text{실제 일로 변한 열에너지}}{\text{기관에 공급된 열에너지}} \times 100$

$= \dfrac{632.3}{B_e \times C} \times 100 = \dfrac{632.3}{\dfrac{20}{90 \times 1.36} \times 44800 \times 0.2388} \times 100 = 36.1\%$

- C : 연료의 저위발열량(kcal/kgf)
- B_e : 제동 연료소비율(kgf/PS·h)

03 흡배기밸브의 밸브간극을 측정하여 새로운 태핏을 장착하고자 한다. 새로운 태핏의 두께를 구하는 공식으로 올바른 것은?(단, N : 새로운 태핏의 두께, T : 분리된 태핏의 두께, A : 측정된 밸브간극, K : 밸브규정간극)

① N = T + (A − K)   ② N = A + (T + K)
③ N = T − (A − K)   ④ N = A − (T × K)

풀이 T＋A＝N＋K에서 N＝T＋A－K

04 CO, HC, NOx를 모두를 줄이기 위한 목적으로 사용되는 장치는?

① 삼원 촉매장치
② 보조 흡기 밸브
③ 연료증발가스 제어장치
④ 블로바이가스 재순환 장치

풀이 삼원촉매장치 : 배기파이프에 설치되어 배기가스중의 유해물질(CO, HC, NOx)을 산화반응과 환원반응에 의해 저감시키고 무해한 가스로 변환 시키는 역할을 한다. 촉매란 자신은 변하지 않는 상태에서 화학반응을 촉진시키는 물질로 백금(Pt), 로듐(Rh), 파나듐(Pd)이 사용된다.

05 4행정 가솔린기관의 연료 분사 모드에서 동시 분사모드에 대한 특징을 설명한 것 중 거리가 먼 것은?

① 급가속시에만 사용된다.
② 1사이클에 2회씩 연료를 분사한다.
③ 기관에 설치된 모든 분사밸브가 동시에 분사한다.
④ 시동 시, 냉각수 온도가 일정 온도 이하일 때 사용된다.

06 보기에서 가솔린엔진의 연료 분사량에 관련된 공식으로 맞는 것을 모두 고른 것은?

> ㄱ. 실제분사시간 = 기본분사시간 + 보정분사시간
> ㄴ. 기본분사시간 = 흡입공기량 × 엔진회전수
> ㄷ. 보정분사시간 = 기본분사시간 ÷ 보정분사계수

① ㄱ ② ㄴ ③ ㄴ, ㄷ ④ ㄱ, ㄴ, ㄷ

풀이 기본분사량 : 공기유량센서와 기관회전수에 의하여 결정되는데 기본분사시간은 다음과 같다.
$T = f \times \frac{Q}{N}$ (f : 계수, Q : 흡입공기량, N : 기관회전수)

07 전자제어 LPI 기관의 구성품이 아닌 것은?

① 베이퍼라이저 ② 가스온도센서
③ 연료압력센서 ④ 레귤레이터 유닛

풀이 베이퍼 라이저 : 기존의 LPG 기관에서 있으며 봄베에 담겨있는 가스는 높은 압력으로 보관되어 있으므로 연료 압력을 0.3kg/cm²으로 감압하여 액체를 기체로 변환하여 믹서로 공급하는 역할을 한다.

08 전자제어 디젤 기관의 인젝터 연료분사량 편차보정 기능(IQA)에 대한 설명 중 거리가 가장 먼 것은?

① 인젝터의 내구성 향상에 영향을 미친다.
② 강화되는 배기가스규제 대응에 용이하다.
③ 각 실린더별 분사 연료량의 편차를 줄여 엔진의 정숙성을 돕는다.
④ 각 실린더별 분사 연료량을 예측함으로써 최적의 분사량 제어가 가능하게 한다.

풀이 인젝터의 종류
- 그레이드 인젝터
  - 인젝터 유량 편차 보정위해 X, Y, Z 3등급 분류
  - 조합표에 따라 조립
- 클래스화 인젝터
  - 분사량 편차 보정위해 C1, C2, C3 3등급분류
  - 같은 클래스 인젝터 조립 후 ECU에 해당 클래스 입력
- IQA 인젝터
  - 모든 인젝터에 7자리 고유 code 부여
  - 조립 구분없이 code를 ECU에 입력하면 ECU에서 분사 보정량 설정 보정
- C2I 인젝터
  - 델파이 인젝터로 각 인젝터에 16자리 고유 code 부여
  - IQA인젝터와 같은 방식 조립

09 피스톤 링에 대한 설명으로 틀린 것은?

① 피스톤의 냉각에 기여한다.
② 내열성 및 내마모성이 좋아야 한다.
③ 높은 온도에서 탄성을 유지해야 한다.
④ 실린더블록의 재질보다 경도가 높아야 한다.

풀이 피스톤 링의 조건
- 알맞은 면압과 장력을 가지고 있을 것
- 고온에서 장력 감소가 적을 것
- 열의 전도가 양호하여 방열성이 좋을 것
- 내열 및 내마멸성이 클 것
- 기관 작동 중 실린더 벽을 마멸시키지 않을 것

10 전자제어 가솔린 분사장치의 장점에 해당되지 않는 것은?

① 유해 배출가스 감소
② 엔진출력의 향상
③ 간단한 구조
④ 연비 향상

풀이 전자제어 분사장치의 특징
- 공기 흐름에 따른 관성 질량이 작아 응답성이 향상된다.
- 기관의 출력이 증대되고, 연료 소비율이 감소한다.
- 배출 가스 감소로 인한 유해 물질 배출 감소효과가 크다.
- 연료의 베이퍼로크, 퍼컬레이션, 빙결 등의 고장이 적으므로 운전성능이 향상된다.
- 이상적인 흡기다기관을 설계할 수 있어 기관의 효율이 향상된다.
- 각 실린더에 동일한 양의 연료 공급이 가능하다.
- 전자부품의 사용으로 구조가 복잡하고 값이 비싸다.
- 흡입계통의 공기 누설이 기관에 큰 영향을 준다.

11 연료의 저위발열량을 $H_ℓ$(kcal/kgf), 연료 소비량을 F(kgf/h), 도시출력을 P_i(PS), 연료소비시간을 t(s)라 할 때 도시 열효율 $η_i$를 구하는 식은?

① $η_i = \dfrac{632 \times P_i}{F \times H_ℓ}$ ② $η_i = \dfrac{632 \times H_ℓ}{F \times t}$

③ $η_i = \dfrac{632 \times t \times H_ℓ}{F \times P_i}$ ④ $η_i = \dfrac{632 \times t \times P_i}{F \times H_ℓ}$

풀이 $η = \dfrac{실제\ 일로\ 변한\ 열에너지}{기관에\ 공급된\ 열에너지} \times 100$

$= \dfrac{632.3}{B_e \times C} \times 100$

- C : 연료의 저위발열량(kcal/kgf)
- B_e : 제동 연료소비율(kgf/PS·h)

12 총 배기량이 1800cc인 4행정 기관의 도시평균 유효압력이 16kg/cm², 회전수가 2000rpm일 때 도시마력(PS)은?(단 실린더 수는 1개이다.)

① 33 ② 44 ③ 54 ④ 64

풀이 도시마력(지시마력)

$IPS = \dfrac{P_{mi} \cdot A \cdot L \cdot Z \cdot N \cdot R}{75 \times 60} = \dfrac{16 \times 1800 \times 2000}{75 \times 60 \times 2 \times 100} = 64$

N : 회전수, N : 기통수, A : 실린더면적, L : 행정, R : 상수(2행정기관 = 1, 4행정기관 = $\dfrac{1}{2}$)

13 LPG기관의 봄베에는 기상밸브, 액상밸브, 충전밸브의 3가지 기본 밸브가 장착된다. 이 중에서 액상밸브의 색깔은?

① 황색 ② 적색 ③ 녹색 ④ 청색

풀이 봄베에는 녹색의 충전밸브, 황색의 기상밸브, 적색의 액상밸브가 있다.

14 LPI엔진에서 크랭킹은 가능하나 시동이 불가능하다. 다음 두 정비사의 의견 중 옳은 것은?

- 정비사 KIM : 연료펌프가 불량이다.
- 정비사 LEE : 인히비터 스위치가 불량일 가능성이 높다.

① 정비사 KIM이 옳다. ② 정비사 LEE가 옳다.
③ 둘 다 옳다. ④ 둘 다 틀리다.

풀이 인히비트 스위치가 불량이면 크랭킹이 불가능할 수 있다.

15 엔진 분해조립 시, 볼트를 체결하는 방법 중에서 각도법(탄성역, 소성역)에 관한 설명으로 거리가 먼 것은?

① 엔진 오일의 도포 유무를 준수할 것
② 탄성역 각도법은 볼트를 재사용 할 수 있으므로 체결 토크 불량 시 재작업을 수행할 것
③ 각도법 적용 시 최종 체결 토크를 확인하기 위하여 추가로 볼트를 회전시키지 말 것
④ 소성역 체결법의 적용조건을 토크법으로 환산하여 적용할 것

풀이 각도법 체결시 주의점
- 볼트 · 너트에 약간의 엔진오일을 도포할 것
- 소성역 각도법 볼트 · 너트는 반드시 폐기하고 새 부품을 사용할 것
- 각도 법 적용 볼트를 임의로 토크 환산하여 조립 할지 말 것
- 최종 토크를 확인하기 위하여 추가로 볼트 · 너트를 조이지 말 것
- 소성역 각도 법 적용된 볼트는 체결 완료 직전 토크는 증가하지 않고 볼트 · 너트가 돌아가는 것을 느낄 수 있으나 과다하다고 느껴지는 경우 반드시 재확인 할 것
- 볼트 · 너트 조립 순서에 맞게 조립할 것

16 기관에 쓰이는 베어링의 크러시(Crush)에 대한 설명으로 틀린 것은?

① 크러시가 크면 조립할 때 베어링이 안쪽 면으로 변형되어 찌그러진다.
② 베어링에 공급된 오일을 베어링의 전 둘레에 순환하게 한다.
③ 크러시가 작으면 온도 변화에 의하여 헐겁게 되어 베어링이 유동한다.
④ 하우징보다 길게 제작된 베어링의 바깥 둘레와 하우징 둘레의 길이 차이를 크러시라 한다.

풀이 베어링 크러시 : 베어링 바깥둘레와 하우징 안둘레와의 차이를 말하며 밀착성 및 열전도성을 증가시킨다. 그러나 너무 크면 베어링이 찌그러진다.

17 전자제어 가솔린 기관의 흡입공기량센서 중 흡입되는 공기흐름에 따라 발생하는 주파수를 검출하여 유량을 계측하는 방식은?

① 칼만 와류식　　　　　　　　② 열선식
③ 맵 센서식　　　　　　　　　④ 열막식

풀이 칼만 볼텍스 타입 : 공기 통로에 돌기물을 설치하여 공기가 흐르면서 돌기물 뒤에 와류가 발생하는데 이 부분에 초음파를 보내면 와류 정도에 따라 주파수가 달라지는 것을 이용한 것이다.

18 행정 체적 215cm^3, 실린더 체적 245cm^{3}인 기관의 압축비는 약 얼마인가?

① 5.23　　　　　　　　　　　② 6.82
③ 7.14　　　　　　　　　　　④ 8.17

풀이 압축비(ε) = $\dfrac{\text{실린더체적(행정체적 + 연소실체적)}}{\text{연소실체적(실린더체적 − 행정체적)}} = \dfrac{245}{245 - 215} = \dfrac{245}{30} = 8.17$

19 전자제어 기관에서 열선식(hot wire type) 공기유량센서의 특징으로 맞는 것은?

① 맥동오차가 다소 크다.
② 자기청정 기능의 열선이 있다.
③ 초음파 신호로 공기 부피를 감지한다.
④ 대기압력을 통해 공기 질량을 검출한다.

풀이 열선식의 특징
- 고도 오차가 없다.
- 응답시간이 빠르다.
- 공기의 관성력에 의한 오차가 없다.
- 질량유량으로 검출한다.
- 기계적 충격에 약하다.
- 이물질에 의한 감도의 저하가 있다.(크린버닝 기능이 필요)
- 신호처리가 복잡하고 비싸다.

20 동일한 배기량에서 가솔린기관에 비교하여 디젤기관이 가지고 있는 장점은?

① 시동에 소요되는 동력이 작다.
② 기관의 무게가 가볍다.
③ 제동열효율이 크다.
④ 소음진동이 적다.

풀이 디젤기관의 특징
- 압축비와 충진효율이 높아 연비 및 열효율이 높다.
- 넓은 회전속도 영역에서 회전토크가 크다.
- 공기과잉에서 연소되므로 CO, HC 의 배출이 적다.
- 점화장치가 없어 구조가 간단하고, 화재위험이 적다.
- 높은 압축비(15~22) 때문에 고압의 연료분사장치가 필요하다.
- 내구적 특성상 중량이 증가하고 마찰손실도 높아 진동과 소음이 크다.

자동차 섀시정비

21 브레이크 페달을 강하게 밟을 때 후륜이 먼저 록(lock) 되지 않도록 하기 위하여 유압이 일정압력으로 상승하면 그 이상 후륜 측에 유압이 가해지지 않도록 제한하는 장치는?

① 프로포셔닝 밸브
② 압력 체크 밸브
③ 이너셔 밸브
④ EGR 밸브

풀이 프로포셔닝 밸브 : 급제동시 전륜보다 후륜의 제동력을 감소시켜 후륜의 록을 방지한다.

22 동력전달장치에서 드라이브라인의 자재이음과 슬립이음의 설명으로 옳은 것은?

① • 자재이음 - 각도 및 길이변화 대응 • 슬립이음 - 소음 및 진동 대응
② • 자재이음 - 소음 및 진동 대응 • 슬립이음 - 각도 및 길이변화 대응
③ • 자재이음 - 각도변화 대응 • 슬립이음 - 길이변화 대응
④ • 자재이음 - 길이변화 대응 • 슬립이음 - 각도변화 대응

풀이 • 자재이음 : 두 개의 축이 어느 각도를 이루어 교차할 때, 자유로이 동력을 전달하기 위한 장치
  • 슬립이음 : 출력축의 스플라인에 설치되어 추진축의 길이변화를 가능하게 하는 이음

23 평탄한 도로를 90km/h로 달리는 승용차의 총 주행저항은 약 얼마인가?(단, 총중량 1145kgf, 투영면적 1.6m², 공기 저항계수 0.03, 구름저항계수 0.015이다.)

① 37.18kgf   ② 47.18kgf   ③ 57.18kgf   ④ 67.18kgf

풀이 평탄한 도로를 등속주행하므로 주행저항은 구름저항 + 공기저항이다.
  • 구름저항
    $R_r = \mu_r \cdot W = 0.015 \times 1145 = 17.175$ (μ_r : 구름저항 계수, W : 차량 총중량)
  • 공기저항
    $R_a = \mu_a \cdot A \cdot V^2 = 0.03 \times 1.6 \times \left(\frac{90}{3.6}\right)^2 = 30$ (μ_a : 공기저항계수, A : 투영면적, V : 속도)

24 차동 제한 차동장치(LSD : Limited Slip Differential)의 특징으로 틀린 것은?

① 급선회 시 주행 안전성을 향상시킨다.
② 좌, 우 바퀴에 토크를 알맞게 분배하여 직진안정성이 향상된다.
③ 요철 노면에서 가속, 직진 성능에 향상되어 후부 흔들림을 방지할 수 있다.
④ 구동 바퀴의 미끄러짐 현상을 단속하나 타이어의 수명이 단축된다.

풀이 차동제한장치의 특징
  • 미끄러운 노면에서 출발이 용이하다(구동력 증대).
  • 미끄럼이 방지되어서 타이어의 수명을 연장하는 것이 가능하다.
  • 고속, 급가속, 급발진시에도 차량 안전성이 유지된다.
  • 요철노면 주행시 후부의 흔들림(fish tail motion) 방지한다.
  • 진흙길과 웅덩이 등에 빠졌을 때 탈출이 가능하다.
  • 경사로에서의 주, 정차가 쉽다.
  • 어떠한 상황에서도 정확한 조향휠 조작이 가능하다.
  • 구동륜의 슬립이 적어 타이어수명이 연장된다.

25 자동차 동력전달계통의 이음 중 구동축과 회전축의 경사각이 30° 이상에서 동력전달이 가능한 이음은?

① 버필드 이음   ② 슬립 이음   ③ 플렉시블 이음   ④ 십자형 자재이음

풀이 버필드형 : 버필드형은 제파형을 개량하여 만들었으며, 외륜의 안쪽면과 내륜의 바깥면은 중심이 같은 구형으로 되어 있고, 그 사이에 리테이너를 끼워 결합되어 있다. 볼의 홈은 조인트가 각도를 이룬 경우에는 홈의 모양과 리테이너에 의해 볼을 일정한 위치에 유지하도록 되어 있다. 구조가 간단하고 용량이 크기 때문에 앞바퀴 구동차에서 많이 사용한다.

26 수동변속기 차량에서 주행 중 기어 변속 시 충돌음이 발생하는 원인으로 거리가 먼 것은?

① 변속기 내부 베어링 불량
② 싱크로자이저 링의 불량
③ 내부기어와 허브 불량
④ 클러치 유격의 과소

풀이 클러치 페달의 자유간극(유격) : 릴리스 베어링이 릴리스 레버(다이어프램 스프링)에 닿을 때까지 움직인 거리
- 자유간극이 적을 때 ; 클러치 미끄러짐이 일어난다.
- 자유간극이 클 때 : 기어 변속시 동력차단이 잘 안되어 소음이 일어난다.

27 엔진 회전수가 2000rpm으로 주행 중인 자동차에서 수동변속기의 감속비가 0.8이고 차동장치 구동피니언의 잇수가 6, 링기어의 잇수가 30일 때, 왼쪽바퀴가 600rpm으로 회전한다면 오른쪽 바퀴의 회전속도는?

① 400rpm
② 600rpm
③ 1000rpm
④ 2000rpm

풀이 총감속비

변속비 × 종감속비 = $0.8 \times \frac{30}{6} = 4$

∴ 바퀴회전수 = $\frac{2000}{4}$ = 500rpm

그런데, 왼쪽 바퀴가 600rpm으로 회전하므로 오른쪽 바퀴는 400rpm이다.

28 브레이크 드럼의 지름은 25cm, 마찰계수가 0.28인 상태에서 브레이크 슈가 76kgf의 힘으로 브레이크 드럼을 밀착하면 브레이크 토크는 약 얼마인가?

① 1.24kgf · m
② 2.17kgf · m
③ 2.66kgf · m
④ 8.22kgf · m

풀이 $T_b = \mu \text{Pr} = 0.28 \times 76 \times \frac{0.25}{2} = 2.66$
- μ : 마찰계수
- P : 드럼에 작용하는 힘
- r : 드럼의 반지름

29 댐퍼 클러치 제어와 관련 없는 것은?

① 스로틀 포지션 센서
② 펄스제너레이터-B
③ 오일온도 센서
④ 노크센서

풀이 댐퍼클러치 비작동 조건
- 브레이크가 작동될 때
- 1속 및 후진할 때
- 냉각수온도가 50℃ 이하일 때
- ATF의 온도가 65℃ 이하일 때
- 기관 회전수가 800rpm 이하일 때
- 기관 회전수가 2000rpm 이하에서 스로틀밸브 열림이 클 때
- 가속 및 감속할 때

30 전동식 전자제어 동력조향장치의 설명으로 틀린 것은?

① 속도감응형 파워 스티어링의 기능 구현이 가능하다.
② 파워스티어링 펌프의 성능 개선으로 핸들이 가벼워진다.
③ 오일 누유 및 오일 교환이 필요없는 친환경 시스템이다.
④ 기관의 부하가 감소되어 연비가 향상된다.

풀이 MDPS 특징
- 차량 무게 감소와 동력 손실방지로 연비 향상(3~5%), 유지비가 적게 든다.
- 오일 삭제로 누유가 없어 환경 친화적이다.
- 부품수 감소로 경량화 실현과 조립성 향상을 실현하였다.
- 차량 속도별 정확한 조작력 제어가 가능하여 조향성능이 향상되었다.

31 타이어 압력 모니터링 장치(TPMS)에 대한 설명 중 틀린 것은?

① 타이어의 내구성 향상과 안전 운행에 도움이 된다.
② 휠 밸런스를 고려하여 타이어압력센서가 장착되어 있다.
③ 타이어의 압력과 온도를 감지하여 저압 시 경고등을 점등한다.
④ 가혹한 노면 주행이 가능하도록 타이어 압력을 조절한다.

풀이 TPMS는 타이어 압력을 주기적으로 확인하여 공기압이 변화되어 시스템에서 정한 범위(규정압력의 ±10~15%)를 초과하면 타이어 공기압력에 이상이 있다는 것을 운전자에게 알려 안전운전을 도모하는 장치이다.

32 ABS(Anti-lock Brake System) 경고등이 점등되는 조건이 아닌 것은?

① ABS 작동 시   ② ABS 이상 시
③ 자기 진단 중   ④ 휠 스피드 센서 불량 시

풀이 ABS(Anti-Lock Brake System)
눈길, 빗길과 같이 미끄러지기 쉬운 노면에서 제동시 차륜의 잠김에 의한 슬립을 방지하고 제동시 방향 안정성 및 조종성 확보, 제동거리 단축 등을 수행하는 예방안전시스템이다.

33 ABS(Anti-lock Brake System), TCS(Traction Control System)에 대한 설명으로 틀린 것은?

① ABS는 브레이크 작동 중 조향이 가능하다.
② TCS는 주행 중 브레이크 제동 상태에서만 작동한다.
③ ABS는 급제동 시 타이어 록(lock) 방지를 위해 작동한다.
④ TCS는 주로 노면과의 마찰력이 적을 때 작동 할 수 있다.

풀이 구동력 조절 장치(TCS : Traction Control System)
미끄러지기 쉬운 노면에서 차량을 출발하거나 가속할 때 과잉의 구동력(슬립율 : 15~20% 정도에서 최대)이 발생하여 타이어가 공회전하지 않도록 차량의 구동력을 제어하는 장치이다.

34 공기식 현가장치에서 벨로즈형 공기 스프링 내부의 압력 변화를 완화하여 스프링 작용을 유연하게 해주는 것은?

① 언로드 밸브
② 레벨링 밸브
③ 서지 탱크
④ 공기 압축기

풀이 공기식 현가장치
- 공기의 압축 탄성을 이용하여 완충 작용을 하며 작은 진동 흡수율이 크고 유연한 탄성을 얻을 수 있어 장거리 대형 차량에 사용된다.
- 구성 부품
  - 공기 압축기 : 엔진 회전 속도의 1/2로 구동되어 공기를 압축시키는 역할
  - 언로더 밸브 : 공기 압축기의 흡입 밸브에 설치되어 공기 탱크 내의 압력이 8.5kgf/cm²에 이르면 압축 작용을 정지시킨다.
  - 압력 조정기 : 공기 탱크 내의 압력을 5~7kgf/cm²로 유지시키는 역할을 한다.
  - 공기 드라이어 : 압축 공기 중에 포함되어 있는 수증기를 제거하여 압축 공기 탱크로 공급하는 역할
  - 압축 공기 탱크 : 공기 탱크는 프레임의 사이드 멤버에 설치되어 압축 공기를 저장하는 역할을 한다.
  - 안전 밸브 : 탱크 내의 압력이 7.0~8.5kgf/cm²로 유지시키고 탱크의 압축 공기를 대기 중으로 배출시켜 규정 압력 이상으로 상승되는 것을 방지한다.
  - 레벨링 밸브 : 하중의 변화에 의해 공기 스프링 내의 공기 압력을 증감시켜 차고를 일정하게 유지시키는 역할을 한다.
  - 서지 탱크 : 공기 스프링 내부의 압력 변화를 완화시켜 스프링 작용을 유연하게 한다.
  - 공기 스프링 : 액슬 하우징과 프레임 사이에 설치되어 진동 및 충격을 완화시킨다.

35 오버 드라이브(Over Drive) 장치에 대한 설명으로 틀린 것은?

① 기관의 여유출력을 이용하였기 때문에 기관의 회전속도를 약 30% 정도 낮추어도 그 주행 속도를 유지할 수 있다.
② 자동변속기에서도 오버 드라이브가 있어 운전자의 의지(주행속도, TPS개도량)에 따라 그 기능을 발휘하게 된다.
③ 속도가 증가하기 때문에 윤활유의 소비가 많고 연료 소비가 증가한다.
④ 기관의 수명이 향상되고 또한 운전이 정숙하게 되어 승차감도 향상된다.

풀이 오버드라이브 장치
- 기관의 출력이 남을 때 감속비를 1 이하(0.65~0.85)로 하여 입력축의 속도보다 출력축의 속도를 증속시킨다.
- 기관의 회전속도를 30% 정도 낮출 수 있다.
- 연료및 오일의 소모 감소
- 정숙운전 및 기관 수명 연장

36 전자제어 현가장치(ECS)의 감쇠력 제어를 위해 입력되는 신호가 아닌 것은?

① G센서
② 스로틀 포지션센서
③ ECS 모드 선택 스위치
④ ECS 모드 표시등

37 조향장치에 대한 설명으로 틀린 것은?

① 고속 주행시에도 조향핸들이 안정될 것
② 조작이 용이하고 방향전환이 원활하게 이루어질 것
③ 회전반경을 가능한 크게 하여 전복을 방지할 것
④ 노면으로부터 충격이나 원심력 등의 영향을 받지 않을 것

풀이 조향장치 구비조건
- 핸들과 바퀴의 선회차가 크지 않아야 한다.
- 노면의 충격이 핸들에 전달 되지 않도록 한다.
- 선회시 저항이 적고 선회후에 복원성이 있어야 한다.
- 고속 주행에는 핸들이 안정되고 저속 주행시는 가벼워야 한다.
- 조향휠의 조작력과 바퀴의 조향각도가 적절해야 한다.

38 드럼 브레이크와 비교한 디스크 브레이크의 특성이 아닌 것은?

① 디스크에 물이 묻어도 제동력의 회복이 빠르다.
② 부품의 평형이 좋고, 편제동 되는 경우가 거의 없다.
③ 고속에서 반복적으로 사용하여도 제동력의 변화가 적다.
④ 디스크가 대기 중에 노출되어 방열성은 좋으나, 제동 안정성이 떨어진다.

풀이 디스크식 브레이크의 장단점
- 디스크가 대기중에 노출되어 방열 작용이 좋다.
- 좌·우바퀴의 제동력이 안정되어 편제동이 적다.
- 열 변형이 없어 페달 밟는 거리의 변화가 적다.
- 이물질이 묻어도 디스크로부터 이탈이 용이하다.
- 페이드현상이 방지되어 제동성능이 안정된다.
- 마찰면적이 적으므로 패드를 미는 힘이 커야 한다.
- 패드의 내마멸성이 매우 큰 재료를 사용해야 한다.
- 패드 마모가 드럼식보다 빠르고 구조상 가격이 비싸다.

39 전자제어 파워스티어링 제어방식이 아닌 것은?

① 유량 제어식
② 유압 반력 제어식
③ 유온 반응 제어식
④ 실린더 바이패스 제어식

풀이 EPS의 종류
- 속도 감응 방식(유량 제어 방식) : 솔레노이드 밸브나 전동기를 주행속도와 기타 조향력에 필요한 정보에 의해 작동하여 고속과 저속 모드에 필요한 유량을 제어하는 방식이다.
- 실린더 바이패스 제어방식 : 조향기어박스에 실린더 양쪽을 연결하는 바이패스 밸브와 통로를 두고 주행속도의 상승에 따라 바이패스 밸브의 면적을 확대하여 실린더 작용 압력을 감소시켜 조향력을 제어하는 방식이다. 바이패스 밸브와 바이패스 통로를 조향기어박스에 설치해야 하므로 가격이 비싸다.
- 유압 반력 제어방식 : 동력 조향장치의 밸브 부분에 유압 반력 제어기구를 두고 유압 반력 제어밸브에 의해 주행속도의 상승에 따라 유압 반력실에 도입하는 반력 압력을 증가시켜 반력기구의 강성을 가변 제어하여 직접적으로 조향력을 제어하는 방식이다. 급조향할 때 응답 지연이 없는 특징이 있다.
- 밸브 특성 제어방식 : 기존의 동력 조향장치에서는 특정 밸브의 특성과 반력 특성과의 조합으로 차량의 차원에 적절한 조향력을 설정하고 있는데 이 밸브의 특성을 가변으로 하여 조향력을 제어한다. 펌프에서 공급되는 유량을 손실 없이 실린더에 작용하는 압력으로 변환할 수 있어 급조향을 할 때 응답성이 좋은 차속 감응 방식을 구성할 수 있고 제어 밸브의 구조가 비교적 간단해 진다.

40 타이어의 각부 구조 명칭을 설명한 것으로 틀린 것은?

① 트래드 : 타이어가 노면과 접촉하는 부분의 고무층을 말한다.
② 사이드 월 : 타이어의 옆 부분으로 트래드와 비드간의 고무층을 말한다.
③ 카커스 : 휠의 림 부분에 접촉하는 부분으로 내부에 피아노선이 원둘레방향으로 있다.
④ 브레이커 : 트레드와 카커스를 접합부로 트레드와 카커스가 떨어지는 것을 방지하고 노면에서의 충격을 완화한다.

풀이 타이어의 구조
- 트레드부 : 타이어가 노면과 접촉하는 부분의 두꺼운 고무층을 말하며 노면과 미끄러짐을 방지하고 방열을 위한 홈(트레드 패턴)이 파여 있다.
- 벨트 : 주행 시 외부로부터 받는 충격을 완화하고 트레드의 갈라짐이나 외상이 직접 카커스에 도달하는 것을 방지한다. 또한 노면에 닿는 트레드 부위를 넓게 하여 주행안정성을 높이는 역할을 한다.
- 숄더부 : 트레드부와 사이드월 사이에 위치하고 주행 중 내부에서 발생하는 열을 쉽게 발산시킬 수 있도록 설계되어 있다.
- 사이드월부 : 타이어의 숄더부와 비드부 사이에 해당하는 부분으로서 카커스를 보호하고 유연한 굴신운동을 함으로써 승차감을 좋게 한다. 이 부분에는 타이어의 종류, 규격, 구조, 패턴, 제조회사, 상표명 등 여러 가지 문자가 표시되어 있다.
- 카커스 : 타이어에 있어 골격이 되는 중요한 부분으로 타이어 코드지로 된 포층 전체를 카커스라고 한다. 카커스는 타이어 내부의 공기압 및 하중, 충격에 견디는 역할을 한다.
- 비드부 : 코드지의 끝부분을 감아주며 타이어를 림에 장착시키는 역할을 하고 비드와이어, 코어 등으로 구성되어 있다. 일반적으로 이것은 내부에 비드선(bead wire)이 원둘레 방향으로 몇 가닥 들어 있어 림에 대해 약간의 죄임을 주어 주행타이어의 공기압이 급격히 감소될 경우에도 타이어가 림에서 빠지지 않도록 설계되어 있다.
- 이너라이너 : 튜브 대신 타이어 안쪽에 위치하고 있는 것으로서 공기 누출을 방지하는 역할을 한다.

자동차 전기·전자장치정비

41 기동전동기의 전기자 코일에 항상 일정한 방향으로 전류가 흐르도록 하는 것은?

① 슬립링　　　② 정류자　　　③ 변압기　　　④ 로터

풀이 전동기부의 구성
- 전기자(armature) 코일 : 회전력을 발생하며 축, 철심, 전기자 코일, 정류자로 구성
  - 철심 : 전기자 코일 유지하며 계자에서 발생한 자력선을 통과시키는 자기회로 역할을 한다.
  - 정류자 : 브러시에서 오는 전류를 한 방향으로 흐르게 한다(운모의 언더컷 : 0.5~0.8mm(한계 : 0.2mm)).
- 계자코일 : 철심에 감겨져 자속을 발생시키며 그 자력은 전기자 전류에 의해 좌우 된다. 큰 전류가 흐르므로 평각 동선이 사용된다.
  - 계자 철심 : 계자코일이 감겨 있으며 전류가 흐르면 전자석이 된다.
  - 계철 : 철강재를 둥글게 만든 통이며 자기의 통로가 되고 계자철심을 지지한다.
- 브러시 : 정류자를 통해 전기자 코일에 전류를 공급한다(금속 흑연계).

42 에어백 시스템의 부품 중 고장 시 경고등이 점등되지 않는 것은?

① 에어백 모듈　　　② 충돌 감지 센서　　　③ 클록 스프링　　　④ 디퓨져 스크린

풀이 디퓨저 스크린은 인플레이터 내부에 있으며 연소가스의 이물질 제거 필터 외에도 가스온도의 냉각, 가스음을 저감하는 역할을 한다.

43 전조등 검사 시 좌측 전조등 주광축의 좌·우측 진촉은?

① 좌 30cm 이내, 우 30cm 이내 ② 좌 15cm 이내, 우 15cm 이내
③ 좌 15cm 이내, 우 30cm 이내 ④ 좌 30cm 이내, 우 15cm 이내

44 전조등 자동제어 시스템이 갖추어야 할 조건으로 틀린 것은?

① 차고 높이에 따라 전조등 높이를 제어한다.
② 어느 정도 빛이 확산하여 주위의 상태를 파악할 수 있어야 한다.
③ 승차인원이나 적재 하중에 따라 전조등의 조사방향을 좌우로 제어한다.
④ 교행 할 때 맞은 편에서 오는 차를 누부시게 하여 운전의 방해가 되어서는 안된다.

풀이 승차인원이나 하중에 따라 전도등의 광축이 상·하로 조절되어야 한다.

45 이모빌라이저 시스템에 대한 설명으로 틀린 것은?

① 자동차의 도난을 방지할 수 있다.
② 키 등록(이모빌라이저 등록)을 해야만 시동을 걸 수 있다.
③ 차량에 등록된 인증키가 아니어도 점화 및 연료에 공급은 된다.
④ 차량에 입력된 암호와 트랜스폰더에 입력된 암호가 일치해야 한다.

풀이 엔진 ECU는 이모빌라이저 유니트에서 전송된 데이터를 읽고 판독하여 암호일 경우에만 시동이 가능하도록 하고 해당 차량의 고유 정품키가 아니면 엔진의 연료공급을 차단하여 시동이 걸리지 않도록 하는 기능을 한다.

46 다음 회로에서 2개의 저항을 통과하여 흐르는 전류는 A, B, C 각 점에서 어떻게 나타나는가?

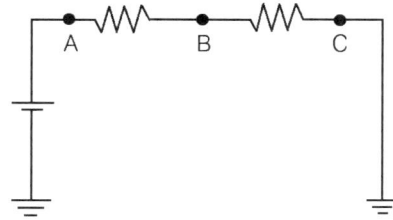

① A, B, C점의 전류는 모두 같다.
② B에서 가장 전류가 크고 A, C는 같다.
③ A에서 가장 전류가 작고 B, C로 갈수록 전류가 커진다.
④ A에서 가장 전류가 크고 B, C로 갈수록 전류가 작아진다.

풀이 키르히호프 제1법칙(전류의 법칙) : 회로 내의 어떤 한 점에 유입된 전류의 총합과 유출된 전류의 총합은 같다. 그러므로 직렬회로에서 흐르는 전류는 어느 지점에서 측정하여도 일정하다.

47. 병렬형(Parallel) TMED(Transmission Mounted Electric Device)방식의 하이브리드 자동차의 HSG(Hybrid Starter Generator)에 대한 설명 중 틀린 것은?

① 엔진 시동 기능과 발전 기능을 수행한다.
② 감속 시 발생되는 운동에너지를 전기에너지로 전환하여 배터리를 충전한다.
③ EV 모드에서 HEV(Hybrid Electric Vehicle)모드로 전환 시 엔진을 시동한다.
④ 소프트 랜딩(Soft Landing)제어로 시동 ON 시 엔진 진동을 최소화하기 위해 엔진 회전수를 제어한다.

풀이 하이브리드 스타터-제네레이터(HSG : Hybrid Starter-Generator)이다. 스타터-제네레이터는 전기 모터만 사용하는 전기차 모드와 엔진과 모터가 함께 동력을 발생시키는 하이브리드 모드로 전환할 때 엔진을 시동하고 발전을 하는 기능을 수행한다.
• 차량 운행중 필요에 따라 엔진의 시동을 부드럽게 걸어 주는 기능(소프트 스타팅)
• 엔진 정지 시 덜컹거리는 진동을 완화시키는 기능(소프트 랜딩)
• 배터리의 충전량 저하시 엔진의구동력을 받아 발전을 하여 배터리를 충전하는 기능
• 엔진을 구동축과 연결해 주는 클러치 결합시 엔진회전수와 구동축 속도를 같게 하는 기능

48. 점화플러그 종류 중 저항 플러그의 가장 큰 특징은?

① 불꽃이 강하다.
② 고속 엔진에 적합하다.
③ 라디오의 잡음을 방지한다.
④ 플러그의 열 방출이 우수하다.

풀이 저항플러그 : 중심전극에 10kΩ 정도의 저항을 넣은 것으로 고주파 발생을 억제하여 라디오나 통신기기의 소음을 방지한다.

49. 도난방지장치에서 리모콘으로 록(Lock)버튼을 눌렀을 때 문은 잠기지만 경계상태로 진입하지 못하는 현상이 발생한다면 그 원인으로 가장 거리가 먼 것은 무엇인가?

① 후드 스위치 불량
② 트렁크 스위치 불량
③ 파워윈도우 스위치 불량
④ 운전석 도어 스위치 불량

풀이 경계상태 돌입 조건
• 후드 스위치
• 도어액츄에이터 스위치
• 키 스위치
• 도어 스위치
• 트렁크 스위치
• 리모콘 신호

50 운행 자동차의 전조등 시험기 측정 시 광도 및 광축을 확인하는 방법으로 틀린 것은?

① 타이어 공기압을 표준공기압으로 한다.
② 광축 측정 시 엔진 공회전 상태로 한다.
③ 적차 상태로 서서히 진입하면서 측정한다.
④ 4등식 전조등의 경우 측정하지 않는 등화는 발산하는 빛을 차단한 상태로 한다.

> **풀이** 전조등 시험준비 사항(스크린식)
> • 타이어 공기 압력을 규정 압력으로 한다.
> • 엔진은 공회전 상태를 유지하고 측정하지 않는 등화는 빛을 차단한다.
> • 시험기가 수평인지를 수준기로 확인한다.
> • 전조등의 이상 유·무를 점검한 후 운전자 1인 승차한다.
> • 차량을 시험기와 직각으로 하고 시험기와 전조등이 3m(집광식 : 1m) 되게 진입시킨다.
> • 시험기 좌·우 다이얼 및 상·하 다이얼 "0"으로 돌린다.

51 2개의 코일 간의 상호 인덕턴스가 0.8H일 때 한 쪽 코일의 전류가 0.01초 만에 4A에서 1A로 동일하게 변화하면 다른 쪽 코일에는 얼마의 기전력이 유도되는가?

① 100V   ② 240V   ③ 300V   ④ 320

> **풀이** 상호유도 : 두 개의 코일 중에 하나의 코일에 전류를 변화시키면 다른 코일에 기전력이 유도된다.
> $$V = M\frac{\Delta I}{\Delta t} = 0.8 \times \frac{(4-1)}{0.01} = 240 \text{(M : 상호유도 인덕턴스)}$$

52 자동차의 검사에서 전기장치의 검사 기준 및 방법에 해당되지 않는 것은?

① 전기배선의 손상여부를 확인한다.
② 배터리의 설치상태를 확인한다.
③ 배터리의 접속·절연상태를 확인한다.
④ 전기선의 허용 전류량을 측정한다.

> **풀이** 자동차의 전기장치는 다음 각호의 기준에 적합하여야 한다.
> • 자동차의 전기배선은 모두 절연물질로 덮어 씌우고, 차체에 고정시킬 것
> • 차실안의 전기단자 및 전기개폐기는 적절히 절연물질로 덮어 씌울 것
> • 축전지는 자동차의 진동 또는 충격등에 의하여 이완되거나 손상되지 아니하도록 고정시키고, 차실안에 설치하는 축전지는 절연물질로 덮어 씌울 것

53 전자력에 대한 설명으로 틀린 것은?

① 전자력은 자계의 세기에 비례한다.
② 전자력은 도체의 길이, 전류의 크기에 비례한다.
③ 전자력은 자계방향과 전류의 방향이 평행일 때 가장 크다.
④ 전류가 흐르는 도체 주위에 자극을 놓았을 때 발생하는 힘이다.

풀이 전자력 : 자장 내의 도체에 전류가 흐를 때 도체에 작용하는 힘을 말한다.
전자력(F) = B · L · I · sin(θ)(N)
- B : 자속밀도
- L : 도체의 유효길이
- I : 도체에 흐르는 전류의 세기
- sin(θ) : 자속과 전류가 이루는 각도(직각일 때 최대)

54 12V 50Ah 배터리에서 100A의 전류로 방전하여 비중 1.220으로 저하될 때까지의 소요시간은?

① 5분
② 10분
③ 20분
④ 30분

풀이 축전지 용량(Ah) = 방전전류(A) × 방전시간(h)
50 = 100 × h에서 h = 0.5시간

55 배터리 용량 시험 시 주의 사항으로 가장 거리가 먼 것은?

① 기름 묻은 손으로 테스터 조작은 피한다.
② 시험은 약 10~15초 이내에 하도록 한다.
③ 전해액이 옷이나 피부에 묻지 않도록 한다.
④ 부하 전류는 축전지 용량의 5배 이상으로 저장하지 않는다.

풀이 부하전류는 배터리 용량의 3배로 15초 이내로 인가한 후 배터리 전압이 9.6V 이하로 떨어지지 않으면 양호하다.

56 증폭률을 크게 하기 위해 트랜지스터 1개의 출력 신호가 다른 트랜지스터 베이스의 입력신호로 사용되는 반도체 소자는 무엇인가?

① 다링톤 트랜지스터
② 포토 트랜지스터
③ 사이리스터
④ FET

풀이 다링톤 트랜지스터 : 2개 이상의 트랜지스터를 연결한 구조로 Tr1의 컬렉터 출력이 Tr2의 베이스에 공급되어 증폭효과를 증대시키는 트랜지스터이다.

57 점화장치에서 점화 1차 회로의 전류를 차단하는 스위치 역할을 하는 것은?

① 점화코일
② 점화플러그
③ 파워TR
④ 다이오드

58
15000cd의 광원으로부터 10m떨어진 위치에서 조도(Lx)는?

① 150
② 500
③ 1000
④ 1500

풀이 조도 = $\dfrac{광도}{거리^2}$ = $\dfrac{15000}{10^2}$ = 150

59
계기판의 유압 경고등 회로에 대한 설명으로 틀린 것은?

① 시동 후 유압스위치 접점은 ON 된다.
② 점화스위치 ON 시 유압 경고등이 점등된다.
③ 시동 후 경고등이 점등되면 오일양 점검이 필요하다.
④ 압력스위치는 오일 펌프로부터 유압에 따라 ON/OFF 된다.

60
에어컨시스템에서 저압측 냉매 압력이 규정보다 낮은 경우의 원인으로 가장 적절한 것은?

① 팽창 밸브가 막힘
② 콘덴서 냉각이 약함
③ 냉매량이 너무 많음
④ 에어컨 시스템 내에 공기 혼입

풀이 저압측 냉매압력이 낮은 경우는 팽창밸브의 막힘이나 냉매부족이 원인일 수 있다. 공기 혼입시 고·저압 모두 높아진다.

[2016년 08월 21일 시행 정답]

01	02	03	04	05	06	07	08	09	10
④	③	①	①	①	①	①	①	④	③
11	12	13	14	15	16	17	18	19	20
①	④	②	①	④	②	①	④	②	③
21	22	23	24	25	26	27	28	29	30
①	③	②	④	①	④	①	③	④	②
31	32	33	34	35	36	37	38	39	40
④	①	②	③	③	④	③	④	③	③
41	42	43	44	45	46	47	48	49	50
②	④	③	③	③	①	④	③	③	③
51	52	53	54	55	56	57	58	59	60
②	④	③	④	④	①	③	①	①	①

2017년 1회
2017년 03월 05일

제5장_ 과목별 기출문제

Chapter 05

자동차 엔진정비

01 전자제어 디젤엔진의 제어모듈(ECU)로 입력되는 요소가 아닌 것은?

① 가속페달의 개도 ② 기관 회전속도 ③ 연료 분사량 ④ 흡기 온도

풀이 연료 분사량은 인젝터를 통하여 제어되는 출력요소에 해당된다.

02 실린더 압축압력시험에 대한 설명으로 틀린 것은?

① 압축압력시험은 엔진을 크랭킹하면서 측정한다.
② 습식시험은 실린더에 엔진오일을 넣은 후 측정한다.
③ 건식시험에서 실린더 압축압력이 규정값 보다 낮게 측정되면 습식시험을 실시한다.
④ 습식시험 결과 압축압력의 변화가 없으면 실린더 벽 및 피스톤 링의 마멸로 판정할 수 있다.

풀이 습식 압축압력 시험결과 압력상승시 실린더간극 및 피스톤링의 마멸상태 점검, 압력변화가 없으면 밸브의 밀착상태를 점검, 또한 인접한 실린더의 압력이 비슷하게 낮으면 헤드가스켓을 점검한다.

03 디젤엔진의 노크 방지법으로 옳은 것은?

① 착화 지연기간이 짧은 연료를 사용한다. ② 분사 초기에 연료 분사량을 증가시킨다.
③ 흡기 온도를 낮춘다. ④ 압축비를 낮춘다.

풀이 디젤 노킹 방지법
- 착화성(세탄가)이 좋은 연료를 사용한다.
- 압축비, 압축압력, 압축온도를 높인다.
- 엔진의 온도와 회전속도를 높인다.
- 분사초기에 분사량을 적게하고 착화지연을 짧게 한다.
- 흡입공기에 와류가 일어나게 한다.

04 수랭식 엔진과 비교한 공랭식 엔진의 장점으로 틀린 것은?

① 구조가 간단하다.
② 냉각수 누수 염려가 없다.
③ 단위 출력당 중량이 무겁다.
④ 정상 작동온도에 도달하는 데 소요되는 시간이 짧다.

334

> **풀이** 공랭식은 기관을 대기와 직접 접촉시켜 냉각시키는 방법으로 냉각수의 보충, 누출, 동결 등의 염려가 없고 구조가 간단하고 취급이 쉬운 장점이 있으나 기후, 운전상태 등에 따라 기관의 온도가 변화하기 쉽고 냉각이 균일하지 못한 단점이 있다.

05 LPG엔진에서 주행 중 사고로 인해 봄베 내의 연료가 급격히 방출되는 것을 방지하는 밸브는?

① 체크 밸브
② 과류방지 밸브
③ 액 · 기상 솔레노이드 밸브
④ 긴급차단 솔레노이드 밸브

> **풀이**
> • 과류방지밸브는 LPI 연료 펌프로 부터 송출되어 엔진으로 공급되는 라인의 급격한 연료 흐름시 흐름을 차단하는 기계적 밸브 장치를 갖춘 체크 밸브이다.
> • 긴급차단 솔레노이드 밸브는 Shut off valve 라고 하며 컨트롤 유니트에 의해 전기적으로 제어되는 밸브로 연료를 2중으로 차단하는 기능을 한다.

06 밸브 스프링의 공진현상을 방지하는 방법으로 틀린 것은?

① 2중 스프링을 사용한다.
② 원뿔형 스프링을 사용한다.
③ 부등 피치 스프링을 사용한다.
④ 사용 중인 스프링보다 피치가 더 큰 스프링을 사용한다.

> **풀이**
> • 밸브 서징 현상이란?
> 캠에 의한 밸브의 개폐회수가 밸브 스프링의 고유 진동수와 같거나 또는 그의 정수 배로 될 경우 밸브 스프링은 캠에 의한 강제진동과 스프링 자체의 고유진동이 공진하여 캠의 작동과는 관계없이 진동을 일으키는 현상이다.
> • 방지책
>   – 이중 스프링 사용
>   – 부등 피치 스프링 사용
>   – 원뿔 스프링 사용

07 운행차 배출가스 정밀검사 무부하 검사방법에서 경유자동차 매연측정방법에 대한 설명으로 틀린 것은?

① 광투과식 매연측정기 시료채취관을 배기관 벽면으로부터 5mm 이상 떨어지도록 설치하고 20cm 정도의 깊이로 삽입한다.
② 배출가스 측정값에 영향을 주거나 측정에 장애를 줄 수 있는 에어콘, 서리제거장치 등 부속장치를 작동하여서는 아니된다.
③ 가속 페달을 밟을 때부터 놓을 때까지의 소요시간은 4초 이내로 하고 이 시간 내에 매연농도를 측정한다.
④ 예열이 충분하지 아니한 경우에는 엔진을 충분히 예열시킨 후 매연농도를 측정하여야 한다.

> **풀이** 광투과식 매연측정기 사용법
> ① 측정대상자동차의 원동기를 중립인 상태(정지가동상태)에서 급가속하여 최고 회전속도 도달 후 2초간 공회전시키고 정지가동(Idle) 상태로 5~6초간 둔다. 이와 같은 과정을 3회 반복 실시한다.
> ② 측정기의 시료채취관을 배기관의 벽면으로부터 5mm 이상 떨어지도록 설치하고 5㎝ 정도의 깊이로 삽입한다.

③ 가속페달에 발을 올려놓고 원동기의 최고회전속도에 도달할 때까지 급속히 밟으면서 시료를 채취한다. 이때 가속페달을 밟을 때부터 놓을 때까지 걸리는 시간은 4초 이내로 한다.
④ 위 ③의 방법으로 3회 연속 측정한 매연농도를 산술 평균하여 소수점 이하는 버린 값을 최종측정치로 한다. 다만, 3회 연속 측정한 매연농도의 최대치와 최소치의 차가 5%를 초과하거나 최종측정치가 배출허용기준에 맞지 아니한 경우에는 순차적으로 1회씩 더 측정하여 최대 10회까지 측정하면서 매회 측정시마다 마지막 3회의 측정치를 산출하여 마지막 3회의 최대치와 최소치의 차가 5% 이내이고 측정치의 산술평균 값도 배출허용기준 이내이면 측정을 마치고 이를 최종측정치로 한다.

08 총 배기량이 160cc인 4행정 기관에서 회전수 1800rpm, 도시평균유효압력이 87kgf/cm²일 때 축마력이 22PS인 기관의 기계효율은 약 몇 %인가?

① 75 ② 79
③ 84 ④ 89

풀이 $IPS = \dfrac{P_i \cdot v \cdot Z \cdot N \cdot R}{75 \times 60} = \dfrac{87 kgf/cm^2 \times 160 cm^3 \times 1800 \times \frac{1}{2}}{4500 \times 100} = 27.8$

P_i : 도시평균 유효압력, v : 배기량, N : 회전수, R : 상수(2행정기관 = 1, 4행정기관 = $\frac{1}{2}$)

∴ 기계효율 = $\dfrac{축마력}{지시마력} \times 100 = \dfrac{22}{27.8} \times 100 = 79.13$

09 자동차용 부동액으로 사용되고 있는 에틸렌글리콜의 특징으로 틀린 것은?

① 팽창계수가 작다.
② 비중은 약 1.11이다.
③ 도료를 침식하지 않는다.
④ 비등점은 약 197℃이다.

풀이 응고점이 -50℃ 정도이며 금속부식성이 있고 열팽창계수가 크다.

10 전자제어 엔진에서 지르코니아 방식 후방산소센서와 전방산소센서의 출력파형이 동일하게 출력된다면, 예상되는 고장 부위는?

① 정상 ② 촉매 컨버터
③ 후방 산소센서 ④ 전방 산소센서

풀이 전방산소센서는 삼원촉매의 정화효율을 높이기 위하여 엔진제어 시스템의 피드백용으로 이용되는데 피드백용 산소센서는 엔진제어 시스템에서 연료량을 조절하기 때문에 사인파의 전압을 나타내는 것이 정상이지만 삼원촉매를 통과한 배기가스에는 산소량의 변화가 아주 작기 때문에 엔진과 삼원촉매가 정상이라면 후방 산소센서에서 출력되는 시그널의 사인파형은 높낮이가 거의 변화되지 않고 전압의 크기도 0.5V 전후에 머물게 된다.

11 디젤엔진의 연료분사량을 측정하였더니 최대분사량이 25cc이고, 최소분사량이 23cc, 평균분사량이 24cc이다. 분사량의 (+)불균율은?

① 약 2.1% ② 약 4.2% ③ 약 8.3% ④ 약 8.7%

풀이 (−)불균율 = $\frac{24-23}{24} \times 100 = 4.166$

(+)불균율 = $\frac{25-24}{24} \times 100 = 4.166$

12 디젤엔진에서 착화지연의 원인으로 틀린 것은?

① 높은 세탄가
② 압축압력 부족
③ 분사노즐의 후적
④ 지나치게 빠른 분사시기

풀이 착화지연 원인
- 차가운 엔진, 많은 열손실
- 연료 품질의 불량(세탄가가 너무 낮음)
- 분사노즐에서의 후적(after dribbling)
- 지나치게 빠른 분사시기
- 압축압력의 부족

13 전자제어 가솔린엔진에서 패스트 아이들 기능에 대한 설명으로 옳은 것은?

① 정차 시 시동 꺼짐 방지
② 연료 계통 내 빙결 방지
③ 냉간 시 웜업 시간 단축
④ 급감속 시 연료 비등 활성

풀이 패스트 아이들 제어 : 공회전에서는 엔진이 회전하기 어렵기 때문에, 스로틀 밸브를 약간 열어서 엔진 회전을 올리고 워밍업 시간을 단축시키는 제어를 말한다.

14 검사유효기간이 1년인 정밀검사 대상 자동차가 아닌 것은?

① 차령이 2년 경과된 사업용 승합자동차
② 차령이 2년 경과된 사업용 승용자동차
③ 차령이 3년 경과된 비사업용 승합자동차
④ 차령이 4년 경과된 비사업용 승합자동차

15 점화순서가 1-3-4-2인 기관에서 2번 실린더가 배기행정이면 1번 실린더의 행정으로 옳은 것은?

① 흡입
② 압축
③ 폭발
④ 배기

16 냉각수 온도 센서의 역할로 틀린 것은?

① 기본 연료 분사량 결정
② 냉각수 온도 계측
③ 연료 분사량 보정
④ 점화시기 보정

풀이 냉각수온센서(water temperature sensor) : CTS.(coolant temperature sensor). 냉각수 온도를 검출(부특성 더미스터)하여 연료 분사량, 점화시기, 공전속도 등을 보정한다. 이상발생시 출력감소, 연료소모량 증가, 유해배기가스의 발생이 증가한다.

17 최적의 점화시기를 의미하는 MBT(Minimum spark advance for Best Torque)에 대한 설명으로 옳은 것은?

① BTDC 약 10°~15° 부근에서 최대 폭발압력이 발생되는 점화시기
② ATDC 약 10°~15° 부근에서 최대 폭발압력이 발생되는 점화시기
③ BBDC 약 10°~15° 부근에서 최대 폭발압력이 발생되는 점화시기
④ ABDC 약 10°~15° 부근에서 최대 폭발압력이 발생되는 점화시기

18 실린더 안지름이 80mm, 행정이 78mm인 기관의 회전속도가 2500rpm일 때 4사이클 4실린더 엔진의 SAE마력은 약 몇 PS인가?

① 9.7
② 10.2
③ 14.1
④ 15.9

풀이 SAE마력 $= \dfrac{M^2 Z}{1613} = \dfrac{D^2 Z}{2.5} = \dfrac{80^2 \times 4}{1613} = 15.87 \fallingdotseq 15.9$

- M : 실린더 내경(mm)
- D : 실린더 내경(inch)
- Z : 실린더 수

19 내연기관의 열역학적 사이클에 대한 설명으로 틀린 것은?

① 정적사이클을 오토사이클이라고도 한다.
② 정압사이클을 디젤사이클이라고도 한다.
③ 복합사이클을 사바테사이클이라고도 한다.
④ 오토, 디젤, 사바테사이클 이외의 사이클은 자동차용 엔진에 적용하지 못한다.

풀이 내연기관용 열역학적 사이클에는 오토사이클, 디젤사이클, 사바테사이클, 밀러사이클, 브레이튼사이클, 줄사이클 등이 있다.

20 전자제어 연료분사장치에서 인젝터 분사시간에 대한 설명으로 틀린 것은?

① 급감속할 경우에 연료분사가 차단되기도 한다.
② 배터리 전압이 낮으면 무효 분사 시간이 길어진다.
③ 급가속할 경우에 순간적으로 분사시간이 길어진다.
④ 지르코니아 산소센서의 전압이 높으면 분사 시간이 길어진다.

풀이 산소센서(지르코니아 타입) : 배기가스 속에 포함된 산소와 대기 중의 산소 농도 차이에 의하여 기전력이 발생한다. 혼합기가 농후하면 약 0.45V 이상, 희박하면 약 0.45V 이하가 출력된다.

자동차 섀시정비

21 적재 차량의 앞축중이 1500kg, 차량 총중량이 3200kg, 타이어 허용하중이 850kg인 앞 타이어의 부하율은 약 몇 %인가?(단, 앞 타이어 2개, 뒷 타이어 2개, 접지폭 13cm)

① 78
② 81
③ 88
④ 91

풀이 허용 하중에 대한 타이어의 하중 부담 비율을 나타낸 것이다.

$$\frac{부하하중}{허용하중} \times 100(\%) = \frac{750}{850} \times 100 = 88.2\%$$

22 앞바퀴 얼라인먼트 검사를 할 때 예비점검사항이 아닌 것은?

① 타이어 상태
② 차축 휨 상태
③ 킹핀 마모 상태
④ 조향핸들 유격 상태

풀이 휠얼라인먼트 점검시 준비사항
- 타이어공기압과 마모상태를 점검
- 휠베어링, 볼조인트, 타이로드엔드 등의 헐거움을 점검
- 쇽업소버 및 현가장치의 쇠약을 점검
- 조향핸들의 유격 및 차축, 프레임의 변형상태를 점검

23 전자제어 제동장치(ABS)에서 페일 세이프(fail safe) 상태가 되면 나타나는 현상은?

① 모듈레이터 모터가 작동된다.
② 모듈레이터 솔레노이드 밸브로 전원을 공급한다.
③ ABS 기능이 작동되지 않아서 주차브레이크가 자동으로 작동된다.
④ ABS 기능이 작동되지 않아도 평상시(일반) 브레이크는 작동된다.

24 전자제어 현가장치 제어모듈의 입·출력 요소가 아닌 것은?

① 차속 센서
② 조향각 센서
③ 휠스피드 센서
④ 가속페달 스위치

풀이 휠스피드 센서는 ABS장치의 입력센서이다.

25 자동차의 휠 얼라인먼트에서 캠버의 역할은?

① 제동 효과 상승
② 조향 바퀴에 동일한 회전수 유도
③ 하중으로 인한 앞차축의 휨 방지
④ 주행 중 조향 바퀴에 방향성 부여

풀이 캠버를 두는 목적
- 바퀴의 하중(차량의 중량) 때문에 아래가 벌어지는 것을 방지한다.
- 킹핀 경사각과 같이 핸들조작을 쉽게하는 작용을 한다.
- 주행중 바퀴가 이탈되는 것을 방지한다.
- 바퀴의 중심선이 안쪽으로 들어가므로 하중이 걸리는 점이 너클스핀들 근원에 가까워지므로 스핀들이나 너클이 구부러지는 힘을 줄인다.

26 브레이크 라이닝 표면이 과열되어 마찰계수가 저하되고 브레이크 효과가 나빠지는 현상은?

① 페이드
② 캐비테이션
③ 언더 스티어링
④ 하이드로 플래닝

풀이 페이드(fade phenomenon) 현상 : 계속적인 브레이크 사용으로 드럼과 슈 또는 디스크와 패드에 마찰열이 축적되어 드럼이나 라이닝이 경화됨에 따라 제동력이 감소되는 현상이다.

27 차체의 롤링을 방지하기 위한 현가부품으로 옳은 것은?

① 로워 암
② 컨트롤 암
③ 쇼크 업소버
④ 스테빌라이저

28 자동변속기 토크 컨버터에서 스테이터의 일방향 클러치가 양방향으로 회전하는 결함이 발생했을 때, 차량에 미치는 현상은?

① 출발이 어렵다.
② 전진이 불가능하다.
③ 후진이 불가능하다.
④ 고속 주행이 불가능하다.

풀이 토크 컨버터 스테이터에 부착된 일방향 클러치가 마모로 인해 작동을 제대로 하지 않을 때는 토크 컨버터의 기능 저하로 토크 증대가 잘 되지 않아 차가 힘이 없거나 고속에서의 출력 저하를 가져올 수 있다.

29 브레이크장치의 프로포셔닝 밸브에 대한 설명으로 옳은 것은?

① 바퀴의 회전속도에 따라 제동시간을 조절한다.
② 바깥 바퀴의 제동력을 높여서 코너링 포스를 줄인다.
③ 급제동 시 앞바퀴보다 뒷바퀴가 먼저 제동되는 것을 방지한다.
④ 선회 시 조향 안정성 확보를 위해 앞바퀴의 제동력을 높여준다.

풀이 프로포셔닝 밸브 : 급제동시 전륜보다 후륜의 제동력을 감소시켜 후륜의 록을 방지한다.

30 전자제어 동력조향장치에 대한 설명으로 틀린 것은?

① 동력조향장치에는 조향기어가 필요없다.
② 공전과 저속에서 조향핸들 조작력이 작다.
③ 솔레노이드 밸브를 통해 오일탱크로 복귀되는 오일량을 제어한다.
④ 중속 이상에서는 차량속도에 감응하여 조향핸들 조작력을 변화시킨다.

31 내경이 40mm인 마스터 실린더에 20N의 힘이 작용했을 때 내경이 60mm인 휠 실린더에 가해지는 제동력은 약 몇 N인가?

① 30 ② 45 ③ 60 ④ 75

풀이 파스칼의 원리에 의해서

$$P_1 = P_2, \quad \frac{F_1}{A_1} = \frac{F_2}{A_2}$$

$$F_2 = F_1 \times \frac{A_2}{A_1} = 20 \times \frac{\frac{\pi 6^2}{4}}{\frac{\pi 4^2}{4}} = 45$$

32 차량주행 중 발생하는 수막현상(하이드로 플래닝)의 방지책으로 틀린 것은?

① 주행속도를 높게 한다.
② 타이어 공기압을 높게 한다.
③ 리브 패턴 타이어를 사용한다.
④ 트레드 마모가 적은 타이어를 사용한다.

풀이 수막 현상을 방지 하는 방법
• 저속으로 주행한다.
• 마모된 타이어를 사용하지 않는다.
• 공기압을 조금 높게 한다.
• 배수 효과가 좋은 타이어를 사용한다(리브형).

33 자동차 제동성능에 영향을 주는 요소가 아닌 것은?

① 여유 동력 ② 제동 초속도 ③ 차량 총중량 ④ 타이어의 미끄럼비

34 전자제어 제동장치인 EBD(electronic brake force distribution) 시스템의 효과로 틀린 것은?

① 적재용량 및 승차인원에 관계없이 일정하게 유압을 제어한다.
② 뒷바퀴의 제동력을 향상시켜 제동거리가 짧아 진다.
③ 프로포셔닝 밸브를 사용하지 않아도 된다.
④ 브레이크 페달을 밟는 힘이 감소된다.

[풀이] 전자식제동력분배장치 : EBD 제어는 제동 시 각바퀴의 속도를 센서로부터 받아 슬립률을 연산하여 뒷바퀴의 슬립률을 앞바퀴보다 항상 작거나 동일하게 뒷바퀴의 제동압력을 제어(기계식 : 프로포셔닝밸브(P밸브)

35 무단변속기(CVT)의 특징으로 틀린 것은?

① 가속성능을 향상시킬 수 있다.
② 연료소비율을 향상시킬 수 있다.
③ 변속에 의한 충격을 감소시킬 수 있다.
④ 일반 자동변속기 대비 연비가 저하된다.

[풀이] 무단변속기의 장점
- 엔진의 출력 활용도가 높다.
- 연료소비율 및 가속성능이 향상된다.
- 변속 충격이 없다.
- 운전자의 성향에 따라 필요한 구동력 구간에서 운전이 가능하다.

36 토크컨버터의 펌프 회전수가 2800rpm이고, 속도비가 0.6, 토크비가 4일 때의 효율은?

① 0.24
② 2.4
③ 0.34
④ 3.4

[풀이]
- 속도비 = 터빈축 회전수/ 펌프축 회전수
- 토크비 = 터빈축 토크/ 펌프축 토크
- 전달효율 = 속도비 · 토크비

37 기관의 동력을 주행 이외의 용도에 사용할 수 있도록 하는 동력인출장치(power take off)로 틀린 것은?

① 윈치 구동장치
② 차동 기어장치
③ 소방차 물펌프 구동장치
④ 덤프트럭 유압펌프 구동장치

[풀이] 차동장치 : 주행 중에 선회하거나, 노면이 울퉁불퉁할 때 좌우 바퀴에 생기는 회전차를 자동적으로 조정하여 원활한 회전을 할 수 있도록 한 장치

38 6속 DCT(double clutch transmission)에 대한 설명으로 옳은 것은?

① 클러치 페달이 없다.
② 변속기 제어모듈이 없다.
③ 동력을 단속하는 클러치가 1개이다.
④ 변속을 위한 클러치 액추에이터가 1개이다.

[풀이] DCT변속기는 듀얼클러치트랜스미션의 약자로 변속기의 클러치가 2개인 구조이며, 변속과정이 매우 빠르고 단절이 거의 없으므로 변속효율이 좋고 미끄럼 손실이 거의 없기에 자동변속기 및 수동변속기보다도 연비가 뛰어나다. 단점으로 클러치 및 액츄에이터 등도 추가되어 비싸며 기계적인 내구성도 상대적으로 좋지 못하다.

39 릴리스 레버 대신 원판의 스프링을 이용하고, 레버 높이를 조정할 필요가 없는 클러치 커버의 종류는?

① 오번 형 ② 이너 레버 형 ③ 다이어프램 형 ④ 아우터 레버 형

40 차량 주행 시 조향핸들이 한쪽으로 쏠리는 원인으로 틀린 것은?

① 조향핸들의 축 방향 유격이 크다.
② 좌·우 타이어의 공기 압력이 서로 다르다.
③ 앞차축 한쪽의 현가 스프링이 절손되었다.
④ 뒷차축이 차의 중심선에 대하여 직각이 아니다.

자동차 전기·전자장치정비

41 다음 회로에서 전류(A)와 소비 전력(W)은?

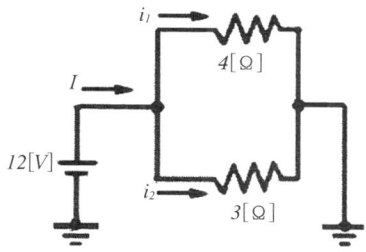

① I = 0.58A, P = 5.8W
② I = 5.8A, P = 58W
③ I = 7A, P = 84W
④ I = 70A, P = 840W

풀이 • 병렬합성저항 = $\dfrac{1}{\frac{1}{4}+\frac{1}{3}} = \dfrac{12}{7}\,\Omega$

• 전류 = $\dfrac{V}{R} = \dfrac{12}{\frac{12}{7}} = 7A$ • 전력 = $V \times I = 12 \times 7 = 84W$

42 자동차 전자제어모듈 통신방식 중 고속 CAN통신에 대한 설명으로 틀린 것은?

① 진단장비로 통신라인의 상태를 점검할 수 있다.
② 차량용 통신으로 적합하나 배선수가 현저하게 많아진다.
③ 제어모듈 간의 정보를 데이터 형태로 전송할 수 있다.
④ 종단 저항값으로 통신라인의 이상 유무를 판단할 수 있다.

풀이 CAN 통신(Controller Area Network)
- CAN통신은 ECU들간의 디지털 직렬통신을 제공하기 위해 1988년 BOSCH사에서 개발된 차량용 통신 시스템이다.
- CAN은 열악한 환경이나 고온, 충격, 진동노이즈가 많은 환경에서도 잘견디기 때문에 차량에 적용이 되고 있다. 또한 다중채널식 통신법이기 때문에 유닛간에 배선 등을 대폭 줄일 수 있다.

43 차량 전기 배선의 색 표기 방법으로 틀린 것은?

① Y - 노랑
② B - 갈색
③ W - 흰색
④ R - 빨강

44 자동차에 사용되는 에어컨 리시버 드라이어의 기능으로 틀린 것은?

① 액체 냉매 저장
② 냉매 압축 송출
③ 냉매의 수분 제거
④ 냉매의 기포 분리

풀이 건조기(receiver-dryer) : 응축기에서 액체상태로 된 냉매는 완전한 액체상태가 아니라 기체와 액체가 섞여있기 때문에 기체상태의 냉매와 액체상태의 냉매를 분리해서 액체만을 팽창밸브를 통과시켜 증발기에 보내는 역할을 한다. 또한 냉매에 수분 및 이물질을 제거하는 역할을 한다.

45 광전소자 레인센서가 적용된 와이퍼 장치에 대한 설명으로 틀린 것은?

① 발광다이오드로부터 초음파를 방출한다.
② 레인센서를 통해 빗물의 양을 감지한다.
③ 발광다이오드와 포토다이오드로 구성된다.
④ 빗물의 양에 따라 알맞은 속도로 와이퍼 모터를 제어한다.

풀이 레인센서 : 비(rain) 감지기능은 유리 대 공기 경계표면에 대한 전반사 원리에 근거를 두고 윈드실드가 깨끗하고 건조할 경우에는 레인센서로 부터 발신된 적외선이 모두 반사되고, 습기나 오염되었을 경우에는 적외선의 일부만 반사되는 원리를 이용한다. 가시광선이 아니므로 인간의 육안으로는 볼 수 없다.

46 방향지시등의 이상 현상에 대한 설명으로 틀린 것은?

① 하나의 램프 단선 시 점멸 주기가 달라질 수 있다.
② 회로의 저항이 클 때 점멸 주기가 달라질 수 있다.
③ 방향지시등 스위치 불량 시 점멸 주기가 달라질 수 있다.
④ 방향지시등 릴레이(플래셔 유닛) 불량 시 모든 방향지시등 작동이 불량하다.

풀이 좌우 점멸횟수가 다르거나 한 쪽만 작동하는 경우
- 좌우 전구의 용량이 다르거나 규정 용량이 아니다.
- 접지가 불량하다.
- 전구 하나가 단선되었다.
- 플래셔유닛과 지시등 사이에 단선이 있다.

47 크랭킹(크랭크축은 회전)은 가능하나 기관이 시동되지 않는 원인으로 틀린 것은?

① 점화장치 불량
② 알터네이터 불량
③ 메인 릴레이 불량
④ 연료펌프 작동 불량

48 자동차 및 자동차부품의 성능과 기준에 관한 규칙에서 자동차 전기장치의 안전기준으로 틀린 것은?

① 차실 안의 전기 단자 및 전기 개폐기는 적절히 절연물질로 덮어 씌워야 한다.
② 자동차의 전기배선은 모두 절연물질로 덮어씌우고, 차체에 고정시켜야 한다.
③ 차실 안에 설치하는 축전지는 여유공간 부족 시 절연물질로 덮지 않아도 무관하다.
④ 축전지는 자동차의 진동 또는 충격 등에 의하여 이완되거나 손상되지 않도록 고정시켜야 한다.

49 충전 불량으로 입고된 차량의 점검 항목으로 틀린 것은?

① 벨트 장력
② 충전 전류
③ 메인 퓨즈블 링크 상태
④ 엔진 구동 시 배터리 비중

50 12V 60Ah 배터리가 방전되어 정전류 충전법으로 보충전하려고 할 때, 표준충전 전류 값은? (단, 배터리는 20시간율 용량이다.)

① 3A
② 6A
③ 9A
④ 12A

> **풀이** 정전류 충전
> 배터리에 충전되어 들어가는 전류를 일정하게 충전하는 방식으로 충전이 진행됨에 따라서 배터리의 전압이 상승한다.
> • 보통 충전법 : 저전류(용량의 10%)로 장시간 충전
> • 급속 충전법 : 고전류(용량의 50%)로 단시간 충전

51 점화장치의 파워 트랜지스터 불량 시 발생하는 고장 현상이 아닌 것은?

① 주행 중 엔진이 정지한다.
② 공전 시 엔진이 정지한다.
③ 엔진 크랭킹이 되지 않는다.
④ 점화 불량으로 시동이 안 걸린다.

52 리모컨으로 도어 잠금 시 도어는 모두 잠기나 경계진입모드가 되지 않는다면 고장 원인은?

① 리모컨 수신기 불량
② 트렁크 및 후드의 열림 스위치 불량
③ 도어 록 · 언록 액추에이터 내부 모터 불량
④ 제어모듈과 수신기 사이의 통신선 접촉 불량

53 배터리 세이버 기능에서 입력신호로 틀린 것은?

① 미등 스위치
② 와이퍼 스위치
③ 운전석 도어 스위치
④ 키 인(key in) 스위치

풀이 미등 자동 소등장치 : 점화스위치를 "ON" 후 미등 스위치를 "ON" 한 경우에, 점화스위치를 "OFF"하고, 운전석 도어 열림 시에 미등램프는 자동적으로 소등하여 배터리방전을 방지하는 기능이다.

54 점화장치에서 드웰시간이란?

① 파워TR 베이스 전원이 인가되어 있는 시간
② 점화2차 코일에 전류가 인가되어 있는 시간
③ 파워TR이 OFF에서 ON이 될 때까지의 시간
④ 스파크플러그에서 불꽃방전이 이루어지는 시간

풀이 드웰시간 : TR의 베이스단자에 ECU가 전원을 인가하여 TR이 도통되며, 따라서 점화1차전류가 흐르는 기간을 말한다.

55 자동차의 전자동에어컨장치에 적용된 센서 중 부특성 저항방식이 아닌 것은?

① 일사량 센서
② 내기온도 센서
③ 외기온도 센서
④ 증발기온도 센서

풀이 일사량센서는 포토다이오드를 사용

56 기동전동기의 전기자 코일과 전기자 철심이 단락되지 않도록 사용하는 절연체가 아닌 것은?

① 운모
② 종이
③ 알루미늄
④ 합성수지

57 반도체의 장점이 아닌 것은?

① 수명이 길다.
② 소형이고 가볍다.
③ 내부 전력 손실이 적다.
④ 온도 상승 시 특성이 좋아진다.

풀이 반도체의 특징
• 소형이고 가볍다.
• 동작시간이 빠르다.
• 열과 고전압에 약하다.
• 전력소비가 적다.
• 기계적으로 강하다.
• 정격값이 초과되면 파괴되기 쉽다.

58 하드 타입 하이브리드 구동모터의 주요 기능으로 틀린 것은?

① 출발 시 전기모드 주행
② 가속 시 구동력 증대
③ 감속 시 배터리 충전
④ 변속 시 동력 차단

풀이 하이브리드자동차의 모터의 경우 AC(교류)로 수백볼트 정도의 고전압으로 동작하는 고출력 영구자석형 동기모터(PMSM)로 엔진 시동(이그니션 키 & 아이들 스탑 해제 시 재 시동) 제어와 발진 및 가속 시 엔진의 동력을 보조하는 기능을 한다.

59 자동차 검사기준 및 방법에서 전조등 검사에 관한 사항으로 틀린 것은?

① 전조등의 변환빔을 측정하여야 한다.
② 공차상태에서 운전자 1인이 승차하여 검사를 시행한다.
③ 전조등시험기로 전조등의 광도와 주광축의 진폭을 측정한다.
④ 긴급자동차 등 부득이한 사유가 있는 경우에는 적차상태에서 검사를 시행할 수 있다.

풀이 전조등검사는 주행빔 상태에서 실시한다.

60 점화플러그의 구비조건으로 틀린 것은?

① 내열성이 작아야 한다.
② 열전도성이 좋아야 한다.
③ 기밀이 잘 유지되어야 한다.
④ 전기적 절연성이 좋아야 한다.

풀이 점화플러그의 구비조건
• 급격한 온도변화에 견딜 것
• 고전압에 대한 충분한 절연성이 좋을 것
• 내구성이 좋을 것
• 기계적 강도가 클 것
• 고온 고압에서 기밀을 유지할 것
• 사용조건에 따라 오염, 과열, 소손 등에 견딜 것

[2017년 03월 05일 시행 정답]

01	02	03	04	05	06	07	08	09	10
③	④	①	③	②	④	①	②	①	②
11	12	13	14	15	16	17	18	19	20
②	①	③	④	③	①	②	④	④	④
21	22	23	24	25	26	27	28	29	30
③	③	④	③	③	①	④	①	③	①
31	32	33	34	35	36	37	38	39	40
②	①	①	①	④	②	②	①	③	①
41	42	43	44	45	46	47	48	49	50
③	②	②	②	①	③	②	③	④	②
51	52	53	54	55	56	57	58	59	60
③	②	②	①	①	③	④	④	①	①

2017년 2회
2017년 05월 07일

제5장_ 과목별 기출문제

Chapter **05**

자동차 엔진정비

01 전자제어 가솔린엔진의 지르코니아 산소센서에서 약 0.1V 정도로 출력 값이 고정되어 발생되는 원인으로 틀린 것은?

① 인젝터의 막힘
② 연료 압력의 과대
③ 연료 공급량 부족
④ 흡입공기의 과다유입

풀이 산소센서(지르코니아 타입) : 배기가스 속에 포함된 산소와 대기 중의 산소 농도 차이에 의하여 기전력이 발생한다. 혼합기가 농후하면 약 0.45V 이상, 희박하면 약 0.45V 이하가 출력된다.

02 자동차 배기가스 중에서 질소산화물을 산소, 질소로 환원시켜 주는 배기장치는?

① 블로바이가스 제어장치
② 배기가스 재순환장치
③ 증발가스 제어장치
④ 삼원촉매장치

풀이 삼원촉매장치 : 배기파이프에 설치되어 배기가스 중의 유해물질(CO, HC, NOx)을 산화반응과 환원반응에 의해 유해물질 수준을 낮추고 무해한 가스로 변환 시키는 역할을 한다.

03 운행차 배출가스 검사에 사용되는 매연측정기에 대한 설명으로 틀린 것은?

① 측정기는 형식승인된 기기로서 최근 1년 이내에 정도검사를 필한 것이어야 한다.
② 안정된 전원에 연결 후 충분히 예열하여 안정화 시킨 후 조작한다.
③ 채취부 및 연결호스 내에 축적되어 있는 매연은 제거하여야 한다.
④ 자동차 엔진이 가동된 상태에서 영점조정을 하여야 한다.

04 가솔린 연료 200cc를 완전 연소시키기 위한 공기량은 약 몇 kg인가?(단, 공기와 연료의 혼합비는 15:1, 가솔린의 비중은 0.73이다.)

① 2.19
② 5.19
③ 8.19
④ 11.19

풀이 질량 = 비중 × 체적 = 0.73 × 200 = 146g
∴ 146 × 15 = 2190g = 2.19kg

05 엔진의 흡·배기 밸브의 간극이 작을 때 일어나는 현상으로 틀린 것은?

① 블로바이로 인해 엔진 출력이 증가한다.
② 흡입 밸브 간극이 작으면 역화가 일어난다.
③ 배기 밸브 간극이 작으면 후화가 일어난다.
④ 일찍 열리고 늦게 닫혀 밸브 열림 기간이 길어진다.

풀이 블로바이 현상 : 실린더와 피스톤 사이로 압축 또는 폭발 가스가 크랭크 케이스로 새어나가는 현상이다.

06 연료소비율이 200g/PS·h인 가솔린엔진의 제동 열효율은 약 몇 %인가? (단, 가솔린의 저위발열량은 10200kcal/kg이다.)

① 11 ② 21 ③ 31 ④ 41

풀이 $\eta = \dfrac{\text{실제 일로 변한 열에너지}}{\text{기관에 공급된 열에너지}} \times 100 = \dfrac{632.3}{B_e \times C} \times 100 = \dfrac{632.3}{0.2 \times 10200} \times 1000 = 30.99 ≒ 31\%$

(C : 연료의 저위발열량(kcal/kgf), B_e : 제동 연료소비율(kgf/PS·h))

07 가솔린엔진의 연료압력이 규정 값 보다 낮게 측정 되는 원인으로 틀린 것은?

① 연료펌프 불량
② 연료필터 막힘
③ 연료공급파이프 누설
④ 연료압력조절기 진공호스 누설

풀이 연료압력조절기의 리턴구멍이 정상적으로 열리지 않아 연료압력이 상승한다.

08 구멍형 노즐을 사용하는 디젤엔진에서 분사노즐의 구비 조건으로 틀린 것은?

① 후적이 일어나지 않을 것
② 낮은 연료압력에서는 분사를 차단할 것
③ 연소실의 구석까지 분무할 수 있을 것
④ 연료를 미세한 안개 모양으로 분무할 것

풀이 연료분사조건
- 미립화(무화) : 연소실에 분사되는 연료는 작을수록 자기착화가 쉽다.
- 관통력 : 분사된 연료가 전체적으로 분포되기 위해서는 관통력이 좋아야 한다.
- 분포성 : 연소실에 분사된 연료는 골고루 분포되어야 완전연소가 이루어진다.
- 후적 : 분사 후 노즐에 남거나 새어나오는 연료방울이 없어야 한다.

09 가솔린 연료와 비교한 LPG 연료의 특징으로 틀린 것은?

① 옥탄가가 높다.
② 노킹 발생이 많다.
③ 프로판과 부탄이 주성분이다.
④ 배기가스의 일산화탄소 함유량이 적다.

[풀이] LPG 기관의 장단점
- 장점
  - 경제성이 좋다.
  - 연소효율이 좋으며 엔진이 정숙하다.
  - 유황성분이 적어 연소 후 각 부품에 손상이 적다.
  - Percolation 이나 Vapor Lock 현상이 없다.
  - 옥탄가가 높아 노크가 잘 일어나지 않는다.
  - 대기오염이 적고 위생적이다.
  - 증기압을 이용하므로 연료펌프가 필요 없다.
  - 엔진오일의 수명이 길다.
  - 연소실에 카본 부착이 적어 점화 플러그의 수명이 길다.
- 단점
  - 트렁크 사용공간이 협소해진다.
  - 연료의 취급과 공급절차가 복잡하다.
  - Bombe가 고압용기이기 때문에 정기검사가 필요하다.
  - 가솔린에 비하여 출력이 떨어진다.
  - 겨울철 시동이 곤란하다.(기체연료 사용)
  - Vaporizer내에 Tar 제거와 같은 정비가 필요하다.

10 전자제어 연료분사 장치에서 인젝터 분사시간에 대한 설명으로 틀린 것은?

① 급가속 시 순간적으로 분사시간이 길어진다.
② 급감속 시 순간적으로 분사가 차단되기도 한다.
③ 배터리 전압이 낮으면 무효 분사기간이 짧아 진다.
④ 지르코니아 산소센서의 전압이 높으면 분사시간이 짧아진다.

[풀이] 인젝터 : 엔진 컴퓨터에 의해 제어되는 솔레노이드를 가진 분사노즐이다. 연료분사압력, 노즐의 직경이 일정하므로 엔진 컴퓨터는 각종 센서의 신호를 종합하여 연료분사시간을 결정하여 솔레노이드에 전류를 공급하여 인젝터의 니들밸브가 개방되어 연료는 분사된다. 이때 배터리의 전압이 낮으면 솔레노이드의 작동이 늦어져 무효분사시간이 늘어난다.

11 전자제어 엔진에서 혼합기의 농후, 희박 상태를 감지하여 연료 분사량을 보정하는 센서는?

① 냉각수온 센서   ② 흡기온도 센서   ③ 대기압 센서   ④ 산소 센서

12 가솔린엔진의 공연비 및 연소실에 대한 설명으로 옳은 것은?

① 연료를 완전 연소시키기 위한 공기와 연료의 이론공연비는 14.7 : 1이다.
② 연소실의 형상은 혼합기의 유동에 영향을 미치지 않는다.
③ 연소실의 형상은 연소에 영향을 미치지 않는다.
④ 공연비는 연료와 공기의 체적비이다.

[풀이] 공연비는 연료의 질량으로 나눈 실린더 내의 공기 질량이다.

13 주행 중 엔진이 과열되는 원인으로 틀린 것은?

① 냉각수 부족
③ 워터 펌프 작동 불량
② 라디에이터 캡 불량
④ 서모스탯이 열린 상태에서 고착

[풀이] 냉각장치 결함에 대한 원인
- 냉각수 양이 부족할 때
- 라디에이터 누출 및 막힘, 통풍불량
- 팬 벨트의 조정불량
- 서모스탯이 닫힌 상태로 고착
- 물펌프의 작동불량 및 누출

14 전자제어 가솔린엔진의 공연비 제어와 관련된 센서가 아닌 것은?

① 흡입 공기량 센서　　② 냉각수 온도 센서
③ 일사량 센서　　　　④ 산소 센서

풀이 일사량 센서는 전자동 에어컨장치에 입력되는 센서로서 태양의 일사량을 감지한다.

15 전자제어 가솔린엔진의 연료압력조절기가 일정한 연료압력 유지를 위해 사용하는 압력으로 옳은 것은?

① 대기압　　　　　　② 연료 분사압력
③ 연료의 리턴압력　　④ 흡기다기관의 부압

풀이 연료 압력 레귤레이터 : 흡기 다기관 내의 압력 변화에 대응하여 인젝터에 걸리는 연료의 압력을 조절한다.

16 운행차 배출가스 검사방법에서 휘발유, 가스자동차 검사에 관한 설명으로 틀린 것은?

① 무부하검사방법과 부하검사방법이 있다.
② 무부하검사방법으로 이산화탄소, 탄화수소 및 질소산화물을 측정한다.
③ 무부하검사방법에는 저속공회전 검사모드와 고속공회전 검사모드가 있다.
④ 고속공회전 검사모드는 승용자동차와 차량총중량 3.5톤 미만의 소형자동차에 한하여 적용한다.

17 실린더 안지름이 80mm, 행정이 78mm인 4사이클 4실린더 엔진의 회전수가 2500rpm일 때 SAE마력은 약 몇 PS인가?

① 15.9　　② 20.9　　③ 25.9　　④ 30.9

풀이 SAE마력 $= \dfrac{M^2 Z}{1613} = \dfrac{80^2 \times 4}{1613} ≒ 15.9$ (M : 실린더내경(mm), Z : 실린더 수)

18 엔진 윤활유에 캐비테이션이 발생할 때 나타나는 현상으로 틀린 것은?

① 진동 감소　　　　　② 소음 증가
③ 윤활 불안정　　　　④ 불규칙한 펌프 토출압력

풀이 캐비테이션(공동현상(cavitaation)) : 유체가 관 속에 유동하고 있을 때 유체의 정압이 증기압 이하로 되면 부분적으로 증발되고 용입되어 있던 공기가 분리되어 기포가 발생하는 현상으로 소음, 진동 및 침식현상이 발생한다.

19 전자제어 LPI차량의 구성품이 아닌 것은?

① 연료차단 솔레노이드밸브　　② 연료펌프 드라이버
③ 과류방지밸브　　　　　　　④ 믹서

20 전자제어 엔진에서 크랭크각 센서의 역할에 대한 설명으로 틀린 것은?

① 운전자의 가속의지를 판단한다.
② 엔진 회전수(rpm)를 검출한다.
③ 크랭크축의 위치를 감지한다.
④ 기본 점화시기를 결정한다.

풀이 크랭크축 위치센서 : 엔진이 회전하는 동안 크랭크축의 회전수와 회전각을 인식하여(피스톤의 위치) ECU가 점화시기와 연료분사를 제어하기 위한 중요한 정보를 제공하는 가장 기초적인 기능을 한다.

자동차 섀시정비

21 독립현가방식의 현가장치 장점으로 틀린 것은?

① 바퀴의 시미(shimmy) 현상이 작다.
② 스프링의 정수가 작은 것을 사용할 수 있다.
③ 스프링 아래 질량이 작아 승차감이 좋다.
④ 부품수가 적고 구조가 간단하다.

풀이 독립현가장치의 특징
- 차의 높이를 낮게 할 수 있으므로 차의 안전성이 향상된다.
- 스프링 아래 하중이 적어 승차감이 좋아진다.
- 조향 바퀴에 시미(Shimmy)가 잘 일어나지 않는다
- 타이어와 노면의 접지성(rod holding)이 좋아진다.
- 스프링 정수가 작은 스프링을 사용할 수 있다.
- 연결 부분이 많아 구조가 복잡하고 마모에 의해 휠 얼라이먼트가 변하기가 쉽다.
- 바퀴의 상하운동으로 윤거나 얼라이먼트가 변하기 때문에 타이어가 빨리 마모된다.

22 조향장치에서 킹핀이 마모되면 캠버는 어떻게 되는가?

① 캠버의 변화가 없다.
② 항상 0의 캠버가 된다.
③ 더욱 정(+)의 캠버가 된다.
④ 더욱 부(-)의 캠버가 된다.

23 구동력이 108kgf인 자동차가 100km/h로 주행하기 위한 엔진의 소요마력은 몇 PS인가?

① 20　　② 40　　③ 80　　④ 100

풀이 1PS = 75kgfm/s이므로 $\frac{108 \times 100}{75 \times 3.6} = 40PS$

24 자동차의 축거가 2.6m, 전륜 바깥쪽 바퀴의 조향각이 30°, 킹핀과 타이어 중심 거리가 30cm일 때 최소회전반경은 약 몇 m인가?

① 4.5　　　② 5.0　　　③ 5.5　　　④ 6.0

풀이 $R = \dfrac{L}{\sin\alpha} + r = \dfrac{2.6}{\sin 30°} + 0.3 = 5.5$
(L : 축거, α : 바깥쪽 앞바퀴의 조향각도, r : 킹핀중심선에서 타이어 중심선까지 거리)

25 센터 디퍼렌셜 기어 장치가 없는 4WD 차량에서 4륜 구동상태로 선회 시 브레이크가 걸리는 듯한 현상은?

① 타이트 코너 브레이킹 현상　　② 코너링 언더 스티어 현상
③ 코너링 요 모멘트 현상　　　　④ 코너링 포스 현상

풀이 타이트 코너 브레이킹 : 코너를 선회할 때 앞바퀴와 뒷바퀴의 회전 반지름이 달라서 브레이크가 걸린 듯이 뻑뻑해지는 현상을 이른다.

26 튜브가 없는 타이어(tubeless tire)에 대한 설명으로 틀린 것은?

① 튜브 조립이 없어 작업성이 좋다.
② 튜브 대신 타이어 안쪽 내벽에 고무막이 있다.
③ 날카로운 금속에 찔리면 공기가 급격히 유출 된다.
④ 타이어 속의 공기가 림과 직접 접촉하여 열발산이 잘된다.

풀이 튜브리스 타이어 : 튜브리스 타이어는 튜브를 사용하지 않는 대신 타이어 내면에 공기 투과성이 적은 특수고무(인너라이너)를 붙여 타이어와 림(rim)으로부터 공기가 새지 않도록 되어 있고 주행 중에 못에 찔려도 공기가 급격히 빠지지 않는게 특징이다.

27 전자제어 현가장치에서 자동차가 선회할 때 차체의 기울어진 정도를 검출하는 데 사용하는 센서는?

① G 센서　　　　　　　　② 차속 센서
③ 뒤 압력 센서　　　　　④ 스로틀 포지션 센서

풀이 G센서 : G센서는 차체의 상하 진동을 검출해 컴퓨터에 입력한다. 컴퓨터는 G센서의 신호로 차체의 상하 움직임을 판단하며 피치(Pitch), 바운스(Bounce) 제어의 기준 신호이다.

28 스탠딩웨이브 현상 방지대책으로 옳은 것은?

① 고속으로 주행한다.　　　　　② 전동저항을 증가시킨다.
③ 강성이 큰 타이어를 사용한다.　④ 타이어 공기압을 표준보다 15~25% 정도 낮춘다.

29 자동차가 주행할 때 발생하는 저항 중 자동차의 전면 투영면적과 관계있는 저항은?

① 구름저항　　　　　　　　② 구배저항
③ 공기저항　　　　　　　　④ 마찰저항

30 공기 브레이크의 장점에 대한 설명으로 틀린 것은?

① 차량 중량에 제한을 받지 않는다.
② 베이퍼록 현상이 발생하지 않는다.
③ 공기 압축기 구동으로 엔진 출력이 향상된다.
④ 공기가 조금 누출되어도 제동성능이 현저하게 저하되지 않는다.

31 ABS 컨트롤 유닛(제어모듈)에 대한 설명으로 틀린 것은?

① 휠의 감속 · 가속을 계산한다.
② 각 바퀴의 속도를 비교 · 분석한다.
③ 미끄러짐 비를 계산하여 ABS 작동 여부를 결정한다.
④ 컨트롤 유닛이 작동하지 않으면 브레이크가 전혀 작동하지 않는다.

32 운행차의 정기검사에서 배기소음 및 경적소음을 측정하는 장소선정 기준으로 틀린 것은?

① 주위 암소음의 크기는 자동차로 인한 소음의 크기보다 가능한 10dB 이하이어야 한다.
② 가능한 주위로부터 음의 반사와 흡수 및 암소음에 영향을 받지 않는 밀폐된 장소를 선정한다.
③ 마이크로 폰 설치 위치의 높이에서 측정한풍속이 10m/sec 이상일 때에는 측정을 삼가 해야 한다.
④ 마이크로폰 설치 중심으로부터 반경 3m 이내에는 돌출 장애물이 없는 아스팔트 또는 콘크리트 등으로 평탄하게 포장되어 있어야 한다.

33 변속비 2, 종감속장치의 피니언 잇수 12개, 링기어 잇수 36개일 때 구동차축에 전달되는 토크는?(단, 1500rpm에서 기관의 토크가 20kgf · m이다.)

① 40kgf · m　　　　　　　　② 60kgf · m
③ 120kgf · m　　　　　　　　④ 240kgf · m

풀이 ・종감속비 = $\dfrac{링기어\ 잇수}{구동피니언\ 잇수}$ = $\dfrac{36}{12}$ = 3
　　　・총감속비 = 변속비 × 종감속비 = 2 × 3 = 6
　　　∴ 전달토크 = 기관토크 × 총감속비 = 20 × 6 = 120

34 자동차의 최고속도를 증대시킬 수 있는 방법으로 옳은 것은?

① 총 감속비를 작게 한다.
② 자동차의 중량을 높인다.
③ 구동바퀴의 유효반경을 작게 한다.
④ 구름저항 및 공기저항을 크게 한다.

35 주행속도가 일정 값에 도달하면 토크컨버터의 펌프와 터빈을 기계적으로 직결시켜 미끄러짐에 의한 손실을 최소화하는 장치는?

① 프런트 클러치
② 리어 클러치
③ 엔드 클러치
④ 댐퍼 클러치

풀이 댐퍼 클러치(록업 클러치) : 기계적인 습식 마찰클러치를 적용하여 어느 일정 조건이 되면 펌프와 터빈을 직결시켜 동력손실감소 및 연료절감효과를 볼 수 있다.

36 하이드로드백은 무엇을 이용하여 브레이크 배력 작용을 하는가?

① 대기압과 흡기다기관 압력의 차
② 대기압과 압축 공기의 차
③ 배기가스 압력 이용
④ 공기압축기 이용

풀이 배력장치 : 브레이크 페달을 밟는 힘을 적게 하면서 큰 제동력을 얻기 위해 설치한 장치이다.
 • 진공배력식(하이드록 백, 마스터 백) : 흡기다기관의 진공과 대기압과의 압력차(0.7kg/cm²)를 이용하여 제동력을 증대시키는 방식
 • 공기배력식(하이드로 에어백) : 압축공기와 대기압과의 압력차(5~7 kg/cm²)를 이용

37 브레이크 파이프 라인에 잔압을 두는 이유로 틀린 것은?

① 베이퍼 록을 방지한다.
② 브레이크의 작동 지연을 방지한다.
③ 피스톤이 제자리로 복귀하도록 도와준다.
④ 휠 실린더에서 브레이크액이 누출되는 것을 방지한다.

풀이 브레이크를 밟지 않은 상태에서는 일정한 압력이 파이프 내에 잔류하게 되는데 이 압력을 잔압이라 한다. 이 잔압은 0.7~1.4Kgf/cm² 정도 유지하는데 휠실린더에서 오일의 누설 및 공기의 혼입을 방지하고 제동 시에 작동지연, 베이퍼 록을 방지하는 역할을 한다.

38 무단변속기(CVT)에 대한 설명으로 틀린 것은?

① 연비를 향상 시킬 수 있다.
② 가속성능을 향상시킬 수 있다.
③ 동력성능이 우수하나, 변속 충격이 크다.
④ 변속 중에 동력전달이 중단되지 않는다.

풀이 무단변속기의 장점
- 엔진의 출력 활용도가 높다.
- 연료소비율 및 가속성능이 향상된다.
- 변속 충격이 없다.
- 운전자의 성향에 따라 필요한 구동력 구간에서 운전이 가능하다.

39 드라이브 라인의 구성품으로 변속 주축 뒤쪽의 스플라인을 통해 설치되며 뒤자축의 상하 운동에 따라 추진축의 길이 변화를 가능하게 하는 것은?

① 토션 댐퍼
② 센터 베어링
③ 슬립 조인트
④ 유니버설 조인트

풀이
- 자재이음 : 두 개의 축이 어느 각도를 이루어 교차할 때, 자유로이 동력을 전달하기 위한 장치
- 슬립이음 : 출력축의 스플라인에 설치되어 추진축의 길이변화를 가능하게 하는 이음

40 차속감응형 전자제어 유압방식 조향장치에서 제어모듈의 입력요소로 틀린 것은?

① 차속 센서
② 조향각 센서
③ 냉각수온 센서
④ 스로틀 포지션 센서

자동차 전기 · 전자장치정비

41 납산 배터리가 방전할 때 배터리 내부 상태의 변화로 틀린 것은?

① 양극판은 과산화납에서 황산납으로 된다.
② 음극판은 해면상납에서 황산납으로 된다.
③ 배터리 내부 저항이 증가한다.
④ 전해액의 비중이 증가한다.

풀이 납축전지 화학반응식

$$\underset{\text{과산화납}}{PbO_2}_{(+극)} + \underset{\text{묽은황산}}{2H_2SO_4}_{(전해액)} + \underset{\text{해면상납}}{Pb}_{(-극)} \underset{\text{충전}}{\overset{\text{방전}}{\rightleftarrows}} \underset{\text{황산납}}{PbSO_4}_{(+극)} + \underset{\text{물}}{2H_2O} + \underset{\text{황산납}}{PbSO_4}_{(-극)}$$

42 자동차의 안전기준에서 방향지시등에 관한 사항으로 틀린 것은?

① 등광색은 백색이어야만 한다.
② 다른 등화장치와 독립적으로 작동되는 구조이어야 한다.
③ 자동차 앞면 · 뒷면 및 옆면 좌 · 우에 각각 1개를 설치해야 한다.

④ 승용자동차와 차량총중량 3.5톤 이하 화물자동차 및 특수자동차를 제외한 자동차에는 2개의 뒷면 방향지시등을 추가로 설치할 수 있다.

풀이 방향지시등 - 황색 또는 호박색

43 14V 배터리에 연결된 전구의 소비전력이 60W이다. 배터리의 전압이 떨어져 12V가 되었을 때 전구의 실제 전력은 약 몇 W인가?

① 3.2
② 25.5
③ 39.2
④ 44.1

풀이 $W = V \times I = \dfrac{V^2}{R}$ 에서 전구의 저항은
$R = \dfrac{14^2}{60} = 3.26\Omega$ 이므로 $W = \dfrac{12^2}{3.26} = 44.17$

44 하이브리드 자동차의 동력제어 장치에서 모터의 회전속도와 회전력을 자유롭게 제어할 수 있도록 직류를 교류로 변환하는 장치는?

① 컨버터
② 레졸버
③ 인버터
④ 커패시터

45 주행 중 계기판 내부의 엔진 회전수를 나타내는 타코미터의 작동불량 발생 시 점검 요소로 틀린 것은?

① CAN 통신
② 계기판 내부의 타코미터
③ BCM(body control module)
④ CKP(crankshaft position sensor)

풀이 타코미터(회전속도계, rpm) : 크랭크축 위치센서의 입력으로 엔진 ECU가 연산하여 CAN 통신으로 계기판 모듈로 전달하여 계기판에 rpm이 표시된다.

46 고속 CAN High, Low 두 단자를 자기진단 커넥터에서 측정 시 종단 저항 값은?(단, CAN시스템은 정상인 상태이다.)

① 60Ω
② 80Ω
③ 100Ω
④ 120Ω

풀이 IG off 상태에서 종단저항 커넥터에서 측정
• 60 : 정상
• 0 : 캔 통신선간 단락
• 120 : 컨트롤러의 단선

47 자동차의 안전기준에서 전기장치에 관한 사항으로 틀린 것은?

① 축전지가 진동 또는 충격 등에 의해 손상되지 않도록 고정 시킬 것
② 전기배선 중 배터리에 가까운 선만 절연물질로 덮어 씌울 것
③ 차실 내부의 전기단자는 적절히 절연물질로 덮어 씌울 것
④ 차실 안에 설치하는 축전지는 절연물질로 덮어 씌울 것

48 하이브리드 자동차에서 저전압(12V) 배터리가 장착된 이유로 틀린 것은?

① 오디오 작동
② 등화장치 작동
③ 네비게이션 작동
④ 하이브리드 모터 작동

49 12V 전압을 인가하여 0.00003C의 전기량이 충전되었다면 콘덴서의 정전 용량은?

① 2.0μF
② 2.5μF
③ 3.0μF
④ 3.5μF

풀이 정전용량(C) = $\dfrac{전하량}{전압}$ = $\dfrac{0.00003}{12}$ = 2.5×10^{-6}

50 냉방장치의 구성품으로 압축기로부터 들어온 고온·고압의 기체 냉매를 냉각시켜 액체로 변화시키는 장치는?

① 증발기
② 응축기
③ 건조기
④ 팽창밸브

풀이
- 압축기(compressor) : 증발기에서 기체상태로 변한 차가운 저압의 냉매가스를 흡입·압축하여 고온고압 상태의 기체로 만들어 응축기로 보내는 역할을 한다.
- 응축기(condenser) : 압축기에서 전달된 고온고압의 냉매를 공기로 냉각하여 액체상태의 냉매로 전환시켜주는 역할을 한다.
- 팽창밸브(expansion valve) : 고압의 액체냉매가 팽창밸브를 거치면서 저온·저압의 기체상태로 되면서 증발기로 보내진다.
- 증발기(evaporator) : 팽창 밸브에 의해 팽창된 액 냉매를 증발시켜 주위에서 증발열을 빼앗아 다른 유체를 냉각하는 일종의 열교환기를 말한다.
- 건조기(receiver-dryer) : 응축기에서 액체상태로 된 냉매는 완전한 액체상태가 아니라 기체와 액체가 섞여있기 때문에 기체상태의 냉매와 액체상태의 냉매를 분리해서 액체만을 팽창밸브를 통과시켜 증발기에 보내는 역할을 한다. 또한 냉매의 수분 및 이물질을 제거하는 역할을 한다.

51 시동 후 피니언 기어와 전기자 축에 동력전달을 차단하여 기동전동기를 보호하는 부품은?

① 풀 인 코일
② 브러시 홀더
③ 홀드 인 코일
④ 오버 러닝 클러치

풀이 오버 러닝 클러치 : 엔진이 기동된 다음 고속회전에 의하여 전동기의 손상을 방지하기 위하여 전기자 축으로부터 피니언 기어로 동력이 전달되나 피니언 기어로부터 전기자 축으로는 동력이 전달되지 않는다. 한 방향으로만 동력을 전달하므로 일방향 클러치라고 하며 롤러식, 스프래그식, 다판클러치식이 있다.

52 자동차 에어컨 시스템에서 응축기가 오염되어 대기 중으로 열을 방출하지 못하게 되었을 경우 저압과 고압의 압력은?

① 저압과 고압 모두 낮다.
② 저압과 고압 모두 높다.
③ 저압은 높고 고압은 낮다.
④ 저압은 낮고 고압은 높다.

53 가솔린엔진의 DLI(distributor less ignition) 점화 방식의 특징으로 틀린 것은?

① 드웰 시간의 변화가 없다.
② 배전기가 없음으로 누전이 적다.
③ 부품 개수가 줄어 고장 요소가 적다.
④ 전파방해가 적어 다른 전자제어 장치에 거의 영향을 주지 않는다.

풀이 무배전식 점화장치 특징
- 고압 배전부가 없으므로 누전의 염려가 적다.
- 에어 캡이 줄어서 전파장애가 적고 전압강하가 적어 에너지 손실이 적다.
- 진각의 폭에 제한을 받지 않는다.
- 실린더별로 점화시기 제어가 가능하다.
- 2차 고전압이 안정되고 여유있다.
- 점화플러그의 마모가 빠르다.
- 기통판별센서가 필요하고 비용이 증가한다.

54 에어컨 압축기 종류 중 가변용량 압축기에 대한 설명으로 옳은 것은?

① 냉방 부하에 따라 냉매 토출량을 조절 한다.
② 냉방 부하에 관계없이 일정량의 냉매를 토출 한다.
③ 냉방 부하가 작을 때만 냉매 토출량을 많게 한다.
④ 냉방 부하가 클 때만 작동하여 냉매 토출량을 적게 한다.

55 전기회로의 점검방법으로 틀린 것은?

① 전류 측정 시 회로와 병렬로 연결한다.
② 회로가 접촉 불량일 경우 전압강하를 점검한다.
③ 회로의 단선 시 회로의 저항 측정을 통해서 점검할 수 있다.
④ 제어모듈 회로 점검 시 디지털 멀티미터를 사용해서 점검할 수 있다.

풀이 전류계로 전류 측정 시 회로에 직렬로 연결하여 측정한다.

56 평균전압 220V의 교류전원에 대한 설명으로 틀린 것은?

① MAX-P 전압은 약 220V이다.
② P-P 전압은 220 × $\sqrt{2}$ V가 된다.
③ 1사이클 중 (+)듀티는 50%가 된다.
④ 디지털 멀티미터는 평균 전압이 표시된다.

풀이 220V 교류전압의 피크전압 = 220 × 1.414 ≒ 311V

57 전자제어 엔진에서 크랭킹은 가능하나 시동이 되지 않을 경우 점검요소로 틀린 것은?

① 연료펌프 작동
② 엔진 고장코드
③ 인히비터 스위치
④ 점화플러그 불꽃

풀이 인히비터 스위치가 불량하면 기동전동기로 전원이 인가되지 않아 크랭킹이 불가하다.

58 도난방지장치가 장착된 자동차에서 도난경계상태로 진입하기 위한 조건이 아닌 것은?

① 후드가 닫혀 있을 것
② 트렁크가 닫혀 있을 것
③ 모든 도어가 닫혀 있을 것
④ 모든 전기장치가 꺼져 있을 것

풀이 경계상태 돌입 조건
- 후드 스위치
- 도어 스위치
- 도어 액츄에이터 스위치
- 트렁크 스위치
- 키 스위치
- 리모콘 신호

59 점화플러그에 대한 설명으로 틀린 것은?

① 열형 점화플러그는 열방출량이 높다.
② 조기 점화를 방지하기 위하여 적절한 열가를 가지고 있다.
③ 점화플러그의 간극이 기준값 보다 크면 실화가 발생할 수 있다.
④ 점화플러그의 간극이 기준값 보다 작으면 불꽃이 약해질 수 있다.

풀이 열가(Heat value) : 점화플러그가 열을 발산하는 정도(열용량)를 수치로 나타낸 값
- 냉형(고열가) : 수열면적이 적고, 방열면적이 크다.[고속엔진에 적합]
- 열형(저열가) : 수열면적이 크고, 방열면적이 작다.[저속엔진에 적합]

60 점화플러그 간극이 규정보다 넓을 때 방전구간에 대한 설명으로 옳은 것은?

① 점화전압이 높아지고 점화시간은 길어진다.
② 점화전압이 높아지고 점화시간은 짧아진다.
③ 점화전압이 낮아지고 점화시간은 길어진다.
④ 점화전압이 낮아지고 점화시간은 짧아진다.

풀이 점화전압 : 2차 전압의 방전전압으로 1~2kV 정도가 정상이고 플러그간극 및 저항이 클수록, 압축비가 높을수록, 플러그 팁의 오염 및 혼합비가 희박할수록 높은 전압이 요구된다.

[2017년 05월 07일 시행 정답]

01	02	03	04	05	06	07	08	09	10
②	④	④	①	①	③	④	②	②	③
11	12	13	14	15	16	17	18	19	20
④	①	④	③	④	②	①	①	④	①
21	22	23	24	25	26	27	28	29	30
④	④	②	③	①	③	①	③	③	③
31	32	33	34	35	36	37	38	39	40
④	②	③	①	④	①	③	③	③	③
41	42	43	44	45	46	47	48	49	50
④	①	④	③	③	①	②	④	②	②
51	52	53	54	55	56	57	58	59	60
④	②	①	①	①	①	③	④	①	②

2017년 3회
2017년 08월 26일

제5장_ 과목별 기출문제

Chapter 05

자동차 엔진정비

01 윤활유 소비 증대의 원인으로 가장 거리가 먼 것은?

① 엔진 연소실 내에서의 연소
② 엔진 열에 의한 증발로 외부 방출
③ 베어링과 핀 저널 마멸에 의한 간극 증대
④ 크랭크케이스 또는 크랭크축 씰에서 누유

풀이 윤활유 소비의 가장 큰 요인은 누설과 연소실에서의 연소이다.

02 [보기]는 어떤 사이클을 나타내는 것인가?

> 단열압축 → 정압급열 → 단열팽창 → 정적방열

① 카르노 사이클
② 정압 사이클
③ 브레이튼 사이클
④ 복합 사이클

03 운행자동차 배기소음 측정 시 마이크로폰 설치 위치에 대한 설명으로 틀린 것은?

① 지상으로부터 최소높이는 0.5m 이상이어야 한다.
② 지상으로부터의 높이는 배기관 중심 높이에서 ±0.05m인 위치에 설치한다.
③ 자동차의 배기관이 2개 이상일 경우에는 인도측과 가까운 쪽 배기관에 대하여 설치한다.
④ 자동차의 배기관 끝으로부터 배기관 중심선에 45°±10°의 각을 이루는 연장선 방향으로 0.5m 떨어진 지점에 설치한다.

풀이 마이크로폰의 설치 위치
자동차의 배기관 끝으로부터 배기관 중심선에 45° ± 10°의 각을 이루는 연장선 방향으로 0.5m 떨어진 지점이어야 하며, 동시에 지상으로부터의 높이는 배기관 중심높이에서 ±0.05m인 위치에 마이크로폰을 설치한다.(지상으로부터의 최소높이는 0.2m 이상)

04 엔진의 실제 운전에서 혼합비가 17.8 : 1일 때 공기 과잉율(λ)은?(단, 이론 혼합비는 14.8 : 1 이다.)

① 약 0.83　　　　　　　　　　② 약 1.20
③ 약 1.98　　　　　　　　　　④ 약 3.00

풀이 공기과잉률(λ) = $\frac{\text{실린더에 유입된 실제 공기량(kg)}}{\text{완전연소에 필요한 이론 공기량(kg)}} = \frac{17.8}{14.8} = 1.20$

05 디젤엔진의 회전수가 2500rpm이고 회전력이 28kgf · m일 때, 제동출력은 약 몇 PS인가?

① 98　　　　　　　　　　　　② 108
③ 118　　　　　　　　　　　　④ 128

풀이 $BPS = \frac{NT}{716} = \frac{2500 \times 28}{716} = 97.7$ (N : 회전수, T : 토크)

06 운행차 배출가스 정기검사에서 매연검사방법으로 틀린 것은?

① 3회 연속 측정한 매연농도를 산술 평균하여 소수점 이하는 버린 값을 최종 측정치로 한다.
② 3회 연속 측정한 매연농도의 최대치와 최소치의 차가 10%를 초과한 경우 최대 10회까지 추가 측정한다.
③ 측정기의 시료 채취관을 배기관의 벽면으로부터 5mm 이상 떨어지도록 설치하고 5cm 이상의 깊이로 삽입한다.
④ 시료 채취를 위한 급가속 시 가속페달을 밟을 때부터 놓을 때 까지 소요시간은 4초 이내로 한다.

풀이 광투과식 매연측정기 사용법
① 측정대상자동차의 원동기를 중립인 상태(정지가동상태)에서 급가속하여 최고 회전속도 도달 후 2초간 공회전시키고 정지가동(Idle) 상태로 5~6초간 둔다. 이와 같은 과정을 3회 반복 실시한다.
② 측정기의 시료채취관을 배기관의 벽면으로부터 5mm 이상 떨어지도록 설치하고 5cm 정도의 깊이로 삽입한다.
③ 가속페달에 발을 올려놓고 원동기의 최고회전속도에 도달할 때까지 급속히 밟으면서 시료를 채취한다. 이때 가속페달을 밟을 때부터 놓을 때까지 걸리는 시간은 4초 이내로 한다.
④ 위 ③의 방법으로 3회 연속 측정한 매연농도를 산술 평균하여 소수점 이하는 버린 값을 최종측정치로 한다. 다만, 3회 연속 측정한 매연농도의 최대치와 최소치의 차가 5%를 초과하거나 최종측정치가 배출허용기준에 맞지 아니한 경우에는 순차적으로 1회씩 더 측정하여 최대 10회까지 측정하면서 매회 측정시마다 마지막 3회의 측정치를 산출하여 마지막 3회의 최대치와 최소치의 차가 5% 이내이고 측정치의 산술평균 값도 배출허용기준 이내이면 측정을 마치고 이를 최종측정치로 한다.

07 디젤엔진에서 직접분사실식과 비교하였을 때의 예연소실식의 장점으로 옳은 것은?

① 열효율이 높다.
② 냉각 손실이 적다.
③ 실린더 헤드의 구조가 간단하다.
④ 사용 연료의 변화에 민감하지 않다.

[풀이] 예연소실식의 장점
- 공기의 과잉률이 낮아 평균유효압력이 높다.
- 주연소실의 압력이 비교적 낮기 때문에 정숙하다.
- 연료의 분사압력이 낮아 연료장치의 고장이 적다.
- 착화지연이 짧아 디젤 노크가 잘 일어나지 않는다.
- 사용연료에 비교적 민감하지 않다.
- 부하 및 회전속도 변화에 유연성이 있다.

08 엔진 효율(engine effciency)을 설명한 것으로 옳은 것은?

① 엔진이 소비한 연료량과 발생된 출력의 비율
② 엔진의 흡입 공기질량과 행정체적에 상당하는 대기질량과의 비율
③ 엔진에 공급된 총 열량 중에서 일로 변환된 열량이 차지하는 비율
④ 엔진의 동력행정에서 발생된 압력이 피스톤에 행한 일과 출력 압력과의 비율

[풀이] $\eta = \dfrac{\text{실제 일로 변한 열에너지}}{\text{기관에 공급된 열에너지}} \times 100$

09 전자제어 연료분사식 가솔린엔진에서 연료펌프와 딜리버리 파이프 사이에 설치되는 연료댐퍼의 기능으로 옳은 것은?

① 감속 시 연료차단
② 연료라인의 맥동 저감
③ 연료 라인의 릴리프 기능
④ 분배 파이브 내 압력 유지

[풀이] 연료 펌프 작동에 의해 연료 라인 내에 일어나는 압력 파동을 균일하게 하기 위한 장치이다.

10 엔진의 윤활유가 갖추어야 할 조건으로 틀린 것은?

① 비중이 적당할 것
② 인화점이 낮을 것
③ 카본 생성이 적을 것
④ 열과 산에 대하여 안정성이 있을 것

[풀이] 윤활유의 구비조건
- 점도지수가 커서 온도에 의한 점도의 변화가 적을 것
- 인화점 및 발화점이 높고 응고점은 낮을 것
- 강한 유막을 형성할 것
- 비중과 점도가 적당할 것
- 기포발생 및 카본생성에 대한 저항력이 클 것

11 가솔린엔진에서 블로바이 가스 발생 원인으로 옳은 것은?

① 엔진 부조
② 실린더와 피스톤 링의 마멸
③ 실린더 헤드 가스켓의 조립 불량
④ 흡기밸브의 밸브 시트면 접촉 불량

[풀이] 피스톤 간극이 크면 블로바이 현상, 피스톤 슬랩이 발생되고, 피스톤과 실린더 벽 사이의 열전도율이 떨어지며, 윤활유의 희석 및 소비량이 증가한다.

12 전자제어 엔진의 MAP 센서에 대한 설명으로 옳은 것은?

① 흡기 다기관의 절대 압력을 측정한다.
② 고도에 따르는 공기의 밀도를 계측한다.
③ 대기에서 흡입되는 공기 내의 수분 함유량을 측정한다.
④ 스로틀 밸브의 개도에 따른 점화 각도를 검출한다.

풀이 MAP(Manifold absolution pressure) 센서 : 피에조 소자를 이용하며 서지탱크의 절대압력을 측정하여 엔진에 흡입되는 공기량을 간접적으로 측정하는 방식이다.

13 고도가 높은 지역에서 대기압 센서를 통한 연료량 제어방법으로 옳은 것은?

① 기본 분사량을 증량   ② 기본 분사량을 감량
③ 연료 보정량을 증량   ④ 연료 보정량을 감량

풀이 고도가 높은 지역은 산소가 부족하므로 연료량을 감량제어 한다.

14 엔진 ECU(제어모듈)로 입력되는 신호가 아닌 것은?

① 차속 센서   ② 인히비터 스위치
③ 스로틀 위치 센서   ④ 아이들 스피드 액추에이터

풀이 공전속도조절장치(Idle Speed Control Actuator) : 엔진의 공회전을 제어하여 안정된 공회전을 유지하기 위한 장치로 엔진 ECU의 출력장치에 속한다.

15 공기유량센서 중 흡입 통로에 발열체를 설치하여 통과하는 공기의 양에 따라 발열체의 온도 변화를 이용하는 방식은?

① 베인식   ② 열선식   ③ 맵센서식   ④ 칼만와류식

풀이 열선식의 특징
- 고도오차가 없다.
- 공기의 관성력에 의한 오차가 없다.
- 기계적 충격에 약하다.
- 신호처리가 복잡하고 비싸다.
- 응답시간이 빠르다.
- 질량유량으로 검출한다.
- 이물질에 의한 감도의 저하가 있다.(크린버닝 기능이 필요)

16 출력 50kW의 엔진을 1분간 운전했을 때 제동출력이 전부 열로 바뀐다면 몇 kJ인가?

① 2500   ② 3000
③ 3500   ④ 4000

풀이 $1W = 1J/s = 1N-m/s$
$J = W \cdot S = 50 \times 60 = 3000kJ$

17 디젤기관의 분사펌프 부품 중 연료의 역류를 방지하고 노즐의 후적을 방지하는 것은?

① 태핏
② 조속기
③ 셧 다운 밸브
④ 딜리버리 밸브

풀이 딜리버리 밸브(delivery valve) : 연료의 역류를 방지, 분사노즐의 후적 방지, 잔압을 유지한다.

18 엔진 오일의 열화 방지법으로 틀린 것은?

① 이물질 혼입을 방지한다.
② 교환한 오일은 침전시킨 후 사용한다.
③ 유황 성분이 적은 윤활유를 사용한다.
④ 산화 안정성이 좋은 윤활유를 사용한다.

19 흡·배기 밸브의 냉각 효과를 증대하기 위해 밸브 스템 중공에 채우는 물질로 옳은 것은?

① 리튬
② 나트륨
③ 알루미늄
④ 바륨

20 디젤엔진의 노크 방지책으로 틀린 것은?

① 압축비를 높게 한다.
② 착화지연기간을 길게 한다.
③ 흡입공기 온도를 높게 한다.
④ 연료의 착화성을 좋게 한다.

풀이 디젤 노킹 방지법
- 착화성(세탄가)이 좋은 연료를 사용한다.
- 압축비, 압축압력, 압축온도를 높인다.
- 엔진의 온도와 회전속도를 높인다.
- 분사초기에 분사량을 적게하고 착화지연을 짧게 한다.
- 흡입공기에 와류가 일어나게 한다.

자동차 섀시정비

21 제동 시 슬립률(λ)을 구하는 공식으로 옳은 것은?(단, 자동차의 주행 속도는 V, 바퀴의 회전 속도는 V_w이다.)

① $\lambda = \dfrac{V - V_w}{V} \times 100\,(\%)$
② $\lambda = \dfrac{V}{V - V_w} \times 100\,(\%)$
③ $\lambda = \dfrac{V_w - V}{V_w} \times 100\,(\%)$
④ $\lambda = \dfrac{V_w}{V_w - V} \times 100\,(\%)$

22 브레이크 페달의 지렛대 비가 그림과 같을 때 페달을 100kgf의 힘으로 밟았다. 이때 푸시로드에 작용하는 힘은?

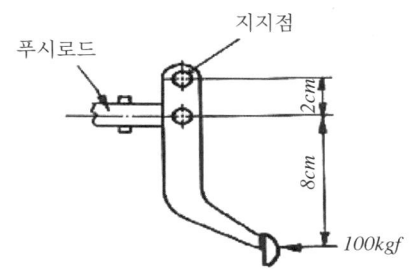

① 200kgf
② 400kgf
③ 500kgf
④ 600kgf

풀이 2 × χ = 10 × 100
χ = 500

23 조향장치의 구비조건이 아닌 것은?

① 고속 주행 시 조향핸들이 안정될 것
② 조향핸들의 회전과 구동바퀴 선회차가 크지 않을 것
③ 저속 주행 시 조향핸들 조작을 위해 큰 힘이 요구 될 것
④ 주행 중 받은 충격에 조향 조작이 영향을 받지 않을 것

풀이 조향장치 구비조건
 • 핸들과 바퀴의 선회차가 크지 않아야 한다.
 • 노면의 충격이 핸들에 전달 되지 않도록 한다.
 • 선회시 저항이 적고 선회후에 복원성이 있어야 한다.
 • 고속 주행에는 핸들이 안정되고 저속 주행시는 가벼워야 한다.
 • 조향휠의 조작력과 바퀴의 조향각도 적절해야 한다.

24 자동변속기와 비교 시 수동변속기의 특징이 아닌 것은?

① 고장률이 높다.
② 소형이며 경량이다.
③ 보수비용이 저렴하다.
④ 기계적인 동력전달로 연비가 우수하다.

풀이 수동변속기의 특징
 • 연지가 자동변속기 대비 10% 이상 향상
 • 엔진브레이크 사용이 용이
 • 경사지에서 밀림
 • 변속기 내구성 향상
 • 경제적인 이점
 • 변속시 충격 및 불편함

25 수동변속기의 클러치 역할을 하는 자동변속기의 부품은?

① 밸브 바디
② 토크컨버터
③ 엔드 클러치
④ 댐퍼 클러치

풀이 토크컨버터 : 엔진과 변속기 사이의 링크역할을 하며 엔진의 플라이 휠에 볼트로 체결되어 엔진속도로 회전한다.

26 선회 시 차체의 기울어짐 방지와 관계 된 전자제어 현가장치의 입력 요소는?

① 도어 스위치 신호
② 헤드램프 동작 신호
③ 스톱 램프 스위치 신호
④ 조향 휠 각속도 센서 신호

풀이 전자제어 현가장치의 입력요소 : 조향휠각도센서, 차속센서, 스로틀위치센서, 브레이크스위치, G센서, 차고센서, 인히비터스위치, 압력센서, 고저압스위치 등

27 ABS시스템과 슬립(미끄럼)현상에 관한 설명으로 틀린 것은?

① 슬립(미끄럼)양을 백분율(%)로 표시한 것을 슬립율이라 한다.
② 슬립율은 주행속도가 늦거나 제동 토크가 작을수록 커진다.
③ 주행속도와 바퀴 회전속도에 차이가 발생하는 것을 슬립현상이라고 한다.
④ 제동 시 슬립현상이 발생할 때 제동력이 최대가 될 수 있도록 ABS시스템이 제동압력을 제어한다.

풀이 AST 슬립율 = $\dfrac{\text{자동차속도} - \text{차륜 속도}}{\text{자동차속도}} \times 100\%$
- 슬립율 0% = 자동차 정지, 자동차속도와 차륜속도가 같다.
- 슬립율 100% = 차륜이 완전 잠김상태

28 유압식 전자제어 동력조향장치 중에서 실린더 바이패스 제어 방식의 기본 구성부품으로 틀린 것은?

① 유압 펌프
② 동력 실린더
③ 프로포셔닝 밸브
④ 유량제어 솔레노이드 밸브

풀이 프로포셔닝 밸브 : 급제동시 전륜보다 후륜의 제동력을 감소시켜 후륜의 록을 방지한다.

29 자동차 검사기준 및 방법에서 제동장치의 제동력 검사기준으로 틀린 것은?

① 모든 축의 제동력 합이 공차중량의 50% 이상일 것
② 주차 제동력의 합은 차량 중량의 30% 이상일 것
③ 동일 차축의 좌·우 차바퀴 제동력의 차이는 해당 축중의 8% 이내일 것
④ 각축의 제동력은 해당 축중의 50%(뒤축의 제동력은 해당 축중의 20%) 이상일 것

풀이 주차 제동력의 합은 차량 중량의 20% 이상일 것

30 차동기어장치의 역할로 옳은 것은?

① 주행속도를 높이는 역할
② 엔진의 토크를 증가시키는 역할
③ 주행 시 구동력을 증가시키는 역할
④ 선회 시 좌·우 구동바퀴의 회전속도를 다르게 하는 역할

풀이 차동장치 : 주행 중에 선회하거나, 노면이 울퉁불퉁할 때 좌우 바퀴에 생기는 회전차를 자동적으로 조정하여 원활한 회전을 할 수 있도록 한 장치

31 독립현가장치에 대한 설명으로 옳은 것은?

① 강도가 크고 구조가 간단하다.
② 타이어와 노면의 접지성이 우수하다.
③ 스프링 아래 무게가 커서 승차감이 좋다.
④ 앞바퀴에 시미(shimmy)가 일어나기 쉽다.

풀이 독립현가장치의 특징
 • 차의 높이를 낮게 할 수 있으므로 차의 안전성이 향상된다.
 • 스프링 아래 하중이 적어 승차감이 좋아진다.
 • 조향 바퀴에 시미(Shimmy)가 잘 일어나지 않는다.
 • 타이어와 노면의 접지성(rod holding)이 좋아진다.
 • 스프링 정수가 작은 스프링을 사용할 수 있다.
 • 연결 부분이 많아 구조가 복잡하고 마모에 의해 휠 얼라인먼트가 변하기가 쉽다.
 • 바퀴의 상하운동으로 윤거나 얼라인먼트가 변하기 때문에 타이어가 빨리 마모된다.

32 4WD 시스템의 전기식 트랜스퍼(electric shift transfer)의 스피드 센서인 펄스 제네레이터 센서에 대한 설명으로 틀린 것은?

① 회전속도에 비례하여 주파수가 변한다.
② 마그네틱 센서 방식일 경우 교류전압이 발생한다.
③ 제어모듈은 주파수를 감지하여 출력축 회전속도를 검출한다.
④ 4L 모드 상태에서의 출력파형은 4H 모드에 비하여 시간당 주파수가 많다.

33 차량 주행 중 조향핸들이 한쪽으로 쏠리는 원인으로 틀린 것은?

① 한쪽 타이어의 편마모
② 휠 얼라인먼트 조정 불량
③ 좌·우 타이어 공기압 불일치
④ 동력 조향장치 오일펌프 불량

34 입·출력 속도비 0.4, 토크비 2인 토크컨버터에서 펌프 토크가 8kgf·m일 때 터빈 토크는?

① 2kgf·m   ② 4kgf·m
③ 8kgf·m   ④ 16kgf·m

풀이 토크비 = 터빈축 토크/ 펌프축 토크

35 전자제어 브레이크 장치의 구성품 중 휠 스피드 센서의 기능으로 옳은 것은?

① 휠의 회전속도를 감지
② 하이드로닉 유닛을 제어
③ 휠 실린더의 유압을 제어
④ 페일 세이프 기능을 수행

풀이 휠 스피드 센서(Wheel speed sensor) : 바퀴의 속도를 감지하여 ABS ECU에 전달한다(마그네틱 픽업코일 방식과 홀 소자를 이용한 방식이 있다).

36 엔진회전수 3000rpm에서 엔진토크가 12kgf·m일 때 차륜의 구동력은 몇 kgf인가?(단, 총 감속비 8, 동력전달 효율 90%, 차륜의 회전 반경 30cm이다.)

① 32   ② 96
③ 135 ④ 288

풀이 $F = \dfrac{T}{r}$ (T : 타이어 회전력, r : 타이어 반경)
타이어회전력 = 12 × 8 × 0.9 = 86.4
$F = \dfrac{86.4}{0.3} = 288$

37 동기물림식 수동변속기에서 기어 변속 시 소음이 발생하는 원인이 아닌 것은?

① 클러치 디스크 변형
② 싱크로메시 기구 마멸
③ 싱크로나이저 링의 마모
④ 클러치 디스크 토션 스프링 장력 감쇠

풀이 토션(비틀림) 스프링 : 클러치 접속시 회전충격 흡수

38 자동변속기의 토크컨버터에서 터빈과 연결되는 것은?

① 조향 너클   ② 스태빌라이저
③ 변속기 입력축 ④ 엔진 플라이휠

39 자동차 제동 시 정지거리로 옳은 것은?

① 반응시간 + 제동시간
② 반응시간 + 공주거리
③ 공주거리 + 제동거리
④ 미끄럼 양 + 제동시간

풀이 정지거리 = 공주거리 + 제동거리

40 무단변속기(CVT)에 대한 설명으로 틀린 것은?

① 가속 성능을 향상시킬 수 있다.
② 변속단에 의한 기관의 토크변화가 없다.
③ 변속비가 연속적으로 이루어지지 않는다.
④ 최적의 연료소비곡선에 근접해서 운행한다.

풀이 무단변속기의 장점
- 엔진의 출력 활용도가 높다.
- 연료소비율 및 가속성능이 향상된다.
- 변속 충격이 없다.
- 운전자의 성향에 따라 필요한 구동력 구간에서 운전이 가능하다.

자동차 전기·전자장치정비

41 광속에 대한 설명으로 옳은 것은?

① 빛의 세기로서 단위는 칸델라이다.
② 빛의 밝기의 정도로서 단위는 룩스이다.
③ 광원에서 방사되는 빛의 다발로서 단위는 루멘이다.
④ 광속은 광원의 광도에 비례하고 광원으로부터 거리의 제곱에 반비례한다.

42 점화플러그의 구비조건으로 틀린 것은?

① 내열 성능이 클 것
② 열전도 성능이 없을 것
③ 기밀 유지 성능이 클 것
④ 자기 청정 온도를 유지할 것

풀이 점화플러그의 구비조건
- 급격한 온도변화에 견딜 것
- 고전압에 대한 충분한 절연성이 좋을 것
- 내구성이 좋을 것
- 고온 고압에서 기밀을 유지할 것
- 사용조건에 따라 오염, 과열, 소손 등에 견딜 것
- 기계적 강도가 클 것

43 주행 중 배터리 충전 불량의 원인으로 틀린 것은?

① 발전기 'B'단자가 접촉이 불량하다.
② 발전기 구동벨트의 장력이 강하다.
③ 발전기 내부 브러시가 마모되어 슬립 링에 접촉이 불량하다.
④ 발전기 내부 불량으로 충전 전압이 배터리 전압보다 낮게 나온다.

풀이 발전기 구동벨트의 장력이 너무 강하면 베어링의 소손이 일어날 수 있다.

44 다음 병렬회로의 합성저항은 몇 Ω인가?

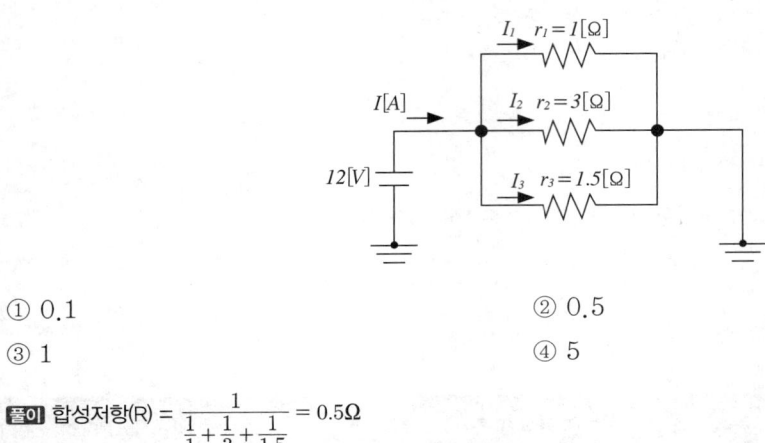

① 0.1　　　　　　　　　　② 0.5
③ 1　　　　　　　　　　　④ 5

풀이 합성저항(R) = $\dfrac{1}{\dfrac{1}{1}+\dfrac{1}{3}+\dfrac{1}{1.5}} = 0.5\Omega$

45 병렬형 하드 타입 하이브리드 자동차에 대한 설명으로 옳은 것은?

① 배터리 충전은 엔진이 구동시키는 발전기로만 가능하다.
② 구동모터가 플라이휠에 장착되고 변속기 앞에 엔진 클러치가 있다.
③ 엔진과 변속기 사이에 구동모터가 있는데 모터만으로는 주행이 불가능하다.
④ 구동모터는 엔진의 동력보조 뿐만 아니라 순수 전기모터로도 주행이 가능하다.

풀이 하이브리드 자동차의 구동방식
- 직렬 형식
  - 직렬 방식은 엔진에서 출력되는 기계적 에너지는 발전기를 통하여 전기적 에너지로 바뀌고 이 전기적 에너지가 배터리나 모터로 공급되어 차량은 항상 모터로 구동되는 하이브리드 전기자동차를 말한다.
  - 기존의 전기자동차에 주행거리의 증대를 위하여 발전기를 추가한 형태를 말하며 이 발전기의 발전을 엔진동력 즉 연료를 이용한 엔진구동을 통해 발전하는 형태를 말한다.
- 병렬 형식
  - 병렬 방식은 배터리 전원으로도 차를 움직이게 할 수 있고 엔진(기존의 자동차엔진)만으로도 차량을 구동시키는 두 가지 동력원을 같이 사용하는 방식을 말한다.
  - 주행조건에 따라 병렬 방식은 엔진과 모터가 상황에 따른 동력원을 변화할 수 있는 방식이므로 다양한 동력 전달 방식이 가능하다. 그러므로 이에 따른 구동방식이 나누어지며 대표적으로 소프트 방식과 하드 방식으로 나눌 수 있다.

46 충전장치 및 점검 및 정비 방법으로 틀린 것은?

① 배터리 터미널의 극성에 주의한다.
② 엔진구동 중에는 벨트 장력을 점검하지 않는다.
③ 발전기 B단자를 분리한 후 엔진을 고속회전시키지 않는다.
④ 발전기 출력전압이나 전류를 점검할 때는 절연 저항 테스터를 활용한다.

47 그림은 어떤 부품의 파형 형태인가?

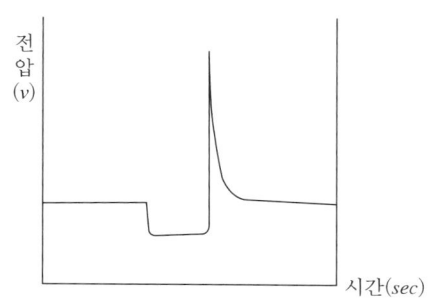

① 인젝터
② 산소 센서
③ 휠 스피드 센서
④ 크랭크 각 센서

48 가솔린엔진의 점화시기 제어에 대한 설명으로 옳은 것은?

① 가속 시 지각 시킨다.
② 감속 시 진각 시킨다.
③ 노킹 발생 시 진각 시킨다.
④ 냉각수 온도가 높으면 지각 시킨다.

49 퓨즈와 릴레이를 대체하며 단선, 단락에 따른 전류 값을 감지함으로써 필요 시 회로를 차단하는 것은?

① BCM(body control module)
② CAN(controller area network)
③ LIN(local interconnect netwokk)
④ IPS(intelligent power switching device)

풀이 IPS는 과전류 보호 기능과 대전류 제어기능 등을 수행함으로써 기존의 퓨즈와 릴레이를 대체하고 있다.

50 하이브리드 자동차의 고전압 배터리의 충·방전 과정에서 전압 편차가 생긴 셀을 동일 전압으로 제어하는 것은?

① 충전상태 제어
② 셀 밸런싱 제어
③ 파워 제한 제어
④ 고전압 릴레이 제어

풀이 셀 밸런싱 : 배터리 셀의 직렬 연결시는 가급적 동일한 전압으로 만든 후에 직렬로 연결하여 각단의 셀들이 모두 같은 비율로 방전되고 같이 충전될 수 있도록 한다.

51 전자제어 에어컨에서 자동차의 실내 및 외부의 온도 검출에 사용되는 것은?

① 서미스터
② 포텐셔미터
③ 다이오드
④ 솔레노이드

풀이 서미스터(thermistor) : 온도에 의해 현저하게 전기 저항값이 변화하는 반도체를 사용한 저항체로, 온도가 상승하면 그 저항 값이 감소하는 부특성(NTC), 온도가 상승하면 그 저항 값이 증가하는 정특성(PTC) 서미스터가 있다.

52 점화코일의 시험 항목으로 틀린 것은?

① 압력시험
② 출력시험
③ 절연 저항시험
④ 1,2차코일 저항시험

풀이 점화코일의시험
• 1,2차 코일의 저항시험
• 케이블 단자 사이의 절연저항시험
• 2차전압시험

53 단면적 0.002cm², 길이 10m인 니켈-크롬선의 전기저항은 몇 Ω인가?(단, 니켈-크롬선의 고유저항은 110μΩ이다.)

① 45
② 50
③ 55
④ 60

풀이 $R = \rho \times \dfrac{l}{A} = \dfrac{110 \times 10^{-6} \times 1000}{2 \times 10^{-3}} = 55$
(σ : 도체의 고유저항, l : 도체의 길이, A : 단면적)

54 자동차 제어모듈 내부의 마이크로 컴퓨터에서 프로그램 및 데이터를 계산하고 처리하는 장치는?

① RAM
② ROM
③ CPU
④ I/O

55 공기정화용 에어필터에 관련된 내용으로 틀린 것은?

① 공기 중의 이물질만 제거 가능한 형식이 있다.
② 필터가 막히면 블로워 모터의 소음이 감소된다.
③ 필터가 막히면 블로워 모터의 송풍량이 감소된다.
④ 공기 중의 이물질과 냄새를 함께 제거 가능한 형식이 있다.

56 기동전동기의 전류소모 시험 결과 배터리의 전압이 12V일 때 120A를 소모하였다면 출력은 약 몇 PS인가?

① 1.96
② 2.96
③ 3.96
④ 4.96

풀이 W = V · I = 12 × 120 = 1.44kW ≒ 1.96PS(∵1kW = 1.3596PS, 1PS = 735.5W)

57 납산 배터리의 방전종지전압에 대한 설명으로 옳은 것은?

① 셀 당 방전종지전압은 0.75V이다.
② 방전종지전압을 설페이션이라 한다.
③ 방전종지전압은 시간당 평균 방전량이다.
④ 방전종지전압을 넘어 방전을 지속하면 충전 시 회복능력이 떨어진다.

풀이 배터리는 어느 한도의 전압 이하까지 방전시키면 그 전극의 활성 물질이 원래의 상태로 돌아가기 어려워 극판의 손상과 함께 성능이 급격히 저하될 수 있다.

58 전자동 에어컨 시스템의 입력 요소로 틀린 것은?

① 습도 센서
② 차고 센서
③ 일사량 센서
④ 실내온도 센서

59 HID(high intensity discharge) 전조등에 대한 설명으로 틀린 것은?

① 밸러스트가 있어야 된다.
② 필라멘트가 있어야 된다.
③ 제논과 같은 불활성가스가 봉입된 고휘도 램프이다.
④ 고전압을 인가하여 방전을 일으켜 빛을 발생시킨다.

풀이 HID : HID는 가스에 고압의 전기(밸러스트가 증폭의 역할 담당)를 흘려 전구안의 가스를 통해 빛을 내는 방식이다.

60 가솔린자동차 점화전압의 크기에 대한 설명으로 틀린 것은?

① 압축 압력이 크면 높아진다.
② 점화플러그 간극이 크면 높아진다.
③ 연소실 내에 혼합비가 희박하면 낮아진다.
④ 점화플러그 중심전극이 날카로우면 낮아진다.

풀이 점화전압 : 2차 전압의 방전전압으로 1~2kV 정도가 정상이고 플러그간극 및 저항이 클수록, 압축비가 높을수록, 플러그 팁의 오염 및 혼합비가 희박할수록 높은 전압이 요구된다.

[2017년 08월 26일 시행 정답]

01	02	03	04	05	06	07	08	09	10
③	②	①	②	①	②	④	③	②	②
11	12	13	14	15	16	17	18	19	20
②	①	④	④	②	②	④	②	②	②
21	22	23	24	25	26	27	28	29	30
①	③	③	①	②	④	②	③	②	④
31	32	33	34	35	36	37	38	39	40
②	④	④	④	①	④	④	③	③	③
41	42	43	44	45	46	47	48	49	50
③	②	②	②	④	④	①	④	④	②
51	52	53	54	55	56	57	58	59	60
①	①	③	③	②	①	④	②	②	③

2018년 1회
2018년 03월 04일

제5장_ 과목별 기출문제

Chapter 05

자동차 엔진정비

01 엔진의 지시마력이 105PS, 마찰마력이 21PS일 때 기계효율은 약 몇 %인가?

① 70
② 80
③ 84
④ 90

풀이 기계효율(η_m) = $\dfrac{\text{제동마력(BPS)}}{\text{지시마력(IPS)}} \times 100(\%)$

= $\dfrac{\text{지시마력} - \text{마찰마력}}{\text{지시마력}} \times 100(\%) = \dfrac{105 - 21}{105} \times 100(\%) = 80(\%)$

02 실린더 내에 흡입되는 흡기량이 감소하는 이유가 아닌 것은?

① 배기가스의 배압을 이용하는 과급기를 설치하였을 때
② 흡입 및 배기밸브의 개폐 시기 조정이 불량할 때
③ 흡입 및 배기의 관성이 피스톤 운동을 따르지 못할 때
④ 피스톤 링, 밸브 등의 마모에 의하여 가스누설이 발생할 때

풀이 과급기 : 엔진에 필요한 공기를 흡입할 때 대기의 압력보다 높은 압력으로 실린더의 내부에 공기를 넣어주는 장치를 말한다.

03 지르코니아방식의 산소센서에 대한 설명으로 틀린 것은?

① 지르코니아 소자는 백금으로 코팅되어있다.
② 배기가스 중의 산소농도에 따라 출력 전압이 변화한다.
③ 산소센서의 출력 전압은 연료분사량 보정 제어에 사용된다.
④ 산소센서의 온도가 100℃ 정도가 되어야 정상적으로 작동하기 시작한다.

풀이 지르코니아 산소센서(oxygen sensor) : 배기가스 속에 포함된 산소와 대기 중의 산소 농도 차이에 의하여 기전력이 발생한다. (혼합기가 농후하면 약 0.9V, 희박하면 약 0.1V). 활성화 온도는 300℃이며 600℃가 최적 상태이고, 850℃ 이상이 되면 기능이 저하된다.

04 가솔린엔진에서 공기과잉률(λ)에 대한 설명으로 틀린 것은?

① λ값이 1일 때가 이론 혼합비 상태이다.
② λ값이 1보다 크면 공기과잉상태이고, 1보다 작으면 공기부족상태이다.
③ λ값이 1에 가까울 때 질소산화물(NOx)의 발생량이 최소가 된다.
④ 엔진에 공급된 연료를 완전 연소시키는 데 필요한 이론 공기량과 실제로 흡인한 공기와의 비이다.

풀이 기관의 실제 운전상태에서 흡입된 공기량을 완전연소에 필요한 이론상의 공기량으로 나눈 값이 공기과잉률이며, λ값이 1에 가까울 때 질소산화물(NOx)의 발생이 많아진다.

05 전자제어 디젤 연료분사장치에서 예비분사에 대한 설명으로 옳은 것은?

① 예비분사는 디젤엔진의 시동성을 향상시키기 위한 분사를 말한다.
② 예비분사는 연소실의 연소압력 상승을 부드럽게 하여 소음과 진동을 줄여준다.
③ 예비분사는 주 분사 이후에 미연가스의 완전연소와 후처리 장치의 재연소를 위해 이루어지는 분사이다.
④ 예비분사는 인젝터의 노후화에 따른 보정분사를 실시하여 엔진의 출력저하 및 엔진부조를 방지하는 분사이다.

풀이 예비분사(Pilot Injection) : 주분사가 이루어지기 전 연료를 분사하여 연소가 잘 되게 하기 위한 분사이며 점화분사 실시 유무에 따라 엔진의 소음과 진동을 억제한다.

06 CNG(Compressed Natural Gas) 엔진에서 가스의 역류를 방지하기 위한 장치는?

① 체크밸브
② 에어조절기
③ 저압연료차단밸브
④ 고압연료차단밸브

풀이 체크밸브
- 가스 충전 밸브 후단부에 장착
- 고압가스 충전시 역류 방지 기능
- 체크밸브 불량시 충전밸브 쪽으로 가스의 누기가 발생

07 엔진에서 디지털 신호를 출력하는 센서는?

① 압전 세라믹을 이용한 노크센서
② 가변저항을 이용한 스로틀포지션 센서
③ 칼만 와류 방식을 이용한 공기유량 센서
④ 전자유도 방식을 이용한 크랭크축 각도센서

08 총 배기량이 2000cc인 4행정 사이클 엔진이 2000rpm으로 회전할 때, 회전력이 15kgf·m 라면 제동평균유효압력은 약 몇 kgf/cm²인가?

① 7.8　　　　② 8.5　　　　③ 9.4　　　　④ 10.2

풀이 $IPS = \dfrac{P_i \cdot v \cdot Z \cdot N \cdot R}{75 \times 60}$ (P_i : 도시평균 유효압력, v : 배기량, N : 회전수, Z : 기통수, R : 상수(2행정 = 1, 4행정 1/2))

$P_i = \dfrac{75 \times 60 \times ps}{v \times N \times R}$ (ps = $\dfrac{N \times T}{716}$) = $\dfrac{4500 \times 1500}{2000 \times \frac{1}{2} \times 716}$ = 9.42

09 다음은 운행차 정기검사의 배기소음도 측정을 위한 검사방법에 대한 설명이다. ( ) 안에 알맞은 것은?

> 자동차의 변속장치를 중립위치로 하고 정지가동상태에서 원동기의 최고 출력시의 75% 회전속도로 ( )초 동안 운전하여 최대 소음도를 측정한다.

① 3　　　　② 4　　　　③ 5　　　　④ 6

10 전자제어 엔진에서 분사량은 인젝터 솔레노이드 코일의 어떤 인자에 의해 결정되는가?

① 전압치　　　② 저항치　　　③ 통전시간　　　④ 코일권수

11 전자제어 연료분사장치에서 연료분사량 제어에 대한 설명 중 틀린 것은?

① 기본 분사량은 흡입 공기량과 엔진 회전수에 의해 결정된다.
② 기본 분사시간은 흡입 공기량과 엔진 회전수를 곱한 값이다.
③ 스로틀밸브의 개도 변화율이 크면 클수록 비동기 분사시간은 길어진다.
④ 비동기분사는 급가속시 엔진의 회전수에 관계없이 순차모드에 추가로 분사하여 가속 응답성을 향상시킨다.

풀이 기본분사량 : 공기유량센서와 기관회전수에 의하여 결정된다.

$T = f \times \dfrac{Q}{N}$ (f : 계수, Q : 흡입공기량, N : 기관회전수)

12 엔진 플라이휠의 기능과 관계없는 것은?

① 엔진의 동력을 전달한다.
② 엔진을 무부하 상태로 만든다.
③ 엔진의 회전력을 균일하게 한다.
④ 링기어를 설치하여 엔진의 시동을 걸 수 있게 한다.

13 디젤노크에 대한 설명으로 가장 적합한 것은?

① 착화 지연기간이 길어지면 발생한다.
② 노크예방을 위해 냉각수온도를 낮춘다.
③ 고온 고압의 연소실에서 주로 발생한다.
④ 노크가 발생되면 엔진 회전수를 낮추면 된다.

풀이 디젤노크 : 연료가 실린더 내 고온 고압의 공기 중에 분사하여 착화할 때 착화지연기간이 길어지면 실린더 내에 분사하여 누적된 연료량이 일시에 급격히 착화 연소 팽창하게 되어 고열과 함께 심한 충격이 가해지게 된다.

14 제동 열효율에 대한 설명으로 틀린 것은?

① 정미 열효율이라고도 한다.
② 작동가스가 피스톤에 한 일이다.
③ 지시 열효율에 기계효율을 곱한 값이다.
④ 제동 일로 변환된 열량과 총 공급된 열량의 비이다.

풀이 작동가스가 피스톤에 한 일은 지시일이 된다.
$\eta_i = \dfrac{AW_i}{Q_1}$ (여기서 W_i는 실린더 내에서 피스톤에 가해지는 일량을 말하며, η_i를 도시 열효율이라 한다.)

15 엔진에서 윤활유 소비증대에 영향을 주는 원인으로 가장 적절한 것은?

① 신품 여과기의 사용
② 실린더 내벽의 마멸
③ 플라이휠 링기어 마모
④ 타이밍 체인 텐셔너의 마모

풀이 윤활유 소비의 가장 큰 요인은 누설과 연소실에서의 연소(실린더간극이 과대)이다.

16 연료필터에서 오버플로우 밸브의 역할이 아닌 것은?

① 필터 각부의 보호 작용
② 운전 중에 공기빼기 작용
③ 분사펌프의 압력상승 작용
④ 연료공급 펌프의 소음발생 방지

17 엔진의 실린더 지름이 55mm, 피스톤 행정이 50mm, 압축비가 7.4라면 연소실 체적은 약 몇 cm^3인가?

① 9.6
② 12.6
③ 15.6
④ 18.6

풀이 압축비(ε) = $\dfrac{\text{행정체적}(V_s) + \text{연소실체적}(V_c)}{\text{연소실체적}(V_c)}$

$7.4 \times V_c = \left(\dfrac{\pi \times 5.5^2}{4} \times 5\right) + V_c$ $\therefore V_c = \dfrac{475}{6.4 \times 4} = 18.55$

18 운행차의 배출가스 정기검사의 배출가스 및 공기과잉률(λ) 검사에서 측정기의 최종 측정치를 읽는 방법에 대한 설명으로 틀린 것은?(단, 저속 공회전 검사모드이다)

① 측정치가 불안정할 경우에는 5초간의 평균치로 읽는다.
② 공기과잉률은 소수점 셋째자리에서 0.001 단위로 읽는다.
③ 탄화수소는 소수점 첫째자리 이하는 버리고 1ppm 단위로 읽는다.
④ 일산화탄소는 소수점 둘째자리 이하는 버리고 0.1% 단위로 읽는다.

풀이 • 측정대상자동차의 상태가 정상으로 확인 되면 원동기가 가동되어 공회전 (500~1,000rpm) 되어 있으며, 가속페달을 밟지 않은 상태에서 시료채취관을 배기관 내에 30㎝ 이상 삽입한다.
• 측정기 지시가 안정된 후 일산화탄소는 소수점 둘째자리 이하는 버리고 0.1% 단위로, 탄화수소는 소수점 첫째자리 이하는 버리고 1ppm단위로, 공기과잉률(λ)은 소수점 둘째자리에서 0.01단위로 최종측정치를 읽는다. 다만, 측정치가 불안정할 경우에는 5초간의 평균치로 읽는다.

19 산소센서를 설치하는 목적으로 옳은 것은?

① 연료펌프의 작동을 위해서
② 정확한 공연비 제어를 위해서
③ 컨트롤 릴레이를 제어하기 위해서
④ 인젝터의 작동을 정확히 조절하기 위해서

20 액상 LPG의 압력을 낮추어 기체 상태로 변환시킨 후 엔진에 연료를 공급하는 장치는?

① 믹서
② 봄베
③ 대시 포트
④ 베이퍼라이저

자동차 섀시정비

21 우측 앞 타이어의 바깥쪽이 심하게 마모되었을 때의 조치 방법으로 옳은 것은?

① 토 인으로 수정한다.
② 앞 · 뒤 현가스프링을 교환한다.
③ 우측 차륜의 캠버를 부(−)의 방향으로 조절한다.
④ 우측 차륜의 캐스터를 정(+)의 방향으로 조절한다.

22 공압식 전자제어 현가장치에서 컴프레셔에 장착되어 차고를 낮출 때 작동하며, 공기 챔버 내의 압축공기를 대기 중으로 방출시키는 작용을 하는 것은?

① 에어 액추에이터 밸브
② 배기 솔레노이드 밸브
③ 압력스위치 제어밸브
④ 컴프레셔 압력 변환밸브

23 조향장치가 기본적으로 갖추어야 할 조건이 아닌 것은?

① 선회시 좌·우 차륜의 조향각이 달라야 한다.
② 조향장치의 기계적 강성이 충분하여야 한다.
③ 노면의 충격을 감쇠시켜 조향핸들에 가능한 적게 전달되어야 한다.
④ 선회 주행시 조향핸들에서 손을 떼도 선회방향성이 유지되어야 한다.

[풀이] 조향장치 구비조건
- 핸들과 바퀴의 선회차가 크지 않아야 한다.
- 노면의 충격이 핸들에 전달 되지 않도록 한다.
- 선회시 저항이 적고 선회후에 복원성이 있어야 한다.
- 고속 주행에는 핸들이 안정되고 저속 주행시는 가벼워야 한다.
- 조향휠의 조작력와 바퀴의 조향각도가 적절해야 한다.

24 유압식 브레이크의 마스터 실린더 단면적이 4cm²이고, 마스터실린더 내 푸시로드에 작용하는 힘이 80kgf라면, 단면적이 3cm²인 휠 실린더의 피스톤에서 발생하는 힘은 몇 kgf인가?

① 40   ② 60   ③ 80   ④ 120

[풀이] 파스칼의 원리에 의해

$P_1 = P_2 = \dfrac{F_1}{A_1} = \dfrac{F_2}{A_2}$

$\therefore 20 = \dfrac{x}{3}$

$x = 60$

25 자동차 바퀴가 정적 불평형일 때 일어나는 현상은?

① 시미 현상   ② 롤링 현상
③ 트램핑 현상   ④ 스탠딩 웨이브 현상

[풀이]
- 정적 평형 : 이것은 타이어가 정지된 상태의 평형이며 정적 불평형일 경우에는 바퀴가 상하로 진동하는 트램핑(tramping)현상을 일으킨다.
- 동적 평형 : 이것은 회전 중심축을 옆에서 보았을 때 평형 즉 회전하고 있는 상태를 뜻한다. 동적 평형이 문제가 되면 바퀴가 좌우로 흔들리는 시미(shimmy)현상이 발생한다.

26 전자제어 현가장치와 관련된 센서가 아닌 것은?

① 차속 센서 ② 조향각 센서
③ 스로틀 개도 센서 ④ 파워오일압력 센서

풀이 파워오일압력 센서는 조향장치 오일펌프에 설치되어 부하의 상태에 따라 엔진의 rpm을 제어한다.

27 자동변속기의 6포지션형 변속레버 위치(select pattern)를 올바르게 나열한 것은?(단, D : 전진위치, N : 중립위치, R : 후진위치, 2, 1 : 저속 전진위치, P : 주차위치)

① P – R – N – D – 2 – 1
② P – N – R – D – 2 – 1
③ R – N – D – P – 2 – 1
④ R – N – P – D – 2 – 1

28 일반적으로 브레이크 드럼의 재료로 사용되는 것은?

① 연강 ② 청동
③ 주철 ④ 켈밋 합금

29 자동차의 변속기에서 제3속의 감속비 1.5, 종감속 구동 피니언 기어의 잇수 5, 링기어의 잇수 22, 구동바퀴의 타이어 유효반경 280mm, 엔진회전수 3300rpm으로 직진 주행하고 있다. 이때 자동차의 주행속도는 약 몇 km/h인가?(단, 타이어의 미끄러짐은 무시한다)

① 26.4 ② 52.8
③ 116.2 ④ 128.4

풀이 $V = \pi \times 타이어지름(D) \times \dfrac{엔진회전수}{총감속비} \div 60$

$= \pi \times 0.56 \times \dfrac{3300}{1.5 \times \dfrac{22}{5}} \div 60 = 14.66\text{m/s} = 52.8\text{km/h}$

30 타이어에 195/70R 13 82S라고 적혀 있다면 S는 무엇을 의미 하는가?

① 편평 타이어 ② 타이어의 전폭
③ 허용 최고 속도 ④ 스틸 레이디얼 타이어

풀이 레이디얼 타이어 : 195/60 R14 85H
- 195 : 타이어 폭
- R : 레이디얼 타이어
- 85 : 하중지수
- 60 : 편평비(%)
- 14 : 타이어 내경(inch)
- H : 속도 기호

31 제동 초속도가 105km/h, 차륜과 노면의 마찰계수가 0.4인 차량의 제동거리는 약 몇 m인가?

① 91.5　　　　　　　　　② 100.5
③ 108.5　　　　　　　　　④ 120.5

풀이 $S_1 = \dfrac{v^2}{2\mu g} = \dfrac{\left(\dfrac{105}{3.6}\right)^2}{2 \times 0.4 \times 9.8} = 108.5$ (v : 자동차속도, μ : 마찰계수, g : 중력가속도)

32 선회시 차체가 조향각도에 비해 지나치게 많이 돌아가는 것을 말하며, 뒷바퀴에 원심력이 작용하는 현상은?

① 하이드로 플래닝　　　　② 오버 스티어링
③ 드라이브 휠 스핀　　　　④ 코너링 포스

풀이
- 오버스티어(over steer) : 주행 중 정상적인 궤도에서 안쪽으로 감아 들어가는 조향특성을 말하는데 앞바퀴의 코너링포스가 뒷바퀴보다 크게 되면 발생한다.
- 언더 스티어(under steer) : 주행 중 정상적인 궤도에서 바깥쪽으로 더욱 벌어지는 특성을 말한다. 뒷바퀴의 코너링 포스가 큰 경우 발생한다.

33 변속기에서 싱크로메시 기구가 작동하는 시기는?

① 변속기어가 물릴 때　　　② 변속기어가 풀릴 때
③ 클러치 페달을 놓을 때　　④ 클러치 페달을 밟을 때

풀이 싱크로메시 기구를 이용하여 변속시 주축과 부축의 원주속도를 일치시켜 변속한다. 싱크로메시 기구는 고속용 자동차에 사용하며, 변속이 신속하고 용이할 뿐만 아니라 소음이 적고, 수명이 길다.

34 차량의 여유 구동력을 크게 하기 위한 방법이 아닌 것은?

① 주행저항을 적게 한다.
② 총 감속비를 크게 한다.
③ 엔진 회전력을 크게 한다.
④ 구동바퀴의 유효반지름을 크게 한다.

풀이 F(구동력) = $\dfrac{T(바퀴의 토크)}{r(타이어 반지름)}$ 이므로 반지름을 작게해야 구동력이 커진다.

35 타이어가 편마모되는 원인이 아닌 것은?

① 쇽업소버가 불량하다.　　② 앞바퀴 정렬이 불량하다.
③ 타이어의 공기압이 낮다.　④ 자동차의 중량이 증가하였다.

36 차륜정렬에서 캐스터에 대한 설명으로 틀린 것은?

① 캐스터에 의해 바퀴가 추종성을 가지게 된다.
② 선회시 차체운동에 위한 바퀴 복원력이 발생한다.
③ 수직방향의 하중에 의해 조향륜이 아래로 벌어지는 것을 방지한다.
④ 바퀴를 차축에 설치하는 킹핀이 바퀴의 수직선과 이루는 각도를 말한다.

풀이 캐스터의 목적
- 자동차의 진행방향이 불안전한 것을 방지하는 방향성을 준다.
- 조향시 바퀴가 직진방향으로 갈려고 하는 복원력이 발생한다.
- 주행안정성을 향상 시킬 수 있다.

37 ABS 장치에서 펌프로부터 토출된 고압의 오일을 일시적으로 저장하고 맥동을 완화시켜주는 구성품은?

① 어큐뮬레이터 ② 솔레노이드 밸브
③ 모듈레이터 ④ 프로포셔닝 밸브

풀이 어큐뮬레이터(축압기) : 유압회로 중 맥동 압력이나 충격 압력을 흡수하여 유압 장치를 보호하거나 유압펌프의 작동없이 유압장치에 순간적인 유압을 공급하기 위해 압력을 저장하는 장치

38 전자제어 제동장치(ABS)의 구성요소가 아닌 것은?

① 휠 스피드 센서 ② 차고 센서
③ 하이드로릭 유닛 ④ 어큐뮬레이터

39 자동차의 동력전달 계통에 사용되는 클러치의 종류가 아닌 것은?

① 마찰 클러치 ② 유체 클러치
③ 전자 클러치 ④ 슬립 클러치

풀이 클러치의 종류
- 마찰 클러치 : 플라이휠과 클러치판의 마찰력에 의해 엔진의 동력을 전달하는 클러치
- 유체 클러치 : 케이스 안에 날개를 마주보게 조합한 후 오일을 채우고 펌프를 회전시켜 오일의 힘에 따라 터빈날개도 회전하는 구조로 된 장치
- 전자 클러치 : 클러치의 간극에 철분을 넣어 만든 디스크를 설치하여 자력에 따라 고정되는 현상을 이용한 클러치

40 동력전달장치인 추진축이 기하학적인 중심과 질량중심이 일치하지 않을 때 일어나는 진동은?

① 요잉 ② 피칭 ③ 롤링 ④ 휠링

풀이 휠링 : 추진축이 구부러졌거나 기하학적인 질량중심이 일치하지 않으면 일어나는 굽음 진동을 말한다.

자동차 전기 · 전자장치정비

41 교류발전기에서 유도 전압이 발생되는 구성품은?

① 로터 ② 회전자 ③ 계자코일 ④ 스테이터

42 공기조화장치에서 저압과 고압스위치로 구성되어 있으며, 리시버 드라이어에 주로 장착되어 있는데 컴프레셔의 과열을 방지하는 역할을 하는 스위치는?

① 듀얼 압력 스위치
② 콘덴서 압력 스위치
③ 어큐뮬레이터 스위치
④ 리시버드라이어 스위치

43 일반적인 오실로스코프에 대한 설명으로 옳은 것은?

① X축은 전압을 표시한다.
② Y축은 시간을 표시한다.
③ 멀티미터의 데이터보다 값이 정밀하다.
④ 전압, 온도, 습도 등을 기본으로 표시한다.

풀이 오실로스코프(oscilloscope)는 특정 시간 간격(대역)의 전압 변화를 볼 수 있는 장치이다. 주로 주기적으로 반복되는 전자 신호를 표시하는데 사용한다. 이 기기를 활용하면 시간에 따라 변화하는 신호를 주기적이고 반복적인 하나의 전압 형태로 파악할 수 있다.

44 점화코일에 관한 설명으로 틀린 것은?

① 점화플러그에 불꽃방전을 일으킬 수 있는 높은 전압을 발생한다.
② 점화코일의 입력측이 1차 코일이고, 출력측이 2차 코일이다.
③ 1차 코일에 전류 차단시 플레이밍의 왼손법칙에 의해 전압이 상승된다.
④ 2차 코일에서는 상호유도작용으로 2차코일의 권수비에 비례하여 높은 전압이 발생한다.

풀이 점화코일
• 1차 코일에 흐르던 1차 전류가 차단되는 순간 2차 코일에서 고전압이 발생되는 승압장치
• 원리 : 자기유도작용(1차코일), 상호유도작용(1차 코일에 의한 2차코일 간)

45 오토라이트(Auto light) 제어회로의 구성부품으로 가장 거리가 먼 것은?

① 압력 센서
② 조도감지 센서
③ 오토 라이트 스위치
④ 램프 제어용 휴즈 및 릴레이

풀이 오토라이트시스템(Auto Light System)은 "AUTO" 점등 위치와 주위 밝기의 변화를 감지하는 조도센서의 입력신호를 받아 미등 또는 전조등 릴레이를 통하여 자동으로 점등, 소등시켜 주는 장치이다.

46 전자동 에어컨 시스템에서 제어모듈의 출력요소로 틀린 것은?

① 블로워 모터
② 냉각수 밸브
③ 내·외기 도어 액추에이터
④ 에어믹스 도어 액추에이터

47 에어백 장치에서 승객의 안전벨트 착용여부를 판단하는 것은?

① 시트부하 스위치
② 충돌 센서
③ 버클 스위치
④ 안전 센서

48 다이오드를 이용한 자동차용 전구회로에 대한 설명 중 옳은 것은?

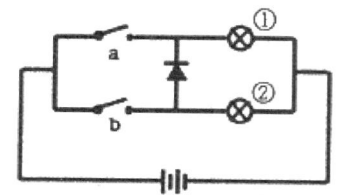

① 스위치 b가 ON일 때 전구 ②만 점등된다.
② 스위치 b가 ON일 때 전구 ①만 점등된다.
③ 스위치 a가 ON일 때 전구 ①만 점등된다.
④ 스위치 a가 ON일 때 전구 ①과 전구 ② 모두 점등된다.

풀이 스위치 a가 ON일 때 전구 ①만 점등되고, 스위치 b가 ON일 때 전구 ① ②모두 점등된다.

49 회로가 그림과 같이 연결되었을 때 멀티미터가 지시하는 전류 값은 몇 A인가?

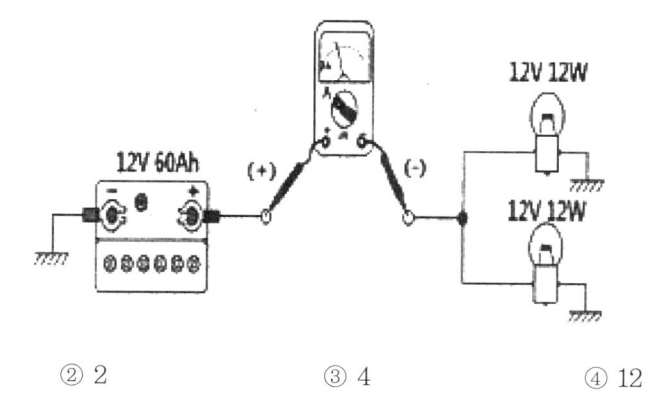

① 1
② 2
③ 4
④ 12

풀이 12V 12W 전구에는 W = V × I에서 1A의 전류가 각각 흐른다.

50 점화파형에 대한 설명으로 틀린 것은?

① 압축압력이 높을수록 점화요구전압이 높아진다.
② 점화플러그의 간극이 클수록 점화 요구전압이 높아진다.
③ 점화플러그의 간극이 좁을수록 불꽃방전시간이 길어진다.
④ 점화 1차 코일에 흐르는 전류가 클수록 자기유도전압이 낮아진다.

풀이 유도기전력은 전류의 변화에 비례하고, 시간의 변화에 반비례한다.
$$\varepsilon = -\frac{d\phi_B}{dt} = \mu_0 n^2 IS\frac{di}{dt} = -L\frac{di}{dt}$$

51 직권식 기동전동기의 전기자 코일과 계자코일의 연결방식은?

① 직렬로 연결되었다.
② 병렬로 연결되었다.
③ 직·병렬 혼합 연결되었다.
④ 델타 방식으로 연결되었다.

풀이 직류 전동기 구분(여자 방식별 구분)
- 분권 전동기 : 전기자, 계자 권선이 병렬로 연결, 회전속도가 일정
- 직권 전동기 : 전기자, 계자 권선이 직렬로 연결, 기동 토크가 크고, 속도 제어에 유리
- 복권 전동기 : 분권과 직권 계자를 모두 갖는 전동기

52 서로 다른 종류의 두 도체(또는 반도체)의 접점에서 전류가 흐를 때 접점에서 줄열(Joule's heat) 외에 발열 또는 흡열이 일어나는 현상은?

① 홀 효과
② 피에조 효과
③ 자계 효과
④ 펠티에 효과

풀이 펠티어 효과는 서로 다른 금속의 접점을 통하여 전류가 흐를 때 보통 일어나는 가역적인 열의 방출이나 흡수로 전류를 외부에서 흘려 주던가 또는 열전대 자체에서 유도되었던 간에 모두 일어나며 펠티어 열은 흐르는 전류에 비례한다.

53 하이브리드 자동차에서 모터의 회전자와 고정자의 위치를 감지하는 것은?

① 레졸버
② 인버터
③ 경사각 센서
④ 저전압 직류 변환장치

풀이 레졸버는 모터 회전자의 위치를 측정하기 위한 센서로 엔코더에 비해 기계적 강도가 높고 내구성이 우수하여 전기자 동차, 로봇, 항공, 군사기기 등 고성능, 고정밀 구동이 필요한 분야에서 구동 모터의 위치 센서로 쓰이고 있다.

54 가솔린엔진에서 크랭크축의 회전수와 점화시기의 관계에 대한 설명으로 옳은 것은?

① 회전수와 점화시기는 무관하다.
② 회전수의 증가와 더불어 점화시기는 진각된다.
③ 회전수의 감소와 더불어 점화시기는 진각 후 지각된다.
④ 회전수의 증가와 더불어 점화시기는 지각 후 진각된다.

55 하이브리드 차량에서 감속 시 전기모터를 발전기로 전환하여 차량의 운동 에너지를 전기에너지로 변환시켜 배터리로 회수하는 시스템은?

① 회생 제동 시스템
② 파워 릴레이 시스템
③ 아이들링 스톱 시스템
④ 고전압 배터리 시스템

풀이 감속모드(회생제동모드)는 감속 시 바퀴에서 발생되는 회전 동력을 전기 에너지로 변환하여 배터리로 충전을 실시하는 모드로서 이때 발생한 에너지를 회생에너지라고 하며, 바퀴에서 전달되는 회전에너지를 모터가 발전기로 전환하여 전기에너지를 고전압 배터리로 충전을 한다.

56 배터리 극판의 영구 황산납(유화, 설페이션)현상의 원인으로 틀린 것은?

① 전해액의 비중이 너무 낮다.
② 전해액이 부족하여 극판이 노출되었다.
③ 배터리의 극판이 충분하게 충전되었다.
④ 배터리를 방전된 상태로 장기간 방치하였다.

풀이 설페이션(sulfation) 현상
축전지를 방전 상태로 장기간 방치하면 극판에 불활성 황화현상이 발생하여 축전지 극판이 영구 황산납의 결정체가 되는 현상을 말한다.
원인은 과방전하였을 경우, 장기간 방전 상태로 방치하였을 경우, 전해액의 비중이 너무 낮을 경우, 전해액의 부족으로 극판이 노출되었을 경우, 전해액에 불순물이 혼입되었을 경우, 불충분한 충전을 반복하였을 경우 등이다.

57 [보기]가 설명하고 있는 법칙으로 옳은 것은?

유도기전력의 방향은 코일 내 자속의 변화를 방해하는 방향으로 발생한다.

① 렌츠의 법칙
② 자기 유도 법칙
③ 플레밍의 왼손 법칙
④ 플레밍의 오른손 법칙

풀이 유도기전력
$$\varepsilon = -\frac{d\phi_B}{dt} = \mu_0 n^2 IS \frac{di}{dt} = -L\frac{di}{dt}$$

58 자동차 정기검사의 등화장치 검사기준에서 ( )에 알맞은 것은?(주광축의 진폭은 10m 위치에서 다음 수치 이내일 때)

전조등 \ 진폭	상	하	좌	우
좌측	10cm	30cm	( )	30cm
우측	10cm	30cm	30cm	30cm

① 10
② 15
③ 20
④ 25

풀이 광축
- 상진폭 : 10cm 이내, 하진폭 : 30cm 이내
- 좌측등 : 좌진폭 15cm, 우진폭 30cm 이내
- 우측등 : 좌진폭 30cm, 우진폭 30cm 이내

59 점화순서가 1-5-3-6-2-4인 직렬 6기통 기관에서 2번 실린더가 흡입 초 행정일 경우 1번 실린더의 상태는?

① 흡입 말 ② 동력 초
③ 동력 말 ④ 배기 중

60 제동등과 후미등에 관한 설명으로 틀린 것은?

① 제동등과 후미등은 직렬로 연결되어 있다.
② LED방식의 제동등은 점등속도가 빠르다.
③ 제동등은 브레이크 스위치에 의해 점등된다.
④ 퓨즈 단선 시 전체 후미등이 점등되지 않는다.

풀이 후미등과 제동등은 병렬로 연결되어 있다.

[2018년 03월 04일 시행 정답]

01	02	03	04	05	06	07	08	09	10
②	①	④	③	②	①	③	③	②	③
11	12	13	14	15	16	17	18	19	20
②	②	①	②	②	③	④	②	②	④
21	22	23	24	25	26	27	28	29	30
③	②	④	②	③	④	①	③	②	③
31	32	33	34	35	36	37	38	39	40
③	②	①	④	④	③	①	②	④	④
41	42	43	44	45	46	47	48	49	50
④	①	③	③	①	②	③	③	②	④
51	52	53	54	55	56	57	58	59	60
①	④	①	②	①	③	①	②	③	①

2018년 2회
2018년 04월 28일

제5장_ 과목별 기출문제

Chapter 05

자동차 엔진정비

01 기관의 도시평균유효압력에 대한 설명으로 옳은 것은?

① 이론 PV선도로부터 구한 평균유효압력
② 기관의 기계적 손실로부터 구한 평균유효압력
③ 기관의 실제 지압선도로부터 구한 평균유효압력
④ 기관의 크랭크축 출력으로부터 계산한 평균유효압력

풀이
- 평균유효압력 : 1사이클 중에 이루어지는 일을 행정체적으로 나눈 값을 말하며, 종류는 이론평균유효압력, 도시평균압력, 제동평균유효압력 등이 있다.
- 이론평균유효압력 : 이론적인 지압선도에서 구한 평균압력
- 도시평균유효압력 : 실제 지압선도에서 발생하는 도시일을 행정체적으로 나누어 압력 단위로 환산한 값
- 제동평균유효압력 : 엔진 크랭크축에서 측정되는 제동일을 압력의 단위로 환산한 것
- 마찰평균유효압력 : 기관의 기계적 손실(마찰)로부터 구한 평균유효압력

02 전자제어 디젤 연료분사방식 중 다단분사의 종류에 해당하지 않는 것은?

① 주분사
② 예비분사
③ 사후분사
④ 예열분사

풀이
- 예비분사(Pilot Injection) : 주분사가 이루어지기 전 연료를 분사하여 연소가 잘 되게 하기 위한 분사이며 엔진의 소음과 진동을 억제한다.
- 주분사(Main Injection) : 엔진의 출력에 대한 에너지는 주분사로 부터 나온다. 주분사는 점화분사가 실행되었는지 고려하여 연료량을 계산하며, 기본 값으로 사용되는 것은 엔진 토크량, 엔진회전수, 냉각수온, 흡기온도, 대기압 등으로 주분사 연료량을 계산한다.
- 사후분사(Post Injection) : 디젤 연료(HC)를 촉매 변환기에 공급하기 위한 것으로 이는 배기가스에서 질소산화물을 감소시키기 위한 분사이다.

03 디젤엔진의 기계식 연료분사장치에서 연료의 분사량을 조절하는 것은?

① 컷오프밸브
② 조속기
③ 연료여과기
④ 타이머

풀이 조속기(governor) : 엔진의 회전속도나 부하의 변동에 따라서 자동적으로 제어 래크를 움직여 분사량을 가감하는 장치이다.

04 자동차 정기검사의 소음도 측정에서 운행자동차의 소음허용기준 중 (　)에 알맞은 것은?(단, 2006년 1월 1일 이후에 제작되는 자동차)

소음 항목 자동차 종류	배기소음(dB(A))	경적소음(dB(C))
경자동차	(　) 이하	110 이하

① 100　　　　　　　　② 105
③ 110　　　　　　　　④ 115

05 자동차 디젤엔진의 분사펌프에서 분사 초기에는 분사시기를 변경시키고 분사 말기는 분사시기를 일정하게 하는 리드 형식은?

① 역 리드　　　　　　② 양 리드
③ 정 리드　　　　　　④ 각 리드

06 캐니스터에서 포집한 연료 증발가스를 흡기다기관으로 보내주는 장치는?

① PCV　　　　　　　② EGR밸브
③ PCSV　　　　　　 ④ 서모밸브

풀이 연료증발가스 정화장치(주성분 : HC) : 연료탱크의 증발가스를 활성탄 캐니스터에 포집하였다가 PCSV(Purge Control Solenoid Valve-ECU로 제어)를 이용하여 흡기다기관으로 유입하여 연소시킨다.

07 전자제어 가솔린엔진에 사용되는 센서 중 흡기온도 센서에 대한 내용으로 틀린 것은?

① 흡기온도가 낮을수록 공연비는 증가된다.
② 온도에 따라 저항값이 변화되는 NTC형 서미스터를 주로 사용한다.
③ 엔진 시동과 직접 관련되며 흡입공기량과 함께 기본 분사량을 결정한다.
④ 온도에 따라 달라지는 흡입 공기밀도 차이를 보정하여 최적의 공연비가 되도록 한다.

풀이 기본분사량 : 공기유량센서와 기관회전수에 의하여 결정된다.

08 전자제어 가솔린 분사장치의 흡입공기량 센서 중에서 흡입하는 공기의 질량에 비례하여 전압을 출력하는 방식은?

① 핫 필름식　　　　　② 칼만 와류식
③ 맵 센서식　　　　　④ 베인식

09 운행차 정밀검사의 관능 및 기능검사에서 배출가스 재순환장치의 정상적 작동상태를 확인하는 검사방법으로 틀린 것은?

① 정화용 촉매의 정상부착 여부 확인
② 재순환 밸브의 수정 또는 파손 여부를 확인
③ 진공호스 및 라인 설치 여부, 호스 폐쇄여부 확인
④ 진공밸브 등 부속장치의 유·무, 우회로 설치 및 변경 여부를 확인

10 기관에서 밸브 스템의 구비조건이 아닌 것은?

① 관성력이 증대되지 않도록 가벼워야 한다.
② 열전달 면적을 크게 하기 위하여 지름을 크게 한다.
③ 스템과 헤드의 연결부는 응력집중을 방지하도록 곡률반경이 작아야 한다.
④ 밸브 스템의 윤활이 불충분하기 때문에 마멸을 고려하여 경도가 커야 한다.

> **풀이** 밸브의 구비 조건
> • 고온에서 강도와 경도가 클 것
> • 충격에 강하고 피로에 강할 것
> • 비중량이 가벼울 것
> • 내열성, 내식성 및 내마모성이 클 것
> • 열전도가 좋고 열팽창계수가 작을 것
> • 단조가공 및 용접이 쉬울 것

11 LPG를 사용하는 자동차의 봄베에 부착되지 않는 것은?

① 충전밸브　　② 송출밸브
③ 안전밸브　　④ 메인 듀티 솔레노이드밸브

> **풀이** 피드백 솔레노이드 밸브는 믹스에 설치되어 ECU로 부터의 펄스신호에 의해 ON,OFF를 반복하며 공연비를 조정한다.

12 LPG엔진의 특징에 대한 설명으로 옳은 것은?

① 연료 관 내에 베이퍼록이 발생하기 쉽다.
② 연료의 증발잠열로 인해 겨울철 시동성이 좋지 않다.
③ 옥탄가가 낮은 연료를 사용하여 노크가 빈번히 발생한다.
④ 연소가 불안정하여 다른 엔진에 비해 대기오염물질을 많이 발생한다.

> **풀이** LPG 기관의 장·단점
> • 장점
>   - 경제성이 좋다.
>   - 대기오염이 적고 위생적이다.
>   - 연소효율이 좋으며 엔진이 정숙하다.
>   - 증기압을 이용하므로 연료펌프가 필요 없다.
>   - 유황성분이 적어 연소 후 각 부품에 손상이 적다.
>   - 엔진오일의 수명이 길다.
>   - Percolation 이나 Vapor Lock 현상이 없다.
>   - 연소실에 카본 부착이 적어 점화 플러그의 수명이 길다.
>   - 옥탄가가 높아 노크가 잘 일어나지 않는다

• 단점
  - 트렁크 사용공간이 협소해진다.
  - 겨울철 시동이 곤란하다.(기체연료 사용)
  - 연료의 취급과 공급절차가 복잡하다.
  - 베이퍼라이저 내에 타르(tar) 제거와 같은 정비가 필요하다.
  - Bombe가 고압용기이기 때문에 정기검사가 필요하다.
  - 가솔린에 비하여 출력이 떨어진다.

13 전자제어 엔진에서 연료의 기본 분사량 결정요소는?

① 배기 산소농도   ② 대기압
③ 흡입공기량   ④ 배기량

풀이 기본분사량 : 공기유량과 기관회전수에 의하여 결정된다.

14 엔진이 압축행정일 때 연소실 내의 열과 내부에너지의 변화의 관계로 옳은 것은?(단, 연소실 내부 벽면온도가 일정하고, 혼합가스가 이상기체이다)

① 열 = 방열, 내부에너지 = 증가   ② 열 = 흡열, 내부에너지 = 불변
③ 열 = 흡열, 내부에너지 = 증가   ④ 열 = 방열, 내부에너지 = 불변

15 배기량 40cc, 연소실 체적 50cc인 가솔린엔진이 3000rpm일 때, 축 토크가 8.95kgf·m이라면 축출력은 약 몇 PS인가?

① 15.5   ② 35.1   ③ 37.5   ④ 38.1

풀이 $BPS = \dfrac{NT}{716} = \dfrac{3000 \times 8.95}{716} = 37.5PS$ (N : 회전수, T : 토크)

16 전자제어 엔진의 연료분사장치 특징에 대한 설명으로 가장 적절한 것은?

① 연료 과다 분사로 연료소비가 크다.
② 진단장비 이용으로 고장수리가 용이하지 않다.
③ 연료분사 처리속도가 빨라서 가속 응답성이 좋아진다.
④ 연료 분사장치 단품의 제조원가가 저렴하여 엔진가격이 저렴하다.

풀이 전자제어 분사장치의 특징
• 공기 흐름에 따른 관성 질량이 작아 응답성이 향상된다.
• 기관의 출력이 증대되고, 연료 소비율이 감소한다.
• 배출 가스 감소로 인한 유해 물질 배출 감소효과가 크다.
• 연료의 베이퍼록, 퍼컬레이션, 빙결 등의 고장이 적으므로 운전성능이 향상된다.
• 이상적인 흡기다기관을 설계할 수 있어 기관의 효율이 향상된다.
• 각 실린더에 동일한 양의 연료 공급이 가능하다.
• 전자부품의 사용으로 구조가 복잡하고 값이 비싸다.
• 흡입계통의 공기 누설이 기관에 큰 영향을 준다.

17 엔진의 오일 여과기 및 오일팬에 쌓이는 이물질이 아닌 것은?

① 오일의 열화 및 노화로 발생한 산화물
② 토크컨버터의 열화로 인한 퇴적물(슬러지)
③ 기관 섭동부분의 마모로 발생한 금속 분말
④ 연료 및 윤활유의 불완전 연소로 생긴 카본

풀이 토크컨버터는 자동변속기 액이 순환하면서 윤활 및 작동유의 역할을 한다.

18 연료장치에서 연료가 고온상태일 때 체적 팽창을 일으켜 연료 공급이 과다해지는 현상은?

① 베이퍼록 현상
② 퍼컬레이션 현상
③ 캐비테이션 현상
④ 스텀블 현상

풀이 퍼컬레이션(percolation) : 여과를 의미하는 영어로서 기화기로부터 흡기 매니폴드로 여분의 가솔린이 유출하는 것, 기화기 플로트실(float chamber)의 가솔린이 엔진룸의 온도가 비상적으로 상승하는 등의 원인으로 흡기 매니폴드에 유출하여 혼합기가 농후해지는 현상

19 가솔린엔진에서 노크발생을 억제하기 위한 방법으로 틀린 것은?

① 연소실벽 온도를 낮춘다.
② 압축비, 흡기온도를 낮춘다.
③ 자연 발화온도가 낮은 연료를 사용한다.
④ 연소실 내 공기와 연료의 혼합을 원활하게 한다.

풀이 노킹의 발생원인
- 점화시기가 빠를 때
- 압축비가 높을 때
- 흡기온도 및 압력이 높을 때
- 기관이 과열되었을 때
- 기관을 저속 과부하로 운전할 때
- 옥탄가가 낮고 약간 희박한 혼합비일 때

20 피스톤의 단면적 40cm², 행정 10cm, 연소실체적 50cm³인 기관의 압축비는 얼마인가?

① 3 : 1
② 9 : 1
③ 12 : 1
④ 18 : 1

풀이 압축비(ε) = $\dfrac{\text{행정체적}(V_s) + \text{연소실체적}(V_c)}{\text{연소실체적}(V_c)} = \dfrac{(40 \times 10) + 50}{50} = 9$

자동차 섀시정비

21 중량이 2000kgf인 자동차가 20°의 경사로를 등반시 구배(등판) 저항은 약 몇 kgf인가?

① 522　　　　　　　　　　　② 584
③ 622　　　　　　　　　　　④ 684

풀이 구배저항(R_g) = W · sinθ = 2000 × sin20° = 684(W : 자동차총중량, θ : 경사각)

22 무단변속기(CVT)를 제어하는 유압제어 구성부품에 해당하지 않는 것은?

① 오일펌프　　　　　　　　② 유압제어밸브
③ 레귤레이터밸브　　　　　④ 싱크로메시기구

풀이 수동변속기에서는 싱크로메시 기구를 이용하여 변속시 주축과 부축의 원주속도를 일치시켜 변속한다. 싱크로메시 기구는 고속용 자동차에 사용하며, 변속이 신속하고 용이할 뿐만 아니라 소음이 적고, 수명이 길다.

23 축거를 L(m), 최소 회전반경을 R(m), 킹핀과 바퀴 접지면과의 거리를 r(m)이라 할 때 조향각 α를 구하는 식은?

① $\sin\alpha = \dfrac{L}{R-r}$　　② $\sin\alpha = \dfrac{L-r}{R}$　　③ $\sin\alpha = \dfrac{R-r}{L}$　　④ $\sin\alpha = \dfrac{L-R}{r}$

24 TCS(Traction Control System)가 제어하는 항목에 해당하는 것은?

① 슬립제어　　　　　　　　② 킥 업 제어
③ 킥 다운 제어　　　　　　④ 히스테리시스 제어

풀이 TCS의 주요성능
- 구동성능 : TCS는 구동륜의 슬립을 제어함으로써 차체의 흔들림이 적고 출발 및 가속시 안정성이 향상돼 발진성, 가속성, 등판성 등이 향상된다.
- 선회 추월성능 : 트레이스제어를 통해 안전한 코너링 주행 및 추월이 가능하다.
- 조향안정성능 : 저 마찰로에서의 안전성 및 구동력이 향상되어 조향 핸들을 돌릴 때 구동력에 의한 횡력을 우선적으로 제어하므로 회전이 용이하다.

25 TCS(Traction Control System)에서 트레이스제어를 위해 컴퓨터(TCU)로 입력되는 항목이 아닌 것은?

① 차고센서　　　　　　　　② 휠스피드 센서
③ 조향 각속도 센서　　　　④ 액셀러레이터 페달 위치 센서

26 선회 주행시 앞바퀴에서 발생하는 코너링 포스가 뒷바퀴보다 크게 되면 나타나는 현상은?

① 토크 스티어링 현상 ② 언더 스티어링 현상
③ 오버 스티어링 현상 ④ 리버스 스티어링 현상

풀이 • 오버스티어(over steer) : 주행 중 정상적인 궤도에서 안쪽으로 감아 들어가는 조향특성을 말하는데 앞바퀴의 코너링포스가 뒷바퀴보다 크게 되면 발생한다.
• 언더 스티어(under steer) : 주행 중 정상적인 궤도에서 바깥쪽으로 더욱 벌어지는 특성을 말한다. 뒷바퀴의 코너링 포스가 큰 경우 발생한다.

27 사이드슬립 테스터로 측정한 결과 왼쪽 바퀴가 안쪽으로 6mm, 오른쪽 바퀴가 바깥쪽으로 8mm 움직였다면 전체 미끄럼량은?

① in 1mm ② out 1mm ③ in 7mm ④ out 7mm

풀이 사이드슬립 = $\frac{6-8}{2}$ = –1m/mm이므로 전체 미끄럼량은 아웃으로 1mm이다.

28 클러치페달을 밟았다가 천천히 놓을 때 페달이 심하게 떨리는 이유가 아닌 것은?

① 플라이휠이 변형되었다.
② 클러치 압력판이 변형되었다.
③ 플라이휠의 링기어가 마모되었다.
④ 클러치 디스크 페이싱의 두께차가 있다.

풀이 플라이 휠 : 크랭크축의 회전을 원활하게 유지시켜 주는 역할을 하며 뒷면에는 클러치가 설치되고 바깥둘레에는 기동 모터와 물리는 링기어가 열박음되어 있다.

29 2세트의 유성기어 장치를 연이어 접속시키고 일체식 선기어를 공용으로 사용하는 방식은?

① 라비뇨식 ② 심프슨식 ③ 밴딕스식 ④ 평행축 기어방식

풀이 유성기어의 종류
• 라비뇨 기어장치 : 1개의 링기어에 2차 피니언 기어와 1차 피니언 기어가 연결되어 있고 2차 선기어는 2차 피니언 기어에 연결되어 있거나 길이가 긴 피니언 기어를 공용하는 형식을 말한다.
• 심프슨 기어장치 : 2조의 유성기어 장치를 병렬로 접속시키되 동력 전달은 직렬로 전달하며 앞·뒤 유성기어 장치의 선 기어 직경이 서로 다른 것을 사용하는 형식을 말한다.

30 저속 시미(shimmy)현상이 일어나는 원인으로 틀린 것은?

① 앞 스프링이 절손되었다.
② 조향핸들의 유격이 작다.
③ 로어암의 볼조인트가 마모되었다.
④ 타이로드 엔드의 볼조인트가 마모되었다.

풀이 저속시미(shimmy)의 원인
- 앞 현가 스프링이 쇠약하다.
- 타이어의 공기 압력이 낮다.
- 조향 링키지의 연결부가 헐겁다.
- 스프링 정수가 작다.

31 병렬형 하이브리드 자동차의 특징 설명으로 틀린 것은?

① 모터는 동력 보조만 하므로 에너지 변환 손실이 적다.
② 기존 내연기관 차량을 구동장치의 변경없이 활용 가능하다.
③ 소프트방식은 일반 주행 시에는 모터 구동만을 이용한다.
④ 하드 방식은 EV 주행 중 엔진 시동을 위해 별도의 장치가 필요하다.

32 드럼식 브레이크와 비교한 디스크식 브레이크의 특징이 아닌 것은?

① 자기작동작용이 발생하지 않는다.
② 냉각성능이 작아 제동성능이 향상된다.
③ 마찰 면적이 적어 패드의 압착력이 커야한다.
④ 주행시 반복 사용하여도 제동력 변화가 적다.

풀이 디스크식 브레이크의 장·단점
- 디스크가 노출되어 방열 작용이 좋다.
- 열변형이 없어 페달 밟는 거리의 변화가 적다.
- 페이드현상이 방지되어 제동성능이 안정된다.
- 패드의 내마멸성이 매우 큰 재료를 사용해야 한다.
- 좌우바퀴의 제동력이 안정되어 편제동이 적다.
- 이물질이 묻어도 디스크로부터 이탈이 용이하다.
- 마찰면적이 적으므로 패드를 미는 힘이 커야 한다.
- 패드 마모가 드럼식보다 빠르고 구조상 가격이 비싸다.

33 전자제어 현가장치의 기능에 대한 설명 중 틀린 것은?

① 급제동시 노즈다운을 방지할 수 있다.
② 변속 단에 따라 변속비를 제어할 수 있다.
③ 노면으로부터의 차량 높이를 조절할 수 있다.
④ 급선회시 원심력에 의한 차체의 기울어짐을 방지할 수 있다.

34 무단변속기(CVT)의 특징에 대한 설명으로 틀린 것은?

① 토크 컨버터가 없다.
② 가속 성능이 우수하다.
③ A/T 대비 연비가 우수하다.
④ 변속단이 없어서 변속 충격이 거의 없다.

풀이 무단변속기의 장점
- 엔진의 출력 활용도가 높다.
- 연료소비율 및 가속성능이 향상된다.
- 변속 충격이 없다.
- 운전자의 성향에 따라 필요한 구동력 구간에서 운전이 가능하다.

35
다음 그림은 자동차의 뒤차축이다. 스프링 아래 질량의 진동 중에서 X축을 중심으로 회전하는 진동은?

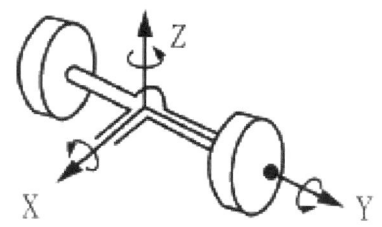

① 휠 트램프　　② 휠 홉　　③ 와인드 업　　④ 롤링

풀이 스프링 아래 무게 진동
- 휠 홉(wheel hop) : 차축이 z방향의 상하 평행운동을 하는 진동
- 휠 트램프(wheel tramp) : 차축이 x축 중심으로 회전운동을 하는 진동
- 와인드 업(wind up) : 차축이 y축을 중심으로 회전운동을 하는 진동
- 쉐이크(shake) : 차축이 x축 방향으로 평행운동을 하는 진동
- 조(jaw) : 차축이 z축 둘레의 회전운동을 하는 진동

36
공기 브레이크의 특징으로 틀린 것은?

① 베이퍼록이 발생되지 않는다.
② 유압으로 제동력을 조절한다.
③ 기관의 출력이 일부 사용된다.
④ 압축공기의 압력을 높이면 더 큰 제동력을 얻을 수 있다.

풀이 공기 브레이크 장점
- 차량 중량이 아무리 커도 사용할 수 있다.
- 드럼의 발열 작용이 높아도 베이퍼록 현상이 없다.
- 공기 브레이크는 페달 밟는 양에 따라 제동력이 커지므로 조작하기 쉽다.
- 혼, 와이퍼 등을 압축 공기를 사용하여 조작할 수 있다.
- 압축 공기의 압력을 높이면 더 큰 제동력을 얻을 수 있다.

37
ABS(Anti-lock Brake System)에 대한 두 정비사의 의견 중 옳은 것은?

- 정비사 KIM : 발전기의 전압이 일정 전압 이하로 하강하면 ABS 경고등이 점등된다.
- 정비사 LEE : ABS시스템의 고장으로 경고등 점등시 일반 유압제동시스템은 작동할 수 없다.

① 정비사 KIM만 옳다.　　② 정비사 LEE만 옳다.
③ 두 정비사 모두 옳다.　　④ 두 정비사 모두 틀리다.

풀이 ABS 기능이 작동되지 않아도 일반 유압식브레이크는 작동된다.

38 기관의 축출력은 5000rpm에서 75kW이고, 구동륜에서 측정한 구동출력이 64kW이면 동력 전달장치의 총 효율은 약 몇 %인가?

① 15.3　　　② 58.8　　　③ 85.3　　　④ 117.8

풀이 총 효율 = $\dfrac{64}{75} \times 100(\%) = 85.3\%$

39 다음은 종감속기어에서 종감속비를 구하는 공식이다. ( ) 안에 알맞은 것은?

$$종감속비 = \dfrac{(\quad\quad)의\ 잇수}{구동피니언의\ 잇수}$$

① 링기어　　　② 스크루기어　　　③ 스퍼기어　　　④ 래크기어

40 휴대용 진공펌프 시험기로 점검할 수 있는 항목과 관계없는 것은?

① 서모밸브 점검　　　② EGR밸브 점검
③ 라디에이터 캡 점검　　　④ 브레이크 하이드로 백 점검

풀이 라디에이터 캡 점검 : 압력계 눈금을 보면서 규정압력까지 레버로 펌핑을 한 후 테스터의 압력계 눈금이 규정압력을 유지하면 양호한 것이며, 압력이 떨어지면 누수가 있는 것이다.

자동차 전기 · 전자장치정비

41 에어백 시스템을 설명한 것으로 옳은 것은?

① 충돌이 생기면 무조건 전개되어야 한다.
② 프리텐셔너는 운전석 에어백이 전개된 후에 작동한다.
③ 에어백 경고등이 계기판에 들어와도 조수석 에어백은 작동된다.
④ 에어백이 전개 되려면 충돌감지 센서의 신호가 입력되어야 한다.

42 기동전동기의 풀인(pull-in)시험을 시행할 때 필요한 단자의 연결로 옳은 것은?

① 배터리 (+)는 ST단자에 배터리 (-)는 M단자에 연결한다.
② 배터리 (+)는 ST단자에 배터리 (-)는 B단자에 연결한다.
③ 배터리 (+)는 B단자에 배터리 (-)는 M단자에 연결한다.
④ 배터리 (+)는 B단자에 배터리 (-)는 ST단자에 연결한다.

풀이 마그네틱 스위치 풀인 시험
- 시동모터 M 단자 배선 분리
- 시동모터 ST단자 ⇒ 배터리 (+)단자 연결, 모터 M 단자 ⇒ 배터리 (−)단자 연결
- 피니언이 전진하면 정상, 불량하면 마그넥틱 스위치 교환

43 기전력이 2V이고 0.2Ω의 저항 5개가 병렬로 접속되었을 때 각 저항에 흐르는 전류는 몇 A 인가?

① 10
② 20
③ 30
④ 40

풀이 $I = \dfrac{V}{R} = \dfrac{2}{0.2} = 10A$

44 다음은 자동차 정기검사의 등화장치 검사기준에서 전조등의 광도측정 기준이다. (   ) 안에 알맞은 것은?

> 광도(최고속도가 매시 (   )킬로미터 이하인 자동차를 제외한다)는 다음 기준에 적합할 것
> (1) 2등식 : 1만 5천 칸델라 이상
> (2) 4등식 : 1만 2천 칸델라 이상

① 25
② 35
③ 45
④ 60

45 0.2μF와 0.3μF의 축전기를 병렬로 하여 12V의 전압을 가하면 축전기에 저장되는 전하량은?

① 1.2μC
② 6μC
③ 7.2μC
④ 14.4μC

풀이 콘덴서 병렬접속 용량 = 0.2 + 0.3 = 0.5μF
$Q = C \cdot V = 0.5 \times 12 = 6μC$ (C : 콘덴서 정전용량(F), V : 인가전압)

46 점화플러그의 방전전압에 영향을 미치는 요인이 아닌 것은?

① 전극의 틈새모양, 극성
② 혼합가스의 온도, 압력
③ 흡입공기의 습도와 온도
④ 파워 트랜지스터의 위치

풀이 점화전압 : 2차 전압의 방전전압으로 1~2kV 정도가 정상이고 플러그 간극 및 저항이 클수록, 압축비가 높을수록, 플러그 팁의 오염 및 혼합비가 희박할수록 높은 전압이 요구된다.

47 그림과 같은 회로에서 전구의 용량이 정상일 때 전원 내부로 흐르는 전류는 몇 A인가?

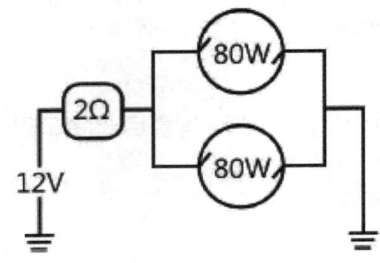

① 2.14   ② 4.13   ③ 6.65   ④ 13.32

풀이 전력(W) = V × I = I^2R = $\frac{V^2}{R}$ 에서

전구의 저항 = $\frac{12^2}{80}$ = 1.8Ω

회로의 합성저항 = 2 + $\frac{1.8 \times 1.8}{1.8 + 1.8}$ = 2.9

∴ 전류 = $\frac{12}{2.9}$ = 4.13A

48 다음은 자동차 정기검사의 계기장치 검사기준이다. ( ) 안의 내용으로 알맞은 것은?

> 속도계의 지시오차는 (㉠)퍼센트, 부(㉡)퍼센트 이내일 것

① ㉠ 15, ㉡ 5   ② ㉠ 15, ㉡ 10   ③ ㉠ 25, ㉡ 5   ④ ㉠ 25, ㉡ 10

49 자계와 자력선에 대한 설명으로 틀린 것은?

① 자계란 자력선이 존재하는 영역이다.
② 자속은 자력선 다발을 의미하며 단위로는 Wb/m^2를 사용한다.
③ 자계강도는 단위 자기량을 가지는 물체에 작용하는 자기력의 크기를 나타낸다.
④ 자기유도는 자석이 아닌 물체가 자계 내에서 자기력의 영향을 받아 자석을 띠는 현상을 말한다.

풀이 자속의 단위는 Wb이며, Wb/m^2은 자속밀도의 단위이다.

50 MF(Maintenance Free) 배터리의 특징에 대한 설명으로 틀린 것은?

① 자기방전률이 높다.
② 전해액의 증발량이 감소되었다.
③ 무보수(무정비) 배터리라고도 한다.
④ 산소와 수소가스를 증류수로 환원시킬 수 있는 촉매 마개를 사용한다.

풀이 무보수(MF : maintenance free) 배터리의 특성
- 사용 중 증류수 보충 불필요(산소, 수소가스의 환원촉매가 있음)
- 자기방전율이 낮아 장기간 저장에도 고성능 유지
- 추운 겨울에도 강한 시동능력
- 수명이 길다(과충전시 수명단축)
- 고온 고열에도 강한 내구성

51 전자제어 점화장치의 작동 순서로 옳은 것은?

① 각종 센서 → ECU → 파워 트랜지스터 → 점화코일
② ECU 각종 센서 → 파워 트랜지스터 → 점화코일
③ 파워 트랜지스터 → 각종 센서 → ECU → 점화코일
④ 각종 센서 → 파워 트랜지스터 → ECU → 점화코일

52 점화 2차 파형에서 감쇠 진동 구간이 없을 경우 고장 원인으로 옳은 것은?

① 점화코일 불량
② 점화코일의 극성 불량
③ 점화 케이블의 절연 상태 불량
④ 스파크 플러그의 에어 갭 불량

풀이 감쇠구간 : 점화코일에 저장된 에너지가 스파크를 더 이상 유지할 수 없게 되는 구간으로 잔류전압은 감쇠진동을 하며 소멸된다. 이는 콘덴서의 충·방전작용에 따른 2차코일의 공진으로 볼 수 있으며 점화코일의 성능에 따라 달라진다.

53 릴레이 내부에 다이오드 또는 저항이 장착된 목적으로 옳은 것은?

① 역방향 전류 차단으로 릴레이 접점 보호
② 역방향 전류 차단으로 릴레이 코일 보호
③ 릴레이 접속시 발생하는 스파크로부터 전장품 보호
④ 릴레이 차단시 코일에서 발생하는 서지전압으로부터 제어모듈 보호

54 교류발전기 불량시 점검해야 할 항목으로 틀린 것은?

① 다이오드 불량 점검
② 로터 코일 절연 점검
③ 홀드인 코일 단선 점검
④ 스테이터 코일 단선 점검

풀이 홀드인 코일은 기동전동기 마그네틱스위치의 점검에 해당한다.

55 자동차의 에어컨 중 냉방효과가 저하되는 원인으로 틀린 것은?

① 압축기 작동시간이 짧을 때
② 냉매량이 규정보다 부족할 때
③ 냉매주입 시 공기가 유입되었을 때
④ 실내 공기순환이 내기로 되어 있을 때

56 자동차의 전조등에 사용되는 전조등 전구에 대한 설명 중 (　) 안에 알맞은 것은?

> 전구 안에 (　)화합물과 불활성가스가 함께 봉입되어 있으며, 백열전구에 비해 필라멘트와 전구의 온도가 높고 광효율이 좋다.

① 네온　　　　　　　　② 할로겐
③ 필라멘트　　　　　　④ LED

57 배터리의 과충전 현상이 발생되는 주된 원인은?

① 배터리 단자의 부식
② 전압 조정기의 작동 불량
③ 발전기 구동벨트 장력의 느슨함
④ 발전기 커넥터의 단선 및 접촉불량

풀이 전압 조정기는 배터리의 과충전을 방지하는 부품이다.

58 차량으로부터 탈거된 에어백 모듈이 외부 전원으로 인해 폭발(전개)되는 것을 방지하는 구성품은?

① 클럭 스프링　　　　② 단락 바
③ 방폭 콘덴서　　　　④ 인플레이터

풀이 에어백관련 작업중 ECU탈거시 각종 회로가 전원과 접지에 노출괴어 뜻하지 않게 에어백이 전개될 수도 있다. 이러한 사고를 예방할 목적으로 단락바를 설치하여 에어백의 전개를 예방한다.

59 자동차에 적용된 이모빌라이저 시스템의 구성품이 아닌 것은?

① 외부 수신기
② 안테나 코일
③ 트랜스 폰더 키
④ 이모빌라이저 컨트롤 유닛

풀이 엔진ECU는 이모빌라이저 유니트에서 전송된 데이터를 읽고 판독하여 암호일 경우에만 시동이 가능하도록 하고 해당 차량의 고유 정품키가 아니면 엔진의 연료공급을 차단하여 시동이 걸리지 않도록 하는 기능을 한다.

60 배터리 전해액의 온도(1℃) 변화에 따른 비중의 변화량은?(단, 표준온도는 20℃이다)

① 0.0003
② 0.0005
③ 0.0007
④ 0.0009

풀이 비중환산식 : 전해액의 온도가 1℃ 변함에 따라 비중은 0.0007만큼 변한다.

[2018년 04월 28일 시행 정답]

01	02	03	04	05	06	07	08	09	10
③	④	②	①	①	③	③	①	①	③
11	12	13	14	15	16	17	18	19	20
④	②	③	④	③	③	②	②	③	②
21	22	23	24	25	26	27	28	29	30
④	④	①	①	①	③	②	③	②	②
31	32	33	34	35	36	37	38	39	40
③	②	②	①	①	②	①	③	①	③
41	42	43	44	45	46	47	48	49	50
④	①	①	①	②	④	②	④	②	①
51	52	53	54	55	56	57	58	59	60
①	①	④	③	④	②	②	②	①	③

2018년 3회
2018년 08월 19일

제5장_ 과목별 기출문제

Chapter 05

자동차 엔진정비

01 전자제어 디젤엔진의 연료분사장치에서 예비(파일럿)분사가 중단될 수 있는 경우로 틀린 것은?

① 연료분사량이 너무 작은 경우
② 연료압력이 최소압보다 높을 경우
③ 규정된 엔진회전수를 초과하였을 경우
④ 예비(파일럿)분사가 주분사를 너무 앞지르는 경우

풀이 예비분사를 실시하지 않는 경우
- 예비분사가 주분사를 너무 앞지르는 경우
- 분사량이 너무 적은 경우
- 연료압력이 최소 100bar 이하인 경우
- 엔진회전수가 3000RPM 이상인 경우
- 주분사 시 연료량이 충분하지 않는 경우

02 전자제어 가솔린엔진에서 인젝터의 연료분사량을 결정하는 주요 인자로 옳은 것은?

① 분사각도
② 솔레노이드 코일수
③ 연료펌프 복귀 전류
④ 니들밸브의 열림시간

03 엔진 오일을 점검하는 방법으로 틀린 것은?

① 엔진 정지 상태에서 오일량을 점검한다
② 오일의 변색과 수분의 유입여부를 점검한다.
③ 엔진오일의 색상과 점도가 불량한 경우 보충한다.
④ 오일량 게이지 F와 L 사이에 위치하는지 확인한다.

04 전자제어 가솔린엔진에서 (-)duty 제어타입의 액추에이터 작동 사이클 중 (-)duty가 40%일 경우의 설명으로 옳은 것은?

① 전류 통전시간 비율이 40%이다.
② 전압 비통전시간 비율이 40%이다.
③ 한 사이클 중 분사시간의 비율이 60%이다.
④ 한 사이클 중 작동하는 시간의 비율이 60%이다.

05 엔진의 밸브 스프링이 진동을 일으켜 밸브 개폐시기가 불량해지는 현상은?

① 스텀블 ② 서징
③ 스털링 ④ 스트레치

풀이 밸브 서징(Valve Surging) : 밸브의 시간당 개폐 횟수가 밸브 스프링의 고유 진동수와 같거나 그 정수의 배가 되었을 때 스프링의 고유 진동과 밸브의 개폐 운동(진동)이 공진하여 일어나며, 심한 경우에는 관련 부품이 파손된다. 서징을 방지하기 위하여 고유 진동수가 다른 스프링을 합쳐 2중으로 하거나(이중 스프링), 부등피치 스프링, 원추형 스프링(코니컬 스프링)을 사용한다.

06 가솔린 전자제어 연료분사장치에서 ECU로 입력되는 요소가 아닌 것은?

① 연료 분사 신호 ② 대기 압력 신호
③ 냉각수 온도 신호 ④ 흡입 공기 온도 신호

풀이 연료 분사 신호는 ECU의 출력신호이다.

07 수냉식 엔진의 과열 원인으로 틀린 것은?

① 라디에이터 코어가 30% 막힌 경우
② 워터펌프 구동벨트의 장력이 큰 경우
③ 수온조절기가 닫힌 상태로 고장 난 경우
④ 워터재킷 내에 스케일이 많이 있는 경우

풀이 벨트의 장력이 느슨하여 물펌프의 작동이 원활하지 못하면 과열된다.

08 전자제어 가솔린엔진에서 인젝터 연료분사압력을 항상 일정하게 조절하는 다이어프램 방식의 연료압력조절기 작동과 직접적인 관련이 있는 것은?

① 바퀴의 회전속도
② 흡입 매니폴드의 압력
③ 실린더 내의 압축 압력
④ 배기가스 중의 산소 농도

풀이 연료압력조절기는 흡기다기관의 진공을 이용한다.

09 가솔린엔진의 연소실체적이 행정체적의 20%일 때 압축비는 얼마인가?

① 6 : 1 ② 7 : 1 ③ 8 : 1 ④ 9 : 1

풀이 압축비(ε) = $\dfrac{\text{행정체적}(V_s) + \text{연소실체적}(V_c)}{\text{연소실체적}(V_c)} = \dfrac{x + 0.2x}{0.2x} = \dfrac{1.2}{0.2} = 6$

10 운행차 정기검사에서 가솔린 승용자동차의 배출가스 검사 결과 CO 측정값이 2.2%로 나온 경우, 검사결과에 대한 판정으로 옳은 것은?(단, 2007년 11월에 제작된 차량이며, 무부하 검사방법으로 측정하였다.)

① 허용기준인 1.0%를 초과하였으므로 부적합
② 허용기준인 1.5%를 초과하였으므로 부적합
③ 허용기준인 2.5% 이하이므로 적합
④ 허용기준인 3.2% 이하이므로 적합

11 전자제어 가솔린엔진에 대한 설명으로 틀린 것은?

① 흡기온도 센서는 공기밀도 보정 시 사용된다.
② 공회전속도 제어에 스텝 모터를 사용하기도 한다.
③ 산소 센서의 신호는 이론 공연비 제어에 사용된다.
④ 점화시기는 크랭크각 센서가 점화 2차 코일의 저항으로 제어한다.

풀이 점화시기는 파워트랜지스터를 이용하여 ECU의 신호에 따라 점화코일의 1차전류를 단속하는 순간으로 제어한다.

12 엔진의 부하 및 회전속도의 변화에 따라 형성되는 흡입다기관의 압력변화를 측정하여 흡입 공기량을 계측하는 센서는?

① MAP센서
② 베인식 센서
③ 핫 와이어식 센서
④ 칼만 와류식 센서

풀이 MAP(Manifold absolution pressure) 센서 : 피에조 소자를 이용하며 서지탱크의 절대압력을 측정하여 엔진에 흡입되는 공기량을 간접적으로 측정하는 방식이다.

13 LPG 자동차 봄베의 액상연료 최대 충전량은 내용적의 몇 %를 넘지 않아야 하는가?

① 75%
② 80 %
③ 85%
④ 90%

풀이 온도 상승에 따른 팽창을 고려하여 연료탱크의 최고 충전량은 85% 미만으로 채우도록 되어 있다.

14 점화 1차 전압 파형으로 확인 할 수 없는 사항은?

① 드웰 시간
② 방전 전류
③ 점화코일 공급 전압
④ 점화플러그 방전 시간

15 4행정 사이클 자동차엔진의 열역학적 사이클 분류로 틀린 것은?

① 클러크 사이클
② 디젤 사이클
③ 사바테 사이클
④ 오토 사이클

16 무부하 검사방법으로 휘발유 사용 운행자동차의 배출가스 검사 시 측정 전에 확인해야 하는 자동차의 상태로 틀린 것은?

① 냉·난방 장치를 정지시킨다.
② 변속기를 중립 위치에 놓는다.
③ 원동기를 정지시켜 충분히 냉각한다.
④ 측정에 장애를 줄 수 있는 부속 장치들의 가동을 정지한다.

풀이 원동기는 정상온도가 되도록 시동을 걸어둔다.

17 엔진의 연소실 체적이 행정 체적의 20%일 때 오토 사이클의 열효율은 약 몇 %인가? (단, 비열비 k = 1.4)

① 51.2
② 56.4
③ 60.3
④ 65.9

풀이 압축비(ε) = $\frac{행정체적(V_s) + 연소실체적(V_c)}{연소실체적(V_c)}$ = $\frac{x + 0.2x}{0.2x}$ = $\frac{1.2}{0.2}$ = 6

이론열효율(η_o) = $1 - \left(\frac{1}{\varepsilon}\right)^{k-1}$ = $1 - \left(\frac{1}{6}\right)^{1.4-1}$ = 0.5116

18 산소센서의 피드백 작용이 이루어지고 있는 운전 조건으로 옳은 것은?

① 시동 시
② 연료 차단 시
③ 급 감속 시
④ 통상 운전 시

19 엔진의 회전소가 4000rpm이고, 연소지연시간이 1/600 초일 때 연소지연시간 동안 크랭크축의 회전각도로 옳은 것은?

① 28°
② 37°
③ 40°
④ 46°

풀이 연소지연 시 회전각

(θ) = $6N \cdot t$ = $6 \times 4000 \times \frac{1}{600}$ = 40°(N : 회전수, t : 연소지연시간)

20 차량에서 발생되는 배출가스 중 지구온난화에 가장 큰 영향을 미치는 것은?

① H_2　　　② CO_2　　　③ O_2　　　④ HC

자동차 섀시정비

21 유체클러치와 토크컨버터에 대한 설명 중 틀린 것은?

① 토크컨버터에는 스테이터가 있다.
② 토크컨버터는 토크를 증가시킬 수 있다.
③ 유체클러치는 펌프, 터빈, 가이드링으로 구성되어 있다.
④ 가이드링은 유체클러치 내부의 압력을 증가시키는 역할을 한다.

풀이 가이드링 : 유체의 충돌을 방지하여 전달효율을 높인다.

22 레이디얼 타이어의 특징에 대한 설명으로 틀린 것은?

① 하중에 의한 트레드 변형이 큰 편이다.
② 타이어 단면의 편평율을 크게 할 수 있다.
③ 로드 홀딩이 우수하며 스탠딩 웨이브가 잘 일어나지 않는다.
④ 선회 시에 트레드의 변형이 적어 접지 면적이 감소되는 경향이 적다.

풀이 특징
- 조종 안정성이 좋다.(횡강성 우수)
- 내마모성이 좋다.
- 미끄럼이 적고 견인력이 좋다.
- 발열이 적다.
- 커브를 돌 때 안전하다.(편평화)
- 회전저항이 적고 연료비가 절감된다.
- 고속주행시 승차감이 좋다.
- 타이어와 림의 밀착 불량시 공기누설이 있다.

23 6속 더블 클러치 변속기(DCT)의 주요 구성품이 아닌 것은?

① 토크 컨버터　　② 더블 클러치　　③ 기어 액추에이터　　④ 클러치 액추에이터

풀이 토크 컨버터는 엔진과 자동변속기 사이의 링크역할을 하며 엔진의 플라이휠에 볼트로 체결되어 엔진속도로 회전한다.

24 브레이크 액의 구비조건이 아닌 것은?

① 압축성일 것
② 비등점이 높을 것
③ 온도에 의한 변화가 적을 것
④ 고온에서의 안정성이 높을 것

[풀이] • 브레이크 액 : 피마자 기름과 알코올 등의 용제를 혼합한 식물성오일
　　　• 구비조건
　　　　- 점도가 알맞고 점도지수가 클 것
　　　　- 흡습성이 적고 윤활성이 있을 것
　　　　- 비점이 높아 베이퍼록을 일으키지 않을 것
　　　　- 빙점이 낮고 비등점이 높을 것
　　　　- 화학적 안정성이 크고 비압축성일 것
　　　　- 고무 및 금속부품을 부식, 연화, 팽창시키지 않을 것
　　　　- 침전물 발생이 없을 것

25 동력 조향장치에서 3가지 주요부의 구성으로 옳은 것은?

① 작동부 - 오일펌프, 동력부 - 동력실린더, 제어부 - 제어밸브
② 작동부 - 제어밸브, 동력부 - 오일펌프, 제어부 - 동력실린더
③ 작동부 - 동력실린더, 동력부 - 제어밸브, 제어부 - 오일펌프
④ 작동부 - 동력실린더, 동력부 - 오일펌프, 제어부 - 제어밸브

[풀이] 동력조향장치의 구성 및 원리
　　• 동력장치(power unit) : 동력원이 되는 유압을 발생하는 장치이며 기관에 의해 구동되는 오일펌프가 있다.
　　• 작동장치(actuator unit) : 오일펌프에서 발생한 유압유를 피스톤에 작용시켜서 조향 방향쪽으로 힘을 가해 주는 파워실린더가 있다.
　　• 제어장치(control unit) : 제어밸브는 조향핸들의 조작력을 조절하는 기구이다.

26 차량의 주행 성능 및 안정성을 높이기 위한 방법에 관한 설명 중 틀린 것은?

① 유선형 차체형상으로 공기저항을 줄인다.
② 고속 주행시 언더 스티어링 차량이 유리하다.
③ 액티브 요잉 제어장치로 안정성을 높일 수 있다.
④ 리어 스포일러를 부착하여 횡력의 영향을 줄인다.

[풀이] 리어 스포일러 : 차량 뒤쪽에 설치하며 공기의 흐름을 이용해 고속주행과 코너링 시 차체 뒷부분이 들리지 않도록 안정시켜주는 역할을 한다.

27 조향장치에 관한 설명으로 틀린 것은?

① 방향 전환을 원활하게 한다.
② 선회 후 복원성을 좋게 한다.
③ 조향핸들의 회전과 바퀴의 선회 차이가 크지 않아야 한다.
④ 조향핸들의 조작력을 저속에서는 무겁게, 고속에서는 가볍게 한다.

[풀이] 조향장치 구비조건
　　• 핸들과 바퀴의 선회차가 크지 않아야 한다.
　　• 노면의 충격이 핸들에 전달 되지 않도록 한다.
　　• 선회시 저항이 적고 선회후에 복원성이 있어야 한다
　　• 고속 주행에는 핸들이 안정되고 저속 주행시는 가벼워야 한다
　　• 조향휠의 조작력과 바퀴의 조향각도가 적절해야 한다.

28 ABS 장치에서 펌프로부터 발생된 유압을 일시적으로 저장하고 맥동을 안정시켜 주는 부품은?

① 모듈레이터　　　　　　② 아웃-렛 밸브
③ 어큐뮬레이터　　　　　④ 솔레노이드 밸브

풀이 어큐뮬레이터 : 유압장치에 있어서 유압펌프로부터 고압의 오일을 일시적으로 저장하는 장치로 유압에너지 축적용, 긴급시 유압원, 맥동·충격압력의 흡수용으로 사용된다.

29 엔진이 2000rpm일 때 발생한 토크 60kgf·m가 클러치를 거쳐 변속기로 입력된 회전수와 토크가 1900rpm, 56kgf·m이다. 이때 클러치의 전달효율은 약 몇 %인가?

① 47.28　　　　　　　　② 62.34
③ 88.67　　　　　　　　④ 93.84

풀이 전달효율

$$\eta = \frac{T_2 \cdot N_2}{T_1 \cdot N_1} \times 100\% = \frac{1900 \times 56}{2000 \times 60} \times 100(\%) = 88.67\%$$

- T_1, N_1 = 엔진 회전력, 회전수
- T_2, N_2 = 클러치 출력회전력, 회전수

30 종감속장치에서 구동피니언의 잇수가 8, 링기어의 잇수가 40이다. 추진축이 1200rpm일 때 왼쪽바퀴가 180rpm으로 회전하고 있다. 이 때 오른쪽 바퀴의 회전수는 몇 rpm인가?

① 200　　　　　　　　　② 300
③ 600　　　　　　　　　④ 800

풀이 종감속비 = $\frac{40}{8}$ = 5

∴ 바퀴회전수 = $\frac{1200}{5}$ = 240rpm

그런데, 왼쪽바퀴가 180rpm으로 회전하므로 오른쪽바퀴는 300rpm이다.

31 수동변속기에서 기어변속이 불량한 원인이 아닌 것은?

① 릴리스 실린더가 파손된 경우
② 컨트롤 케이블이 단선된 경우
③ 싱크로나이저 링의 내부가 마모된 경우
④ 싱크로나이저 슬리브와 링의 회전속도가 동일한 경우

풀이 싱크로메시 기구를 이용하여 변속시 주축과 부축의 원주속도를 일치시켜 변속한다. 싱크로메시 기구는 고속용 자동차에 사용하며, 변속이 신속하고 용이할 뿐만 아니라 소음이 적고, 수명이 길다.

32 구동륜 제어 장치(TCS)에 대한 설명으로 틀린 것은?

① 차체 높이 제어를 위한 성능 유지
② 눈길, 빙판길에서 미끄러짐을 방지
③ 커브 길 선회시 주행 안정성 유지
④ 노면과 차륜간의 마찰 상태에 따라 엔진 출력 제어

풀이 TCS의 주요성능
- 구동성능 : TCS는 구동륜의 슬립을 제어함으로써 차체의 흔들림이 적고 출발 및 가속시 안정성이 향상돼 발진성, 가속성, 등판성 등이 향상된다.
- 선회 추월성능 : 트레이스제어를 통해 안전한 코너링 주행 및 추월이 가능하다.
- 조향안정성능 : 저마찰로에서의 안전성 및 구동력이 향상되어 조향 핸들을 돌릴 때 구동력에 의한 횡력을 우선적으로 제어하므로 회전이 용이하다.

33 4륜 조향장치(4 wheel steering system)의 장점으로 틀린 것은?

① 선회 안전성이 좋다.
② 최소 회전 반경이 크다.
③ 견인력(휠 구동력)이 크다.
④ 미끄러운 노면에서의 주행 안정성이 좋다.

풀이 4륜조향장치의 특징
- 고속직진성 향상
- 차선변경 용이
- 쾌적한 고속선회
- 저속회전시 최소 회전반경 감소
- 차고주차 및 일렬주차 편리

34 자동변속기에서 급히 가속페달을 밟았을 때, 일정속도 범위 내에서 한단 낮은 단으로 강제 변속이 되도록 하는 것은?

① 킥 업
② 킥 다운
③ 업 시프트
④ 리프트 풋 업

풀이 킥 다운(kick down) : 자동 변속기 차량이 일정한 속도로 주행하고 있을 때나 추월 등으로 급가속을 하고 싶을 때 가속 페달을 힘껏 밟고 기어를 한단 밑으로 내리는 것

35 전자제어 현가장치(ECS)의 감쇠력 제어 모드에 해당되지 않는 것은?

① Hard
② Soft
③ Super Soft
④ Height Control

36 96km/h로 주행 중인 자동차의 제동을 위한 공주시간이 0.3초 일 때 공주거리는 몇 m인가?

① 2 　　　　② 4 　　　　③ 8 　　　　④ 12

풀이 공주거리 $S_0 = \dfrac{v \cdot t}{3.6} = \dfrac{96 \times 0.3}{3.6} = 8m$ (v : 자동차 속도(km/h), t : 공주시간(s))

37 휠 얼라인먼트를 점검하여 바르게 유지해야 하는 이유로 틀린 것은?

① 직진성의 개선　　　　② 축간 거리의 감소
③ 사이드 슬립의 방지　　　　④ 타이어 이상 마모의 최소화

풀이 휠얼라이먼트의 목적
- 핸들의 조작을 작은 힘으로 쉽게 조작할 수 있게 한다.
- 핸들의 조작을 확실하게 하고 안전성을 부여한다.
- 핸들의 복원성을 부여한다.
- 타이어 마멸을 최소로 한다.

38 전동식 동력조향장치의 자기진단이 안 될 경우 점검사항으로 틀린 것은?

① CAN 통신 파형 점검
② 컨트롤 유닛 측 배터리 전원 측정
③ 컨트롤 유닛 측 배터리 접지 여부 점검
④ KEY ON상태에서 CAN 종단저항 측정

풀이 전기회로에서 단품의 저항측정 시 key off 상태(전원차단)에서 측정해야 한다.

39 자동변속기 차량의 셀렉트 레버 조작 시 브레이크 페달을 밟아야만 레버 위치를 변경할 수 있도록 제한하는 구성품으로 나열된 것은?

① 파킹 리버스 록 밸브, 시프트록 케이블
② 시프트록 케이블, 시프트록 솔레노이드 밸브
③ 시프트록 솔레노이드 밸브, 스타트록 아웃 스위치
④ 스타트 록 아웃 스위치, 파킹 리버스 블록 밸브

풀이 시프트록(shift-lock)은 P 위치에서 브레이크 페달을 밟아야만 변속 레버를 다른 위치로 옮길 수 있게 한 안전장치이다.

40 브레이크 회로 내의 오일이 비등·기화하여 제동압력의 전달작용을 방해하는 현상은?

① 페이드 현상　　　　② 사이클링 현상
③ 베이퍼록 현상　　　　④ 브레이크록 현상

풀이 베이퍼록(vapor lock) 현상 : 브레이크를 지나치게 사용하면 차륜 부분의 마찰열 때문에 휠실린더나 브레이크 파이프 속의 오일이 기화되고, 브레이크 회로 내에 공기가 유입된 것처럼 기포가 형성된다. 이때 브레이크를 밟아도 스펀지를 밟듯이 푹푹 꺼지며, 브레이크가 작동되지 않는 현상이 생기는데 이를 베이퍼록이라 한다.

자동차 전기 · 전자장치정비

41 주행 중인 하이브리드 자동차에서 제동 및 감속 시 충전불량 현상이 발생하였을 때 점검이 필요한 곳은?

① 회생제동 장치   ② LDC 제어 장치   ③ 발진 제어 장치   ④ 12V용 충전 장치

풀이 감속모드(회생제동모드)는 감속 시 바퀴에서 발생되는 회전 동력을 전기 에너지로 전환하여 고전압 배터리로 충전을 실시한다.

42 발광 다이오드에 대한 설명으로 틀린 것은?

① 응답속도가 느리다.
② 백열전구에 비해 수명이 길다.
③ 전기적 에너지를 빛으로 변환시킨다.
④ 자동차의 차속센서, 차고센서 등에 적용되어 있다.

풀이 발광 다이오드 : 전구에 비해 수명이 길고 응답 속도(전류가 흘러서 빛을 발하기까지의 시간)가 빠르고 다양한 모양으로 만들 수 있다.

43 그림과 같은 회로에서 스위치가 OFF되어 있는 상태로 커넥터가 단선되었다. 이 회로를 테스트 램프로 점검하였을 때 테스트 램프의 점등상태로 옳은 것은?

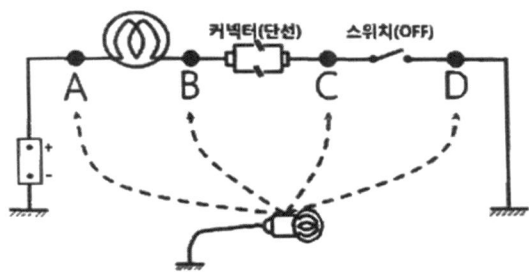

① A : OFF, B : OFF, C : OFF, D : OFF   ② A : ON, B : OFF, C : OFF, D : OFF
③ A : ON, B : ON, C : OFF, D : OFF   ④ A : ON, B : ON, C : ON, D : OFF

44 기동전동기에 흐르는 전류가 160A이고, 전압이 12V일 때 기동전동기의 출력은 약 몇 PS 인가?

① 1.3　　　② 2.6　　　③ 3.9　　　④ 5.2

풀이 W = V · I = 160 × 12 = 1.92kW = 2.6PS (∵ 1kW = 0.735PS)

45 단위로 cd(칸델라)를 사용하는 것은?

① 광원　　　② 광속　　　③ 광도　　　④ 조도

풀이 광도 : 일정방향에 대한 빛의 세기를 의미하며, 단위로 cd(칸델라)를 사용한다.

46 물체의 전기저항 특성에 대한 설명 중 틀린 것은?

① 단면적이 증가하면 저항은 감소한다.
② 도체의 저항은 온도에 따라서 변한다.
③ 보통의 금속은 온도상승에 따라 저항이 감소된다.
④ 온도가 상승하면 전기저항이 감소하는 소자를 부특성 서미스터(NTC)라 한다.

풀이 금속과 같은 도체의 경우에는 온도가 올라가면 전기 저항이 증가한다.

47 하이브리드 차량 정비 시 고전압 차단을 위해 안전 플러그(세이프티 플러그)를 제거한 후 고전압 부품을 취급하기 전 일정시간 이상 대기시간을 갖는 이유로 가장 적절한 것은?

① 고전압 배터리 내의 셀의 안정화
② 제어모듈 내부의 메모리 공간의 확보
③ 저전압(12V) 배터리에 서지 전압 차단
④ 인버터 내 콘덴서에 충전되어 있는 고전압 방전

풀이 안전플러그 제거 후 인버터 내의 콘덴서에 충전되어 있는 고전압을 방전시키기 위해 5~10분 정도 대기 후 작업을 실시하며, 엔진 시동 상태 또는 이그니션 ON 상태에서는 안전 플러그를 탈거하지 말아야 한다.

48 점화장치에서 파워TR(트랜지스터)의 B(베이스)전류가 단속될 때 점화코일에서는 어떤 현상이 발생하는가?

① 1차 코일에 전류가 단속된다.
② 2차 코일에 전류가 단속된다.
③ 2차 코일에 역기전력이 형성된다.
④ 1차 코일에 상호유도작용이 발생한다.

49 하이브리드 자동차의 고전압 배터리 관리시스템에서 셀 밸런싱 제어의 목적은??

① 배터리의 적정온도 유지
② 상황별 입출력 에너지 제한
③ 배터리 수명 및 에너지 효율 증대
④ 고전압 계통 고장에 의한 안전사고 예방

풀이 BMS(Battery Management System)는 배터리의 충·방전 시 과충전 및 과방전을 막아주며 셀 간의 전압을 균일하게 해줌으로써 에너지 효율 및 배터리 수명을 높여준다.

50 4행정 사이클 가솔린엔진에서 점화 후 최고 압력에 도달할 때까지 1/400초가 소요된다. 2100rpm으로 운전될 때의 점화시기는?(단, 최고 폭발압력에 도달하는 시기는 ATDC 10°이다.)

① BTDC 19.5° ② BTDC 21.5°
③ BTDC 23.5° ④ BTDC 25.5°

풀이 연소지연 시 회전각

$(\theta) = 6N \cdot t = 6 \times 2100 \times \dfrac{1}{400} = 31.5°$ (N : 회전수, t : 연소지연시간)

그러므로 점화시기는 BTDC 21.5°

51 자동 전조등에서 외부 빛의 밝기를 감지하여 자동으로 미등 및 전조등을 점등시키기 위해 적용된 센서는?

① 조도 센서
② 초음파 센서
③ 중력(G)센서
④ 조향 각속도 센서

풀이 조도 센서 : 황화카드뮴(CdS)을 소자로 사용하며 황화카드뮴은 빛의 양이 많아지면 저항이 작아지고, 빛의 양이 적으면 저항이 높아지는 특성을 가지고 있어 빛의 세기를 판단하는 소자로 이용되며 어두워지면 자동으로 켜지는 가로등, 자동차의 헤드라이트 등에 사용된다.

52 바디 컨트롤 모듈(BCM)에서 타이머 제어를 하지 않는 것은?

① 파워 윈도우 ② 후진등 ③ 감광 룸램프 ④ 뒤 유리 열선

53 논리회로 중 NOR회로에 대한 설명으로 틀린 것은?

① 논리합회로에 부정회로를 연결한 것이다.
② 입력 A와 입력 B가 모두 0이면 출력이 1이다.
③ 입력 A와 입력 B가 모두 1이면 출력이 0이다.
④ 입력 A 또는 입력 B 중에서 1개가 1이면 출력이 1이다.

54 전류의 3대 작용으로 옳은 것은?

① 발열작용, 화학작용, 자기작용
② 물리작용, 화학작용, 자기작용
③ 저장작용, 유도작용, 자기작용
④ 발열작용, 유도작용, 증폭작용

55 발전기 B단자의 접촉불량 및 배선 저항과다로 발생할 수 있는 현상은?

① 엔진 과열
② 충전 시 소음
③ B단자 배선 발열
④ 과충전으로 인한 배터리 손상

풀이 접촉불량 및 저항과다로 그 부분에서 주울열의 발생이 많아진다.

56 자동차에 직류 발전기보다 교류 발전기를 많이 사용하는 이유로 틀린 것은?

① 크기가 작고 가볍다.
② 정류자에서 불꽃 발생이 크다.
③ 내구성이 뛰어나고 공회전이나 저속에도 충전이 가능하다.
④ 출력 전류의 제어작용을 하고 조정기 구조가 간단하다.

풀이 교류발전기의 장점
- 소형이며 경량이다.
- 정류자를 두지 않아 풀리비를 크게 할 수 있다.
- 반도체를 정류기로 사용하므로 전기적 용량이 크다.
- 저속시에도 충전 특성이 양호하다.
- 발전기 조정기는 전압 조정기 뿐이다.

57 조수석 전방 미등은 작동되나 후방만 작동되지 않는 경우의 고장 원인으로 옳은 것은?

① 미등 퓨즈 단선
② 후방 미등 전구 단선
③ 미등 스위치 접촉 불량
④ 미등 릴레이 코일 단선

58 자동차 정기검사에서의 전조등 광도측정 기준이다. (   ) 안에 알맞은 것은?(주광축의 진폭은 10미터 위치에서 다음 수치 이내일 것)

전조등 \ 진폭	상	하	좌	우
좌측	10cm	30cm	15cm	30cm
우측	10cm	30cm	( )	30cm

① 10 ② 15 ③ 30 ④ 45

59 자동차 전자제어 에어컨시스템에서 제어모듈의 입력요소가 아닌 것은?

① 산소센서
② 외기온도센서
③ 일사량 센서
④ 증발기온도센서

풀이 O_2센서(oxygen sensor) : 배기가스 중 O_2의 농도를 검지하고 그 신호를 엔진제어유닛의 피드백 하여 공연비를 보정한다.

60 점화플러그에 대한 설명으로 틀린 것은?

① 열형플러그는 열방산이 나쁘며 온도가 상승하기 쉽다.
② 열가는 점화플러그의 열방산 정도를 수치로 나타내는 것이다.
③ 고부하 및 고속회전의 엔진은 열형플러그를 사용하는 것이 좋다.
④ 전극 부분의 작동온도가 자기청정온도보다 낮을 때 실화가 발생할 수 있다.

풀이
• 열가(Heat value) : 점화플러그가 열을 발산하는 정도(열용량)를 수치로 나타낸 값
• 냉형(고열가) : 수열면적이 적고, 방열면적이 크다.(고속엔진에 적합)
• 열형(저열가) : 수열면적이 크고, 방열면적이 작다.(저속엔진에 적합)

[2018년 08월 19일 시행 정답]

01	02	03	04	05	06	07	08	09	10
②	④	③	①	②	①	②	②	①	①
11	12	13	14	15	16	17	18	19	20
④	①	③	②	①	③	①	④	③	②
21	22	23	24	25	26	27	28	29	30
④	①	①	①	④	④	④	③	③	②
31	32	33	34	35	36	37	38	39	40
④	①	②	②	④	③	②	④	②	③
41	42	43	44	45	46	47	48	49	50
①	①	③	④	②	③	④	①	③	②
51	52	53	54	55	56	57	58	59	60
①	②	④	①	③	②	②	③	①	③

2019년 1회
2019년 03월 03일

제5장_ 과목별 기출문제

Chapter 05

자동차 엔진정비

01 6기통 4행정 사이클 엔진이 10kgf·m의 토크로 1000rpm으로 회전할 때 축출력은 약 몇 kW인가?

① 9.2
② 10.3
③ 13.9
④ 20

풀이 $BPS = \dfrac{NT}{974} = \dfrac{1000 \times 10}{974} = 10.26$

02 연료 10.4kg을 연소시키는 데 152kg의 공기를 소비하였다면 공기와 연료의 비는?(단, 공기의 밀도는 1.29kg/m³이다.)

① 공기(14.6kg) : 연료(1kg)
② 공기(14.6m³) : 연료(1m³)
③ 공기(12.6kg) : 연료(1kg)
④ 공기(12.6m³) : 연료(1m³)

풀이 공연비는 연료의 질량으로 나눈 실린더 내의 공기 질량이다

$\dfrac{152}{10.4} = 14.61$

03 전자제어 엔진에서 흡입되는 공기량 측정 방법으로 가장 거리가 먼 것은?

① 피스톤 직경
② 흡기 다기관 부압
③ 핫 와이어 전류량
④ 칼만와류 발생 주파수

풀이 공기유량 측정방법
- 베인 방식의 에어 플로 센서(Vane Tyoe Air Flow Sensor),
- 열선식 에어 플로 센서(Hot-Wire Type Air Flow Sensor),
- 핫-필름 방식의 에어 플로 센서(Hot-Film Type Air Flow Sensor),
- 칼만 와류 방식의 에어 플로 센서(Karmann Vortex Type Air Flow Sensor)
- MAP(Manifold absolution pressure) 센서
- 스로틀밸브의 열림량과 rpm의 조합

04 디젤 사이클의 P-V 선도에 대한 설명으로 틀린 것은?

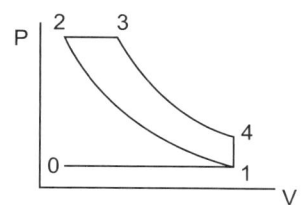

① 1 → 2 : 단열 압축과정
② 2 → 3 : 정적 팽창과정
③ 3 → 4 : 단열 팽창과정
④ 4 → 1 : 정적 방열과정

풀이 디젤 사이클의 P-V 선도
- 과정 1 → 2 : 단열 압축과정(등엔트로피 압축)
- 과정 2 → 3 : 정압 가열과정(정압 하에서 열량 공급)
- 과정 3 → 4 : 단열 팽창과정(등엔트로피 팽창)
- 과정 4 → 1 : 정적 방열과정(정적 하에서 열량을 방출)

05 실린더 내경 80mm, 행정 90mm인 4행정 사이클 엔진이 2000rpm으로 운전할 때 피스톤의 평균속도는 몇 m/sec인가?(단, 실린더는 4개이다.)

① 6　　　　② 7　　　　③ 8　　　　④ 9

풀이 피스톤의 평균속도 = $\dfrac{2 \times 행정 \times 회전수}{60} = \dfrac{2 \times 0.09 \times 2000}{60} = 6$

06 라디에이터 캡의 작용에 대한 설명으로 틀린 것은?

① 라디에이터 내의 냉각수 비등점을 높여준다.
② 라디에이터 내의 압력이 낮을 때 압력밸브가 열린다.
③ 냉각장치의 압력이 규정값 이상이 되면 수증기가 배출되게 한다.
④ 냉각수가 냉각되면 보조 물탱크의 냉각수가 라디에이터로 들어가게 한다.

풀이 라디에이터 캡의 규정압력까지 가압하여 냉각수의 비등점을 상승시켜 냉각효율을 올리고 냉각장치 내의 압력이 규정값 이상이면 압력밸브가 열려 냉각수를 보조탱크로 배출하고, 냉각수가 냉각되어 냉각장치 내의 압력이 부압으로 되면 진공밸브가 열려 보조탱크의 냉각수를 라디에이터로 유입하여 냉각장치의 파손을 방지한다.

07 배출가스 중 질소산화물을 저감시키키 위해 사용하는 장치가 아닌 것은?

① 매연 필터(DPF)
② 삼원 촉매 장치(TWC)
③ 선택적 환원 촉매(SCR)
④ 배기가스 재순환 장치(EGR)

풀이 디젤미립자필터(DPF, Diesel Particulate Filters)는 "배기가스 후처리장치"라고 하며, 매연 미립자를 포집하여 그 양이 일정량을 넘어서면 연료(후분사)의 연소열로 태워 대기 중으로 방출하는 매연을 최소화하기 위한 장치이다.

08 전자제어 가솔린엔진(MPI)에서 급가속 시 연료를 분사하는 방법으로 옳은 것은?

① 동기분사　　② 순차분사　　③ 간헐분사　　④ 비동기분사

풀이 비동기분사는 급가속시 엔진의 회전수에 관계없이 순차분사 모드에 추가로 연료를 분사하여 가속성능 및 응답성을 향상시킨다.

09 운행차 배출가스 정기검사의 매연 검사방법에 관한 설명에서 (　)에 알맞은 것은?

> 측정기의 시료채취관을 배기관의 벽면으로 부터 5mm 이상 떨어지도록 설치하고 (　)cm 정도의 깊이로 삽입한다.

① 5　　② 10　　③ 15　　④ 30

풀이 광투과식 매연측정기 사용법
1) 측정대상 자동차의 원동기를 중립인 상태(정지가동상태)에서 급가속하여 최고 회전속도 도달 후 2초간 공회전시키고 정지가동(Idle) 상태로 5~6초간 둔다. 이와 같은 과정을 3회 반복 실시한다.
2) 측정기의 시료채취관을 배기관의 벽면으로부터 5mm 이상 떨어지도록 설치하고 5cm 정도의 깊이로 삽입한다.
3) 가속페달에 발을 올려놓고 원동기의 최고회전속도에 도달할 때까지 급속히 밟으면서 시료를 채취한다. 이때 가속페달을 밟을 때부터 놓을 때까지 걸리는 시간은 4초 이내로 한다.
4) 위 3)의 방법으로 3회 연속 측정한 매연농도를 산술 평균하여 소수점 이하는 버린 값을 최종측정치로 한다. 다만, 3회 연속 측정한 매연농도의 최대치와 최소치의 차가 5%를 초과하거나 최종측정치가 배출허용기준에 맞지 아니한 경우에는 순차적으로 1회씩 더 측정하여 최대 10회까지 측정하면서 매회 측정 시마다 마지막 3회의 측정치를 산출하여 마지막 3회의 최대치와 최소치의 차가 5% 이내이고 측정치의 산술평균값도 배출허용기준 이내이면 측정을 마치고 이를 최종측정치로 한다.

10 커먼레일 디젤엔진에서 연료압력조절밸브의 장착 위치는?(단, 입구 제어 방식)

① 고압펌프와 인젝터 사이　　② 저압펌프와 인젝터 사이
③ 저압펌프와 고압펌프 사이　　④ 연료필터와 저압펌프 사이

풀이 출구제어방식에서 압력조절밸브는 커먼레일의 출구 쪽의 연료를 제어하는 방식으로 동작하며, 입구제어방식에서 연료압력조절밸브는 고압연료펌프의 입구 쪽의 연료를 제어하는 방식으로 동작한다.

11 엔진의 기계효율을 구하는 공식은?

① $\frac{마찰마력}{제동마력} \times 100\%$　　② $\frac{도시마력}{이론마력} \times 100\%$

③ $\frac{제동마력}{도시마력} \times 100\%$　　④ $\frac{마찰마력}{도시마력} \times 100\%$

12 산소센서 내측의 고체 전해질로 사용되는 것은?

① 은　　② 구리　　③ 코발트　　④ 지르코니아

풀이 지르코니아 타입 산소센서는 배기가스 속에 포함된 산소와 대기 중의 산소 농도 차이에 의하여 기전력이 발생하는 것을 이용한다.

13 옥탄가에 대한 설명으로 옳은 것은?

① 탄화수소의 종류에 따라 옥탄가가 변화한다.
② 옥탄가 90 이하의 가솔린은 4 에틸납을 혼합한다.
③ 옥탄가의 수치가 높은 연료일수록 노크를 일으키기 쉽다.
④ 노크를 일으키지 않는 기준연료를 이소옥탄으로 하고 그 옥탄가를 0으로 한다.

풀이 옥탄가란 가솔린 기관용 연료의 노크가 일어나기 어려운 것을 나타내는 수치이며 이 값이 큰 연료일수록 노크를 일으키기 어렵다. 기준 연료로서 단일 성분의 탄화수소 중에서 안티 노크성이 높은 이소 옥탄(iso-C_8H_{18})과 안티노크성이 낮은 양헵탄(n-C_7H_{16})을 선택하고 양헵탄과 같은 것을 옥탄가 0으로 하고 양자의 중간의 것에 대해서는 양자의 혼합 연료와 같은 경우 그 속의 이소옥탄의 부피 비율(%)을 옥탄가라고 부른다

14 윤활유의 유압 계통에서 유압이 저하되는 원인으로 틀린 것은?

① 윤활유 누설
② 윤활유 부족
③ 윤활유 공급펌프 손상
④ 윤활유 점도가 너무 높을 때

풀이 윤활유의 점도가 높으면 유압이 높아진다.

15 디젤엔진 후처리장치의 재생을 위한 연료 분사는?

① 주 분사
② 점화 분사
③ 사후 분사
④ 직접 분사

풀이 • 예비분사 : 주 분사가 이루어지기 전 연료를 분사하여 연소가 잘 되게 하기 위한 분사이며 점화 분사 실시 유무에 따라 엔진의 소음과 진동을 억제한다.
• 주 분사 : 엔진의 출력에 대한 에너지는 주 분사로부터 나온다. 주 분사는 점화 분사가 실행되었는지 고려하여 연료량을 계산하며, 엔진 토크량, 엔진 회전수, 냉각수온, 흡기온도, 대기압 등으로 주분사 연료량을 계산한다.
• 사후 분사 : 디젤 연료를 촉매 변환기에 공급하기 위한 것으로 이는 후처리장치(DPF)를 작동시키기 위해 연료를 흘려보내는 분사이다.

16 전자제어 가솔린엔진(MPI)에서 동기분사가 이루어지는 시기는 언제인가?

① 흡입행정 말
② 압축행정 말
③ 폭발행정 말
④ 배기행정 말

풀이 동기분사(독립분사, 순차분사)는 각 실린더마다 크랭크 축이 2회전 할 때 점화 순서에 의하여 배기 말, 흡기 초 행정 시에 연료를 분사시키는 방식이다.

17 자동차 엔진에서 인터쿨러 장치의 작동에 대한 설명으로 옳은 것은?

① 차량의 속도 변화
② 흡입 공기의 와류 형성
③ 배기 가스의 압력 변화
④ 온도 변화에 따른 공기의 밀도 변화

풀이 터보장치가 달린 자동차에서 터보로 인한 공기압축 시 공기온도가 올라가고 이에 따라 공기밀도가 낮아져 산소가 희박해지고, 노킹이 발생할 수 있다. 인터쿨러는 이를 방지하기 위해 압축된 공기의 온도를 낮추어 주는 장치이다.

18 전자제어 가솔린엔진에서 연료분사량 제어를 위한 기본 입력신호가 아닌 것은?

① 냉각수온 센서
② MAP 센서
③ 크랭크각 센서
④ 공기유량 센서

풀이 기본연료 분사량은 공기유량 센서 혹은 MAP 센서를 통한 공기량과 크랭크축 위치 센서를 통한 기관 회전수에 의하여 결정된다.

19 엔진의 윤활장치 구성부품이 아닌 것은?

① 오일 펌프
② 유압 스위치
③ 릴리프 밸브
④ 킥다운 스위치

풀이 킥다운 스위치는 자동변속기에서 급히 가속페달을 밟았을 때, 일정속도 범위 내에서 한단 낮은 단으로 강제 변속이 되도록 하는 장치이다.

20 가솔린엔진에 사용되는 연료의 구비조건이 아닌 것은?

① 옥탄가가 높을 것
② 착화온도가 낮을 것
③ 체적 및 무게가 적고 발열량이 클 것
④ 연소 후 유해 화합물을 남기지 말 것

풀이 가솔린의 구비조건
- 옥탄가가 높을 것
- 발열량이 크고 인화점이 적당할 것
- 무해하고 취급이 용이할 것
- 연소속도가 빠르고 자기발화온도가 높을 것
- 온도에 관계없이 유동성이 좋을 것
- 연소 후 탄소 등 유해 화합물을 남기지 말 것

자동차 섀시정비

21 무단변속기(CVT)의 제어밸브 기능 중 라인압력을 주행조건에 맞도록 적절한 압력으로 조정하는 밸브로 옳은 것은?

① 변속 제어 밸브
② 레귤레이터 밸브
③ 클러치 압력 제어 밸브
④ 댐퍼 클러치 제어 밸브

22 주행 중 차량에 노면으로부터 전달되는 충격이나 진동을 완화하여 바퀴와 노면과의 밀착을 양호하게 하고 승차감을 향상시키는 완충기구로 짝지어진 것은?

① 코일스프링, 토션바, 타이로드
② 코일스프링, 겹판스프링, 토션바
③ 코일스프링, 겹판스프링, 프레임
④ 코일스프링, 너클 스핀들, 스테이빌라이저

> **풀이** 스프링의 종류
> • 강재(Steel) 스프링 : 판 스프링, 코일 스프링, 토션바 스프링, 스태빌라이저
> • 공기 스프링
> • 유압 스프링
> • 고무 스프링

23 휠 얼라인먼트의 요소 중 토인의 필요성과 가장 거리가 먼 것은?

① 앞바퀴를 차량 중심선상으로 평행하게 회전시킨다.
② 조향 후 직전 방향으로 되돌아오는 복원력을 준다.
③ 조향 링키지의 마멸에 의해 토 아웃이 되는 것을 방지한다.
④ 바퀴가 옆 방향으로 미끄러지는 것과 타이어 마멸을 방지한다.

> **풀이** 토(toe)의 필요성
> • 앞바퀴의 사이드 슬립 및 마멸을 방지한다.
> • 토우와 캠버의 작용에 의해서 직진 성향을 좋게 한다.
> • 조향링키지의 마멸에 의한 토아웃을 방지한다.
> • 캠버에 의한 토아웃을 방지한다.
> • 주행정항 및 구동력의 반력으로 토아웃이 되는 것을 방지한다.
> • 앞바퀴를 평행하게 회전시킨다.

24 조향장치에서 조향휠의 유격이 커지고 소음이 발생할 수 있는 원인과 가장 거리가 먼 것은?

① 요크플러그의 풀림
② 등속조인트의 불량
③ 스티어링 기어박스 장착 볼트의 풀림
④ 타이로드 엔드 조임 부분의 마모 및 풀림

[풀이] 조향 핸들의 유격이 커지는 이유
- 조향기어의 마모 및 백래시의 조정 불량
- 킹 핀의 마모
- 타이로드 볼베어링의 마모
- 조향 링키지의 마모 및 손상
- 휠 베어링의 프리로드 조정불량

25 선회 시 안쪽 차륜과 바깥쪽 차륜의 조향각 차이를 무엇이라 하는가?

① 애커먼 각
② 토 우 인 각
③ 최소회전반경
④ 타이어 슬립각

26 추진축의 회전 시 발생되는 휠링(whirling)에 대한 설명으로 옳은 것은?

① 기하학적 중심과 질량적 중심이 일치하지 않을 때 일어나는 현상
② 일정한 조향각으로 선회하며 속도를 높일 때 선회반경이 작아지는 현상
③ 물체가 원운동을 하고 있을 때 그 원의 중심에서 멀어지려고 하는 현상
④ 선회하거나 횡풍을 받을 때 중심을 통과하는 차체의 전후 방향축 둘레의 회전운동 현상

[풀이] 휠링(whirling)은 추진축이 구부러졌거나 기하학적인 질량중심이 일치하지 않으면 일어나는 굽음진동을 말한다.

27 자동차의 엔진 토크 14kgf · m, 총 감속비 3.0, 전달효율 0.9, 구동바퀴의 유효반경 0.3m일 때 구동력은 몇 kgf인가?

① 68
② 116
③ 126
④ 228

[풀이] $F = \dfrac{T}{r}$ (T : 타이어 회전력, r : 타이어 반경)

타이어회전력 = 14 × 3 × 0.9 = 37.8, 따라서 구동력 = $\dfrac{37.8}{0.3}$ = 10.26

28 제동장치에서 발생되는 베이퍼 록 현상을 방지하기 위한 방법이 아닌 것은?

① 벤틸레이티드 디스크를 적용한다.
② 브레이크 회로 내에 잔압을 유지한다.
③ 라이닝의 마찰표면에 윤활제를 도포한다.
④ 비등점이 높은 브레이크 오일을 사용한다.

[풀이] 베이퍼록(Vapor Lock) 현상의 방지책
- 과도한 브레이크 사용 금지
- 공기 침투 시 공기빼기 작업
- 방열성이 우수한 드럼 및 디스크의 사용
- 라이닝 교환 및 간극 조절
- 비등점이 높은 브레이크액 사용
- 브레이크 파이프 내의 잔압 유지

29 수동변속기의 마찰클러치에 대한 설명으로 틀린 것은?

① 클러치 조작기구는 케이블식 외에 유압식을 사용하기도 한다.
② 클러치 디스크의 비틀림 코일 스프링은 회전 충격을 흡수한다.
③ 클러치 릴리스 베어링과 릴리스 레버 사이의 유격은 없어야 한다.
④ 다이어프램 스프링식은 코일 스프링식에 비해 구조가 간단하고 단속작용이 유연하다.

> **풀이** 클러치 페달의 자유간극(유격)
> • 자유간극이 적을 때 ; 클러치 미끄러짐 발생
> • 자유간극이 클 때 : 기어 변속시 동력차단이 잘 안되어 소음 발생

30 자동차 수동변속기의 단판 클러치 마찰면의 외경이 22cm, 내경이 14cm, 마찰계수 0.3, 클러치 스프링 9개, 1개의 스프링에 각각 300N의 장력이 작용한다면 클러치가 전달 가능한 토크는 몇 N·m인가?(단, 안전계수는 무시한다.)

① 74.8
② 145.8
③ 210.4
④ 281.2

> **풀이** 단판 클러치의 전달토크
> $T = \mu P R_m Z = 0.3 \times (300 \times 9) \times \dfrac{110 + 70}{2} \times 2 = 145800 Nmm$
> (μ : 마찰계수, P : 스러스트하중, R_m : 평균반지름, Z : 마찰면수)

31 다음 승용차용 타이어의 표기에 대한 설명이 틀린 것은?

```
205 / 65 / R 14
```

① 205 : 단면폭 205mm
② 65 : 편평비 65%
③ R : 레이디얼 타이어
④ 14 : 림 외경 14mm

> **풀이** 림 외경 : 14 inch

32 자동변속기에서 변속시점을 결정하는 가장 중요한 요소는?

① 매뉴얼 밸브와 차속
② 엔진 스로틀밸브 개도와 차속
③ 변속 모드 스위치와 변속시간
④ 엔진 스로틀밸브 개도와 변속시간

> **풀이** 전자제어 자동변속기는 기본적으로 스로틀 포지션 센서(TPS)와 속도센서(VSS) 신호를 기본으로 변속이 이루어진다.

33 차륜정렬 시 사전 점검사항과 가장 거리가 먼 것은?

① 계측기를 설치한다.
② 운전자의 상황 설명이나 고충을 청취한다.
③ 조향 핸들의 위치가 바른지의 여부를 확인한다.
④ 허브 베어링 및 액슬 베어링의 유격을 점검한다.

> **풀이** 휠얼라이먼트 점검시 준비사항
> • 타이어 공기압과 마모상태를 점검
> • 휠베어링, 볼조인트, 타이로드엔드 등의 헐거움을 점검
> • 쇽업소버 및 현가장치의 쇠약을 점검
> • 조향핸들의 유격 및 차축, 프레임의 변형상태를 점검

34 ABS와 TCS(Traction Control System)에 대한 설명으로 틀린 것은?

① TCS는 구동륜이 슬립하는 현상을 방지한다.
② ABS는 주행 중 제동 시 타이어의 록(Lock)을 방지한다.
③ ABS는 제동 시 조향 안정성 확보를 위한 시스템이다.
④ TCS는 급제동 시 제동력 제어를 통해 차량 스핀 현상을 방지한다.

> **풀이** EBD(electronic brake force distribution)
> • 고속으로 주행 중 급제동 시 전륜보다 후륜이 먼저 LOCK되어 차량이 스핀할 수 있다
> • 제동압력을 전자적으로 제어함으로써 급제동 시 스핀방지 및 제동성능을 향상시키는 시스템이다

35 브레이크 작동 시 조향 휠이 한쪽으로 쏠리는 원인이 아닌 것은?

① 브레이크 간극 조정 불량
② 휠 허브 베어링의 헐거움
③ 한쪽 브레이크 디스크의 변형
④ 마스터 실린더의 체크밸브 작동이 불량

> **풀이** 편제동 원인
> • 브레이크 간극 불량인 경우
> • 캘리퍼가 리턴 불량인 경우
> • 서스펜션에 이상이 있는 경우
> • 휠 얼라이먼트가 잘못된 경우
> • 타이어 공기압의 불균형
> • 브레이크 오일공급 파이프 또는 호스가 꺾임

36 자동차가 주행 시 발생하는 저항 중 타이어 접지부의 변형에 의한 저항은?

① 구름저항   ② 공기저항   ③ 등판저항   ④ 가속저항

> **풀이** 구름저항은 바퀴가 노면을 굴러가는 경우 발생하는 저항으로 노면의 굴곡, 타이어 접지부의 변형, 타이어와 노면의 마찰손실에서 발생하며 바퀴에 걸리는 차량 하중에 비례한다.

37 자동변속기에서 변속레버를 조작할 때 밸브바디의 유압회로를 변환시켜 라인압력을 공급하거나 배출시키는 밸브로 옳은 것은?

① 매뉴얼 밸브
② 리듀싱 밸브
③ 변속제어 밸브
④ 레귤레이터 밸브

풀이 매뉴얼 밸브는 자동변속기에서 변속레버의 조작에 따라 각 마찰요소로 라인압을 적절히 제공하는 밸브이다.

38 전자제어 현가장치(ECS)의 제어기능이 아닌 것은?

① 안티 피칭 제어
② 안티 다이브 제어
③ 차속 감응 제어
④ 감속 제어

풀이 ECS 제어 기능
- 안티 바운싱 제어(anti-bouncing control) : 차체의 바운싱은 G센서가 검출하며 바운싱이 발생하면 쇽업소버의 감쇠력은 soft에서 Medium이나 Hard로 변환된다.
- 안티 다이브 제어(Anti-dive control) : 주행 중에 급제동을 하면 차체의 앞쪽은 낮아지고 뒤쪽이 높아지는 노스다운(nose down)현상을 제어한다. 작동은 브레이크 오일 압력 스위치로 유압을 검출하여 쇽업소버의 감쇠력을 증가시킨다.
- 안티 롤 제어(anti-rolling control) : 선회할 때 자동차의 좌우 방향으로 작용하는 가로 방향 가속도를 G센서로 감지하여 제어한다. 즉 바깥쪽 바퀴의 스트럿의 압력은 높이고 안쪽 바퀴의 압력은 낮추어 원심력에 의해서 차체가 롤링하려고 하는 힘을 억제한다.
- 안티 스쿼트 제어(Anti-squat control) : 급출발 또는 급가속할 때에 차체에 앞쪽이 들리고 뒤쪽이 낮아지는 노스업(nose-up) 현상을 제어하는 것이다.
- 안티 피칭 제어(Anti-pitching control) : 자동차가 요철을 주행할 때 차고의 변화와 주행 속도를 고려하여 쇽업소버의 감쇠력을 증가시키는 제어이다.
- 안티 쉐이크 제어(Anti-shake control) : 사람이 자동차에 승하차할 때 하중의 변화에 따라 차체가 흔들리는 것을 쉐이크라고 하며 자동차의 속도를 감속하여 규정 속도 이하가 되면 컴퓨터는 승차 및 하차에 대비하여 쇽업소버의 감쇠력을 Hard로 변환시킨다.
- 주행속도 감응 제어(vehicle speed control) : 자동차가 고속으로 주행할 때에는 차체의 안정성이 결여되기 쉬운 상태이므로 쇽업소버의 감쇠력은 soft에서 Medium이나 Hard로 변환된다.

39 캐스터에 대한 설명으로 틀린 것은?

① 앞바퀴에 방향성을 준다.
② 캐스터 효과란 추종성과 복원성을 말한다.
③ (+) 캐스터가 크면 직진성이 향상되지 않는다.
④ (+) 캐스터는 선회할 때 차체의 높이가 선회하는 바깥쪽보다 안쪽이 높아지게 된다.

풀이 캐스터의 목적
- 자동차의 진행방향이 불안전한 것을 방지하는 방향성을 준다.
- 조향시 바퀴가 직진방향으로 갈려고 하는 복원력이 발생한다.
- 주행안정성을 향상시킬 수 있다.

40 평탄한 도로를 90km/h로 달리는 승용차의 총 주행저항은 약 몇 kgf인가?(단, 공기저항계수 0.03, 총중량 1145kgf, 투영면적 1.6m², 구름저항계수 0.015)

① 37.18
② 47.18
③ 57.18
④ 67.18

풀이 평탄한 도로를 등속주행 하므로 주행저항은 구름저항 + 공기저항이다.
- 구름저항 $R_r = \mu_r \cdot W = 0.015 \times 1145 = 17.175$
  (μ_r: 구름저항 계수, W: 차량총중량)
- 공기저항 $R_a = \mu_a \cdot A \cdot V^2 = 0.03 \times 1.6 \times (\frac{90}{3.6})^2 = 30$

자동차 전기 · 전자장치정비

41 12V를 사용하는 자동차의 점화코일에 흐르는 전류가 0.01초 동안에 50A 변화하였다. 자기 인덕턴스가 0.5H일 때 코일에 유도되는 기전력은 몇 V인가?

① 6
② 104
③ 2500
④ 60000

풀이 $\mu = L \cdot \frac{\Delta I}{\Delta t} = 0.5 \times \frac{50}{0.01} = 2500$

42 자동차에어컨(FATC) 작동 시 바람은 배출되나 차갑지 않고, 컴프레서 동작음이 들리지 않는다. 다음 중 고장원인과 가장 거리가 먼 것은?

① 블로우 모터 불량
② 핀 서모 센서 불량
③ 트리플 스위치 불량
④ 컴프레서 릴레이 불량

풀이
- 핀 서모 센서: 이배퍼레이터 핀 온도를 감지(서미스터)해 자동 에어컨 C/U로 입력시키는 역할을 한다.
- 에어컨 압력센서(트리플 스위치): 에어컨 고압라인의 압력을 감지하는 역할을 하며 ECM은 고압라인의 압력을 감지, '에어컨 컴프레서 작동 또는 차단 / 전동팬 저속 또는 고속 제어' 등의 기능을 수행한다.
- 컴프레서 릴레이: 에어컨 스위치 작동 시 컴프레서로 전원을 공급한다.

43 라이트를 벽에 비추어 보면 차량의 광축을 중심으로 좌측 라이트는 수평으로, 우측 라이트는 약 15도 정도의 사향 기울기를 가지게 된다. 이를 무엇이라 하는가?

① 컷 오프 라인
② 쉴드 빔 라인
③ 루미네슨스 라인
④ 주광축 경계 라인

풀이 차량의 좌측 편 대향차, 우측 편에는 선행차 및 인도를 걸어가는 보행자의 위치를 고려하여 빛의 패턴을 왼쪽보다 오른쪽이 조금 더 높게 설계하는 데 이를 컷 오프 라인(Cut Off Line)이라 한다.

44 다음 직렬회로에서 저항 R₁에 5mA의 전류가 흐를 때 R1의 저항값은?

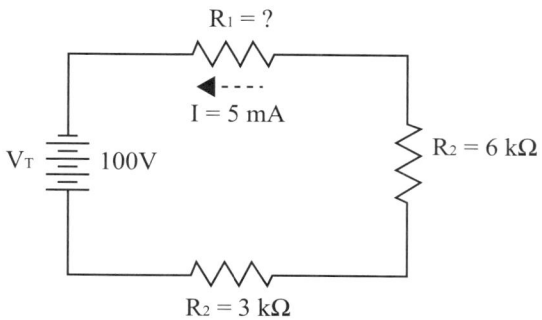

① 7kΩ　　② 9kΩ　　③ 11kΩ　　④ 13kΩ

풀이 $R = R_1 + R_2 + R_3 = \dfrac{V}{I}$

$= \dfrac{100}{0.005} = 20000Ω$

∴ $R_1 = 20kΩ - 9kΩ = 11kΩ$

45 가솔린엔진에서 기동전동기의 소모전류가 90A이고, 배터리 전압이 12V일 때 기동전동기의 마력은 약 몇 PS인가?

① 0.75　　② 1.26　　③ 1.47　　④ 1.78

풀이 $W = V \times I = 12 \times 90 = 1080W$

∴ $1.08 \times 1.36 = 1.468PS$ (∵ 1kW = 1.36PS)

46 자동차의 회로 부품 중에서 일반적으로 "ACC 회로"에 포함된 것은?

① 카 오디오　　　　② 히터
③ 와이퍼 모터　　　④ 전조등

풀이 이그니션 스위치의 ACC 회로는 일반적으로 자동차 액세서리(오디오, 시가라이터 등) 장치로 전원을 공급한다.

47 전자배전 점화장치(DLI)의 구성 부품으로 틀린 것은?

① 배전기　　　　② 점화플러그
③ 파워TR　　　 ④ 점화코일

풀이 전자배전 점화장치(DLI) : 배전기를 거치지 않고 직접 고압케이블을 거쳐 점화플러그로 고전압을 전달하는 방식이다.

48 직류 직권식 기동 전동기의 계자 코일과 전기자 코일에 흐르는 전류에 대한 설명으로 옳은 것은?

① 계자 코일 전류와 전기자 코일 전류가 같다.
② 계자 코일 전류가 전기자 코일 전류보다 크다
③ 전기자 코일 전류가 계자 코일 전류보다 크다.
④ 계자 코일 전류와 전기자 코일 전류가 같을 때도 있고, 다를 때도 있다.

풀이 직권식 전동기는 전기자 코일과 계자 코일이 직렬로 연결되어 회로에 흐르는 전류값은 동일하다.

49 리모콘으로 록(Lock) 버튼을 눌렀을 때 문은 잠기지만 경계상태로 진입하지 못하는 현상이 발생하는 원인과 가장 거리가 먼 것은?

① 후드 스위치 불량
② 트렁크 스위치 불량
③ 파워윈도우 스위치 불량
④ 운전석 도어 스위치 불량

풀이 경계상태 돌입 조건
  • 후드 스위치
  • 도어액츄에이터 스위치
  • 키 스위치
  • 도어 스위치
  • 트렁크 스위치
  • 리모콘 신호

50 하이브리드 자동차는 감속 시 전기에너지를 고전압 배터리로 회수(충전)한다. 이러한 발전기 역할을 하는 부품은?

① AC 발전기
② 스타팅 모터
③ 하이브리드 모터
④ 모터 컨트롤 유닛

풀이 회생재생 모드 : 차량 감속 시 모터는 자동차의 휠에 의해 회전하여 발전기의 역할을 한다. 모터는 자동차의 감속 시에 발생되는 운동에너지를 전기에너지로 전환하여 배터리를 충전하게 된다.

51 1개의 코일로 2개 실린더를 점화하는 시스템의 특징에 대한 설명으로 틀린 것은?

① 동시점화방식이라 한다.
② 배전기 캡 내로부터 발생하는 전파 잡음이 없다.
③ 배전기로 고전압을 배전하지 않기 때무에 누전이 발생하지 않는다.
④ 배전기 캡이 없어 로터와 세그먼트(고압단자) 사이의 전압에너지 손실이 크다.

풀이 무배전식 점화장치 특징
  • 고압 배전부가 없으므로 누전의 염려가 적다.
  • 에어 캡이 줄어서 전파장애가 적고 전압강하가 적어 에너지 손실이 적다.
  • 진각의 폭에 제한을 받지 않는다.
  • 실린더별로 점화시기 제어가 가능하다.
  • 2차 고전압이 안정되고 여유 있다.
  • 점화플러그의 마모가 빠르다.
  • 기통판별센서가 필요하고 비용이 증가한다.

52 자동차 에어백 구성품 중 인플레이터 역할에 대한 설명으로 옳은 것은?

① 충돌 시 충격을 감지한다.
② 에어백 시스템 고장 발생 시 감지하여 경고등을 점등한다.
③ 질소가스, 점화회로 등이 내장되어 에어백이 작동될 수 있도록 점화장치 역할을 한다.
④ 에어백 작동을 위한 전기적인 충전을 하여 배터리 전원이 차단되어도 에어백을 전개 시킨다.

풀이 인플레이터(Inflator)는 화약, 점화제, 가스발생기, 디퓨저 스크린 등을 알루미늄제 용기에 넣은 것으로 에어백모듈 하우징에 장착된다. 인플레이터 내에는 점화 전류가 흐르는 전기 접속부가 있어 화약에 전류가 흐르면 화약이 연소하여 작동될 수 있으므로 멀티테스터로 측정하여서는 안 된다.

53 다음 회로에서 전압계 V_1과 V_2를 연결하여 스위치를 「ON」, 「OFF」 하면서 측정한 결과로 옳은 것은?(단, 접촉저항은 없음)

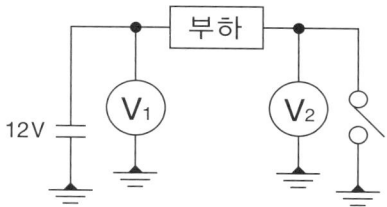

① ON : V_1 - 12V, V_2 - 12V
　OFF : V_1 - 12V, V_2 - 12V
② ON : V_1 - 12V, V_2 - 12V
　OFF : V_1 - 0V, V_2 - 12V
③ ON : V_1 - 12V, V_2 - 0V
　OFF : V_1 - 12V, V_2 - 12V
④ ON : V_1 - 12V, V_2 - 0V
　OFF : V_1 - 0V, V_2 - 0V

54 운행자동차 정기검사에서 등화장치 점검 시 광도 및 광축을 측정하는 방법으로 틀린 것은?

① 타이어 공기압을 표준공기압으로 한다.
② 광축 측정 시 엔진 공회전 상태로 한다.
③ 적차 상태로 서서히 진입하면서 측정한다.
④ 4등식 전조등의 경우 측정하지 않는 등화는 발산하는 빛을 차단한 상태로 한다.

풀이 전조등 시험준비 사항(스크린식)
• 타이어 공기 압력을 규정압력으로 한다.
• 시험기가 수평인지를 수준기로 확인한다.
• 전조등의 이상 유무를 점검한 후 운전자 1인 승차한다.
• 차량을 시험기와 직각으로 하고 시험기와 전조등이 3m(집광식 1m)되게 진입시킨다.
• 측정하지 않는 등화는 발산하는 빛을 차단한 상태로 한다.

55 반도체의 장점으로 틀린 것은?

① 수명이 길다.
② 매우 소형이고 가볍다.
③ 일정시간 예열이 필요하다.
④ 내부 전력 손실이 매우 적다.

풀이 반도체의 특질
- 소형이고 가볍다.
- 전력 소비가 적다.
- 동작시간이 빠르다.
- 기계적으로 강하다.
- 열과 고전압에 약하다.
- 정격값이 초과되면 파괴되기 쉽다.

56 발전기 구조에서 기전력 발생 요소에 대한 설명으로 틀린 것은?

① 자극의 수가 많은 경우 자력은 크다.
② 코일의 권수가 적을수록 자력은 커진다.
③ 로터코일의 회전이 빠를수록 기전력은 많이 발생한다.
④ 로터코일에 흐르는 전류가 클수록 기전력이 커진다.

풀이 유도기전력의 크기
$V = B \cdot l \cdot v \cdot z \cdot \sin\theta$
(B : 자속밀도, l : 도체의 길이, v : 도체의 운동속도, z : 도체의수, θ : 자속과 운동방향의 각도)

57 자동차 정기검사 시 전조등의 전방 10m 위치에서 좌·우측 주광축의 하향 진폭은 몇 cm 이내이어야 하는가?

① 10
② 15
③ 20
④ 30

풀이 광도 및 광축
- 광도
  - 2등식 : 15,000 ~ 112,500 cd
  - 4등식 : 12,000 ~ 112,500 cd
- 광축
  - 상진폭 : 10cm 이내
  - 하진폭 : 30cm 이내
  - 좌측등 : 좌진폭 15cm, 우진폭 30cm 이내
  - 우측등 : 좌진폭 30cm, 우진폭 30cm 이내

58 리튬이온 배터리와 비교한 리튬폴리머 배터리의 장점이 아닌 것은?

① 폭발 가능성 적어 안전성이 좋다.
② 패키지 설계에서 기계적 강성이 좋다..
③ 발열 특성이 우수하여 내구 수명이 좋다.
④ 대용량 설계가 유리하여 기술 확장성이 좋다.

풀이 리튬 폴리머 배터리(lithium polymer battery)
- 장점
  - 높은 에너지 저장 밀도(같은 크기에 더 큰 용량)
  - 높은 전압(3.7V), Ni–Cd, Ni–MH 등에 비해 3배
  - 수은 같은 환경을 오염시키는 중금속을 사용하지 않음
  - 폴리머 상태의 전해질 사용으로 높은 안전성
  - 다양한 형상의 설계 가능
- 단점
  - 제조공정이 복잡하여 가격이 비쌈
  - 폴리머 전해질로 액체 전해질 보다 이온의 전도율이 떨어짐
  - 저온에서의 사용 특성이 떨어짐

59 자동차용 냉방장치에서 냉매사이클의 순서로 옳은 것은?

① 증발기 → 압축기 → 응축기 → 팽창밸브
② 증발기 → 응축기 → 팽창밸브 → 압축기
③ 응축기 → 압축기 → 팽창밸브 → 증발기
④ 응축기 → 증발기 → 압축기 → 팽창밸브

60 교류발전기에서 정류작용이 이루어지는 소자로 옳은 것은?

① 계자 코일   ② 트랜지스터   ③ 다이오드   ④ 아마추어

풀이 교류발전기에는 정류자 대신 정류다이오드가 사용된다.

[2019년 03월 03일 시행 정답]

01	02	03	04	05	06	07	08	09	10
②	①	①	②	①	②	①	④	①	③
11	12	13	14	15	16	17	18	19	20
③	④	①	④	③	④	④	①	④	②
21	22	23	24	25	26	27	28	29	30
②	②	②	②	①	①	③	③	③	②
31	32	33	34	35	36	37	38	39	40
④	②	①	④	④	①	①	④	③	②
41	42	43	44	45	46	47	48	49	50
③	①	①	③	③	①	①	①	③	③
51	52	53	54	55	56	57	58	59	60
④	③	③	③	③	②	④	②	①	③

2019년 2회
2019년 04월 27일

제5장_ 과목별 기출문제

Chapter 05

자동차 엔진정비

01 출력이 A = 120PS, B = 90kW, C = 110HP 인 3개의 엔진을 출력이 큰 순서대로 나열한 것은?

① B > C > A
② A > C > B
③ C > A > B
④ B > A > C

풀이 동력의 크기
A = 120 × 75 = 9,000 / B = 90 × 102 = 9,180 / C = 110 × 76 = 8,360
(∵ 1kW = 101.97kgf · m/s   1PS = 75kgf · m/s   1HP = 76kgf · m/s)

02 전자제어 가솔린엔진에서 고속운전 중 스로틀 밸브를 급격히 닫을 때 연료 분사량을 제어하는 방법은?

① 변함 없음
② 분사량 증가
③ 분사량 감소
④ 분사 일시 중단

풀이 퓨얼 컷(Fuel Cut) : 연료차단기능, 최근의 전자제어 엔진은 어느 속도 이상에서 가속페달에서 발을 떼면 규정의 회전수 이상에서 연료가 차단되면서 연료를 절약할 수 있다

03 점화 파형에서 파워 TR(트랜지스터)의 통전시간을 의미하는 것은?

① 전원전압
② 피크(peak) 전압
③ 드웰(dwell)시간
④ 점화시간

풀이 드웰시간은 TR의 베이스 단자에 ECU가 전원을 인가하여 TR이 도통되며 따라서 점화 1차전류가 흐르는 기간을 말한다.

04 자동차에 사용되는 센서 중 원리가 다른 것은?

① 맵(MAP)센서
② 노크센서
③ 가속페달센서
④ 연료탱크압력센서

풀이 피에죠(압전소자)의 활용 : 자동차에 사용되는 저압용 센서로는 대표적으로 흡기압, 연료탱크압, 연료 및 오일압 센서, 노크센서, 에어백 제어를 위한 충돌 센서 등이 있으며, 고압용으로는 차체 자세제어용 브레이크 유압 센서, 가솔린 직분사(GDI) 엔진용 연료압 센서, 디젤 엔진용 연료압 센서, 인젝터 등이 있다.

05 라디에이터 캡의 점검 방법으로 틀린 것은?

① 압력이 하강하는 경우 캡을 교환한다.
② 0.95~1.2kgf/cm² 정도로 압력을 가한다.
③ 압력 유지 후 약 10~20초 사이에 압력이 상승하면 정상이다.
④ 라디에이터 캡을 분리한 뒤 실(seal) 부분에 냉각수를 도포하고 압력 테스터를 설치한다.

풀이 라디에이터 캡 압력시험
1) 라디에이터 캡을 탈거하여 캡에 끼여있는 이물질을 제거하고 캡 밸브시트를 세척한다.
2) 캡 밸브에 대해 손상 또는 변형 여부를 점검하고 이상이 있으면 캡을 교환한다.
3) 어댑터와 함께 적절한 압력 테스터기를 라디에이터 캡에 장착한다.
4) 테스터기로 캡에 일정압력(0.9~1.2kgf/cm²)을 가하고 약 10초 경과 후 테스터기에 걸렸던 압력을 확인한다. 이때, 압력이 0.8kg/cm² 이하로 떨어지면 라디에이터 캡을 교환한다.

06 디젤엔진의 배출가스 특성에 대한 설명으로 틀린 것은?

① NOx 저감 대책으로 연소 온도를 높인다.
② 가솔린 기관에 비해 CO, HC 배출량이 적다.
③ 입자상물질(PM)을 저감하기 위해 필터(DPF)를 사용한다.
④ NOx 배출을 줄이기 위해 배기가스 재순환 장치를 사용한다.

07 LPG를 사용하는 자동차에서 봄베의 설명으로 틀린 것은?

① 용기의 도색은 회색으로 한다.
② 안전밸브에 주 밸브를 설치할 수는 없다.
③ 안전밸브는 충전밸브와 일체로 조립된다.
④ 안전밸브에서 분출된 가스는 대기 중으로 방출되는 구조이다.

풀이 LPG 충전용기 구조
• LPG 봄베 : LPG를 보관할 수 있는 저장탱크이다.
• 액면 표시장치 : 봄베 내에 충전된 LPG 양을 확인하기 위해 뜨개식이 사용된다.
• LPG 충전밸브 및 안전밸 : LPG(액상)를 충전할 때 사용하는 밸브이다. 충전밸브에 부착된 안전밸브는 봄베의 내압력이 상승하여 24kg/cm2 이상이 되면 안전밸브가 작동하여 봄베 내의 LPG압력을 일정하게 유지시켜 폭발 등의 위험을 방지하는 일을 한다.(밸브의 색상 : 초록색)
• 송출밸브 : 봄베에 충전된 LPG를 연소실로 공급하는 밸브 아래쪽에는 과류방지밸브(EFV)가 설치되어 있어 차량에 이상 발생 시 LPG의 유출로 인한 사고를 방지한다.(기체밸브 : 황색, 액체밸브 : 적색)

08 도시마력(지시마력, indicated horsepower) 계산에 필요한 항목으로 틀린 것은?

① 총 배기량
② 엔진 회전수
③ 크랭크축 중량
④ 도시 평균 유효 압력

풀이 도시마력(지시마력)

$$IPS = \frac{P_{mi} \cdot A \cdot L \cdot Z \cdot N \cdot R}{75 \times 60}$$

09 다음 설명에 해당하는 커먼레일 인젝터는?

> 운전 전영역에서 분사된 연료량을 측정하여 이것을 데이터베이스화한 것으로, 생산 계통에서 데이터베이스 정보를 ECU에 저장하여 인젝터별 분사시간 보정 및 실린더 간 연료분사량의 오차를 감소시킬 수 있도록 문자와 숫자로 구성된 7자리 코드를 사용한다.

① 일반 인젝터 ② IQA 인젝터
③ 클래스 인젝터 ④ 그레이드 인젝터

풀이 인젝터의 종류
- 그레이드 인젝터 : 인젝터 유량 편차 보정을 위해 X, Y, Z 3등급 분류, 조합표에 따라 조립
- 클래스 인젝터 : 분사량 편차 보정을 위해 C1, C2, C3 3등급 분류, 같은 클래스 인젝터 조립 후 ECU에 해당 클래스 입력
- IQA 인젝터 : 모든 인젝터에 7자리 고유 코드 부여, 조립 구분없이 코드를 ECU에 입력하면 ECU에서 분사 보정량 설정 · 보정
- C2I 인젝터 : 델파이 인젝터로 각 인젝터에 16자리 고유 코드 부여, IQA 인젝터와 같은 방식 조립

10 전자제어 MPI가솔린엔진과 비교한 GDI엔진의 특징에 대한 설명으로 틀린 것은?

① 내부 냉각효과를 이용하여 출력이 증가된다.
② 층상 급기모드를 통해 ERG비율을 많이 높일 수 있다.
③ 연료분사 압력이 높고, 연료 소비율이 향상된다.
④ 층상 급기모드 연소에 의하여 NOx 배출이 현저히 감소한다.

풀이 GDI 엔진(직접분사식 가솔린 엔진)
- 장점
  - 연료를 실린더에 직접 분사하기 때문에 연료에 의한 냉각으로 충전효율 및 노크특성 개선으로 출력 및 연비가 향상된다.
  - 시동 직후 분할 분사로 촉매활성화 시간 단축으로 배기가스 저감된다.
  - 과급기와 궁합이 좋아 엔진 다운사이징에 널리 이용된다.
  - 흡기다기관의 설계로 흡입공기의 와류 등으로 연료의 성층화를 이루어 시동성 및 연비가 향상된다.
- 단점
  - 높은 압축비나 분사압 때문에 NOx의 배출 및 엔진의 진동과 소음이 크다.
  - 고압펌프, 고압 인젝터 등 기존의 엔진보다 구조가 복잡하고 원가 상승, 정비의 어려움이 있다.
  - 카본 찌꺼기 등으로 흡기밸브에 쌓이거나 막게 되면 연비가 낮아지고 엔진에 큰 무리를 줄 수 있다.

11 디젤엔진에서 단실식 연료분사방식을 사용하는 연소실의 형식은?

① 와류실식 ② 공기실식
③ 예연소실식 ④ 직접분사실식

풀이 직접 분사실식 : 연소실은 실린더 헤드와 피스톤 헤드에 설치된 요철에 의해 형성되며, 여기에 연료를 직접 분사하게 되어 있다. 이와 같이 주연소실로만 되어 있기 때문에 단실식이라고도 부르며 구조가 간단하고 열효율이 높아 연료 소비량도 다른 형식에 비해 적으며, 열 변형도 적다. 또한, 연소실 체적에 대한 표면적 비가 작기 때문에 냉각 손실이 적으며 기동이 쉽다.

12 4행정 가솔린엔진이 1분당 2500rpm에서 9.23kgf·m의 회전토크일 때 축마력은 약 몇 ps인가?

① 28.1　　　② 32.2　　　③ 35.3　　　④ 37.5

풀이 $ps = \dfrac{NT}{716} = \dfrac{2500 \times 9.23}{716} = 32.2ps$

13 다음 그림은 스로틀 포지션 센서(TPS)의 내부회로도이다. 스로틀 밸브가 그림에서 B와 같이 닫혀 있는 현재 상태의 출력전압은 약 몇 V인가?(단, 공회전 상태이다.)

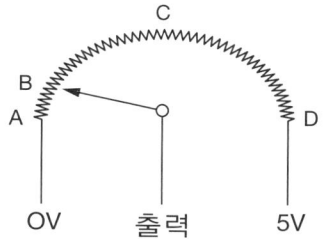

① 0V
② 약 0.5V
③ 약 2.5V
④ 약 5V

풀이 B~D까지의 저항 성분에 의하여 5V 중에서 4V 이상 전압강하가 발생하므로 B 지점에서는 1V 이하의 전압이 출력된다.

14 전자제어 엔진에서 연료 차단(fuel cut)에 대한 설명으로 틀린 것은?

① 배출가스 저감을 위함이다.
② 연비를 개선하기 위함이다.
③ 인젝터 분사 신호를 정지한다.
④ 엔진의 고속회전을 위한 준비단계이다.

풀이 퓨얼 컷(Fuel Cut) : 연료차단기능, 최근의 전자제어 엔진은 어느 속도 이상에서 가속페달에서 발을 떼면 규정의 회전수 이상에서 연료가 차단되면서 연료를 절약할 수 있다.

15 윤활유의 주요 기능이 아닌 것은?

① 방청작용　　② 산화작용　　③ 밀봉작용　　④ 응력분산작용

풀이 윤활장치의 기능
- 감마작용(마찰감소 및 마멸방지) : 강인한 유막을 형성하여 표면의 마찰을 방지한다.
- 밀봉작용(밀폐작용) : 고압가스의 누출을 방지한다.(점도지수, 점도, 유막 형성력 등이 관계된다.)
- 냉각작용 : 마찰열을 흡수하여 다른 곳에서 방열한다.
- 세척작용 : 불순물을 그 유동과정에서 흡수하여 윤활부를 깨끗이 한다.
- 응력 분산작용 : 국부압력을 액 전체에 분산시켜 평균화시키는 작용을 한다.
- 방청작용 : 수분이나 부식성 가스 침투를 방지한다.

16 엔진 크랭크축의 휨을 측정할 때 필요한 기기가 아닌 것은?

① 블록 게이지   ② 정반   ③ 다이얼 게이지   ④ V블럭

17 배출가스 측정 시 HC(탄화수소)의 농도단위인 ppm을 설명한 것으로 적당한 것은?

① 백분의 1을 나타내는 농도단위
② 천분의 1을 나타내는 농도단위
③ 만분의 1을 나타내는 농도단위
④ 백만분의 1을 나타내는 농도단위

풀이 ppm은 Part(s) Per Million의 앞글자를 따서 만든 단위로 백만 분의 1을 나타내는 농도단위이다.

18 피스톤의 재질로서 가장 거리가 먼 것은?

① Y-합금   ② 특수 주철
③ 켈밋 합금   ④ 로엑스(Lo-Ex)합금

풀이 피스톤은 가볍고 강도가 크며, 열전도가 잘되어 방열 특성이 좋은 알루미늄 합금을 많이 사용하며 구리계열의 Y-합금과 규소계열의 Lo-Ex가 있으며 특수주철재도 있다. 켈밋합금은 크랭크축 베어링에 사용된다.

19 4실린더 4행정 사이클 엔진을 65PS로 30분간 운전시켰더니 연료가 10L 소모되었다. 연료의 비중이 0.73, 저위발열량이 11000kcal/kg 이라면 이 엔진의 열효율은 몇 %인가?(단, 1마력당 일량은 632.5kcal/h 이다.)

① 23.6   ② 24.6   ③ 25.6   ④ 51.2

풀이 제동열효율

$$\eta = \frac{\text{실제 일로 변한 에너지}}{\text{기관에 공급된 열에너지}} \times 100 = \frac{632.3}{B_e \times C} \times 100$$

$$= \frac{632.3 \times 100}{\frac{0.73 \times 10 \times 11000}{65 \times 0.5}} = 25.59$$

[C : 연료의 저위발열량(Kcal/kgf), Be : 제동 연료소비율(g/PS·h)]

20 전자제어 가솔린 분사장치(MPI)에서 폐회로 공연비 제어를 목적으로 사용하는 센서는?

① 노크센서   ② 산소센서
③ 차압센서   ④ EGR 위치센서

풀이 산소센서(oxygen sensor)는 이론적 공연비를 중심으로 출력전압이 급격히 변하는 것을 이용하여 피드백의 기준 신호를 공급해 공연비제어를 하는 역할을 한다.

자동차 새시

21 제동장치에서 공기 브레이크의 구성 요소가 아닌 것은?

① 언로더 밸브　　　　　　② 릴레이 밸브
③ 브레이크 챔버　　　　　④ 하이드로 에어백

> **풀이** 공기 브레이크의 구성 및 기능
> • 공기 압축기 : 압력 조정기와 언로더 밸브
> • 공기 탱크 : 안전밸브, 체크 밸브, 드레인 코크
> • 브레이크 밸브 : 퀵 릴리스밸브(앞 브레이크), 릴레이 밸브(뒤 브레이크), 브레이크 챔버

22 클러치의 구비조건에 대한 설명으로 틀린 것은?

① 단속작용이 확실해야 한다.
② 회전 부분의 평형이 좋아야 한다.
③ 과열되지 않도록 냉각이 잘되어야 한다.
④ 전달효율이 높도록 회전관성이 커야 한다.

> **풀이** 클러치 요구조건
> • 방음 및 방진이 좋을 것
> • 동력 전달 및 차단이 원활할 것
> • 작동이 확실하고 내구성이 있을 것
> • 회전 관성이 적고 구조가 간단할 것
> • 회전 부분의 평형이 좋을 것

23 자동차 타이어의 수명에 영향을 미치는 요인과 가장 거리가 먼 것은?

① 엔진의 출력　　　　　　② 주행 노면의 상태
③ 타이어와 노면 온도　　　④ 주행 시 타이어 적정 공기압 유무

24 하이드로 플래닝에 관한 설명으로 옳은 것은?

① 저속으로 주행할 때 하이드로 플래닝이 쉽게 발생한다.
② 트레드가 과하게 마모된 타이어에서는 하이드로 플래닝이 쉽게 발생한다.
③ 하이드로 플래닝이 발생할 때 조향은 불안정하지만 효율적인 제동은 가능하다.
④ 타이어의 공기압이 감소할 때 접촉영역이 증가하여 하이드로 플래닝이 방지된다.

> **풀이** 수막현상을 방지하는 방법
> • 고속으로 주행하지 않는다.(저속주행)
> • 마모된 타이어를 사용하지 않는다.
> • 타이어 공기압을 조금 높게 한다.
> • 배수 효과가 좋은 타이어를 사용한다.(리브형)

25 자동변속기에 사용되고 있는 오일(ATF)의 기능이 아닌 것은?

① 충격을 흡수한다.
② 동력을 발생시킨다.
③ 작동 유압을 전달한다.
④ 윤활 및 냉각작용을 한다.

풀이 자동변속기는 엔진의 동력을 전달받아 주행에 적절한 힘으로 변환해 주는 역할을 하므로 오일에 이상이 있을 경우, 변속기가 손상되거나 동력손실이 발생하여 자동차 출력이 저하될 수 있다. 그리고 기어 등 기계 부분의 마모와 부식방지, 윤활 및 냉각효과와 충격을 완화하는 역할도 수행한다

26 자동차 정속주행(크루즈 컨트롤)장치에 적용되어 있는 스위치와 가장 거리가 먼 것은?

① 세트(set) 스위치
② 리드(read) 스위치
③ 해제(cancel) 스위치
④ 리줌(resume) 스위치

풀이 정속 주행장치의 스위치 기능
 • 세트(set) : 운전자가 요구하는 주행속도를 지정할 때 보통 40~145km/h의 범위 내에서 차량속도를 설정할 수 있다.
 • 리줌(resume) : 정속주행 중 차량조작으로 정속주행이 일시적으로 해제되었을 때 다시 정속주행을 원하여 리줌 스위치를 ON에 넣으면 해제 전 주행속도를 찾아 차가 정속주행하게 된다.
 • 해제(cancel) : 정속주행 중 다음의 신호가 액추에이터의 전자석 클러치의 전류를 차단시킴으로써 정속주행이 해제된다.

27 정지 상태의 자동차가 출발하여 100m에 도달했을 때의 속도가 60km/h이다. 이 자동차의 가속도는 약 m/s² 인가?

① 1.4　　② 5.6　　③ 6.0　　④ 8.7

풀이 $2as = v^2 - v_0^2$ (a : 가속도, v_0, v : 처음속도, 나중속도)

$$\therefore a = \frac{(16.7)^2}{2 \times 100} = 1.39 m/s^2$$

28 자동차의 축간거리가 2.5m, 킹핀의 연장선과 캠퍼의 연장선이 지면 위에서 만나는 거리가 30cm인 자동차를 좌측으로 회전하였을 때 바깥쪽 바퀴의 조향각도가 30°라면 최고회전 반경은 약 몇 m인가?

① 4.3　　② 5.3　　③ 6.2　　④ 7.2

풀이 $R = \frac{L}{\sin\alpha} + r = \frac{2.5}{\sin 30°} + 0.3 = 5.3$

L : 축거
α : 바깥쪽앞바퀴의 조향각도
r : 킹핀중심선에서 타이어 중심선까지의 거리

29 자동차 정기검사에서 조향장치의 검사 기준 및 방법으로 틀린 것은?

① 조향 계통의 변형, 느슨함 및 누유가 없어야 한다.
② 조향바퀴 옆 미끄럼양은 1m 주행에 5mm 이내이어야 한다.
③ 기어박스, 로드암, 파워실린더, 너클 등의 설치상태 및 누유 여부를 확인한다.
④ 조향핸들을 고정한 채 사이드슬립 측정기의 답판 위로 직진하여 측정한다.

풀이 조향장치의 검사기준
- 조향바퀴 옆 미끄럼량은 1m 주행에 5mm 이내일 것(조향핸들에 힘을 가하지 아니한 상태에서 측정기의 답판 위를 직진할 때 조향바퀴의 옆 미끄럼량을 사이드슬립 측정기로 측정)
- 조향 계통의 변형·느슨함 및 누유가 없을 것(기어박스·로드암·파워실린더·너클 등의 설치상태 및 누유 여부 확인)
- 동력조향 작동유의 유량이 적정할 것

30 자동차 검사를 위한 기준 및 방법으로 틀린 것은?

① 자동차의 검사항목 중 제원측정은 공차상태에서 시행한다.
② 긴급자동차는 승차인원 없는 공차상태에서만 검사를 시행해야 한다.
③ 제원측정 이외의 검사항목은 공차상태에서 운전자 1인이 승차하여 측정한다.
④ 자동차 검사기준 및 방법에 따라 검사기기, 관능 또는 서류 확인 등을 시행한다.

31 듀얼 클러치 변속기(DCT)에 대한 설명으로 틀린 것은?

① 연료소비율이 좋다.
② 가속력이 뛰어나다.
③ 동력 손실이 적은 편이다.
④ 변속단이 없으므로 변속충격이 없다.

풀이 DCT변속기는 듀얼클러치 트랜스미션의 약자로 변속기의 클러치가 2개인 구조로 변속과정이 매우 빠르고 단절이 거의 없으므로 변속효율이 좋고 미끄럼 손실이 거의 없기에 자동변속기 및 수동변속기보다도 연비가 뛰어나다. 단점으로 클러치 및 액추에이터 등도 추가되어 비싸며 기계적인 내구성도 상대적으로 좋지 못하다.

32 차체 자세제어장치(VDC, ESP)에서 선회 주행시 자동차의 비틀림을 검출하는 센서는?

① 차속 센서　　　　　　② 휠 스피드 센서
③ 요 레이트 센서　　　　④ 조향핸들 각속도 센서

풀이 VDC 구성품과 기능
- 마스터 실린더 압력센서 : VDC가 작동 중일 때 운전자의 제동 의지를 감지하기 위해 브레이크액 압력을 검출하여 EBD 제어 여부를 판단한다.
- 요 레이트 센서 : 차량이 수직축을 기준으로 회전할 때 즉, Z축 방향을 기준으로 회전할 때 요 레이트 센서 내부의 프레이트 포크가 진동 변화를 일으키면서 전자적으로 차량의 요 모멘트를 감지는 센서이다.
- 조향휠 각속도 센서 : 핸들의 조향속도, 조향방향 및 조향각을 검출하는 역할을 한다.
- 횡가속도 센서 : 차량이 옆 방향으로 밀려나려고 하는 힘의 가속도를 감지하는 센서이며 횡력 작용 시 바퀴의 제동 작용을 하여 차체 자세 제어를 실행한다.

33 추친축의 회전 시 발생되는 휠링(whirling)에 대한 설명으로 옳은 것은?

① 요 레이트 센서, G센서 등이 적용되어 있다.
② ABS제어, TCS 등의 기능이 포함되어있다.
③ 자동차의 주행 자세를 제어하여 안전성을 확보한다
④ 뒷바퀴가 원심력에 의해 바깥쪽으로 미끄러질 때 오버 스티어링으로 제어를 한다.

풀이 뒷바퀴가 원심력에 의해 바깥쪽으로 미끄러지면 오버 스티어링이 일어나므로 언더 스티어링으로 제어를 해야 한다.

34 사이드 슬립 점검시 왼쪽 바퀴가 안쪽으로 8mm, 오른쪽 바퀴가 바깥쪽으로 4mm 슬립되는 것으로 측정되었다면 전체 미끄럼값 및 방향은?

① 안쪽으로 2mm 미끄러진다.
② 안쪽으로 4mm 미끄러진다.
③ 바깥쪽으로 2mm 미끄러진다.
④ 바깥쪽으로 4mm 미끄러진다.

풀이 사이드 슬립 = $\dfrac{8-4}{2}$ = 2m/mm

따라서, 전체 미끄럼량은 안쪽으로 2mm이다.

35 동력전달장치에 사용되는 종감속장치의 기능으로 틀린 것은?

① 회전속도를 감소시킨다.
② 축 방향 길이를 변화시킨다.
③ 동력전달 방향을 변환시킨다.
④ 구동 토크를 증가시켜 전달한다.

풀이 종감속 장치 : 종감속 기어는 구동 피니언과 링 기어로 구성되어 변속기 및 추진축에서 전달되는 회전력을 직각 또는 직각에 가까운 각도로 바꾸어 앞차축 또는 뒤차축에 전달함과 동시에 최종적으로 감속하여 회전력을 증대시키는 역할을 한다.

36 디스크 브레이크의 특징에 대한 설명으로 틀린 것은?

① 마찰면적이 적어 패드의 압착력이 커야 한다.
② 반복적으로 사용하여도 제동력의 변화가 적다.
③ 디스크가 대기 중에 노출되어 냉각 성능이 좋다.
④ 자기 작동 작용으로 인해 페달 조작력이 작아도 제동 효과가 좋다.

풀이 디스크식 브레이크의 특징
 • 디스크가 대기 중에 노출되어 방열 작용이 좋다.
 • 좌우바퀴의 제동력이 안정되어 편제동이 적다.

- 열 변형이 없어 페달 밟는 거리의 변화가 적다.
- 이물질이 묻어도 디스크로부터 이탈이 용이하다.
- 페이드 현상이 방지되어 제동성능이 안정된다.
- 마찰면적이 적어 패드를 미는 힘이 커야 한다.
- 패드의 내마멸성이 큰 재료를 사용해야 한다.
  - 패드 마모가 빠르고 구조상 가격이 비싸다.

37 토크 컨버터의 클러치 점(cluth point)에 대한 설명과 관계없는 것은?

① 토크 증대가 최대인 상태이다.
② 오일이 스테이터 후면에 부딪친다.
③ 일방향 클러치가 회전하기 시작한다.
④ 클러치 점 이상에서 토크 컨버터는 유체 클러치로 작동한다.

풀이 클러치 포인트(Clutch Point) : 속도비는 0.85 정도되는 지점으로 이 이상의 속도비에서는 스테이터 뒷면에 유체가 작용하여 스테이터는 펌프와 동일한 방향으로 공전하여 토크비는 거의 1이 되고 유체 커플링과 같은 작용을 한다. 이러한 이유로 클러치 점을 기준으로 그 이하는 컨버터 영역, 그 이상은 커플링 영역이라 한다.

38 자동차 ABS에서 제어모듈(ECU)의 신호를 받아 밸브와 모터가 작동되면서 유압의 증가, 감소, 유지 등을 제어하는 것은?

① 마스터 실린더
② 딜리버리 밸브
③ 프로포셔닝 밸브
④ 하이드롤릭 유닛

풀이 하이드롤릭 유닛(Hydraulic Unit) : 기본 유압회로는 1차와 ABS 작동 시 사용되는 2차 회로로 구성되어 있으며, 센서로부터 전달된 검출신호에 의해 ECU가 연산작업 실시, 슬립 상태를 판단하고 ABS 작동여부가 결정되면, ECU의 제어 Logic에 의하여 밸브와 모터가 작동되면서 증압, 감압, 유지상태 및 펌핑 등이 제어된다.

39 전자제어 현가장치에서 자동차가 선회할 때 원심력에 의한 차체의 흔들림을 최소로 제어하는 기능은?

① 안티 롤 제어
② 안티 다이브 제어
③ 안티 스쿼트 제어
④ 안티 드라이브 제어

풀이 안티 롤 제어(anti-rolling control) : 안티 롤 제어는 선회할 때 자동차의 좌우 방향으로 작용하는 가로 방향 가속도를 G센서로 감지하여 제어한다. 즉 바깥쪽 바퀴의 스트럿의 압력은 높이고 안쪽 바퀴의 압력은 낮추어 원심력에 의해서 차체가 롤링하려고 하는 힘을 억제한다.

40 ABS 시스템의 구성품이 아닌 것은?

① 차고 센서
② 휠 스피드 센서
③ 하이드롤릭 유닛
④ ABS 컨트롤 유닛

풀이 차고 센서는 전자제어 현가장치에 사용되는 센서로 차축과 차체에 연결되어 위치를 감지하며 차체의 상하 움직임에 따라 레버가 회전하므로 레버의 회전량을 센서를 통하여 감지한다.

자동차전기

41 자동 공조장치에 대한 설명으로 틀린 것은?

① 파워 트랜지스터의 베이스 전류를 가변하여 송풍량을 제어한다.
② 온도 설정에 따라 믹스 액추에이터 도어의 개방 정도를 조절한다.
③ 실내 및 외기온도 센서 신호에 따라 에어컨 시스템의 제어를 최적화한다.
④ 핀서모 센서는 에어컨 라인의 빙결을 막기 위해 콘덴서에 장착되어 있다.

> 풀이 핀 써모 센서 : 이배퍼레이터 핀 온도를 감지해 자동 에어컨 CPU로 입력시키는 역할을 한다. 이배퍼레이터 온도가 0.5℃ 이하로 감지되면 빙결을 방지하기 위하여 컴프레서 구동 출력을 OFF 시키며 3℃ 이상이면 컴프레서를 구동시킨다.

42 5A의 일정한 전류로 방전되어 20시간이 지났을 때 방전종지전압에 이르는 배터리의 용량은?

① 60Ah ② 80Ah ③ 100Ah ④ 120Ah

> 풀이 용량(Ah) = 전류 × 방전시간 = 5 × 20 = 100Ah

43 기동전동기의 피니언기어 잇수가 9, 플라이휠의 링기어 잇수가 113, 배기량 1500CC인 엔진의 회전저항이 8kgf·m일 때 기동전동기의 최소 회전토크는 약 몇 kgf·m인가?

① 0.38 ② 0.48 ③ 0.55 ④ 0.64

> 풀이 감속비 = $\dfrac{\text{링기어잇수}}{\text{피니언기어잇수}} = \dfrac{\text{링기어 회전력}}{\text{피니언기어회전력}} = \dfrac{113}{9} = \dfrac{8}{T_p}$ ∴ $T_p = 0.637$

44 자동차용 납산 배터리의 구성요소로 틀린 것은?

① 양극판 ② 격리판
③ 코어 플러그 ④ 벤트 플러그

> 풀이 코어 플러그는 냉각수의 동결에 의한 엔진 동파를 방지하기 위해 실린더블록 물 통로에 부착되는 안전 플러그이다.

45 에어컨 자동온도조절장치(FATC)에서 제어 모듈의 출력요소로 틀린 것은?

① 블로어 모터 ② 에어컨 릴레이
③ 엔진 회전수 보상 ④ 믹스 도어 액추에이터

풀이 엔진 회전수 보상 : 에어컨이 작동되는 순간 엔진 rpm의 변동을 방지하고자 엔진 ECU는 공전속도조절장치로 회전수 보상을 실시한다.

46 그림과 같이 캔(CAN) 통신회로가 접지 단락되었을 때 고장진단 커넥터에서 6번과 14번 단자의 저항을 측정하면 몇 Ω인가?

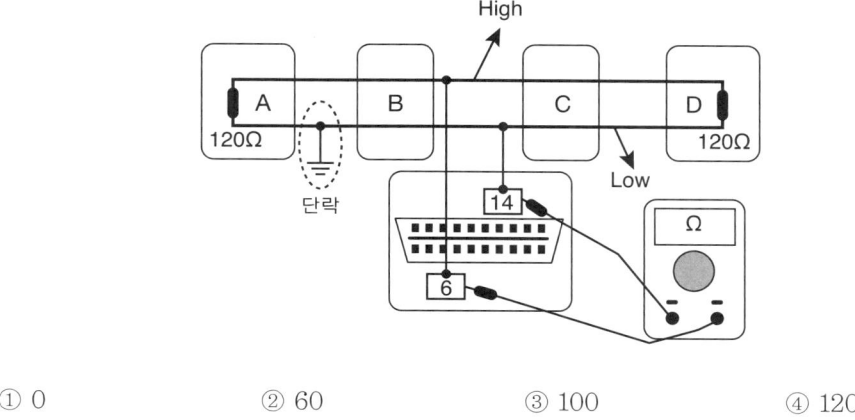

① 0   ② 60   ③ 100   ④ 120

47 BMS(Battery Management System)에서 제어하는 항목과 제어내용에 대한 설명으로 틀린 것은?

① 고장 진단 : 배터리 시스템 고장 진단
② 컨트롤 릴레이 제어 : 배터리 과열 시 컨트롤 릴레이 차단
③ 셀 밸런싱 : 전압 편차가 생긴 셀을 동일한 전압으로 매칭
④ SoC(state of charge)관리 : 배터리의 전압, 전류, 온도를 측정하여 적정 SoC 영역관리

풀이 BMS(Battery Management System)는 배터리의 충·방전 시 과충전 및 과방전을 막아주며 셀 간의 전압을 균일하게 해줌으로써 에너지 효율 및 배터리 수명을 높여준다.

48 12V, 5W 번호판등이 사용되는 승용차량에 24V, 3W가 잘못 장착되었을 때, 전류값과 밝기의 변화는 어떻게 되는가?

① 0.125A, 밝아진다.   ② 0.125A, 어두워진다.
③ 0.0625A, 밝아진다.   ④ 0.0625A, 어두워진다.

풀이 12V 5W전구 : $i = \dfrac{W}{V} = \dfrac{5}{12} = 0.416A$

12V 5W전구 : $i = \dfrac{W}{V} = \dfrac{3}{24} = 0.125A$

번호판등은 병렬연결이므로 한 전구당 0.0625A가 흐르고 기존의 전구보다 적은 전류가 흘러 어두워진다.

49 자동차 정기검사에서 전기장치의 검사기준 및 방법에 해당되지 않는 것은?

① 축전지의 설치상태를 확인한다.
② 전기배선의 손상여부를 확인한다.
③ 전기선의 허용 전류량을 측정한다.
④ 축전지의 접속, 절연상태를 확인한다.

풀이 전기장치의 검사기준
- 축전지의 접속·절연 및 설치상태가 양호할 것
- 자동차 구동 축전지는 차실과 벽 또는 보호판으로 격리되는 구조일 것
- 전기배선의 손상이 없고 설치상태가 양호할 것
- 차실 내 및 차체 외부에 노출되는 고전원전기 장치간 전기배선은 금속 또는 플라스틱 재질의 보호 기구를 설치할 것

50 납산 배터리 양(+)극판에 대한 설명으로 틀린 것은?

① 음극판보다 1장 더 많다.
② 방전 시 황산납으로 변환된다.
③ 충전 후 갈색의 과산화납으로 변환된다.
④ 충전 시 전자를 방출하면서 이산화납으로 변환된다.

풀이 음극판이 양극판보다 1장 더 많다.

51 LAN(Local Area Network) 통신장치의 특징이 아닌 것은?

① 전장부품의 설치장소 확보가 용이하다.
② 설계변경에 대하여 변경하기 어렵다.
③ 배선의 경량화가 가능하다.
④ 장치의 신뢰성 및 정비성을 향상시킬 수 있다.

풀이 LAN 시스템의 특징
- 배선의 경량화 : 각 제어 ECU간 LAN 통신선 사용
- 전장품 설치장소 확보 용이 : 근접 ECU에서 입출력을 제어
- 시스템 신뢰성 확보 : 사용 커넥터 및 접속점 감소
- 설계 변경 대응의 용이함 : 기능 업그레이드를 소프트웨어적으로 처리
- 정비성 향상 : 진단장비를 이용해 자기진단, 센서출력값 분석, 액츄에이터 구동테스트 가능

52 점화플러그의 열가(heat range)를 좌우하는 요인으로 거리가 먼 것은?

① 엔진 냉각수의 온도
② 연소실의 형상과 체적
③ 절연체 및 전극의 열전도율
④ 화염이 접촉되는 부분의 표면적

풀이 연소가스로부터 점화플러그에 전달된 열은 실린더 헤드, 셀, 그리고 절연체를 통하여 다시 발산된다. 열전도가 잘되어 전극부의 온도가 너무 낮아도, 반대로 열전도가 느려 전극부의 온도가 너무 높아도 문제가 된다.

53 에어백 시스템에서 화약 점화제, 가스 발생제, 필터 등을 알루미늄 용기에 넣은 것으로, 에어백 모듈 하우징 안쪽에 조립되어 있는 것은?

① 인플레이터
② 에어백 모듈
③ 디퓨저 스크린
④ 클럭 스프링 하우징

풀이 인플레이터(Inflator)는 화약, 점화제, 가스발생기, 디퓨저 스크린 등을 알루미늄제 용기에 넣은 것으로 에어백모듈 하우징에 장착된다. 인플레이터 내에는 점화 전류가 흐르는 전기 접속부가 있어 화약에 전류가 흐르면 화약이 연소하여 작동될 수 있으므로 멀티테스터로 측정하여서는 안 된다.

54 방향지시등의 점멸 속도가 빠르다. 그 원인에 대한 설명으로 틀린 것은?

① 플래셔 유닛이 불량이다.
② 비상등 스위치가 단선되었다.
③ 전방 우측 방향지시등이 단선되었다.
④ 후방 우측 방향지시등이 단선되었다.

풀이 좌우 점멸횟수가 다르거나 한쪽만 작동하는 경우
- 좌우 전구의 용량이 다르거나 규정용량이 아니다.
- 접지가 불량하다.
- 전구 하나가 단선되었다.
- 플래셔 유닛과 지시등 사이에 단선이 있다.

55 점화장치 고장 시 발생될 수 있는 현상으로 틀린 것은?

① 노킹 현상이 발생할 수 있다.
② 공회전 속도가 상승할 수 있다.
③ 배기가스가 과다 발생할 수 있다.
④ 출력 및 연비에 영향을 미칠 수 있다.

56 리튬-이온 축전지의 일반적인 특징에 대한 설명으로 틀린 것은?

① 셀당 전압이 낮다.
② 높은 출력밀도를 가진다.
③ 과충전 및 과방전에 민감하다.
④ 열관리 및 전압관리가 필요하다.

풀이 리튬이온 배터리의 특징
- 높은 에너지 저장 밀도
- 높은 전압, 3.7V
- 뛰어난 온도 특성
- 환경을 오염시키는 중금속을 사용하지 않음
- 전해질이 액체로 누액 가능성과 폭발의 위험이 있음

57 자동차 정기검사에서 4등식 전조등의 광도 검사기준으로 맞는 것은?

① 11500 칸델라 이상
② 12000 칸델라 이상
③ 15000 칸델라 이상
④ 112500 칸델라 이상

풀이 광도 기준
 • 2등식 : 15,000 ~ 112,500 cd
 • 4등식 : 12,000 ~ 112,500 cd

58 점화장치에서 드웰시간에 대한 설명으로 옳은 것은?

① 점화 1차 코일에 전류가 흐르는 시간
② 점화 2차 코일에 전류가 흐르는 시간
③ 점화 1차 코일에 아크가 방전되는 시간
④ 점화 2차 코일에 아크가 방전되는 시간

풀이 드웰시간은 TR의 베이스 단자에 ECU가 전원을 인가하여 TR이 도통되며 따라서 점화 1차전류가 흐르는 기간을 말한다.

59 다음에 설명하고 있는 법칙은?

> 회로에 유입되는 전류의 총합과 회로를 빠져나가는 전류의 총합이 같다.

① 옴의 법칙
② 줄의 법칙
③ 키르히호프의 제1법칙
④ 키르히호프의 제2법칙

풀이 키르히호프의 법칙
 • 제1법칙(전류의 법칙) : 회로 내의 어떤 한 점에 유입된 전류의 총합과 유출한 전류의 총합은 같다.
 • 제2법칙(전압의 법칙) : 회로 내의 전압강하의 합은 기전력의 합과 같다

60 기동전동기의 오버러닝 클러치에 대한 설명으로 옳은 것은?

① 작동원리는 플레밍의 왼손 법칙을 따른다.
② 실리콘 다이오드에 의해 정류된 전류로 구동된다.
③ 변속기로 전달되는 동력을 차단하는 역할도 한다.
④ 시동 직후, 엔진 회전에 의한 기동전동기의 파손을 방지한다.

풀이 오버러닝 클러치 : 엔진이 기동 된 다음 고속회전에 의하여 전동기의 손상을 방지하기 위하여 전기자 축으로부터 피니언 기어로 동력이 전달되나 피니언 기어로부터 전기자 축으로는 동력이 전달되지 않는다. 한 방향으로만 동력을 전달하므로 일방향 클러치라고 하며 롤러식, 스프래그식, 다판클러치식이 있다.

[2019년 04월 27일 시행 정답]

01	02	03	04	05	06	07	08	09	10
④	④	③	③	③	①	②	③	②	④
11	12	13	14	15	16	17	18	19	20
④	②	②	④	②	①	④	③	③	②
21	22	23	24	25	26	27	28	29	30
④	④	①	②	②	②	①	②	④	②
31	32	33	34	35	36	37	38	39	40
④	③	④	①	②	④	①	④	①	①
41	42	43	44	45	46	47	48	49	50
④	③	④	③	③	②	②	④	③	①
51	52	53	54	55	56	57	58	59	60
②	①	①	②	②	①	②	①	③	④

2019년 3회
2019년 08월 04일

제5장_ 과목별 기출문제

Chapter 05

자동차 엔진정비

01 라디에이터 캡 시험기로 점검할 수 없는 것은?

① 라디에이터 캡의 불량
② 라디에이터 코어 막힘 정도
③ 라디에이터 코어 손상으로 인한 누수
④ 냉각수 호스 및 파이프와 연결부에서의 누수

풀이 라디에이터 캡 점검 : 압력계 눈금을 보면서 규정압력까지 레버로 펌핑을 해준다 테스터의 압력계 눈금이 규정압력을 유지하면 양호한 것이며, 압력이 떨어지면 누수 및 캡의 불량일 수 있다.

02 다음은 운행차 정기검사에서 배기소음 측정을 위한 검사방법에 대한 설명이다. ( )안에 알맞은 것은?

> 자동차의 변속장치를 중립 위치로 하고 정지가동상태에서 원동기의 최고 출력시의 75% 회전속도로 ( )초 동안 운전하여 최대 소음도를 측정한다.

① 3   ② 4   ③ 6   ④ 6

풀이 원동기의 최고 출력 시의 75% 회전속도로 4초 동안 운전하여 평균 소음도를 측정한다.

03 전자제어 엔진에서 수온센서 단선으로 컴퓨터(ECU)에 정상적인 냉각수온값이 입력되지 않으면 어떻게 연료분사 되는가?

① 연료 분사를 중단
② 흡기 온도를 기준으로 분사
③ 엔진 오일온도를 기준으로 분사
④ ECU에 의한 페일 세이프 값을 근거로 분사

풀이 냉각수온센서 : 냉각수 온도를 검출(부특성 더미스터)하여 연료 분사량, 점화시기, 공전속도 등을 보정한다. 이상발생 시 출력감소, 연료소모량 증가, 유해 배기가스의 발생이 증가할 수 있다. 센서가 고장이 나면 ECU는 페일세이프 모드가 되어 ROM에 저장된 알고리즘대로 값을 대체하여 작동한다.

04 엔진의 냉각장치에 사용되는 서모스탯에 대한 설명으로 거리가 먼 것은?

① 과열을 방지한다.
② 엔진의 온도를 일정하게 유지한다.
③ 과냉을 통해 차내 난방효과를 낮춘다.
④ 냉각수 통로를 개폐하여 온도를 조절한다

풀이 서모스탯이 열린 상태로 고장나면 기관이 과냉된다.

05 디젤엔진에서 냉간 시 시동성 향상을 위해 예열장치를 두어 흡기를 예열하는 방식 중 가열 플랜지 방법을 주로 사용하는 연소실 형식은?

① 직접분사식
② 와류실식
③ 예연소실식
④ 공기실식

풀이 예열방식의 종류
- 예열플러그 : 연소실 내의 압축공기를 직접 예열하는 형식으로 주로 예연소실식, 와류실식 연소실에 사용한다. 코일형과 실드형이 있다
- 흡기가열방식 : 직접분사실식 연소실에서 실린더 내로 흡입되는 공기를 흡기다기관에서 가열하는 방식이며 흡기 히터, 히트 레인지 방식이 있다.

06 배기가스 후처리 장치(DPF)의 필터에 포집된 PM을 연소시키기 위한 연료분사 방법으로 옳은 것은?

① 주 분사
② 점화 분사
③ 사후 분사
④ 파일럿 분사

풀이
- 예비분사 : 주 분사가 이루어지기 전 연료를 분사하여 연소가 잘 되게 하기 위한 분사이며 점화 분사 실시 유무에 따라 엔진의 소음과 진동을 억제한다.
- 주 분사 : 엔진의 출력에 대한 에너지는 주 분사로부터 나온다. 주 분사는 점화 분사가 실행되었는지 고려하여 연료량을 계산하며, 엔진 토크량, 엔진 회전수, 냉각수온, 흡기온도, 대기압 등으로 주분사 연료량을 계산한다.
- 사후 분사 : 디젤 연료를 촉매 변환기에 공급하기 위한 것으로 이는 후처리장치(DPF)를 작동시키기 위해 연료를 흘려보내는 분사이다.

07 가솔린엔진의 연료 구비조건으로 틀린 것은?

① 발열량이 클 것
② 옥탄가가 높을 것
③ 연소속도가 빠를 것
④ 온도와 유동성이 비례할 것

풀이 가솔린기관 구비조건
- 기화성이 양호할 것
- 노크가 일어나지 않을 것
- 발열량이 클 것
- 연소성이 좋을 것
- 안정성이 좋을 것
- 경제적일 것
- 착화온도가 높을 것
- 부식성이 없을 것

08 실린더 헤드의 변형 점검 시 사용되는 측정도구는?

① 보어 게이지   ② 마이크로미터
③ 간극 게이지   ④ 텔레스코핑 게이지

풀이 수평자와 간극 게이지를 이용한다.

09 전자제어 연료분사장치에서 차량의 가·감속 판단에 사용되는 센서는?

① 스로틀포지션센서   ② 수온센서
③ 노크센서   ④ 산소센서

풀이 스로틀포지션센서(TPS) : 스로틀 밸브 축과 함께 회전하며 스로틀 밸브 열림각을 감지하는 회전식 가변저항이다. ECU는 출력전압을 토대로하여 스로틀 밸브의 열림의 변화를 계산하여 엔진 가속 상태를 판단하고 그에 따라 가속 중 연료 분사량을 적절히 제어한다.

10 가솔린엔진에서 인젝터의 연료 분사량 제어와 직접적으로 관계있는 것은?

① 인젝터의 니들 밸브 지름
② 인젝터의 니들 밸브 유효 행정
③ 인젝터의 솔레노이드 코일 통전 시간
④ 인젝터의 솔레노이드 코일 차단 전류 크기

풀이 연료분사량은 엔진컴퓨터(ECU)가 각 센서의 신호를 받아 인젝터에 흐르는 전류의 통전시간에 따라 좌우된다.

11 단행정 엔진의 특징에 대한 설명으로 틀린 것은?

① 직렬형 엔진인 경우 엔진의 길이가 짧아진다.
② 직렬형 엔진인 경우 엔진의 높이를 낮게 할 수 있다.
③ 피스톤의 평균속도를 올리지 않고 회전속도를 높일 수 있다.
④ 흡·배기 밸브의 지름을 크게 할 수 있어 흡입효율을 높일 수 있다.

풀이 단행정 기관(Over square-Short stroke)은 실린더 내경보다 행정이 작은 기관을 말한다. 기관의 회전속도는 빠르지만 피스톤 측압이 크고 회전력은 작다. 그리고 기관의 높이는 낮아지지만 길이는 길어진다.

12 압축상사점에서 연소실체적(V_c)은 0.1L이고 압력(P_c)은 30bar이다. 체적이 1.1L로 증가하면 압력은 약 몇 bar가 되는가?(단, 동작유체는 이상기체이며 등온과정이다.)

① 2.73   ② 3.3   ③ 27.3   ④ 33

풀이 $P_1V_1 = P_2V_2$에서 $30 \times 0.1 = x \times 1.1$

$\therefore x = \dfrac{30 \times 0.1}{1.1} = 2.727$

13 운행차 정기검사에서 자동차 배기소음 허용기준으로 옳은 것은?(단, 2006년 1월 1일 이후 제작되어 운행하고 있는 소형 승용자동차이다.)

① 95dB 이하   ② 100dB 이하   ③ 110dB 이하   ④ 112dB 이하

풀이 2006년 1월 1일 이후에 제작되는 자동차

자동차 종류		소음항목 배기소음(dB(A))	경적소음(dB(C))
경자동차		100 이하	110 이하
승용 자동차	소형	100 이하	110 이하
	중형	100 이하	110 이하
	중대형	100 이하	112 이하
	대형	105 이하	112 이하

14 엔진이 과열되는 원인 아닌 것은?

① 워터펌프 작동 불량
② 라디에이터의 코어 손상
③ 워터재킷 내 스케일 과다
④ 수온조절기가 열린 상태로 고장

풀이 서모스탯(수온조절기)이 열려있으면 엔진이 과냉되어 연료 소모량이 증가하고, 출력이 감소한다.

15 가솔린 300cc를 연소시키기 위해 필요한 공기는 약 몇 kg 인가?(단, 혼합비는 15 : 1 이고 가솔린의 비중은 0.75 이다.)

① 1.19   ② 2.42   ③ 3.38   ④ 4.92

풀이 공기량 = 연료량 × 비중 × 혼합비 = 0.3 × 0.75 × 15 = 3.375kg

16 실린더의 라이너에 대한 설명으로 틀린 것은?

① 도금하기가 쉽다.
② 건식과 습식이 있다.
③ 라이너가 마모되면 보링 작업을 해야 한다.
④ 특수주철을 사용하여 원심 주조할 수 있다.

풀이 라이너식 실린더 블록은 마모 시 라이너만 교체하면 실린더 블록을 재사용 할 수 있다.

17 오토사이클의 압축비가 8.5일 경우 이론 열효율은 약 몇 % 인가?(단, 공기의 비열비는 1.4 이다.)

① 49.6   ② 52.4   ③ 54.6   ④ 57.5

풀이 이론열효율(η_0) = $1 - (\frac{1}{\epsilon})^{k-1}$

$= 1 - (\frac{1}{8.5})^{1.4-1} = 0.575$

18 DOHC 엔진의 특징이 아닌 것은?

① 구조가 간단하다.
② 연소효율이 좋다.
③ 최고회전속도를 높일 수 있다.
④ 흡입 효율의 향상으로 응답성이 좋다.

풀이 DOHC의 특징
- 흡기, 배기밸브에 캠축이 2개 있는 엔진으로, 각각의 단위시간마다 더 많은 공기를 흡입하려고 엔진의 허용 최고 회전수와 흡입 회전율을 크게하여 출력을 높인 것이 특징이다.
- 가속 성능도 좋지만, 내구성이 낮고 배기량에 따른 연료 소비량이 많으며 소음이 크다.

19 GDI엔진에 대한 설명으로 틀린 것은?

① 흡입 과정에서 공기의 온도를 높인다.
② 엔진 운전 조건에 따라 레일압력이 변동된다.
③ 고부하 운전영역에서 흡입공기 밀도가 높아진다.
④ 분사시간은 흡입공기량의 정보에 의해 보정된다.

풀이 GDi 엔진이란 미리 공기를 충전해 놓은 실린더 안에 가솔린을 직접 분사함으로써 흡기 충진 효율이 증대되고, 실린더 내 연료증발을 통하여 연소실 온도를 낮추고 노킹특성을 개선하고 압축비를 증대시켜 성능과 연비를 개선한 엔진이다.

20 전자제어 엔진에서 연료 분사 피드백에 사용되는 센서는?

① 수온센서
② 스로틀포지션센서
③ 산소센서
④ 에어플로어센서

풀이 산소센서(oxygen sensor)는 이론적 공연비를 중심으로 출력전압이 급격히 변하는 것을 이용하여 피드백의 기준 신호를 공급해 주는 역할을 한다.

자동차 섀시정비

21 클러치의 차단 불량 원인으로 틀린 것은??

① 클러치 페달 자유간극 과소
② 클러치 유압계통에 공기 유입
③ 릴리스 포크의 소손 또는 파손
④ 릴리스 베어링의 소손 또는 파손

풀이 클러치 차단 불량의 원인
- 클러치 페달 자유간극 과대
- 클러치판의 흔들림
- 클러치 각 부의 심한 마모
- 유압 계통에 공기의 유입
- 릴리스 베어링의 손상 및 파손

22 전륜 6속 자동변속기 전자제어 장치에서 변속기 컨트롤 모듈(TCM)의 입력신호로 틀린 것은?

① 공기량 센서　　　　　　　　　② 오일 온도센서
③ 입력축 속도 센서　　　　　　　④ 인히비터 스위치 신호

23 조향 핸들을 2바퀴 돌렸을 때 피트먼 암이 90° 움직였다면 조향 기어비는?

① 1 : 6　　　② 1 : 7　　　③ 8 : 1　　　④ 9 : 1

풀이 조향기어비 = $\dfrac{\text{조향휠이 움직인 양}}{\text{피트먼 암이 움직인 양}} = \dfrac{720}{90} = 8$

24 자동변속기에서 유성기어 장치의 3요소가 아닌 것은?

① 선 기어　　　② 캐리어　　　③ 링 기어　　　④ 베벨 기어

25 자동차 앞바퀴 정렬 중 "캐스터"에 관한 설명으로 옳은 것은?

① 자동차의 전륜을 위에서 보았을 때 바퀴의 앞부분이 뒷부분보다 좁은 상태를 말한다.
② 자동차의 전륜을 앞에서 보았을 때 바퀴중심선의 윗부분이 약간 벌어져 있는 상태를 말한다.
③ 자동차의 전륜을 옆에서 보면 킹핀의 중심선이 수직선에 대하여 어느 한쪽으로 기울어져 있는 상태를 말한다.
④ 자동차의 전륜을 앞에서 보면 킹핀의 중심선이 수직선에 대하여 약간 안쪽으로 설치된 상태를 말한다.

풀이 캐스터(Caster) : 자동차의 바퀴를 측면에서 보면 노면과의 수직선에 대하여 타이어의 중심선과 조향축이 뒤쪽으로 약간 기울어져 있다.

26 록업(lock-up) 클러치가 작동할 때 동력전달 순서로 옳은 것은?

① 엔진 → 드라이브 플레이트 → 컨버터 케이스 → 펌프 임펠러 → 록 업 클러치 → 터빈 러너 허브 → 입력 샤프트
② 엔진 → 드라이브 플레이트 → 터빈 러너 → 터빈 러너 허브 → 록 업 클러치 → 입력 샤프트
③ 엔진 → 드라이브 플레이트 → 컨버터 케이스 → 록 업 클러치 → 터빈 러너 허브 → 입력 샤프트
④ 엔진 → 드라이브 플레이트 → 터빈 러너 → 펌프 임펠러 → 일 방향 클러치 → 입력 샤프트

풀이 댐퍼 클러치(록업 클러치)는 토크 컨버터 내에 설치되며, 기계적인 습식 마찰 클러치를 적용하여 어느 일정 조건이 되면 펌프와 터빈을 직결시켜 동력손실감소 및 연료절감효과를 볼 수 있다.

27 총 중량 1톤인 자동차가 72km/h로 주행 중 급제동하였을 때 운동에너지가 모두 브레이크 드럼에 흡수되어 열이 되었다. 흡수된 열량(kcal)은 얼마인가?(단, 노면의 마찰계수는 1이다.)

① 47.79 ② 52.30 ③ 54.68 ④ 60.25

풀이 운동에너지 $= \dfrac{mu^2}{2} = \dfrac{Wu^2}{2g}$

$= \dfrac{1000 \times (\frac{72}{3.6})^2}{2 \times 9.8} = 20408.16 \text{kg} - \text{m}$

발열량 $= \dfrac{20408.16}{427} = 47.79 \text{kal}$

28 수동변속기의 클러치에서 디스크의 마모가 너무 빠르게 발생하는 경우로 틀린 것은?

① 지나친 반클러치의 사용
② 디스크 페이싱의 재질 불량
③ 다이어프램 스프링의 장력이 과도할 때
④ 디스크 교환 시 페이싱 단면적이 규정보다 작은 제품을 사용하였을 경우

풀이 클러치판의 마모 원인
- 운전자의 운전습관(지나친 반 클러치 사용)
- 클러치 유격을 장기간 조정하지 않아 슬립 상태로 계속 운전했을 경우
- 디스크 페이싱 재질의 불량
- 디스크를 교환할 때, 페이싱 단면적이 순정품다 작은 디스크를 사용했을 경우

29 유압식과 비교한 전동식 동력조향장치(MDPS)의 장점으로 틀린 것은?

① 부품수가 적다.
② 연비가 향상된다.
③ 구조가 단순하다.
④ 조향 휠 조작력이 증가한다.

풀이 전동식 파워스티어링 시스템(MDPS) : 차량의 주행속도에 따라 핸들의 조작력을 전자제어로 모터를 구동시켜 주차시 또는 저속시에는 조작력을 가볍게 해주고, 고속시에는 조작력을 무겁게 하여 고속주행 안정성을 운전자에게 제공하는 시스템으로 차량의 연비 향상 효과가 있다.

30 전자제어 제동장치(ABS)의 유압제어 모드에서 주행 중 급제동 시 고착된 바퀴의 유압제어는?

① 감압제어 ② 정압제어 ③ 분압제어 ④ 증압제어

풀이 고착된 바퀴에 가해진 유압을 감소시키기 위해 감압신호를 모듈레이터로 보낸다

31 전자제어 제동 장치(ABS)에서 하이드로릭 유닛의 내부 구성부품으로 틀린 것은?

① 어큐뮬레이터
② 인렛 미터링 밸브
③ 상시 열림 솔레노이드 밸브
④ 상시 닫힘 솔레노이드 밸브

32 브레이크 페달을 강하게 밟을 때 후륜이 먼저 록(lock) 되지 않도록 하기 위하여 유압이 일정 압력으로 상승하면 그 이상 후륜 측에 유압이 가해지지 않도록 제한하는 장치는?

① 프로포셔닝 밸브
② 압력 체크 밸브
③ 이너셔 밸브
④ EGR 밸브

풀이 프로포셔닝 밸브는 급제동 시 전륜보다 후륜의 제동력을 감소시켜 후륜의 록을 방지한다.

33 동기물림식 수동변속기의 주요 구성품이 아닌 것은?

① 도그 클러치
② 클러치 허브
③ 클러치 슬리브
④ 싱크로나이저 링

풀이
- 상시물림식 : 기어는 항상 물려 있고 도그 클러치가 출력축 스플라인과 물려 있어 도그 클러치가 주축 위를 섭동하며 동력을 전달한다.
- 동기물림식 : 서로 물리는 기어 회전속도를 일치시켜(동기) 이의 물림을 쉽게 하기 위한 형식으로 싱크로메시기구를 많이 사용한다.

34 TCS(Traction Control System)의 제어장치에 관련이 없는 센서는?

① 냉각수온 센서
② 아이들 신호
③ 후차륜 속도 센서
④ 가속페달포지션 센서

풀이 구동력 조절 장치(TCS) : 미끄러지기 쉬운 노면에서 차량을 출발하거나 가속할 때 과잉의 구동력(슬립율 15~20% 정도에서 최대)이 발생하여 타이어가 공회전하지 않도록 차량의 구동력을 제어하는 장치이다.

35 브레이크 슈의 길이와 폭이 85mm×35mm, 브레이크 슈를 미는 힘이 50kgf 일 때 브레이크 압력은 약 몇 kgf/cm³ 인가?

① 1.68
② 4.57
③ 16.8
④ 45.7

풀이 압력 = $\dfrac{\text{힘}}{\text{면적}}$ = $\dfrac{50\text{kgf}}{8.5 \times 3.5\text{cm}^2}$ = 1.68

36 전자제어 현가장치(ECS)에 대한 입력 신호에 해당되지 않는 것은?

① 도어 스위치
② 조향 휠 각도
③ 차속 센서
④ 파워 윈도우 스위치

37 금속분말을 소결시킨 브레이크 라이닝으로 열전도성이 크며 몇 개의 조각으로 나누어 슈에 설치된 것은?

① 몰드 라이닝
② 위븐 라이닝
③ 메탈릭 라이닝
④ 세미 메탈릭 라이닝

풀이
- 위빙 라이닝(weaving lining) : 장섬유의 석면을 황동, 납, 아연선 등을 심으로 하여 실을 만들어 짠 다음, 광물성 오일과 합성수지로 가공하여 성형한 것으로서 유연하고 마찰계수가 크다.
- 몰드 라이닝(mould lining) : 단섬유의 석면을 합성수지, 고무 등과의 결합제와 섞은 다음 고온 · 고압에서 성형한 후 다듬질한 것으로 내열 · 내마모성이 우수하다.
- 세미 메탈릭 라이닝(Semi-metallic) : 재료는 강모(steel wool), 철, 구리에 마찰저감재, 윤활제(흑연 등), 충전재 혼합물로 이루어져 있고 높은 온도에서 마찰력을 발생시키며, 열방출에 유리하며, 빨리 마모되지 않는다. 반면에, 로터의 마모가 더 빠르고, 소음과 먼지를 더 발생시키며, 저온에서 마찰력이 더 떨어진다.
- 메탈릭 라이닝 : 구리 합금 분말로 만들어지며 윤활 및 마모 제어성분과 혼합되어 필요한 모양으로 형성된 후, 화씨 1,800도의 온도에서 백플레이트에 접착된다. 여기에 사용되는 순수한 금속 성분들은 저온에서부터 고온까지 안정된 마찰계수를 제공하고 있지만 비싸다.

38 유체 클러치의 스톨 포인트에 대한 설명으로 틀린 것은?

① 속도비가 "0"일 때를 의미한다.
② 스톨 포인트에서 효율이 최대가 된다.
③ 스톨 포인트에서 토크비가 최대가 된다.
④ 펌프는 회전하나 터빈이 회전하지 않는 상태이다.

풀이 속도비가 0일 때 스톨 포인트, 스톨 토크(토크비 최대), 스톨 회전수, 효율은 최소가 된다.

39 자동차의 바퀴가 동적 불균형 상태일 경우 발생할 수 있는 현상은?

① 시미
② 요잉
③ 트램핑
④ 스탠딩 웨이브

풀이
- 정적 평형 : 타이어가 정지된 상태의 평형이며 정적 불평형일 경우에는 바퀴가 상하로 진동하는 트램핑(tramping) 현상을 일으킨다.
- 동적 평형 : 회전 중심축을 옆에서 보았을 때 평형 즉 회전하고 있는 상태를 뜻한다. 동적 평형이 문제가 되면 바퀴가 좌우로 흔들리는 시미(shimmy) 현상이 발생한다.

40 브레이크 내의 잔압을 두는 이유로 틀린 것은?

① 제동의 늦음을 방지하기 위해
② 베이퍼 록 현상을 방지하기 위해
③ 브레이크 오일의 오염을 방지하기 위해
④ 휠 실린더 내의 오일 누설을 방지하기 위해

풀이 브레이크를 밟지 않은 상태에서는 일정한 압력이 파이프 내에 잔류하게 되는데 이 압력을 잔압이라 한다. 이 잔압은 $0.7 \sim 1.4 Kgf/cm^2$ 정도 유지하는데 휠 실린더에서 오일의 누설 및 공기의 혼입을 방지하고 제동 시에 작동지연, 베이퍼 록을 방지하는 역할을 한다.

자동차 전기 · 전자장치정비

41 주행 중인 하이브리드 자동차에서 제동 시에 발생된 에너지를 회수(충전)하는 모드는?

① 가속 모드
② 발진 모드
③ 시동 모드
④ 회생제동 모드

풀이 회생재생 모드 : 차량 감속 시 모터는 자동차의 휠에 의해 회전하여 발전기의 역할을 한다. 모터는 자동차의 감속 시에 발생되는 운동에너지를 전기에너지로 전환하여 배터리를 충전하게 된다.

42 다이오드 종류 중 역방향으로 일정 이상의 전압을 가하면 전류가 급격히 흐르는 특성을 가지고 회로보호 및 전압조정용으로 사용되는 다이오드는?

① 스위치 다이오드
② 정류 다이오드
③ 제너 다이오드
④ 트리오 다이오드

풀이 정전압(제너) 다이오드 : 정전압 특성으로 전압 안정화에 응용, 제너전압(브레이크다운 전압) 이상의 전압이 역방향으로 인가되면 도통된다.

43 두 개의 영구자석 사이에 도체를 직각으로 설치하고 도체에 전류를 흘리면 도체의 한 면에는 전자가 과잉되고 다른 면에는 전자가 부족해 도체 양면을 가로질러 전압이 발생되는 현상을 무엇이라고 하는가?

① 홀 효과
② 렌츠의 현상
③ 칼만 볼텍스
④ 자기유도

풀이 홀 효과 (Hall effect) : 시료가 자기장 속에 놓여 있을 때 그 자기장에 수직방향으로 전류를 흘려주면 자기장과 전류 모두에 수직인 방향으로 내부전계, 전위차가 발생하는 현상

44 할로겐 전구를 백열전구와 비교했을 때 작동 특성이 아닌 것은?

① 필라멘트 코일과 전구의 온도가 아주 높다.
② 전구 내부에 봉입된 가스압력이 약 40bar까지 높다.
③ 유리구 내의 가스로는 불소, 염소, 브롬 등을 봉입한다.
④ 필라멘트의 가열 온도가 높기 때문에 광효율이 낮다.

풀이 할로겐 램프는 백열등에 비해 광속이 보다 일정하며, 수명은 더 길고, 그 크기도 훨씬 작아 최대 광도 및 빛 조정을 가능케 할 수 있고 내부 및 외부의 열충격에 잘 견디며, 물에 접촉되어도 파열되지 않으며 광효율도 높다.

45 그림과 같은 회로에서 스위치가 OFF되어 있는 상태로 커넥터가 단선되었다. 테스트 램프를 사용하여 점검하였을 경우 테스트 램프 점등상태로 옳은 것은?

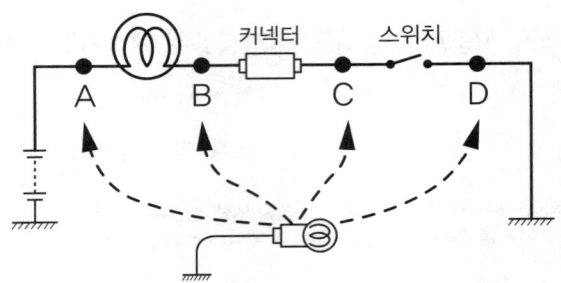

① A : OFF, B : OFF, C : OFF, D : OFF
② A : ON, B : OFF, C : OFF, D : OFF
③ A : ON, B : ON, C : OFF, D : OFF
④ A : ON, B : ON, C : ON, D : OFF

풀이 A, B 지점까지는 전원 전압이 공급되므로 테스트 램프가 점등된다.

46 20시간율 45Ah, 12V의 완전충전된 배터리를 20시간율의 전류로 방전시키기 위해 몇 와트(W)가 필요한가?

① 21 W ② 25 W ③ 27 W ④ 30 W

풀이 45Ah = 20h × xA에서 x = 2.25A
W = 12V × 2.25A = 27W

47 자동차의 오토라이트 장치에 사용되는 광전도셀에 대한 설명 중 틀린 것은?

① 빛이 약할 경우 저항값이 증가한다.
② 빛이 강할 경우 저항값이 감소한다.
③ 황화카드뮴을 주성분으로 한 소자이다.
④ 광전소자의 저항값은 빛의 조사량에 비례한다.

풀이 광전도셀(Photoconductive Cell) : 광전 변환 소자의 대표적인 것으로 황화카드뮴(CdS) 셀은 조사된 빛의 강약에 따라 양 끝의 저항값이 변화하며, 빛이 강할 때는 저항값이 작고 빛이 약할 때는 저항값이 큰 성질이 있다. 또 암흑 상태에서는 거의 절연 상태에 가까운 값이 된다.

48 에어컨 구성부품 중 응축기에서 들어온 냉매를 저장하여 액체상태의 냉매를 팽창 밸브로 보내는 역할을 하는 것은?

① 온도 조절기 ② 증발기 ③ 리시버 드라이어 ④ 압축기

49 자동차 에어컨 시스템에서 고온·고압의 기체 냉매를 냉각 및 액화시키는 역할을 하는 것은?

① 압축기　　② 응축기　　③ 팽창밸브　　④ 증발기

> **풀이**
> - 압축기 : 증발기에서 기체상태로 변한 차가운 저압의 냉매가스를 흡입, 압축하여 고온고압 상태의 기체로 만들어 응축기로 보내는 역할을 한다.
> - 응축기 : 압축기에서 전달된 고온고압의 냉매를 공기로 냉각하여 액체상태의 냉매로 전환시켜주는 역할을 한다.
> - 팽창밸브 : 고압의 액체냉매가 팽창밸브를 거치면서 저온, 저압의 기체상태로 되면서 증발기로 보내진다.
> - 증발기 : 팽창 밸브에 의해 팽창된 액 냉매를 증발시켜 주위에서 증발열을 빼앗아 다른 유체를 냉각하는 일종의 열교환기를 말한다.
> - 건조기 : 응축기에서 액체상태로 된 냉매는 완전한 액체상태가 아니라 기체와 액체가 섞여있기 때문에 기체상태의 냉매와 액체상태의 냉매를 분리해서 액체만을 팽창밸브를 통과시켜 증발기에 보내는 역할을 한다. 또한 냉매에 수분 및 이물질을 제거하는 역할을 한다.

50 전압 24V, 출력전류 60A인 자동차용 발전기의 출력은?

① 0.36 kW　　② 0.72 kW　　③ 1.44 kW　　④ 1.88 kW

> **풀이** P = VA = 24 × 60 = 1440W

51 점화플러그의 착화성을 향상시키는 방법으로 틀린 것은?

① 점화플러그의 소염 작용을 크게 한다.
② 점화플러그의 간극을 넓게 한다.
③ 중심 전극을 가늘게 한다.
④ 접지 전극에 U자의 홈을 설치한다.

> **풀이** 전극 간극이 어느 한도 이하로 좁아지면 아무리 불꽃 에너지를 크게 하더라도 가솔린과 공기의 혼합기에는 착화할 수 없는 소염현상이 나타난다. 이 간극을 "소염거리"라고 한다.

52 다음 중 유압계의 형식으로 틀린 것은?

① 서모스탯 바이메탈식　　② 밸런싱 코일 타입
③ 바이메탈식　　　　　　 ④ 부든 튜브식

53 에어컨 냉매(R-134a)의 구비조건으로 옳은 것은?

① 비등점이 적당히 높을 것
② 냉매의 증발 잠열이 작을 것
③ 응축 압력이 적당히 높을 것
④ 임계 온도가 충분히 높을 것

> **풀이** 냉매의 구비조건
> - 증발열이나 증기의 비열이 클 것
> - 가연성, 폭발성이 없을 것
> - 사용온도 범위가 넓을 것
> - 액체의 비열이 작으며 또 악취가 없고 인체에 무해할 것
> - 임계온도가 높고 응고점이 낮을 것
> - 누출을 쉽게 발견할 수 있을 것

54 하이브리드 고전압장치 중 프리차저 릴레이 & 프리차저 저항의 기능 아닌 것은?

① 메인 릴레이 보호
② 타 고전압 부품 보호
③ 메인 퓨즈, 버스바, 와이어 하네스 보호
④ 배터리 관리 시스템 입력 노이즈 저감

풀이 프리차저 릴레이 : 과전압 및 단락에 의한 시스템 보호가 주목적이며 주요 기능은 프리차징을 통한 안정적인 커패시터를 충전하도록 하고 배터리 전원의 안정적인 공급 및 차단을 위한 전원을 개폐한다.

55 기본 점화시기에 영향을 미치는 요소는?

① 산소센서
② 모터포지션센서
③ 공기유량센서
④ 오일온도센서

56 에어백 시스템에서 모듈 탈거 시 각종 에어백 점화 회로가 외부 전원과 단락되어 에어백이 전개될 수 있다. 이러한 사고를 방지하는 안전장치는?

① 단락 바　　② 프리 텐셔너　　③ 클럭 스프링　　④ 인플레이터

풀이 에어백 관련 작업 중 ECU 탈거 시 각종 회로가 전원과 접지에 노출되어 뜻하지 않게 에어백이 전개될 수도 있다. 이러한 사고를 예방할 목적으로 단락 바를 설치하여 에어백의 전개를 예방한다.

57 전자제어식 가솔린엔진의 점화시기 제어에 대한 설명으로 옳은 것은?

① 점화시기와 노킹 발생은 무관하다.
② 연소에 의한 최대 연소압력 발생점은 하사점과 일치하도록 제어한다.
③ 연소에 의한 최대 연소압력 발생점이 상사점 직후에 있도록 제어한다
④ 연소에 의한 최대 연소압력 발생점이 상사점 직전에 있도록 제어한다.

풀이 최적의 점화시기 : ATDC 약 10°~15° 부근에서 최대 폭발압력이 발생되는 점화시기

58 전조등 장치에 관한 설명으로 옳은 것은?

① 전조등 회로는 좌우로 직렬 연결되어 있다.
② 실드 빔 전조등은 렌즈를 교환할 수 있는 구조로 되어 있다.
③ 실드 빔 전조등 형식은 내부에 불활성 가스가 봉입되어 있다.
④ 전조등을 측정할 때 전조등과 시험기의 거리는 반드시 10m를 유지해야 한다.

풀이 실드 빔 형(일체형) : 반사경에 필라멘트를 붙이고 또 여기에 렌즈를 녹여 붙인 다음 내부에 불활성 가스를 넣어 그 자체가 하나의 전구기 되게 한 것으로 전구가 끊어져 작동되지 않으면 헤드라이트 전체를 교환하여야 한다.

59 자동차 기동전동기 종류에서 전기자코일과 계자코일의 접속방법으로 틀린 것은?

① 직권전동기 ② 복권전동기
③ 분권전동기 ④ 파권전동기

풀이 전동기의 종류 및 특성
- 직권식 전동기 : 전기자코일과 계자코일이 직렬로 연결되어 있으며 기동 회전력이 크지만 회전속도도 변화가 심하다.
- 분권식 전동기 : 전기자코일과 계자코일이 병렬로 연결되어 있으며 회전속도의 변화는 거의 없지만 회전력이 비교적 작다.
- 복권식 전동기 : 직권과 분권의 2개의 계자코일이 전기자코일과 연결되어 있으며 직권 및 분권 전동기의 중간적 특성을 나타낸다.

60 자동차 축전지의 기능으로 옳지 않은 것은?

① 시동장치의 전기적 부하를 담당한다.
② 발전기가 고장일 때 주행을 확보하기 위한 전원으로 작동한다.
③ 주행상태에 따른 발전기의 출력과 부하와의 불균형을 조정한다.
④ 전류의 화학작용을 이용한 장치이며, 양극판, 음극판 및 전해액이 가지는 화학적 에너지를 기계적 에너지로 변환하는 기구이다.

풀이 배터리의 기능
- 시동 시 전원 부담
- 발전기 고장 시 전원 부담
- 발전기 출력과 부하의 평형 조정

[2019년 08월 04일 시행 정답]

01	02	03	04	05	06	07	08	09	10
②	②	④	③	①	③	④	③	①	③
11	12	13	14	15	16	17	18	19	20
①	①	②	④	③	③	④	①	①	③
21	22	23	24	25	26	27	28	29	30
①	①	③	④	③	③	①	③	④	①
31	32	33	34	35	36	37	38	39	40
②	①	①	①	①	④	③	②	①	③
41	42	43	44	45	46	47	48	49	50
④	③	①	④	③	③	④	③	②	③
51	52	53	54	55	56	57	58	59	60
①	①	④	④	③	①	③	③	④	④

2020년 1회
2019년 06월 14일

제5장_ 과목별 기출문제

Chapter 05

자동차 엔진정비

01 배출가스 정밀검사의 기준 및 방법, 검사항목 등 필요한 사항은 무엇으로 정하는가?

① 대통령령　　　　　　② 환경부령
③ 행정안전부령　　　　④ 국토교통부령

02 베이퍼라이저 1차실 압력 측정에 대한 설명으로 틀린 것은?

① 1차실 압력은 약 0.3kgf/cm² 정도이다.
② 압력 측정 시에는 반드시 시동을 끈다.
③ 압력 조정 스크루를 돌려 압력을 조정한다.
④ 압력 게이지를 설치하여 압력이 규정치가 되는지 측정한다.

풀이 베이퍼 라이저 : 봄베에 담겨있는 가스는 높은 압력으로 보관되어 있으므로 연료 압력을 0.3kg/cm²으로 감압하여 액체를 기체로 변환하여 믹서로 공급하는 역할을 한다.

03 가솔린 연료 분사장치에서 공기량 계측센서 형식 중 직접계측방식으로 틀린 것은?

① 베인식　　　　　　　② MAP 센서식
③ 칼만 와류식　　　　　④ 핫 와이어식

풀이 MAP(Manifold absolution pressure) 센서 : 피에조 소자를 이용하며 서지탱크의 절대압력을 측정하여 엔진에 흡입되는 공기량을 간접적으로 측정하는 방식이다.

04 동력행정 말기에 배기밸브를 미리 열어 연소압력을 이용하여 배기가스를 조기에 배출시켜 충전 효율을 좋게 하는 현상은?

① 블로 바이(blow by)
② 블로 다운(blow down)
③ 블로 아웃(blow out)
④ 블로 백(blow back)

05 가변 밸브 타이밍 시스템에 대한 설명으로 틀린 것은?

① 공전 시 밸브 오버랩을 최소화하여 연소 안정화를 이룬다.
② 펌핑 손실을 줄여 연료 소비율을 향상 시킨다.
③ 공전 시 흡입 관성효과를 향상시키기 위해 밸브 오버랩을 크게 한다.
④ 중부하 영역에서 밸브 오버랩을 크게하여 연소실 내의 배기가스 재순환 양을 높인다.

06 자동차 연료의 특성 중 연소 시 발생한 H_2O가 기체일 때의 발열량은?

① 저 발열량
② 중 발열량
③ 고 발열량
④ 노크 발열량

풀이 연료의 발열량의 표시법으로 고위 발열량과 저위 발열량이 있다. 저위 발열량은 연료 중에 포함되어 있는 수증기의 증발열량을 제외한 열량으로서, 실제 기관에서 이용할 수 있는 열량이다.
(저위 발열량 = 총발열량 – 수증기 잠열)

07 흡·배기 밸브의 냉각 효과를 증대하기 위해 밸브 스템 중공에 채우는 물질로 옳은 것은?

① 리튬
② 바륨
③ 알루미늄
④ 나트륨

08 고온 327℃, 저온 27℃의 온도 범위에서 작동되는 카르노 사이클의 열효율은 몇 %인가?

① 30
② 40
③ 50
④ 60

풀이 $\eta_c = 1 - \dfrac{T_2}{T_1} = 1 - \dfrac{300}{600} = 0.5$ ∴50[%] (절대온도(K) = 섭씨온도(℃) + 273)

09 LPI엔진에서 사용하는 가스 온도 센서(GTS)의 소자로 옳은 것은?

① 서미스터
② 다이오드
③ 트랜지스터
④ 사이리스터

풀이 서미스터(thermistor) : 온도에 의해 현저하게 전기 저항값이 변화하는 반도체를 사용한 저항체로, 온도가 상승하면 그 저항 값이 감소하는 부특성(NTC), 온도가 상승하면 그 저항 값이 증가하는 정특성(PTC)서미스터가 있다

10 가변 흡입 장치에 대한 설명으로 틀린 것은?

① 고속 시 매니폴드의 길이를 길게 조절한다.
② 흡입효율을 향상시켜 엔진 출력을 증가시킨다.
③ 엔진회전속도에 따라 매니폴드의 길이를 조절한다.
④ 저속 시 흡입관성의 효과를 향상시켜 회전력을 증대한다.

풀이 가변흡기장치(Variable Intake System) : 엔진회전 및 부하상태에 따라서 공기흡입통로를 조절하여 엔진의 전운전 영역에서 엔진출력을 향상시키는 장치로 저속 및 저부하시는 흡입통로를 길게 하고, 고속 및 고부하시는 입공기통로를 짧게 제어하여 엔진출력을 향상시킨다.

11 디젤엔진의 직접 분사실식의 장점으로 옳은 것은?

① 노크의 발생이 쉽다.
② 사용 연료의 변화에 둔감하다.
③ 실린더 헤드의 구조가 간단하다.
④ 타 형식과 비교하여 엔진의 유연성이 있다.

풀이 직접 분사실식
연소실은 실린더 헤드와 피스톤 헤드에 설치된 요철에 의해 형성되며,여기에 연료를 직접 분사하게 되어 있다. 이와 같이 주연소실로만 되어있기 때문에 단실식이라고도 부르며 구조가 간단하고 열효율이 높아 연료 소비량도 다른 형식에 비해 적으며,실린더 헤드의 구조가 간단하기 때문에 열 변형도 적다. 그리고 연소실 체적에 대한 표면적의 비가 작기 때문에 냉각 손실이 적으며 기동이 쉽다.

12 CNG(Compressed Natural Gas)엔진에서 스로틀 압력 센서의 기능으로 옳은 것은?

① 대기 압력을 검출하는 센서
② 스로틀의 위치를 감지하는 센서
③ 흡기다기관의 압력을 검출하는 센서
④ 탱크 속의 연료 온도를 측정하는 센서

풀이 스로틀 압력센서
믹서와 스로틀 보디 사이에 설치되어 압력을 검출해 ECU로 전송한다. 스로틀 밸브가 급격하게 열려 지나치게 많은 혼합기의 흡입으로 발생될 수 있는 실화를 방지한다.

13 공회전 속도 조절장치(ISA)에서 열림(open)측 파형을 측정한 결과 ON시간이 1ms이고, OFF 시간이 3ms일 때, 열림 듀티값은 몇 %인가?

① 25 ② 35 ③ 50 ④ 60

풀이 듀티비 D = 작동시간/주기 = 1/(1 + 3) = 0.25 ∴25[%]

14 내연기관의 열역학적 사이클에 대한 설명으로 틀린 것은?

① 정적 사이클을 오토 사이클이라고도 한다.
② 정압 사이클을 디젤 사이클이라고도 한다.
③ 복합 사이클을 사바테 사이클이라고도 한다.
④ 오토, 디젤, 사바테 사이클 이외의 사이클은 자동차용 엔진에 적용하지 못한다.

풀이 오토, 디젤, 사바테 사이클 이외에도 밀러, 애킨슨, 스터링, 루누아르 사이클 등이 일부 사용되었다.

15 전자제어 모듈 내부에서 각종 고정 데이터나 차량제원 등을 장기적으로 저장하는 것은?

① IFB(Inter Face Box)
② ROM(Read Only Memory)
③ RAM(Random Access Memory)
④ TTL(Transistor Transistor Logic)

> **풀이**
> • RAM(random access memory) : 일시적으로 데이터를 기억하며 읽고 쓰기가 가능하다.
> • ROM(read only memory) : 읽기만 가능한 영구기억 장치이다.

16 4행정 사이클 기관의 총배기량 1000cc, 축마력 50PS, 회전수 3000rpm일 때 제동평균 유효 압력은 몇 kgf/㎠인가?

① 11
② 15
③ 17
④ 18

> **풀이** $BPS = \dfrac{P_b \cdot v \cdot Z \cdot N \cdot R}{75 \times 60}$
> $P_b = \dfrac{75 \times 60 \times BPS}{v \times Z \times N \times R} = \dfrac{4500 \times 50 \times 100}{1000 \times 1 \times 1/2 \times 3000} = 15[\text{kgf/cm}^2]$
> P_b : 제동평균유효압력, v : 배기량(cm³), N : 회전수, Z : 기통수, R : 상수(4행정1/2)

17 최적의 점화시기를 의미하는 MBT(Minimum spark advance for Best Torque)에 대한 설명으로 가장 적절한 것은?

① BTDC 약 10°~15° 부근에서 최대폭발압력이 발생되는 점화시기
② ATDC 약 10°~15° 부근에서 최대폭발압력이 발생되는 점화시기
③ BBDC 약 10°~15° 부근에서 최대폭발압력이 발생되는 점화시기
④ ABDC 약 10°~15° 부근에서 최대폭발압력이 발생되는 점화시기

18 전자제어 가솔린 엔진에서 티타니아 산소센서의 경우 전원은 어디에서 공급되는가?

① ECU
② 축전지
③ 컨트롤 릴레이
④ 파워TR

19 전자제어 가솔린 연료 분사장치에서 흡입공기량과 엔진회전수의 입력으로만 결정되는 분사량으로 옳은 것은?

① 기본 분사량
② 엔진시동 분사량
③ 연료차단 분사량
④ 부분 부하 운전 분사량

> **풀이** 기본분사량 : 공기유량센서와 기관회전수에 의하여 결정되는데 기본분사시간은 다음과 같다.
> $T = f \times \dfrac{Q}{N}$ (f : 계수, Q : 흡입공기량, N : 기관회전수)

20 디젤엔진에서 최대분사량이 40cc, 최소분사량이 32cc일 때 각 실린더의 평균 분사량이 34cc라면 (+)불균율은 몇 %인가?

① 5.9　　　　② 17.6　　　　③ 20.2　　　　④ 23.5

풀이 (−)불균율 = $\dfrac{34-32}{34} \times 100 = 5.88$　　(+)불균율 = $\dfrac{40-34}{34} \times 100 = 17.64$

자동차 섀시정비

21 휠 얼라인먼트의 주요 요소가 아닌 것은?

① 캠버　　　　　　　　　　② 캠 옵셋
③ 셋백　　　　　　　　　　④ 캐스터

풀이 휠 얼라인먼트란 서스펜션(현가)이나 스티어링(핸들)의 시스템을 구성하는 각각의 부품이 어떠한 각도의 관계를 갖고 자동차에 장착되어 있는지를 나타낸 것이다.
휠 얼라인먼트는 캐스터, 캠버, 토, SAI, 인클루디드앵글, 세트백, 스러스트 앵글 등 여러 각도에 의해서 구성되어 있다.

22 ECS 제어에 필요한 센서와 그 역할로 틀린 것은?

① G센서 : 차체의 각속도를 검출
② 차속센서 : 차량의 주행에 따른 차량속도 검출
③ 차고센서 : 차량의 거동에 따른 차체 높이를 검출
④ 조향휠 각도센서 : 조향휠의 현재 조향 방향과 각도를 검출

풀이 G센서 : G센서는 차체의 상하 진동(가속도)를 검출해 컴퓨터에 입력한다. 컴퓨터는 G센서의 신호로 차체의 상하 움직임을 판단하며, 피치(Pitch), 바운스(Bounce) 제어의 기준 신호이다.

23 최고 출력이 90PS로 운전되는 기관에서 기계효율이 0.9인 변속장치를 통하여 전달된다면 추진축에서 발생되는 회전수와 회전력을 약 얼마인가? (단, 기관회전수 5000rpm, 변속비는 2.5이다.)

① 회전수 : 2456rpm, 회전력 : 32kgf·m
② 회전수 : 2456rpm, 회전력 : 29kgf·m
③ 회전수 : 2000rpm, 회전력 : 29kgf·m
④ 회전수 : 2000rpm, 회전력 : 32kgf·m

풀이 $T = 716\dfrac{ps}{N} = \dfrac{716 \times 90 \times 0.9}{5000} = 11.60$

추진축 회전력 = 엔진회전력 × 변속비 = 11.60 × 2.5 = 29[kgf · m]

추진축 회전수 = $\dfrac{5000}{2.5}$ = 2000[rpm]   (ps : 동력, N : 회전수, T : 회전력)

24 브레이크 파이프 라인에 잔압을 두는 이유로 틀린 것은?

① 베이퍼 록을 방지한다.
② 브레이크의 작동 지연을 방지한다.
③ 피스톤이 제자리로 복귀하도록 도와준다.
④ 휠 실린더에서 브레이크액이 누출되는 것을 방지한다.

풀이 브레이크를 밟지 않은 상태에서는 일정한 압력이 파이프 내에 잔류하게 되는데 이 압력을 잔압이라 한다. 이 잔압은 0.7~1.4Kgf/cm²정도 유지하는데 휠실린더에서 오일의 누설 및 공기의 혼입을 방지하고 제동 시에 작동지연, 베이퍼 록을 방지하는 역할을 한다.

25 무단변속기(CVT)의 장점으로 틀린 것은?

① 변속충격이 적다.
② 가속성능이 우수하다.
③ 연료소비량이 증가한다.
④ 연료소비율이 향상된다.

풀이 무단변속기의 장점
- 엔진의 출력 활용도가 높다.
- 연료소비율 및 가속성능이 향상된다.
- 변속 충격이 없다.
- 운전자의 성향에 따라 필요한 구동력 구간에서 운전이 가능하다.

26 노면과 직접 접촉은 하지 않고 충격에 완충작용을 하며 타이어 규격과 기타정보가 표시된 부분은?

① 비드   ② 트레드   ③ 카커스   ④ 사이드 월

풀이 사이드월부 : 타이어의 쇼울더부와 비드부 사이에 해당하는 부분으로서 카커스를 보호하고 유연한 굴신운동을 함으로써 승차감을 좋게 한다. 이 부분에는 타이어의 종류, 규격, 구조, 패턴, 제조회사, 상표명 등 여러 가지 문자가 표시되어 있다.

27 제동 시 뒷바퀴의 록(lock)으로 인한 스핀을 방지하기 위해 사용되는 것은?

① 딜레이 밸브
② 어큐뮬레이터
③ 바이패스 밸브
④ 프로포셔닝 밸브

풀이 프로포셔닝 밸브
브레이크액의 유압을 조절하여 제동력을 분배시키는 유압 조정 밸브로 전륜보다 후륜의 제동력을 감소시켜 후륜의 록을 방지한다.

28 엔진 회전수가 2000rpm으로 주행 중인 자동차에서 수동변속기의 감속비가 0.8이고, 차동장치 구동피니언의 잇수가 6, 링기어의 잇수가 30일 때, 왼쪽바퀴가 600rpm으로 회전한다면 오른쪽 바퀴는 몇 rpm인가?

① 400 ② 600 ③ 1000 ④ 2000

풀이 총 감속비 = 변속비 × 종감속비 = $0.8 \times \dfrac{30}{6} = 4$

∴ 바퀴회전수 = $\dfrac{2000}{4} = 500 rpm$ 그런데, 왼쪽바퀴가 600rpm으로 회전하므로 오른쪽 바퀴는 400rpm이다.

29 후륜구동 차량의 종감속 장치에서 구동피니언과 링기어 중심선이 편심되어 추진축의 위치를 낮출 수 있는 것은?

① 베벨 기어 ② 스퍼 기어 ③ 웜과 웜 기어 ④ 하이포이드 기어

풀이 하이포이드 기어 : 스파이럴 베벨 기어의 일종으로서 링 기어의 회전 중심선과 구동 피니언의 회전 중심선을 옵셋시킨 형식이다.
- 옵셋(링 기어 지름의 10~20%)시켜 추진축을 낮게 설치할 수 있다.
- 차실의 바닥을 낮출 수 있어 안정성, 거주성이 향상된다.
- 물림률이 커 전달효율이 좋고 조용하다.
- 이 폭 방향으로 미끄럼 접촉을 하므로 극압성 전용오일을 사용해야 한다.
- 제작하기가 어렵다.

30 전동식 동력 조향장치(MDPS)의 장점으로 틀린 것은?

① 전동모터 구동 시 큰 전류가 흐른다.
② 엔진의 출력 향상과 연비를 절감할 수 있다.
③ 오일펌프 유압을 이용하지 않아 연결 호스가 필요 없다.
④ 시스템 고장 시 경고등을 점등 또는 점멸시켜 운전자에게 알려준다.

풀이 전동식 동력 조향장치(MDPS) 특징
- 차량 무게 감소와 동력 손실방지로 연비 향상(3~5%), 유지비가 적게 든다.
- 오일 삭제로 누유가 없어 환경 친화적이다.
- 부품수 감소로 경량화 실현과 조립성 향상을 실현하였다.
- 차량 속도별 정확한 조작력 제어가 가능하여 조향성능이 향상되었다.

31 공기식 제동장치의 특성으로 틀린 것은?

① 베이퍼 록이 발생하지 않는다.
② 차량 중량에 제한을 받지 않는다.
③ 공기가 누출되어도 제동 성능이 현저히 저하되지 않는다.
④ 브레이크 페달을 밟는 양에 따라서 제동력이 감소되므로 조작하기 쉽다.

풀이 공기식 브레이크의 특징
- 차량의 중량이 증가하여도 사용할 수 있어 중량에 제한을 받지 않는다.
- 공기가 약간 누출되어도 사용이 가능하다.
- 베이퍼 록이 발생되지 않는다.
- 페달의 조작력이 적어도 된다. (밟은 양에 따라 제동력이 증가한다.)
- 공기의 압축압력을 높이면 더 큰 제동력을 얻을 수 있다.
- 하중의 변화에 따라 스프링정수가 조정되므로 승차감이 일정하다.
- 공기 압축기 구동에 엔진 출력이 일부가 소모된다.
- 구조가 복잡하고 가격이 상승한다.

32 자동차에 사용하는 휠 스피드 센서의 파형을 오실로스코프로 측정하였다. 파형의 정보를 통해 확인할 수 없는 것은?

① 최저 전압
② 평균 저항
③ 최고 전압
④ 평균 전압

풀이 오실로스코프 파형에서 가로축은 시간을, 세로축은 전압을 나타내며 구간의 시간과 최대, 최소 및 평균전압을 측정할 수 있다.

33 대부분의 자동차에서 2회로 유압 브레이크를 사용하는 주된 이유는?

① 안전상의 이유 때문에
② 더블 브레이크 효과를 얻을 수 있기 때문에
③ 리턴 회로를 통해 브레이크가 빠르게 풀리게 할 수 있기 때문에
④ 드럼 브레이크와 디스크 브레이크를 함께 사용할 수 있기 때문에

풀이 탠덤 마스터실린더(tandem master cylinder)
유압식 브레이크에서 안정성을 높이기 위하여 앞·뒷바퀴에 각각 독립적으로 작용하는 2계통의 회로를 두는 형식을 말한다.

34 현재 실용화된 무단변속기에 사용되는 벨트 종류 중 가장 널리 사용되는 것은?

① 고무벨트
② 금속벨트
③ 금속체인
④ 가변체인

풀이 무단변속기(CVT)
일반적으로 CVT는 기계식, 유압식 그리고 전기식으로 구분되며 여러 가지 타입이 상용화 되어 있다. 그러나 자동차에서는 기계식을 주로 사용하고 있다. 기계식 자동차 CVT에도 벨트식(belt type)과 토로이달(toroidal type)방식이 있다. 사용되는 벨트에도 고무벨트, 금속 V-belt, 건식 하이브리드 벨트, 체인 등이 있으며 주로 금속 V-belt를 사용한다.

35 선회 시 자동차의 조향 특성 중 전륜 구동보다는 후륜 구동 차량에 주로 나타나는 현상으로 옳은 것은?

① 오버 스티어
② 언더 스티어
③ 토크 스티어
④ 뉴트럴 스티어

풀이 후륜구동 장·단점
- 상대적으로 좋은 승차감을 가지고 있다.
- 차량 무게가 앞뒤로 균일하게 분산되어 역학적으로 안전성을 확보할 수 있다.
- 정비성이 양호하다.
- 타이어의 마모가 고르게 진행된다.
- 눈길이나 빗길에서 위험할 수 있는 미끄러짐 현상이 자주 발생할 수 있다.
- 실내공간이 상대적으로 좁고 후륜구동을 위한 추가 장치가 필요해 상대적으로 무거워지며 이에 따라 연비가 떨어진다.
- 주행 중 정상적인 궤도에서 안쪽으로 감아 들어가는 오버스티어 현상이 일어난다.

36 중량 1350kgf의 자동차의 구름저항계수가 0.02이면 구름저항은 몇 kgf인가?(단, 공기저항은 무시하고, 회전 상당부분 중량은 0으로 한다.)

① 13.5　　　　　　　　　　　② 27
③ 54　　　　　　　　　　　　④ 67.5

풀이 구름저항
$R_r = \mu_r \cdot W = 0.02 \times 1350 = 27\ [kgf]$
(μ_r : 구름 저항 계수, W : 차량 총중량)

37 자동변속기 컨트롤유닛과 연결된 각 센서의 설명으로 틀린 것은?

① VSS(Vehicle Speed Sensor) – 차속 검출
② MAF(Mass Airflow Sensor) – 엔진 회전속도 검출
③ TPS(Throttle Position Sensor) – 스로틀밸브 개도 검출
④ OTS(Oil Temperature Sensor) – 오일 온도 검출

풀이 공기유량센서(MAFS: Mass Air Flow Sensor)는 흡기라인에 장착되어 흡입 공기량을 측정하여 ECM에 전달하며, ECM은 전달받은 흡입 공기량 데이터를 이용하여 기본 분사량을 계산한다.

38 CAN통신이 적용된 전동식 동력 조향 장치(MDPS)에서 EPS경고등이 점등(점멸) 될 수 있는 조건으로 틀린 것은?

① 자기 진단 시
② 토크센서 불량
③ 컨트롤 모듈측 전원 공급 불량
④ 핸들위치가 정위치에서 ±2° 틀어짐

풀이 경고등 점등조건
계기판 위치하며 EPS시스템의 고장유무를 운전자에게 알려준다. 이 경우 전동식 파워 핸들은 작동을 하지 않으나 기계적인 조향은 가능하다.
- IG ON시 4~5초간 점등 후 소등
- 자기진단기 연결 시 점등
- 시스템(토크센서, 엔진속도센서, 컨트롤전원 등) 고장 시 점등

39 수동변속기의 클러치 차단 불량 원인은?

① 자유간극 과소
② 릴리스 실린더 소손
③ 클러치판 과다 마모
④ 쿠션스프링 장력 약화

풀이 클러치 차단불량의 원인
- 클러치 페달의 자유간극 과대
- 클러치판의 흔들림
- 유압 계통 불량 및 공기의 유입
- 릴리스베어링의 손상 및 파손

40 전자제어 에어 서스펜션의 기본 구성품으로 틀린 것은?

① 공기압축기
② 컨트롤 유닛
③ 마스터 실린더
④ 공기저장 탱크

자동차 전기·전자장치정비

41 용량이 90Ah인 배터리는 3A의 전류로 몇 시간 동안 방전시킬 수 있는가?

① 15
② 30
③ 45
④ 60

풀이 축전지 용량(Ah)
= 방전전류(A) × 방전시간(h)
90 = 3A × h에서 h = 30시간

42 점화 1차 파형에 대한 설명으로 옳은 것은?

① 최고 점화전압은 15~20kV의 전압이 발생한다.
② 드웰구간은 점화 1차 전류가 통전되는 구간이다.
③ 드웰구간이 짧을수록 1차 점화 전압이 높게 발생한다.
④ 스파크 소멸 후 감쇄 진동구간이 나타나면 점화 1차코일의 단선이다.

풀이 드웰시간은 TR의 베이스단자에 ECU가 전원을 인가하여 TR이 도통되며 따라서 점화1차전류가 흐르는 기간을 말한다.

43 전자제어 구동력 조절장치(TCS)의 컴퓨터는 구동바퀴가 헛돌지 않도록 최적의 구동력을 얻기 위해 구동 슬립율이 몇 %가 되도록 제어하는가?

① 약 5~10%
② 약 15~20%
③ 약 25~30%
④ 약 35~40%

풀이 구동력 조절 장치(TCS : Traction Control System)
미끄러지기 쉬운 노면에서 차량을 출발하거나 가속할 때 과잉의 구동력(슬립율 : 15~20% 정도에서 최대)이 발생하여 타이어가 공회전하지 않도록 차량의 구동력을 제어하는 장치이다.

44 그림과 같은 논리(logic)게이트 회로에서 출력상태로 옳은 것은?

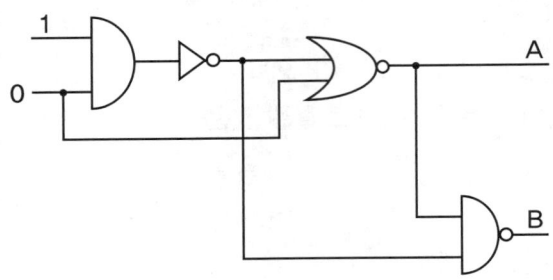

① A=0, B=0   ② A=1, B=1   ③ A=1, B=0   ④ A=0, B=1

45 저항의 도체에 전류가 흐를 때 주행 중에 소비되는 에너지는 전부 열로 되고, 이때의 열을 줄열(H)이라고 한다. 이 줄열(H)을 구하는 공식으로 틀린 것은? (단, E는 전압, I는 전류, R은 저항, t는 시간이다.)

① H=0.24EIt
② H=0.24IE²t
③ H=0.24$\frac{E^2}{R}$t
④ H=0.24I²Rt

풀이 H = 0.24I²Rt = 0.24EIt = 0.24$\frac{E^2}{R}$t
E : 전압 I : 전류 R : 저항 t : 시간

46 병렬형 하드 타입의 하이브리드 자동차에서 HEV모터에 의한 엔진 시동 금지 조건인 경우, 엔진의 시동은 무엇으로 하는가?

① HFV 모터
② 블로워 모터
③ 기동 발전기(HSG)
④ 모터 컨트롤 유닛(MCU)

풀이 병렬형 하이브리드 자동차
- 주 구동계는 엔진(내연기관)과 전기모터이다.
- 축전지로부터 구동력을 얻는 전기모터와 엔진 모두 공통으로 사용되는 동력전달장치를 거쳐 각각 독립적으로 구동축을 구동시킨다.
- 동력전달효율이 좋아 연료소비율이 상대적으로 우수하다.
- 기계적인 구조의 복잡성으로 인하여 차량제작에 어려움이 있다.
- 하이브리드 스타터-제너레이터(HSG)가 필요하다.(하이브리드스타터-제너레이터는 전기모터만 사용하는 전기차 모드와 엔진과 모터가 함께 동력을 발생시키는 하이브리드 모드로 전환할 때 엔진을 시동하고 발전하는 기능을 수행한다.)

47 냉방장치의 구성품으로 압축기로부터 들어온 고온·고압의 기체 냉매를 냉각시켜 액체로 변화시키는 장치는?

① 증발기
② 응축기
③ 건조기
④ 팽창 밸브

풀이
- 압축기(compressor) : 증발기에서 기체상태로 변한 차가운 저압의 냉매가스를 흡입, 압축하여 고온고압 상태의 기체로 만들어 응축기로 보내는 역할을 한다.
- 응축기(condenser) : 압축기에서 전달된 고온고압의 냉매를 공기로 냉각하여 액체상태의 냉매로 전환시켜주는 역할을 한다.
- 팽창밸브(expansion valve) : 고압의 액체냉매가 팽창밸브를 거치면서 저온, 저압의 기체상태로 되면서 증발기로 보내진다.
- 증발기(evaporator) : 팽창 밸브에 의해 팽창된 액 냉매를 증발시켜 주위에서 증발열을 빼앗아 다른 유체를 냉각하는 일종의 열교환기를 말한다.
- 건조기(receiver-dryer) : 응축기에서 액체상태로 된 냉매는 완전한 액체상태가 아니라 기체와 액체가 섞여있기 때문에 기체상태의 냉매와 액체상태의 냉매를 분리해서 액체만을 팽창밸브를 통과시켜 증발기에 보내는 역할을 한다. 또한 냉매에 수분 및 이물질을 제거하는 역할을 한다.

48 할로겐 전조등에 비하여 고휘도 방전(HID)전조등의 특징으로 틀린 것은?

① 광도가 향상된다.
② 전력소비가 크다.
③ 조사거리가 향상된다.
④ 전구의 수명이 향상된다.

풀이
- HID는 방전관에 제논, 수은 가스와 금속 할로겐 성분이 들어있어 전원이 공급될 경우 방전관 양쪽 전극에서 플라즈마 방전이 일어나면서 빛을 낸다.
- 방출된 빛은 다시 굴곡이 있는 반사경에 의해 밖으로 쏘아져 나오는데, 광도가 뛰어나고, 조사 거리도 길다.
- HID 헤드램프 장점
  - 필라멘트가 없어 전극이 손상될 염려가 없다.
  - 전자제어장치가 있어 램프에 항상 안정된 전원이 공급된다.
  - 밸러스트가 고압전원을 전극에 공급한다.
  - 점등시간이 빠르고 할로젠 램프에 견줘 적력 소모량이 적다.

49 다음 중 배터리 용량 시험 시 주의 사항으로 가장 거리가 먼 것은?

① 기름 묻은 손으로 테스터 조작은 피한다.
② 시험은 약 10~15초 이내에 하도록 한다.
③ 전해액이 옷이나 피부에 묻지 않도록 한다.
④ 부하 전류는 축전지 용량의 5배 이상으로 조정하지 않는다.

풀이 부하전류는 배터리 용량의 3배로 15초 이내로 인가한 후 배터리 전압이 9.6V 이하로 떨어지지 않으면 양호하다.

50 점화순서가 1-5-3-6-2-4인 직렬 6기통 가솔린 엔진에서 점화장치가 1코일 2실린더(DLI)일 경우 1번 실린더와 동시에 불꽃이 발생되는 실린더는?

① 3번
② 4번
③ 5번
④ 6번

51 빛과 조명에 관한 단위와 용어의 설명으로 틀린 것은?

① 광속(luminous flux)이란 빛의 근원 즉, 광원으로부터 공간으로 발산되는 빛의 다발을 말하는데 단위는 루멘(lm : lumen)을 사용한다.
② 광밀도(luminance)란 어느 한 방향의 단위 입체각에 대한 광속의 방향을 말하며, 단위는 칸델라(cd : candela)이다.
③ 조도(illuminance)란 피조면에 입사되는 광속을 피조면 단면적으로 나눈 값으로서, 단위는 룩스(lx)이다.
④ 광효율(luminous efficiency)이란 방사된 광속과 사용된 전기 에너지의 비로서, 100W 전구의 광속이 1380lm이라면 광효율은 1380lm/100W=13.8lm/W가 된다.

풀이
- 광밀도(luminance) : 우리 눈이 광원 또는 피조면을 보고 느끼는 밝기 감각의 척도로 피조면 단면적으로 광도를 나눈 값(cd/m^2)이다.
- 광도 : 어느 한 방향의 단위 입체각에 대한 광속의 방향을 말하며, 단위는 칸델라(cd : candela)이다.

52 하드타입의 하이브리드 차량이 주행 중 감속 및 제동할 경우 차량의 운동에너지를 전기에너지로 변환하여 고전압배터리를 충전하는 것은?

① 가속제동
② 감속제동
③ 재생제동
④ 회생제동

풀이 회생재생 모드
차량 감속 시 모터는 자동차의 휠에 의해 회전하여 발전기의 역할을 한다. 모터는 자동차의 감속 시에 발생되는 운동에너지를 전기에너지로 변환하여 배터리를 충전하게 된다.

53 기동전동기의 작동원리는?

① 렌츠의 법칙
② 앙페르 법칙
③ 플레밍의 왼손 법칙
④ 플레밍의 오른손 법칙

풀이
- 플레밍의 왼손 법칙 : 전자력의 방향은 자속의 방향과 전류의 방향을 직각으로 놓으면 검지를 자력선의 방향, 가운데 손가락을 전류방향으로 일치시킬 때 엄지손가락은 전자력 방향을 나타내는 것이 왼손 법칙이다. 기동전동기, 전류계, 전압계 등에서 응용된다.
- 플레밍의 오른손 법칙 : 유도 기전력과 유도 전류의 방향을 알아보는데 편리하게 사용되며, 발전기 등에 응용된다.

54 윈드 실드 와이퍼가 작동하지 않는 원인으로 틀린 것은?

① 퓨즈 단선
② 전동기 브러시 마모
③ 와이퍼 블레이드 노화
④ 전동기 전기자 코일의 단선

55 계기판의 유압 경고등 회로에 대한 설명으로 틀린 것은?

① 시동 후 유압 스위치 접점은 ON 된다.
② 점화스위치 ON 시 유압 경고등이 점등된다.
③ 시동 후 경고등이 점등되면 오일양 점검이 필요하다.
④ 압력 스위치는 유압에 따라 ON/OFF 된다.

> **풀이** 유압경고등은 유압이 규정 값 이하로 떨어지면 실린더 블록에 설치된 오일 압력 스위치가 작동하여 경고등이 점등된다. 오일압력 스위치의 작동은 유압이 규정값에 도달하면 다이어프램을 밀어 올려 접점을 열어서 경고등이 소등되고, 유압이 규정 값 이하가 되면 스프링의 장력으로 접점이 닫혀 경고등이 점등된다.

56 점화 2차 파형의 점화전압에 대한 설명으로 틀린 것은?

① 혼합기가 희박할수록 점화전압이 높아진다.
② 실린더 간 점화전압의 차이는 약 10kV이내이어야 한다.
③ 점화플러그 간극이 넓으면 점화전압이 높아진다.
④ 점화전압의 크기는 점화 2차 회로의 저항과 비례한다.

> **풀이** 2차 점화전압은 일반적으로 정상일 때 7~13kv로 연소실 압축비에 따라 가변적이다. 다만 각 기통별로 차이가 적은 것(3~4kV)이 양호하며, 급가·감속 시, 5kV 이상 변화 시, 플러그 혼합비 압축압력 등의 이상 시 점검하여야 한다.

57 디지털 오실로스코프에 대한 설명으로 틀린 것은?

① AC전압과 DC전압 모두 측정이 가능하다.
② X축에서는 시간, Y축에서는 전압을 표시한다.
③ 빠르게 변화하는 신호를 판독이 편하도록 트리거링 할 수 있다.
④ UNI(Unipolar)모드에서 Y축은 (+), (−)영역을 대칭으로 표시한다.

> **풀이**
> • 유니폴라(unipolar, 단극성) 신호 : 펄스신호를 전압 +V[V], 펄스의 무(스페이스)를 전압 0[V]에 대응시키는 신호로 표시
> • 바이폴라(bipolar, 양극성) 신호 : 펄스신호를 전압 +V[V]와 −V[V]에 대응시켜 신호가 생길 때마다 전압 +V, −V를 교대로 변환하는 신호로 표시

58 점화코일에 대한 설명으로 틀린 것은?

① 1차 코일보다 2차 코일의 권수가 많다.
② 1차 코일의 저항이 2차 코일의 저항보다 작다.
③ 1차 코일의 배선 굵기가 2차 코일보다 가늘다.
④ 1차 코일에서 발생되는 전압보다 2차 코일에서 발생되는 전압이 높다.

59 에어컨 시스템이 정상 작동 중일 때 냉매의 온도가 가장 높은 곳은?

① 압축기와 응축기 사이
② 응축기와 팽창밸브 사이
③ 팽창밸브와 증발기 사이
④ 증발기와 압축기 사이

풀이 압축기(compressor) : 증발기에서 기체상태로 변한 차가운 저압의 냉매가스를 흡입, 압축하여 고온고압 상태의 기체로 만들어 응축기로 보내는 역할을 한다.

60 지름 2mm, 길이 100cm인 구리선의 저항은? (단, 구리선의 고유저항은 1.69μΩ · m이다.)

① 약 0.54Ω ② 약 0.72Ω
③ 약 0.9Ω ④ 약 2.8Ω

풀이 $R = \rho \times \dfrac{l}{A} = 1.69 \times 10^{-3} \times \dfrac{1000}{\pi \times 1^2} = 0.538[\Omega]$

ρ : 도체의 고유저항, l : 도체의 길이, A : 단면적

[2020년 06월 14일 시행 정답]

01	02	03	04	05	06	07	08	09	10
②	②	②	②	③	①	④	③	①	①
11	12	13	14	15	16	17	18	19	20
③	③	①	④	②	②	②	①	①	②
21	22	23	24	25	26	27	28	29	30
②	①	③	③	③	④	④	①	④	①
31	32	33	34	35	36	37	38	39	40
④	②	①	②	①	②	②	④	②	③
41	42	43	44	45	46	47	48	49	50
②	②	②	④	②	③	②	②	④	④
51	52	53	54	55	56	57	58	59	60
②	④	③	③	①	②	④	③	①	①

2020년 2회
2020년 08월 23일

제5장_ 과목별 기출문제

Chapter 05

자동차 엔진정비

01 디젤엔진에서 경유의 착화성과 관련하여 세탄 60cc, α-메틸나프탈렌 40cc를 혼합하면 세탄가(%)는?

① 70
② 60
③ 50
④ 40

풀이 세탄가 = $\dfrac{세탄}{세탄 + α - 메틸나프탈렌} \times 100 = \dfrac{60}{60+40} \times 100 = 60[\%]$

02 엔진이 과냉 되었을 때의 영향이 아닌 것은?

① 연료의 응결로 연소가 불량
② 연료가 쉽게 기화하지 못함
③ 조기 점화 또는 노크가 발생
④ 엔진 오일의 점도가 높아져 시동할 때 회전 저항이 커짐

풀이
• 엔진 과열시 : 엔진의 온도가 필요이상으로 과열 시 부품의 강도가 저하되고, 작동 부분의 고착 및 변형이 발생되며, 윤활이 불충분하여 각 부품이 손상된다. 또한 연소상태도 나빠져 노킹이나 조기점화가 발생되어 엔진출력 저하의 원인이 된다.
• 엔진 과냉 시 : 지나치게 냉각되면 연소에 의한 열에너지의 많은 부분이 냉각으로 손실되어 열효율이 나빠지며, 연료의 응결로 인한 연소불량으로 연료소비율이 증가되며 오일의 점도상승으로 회전저항이 커진다.

03 디젤기관에서 착화 지연기간이 1/1000초, 후 최고 압력에 도달할 때까지의 시간이 1/1000초 일 때, 2000rpm으로 운전되는 기관의 착화 시기는?(단, 최고 폭발압력은 상사점 후 12°이다.)

① 상사점 전 32°
② 상사점 전 36°
③ 상사점 전 12°
④ 상사점 전 24°

풀이 착화지연회전각
$\theta° = 360 \times \dfrac{N}{60} \times t$
$= 6 \times 2000 \times \dfrac{1}{1000} = 12$ (N : 회전수, t : 지연시간(초))

04 전자제어 가솔린 엔진에서 기본적인 연료분사시기와 점화시기를 결정하는 주요 센서는?

① 크랭크축 위치센서(Crankshaft Position Sensor)
② 냉각 수온 센서(Water Temperature Sensor)
③ 공전 스위치 센서(Idle Switch Sensor)
④ 산소 센서(O_2 Sensor)

풀이 크랭크축 위치센서
- 엔진이 회전하는 동안 크랭크축의 회전수와 회전각을 인식하여(피스톤의 위치) ECU가 점화시기와 연료분사를 제어하는 중요한 정보를 제공하는 가장 기초적인 기능을 한다.
- 활용되는 검출방식으로는 홀(hall) 방식, 전자유도(induction) 방식, 광전(optical) 방식이 있다.

05 운행차 배출가스 정기검사 및 정밀검사의 검사항목으로 틀린 것은?

① 휘발유 자동차 운행차 배출가스 정기검사 : 일산화탄소, 탄화수소, 공기과잉률
② 휘발유 자동차 운행차 배출가스 정밀검사 : 일산화탄소, 탄화수소, 질소산화물
③ 경유 자동차 운행차 배출가스 정기검사 : 매연
④ 경유 자동차 운행차 배출가스 정밀검사 : 매연, 엔진최대출력검사, 공기과잉률

풀이 배출가스 검사
- 휘발유, 가스
  - 부하검사 대상 : 일산화탄소(CO), 탄화 수소(HC), 질소산화물(NOx)
  - 무부하 검사 대상 : 일산화탄소(CO), 탄화 수소(HC), 공기과잉률
- 경유
  - 부하검사 대상 : 매연, 엔진 정격출력, 엔진 정격 회전수
  - 무부하 검사 대상 : 매연

06 일반적으로 자동차용 크랭크축 재질로 사용하지 않는 것은?

① 마그네슘 – 구리강
② 크롬 – 몰리브덴강
③ 니켈 – 크롬강
④ 고탄소강

풀이 크랭크축의 재질 : 굽힘(bending), 전단(shearing) 및 비틀림(torsion) 등의 큰 하중을 받으면서 고속으로 회전하게 되므로 충분한 강도와 강성을 가져야 하므로 고탄소강, 크롬-몰리브덴강, 니켈-크롬강 등으로 단조하여 사용한다.

07 밸브 오버랩에 대한 설명으로 틀린 것은?

① 흡 · 배기 밸브가 동시에 열려 있는 상태이다.
② 공회전 운전 영역에서는 밸브 오버랩을 최소화 한다.
③ 밸브 오버랩을 통한 내부 EGR 제어가 가능하다.
④ 밸브 오버랩은 상사점과 하사점 부근에서 발생한다.

풀이 밸브 오버랩(valve overlap) : 배기 행정과 흡입 행정 사이에서 흡입, 배기 밸브가 모두 열려 있는 시기
- 실린더의 체적 효율을 향상
- 엔진출력 및 냉각 효과를 향상

- 연료 소모율이 증가
- 저속 운전시 역화발생 위험(최소화)
- 내부 EGR (부분 부하 시에는 밸브 오버랩에 의해 배기가스가 역류 하는 것) 제어 가능

08 냉각계통의 수온 조절기에 대한 설명으로 틀린 것은?

① 펠릿형은 냉각수 온도가 60℃ 이하에서 최대로 열려 냉각수 순환을 잘되게 한다.
② 수온 조절기는 엔진의 온도를 알맞게 유지한다.
③ 펠릿형은 왁스와 합성고무를 봉입한 형식이다.
④ 수온 조절기는 벨로즈형과 펠릿형이 있다.

풀이 수온 조절기는 일반적으로 냉각수 온도가 80℃ 정도 되면 열리기 시작한다.

09 커먼레일 디젤엔진의 솔레노이드 인젝터 열림(분사 개시)에 대한 설명으로 틀린 것은?

① 솔레노이드 코일에 전류를 지속적으로 가한 상태이다.
② 공급된 연료는 계속 인젝터 내부로 흡입된다.
③ 노즐 니들을 위에서 누르는 압력은 점차 낮아진다.
④ 인젝터 아랫부분의 제어 플런저가 내려가면서 분사가 개시된다.

풀이 전원이 공급되면 솔레노이드가 자화되면서 컨트롤 밸브가 열려 컨트롤 챔버의 연료가 리턴되면 컨트롤 챔버에 작용했던 높은 압력이 낮아지면서 컨트롤 플런저가 컨트롤 챔버쪽으로 상승하여 니들밸브가 열리면서 고압의 연료가 분사된다.

10 LPG 연료의 장점에 대한 설명으로 틀린 것은?

① 대기 오염이 적고 위생적이다.
② 노킹이 일어나지 않아 기관이 정숙하다.
③ 퍼컬레이션으로 인해 연소 효율이 증가한다.
④ 기관 오일을 더럽히지 않으며 기관의 수명이 길다.

풀이 LPG 기관의 장단점
1) 장점
- 경제성이 좋다.
- 대기오염이 적고 위생적이다.
- 연소효율이 좋으며 엔진이 정숙하다.
- 유황성분이 적어 연소 후 부품 손상이 적다.
- 엔진오일의 수명이 길다.
- Percolation 이나 Vapor Lock 현상이 없다.
- 연소실에 카아본 부착이 적어 점화 플러그의 수명이 길다.
- 옥탄가가 높아 노크가 잘 일어나지 않는다.
2) 단점
- 트렁크 사용공간이 협소해진다.
- 겨울철 시동이 곤란하다.(기체연료 사용)
- 연료의 취급과 공급절차가 복잡하다.
- Bombe가 고압용기이기 때문에 정기검사가 필요하다.
- 가솔린에 비하여 출력이 떨어진다.

11 전자제어 연료분사장치에서 제어방식에 의한 분류 중 흡기압력 검출방식을 의미하는 것은?

① K – Jetronic
② L – Jetronic
③ D – Jetronic
④ Mono – Jetronic

풀이 D–Jetronic은 흡기다기관의 절대압력(MAP: Manifold Absolute Pressure)과 기관의 회전속도(n)로부터 1사이클당 흡입공기량을 추정하는 방식으로 속도-밀도(speed density)방식이라고도 한다.

12 내연기관의 열손실을 측정한 결과 냉각수에 의한 손실이 30%, 배기 및 복사에 의한 손실이 30% 였다. 기계 효율이 85%라면 정미 열효율(%)은?

① 28
② 30
③ 32
④ 34

풀이 도시열효율 = 100 – (30 + 30) = 40%
정미열효율 = 도시열효율 × 기계효율 = 40 × 0.85 = 34%

13 전자제어 가솔린 엔진에서 흡입 공기량 계측 방식으로 틀린 것은?

① 베인식
② 열막식
③ 칼만 와류식
④ 피드백 제어식

풀이 공기유량측정방법
- 베인 방식의 에어 플로 센서(Vane Tyoe Air Flow Sensor).
- 열선식 에어 플로 센서(Hot–Wire Type Air Flow Sensor).
- 핫–필름 방식의 에어 플로 센서(Hot–Film Type Air Flow Sensor).
- 칼만 와류 방식의 에어 플로 센서(Karmann Vortex Type Air Flow Sensor)

14 다음 중 전자제어 엔진에서 스로틀 포지션 센서와 기본 구조 및 출력 특성이 가장 유사한 것은?

① 크랭크 각 센서
② 모터 포지션 센서
③ 액셀러레이터 포지션 센서
④ 흡입 다기관 절대 압력 센서

풀이
- 스로틀 위치 센서는 스로틀 밸브 축에 연결되어, 스로틀 밸브와 같이 회전하는 볼륨 방식의 가변저항기로 스로틀 밸브의 열림에 따라 0.5V – 5V 출력 전압이 변화되어 컴퓨터에 입력하게 된다.
- 흡기다기관 절대압력센서(MAP)는 흡기다기관의 절대압력에 따른 흡입 공기량을 간접적으로 검출하여 컴퓨터에 입력한다.
- 엑셀레이터 위치 센서는 스로틀 위치 센서(TPS)와 동일한 원리로 엑셀페달의 위치를 검출한다.
- 크랭크축위치센서 : 엔진 크랭크 축의 위치와 회전수를 ECU에 알려주는 센서로 CKPS의 시그널과 캠축의 위치를 알려주는 CMPS 시그널을 비교하여 엔진의 정확한 위치를 확인하여 연료의 분사시기와점화시기를 결정하여 엔진을 정밀하게 제어한다.

15 기관의 점화순서가 1-6-2-5-8-3-7-4인 8기통 기관에서 5번 기통이 압축 초에 있을 때 8번 기통은 무슨 행정과 가장 가까운가?

① 폭발 초
② 흡입 중
③ 배기 말
④ 압축 중

16 자동차관리법상 저속전기자동차의 최고속도(km/h) 기준은?(단, 차량 총중량이 1361kg을 초과하지 않는다.)

① 20   ② 40   ③ 60   ④ 80

풀이 자동차관리법상 저속전기자동차란 최고속도가 시속 60km를 초과하지 않고, 차량 총중량이 1,361kg을 초과하지 않는 전기자동차를 말한다.

17 연료 여과기의 오버플로 밸브의 역할로 틀린 것은?

① 공급 펌프의 소음 발생을 억제한다.
② 운전 중 연료에 공기를 투입한다.
③ 분사펌프의 엘리먼트 각 부분을 보호한다.
④ 공급 펌프와 분사 펌프 내의 연료 균형을 유지한다.

풀이 오버플로밸브의 역할
- 연료계통의 공기를 배출한다.
- 연료공급 펌프의 소음발생을 방지한다.
- 연료여과기의 엘리먼트를 보호한다.
- 저압라인의 연료압력을 일정하게 유지한다.

18 윤활장치에서 오일 여과기의 여과방식이 아닌 것은?

① 비산식   ② 전류식   ③ 분류식   ④ 샨트식

풀이 오일 여과기의 여과방식
- 전류식 : 모든 윤활유를 여과하여 윤활부에 공급
- 분류식 : 여과안된 윤활유를 윤활부에 공급
- 샨트식 : 전류식과 분류식의 조합으로 일부여과 일부 여과안 된 윤활유를 윤활부에 공급

19 가솔린 연료 200cc를 완전 연소시키기 위한 공기량(kg)은 약 얼마인가?(단, 공기와 연료의 혼합비는 15 : 1, 가솔린의 비중은 0.730이다.)

① 2.19   ② 5.19   ③ 8.19   ④ 11.19

풀이 공기량 = 연료량 × 비중 × 혼합비 = 0.2 × 0.73 × 15 = 2.19[kg]

20 전자제어 가솔린 엔진에서 연료분사장치의 특징으로 틀린 것은?

① 응답성 향상
② 냉간 시동성 저하
③ 연료소비율 향상
④ 유해 배출가스 감소

풀이 전자제어 분사장치의 특징
- 공기 흐름에 따른 관성 질량이 작아 응답성이 향상된다.
- 기관의 출력이 증대되고, 연료 소비율이 감소한다.
- 배출 가스 감소로 인한 유해 물질 배출 감소 효과가 크다.
- 연료의 베이퍼록, 퍼컬레이션, 빙결 등의 고장이 적으므로 운전성능이 향상된다.
- 이상적인 흡기다기관을 설계할 수 있어 기관의 효율이 향상된다.
- 각 실린더에 동일한 양의 연료 공급이 가능하다.
- 전자부품의 사용으로 구조가 복잡하고 값이 비싸다.
- 흡입계통의 공기 누설이 기관에 큰 영향을 준다.

자동차 섀시정비

21 제동 시 슬립률(λ)을 구하는 공식은?(단, 자동차의 주행 속도는 V, 바퀴의 회전 속도는 V_w 이다.)

① $\lambda = \dfrac{V - V_w}{V} \times 100(\%)$

② $\lambda = \dfrac{V}{V - V_w} \times 100(\%)$

③ $\lambda = \dfrac{V_w - V}{V_w} \times 100(\%)$

④ $\lambda = \dfrac{V_w}{V_w - V} \times 100(\%)$

풀이 슬립률(Slip Ratio)
- 자동차의 속도와 타이어 원주 속도 즉, 타이어 회전속도와의 관계를 나타낸 것으로 15~25% 정도에서 마찰계수가 가장 크다.
- 슬립률 = $\dfrac{\text{자동차속도} - \text{차륜속도}}{\text{자동차속도}} \times 100(\%)$

22 브레이크장치의 프로포셔닝 밸브에 대한 설명으로 옳은 것은?

① 바퀴의 회전속도에 따라 제동시간을 조절한다.
② 바깥 바퀴의 제동력을 높여서 코너링 포스를 줄인다.
③ 급제동 시 앞바퀴보다 뒷바퀴가 먼저 제동되는 것을 방지한다.
④ 선회 시 조향 안정성 확보를 위해 앞바퀴의 제동력을 높여준다.

풀이 프로포셔닝 밸브 : 브레이크액의 유압을 조절하여 제동력을 분배시키는 유압 조정 밸브로 전륜보다 후륜의 제동력을 감소시켜 후륜의 록을 방지한다.

23 ABS 컨트롤 유닛(제어모듈)에 대한 설명으로 틀린 것은?

① 휠의 회전속도 및 가·감속을 계산한다.
② 각 바퀴의 속도를 비교 분석한다.
③ 미끄럼 비를 계산하여 ABS 작동 여부를 결정한다.
④ 컨트롤 유닛이 작동하지 않으면 브레이크가 전혀 작동하지 않는다.

풀이 ABS시스템 고장시 일반 유압브레이크는 작동한다.

24 클러치의 구성부품 중 릴리스 베어링(Release bearing)의 종류에 해당하지 않는 것은?

① 카본형
② 볼 베어링형
③ 니들 베어링형
④ 앵귤러 접촉형

풀이 릴리스 베어링의 종류로는 볼 베어링형, 앵귤러 접속형, 카본형 등이 있다.

25 오버 드라이브(Over Drive) 장치에 대한 설명으로 틀린 것은?

① 기관의 수명이 향상되고 운전이 정숙하게 되어 승차감도 향상된다.
② 속도가 증가하기 때문에 윤활유의 소비가 많고 연료 소비가 증가한다.
③ 기관의 여유출력을 이용하였기 때문에 기관의 회전속도를 유지할 수 있다.
④ 자동변속기에서도 오버 드라이브가 있어 운전자의 의지(주행속도, TPS 개도량)에 따라 그 기능을 발휘하게 된다.

풀이 오버드라이브 장치
- 기관의 출력이 남을 때 감속비를 1 이하(0.65~0.85)로 하여 입력축의 속도보다 출력축의 속도를 증속시킨다.
- 기관의 회전속도를 30% 정도 낮출 수 있다.
- 연료 및 오일의 소모량이 감소된다.
- 정숙운전 및 기관의 수명이 연장된다.

26 기관의 최대토크 20kgf·m, 변속기의 제1변속비 3.5, 종감속비 5.2, 구동바퀴의 유효반지름이 0.35m일 때 자동차의 구동력(kgf)은?(단, 엔진과 구동바퀴 사이의 동력전달효율은 0.45이다.)

① 468
② 368
③ 328
④ 268

풀이 $F = \dfrac{T}{r}$ (T : 타이어회전력, r : 타이어 반경)

타이어회전력 = 20 × 3.5 × 5.2 × 0.45 = 163.8

$F = \dfrac{163.8}{0.35} = 468[kgf]$

27 자동차 제동장치가 갖추어야 할 조건으로 틀린 것은?

① 최고속도의 차량의 중량에 대하여 항상 충분히 제동력을 발휘할 것
② 신뢰성과 내구성이 우수할 것
③ 조작이 간단하고 운전자에게 피로감을 주지 않을 것
④ 고속주행 상태에서 급제동 시 모든 바퀴에 제동력이 동일하게 작용할 것

> **풀이** 제동장치의 구비조건
> • 미작동시 각 바퀴의 회전에 영향을 주지 않을 것
> • 차량의 최고속도 및 중량에 대하여 충분한 제동 작용을 할 것
> • 조작이 간단하고 피로감을 주지 않을 것
> • 작동이 확실하고 점검, 정비가 용이 할 것
> • 작동에 대한 신뢰성이 높고 내구성이 클 것

28 전동식 동력조향장치의 입력 요소 중 조향핸들의 조작력 제어를 위한 신호가 아닌 것은?

① 토크 센서 신호　　　　② 차속 센서 신호
③ G 센서 신호　　　　　④ 조향 각 센서 신호

> **풀이** G센서 : G센서는 차체의 상하 진동(가속도)를 검출해 컴퓨터에 입력한다. 컴퓨터는 G센서의 신호로 차체의 상하 움직임을 판단하며, 피치(Pitch), 바운스(Bounce) 제어의 기준 신호이다.

29 다음 중 구동륜의 동적 휠 밸런스가 맞지 않을 경우 나타나는 현상은?

① 피칭 현상　② 시미 현상　③ 캐치 업 현상　④ 링클링 현상

> **풀이** • 정적 평형 : 타이어가 정지된 상태의 평형이며 정적 불평형일 경우에는 바퀴가 상하로 진동하는 트램핑(tramping) 현상을 일으킨다.
> • 동적 평형 : 회전 중심축을 옆에서 보았을 때 평형 즉 회전하고 있는 상태를 뜻한다. 동적 평형이 문제가 되면 바퀴가 좌우로 흔들리는 시미(shimmy)현상이 발생한다.

30 다음 중 댐퍼 클러치 제어와 가장 관련이 없는 것은?

① 스로틀 포지션 센서　　② 에어컨 릴레이 스위치
③ 오일 온도 센서　　　　④ 노크 센서

31 전자제어 동력 조향장치에서 다음 주행 조건 중 운전자에 의한 조향 휠의 조작력이 가장 작은 것은?

① 40km/h 주행 시　　　② 80km/h 주행 시
③ 120km/h 주행 시　　　④ 160km/h 주행 시

> **풀이** 차량의 주행속도에 따라 핸들의 조작력을 전자제어로 모터를 구동시켜 주차시 또는 저속시에는 조작력을 가볍게 해주고, 고속시에는 조작력을 무겁게하여 고속주행 안정성을 운전자에게 제공하는 시스템으로 차량의 연비 향상 효과가 있다.

32 무단변속기(CVT)의 구동 풀리와 피동 풀리에 대한 설명으로 옳은 것은?

① 구동 풀리 반지름이 크고 피동 풀리의 반지름이 작을 경우 중속된다.
② 구동 풀리 반지름이 작고 피동 풀리의 반지름이 클 경우 중속된다.
③ 구동 풀리 반지름이 크고 피동 풀리의 반지름이 작을 경우 역전 감속된다.
④ 구동 풀리 반지름이 작고 피동 풀리의 반지름이 클 경우 역전 중속된다.

풀이 저속 및 출발 시 구동풀리축의 중심에서 반경이 제일 작게 되고 이때 피동풀리는 반경이 제일 커져 감속이 되면서 구동력은 커진다. 반대로 고속 시에는 구동풀리축의 중심에서 반경이 커지게 되고 피동풀리는 반경이 작아져 증속이 되고 구동력은 작아진다.

33 전동식 동력 조향장치(Motor Driven Power Steering)시스템에서 정차 중 핸들 무거움 현상의 발생 원인이 아닌 것은?

① MDPS CAN 통신선의 단선
② MDPS 컨트롤 유닛측의 통신 불량
③ MDPS 타이어 공기압 과다주입
④ MDPS 컨트롤 유닛측 배터리 전원 공급 불량

풀이 일반적으로 타이어 공기압이 높으면 핸들의 조작력은 감소하여 핸들이 가벼워 진다.

34 기관의 토크가 14.32kgf·m이고, 2500rpm으로 회전하고 있다. 이때 클러치에 의해 전달되는 마력(PS)은?(단, 클러치의 미끄럼은 없는 것으로 가정한다.)

① 40
② 50
③ 60
④ 70

풀이 $PS = \dfrac{NT}{716} = \dfrac{2500 \times 14.32}{716} = 50[PS]$

35 전자제어 현가장치에 대한 설명으로 틀린 것은?

① 조향 각 센서는 조향 휠의 조향 각도를 감지하여 제어모듈에 신호를 보낸다.
② 일반적으로 차량의 주행상태를 감지하기 위해서는 최소 3점의 G센서가 필요하며 차량의 상·하 움직임을 판단한다.
③ 차속 센서는 차량의 주행속도를 감지하며 앤티 다이브, 앤티 롤, 고속안정성 등을 제어할 때 입력신호로 사용된다.
④ 스로틀 포지션 센서는 가속페달의 위치를 감지하여 고속 안정성을 제어할 때 입력신호로 사용된다.

[풀이] 스로틀위치 센서 : 운전자가 액셀러레이터 페달을 밟은 양과 변화속도를 컴퓨터로 입력한다. 컴퓨터는 이 신호로 운전자의 가·감속 의지를 판단하고 급가속 때 스쿼트(Squat) 제어의 주 신호로 사용한다.

36 센터 디퍼렌셜 기어 장치가 없는 4WD 차량에서 4륜 구동상태로 선회 시 브레이크가 걸리는 듯한 현상은?

① 타이트 코너 브레이킹
② 코너링 언더 스티어
③ 코너링 요 모멘트
④ 코너링 포스

[풀이] 타이트코너브레이킹 : 코너를 선회할 때 앞바퀴와 뒷바퀴의 회전 반지름이 달라서 브레이크가 걸린 듯이 뻑뻑해지는 현상을 이른다.

37 전자제어 현가장치에서 안티 스쿼트(Anti-squat) 제어의 기준신호로 사용되는 것은?

① G 센서 신호
② 프리뷰 센서 신호
③ 스로틀 포지션 센서 신호
④ 브레이크 스위치 신호

[풀이] 스로틀위치 센서 : 운전자가 액셀러레이터 페달을 밟은 양과 변화속도를 컴퓨터로 입력한다. 컴퓨터는 이 신호로 운전자의 가·감속 의지를 판단하고 급가속 때 스쿼트(Squat) 제어의 주 신호로 사용한다.

38 자동차를 옆에서 보았을 때 킹핀의 중심선이 노면에 수직인 직선에 대하여 어느 한쪽으로 기울어져 있는 상태는?

① 캐스터
② 캠버
③ 셋백
④ 토인

39 구동력이 108kgf인 자동차가 100km/h로 주행하기 위한 엔진의 소요마력(PS)은?

① 20 ② 40 ③ 80 ④ 100

[풀이] $1PS = 75 kgfm/s$ 이므로 $\dfrac{108 \times 100}{75 \times 3.6} = 40[PS]$

40 공기 브레이크의 주요 구성부품이 아닌 것은?

① 브레이크 밸브
② 레벨링 밸브
③ 릴레이 밸브
④ 언로더 밸브

[풀이] 레벨링 밸브 : 공기 스프링에서 차체의 높이를 일정하게 유지시키는 기능을 한다.

자동차 전기 · 전자장치정비

41 자동차 냉방 시스템에서 CCOT(Clutch Cycling Orifice Tube)형식의 오리피스 튜브와 동일한 역할을 수행하는 TXV(Thermal Expansion Valve)형식의 구성부품은?

① 콘덴서
② 팽창 밸브
③ 핀센서
④ 리시버 드라이어

풀이 팽창밸브(expansion valve)는 냉동사이클에서 가장 기본적인 제어기기로서, 냉매액의 증발에 의한 열 흡수작용이 용이하게 일어나도록, 냉매의 압력과 온도를 강하시키며, 냉동부하의 변동에 대응할 수 있도록 냉매유량을 조절하는 역할을 한다.

42 차량에서 12V 배터리를 탈거한 후 절연체의 저항을 측정하였더니 1MΩ이라면 누설전류(mA)는?

① 0.006
② 0.008
③ 0.010
④ 0.012

풀이 $I = \dfrac{V}{R} = \dfrac{12}{1000000} = 1.2 \times 10^{-5} = 0.012 [mA]$

43 자동차에서 저항 플러그 및 고압 케이블을 사용하는 가장 적합한 이유는?

① 배기가스 저감
② 잡음 발생 방지
③ 연소 효율 증대
④ 강력한 불꽃 발생

풀이 저항플러그 : 중심전극에 10KΩ정도의 저항을 넣은 것으로 고주파발생을 억제하여 라디오나 통신기기의 소음을 방지한다.

44 하이브리드 자동차에서 고전압 배터리 관리 시스템(BMS)의 주요 제어 기능으로 틀린 것은?

① 모터 제어
② 출력 제한
③ 냉각 제어
④ SOC 제어

풀이 BMS(Battery Management System)는 배터리의 충 · 방전 시 과충전 및 과방전을 막아주며 셀 간의 전압을 균일하게 해줌으로써 에너지 효율 및 배터리 수명을 높여준다.
• 배터리 셀 전압, 전류 및 온도의 모니터링
• 주행 가능거리 예측을 위한 배터리용량(SOC : State of Charge) 계산과 배터리 교체를 위한 노화수명 예측(SOH : State of Health estimation)
• 베터리 시스템의 안전운영을 위한 경보 및 사전 안전예방 조치
• 배터리 시스템 진단기능(Diagnosis) 수행

45 점화 플러그에 대한 설명으로 옳은 것은?

① 에어 갭(간극)이 규정보다 클수록 불꽃 방전 시간이 짧아진다.
② 에어 갭(간극)이 규정보다 작을수록 불꽃 방정 전압이 높아진다.
③ 전극의 온도가 낮을수록 조기점화 현상이 발생된다.
④ 전극의 온도가 높을수록 카본 퇴적 현상이 발생된다.

> **풀이** 점화전압 : 2차 전압의 방전전압으로 1~2kV 정도가 정상이고 플러그간극 및 저항이 클수록, 압축비가 높을수록, 플러그 팁의 오염 및 혼합비가 희박할수록 높은 전압이 요구된다.

46 메모리 효과가 발생하는 배터리는?

① 납산 배터리
② 니켈 배터리
③ 리튬-이온 배터리
④ 리튬-폴리머 배터리

> **풀이** 메모리 효과는 이차 전지에서 방전이 충분하지 않은 상태에서 다시 충전하면 전지의 실제 용량이 줄어드는 효과를 말한다. 주로 니켈카드뮴 전지에서 부분적으로 방전시킨 다음 반복적으로 재충전할 경우 최대 에너지 용량이 감소한다.

47 경음기 소음 측정 시 암소음 보정을 하지 않아도 되는 경우는?

① 경음기소음 : 84dB, 암소음 : 75dB
② 경음기소음 : 90dB, 암소음 : 85dB
③ 경음기소음 : 100dB, 암소음 : 92dB
④ 경음기소음 : 100dB, 암소음 : 85dB

> **풀이** 암소음에 대한 보정치

레벨차	3	4	5	6	7	8	9
가산치	−3	−2			−1		

48 어린이 운송용 승합자동차에 설치되어 있는 적색 표시등과 황색 표시등의 작동 조건에 대한 설명으로 옳은 것은?

① 정지하려고 할 때는 적색 표시등이 점멸
② 출발하려고 할 때는 적색 표시등이 점멸
③ 정차 후 승강구가 열릴 때는 적색 표시등 점멸
④ 출발하려고 할 때는 적색 및 황색 표시등이 동시에 점등

> **풀이** 어린이운송용 승합자동차 표시등 동작
> • 도로에 정지하려는 때에는 황색표시등 또는 호박표시등이 점멸될 것
> • 어린이의 승하차를 위한 승강구가 열릴 때에는 자동으로 적색표시등이 점멸될 것
> • 출발하기 위해 승강구가 닫혔을 때에는 다시 자동으로 황색표시등 또는 호박색표시등이 점멸될 것
> • 적색표시등과 황색표시등 또는 호박색표시등이 동시에 점멸되지 아니할 것

49 기동 전동기 작동 시 소모전류가 규정치보다 낮은 이유는?

① 압축압력 증가
② 엔진 회전저항 증대
③ 점도가 높은 엔진오일 사용
④ 정류자와 브러시 접촉저항이 큼

50 충전장치의 고장 진단 방법으로 틀린 것은?

① 발전기 B단자의 저항을 점검한다.
② 배터리 (+)단자의 접촉 상태를 점검한다.
③ 배터리 (−)단자의 접촉 상태를 점검한다.
④ 발전기 몸체와 차체의 접촉상태를 점검한다.

51 방향지시등을 작동시켰을 때 앞 우측 방향지시등은 정상적인 점멸을 하는데, 뒤 좌측 방향지시등은 점멸속도가 빨라졌다면 고장원인으로 볼 수 있는 것은?

① 비상등 스위치 불량
② 방향지시등 스위치 불량
③ 앞 우측 방향지시등 단선
④ 앞 좌측 방향지시등 단선

풀이 방향지시등 좌우 점멸 횟수가 다른 이유
- 좌우 전구의 용량이 다르거나 규정용량이 아니다.
- 접지가 불량하다.
- 전구하나가 단선되었다.
- 플래셔유닛과 지시등 사이에 단선이 있다.

52 트랜지스터식 점화 장치에서 파워 트랜지스터에 대한 설명을 틀린 것은?

① 점화장치의 파워 트랜지스터는 주로 PNP형 트랜지스터를 사용한다.
② 점화1차 코일의 (−)단자는 파워 트랜지스터의 컬렉터(C) 단자에 연결된다.
③ 베이스(B) 단자는 ECU로부터 신호를 받아 점화코일의 스위칭 작용을 한다.
④ 이미터(E) 단자는 파워 트랜지스터의 접지 단으로 코일의 전류가 접지로 흐르게 한다.

풀이 점화장치의 파워 트랜지스터는 주로 NPN형 트랜지스터를 사용한다.

53 단면적 0.002cm², 길이 10m인 니켈-크롬선의 전기저항(Ω)은?(단, 니켈-크롬선의 고유저항은 110μΩ이다.)

① 45
② 50
③ 55
④ 60

풀이 $R = \rho \dfrac{l}{A} = \dfrac{110 \times 10^{-6} \times 1000}{2 \times 10^{-3}} = 55[\Omega]$

ρ : 도체의 고유저항, l : 도체의 길이, A : 단면적

54 다음 회로에서 스위치를 ON하였으나 전구가 점등되지 않아 테스트 램프(LED)를 사용하여 점검한 결과 i점과 j점이 모두 점등되었을 때 고장원인을 옳은 것은?

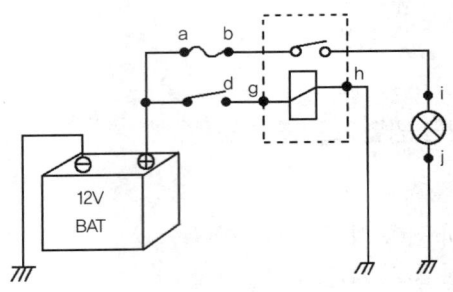

① 퓨즈 단선
② 릴레이 고장
③ h와 접지선 단선
④ j와 접지선 단선

55 광도가 25000cd의 전조등으로부터 5m 떨어진 위치에서의 조도(Lx)은?

① 100　　② 500　　③ 1000　　④ 5000

풀이　조도 = $\dfrac{광도}{거리^2}$ = $\dfrac{25000}{5^2}$ = 1000[Lx]

56 전기회로의 점검방법으로 틀린 것은?

① 전류 측정 시 회로와 병렬로 연결한다.
② 회로가 접속 불량일 경우 전압 강하를 점검한다.
③ 회로의 단선 시 회로의 저항 측정을 통해서 점검할 수 있다.
④ 제어 모듈 회로 점검 시 디지털 멀티미터를 사용해서 점검할 수 있다.

풀이　전류계로 전류측정시 회로에 직렬로 연결하여 측정한다.

57 냉·난방장치에서 블로워 모터 및 레지스터에 대한 설명으로 옳은 것은?

① 최고 속도에서 모터와 레지스터는 병렬 연결된다.
② 블로워 모터 회전속도는 레지스터의 저항값에 반비례한다.
③ 블로워 모터 레지스터는 라디에이터 팬 앞쪽에 장착되어 있다.
④ 블로워 모터가 최고속도로 작동하면 블로워 모터 퓨즈가 단선될 수도 있다.

풀이　레지스터
블로워 스위치와 레지스터를 조합해서 블로워 모터의 회로를 제어하고 풍량을 제어 할 수 있다. 레지스터는 벤틸레이션 외부에 장착되어 블로워 모터의 회전수를 조절하는데 모터와 직렬로 각 저항을 적절히 조합하여 속도를 제어한다. 저항이 크면 전류가 적게 흘러 저속작동한다.

58 점화장치의 파워 트랜지스터 불량 시 발생하는 고장 현상이 아닌 것은?

① 주행 중 엔진이 정지한다.
② 공전 시 엔진이 정지한다.
③ 엔진 크랭킹이 되지 않는다.
④ 점화 불량으로 시동이 안 걸린다.

풀이 엔진 크랭킹은 기동전동기와 관련되어 있다.

59 자동차 PIC 시스템의 주요 기능으로 가장 거리가 먼 것은?

① 스마트키 인증에 의한 도어 록
② 스마트키 인증에 의한 엔진 정지
③ 스마트키 인증에 의한 도어 언록
④ 스마트키 인증에 의한 트렁크 언록

60 반도체 접합 중 이중 접합의 적용으로 틀린 것은?

① 서미스터
② 발광 다이오드
③ PNP 트랜지스터
④ NPN 트랜지스터

풀이 접합 반도체의 종류
- 무접합 : 서미스터, 광도전셀
- 단접합 : 다이오드, 제너다이오드, 단접합트랜지스터, 발광다이오드
- 이중접합 : 트랜지스터, 가변용량다이오드, 전계효과 트랜지스터, 포토트랜지스터
- 다중접합 : 사이리스터, 트라이액

[2020년 08월 23일 시행 정답]

01	02	03	04	05	06	07	08	09	10
②	③	③	①	④	①	④	①	④	③
11	12	13	14	15	16	17	18	19	20
③	④	④	③	②	③	②	①	①	②
21	22	23	24	25	26	27	28	29	30
①	③	④	③	②	①	④	③	②	④
31	32	33	34	35	36	37	38	39	40
①	①	③	②	④	①	③	①	②	②
41	42	43	44	45	46	47	48	49	50
②	④	②	①	①	②	④	③	④	①
51	52	53	54	55	56	57	58	59	60
④	①	③	④	③	①	②	③	②	①

자동차정비산업기사 필기

2026년 01월 05일 인쇄
2026년 01월 20일 발행

지은이_ 소철호
펴낸이_ 이강복
펴낸곳_ (주)도서출판 책과상상

출판등록_ 제2020-000205호
주   소_ 경기도 고양시 일산동구 장항로 203-191
편집문의_ 02-3272-1703
구입문의_ 02-3272-1704
홈페이지_ www.sangsangbooks.co.kr

북 디자인_ 디자인 동감

Copyright ⓒ 2026
Book & SangSang Publishing Co.
ISBN 979-11-6967-319-8 (13550)
값 20,000원

• 잘못된 책은 교환해 드립니다.